青海学者项目
青海青藏高原北部地质过程与矿产资源重点实验室　资助

柴达木盆地北缘稀有及贵金属成矿系列和找矿方向

CHAIDAMU PENDI BEIYUAN XIYOU JI
GUIJINSHU CHENGKUANG XILIE HE ZHAOKUANG FANGXIANG

李善平　王进寿　余福承　李　鹏
朱传宝　任　华　仓索南尖措　穆一青　编著
韩　杰　李永虎　谢祥镭　周　豪

图书在版编目(CIP)数据

柴达木盆地北缘稀有及贵金属成矿系列和找矿方向/李善平等编著. —武汉:中国地质大学出版社,2022.10
ISBN 978-7-5625-5394-6

Ⅰ.①柴… Ⅱ.①李… Ⅲ.①柴达木盆地-稀有金属矿床-成矿规律-研究 ②柴达木盆地-贵金属矿床-成矿规律-研究 ③柴达木盆地-稀有金属矿床-找矿-研究 ④柴达木盆地-贵金属矿床-找矿-研究 Ⅳ.①P618.6 ②618.5

中国版本图书馆CIP数据核字(2022)第160234号

柴达木盆地北缘稀有及贵金属成矿系列和找矿方向

李善平　王进寿　余福承　李　鹏
朱传宝　任　华　仓索南尖措　穆一青　编著
韩　杰　李永虎　谢祥镭　周　豪

责任编辑:胡珞兰	选题策划:段　勇　张　旭	责任校对:何澍语

出版发行:中国地质大学出版社(武汉市洪山区鲁磨路388号)　　邮编:430074
电　　话:(027)67883511　　传　　真:(027)67883580　　E-mail:cbb@cug.edu.cn
经　　销:全国新华书店　　　　　　　　　　　　　　　　　　http://cugp.cug.edu.cn

开本:880毫米×1230毫米　1/16　　　　　　　　　　字数:681千字　　印张:21.5
版次:2022年10月第1版　　　　　　　　　　　　　　印次:2022年10月第1次印刷
印刷:湖北新华印务有限公司

ISBN 978-7-5625-5394-6　　　　　　　　　　　　　　　　　　　　　　定价:128.00元

如有印装质量问题请与印刷厂联系调换

"青海省地质勘查成果系列丛书"编撰委员会

主　　任：潘　彤
副 主 任：党兴彦
委　　员：（按姓氏笔画排列）
　　　　　王秉璋　王　瑾　李东生　李得刚　李善平
　　　　　许　光　杜作朋　张爱奎　陈建洲　赵呈祥
　　　　　郭宏业　薛万文

《柴达木盆地北缘稀有及贵金属成矿系列和找矿方向》

主　　编：李善平　王进寿
副 主 任：余福承　李　鹏
编写人员：朱传宝　任　华　仓索南尖措　穆一青
　　　　　韩　杰　李永虎　谢祥镭　　　周　豪

序

柴达木盆地北缘地区处于古亚洲成矿域与特提斯成矿域结合部的多旋回弧盆造山系中,是青海省重要的贵金属、稀有金属成矿区(带)之一。近年来,随着该地区勘查投入的加大,金、铌、钽、锂、铍等矿产均有明显的找矿成果,本书在综合分析及研究的基础上,从稀有和贵金属矿床成矿特征、成矿系列及找矿潜力角度进行讨论,内容主要反映为:

(1)实际资料丰富,基础工作扎实。作者通过大量实地调查,提出柴达木盆地北缘地区(以下简称柴北缘)伟晶岩脉主要产于阿尔金南缘成矿带、柴北缘成矿带的观点。该伟晶岩脉西起阿尔金山龙尾沟,经鱼卡河至乌兰县沙柳泉、察汗诺等地,断续出露长约500km,宽17～48km,具有成群、成带,分时段、集中产出特征,该带也将成为我国伟晶岩型稀有金属找矿靶区之一。

(2)综合研究全面系统。作者们以成矿系列理论为指导,系统论述了区域稀有和贵金属成矿条件、成矿系列及时空分布规律,揭示了区域构造演化与成矿系列的关系,提升了柴北缘地区稀有、贵金属成矿规律的认识,使读者对区域成矿规律的认识达到一个新的高度。

(3)明确了稀有、贵金属3期成矿认识。即加里东晚期、海西早期和印支中—晚期,其中金矿主要经历了加里东期和海西期—印支期成矿作用,加里东期为金成矿作用高峰期,具有多期次叠加成矿特征。稀有金属成矿期以加里东期、印支期最为重要,茶卡北山含矿伟晶岩具有中、晚三叠世两期成矿特点,为柴北缘陆内碰撞作用的结果,矿床形成于造山期后相对稳定阶段。

(4)科学研究与地质找矿工作紧密结合。一是构建了区域成矿模型,优选圈定了找矿靶区,新发现了5处稀有金属矿点;二是通过利用最新研究成果,有力推动了茶卡北山锂矿成果的扩大。

该书是对柴达木盆地北缘近年来稀有、贵金属矿找矿研究成果的系统总结,既有扎实的野外工作基础,又有对柴北缘地区近期稀有、贵金属找矿工作的有益探讨,提出了一些新的观点认识,为今后深入研究打下了基础,也为柴北缘地区稀有、贵金属进一步找矿突破提供了新的理论依据。

借此专著出版之际,我向作者们表示祝贺,并对长期在柴达木盆地北缘地区不断探索的地质工作者表示诚挚的敬意!

青海学者
"李四光野外地质工作者奖"获得者
俄罗斯自然科学院院士

2021.11.2

前　言

研究区地处青藏高原东北翼之青海省西北部,东西横跨 E 94°52′—99°38′,南北纵越 N 36°11′—38°24′,北端连接祁连山造山带,南侧接壤柴达木盆地,西侧毗邻阿尔金造山带,东端携西秦岭造山带,总面积约 50 000km²。

柴达木盆地北缘(简称柴北缘)位处早古生代造山带,属特提斯成矿域主体部分,自前南华纪以来历经裂解、闭合、造山等重大地质过程,造就了醒目的蛇绿混杂岩带、岩浆弧和长达近 500km 的榴辉岩带,并引发一系列大规模成矿事件,形成锡铁山铅锌矿床、青龙沟金矿床等众多(超)大型矿床,其蕴含的构造—成岩—成矿地质内涵已成为揭示特提斯成矿域地球动力学过程与贵金属、有色金属等矿产成矿作用的重要"窗口"。近年来,随着研究区金、锂、铍、铷、铌、钽等贵金属和稀有金属找矿不断获得新发现和勘查突破,柴北缘成矿带有望成为我国"三稀"矿产资源重要的战略性勘查基地。

柴北缘地质构造演化具有多期性和复杂性,长期以来,学者们以往对该成矿带成矿时段划分方案和重要矿种成矿模式认识分歧较大,总结出的成矿规律众说纷纭,且采用单一的传统成矿预测技术方法划分成矿远景区、圈定找矿靶区,很大程度上掣肘了人们对矿产资源分布及勘查前景的认识,难以有效支撑新一轮战略性矿产资源找矿突破。金为柴北缘成矿带的优势矿种,而稀有金属矿则被列为国家战略性关键金属矿产,进一步探查金、稀有金属矿对促进青海省社会经济发展具有重要意义,因而,亟需引入成矿系列新理论和新方法加强对柴北缘成矿带金、稀有金属矿成矿规律总结与成矿预测。

本书内容基于对以往资料的系统总结、野外实地调研、综合分析研究,通过项目组成员的共同努力,在区域成矿地质背景、成矿地质条件、成矿时段、成矿规律、成矿模式等方面取得了新认识,并以成矿系列理论及其新进展为指导,阐明了柴北缘成矿带区域构造演化与金、稀有金属矿成矿系列的关系,结合地物化遥信息开展了大比例尺的成矿预测。本书编撰人员分工如下:前言由王进寿撰写;第一章由李善平、王进寿、余福承、朱传宝编写;第二章由王进寿、李善平、仓索南尖措、李永虎、谢祥镭、韩杰、任华编写;第三章由李鹏、李善平、余福承、韩杰编写;第四章由李善平、余福承、周豪编写;第五章由王进寿、穆一青编写;第六章由李善平、余福承编写;图件由王莎、任华、余福承、李鹏、韩杰、仓索南尖措完成;全书由王进寿和李善平统一修改、定稿。

本书的出版得到了青海省地质矿产勘查开发局、青海省地质调查院、青海省第一地质勘查院、青海省第四地质勘查院的大力支持;野外地质调查工作由青海省地质调查院、青海省第一地质勘查院完成,《中国矿产地质志·青海卷》《中国区域地质志·青海卷》编撰组提供了部分资料和无私的帮助,在此一并表示衷心感谢!

受作者研究水平和编撰时间等因素限制,书中难免出现疏漏或不足,参考文献挂一漏万,敬请读者批评指正。

编著者

2022 年 10 月

目 录

第一章 引 言 …………………………………………………………………………………… (1)
  第一节 稀有、贵金属研究现状 ……………………………………………………………… (1)
  第二节 稀有、贵金属研究意义 ……………………………………………………………… (13)
  第三节 成矿系列研究现状 ………………………………………………………………… (17)

第二章 地质背景与成矿动力学 ……………………………………………………………… (21)
  第一节 构造单元特征 ……………………………………………………………………… (21)
  第二节 成矿地质背景 ……………………………………………………………………… (25)
  第三节 地球物理特征 ……………………………………………………………………… (53)
  第四节 地球化学特征 ……………………………………………………………………… (62)
  第五节 成矿动力学 ………………………………………………………………………… (108)

第三章 典型矿床 …………………………………………………………………………… (118)
  第一节 金龙沟金矿床 ……………………………………………………………………… (118)
  第二节 茶卡北山锂铍矿床 ………………………………………………………………… (129)
  第三节 沙柳泉铌钽矿床 …………………………………………………………………… (164)

第四章 柴达木盆地北缘成矿规律 …………………………………………………………… (195)

第五章 柴北缘金、稀有金属成矿系列 ……………………………………………………… (250)
  第一节 金、稀有金属成矿系列划分 ……………………………………………………… (250)
  第二节 柴北缘区域金、稀有金属成矿演化与区域成矿谱系 ………………………… (265)

第六章 柴达木盆地北缘找矿预测 …………………………………………………………… (269)
  第一节 金矿找矿预测 ……………………………………………………………………… (269)
  第二节 稀有金属找矿潜力 ………………………………………………………………… (290)

主要参考文献 …………………………………………………………………………………… (321)

第一章 引 言

第一节 稀有、贵金属研究现状

一、稀有金属研究现状

(一) 国内外稀有金属研究现状

20世纪60年代以来,不同学者对伟晶岩成矿作用、成矿流体、成矿物质来源和富集机制等方面开展了研究。

1969年,Jahns 和 Burnham 通过实验研究,表明出溶 H_2O 流体相中结晶的伟晶岩与花岗岩(具典型花岗质结构)不同,提出从花岗岩到伟晶岩的转变标志着在结晶序列中存在 H_2O 流体饱和的观点,说明伟晶岩是在不混溶的 H_2O 和挥发分组分存在下形成的。

1983年,孙承辕等研究认为锂、铷、铌钽等稀有金属在改造型花岗岩类中的含量大大超过了在同熔型花岗岩类中的含量,这是因为改造型花岗岩的成岩物质系由地壳提供,而同熔型花岗岩的成岩物质却是来源于上地幔或下部地壳。

London(1990,1992)研究认为岩浆过冷却到液相线温度以下时,伟晶岩可以从 H_2O 欠饱和的花岗岩熔体中结晶产生,使伟晶岩再次通过花岗岩浆结晶分异,而不是硅酸盐出溶 H_2O 流体相以及碱金属元素分离导致;稀有金属伟晶岩分为 NYF(Nb-Y-F)型和 LCT(Li-Cs-Ta)型两种类型,LCT 型伟晶岩中 Li 含量高,为锂矿的重要类型之一。

Cerny(1991)认为倾角较缓的伟晶岩比倾角陡的伟晶岩更容易富集 Li、Cs、Ta。

1996年,贾跃明认为金属矿床形成过程均与金属从源岩的活化、原始渗滤、矿质运移和金属沉淀富集成矿关系密切,这些过程主要是由流体的运动和作用完成的,成矿流体研究是解决矿床地球化学基本问题(源、运、聚)的核心和关键。

1997年,毛景文等研究认为,在岩浆分异演化过程中,锂、铷、铌钽等稀有元素和挥发分在分异晚期的岩体中聚集成矿,这是一种被普遍认可的稀有金属成矿模式。

Tomascak 等(1999,2016)认为锂同位素可起到良好的地球化学示踪;锂同位素在地幔分异和地壳深熔作用过程中不发生有意义的分馏,而在解决花岗岩和伟晶岩的岩浆源区性质方面提供了强有力的证据。

1999年,赵志忠和李志纯研究认为,在流体演化、运移直至成矿的不同阶段捕获的流体包裹体是各期流体最直接的记录,所以流体包裹体是研究成矿流体、成矿机制最常用的途径之一。

2002年,Elrhazi 认为流体包裹体能够提供关于成矿流体特征最可靠信息,包括成矿流体的温度和压力以及成矿流体的成分信息等,如盐度、金属离子含量、气体逸度等。这些信息为金属离子运移、流体冷却和成矿元素沉淀模式的总结及阐明成矿机制提供可能。

2003年,芮宗瑶等认为流体包裹体研究是目前地球科学研究中最活跃的领域之一,已广泛应用于矿床学、构造地质学、地球内部的流体迁移以及岩浆岩系统的演化过程等地学领域。

2004年,王登红等研究认为伟晶岩矿床作为一种独立的矿床类型,不但在矿床学上占有不可忽视的地位,而且在示踪大地构造演化的过程中同样具有重要意义;卢焕章(2004)认为包裹体形成后,没有外来物质的加入和自身物质的溢出,因而可作为原始的成矿液体来研究;肖荣阁(2004)认为成矿流体中富含挥发分、卤素、碱金属元素及成矿元素,具有较高含盐度的特殊地质流体,其形成主要与地质作用有关。

2005年,Cerny和Ercit通过研究花岗岩体系富稀有金属岩浆的分异机制认为,结晶分异作用是导致稀有金属从岩浆中分离并富集的重要机制,但是还存在其他机制,包括产出花岗岩熔体的中—下地壳部分熔融的程度、源区性质、部分熔融和结晶分异联合作用。

Cerny和Ercit(2005)认为伟晶岩的成因与成矿作用仍然存在争论,争论的成因模式主要有花岗岩结晶分异模式、地壳部分熔融模式以及岩浆液态不混溶模式3种。

Teng等(2006a)和London(2008)认为空间上相联系的花岗岩与伟晶岩,可能成因上也是相互联系的,而伟晶岩可能代表一个演化的花岗岩岩浆系统最后分异结晶的产物。这种分离结晶作用导致了残余熔体中不相容组分、助熔剂、挥发分以及稀有金属的增加。

2006年,周旻等认为稀有金属赋存状态主要有为3种类型:一是Nb、Ta以类质同象方式形成复杂矿物组合,铌和钽以独立矿物形式出现;二是以类质同象赋存于其他矿物中,这类矿床铌钽含量虽高,但铌钽铁矿、烧绿石等富含铌和钽的独立矿物很少见;三是钽铌等元素以微细粒状矿物颗粒的形式存在,包裹于其他矿物之中。

2007年,李建康等认为富F花岗岩浆液态不混熔作用是花岗岩浆(流体)不混熔作用的一种,它指在一定物理化学条件下,花岗岩浆分离出成分共轭的富挥发分、贫硅熔体和贫挥发分、富硅熔体的过程。

2009年,池国祥和赖健清认为不同类型矿床形成于不同的地质环境,其包裹体特征也不同,流体包裹体可作为鉴别矿床类型依据之一。

2012年,Martins等的研究亦表明花岗岩-伟晶岩体系中地球化学特征不连续,如从花岗岩到高度演化的伟晶岩不相容元素(F、Li、Rb、Sn等)的非连续增加,并不存在清楚的区域分带。Bradley等(2012)研究认为I型花岗岩常与俯冲作用相关,主要源自俯冲洋壳变质脱水熔融或富集地幔楔部分熔融,其稀有金属含量明显低于S型花岗岩,相差几个数量级,需要经历极高程度的分异演化才能形成少量富集稀有金属的花岗岩。

2015—2016年,中国地质科学院矿产资源研究所出版的《稀有稀土稀散矿产资源及其开发利用》,按照锂、铍、铌钽、锆、铪、铷等矿种,介绍了各个元素的物理化学和地学特征、各个矿种(组)的矿产资源概况,以及其在新兴产业发展中的应用、可持续发展的资源保障、发展趋势分析与矿政管理等方面的基本情况。

2017年,王登红等认为许多大型、超大型锂辉石矿床主要产于基性岩(无论变质与否)和硅铝质变质岩中,可能是因为这两种围岩一方面脆性大、容易产生张性裂隙;另一方面化学性质比较惰性,含锂的岩浆熔体不容易与围岩发生化学反应,成矿物质难以被分散以至于富集成矿。

2019年,李贤芳等研究认为国内外学者从平衡分馏、扩散动力分馏、混合或瑞利分馏3个方面详细论述了花岗伟晶岩的Li同位素组成,认为伟晶岩矿床的成因主要为花岗岩结晶分异或地壳部分熔融。

2019年,Wang Rucheng等研究认为原岩泥质岩在沉积时就吸附富集了Li、Rb、Cs、Be等元素,在变质过程中形成富含云母类矿物的片岩或片麻岩,而云母类又是Li、Rb、Cs、Be等元素的主要载体矿物;当片岩或片麻岩发生部分熔融时,云母类矿物分解,其易熔组分倾向于进入长英质熔体或花岗质岩浆,使熔体富集Li、Rb、Cs、Ta等元素。

2019年,王登红提出将9种稀有金属、17种稀土金属、8种稀散金属、6种稀贵金属、3种稀有气体矿产、12种关键黑色和有色金属矿产以及8种非金属矿产和铀作为中国的关键矿产。

2020年,侯增谦等提出了关键金属元素的超常富集的3个关键科学问题:一是地球多圈层相互作用与关键金属元素富集过程,二是关键金属元素成矿机制与成矿规律,三是关键金属元素赋存状态与强化分离机理。他们围绕核心科学问题,凝练出需聚焦的科学前沿。

2021年,陈衍景等通过对世界伟晶岩型锂矿床地质研究认为,全球伟晶岩型锂矿空间分布不均匀,成矿时间具有多期性和阶段性,成矿事件主要发生在汇聚造山作用晚期,伴随超大陆汇聚事件;另外,LCT型伟晶岩富含挥发分与后碰撞S型花岗岩密切相关,多产于中高级变质岩区,就位深度较大,多沿断裂构造贯入。

因此,国内外学者对稀有金属成矿作用、同位素、地质流体和成矿流体,以及迁移、沉淀和容矿机制等进行研究,对揭示锂、铍、铷、铌钽等稀有元素的成矿流体性质、演化及成矿富集机制具有重要作用。

(二)柴北缘稀有金属研究现状

青海省内稀有金属研究工作始于20世纪50年代,先后有中国科学院祁连山队、地质部西北地质局637队、青海省地质局海西州地质队等单位进行过基础地质及矿产地质工作。柴达木盆地北缘(以下简称为柴北缘)地区基础地质调查工作程度相对较高,1∶20万、1∶5万基础地质调查和1∶20万化探工作覆盖全区,特别是近几年"青藏高原地质矿产调查专项"(简称青藏专项)、省级地质勘查专项基金实施的1∶5万矿调(地物化)项目取得了大量的基础地质成果。

1.基础地质

柴北缘地区1∶100万区域地质调查主要涉及柴达木幅(Ⅰ-46)部分地区,开展工作较早,初步建立了地层、构造格架,为后期的地质工作奠定了基础。20世纪60年代以后,开启了较系统的1∶20万、1∶25万、1∶5万精度地质调查工作。

1)1∶20万区域地质调查

20世纪60—90年代,先后完成了25个图幅的1∶20万区域地质调查工作,1∶20万区域地质调查已覆盖柴北缘地区(图1-1)。该项工作在柴北缘地区地层、构造、岩浆岩、变质岩、矿产等方面积累了大量的资料,系统建立了该区地层层序、构造格架,同时发现和圈定了一批磷灰石、重晶石等重砂异常和稀有稀土矿化点,为今后的地质找矿提供了较全面的基础资料。

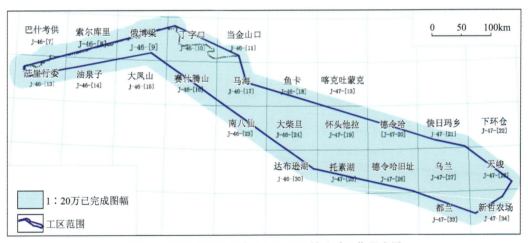

图1-1 柴达木盆地北缘1∶20万区域地质工作程度图

2）1∶25万区域地质调查工作

柴北缘地区共涉及15个1∶25万区调图幅（图1-2），目前仅开展了茫崖幅、石棉矿幅、大柴旦镇幅、都兰县幅和德令哈幅5个图幅。其中，德令哈幅项目中止，未实施完成，资料可利用性较差。2002—2004年天津地质矿产研究所（现为天津地质调查中心）完成的《1∶25万都兰县幅区域地质调查》进一步更新了基础地质资料并深化了认识，尤其是获得了大量可信的同位素测年资料，对侵入岩的合理划分提供了重要的依据。

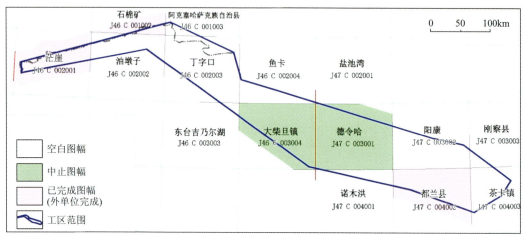

图1-2 柴达木盆地北缘1∶25万区域地质工作程度图

3）1∶5万区域地质工作

柴北缘地区涉及188个1∶5万图幅，目前，1∶5万区域地质调查116幅，多数已覆盖。其中2004—2006年，由青海省核工业地质局完成了"青海省共和县菜挤河地区1∶5万矿产地质、水系沉积物地球化学测量综合调查"工作，重新厘定了宗务隆、柴北缘的地质构造格架，圈出综合异常31处。

2009—2012年，由中国铝业集团有限公司委托西安地质矿产勘查开发院牵头完成了"青海省德令哈市察汗哈达地区3幅1∶5万地质矿产调查"工作，新发现矿化线索5条，成矿时代以海西期为主，次为印支期。

2001—2003年，青海省地质调查院开展了"察汗河、中尕巴幅1∶5万区域地质调查"工作，查明了区内不同时代岩浆活动的时空分布关系、岩石类型、组构及演化规律，发现了多处稀有稀土矿化点及矿化线索。

2019年度青海省地质调查院承担的"青海省察汉诺地区1∶5万专项地质调查"项目，新圈定伟晶岩脉220余条，伟晶岩脉具有成群（带）分布特征。同时，承担的"青海省天峻县贡卡休玛地区1∶2.5万区域地质矿产调查"项目，在茶卡北山厘定出一套非正式填图单位青白口系—奥陶系片岩组，为含锂铍矿伟晶岩脉主要围岩，为进一步矿产勘查提供了支撑。

2. 矿产勘查工作

自20世纪50年代以来，地矿、有色、核工业等部门相继开展了柴北缘地区稀有稀土金属矿产的调查或勘查工作，找矿成果逐步显现，发现了沙柳泉铌钽矿、龙尾沟稀土矿点、交通社西铌钽矿、茶卡北山锂多金属矿、锡墨格山锂铍矿、石乃亥铌钽铷矿、生格铌铍矿、红岭北锂矿等一批稀有稀土矿床、矿点。其中2018—2022年，青海省地质调查院开展了"青海省天峻县茶卡北山地区锂稀有稀土金属矿预查""青海省天峻县锡墨格山地区锂铍矿预查""青海省天峻县俄当岗地区稀有金属矿预查"项目，通过1∶2.5万地球化学测量圈定锂铍异常带近70km，初步划分4条伟晶岩带（Ⅰ、Ⅱ、Ⅲ、Ⅳ），共圈定出伟晶岩脉800余条，其中锂、铍（铌钽铷铯等）矿体117条，矿化体294条，控制主矿体长90～2794m，厚1.65～6.35m，控制矿体最大斜深854m，Li_2O平均品位0.72%～1.22%，BeO平均品位0.047%～0.086%。

目前,估算出潜在资源量 Li_2O 为 14 194.29t,BeO 为 5044t,$Nb_2O_5+Ta_2O_5$ 为 350.80t,Rb_2O 为 645.82t,Cs_2O 为 62.66t;2022 年度茶卡北山矿区仍在继续开展深部勘查工作。

3. 地球物理工作

1:100 万及 1:25 万区域重力、1:100 万航空磁测已覆盖全区。2003 年以来,青海省国土资源厅和中国地质调查局分别在东昆仑、柴北缘、阿尔金、祁连、鄂拉山等成矿带开展部分 1:5 万地面高精度磁法测量,在中—南祁连地区开展了 1:5 万航空磁测工作。

4. 地球化学工作

柴北缘地区内已开展过 1:50 万水系沉积物测量、1:25 万水系沉积物测量、1:20 万水系沉积物测量工作,部分地段开展了 1:5 万水系沉积物测量、1:2.5 万地球化学测量工作,圈定了一大批以稀有稀土等元素为主的异常,为矿产勘查工作及成矿规律研究提供了较为翔实的资料。特别是 1990 年以来,新疆地质矿产勘查开发局区调大队在阿尔金地区先后开展了两次较大规模的 1:50 万化探扫面工作。此后,不同单位在柴北缘地区内开展 1:20 万～1:50 万地球化学勘查工作;通过 1:5 万区化测量及后续工作,发现了大批稀有稀土元素综合异常及矿化信息。近年来,在重点矿区或地段开展了 1:2.5 万化探,圈定了稀有稀土元素异常,为找矿工作提供了直接依据。

1) 1:50 万化探

1992 年以前,在推进 1:20 万～1:50 万地球化学勘查生产工作的同时,先后完成三大景观区勘查方法、标准物质和测试方法技术的配套研究。区域地球化学数据适时处理,圈定的异常通过大比例尺工作查证,发现了大批矿床(点)。地球化学数据的区域性再次开发研究,特别是第三轮区划,对指导找矿工作部署和基础地质研究都有重要作用。

2) 1:25 万化探

柴北缘地区内 1:25 万化探扫面工作开展较少,截至目前主要完成了石棉矿幅、茫崖幅、阿克塞幅和都兰县幅等几个图幅,其余图幅均未开展工作(图 1-3)。其中 2010—2012 年青海省第五地质矿产勘查院在茫崖镇-丁字口地区开展了 1:25 万化探工作,查明 40 种元素分布特征,圈定综合异常 66 处,指出了稀有稀土矿找矿潜力。

2011—2013 年,新疆维吾尔自治区地质调查院、新疆维吾尔自治区地质矿产勘查开发局第一区域地质调查大队完成"新疆 1:25 万巴什库尔干幅、石棉矿幅、茫崖幅地球化学测量",查明了 39 种元素地球化学分布和浓集特征,圈定了地球化学异常。

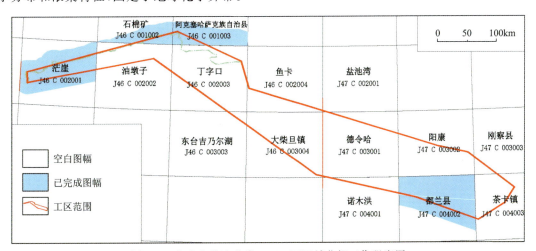

图 1-3 柴达木盆地北缘 1:25 万区域化探工作程度图

3) 1∶20万化探

20世纪90年代中后期,区内开展了大量1∶20万区域化探扫面,柴北缘地区内除油泉子幅和大风山幅未开展之外(图1-4),其余图幅均完成了1∶20万的化探扫面工作,并发现了一些稀土等矿化线索,为柴北缘地区地质找矿工作奠定了有利的基础。

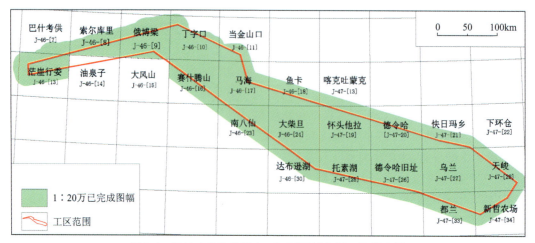

图1-4 柴达木盆地北缘1∶20万区域化探工作程度图

4) 1∶5万化探

柴北缘地区1∶5万水系沉积物测量工作覆盖率较高,通过系统开展1∶5万区化测量及后续工作,发现了大批稀有金属矿化信息点。2011—2014年"青海省大柴旦行委鱼卡地区六幅1∶5万区域地质矿产调查"项目圈定地球化学综合异常26处,其中乙1类异常5处、乙2类11处、丙类10处。

2015—2017年,青海省地质调查局完成"柴达木盆地周缘1∶5万水系沉积物样品二次开发利用——稀有稀土元素优选测试及成矿预测"项目,对柴北缘成矿带擦勒特地区、宗务隆山地区等20个1∶5万水系沉积物测量项目65个图幅保存的副样进行了La、Y、Li、Nb等元素测试,圈定了一批有价值的La、Y、Li、Nb异常。

2019年,青海省地质调查院完成"青海省天峻县贡卡休玛地区1∶2.5万区域地质矿产调查"项目,以Li、Be、Y、Nb、Ni等为主元素的综合异常65个,其中甲1类8个、甲2类2个、乙1类异常14个、乙2类异常9个、乙3类异常25个、丙类异常7个,并划分5个异常带。

5) 1∶2.5万化探

在柴北缘地区小范围开展了大量1∶2.5万地球化学测量工作,部分项目分析了稀有稀土元素,在茶卡北山等地区找矿过程中具有良好的找矿效果,取得了找矿工作的重大进展。其中,在茶卡北山地区圈定了154个综合异常,甲类异常16个、乙类异常89个、丙类异常49个;控制地球化学异常长度约40km,宽度1.5～3km,发现伟晶岩脉800余条,显示了1∶2.5万地球化学测量圈定伟晶岩脉的有效性。

6) 自然重砂工作

自20世纪60年代开始,1∶20万区域地质调查持续开展;70年代末1∶20万～1∶50万区域地球化学调查进行水系重砂测量。其中1985—1990年,青海省区调综合地质大队提交了《青海省区域重砂总结》;涉及稀有、稀土、放射性等共22种矿物,圈出各类矿物异常931个;确定了12个矿种的20个找矿靶区。

2010—2013年,青海省地质矿产勘查开发局在全国矿产资源潜力评价工作中,编制了《青海省自然重砂资料应用研究报告》,圈定了614处综合异常,划分了4个异常区16个异常带,圈定61个成矿远景区和71个找矿靶区。

5. 科研工作

2000—2003年，天津地质调查中心完成"阿尔金成矿带成矿规律和找矿方向综合研究"项目，系统研究了区内地层、岩浆岩、构造及变质作用对成矿的控制作用，开展地层、岩浆岩的含矿性及岩浆岩的成矿专属性研究，明确了区域成矿的主要控制因素。

2001—2003年，青海省国土资源厅开展"青海省第三轮成矿远景区划与找矿靶区预测"工作，系统总结了青海的矿产情况，并进行了成矿预测。

2005—2007年，青海省国土资源厅完成了青海省板块构造编图，比较系统地应用大陆动力学原理，对青海省内的构造单元进行了厘定，为应用现代成矿理论进行成矿规律研究奠定了基础。

2006—2008年，中国地质科学院地质研究所完成了"祁连-阿尔金造山带早古生代构造演化及其对成矿作用的制约"项目，对阿尔金早古生代构造单元进行了划分，明确了不同构造单元的物质组成、性质和形成时代。

2008年，中国地质科学院吴锁平博士对"柴北缘古生代花岗岩成因及其造山响应"进行了研究，将柴北缘古生代花岗质岩浆活动划分为5期，由早到晚依次为第Ⅰ期早奥陶世末—中奥陶世（475～460Ma），第Ⅱ期晚奥陶世末—早志留世（450～425Ma），第Ⅲ期早泥盆世（410～395Ma），第Ⅳ期晚泥盆世晚期（380～370Ma）和第Ⅴ期中二叠世（275～260Ma）。

2007—2010年，西安地质调查中心完成"昆仑-阿尔金成矿带基础地质综合研究"项目，系统总结了各类现有地质、物化探、遥感等资料，为构造单元、成矿远景区划分和找矿有利地段确定等提供了依据。

2006—2012年，在"青海省矿产资源潜力评价"项目中建立了地质构造格架和不同构造阶段的建造序列，对稀有稀土找矿潜力作了进一步评价。

2010—2012年，北京矿产地质研究所完成了"青海柴达木盆地北缘重要金属矿找矿技术集成及示范"项目，深入研究了区域矿床成矿环境和成矿规律，指出早古生代和晚古生代—早中生代旋回是柴北缘地区内生金属成矿的两个主要构造岩浆旋回，加里东期和海西晚期—印支期复合造山作用对区内大规模成矿作用具有决定性的意义。

2010—2013年，青海省地质矿产勘查开发局承担完成《青海省潜力评价稀土成果报告》，根据1∶5万磁测资料和航磁资料省内圈定各类磁异常1918个，其中甲类异常114处、乙类异常371处、丙类异常238处、丁类异常1195处；通过潜力评价圈出17个远景区，6个工作部署区。

2011—2016年，青海省地质调查院承担的中国地质调查局科研及评价项目"青海省三稀资源战略调查""青海稀有稀散为主'三稀'资源综合研究与重点评价"，系统梳理了青海省"三稀"（稀土、稀有、稀散金属）资源"家底"，并据青海省内"三稀"矿产资源分布特征及矿床点规模，提出了青海省"六带一区"的"三稀"金属矿成矿构造格局；圈定了6处稀有金属矿找矿远景区，7处稀散矿找矿远景区，5处稀土矿找矿远景区，以及5处可供进一步工作的重点评价选区。

2016—2018年，青海省第五地质矿产勘查院、青海省第四地质矿产勘查院以及青海省地质调查院在柴北缘地区承担了"青海省柴北缘稀有稀土矿找矿潜力评价及靶区优选""青海省柴北缘战略性矿找矿方向研究及靶区优选""柴北缘铌钽矿成矿作用及靶区优选"等项目，梳理出了柴北缘地区伟晶岩、碱长花岗岩等与稀有稀土密切相关的岩体或岩脉，并优选出一批可供进一步勘查的靶区。

2017年，青海省地质调查院开展的"青海省宗务隆地区金多金属成矿因素研究与靶区优选"项目对宗务隆东部分布的花岗伟晶岩脉进行了初步调查，发现了锂、铍矿化信息，花岗伟晶岩脉密集分布带呈北西-南东向延伸，表明宗务隆东段地区具有稀有金属找矿潜力。

2016—2018年，青海省第一地质勘查院承担"青海省大柴旦地区1∶5万矿调多元地质信息集成与找矿预测"项目，收集以往1∶5万矿调地质、物探、化探、遥感、地质勘查及科研等最新成果资料，进行数据处理和综合研究，发现了300余条伟晶岩脉群。

2016—2018年，青海省地质矿产开发局完成"柴达木盆地南北缘成矿系统与勘查开发示范"项目，确定了柴北缘中二叠世—中三叠世弧岩浆岩带的存在,证明柴北缘二叠纪—三叠纪也存在一重要的成矿期,进而确定了柴达木盆地周缘存在一特征相似、规模巨大并围绕柴达木盆地周缘分布的晚古生代—早中生代岩浆岩带。

2017—2019年,青海省第五地质勘查院完成了"青海省柴周缘'三稀'矿找矿潜力评价与靶区优选"项目,以铌钽、轻稀土为主攻矿种,利用已有的1:25万水系沉积物圈定了"三稀"元素异常266处,圈定重砂异常560处;划分找矿远景区38处,1:25万找矿靶区150处,1:5万找矿靶区48处。

2018—2019年,青海省地质调查院开展"青海省柴达木盆地北缘锂铍矿富集机制及找矿预测"项目,对柴北缘地区花岗伟晶岩脉集中分布地段进行了地表踏勘、检查,初步发现了锂辉石矿化花岗伟晶岩脉,锂、铌钽、铷等矿化明显,提供了相关矿产找矿的直接依据。

2020—2022年,青海省地质调查院开展"青海省柴北缘稀有稀土金属成矿作用及找矿方向"项目,选择具有代表性的典型矿床,对其成矿地质背景、成矿特征、成矿时代、成矿规律等进行系统研究,总结了控矿因素和找矿标志,建立了柴北缘地区稀有稀土矿区域找矿模型。

近年来,青海省地质矿产勘查开发局、青海省地质调查院等单位完成的《中国区域地质志·青海卷》《中国矿产地质志·青海卷》,系统梳理了青海省稀有稀土矿产资源"家底",从成矿类型、资源储量、典型矿床(点)以及资源潜力等方面进行了总结,并详细厘定了前南华纪、寒武纪—奥陶纪、志留纪—泥盆纪以及三叠纪等中酸性侵入岩的岩石组合、构造环境以及成矿特征等,为柴北缘地区稀有稀土找矿工作提供了基础依据。

6. 存在找矿问题

1)柴北缘西段找矿问题分析

柴北缘西段阿尔金成矿带在稀有金属矿方面一直没有重大发现,虽然通过近年来科研工作的调查与研究,已发现了一批稀有稀土矿化点、矿化蚀变带和成矿远景区,确定了若干个成矿有利靶区,并开展了一些预查项目,利用地化剖面、槽探、钻探等工作手段对圈定异常进行了查证,圈定一些稀有稀土矿化体,但仍没有找矿突破。分析其找矿问题:一是对稀有金属矿赋存的伟晶岩脉专属性认识不足,找矿方向和综合研究不够深入,存在成因类型认识不清,如在牛鼻子梁西发现铌钽矿化主要赋存于碱长花岗岩外接触带的石英角闪片岩中,地表出露规模较大,但铌钽及稀土品位普遍偏低,存在成因认识的偏差,无法单独圈连铌钽矿体;二是前期开展的1:25万、1:20万、1:5万等矿产勘查工作中,圈出了部分La、Nb、Y、Li等稀有稀土异常,未引起足够的重视,对土壤剖面圈出的大量Li、Rb异常尚未开展槽探工程揭露验证,没有全面评价稀有矿产(Li、Rb、Nb)的成矿远景及找矿潜力;三是阿尔金南缘加里东期—燕山期中酸性侵入岩大面积分布,但对岩浆岩成矿的专属性还是缺乏深入的研究,尤其是伟晶岩型稀有金属矿和花岗岩型稀土矿的成矿地质背景、成矿条件、成矿潜力以及综合评价明显不足。

2)柴北缘东段找矿分析

近年来,青海省地质调查院等单位在柴北缘地区开展了一些与稀有稀土金属矿有关的科研项目,圈定了长200余千米断续产出的伟晶岩带,并圈定了100余处与稀有元素有关的综合异常,发现了一批稀有矿化点或矿化线索,开展了一批稀有矿产勘查项目,在柴北缘东段取得了找矿进展。但也存在一些制约找矿的突出问题:一是找矿方向不明确,如茶卡北山地区地表发现了高分异演化后期阶段的锂辉石锂云母花岗伟晶岩脉,区域上圈定出4条伟晶岩带,而在深部钻探验证过程中,存在与地表矿体不符或未见矿等不利找矿现象。二是岩浆活动与稀有金属成矿关系不清楚,茶卡北山伟晶岩脉围岩为奥陶纪石英闪长岩,而含绿柱石花岗伟晶岩成矿年龄为217Ma,时代为晚三叠世;矿区内尚未发现印支期S型花岗岩;而在矿区南侧发现大规模印支期酸性花岗岩,是否存在远端成矿或古老地层的部分熔融成矿的可能性,尚需深入研究。三是查查香卡-夏日达乌地区发现Nb-U-La、Ce型成矿特征,是否存在碱性花岗岩形成La、Ce矿的可能性;另外,铌铀以及稀土矿共生的形成机理及成矿要素等研究不足。

二、金矿研究现状

(一)国内外金矿研究现状

1. 金矿床分类

近年来,国内外金矿研究取得了显著进展,主要体现在金矿床分类研究、金矿成矿规律、金成矿模式研究等方面。其中金矿床分类问题是金矿成矿学领域最重要、最基础、最复杂的问题之一(葛良胜等,2008),金矿床分类是金成矿规律和找矿勘查方向研究的重要内容(聂凤军等,2011),不同的金矿床分类反映了当时的金矿床研究水平(葛良胜等,2009)。有关金矿床分类已有近 200 年的研究历史(张振儒等,1989),有诸多学者提出了众多分类方案(王玉玲等,1997;李景春和李兰英,2001)。

1)20 世纪 60 年代以前

自 16 世纪中叶 Agricola 根据矿床的形态与位置提出矿床分类,到 20 世纪早中期矿床分类经历了由形态分类到简单成因分类(李景春和李兰英,2001)。1934 年,Lindberg 以成矿作用为基础提出,将矿床划分为与机械作用有关的矿床和与化学作用有关的矿床两大类,并以成矿时的物理化学条件为依据将与化学作用有关的矿床划分为若干亚类。在此基础上,各国学者相继提出了金矿床的成因分类方案,其中最具代表性的是 Emmons(1937)以岩浆分异演化、岩浆热液成矿理论为指导提出的金矿床成因分类,他将金矿床分为岩浆分凝金矿床、伟晶岩金矿床、热液交代金矿床、高—中—低温热液金矿床、冷水热液金矿床、沉积金矿床(范永香,1983)。国内的金矿床分类,早期主要沿用国外有关分类,20 世纪 40—50 年代谢家荣、冯景兰、孟宪民、朱夏、刘祖一、夏湘蓉、黎盛斯等先后对金矿床成因进行了研究,并提出了相应的分类方案。矿床地质工作者对金矿床基本成因的认识,使得金矿床的研究从以形态产状为主上升到以成因研究为主。20 世纪 60 年代以来,金矿床的成因分类研究从单一的成矿作用逐渐扩大到与成矿地质环境、物理化学条件、成矿物质来源等诸因素结合,从单一岩浆演化分异、岩浆热液成矿的一元论为理论指导到以多源、多期叠加成矿理论为指导(张钧,1987)。

2)20 世纪 70 年代至 90 年代

20 世纪 70 年代到 90 年代具有影响的金矿床分类方案主要有以下几类。

以成矿物质来源为基础的金矿床分类方案:以王鹤年和储同庆(1982)、郑明华等(1982)的分类方案为代表,在矿床大类划分时强调了成矿物质来源,划分具体类型时考虑成矿作用(李景春和李兰英,2001)。

以成矿物质来源为一级标志的金矿床分类方案:成矿物质来源于上地幔玄武岩浆、硅铝层重熔-再熔混浆、壳内固体岩石(或矿石)、地表岩石(或矿石)及以上 4 种来源叠生金矿床,并以成矿作用、元素或矿物组合分别为二级、三级标志划了类和亚类(郑明华等,1983)。

以成矿作用为基础的金矿床分类方案:以毋瑞身(1981)、胡伦积(1982)、栾世伟等(1987)、张振儒等(1989)、朱奉三(1989)、罗镇宽(1990)等提出的分类方案为代表,以成矿作用为基础,强调了内生金矿床的热液矿床属性,将我国金矿床划分为岩浆热液、变质热液、渗滤热液等成因类型(王玉玲等,1997;李景春和李兰英,2001)。

以赋矿岩石组合为基础的金矿床分类方案:以 Bolye(1979)、涂光炽(1990)、陈纪明(1990)、韦永福(1994)提出的分类方案为代表。

Bolye 与涂光炽提出的分类方案:Bolye(1979)强调金的地球化学特征、矿质来源及成矿作用,以成矿母岩时代与矿物共生组合等将金矿床分为九大类:含金的斑岩及含金花岗岩、伟晶岩矿床,含金的砂卡岩型矿床,火山岩中金矿床,沉积岩中金矿床,脉状(网脉状)金矿床,浸染状金矿床,砾岩型矿床,砂金矿床,伴生金矿床。涂光炽(1990)将中国金矿床分为 5 类:太古宙绿岩带型、细碎屑岩-碳酸盐岩-硅质岩型、变质碎屑岩型、火山岩型、侵入岩内外接触带型。

以金矿床产出的地质构造单元为基础的金矿床分类方案:以 Tatsch(1975)、吴美德(1986)、Bache (1987)提出的矿床分类方案为代表。以 Tatsch 的分类为例,引入板块构造理论,强调金成矿的大地构造背景,将金矿床分为八大类:太古宙大陆地盾区金矿床、元古宙地台变质砾岩型金矿床、老褶皱带改造地台侵入基性杂岩体中含金铜铂矿床、冒地槽凹陷内与地槽型花岗岩类伴生的金矿床、火山岩带优地槽区金矿床、构造活动已固结区金矿床、与晚古生代构造活动有关的近地表玉髓-石英脉型金银矿床、与现代火山活动带伴生的金矿床(Tatsch,1975;范永香,1983)。

3) 20 世纪 90 年代至今

近年来,金矿床分类研究以 Robert(2007)、Dill(2010)的分类方案为代表。Robert 在考虑不同类型矿床规模的基础上,以金矿床所处的大地构造环境、成矿作用、含矿建造等为依据,将金矿床分为造山型金矿、与还原型侵入岩有关的金矿、与氧化型侵入岩有关的金矿及其他类型金矿四大类,并进一步划分为 12 亚类。Dill 以成矿地质作用、赋矿岩石及元素组合为依据,将金矿床分为岩浆岩型金矿床、与构造有关的金矿床、沉积岩型金矿床、变质岩型金矿床四大类,若干亚类(聂凤军等,2011)。

2. 国外主要金矿床特征

Kerrich 和 Wyman(1990)、Groves 等(1998)认为造山型金矿具有许多共同性质,尽管其围岩、时代和蚀变矿化特征有系统的差异,在大地构造背景、流体属性等方面却体现出较大的一致性,如主要产于造山带内,与造山作用有密切成因联系,与岩浆作用没有明显成因联系等。这些特征明显不同于与火山岩有关的低温热液金矿、以沉积岩为围岩的卡林型金矿以及斑岩型和矽卡岩型等金矿类型。

1992 年,Groves 等对澳大利亚西部 Yilgarn 地块太古宙岩金矿床长期研究发现,大量矿床主要集中产在绿片岩相和低角闪岩相变质岩中,而西澳大利亚南克劳斯省产于角闪岩相和低麻粒岩相的两个金矿床的成矿温度分别可达 500~550℃和 740℃,围岩蚀变、矿物共生组合等方面都有别于低级变质区的金矿。

2000 年,Kerrich 等提出造山型金矿产生在俯冲晚期,高温变质流体沿大型剪切带灌入地壳,Au-HS 络合物在 p-T 降到 300~400℃脱稳沉淀形成金矿。

Goldfarb 等(2001)、Groves 等(2005)通过大量金矿研究,系统总结了造山型金矿床形成的时间规律,发现在地质历史时期,造山型金矿主要形成时间存在 3 个峰期,分别为 2.80~2.55Ga、2.1~1.8Ga 和小于 0.57Ga。

2001 年,Goldfarb 等认为罗迪尼亚超大陆拼贴时期形成的造山型金矿床随陆壳重循环而缺失;此外,全球缺少晚于 55Ma 的大型造山型金成矿系统可指示中地壳岩石暴露至地表至少需要 50Ma。

2010 年,Phillips 和 Powell 认为深成造山型金矿主要发育在前寒武纪角闪岩相或麻粒岩相变质绿岩带中,以脉状金矿为主,金主要以自然金的形式与硫化物共生于石英脉中,两侧围岩蚀变带较窄,热液脉两侧发育硫化物(黄铁矿、磁黄铁矿为主)-石榴石-黑云母-角闪石蚀变矿物组合,远端发育斜长石及角闪石矿物组合。

2018 年,Groves 等认为区域尺度(一级)构造通常为成矿流体的运移通道,而矿床尺度(二级)剪切带或断裂控制造山型金矿的产出。

美国金矿以内华达州卡林镇的卡林型金矿最为著名,该矿床早在 20 世纪初就被发现并开始开采,如 1917 年发现的 White Cap 金矿,1922 年发现的 Gold Acres 金矿,1934 年发现的 Getchell 金矿(谢卓君等,2019)。内华达卡林型金矿矿集区是世界上最大的卡林型金矿矿集区,金累计储量 8000t,也是世界上第二大金矿矿集区(仅次于南非),每年的金产量占全世界金总产量的 6%(Muntean et al,2018)。

非洲金矿主要集中分布在南部的卡拉哈里克拉通和西北部的西非克拉通,这两个地区都是世界著名的金矿产区(江思宏等,2020)。兰德盆地靠近 Kaapvaal 克拉通的中部,是目前已知世界上黄金产出最多的地区,兰德盆地的金资源量为96 703t(Robertson et al,2016),已生产黄金约53 000t,约占全球已产黄金的1/3,其剩余的资源量也接近全球现有黄金总资源量的30%。兰德盆地所生产的黄金93%来自一套河流相-三角洲相的砂岩和砾岩,属于2.9~2.8Ga的Central Rand群,大部分金是作为重矿物沉积在砾岩中,部分与微生物作用有关,也有少数金是在后期由热液或变质热液活化沉积形成的(Frimmel et al,2019)。砾岩中金的来源可能来自受剥蚀的中太古代造山型金矿(Goldfarb et al,2001)。

西非克拉通大多数金矿床类型为造山型金矿,主要集中分布在Man-Leo地盾(Baoulé-Mosi地区),形成于2.25~2.00Ga绿岩带(Goldfarb et al,2017),超过25个金矿床的金资源量均大于100t。金矿化产出于大型断裂的二级构造,包括剪切带、扩容构造和区域性的褶皱带,根据已获得的年龄数据,成矿与2.1Ga开始的转换/走滑和抬升剥蚀有关(江思宏等,2020)。

3. 国内金矿现状

1992年,段嘉瑞等随着韧性剪切带型金矿研究的不断深入,逐渐认识到这类矿床的主要特点,即成矿作用过程受控于韧性—脆韧性—脆性剪切带。在韧性剪切过程中伴随着糜棱岩化发生金的活化,以变质流体为主的成矿热液携带金在脆性—韧性变形转换部位发生金的沉淀富集成矿,金的沉淀机制与闪蒸作用和沸腾作用等有关(张连昌,1999;陈柏林等,1999,2000a;范宏瑞等,2003;邱正杰等,2015;程南南等,2018)。

2007年,翟明国和彭澎认为罗迪尼亚超大陆活动期间(1.6Ga~570Ma)保存的地质记录暗示全球处在克拉通内部裂谷发育时期及相关的非造山岩浆活动爆发时期,所以不宜形成造山型金矿。

2009年,翟裕生等认为中国经历了复合造山和碰撞造山过程,成矿期主要处在挤压到伸展的转换阶段,时代几乎均为显生宙,金矿形成晚于区域变质峰期,典型代表包括特提斯二叠纪—侏罗纪成矿带、华北克拉通东南缘白垩纪成矿带和青藏高原周缘古近纪成矿带等。

2018年,程南南等通过梳理胶东地区金矿的成矿流体特征,发现其均一温度集中在200~330℃之间,金在这一温度范围,其溶解度基本不随压力(50~150MPa)不同而发生较大变化,说明金在温度和压力降低的情况下,若无其他因素,可能并不能引发良好的沉淀富集。

2017年,李华健等认为青藏高原是全球规模最宏大、特征最典型、时代最年轻的大陆碰撞造山带,也是世界三大巨型成矿域之一,即特提斯成矿域的重要组成部分,还是碰撞造山型金矿的重要成矿区。

2019年,王庆飞等认为青藏高原碰撞过程形成了系列造山型金矿,可归纳为与大规模地壳挤压、剪切和旋转有关的3套造山型金成矿系统,其成矿作用与区域大型岩石圈不同性质的构造体制转换密切相关;特提斯二叠纪—侏罗纪造山型金矿成矿带主要分布于祁连山-昆仑山造山带和松潘-甘孜褶皱带,主要受显生宙不同时代造山作用的控制,成矿时代晚于变质峰期。

赖华亮等(2019)和刘嘉等(2019)认为韧性剪切带型金矿也大量发育在前寒武纪地层中,如柴北缘滩间山金矿赋矿围岩属中元古界。

2021年,李顺庭等认为柴北缘地区韧性剪切带型金矿存在465~395Ma、360~330Ma、330~201Ma三个成矿时期,且与侵入岩的侵位时代形成良好的对应,岩浆作用与金成矿作用相互对应。韧性剪切带是这类型金矿的主要控矿因素,而具备金高背景值的古老围岩和成矿作用过程中频繁的岩浆活动,是韧性剪切带型金矿成矿的有利条件。

国内多个省、市和地区已探明的金矿类型多是以岩金矿为主,占总探明金矿的63.2%。其中以山东地区黄金矿的储量最多,接近岩金总储量的25%,是我国最重要的黄金产地之一;其次为我国甘肃省、河南省、云南省以及贵州省等诸多地区,已经探明的黄金资源占总量的11.8%(鹿峰宾和陈晓燕,2020);国内很多地区伴生金的金矿床规模相对较大,如江西德兴铜矿伴生金资源量达239t,城门山伴生金资源量达73t,银山59t,其中大部分的金矿和铜矿床相伴而生,占伴生金总储备量的78%以上(卓雅,2020)。

(二)青海省内金矿研究现状

1. 金矿类型

青海省内至今已发现砂金、岩金矿床(化)点600余处。其中以岩金矿产资源为主,主要集中分布在北祁连、拉脊山、柴北缘、东昆仑及阿尼玛卿山等地区。金矿成因类型有接触交代型(矽卡岩型)、海相火山岩型、沉积变质型(砂金矿)、热液型、风化壳型、破碎蚀变岩型及叠加复合型金矿床7个类型,其中最主要的是破碎蚀变岩型。

接触交代型(矽卡岩型)金矿:矽卡岩型矿床是诸多矿床类型中非常重要的矿床类型之一,一个世纪以来备受地质学者们的关注,既可以形成铁、铜、钼、钨等矿床,又可以形成银、金、铅、锌等矿床,还可以形成铀、稀土、氟、锡、硼等矿床。该金矿床类型主要分布于青海省东昆仑东段、黄南、海东地区,以都兰县柯柯赛庞加丽铜金矿床、同仁县德合隆洼金铜矿床、循化县谢坑金铜矿床为代表。该类型的金常与铜矿产呈共(伴)生产出,主要含矿地层及赋矿岩性分别为奥陶系滩间山群大理岩与侵入岩的外接触带矽卡岩,下二叠统大关山群大理岩、钙质砂岩与刚察岩体形成的复杂矽卡岩(傅晓明和息朝庄,2010;曹锐,2015),下二叠统大关山群大理岩及砂板岩与中酸性岩体的内外接触带的石榴石透辉石矽卡岩(王星等,2008;周云海等,2006)。

破碎蚀变岩型金矿:破碎蚀变岩型金矿床主要指产于各类岩石建造中的破碎带蚀变岩内的独立型金矿床(张德全等,2001,2007;丰成友等,2002),以Au为矿床的主元素,其成因类型复杂,具有成矿物质(介质)来源多、成因多、成矿阶段多的特点。该矿床集中分布于柴北缘、东昆仑东段、巴颜喀拉山、拉脊山等地区,以五龙沟金矿田、大场金矿田、滩间山金矿田、瓦勒根金矿床为代表。该类金矿床多与区域性构造(特别是断裂构造)关系密切,并受不同序次构造的控制,既产于大的断裂带,也产于小的断裂带。

2. 成矿时代

金矿的形成经历过漫长的演化过程,这一过程可能会跨越若干个地质时代,而各地质时代与金矿化有关的地质作用及成矿作用可能完全不同。加里东期金成矿主要发生在北祁连、拉脊山及柴北缘等地区;海西期—印支期是青海省最重要的金成矿期,成矿作用遍及省内地区,赋矿地层从元古宇—三叠系均有分布。

金成矿在时空上具有一定的变化规律。首先,金矿成矿时代与青海省内地质构造的演化趋势基本一致,存在构造演化由北向南、由老变新的趋势。其次,金成矿与省内岩浆活动的分布规律基本一致,北祁连-东昆仑-巴颜喀拉山地区侵入岩体从加里东期→海西期→印支期→燕山期逐次变新,金成矿由北向南在时代上亦显示出从加里东期→海西期→海西晚期→印支期→燕山期的变化特征。最后,加里东期成矿作用主要分布在北祁连、拉脊山成矿带,海西期或海西晚期—印支早期成矿作用主要分布在柴北缘金成矿带,东昆仑地区金矿主成矿期虽然是以海西晚期—印支期为主,但亦显示出印支晚期和燕山期成矿作用已占较重要的位置,而昆仑南坡及北巴颜喀拉山和共和-同德地区金成矿主要为印支期—燕山期。

3. 成矿作用

青海省内各成矿带主成矿期的规律变化说明金成矿作用与大地构造的演化关系极为密切。岩金成矿作用始于震旦纪,但未形成具工业意义的矿床(王福德等,2018);海西晚期—印支期和燕山期是青海省一个重要的构造转折时期,尤其在印支期达到顶峰,特提斯洋盆的扩展和闭合对省内地质构造的演化影响极大,强烈的陆内造山,造成积压、推覆、剪切、断裂等一系列构造形迹非常发育,岩浆活动也十分频繁,复杂的构造形迹及频繁的岩浆活动和岩体侵入为金矿的形成提供了有利条件。在此阶段形成了柴北缘滩间山金矿田(海西期)、东昆仑五龙沟金矿田、沟里金矿田、满丈岗金矿床、西秦岭瓦勒根金矿床、北巴颜喀拉大场金矿田(印支期);外生金矿的砂金矿成矿时代为喜马拉雅期。

4. 成矿模式

青海省破碎蚀变岩型金矿床成矿流体显示中低温、低盐度混合流体特征,成矿深度为浅—中成,并以浅成为主(赵财胜,2004;李世金,2011;张博文等,2010;丁清峰等,2010;郭跃进,2011)。其中滩间山地区金龙沟金矿床中泥盆世花岗闪长斑岩和北西向区域性剪切带构造是该带金矿主要成矿要素;加里东晚期区域变形变质作用使 Au 元素初步富集形成矿化,而中泥盆世岩浆活动使区内 Au 元素进一步富集而形成了工业矿化(安生婷等,2020)。于凤池等(1994,1999)认为滩间山金矿床是在热水沉积预富集的基础上,经历了区域变质变形与岩浆活动叠加改造的产物,成矿物质源于容矿黑色岩系和海西晚期侵入岩,其强调金主要源于预富集地层,侵入体主要起活化富集作用。国家辉等(1998a,1998b,1998c)指出矿区斜长花岗斑岩杂岩体是同源岩浆不同演化阶段的产物,成矿物质源于岩浆期后热液,并对矿区闪长玢岩、花岗斑岩等进行 K-Ar 测年,认为成矿于海西晚期。崔艳合等(2000)测得区内蚀变花岗斑岩型金矿石和黄铁绢英岩化闪长玢岩的 K-Ar 年龄分别为约 294Ma 和约 268.94Ma,将矿床归属于海西晚期。张德全等(2005,2007)认为,柴北缘-东昆仑地区一部分金矿床属造山型金矿,形成于早古生代和晚古生代碰撞造山过程晚期的两次热液-矿化事件中,部分成矿热液具岩浆源性质,矿区绢云母^{40}Ar-^{39}Ar 年龄[(284±3)Ma]为成矿年龄之一。白开寅等(2007)认为,矿区与金有关的花岗岩源于加里东期基性岩的部分熔融或同源岩浆的分离结晶,岩浆及其中的富金属硫化物热液为(岩浆和地层中的)金活化转移提供了能量和载体。贾群子等(2013)报道,矿区斜长花岗斑岩形成于早石炭世[(350±3.2)Ma],属后碰撞 I 型花岗岩,海西中期为金的重要成矿期。张延军等(2016)报道,矿区花岗斑岩为晚泥盆世[(356±2.8)Ma]碰撞后 I 型花岗岩,是中元古代新生陆壳部分熔融的产物。目前,对该矿床的研究争论围绕着两点:其一,成矿年代于加里东期或海西中、晚期;其二,金源于地层(容矿黑色岩系)或岩浆,成矿流体为造山型变质热液(Groves et al,2003)或具岩浆源性质。

海西期—印支早期,东昆仑地区随古特提斯洋俯冲、拼贴,碰撞造山早期受到近南北向的挤压作用,形成了一系列近东西向逆冲断裂及近北西西向的大型韧性剪切带,区内昆中和昆北断裂带发生左旋压扭性活动,并在其两侧形成了一系列的北西西—北西向线性构造。强烈挤压剪切的断裂破碎带形成强应变构造带,其切割深度较大;中三叠世该区造山过程进入晚期,构造体制转换,由挤压转为伸展,壳-幔混合作用强烈。地幔物质及下地壳物质发生部分熔融形成中酸性岩浆,同时岩浆携带成矿流体及成矿物质发生迁移。在地壳浅部,构造性质也由韧性逐渐过渡为脆性,成矿物质在上升迁移过程中由于流体混合及温压等物理化学条件的改变使得其在韧性剪切带—脆性断裂中沉淀成矿,形成中—高温岩浆热液型金矿床(李艳军等,2017)。

第二节 稀有、贵金属研究意义

一、稀有金属资源的战略意义

锂(铍、铌、钽、铯、铷)资源已经从普通的矿产资源变成未来的能源资源,被誉为"白色石油""能源金属"或"高能金属"。以锂和稀土为代表的新兴产业矿产资源,是近年来全球勘查的热点,被称为"关键金属",锂不但是关键金属矿产,也是能源金属,上至氢弹爆炸,下到手机电池,均不可或缺(王登红等,2016)。目前,锂等稀有金属资源的开发利用贯穿节能环保、高端装备制造、新材料和新能源汽车等产业,被广泛应用于电子、冶金、宇航等领域,具有重要的战略意义。

锂作为一种新型且重要的能源战略金属,在锂电池、可控核聚变等领域发挥着显著的作用。同时,随着新兴产业不断发展,国际市场和国内市场对锂资源的需求呈跨越式增长,导致了锂资源需求量与供给量缺口逐年增长;在市场和经济等多因素的推动下,全球范围内都掀起了锂矿资源的勘查热潮及研究。据美国地质调查局(USGS)统计,截至2019年底,全球已探明锂矿储量1700万t(锂矿资源量8000万t),按目前每年8.5万t的用量测算,可以保障全球使用200年(杨卉芃等,2019)。锂矿分布区域高度集中,就储量而言,全球近91.09%的储量主要分布在智利、阿根廷、美国、津巴布韦、葡萄牙、澳大利亚、中国、加拿大和巴西9个国家(9个国家锂矿资源储量总和为1 548.5万t),其余各国储量较小。

中国是世界上主要的锂产品生产国与消费国,2017年锂资源折合碳酸锂当量分别占全球的41.9%和52.48%,但国内锂资源禀赋不佳、开发进程缓慢、供应能力较弱,致使对外依存度高达80%(崔晓林,2017;张苏江等,2020)。伴随着新能源、新材料与新药品三大新兴朝阳行业的迅速崛起,未来中国对锂的需求将持续快速增加(马哲和李建斌,2018)。在此背景下,对全球锂资源的成因类型和分布进行研究与论述,对于保障国内锂资源安全稳定供应、助推全国战略性新兴产业健康有序发展具有不容忽视的现实意义(赵志鹏,2018)。

锂矿资源主要分为两大类型:盐湖卤水型和硬岩型。盐湖卤水型锂资源储量占全球的78.3%,硬岩型占21.6%(王秋舒等,2015)。硬岩型锂矿资源又分为伟晶岩型和花岗岩型。目前,我国已探明的锂矿区有42处,锂资源储量为2 241.21万t,主要分布在9个省(区),储量主要集中在四川、江西、湖南、贵州等省(Hou,1996)。甲基卡锂矿床是目前亚洲规模最大的固体锂矿床,具有规模大、品位高、矿种多、埋藏浅、选矿性能好等特点,锂资源储量高达64.31万t(王登红,2013)。中国是富锂大国,又是锂消费和进口大国,但是目前锂资源进口比重过高,国内锂资源开发利用不足,几乎消耗了世界40%锂资源,锂原料进口大于74%,国际碳酸锂市场高度垄断,导致锂市场价格连年不断攀升,形势严峻(王登红等,2017)。

锂被称为21世纪的能源金属,一方面旨在强调其在电器充电电池及新能源汽车领域中的快速发展,另一方面也是为了突出其作为可控核聚变原材料潜在的、巨大的社会经济影响力。因此,加强锂作为能源金属前瞻性、战略性的研究,可以带动区域性的锂矿找矿突破,为新兴产业的发展作出贡献。

二、金资源战略意义

金具有抗腐蚀、良好的导电性和导热性,可以广泛用于电子技术、通信技术、宇航技术、化工技术、医疗技术等领域。

截至2018年9月底,世界各国和地区官方黄金储备总量约为33 876.8t,其中美国的黄金储备最多,达到了8 133.5t,约为全球黄金储备总量的24%,其次德国黄金储备3 369.8t,意大利2 451.8t,法国2436t,俄罗斯1 998.5t,中国1 842.6t,瑞士1040t,还有葡萄牙、英国和西班牙等国黄金储备均进入全球前20名(王寿成和王京,2019)。另外,中国"一带一路"倡议沿线65个国家,是全球经济发展最快、国际贸易规模最大的地区,人口占世界的63%;"一带一路"倡议沿线国家黄金资源储量达21 000t,占全球的42%,黄金产量占全球的37%,全球二十大黄金矿山中有6座位于该区域(何丽,2016)。我国黄金产量从1950年的6.5t上升到2017年的426.14t,年均增长7.8%,黄金产量已连续11年位居世界第一(钱万权,2016)。黄金矿产的勘查开发对黄金储备有着重要的作用,"十三五"期间,国家规划新增黄金查明资源储量3000t(王寿成和王京,2019)。加强黄金储备与黄金矿产勘查开发是维护国家经济、金融安全的手段之一。

因此,金在稳定国民经济、抑制通货膨胀、提高国际资信等方面有着特殊作用。金本身所具有的价值是最可靠的保值手段,它的购买力相对稳定,在通货膨胀的环境下,金价同步上涨。另外,在通货紧缩时,金价不会下跌。因此,在工业发展、国际储备等方面,金都有着重要的不可或缺的作用。

三、柴北缘地区稀有金属及金矿研究意义

1. 研究区范围及概况

柴达木盆地北缘位于中南祁连弧盆系和柴达木地块之间,其西端被阿尔金断裂带所截,往东延至鄂拉山与秦岭造山带交会,呈北西-南东向的"之"字形延伸800余千米(图1-5)。自西至东绵延展布于阿卡腾山、青新界山、俄博梁山、赛什腾山、达肯大坂山、绿梁山、锡铁山、全吉山、欧龙布鲁克和布赫特山等。柴北缘以一组与构造带平行、向柴达木地块逆冲的断裂带,将柴达木地块和祁连造山带分开。柴北缘位于秦祁昆造山系北部,经历了多期次、多旋回构造叠加,早古生代受原特提斯洋向北俯冲,形成了柴北缘弧后洋盆及对应的岩浆弧。

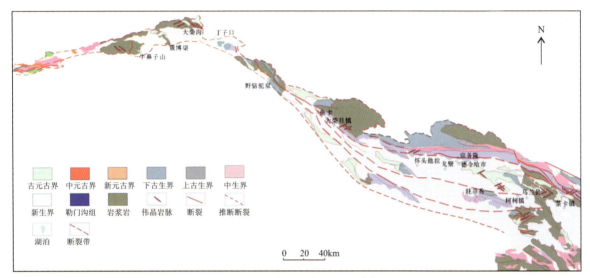

图1-5 柴北缘地区范围及地质略图

前寒武纪地层是柴北缘地区各构造单元的基底,前寒武纪地层包括古元古界达肯大坂岩群、中元古界长城系和蓟县系以及新元古界全吉群;寒武系以来主要地层为欧龙布鲁克群、阿斯扎群、滩间山群、牦牛山组、多泉山组、石灰沟组、大头羊沟组、甘加组、鄂拉山组等。

岩浆岩从基性—超基性岩、中酸性乃至碱长花岗岩均有发育,以中酸性岩为主,侵入时代从古元古代到晚三叠世均有不同岩体出露;海相、陆相火山岩均有出露。辉长岩和橄榄岩侵入达肯大坂岩群,多呈独立的侵入体产出,被认为是中元古代初期陆块裂解的记录,与环斑花岗岩可构成双峰式岩套。柴北缘的火山岛弧带即为滩间山群主体,从东部的乌兰县至西部的赛什腾山均有断续分布,岩石组合以变质基性—中性火山岩为主,可见少量酸性火山岩,并有一些变质细碎屑岩和少量碳酸盐岩。脉岩主要有花岗伟晶岩脉、煌斑岩脉、辉绿玢岩脉和细晶岩脉等,其中花岗伟晶岩脉多沿区域断裂构造形成的次一级断裂构造展布,并伴生稀有金属等有关矿产,特别是与锂铍矿化关系最为密切。

变质岩出露较为广泛,具有不同变质成因、不同变质期次、不同变质程度的变质岩石复合体的特点。变质作用类型以区域动力热流变质作用和区域低温动力变质作用为主,局部叠加了动力变质作用和高压—超高压变质作用。

2. 柴北缘稀有金属研究意义

柴北缘是青海省重要的锂、铷、铯、锶、铌、钽等稀有金属矿重要成矿区(带)之一,锂、铷、锶等稀有金

属是青海省的优势战略矿产资源。近年来,随着青海省地勘资金投入进一步加大,特别是 2009 年,青海省政府与国土资源部(现为自然资源部)签署省部找矿协议,根据统一规划、统一部署、重点突破的思路,选择具有大型、超大型矿床前景的成矿有利地段,加快勘查进程,促进矿产勘查重大突破,带动面上找矿,发现了一批重要矿产资源基地。

柴北缘地区早古生代和晚古生代—早中生代旋回是内生金属成矿的两个主要的构造岩浆旋回,这两期构造岩浆活动对区内大规模成矿作用具有决定性的意义。近年来,通过区域地质调查及矿产调查,在交通社西北山、赛什腾山、大柴旦北山、生格、阿姆内格、察汗诺、茶卡北山以及石乃亥等地区已发现稀有金属矿床(点),如冷湖镇交通社西北山铌矿化点、大柴旦北山铌矿化点、哈里他哈答四铍矿点、生格铌铍矿点、石乃亥铌钽铷矿床、茶卡北山锂铍矿以及红岭北锂矿点等。上述矿床(点)与加里东期、印支期中酸性花岗岩密切相关,中酸性侵入岩主要展布于柴北缘北西向与北西西向两条断裂之间,以岩基、岩株形式产出;稀有元素异常沿中酸性岩体分布区展布。

2017 年以来,青海省地质调查院在南祁连地块和全吉地块相接的宗务隆山构造带东段茶卡北山地区发现了锂辉石伟晶岩脉群,构成长约 40km 的锂铍矿化伟晶岩带,已发现 9 条含绿柱石锂辉石伟晶岩脉(Li_2O 平均品位为 1.11%~3.13%,BeO 平均品位为 0.06%)和 13 条含绿柱石伟晶岩脉(BeO 平均品位为 0.044%~0.056%),含矿伟晶岩主要为含绿柱石锂辉石伟晶岩和含绿柱石花岗伟晶岩。同时,在茶卡北山含锂辉石白云母花岗伟晶岩中获得 U-Pb 加权平均年龄为(240.6±1.5)Ma、(229.5±1.3)Ma、(217.0±1.8)Ma(潘彤等,2020;王秉璋等,2020;李善平等,2021),显示在茶卡北山地区锂铍矿具有中三叠世、晚三叠世两期成矿的特性。茶卡北山(含绿柱石)含绿柱石锂辉石伟晶岩的发现可推断宗务隆山构造带东段是青藏高原北部一条新的、重要的锂铍成矿带,除 Li 和 Be 外,Nb、Ta、Cs 和 Sn 可能也是有潜力的成矿元素(王秉璋等,2020)。

然而,赛什腾山西段、布赫特山等地区地质工作程度不高。20 世纪 90 年代通过 1:20 化探发现了野骆驼泉稀有、钴矿化,以及其他锂、镧等异常未引起重视。另外,柴北缘地区作为重要的稀有金属成矿区(带),伟晶岩脉断续出露长达 200 余千米,已发现稀有稀土矿床(点)28 处,形成了一批伟晶岩型稀有金属矿床(点),且与伟晶岩密切相关的矿点达 40 余处,成矿类型为伟晶岩型、花岗岩型等,以伟晶岩型为主。但围绕大柴旦、布赫特山、察汗诺等地区的伟晶岩型稀有金属成矿环境、成矿时代、成矿物源以及成矿富集机制等研究不够深入;缺乏对其成矿期次、找矿方向等方面的综合研究;查查香卡铀-铌及镧铈矿化是否与正长花岗岩、花岗伟晶岩脉有内在成因机制等制约找矿问题尚需进一步研究。

因此,围绕上述存在的制约稀有金属找矿疑难地质问题,亟需开展柴北缘地区稀有成矿作用及富集机制研究,评价构造岩浆演化与稀有金属成矿的内在关系,查明稀有金属成矿物质来源,建立稀有金属矿床成矿模式及区域找矿模型,进一步指出区域找矿方向,为区内稀有金属成矿规律及成矿系列提供依据。

3. 柴北缘金矿研究意义

柴北缘地处青藏高原北部秦祁昆三大山系的交会部位,是加里东期、印支期造山作用的产物。20 世纪 60 年代以来,随着区调和矿产工作持续性开展,金矿资源调查工作也得以不断加强,相继发现了滩间山、青龙沟、赛巴沟等大—中型金矿床。特别是 20 世纪 80 年代在滩间山地区开展 1:5 万区域地质调查联测工作时,首次发现了滩间山(金龙沟)岩金矿点。1992 年以后,开展了大量普查、详查工作,依次发现了金龙沟金矿床、青龙滩金矿床、细晶沟金矿床,滩间山金矿田的雏形日益显露。这些矿床的发现显示柴北缘区有着巨大的金矿找矿潜力。

近年来,随着金矿找矿工作的深入开展,找矿难度也进一步加大。柴北缘大—中型金矿床的成矿机理认识不清;同时,在成矿动力学背景、成岩成矿构造热事件、岩浆演化与成矿等的研究缺乏系统性归纳。针对不同类型金矿成矿时代、成矿期次、物质来源以及深部找矿等方面仍存在问题,亟需开展深入研究。

第三节 成矿系列研究现状

一、国外成矿系列研究现状

矿床成矿系列在国内外的研究由来已久,但该地质理论的系统性论述及发展完善则由中国科学家不断努力推进。据陈从喜等(1998)在"矿床成矿系列研究的若干问题与方向——兼论非金属矿床成矿系列研究的有关问题"一文叙述,"早在1905年法国地质学家De. Launay就提出了成矿系列的概念,60年代以来苏联和中国学者对矿床的成矿系列有了更进一步的研究(郭文魁,1991)",其中苏联学者阿布杜拉也夫为早期研究矿床成因系列问题的代表人物,其1964年对于构造-地质条件的研究中,强调矿床成因系列与岩浆岩建造的一致性就已非常接近于现在的成矿系列研究思想和方法(郭文魁,1991;刘洪波和关广岳,1992)。作为研究矿床分类范畴的一个重要概念,在矿床成矿系列"四个一"属性及其思想(程裕淇等,1979;陈毓川等,2020)完善之前,经历了长期的发展。陈毓川等(2020)在"论地球系统四维成矿及矿床学研究趋向——七论矿床的成矿系列"文章中介绍,以美国的林格仑(Lindgren)、德国的史耐特洪(G. Schneiderholm)为代表,并开始区域成矿的研究,以法国的劳耐(De. Launay)(1905年)、中国的翁文灏(1920)等学者为代表,是属于矿床学奠基时期,并逐步发展成为地质学科中的重要分支。

陈毓川等(2020)在"论地球系统四维成矿及矿床学研究趋向——七论矿床的成矿系列"一文中,更进一步叙述了艾孟斯(1924)提出的矿床地热分带观点,列出岩体自内向外金属分带次序:Sn-W-Bi-As-Cu-Zn-Pb-Ag-(Au、Ag)-Sb-Hg;斯米尔诺夫(1937,1945)提出成矿脉动分带认识、"矿床组合"概念;毕利滨(1955)认为成矿系列是矿床的自然组合或矿床组合,这些矿床具有相似的金属矿物(或金属)共生组合,相似的形成矿床的构造-岩浆环境及成因上与相关的岩浆岩有关,相似的形成深度及温度范围,相似的工业特征。苏联学者对矿床的共生和伴生关系曾给予密切的关注,他们比较强调矿床与岩石建造的密切关系,如阿布杜拉也夫(1964)划分了地槽、地背斜,过渡带和地台等大地构造单元的4个成岩成矿系列,还进一步划分了与岩浆建造有关的矿床成因系列。斯特罗纳(1978)较系统地论述了一定大地构造条件下产生的矿床组合类型。Smirnov(1976)在论述矿床形成的地质条件和矿床成因分类时,使用了"矿床系列"的名称,并将矿床按系列—组—类—亚类—矿床建造的序列进行了矿床的综合成因分类。

二、国内成矿系列研究现状

矿床成矿系列雏形在我国的出现同样历史悠久,在程裕淇等(1983)《再论矿床的成矿系列问题》一文中报道,早在1920年,我国学者翁文灏采用Delaunay的成矿理论,提出了"中国矿产区域论";1957年,徐克勤发表了专文对湖南瑶岗仙矿区中接触交代型(矽卡岩型)白钨矿床和脉状黑钨矿床的紧密共生关系加以论述。

20世纪70年代中期,程裕淇等(1978)在研究中国铁矿类型时,注意到不同铁矿类型之间的共生关系和成因联系,提出并建立了铁矿"类型组(合)"基础上的铁矿"成矿系列"的概念。1979年程裕淇、陈毓川和赵一鸣共同发表论文《初论矿床的成矿系列问题》,全面提出了矿床的成矿系列概念。

矿床成矿系列的定义是指在一定的地质历史时期或构造运动阶段,在一定的地质构造单元及构造部位,与一定的地质成矿作用有关,形成一组具有成因联系的矿床自然组合(陈毓川等,1998,2006)。据矿床成矿系列概念和理论(程裕淇等1979,1983a,1983b;陈毓川等,2006,2015,2016,2020;王登红等,

2020),以系统论、活动论、整体论的科学观对"四维"成矿进行剖析,研究对象是时、空域中矿床的自然体及其时空结构、形成地质构造环境、形成过程、演化规律以及矿床自然体之间存在的各种关系。对于每一个具体的矿床成矿系列而言,"特定的时间域、特定的空间域、特定的地质成矿作用、有成因联系的矿床类型组合自然体"这4个特定因素(图1-6)是厘定矿床成矿系列的四要素(陈毓川等,2020)。其中,"特定的空间域"通常是大地构造旋回运动所形成的相对独立的Ⅲ级成矿地质构造单元或特殊的构造单元。

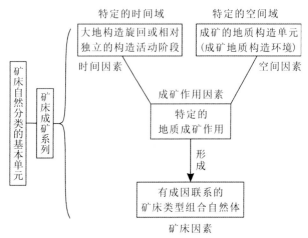

图1-6 矿床成矿系列及其组成要素(陈毓川等,2020)

矿床成矿系列理论是矿床地质科学中研究区域成矿规律的一种学术思想,是我国地质学家长期以来在找矿勘探工作和矿床地质工作研究过程中总结出来的自主创新性成矿理论学说。自程裕淇等(1979)提出该概念以来,我国学者对成矿系列的划分、层次、结构和复合、联合等问题进行了讨论。

程裕淇等(1983a)按成矿作用与三大岩类之间的联系,即成岩-成矿作用,将成矿系列划分为岩浆成矿系列组合、沉积成矿系列组合、变质成矿系列组合三大类。

陈毓川等(1983,1995,1998)提出了成矿系列的序次、含义及矿床成矿系列的继承性、后期改造等问题,包括分带性、阶段性、过渡性、重叠性、互补性等结构形式,及其在某些区域内矿床成矿系列的演化规律,并认为每一个矿床成矿系列在全球均是唯一的矿床组合实体,分3个时期(前寒武纪、古生代、中新生代)出版了第一套《中国矿床成矿系列图》。陈毓川(1999—2004)主持完成"中国矿床成矿体系与区域成矿评价"项目,全面总结并发展了成矿系列理论,对成矿系列的概念及其内涵进一步作了完善,补充提出了矿床成矿系列组的概念,全面总结和提出了矿床成矿系列的结构特征。

翟裕生(1992)认为成矿系列的重要基础工作是建立区域内各典型矿床的成矿模式,研究各矿床模式所代表的矿床之间存在的成因联系;热液成矿系列、风化成矿系列虽与岩浆、沉积、变质三大类成矿系列有密切联系,但因其独特的成矿作用和重大的经济价值而应该独立划出大类,从而提出成矿系列的五分法;系统地论述了成矿系列研究的理论基础。

王世称和陈永清(1994)在成矿系列的亚类划分中提出同生成矿系列和后生成矿系列,并划分为沉积矿化系列、岩浆矿化系列、变质矿化系列和火山作用矿化系列,其目的是将成矿预测与成矿系列理论结合起来。

陶维屏(1989)系统论述了中国非金属矿产的成矿系列,成矿系列覆盖的矿种更加全面。常印佛等(1991)和李人澎(1996)提出了成矿系列缺位找矿的思路和方法。

王登红等(2006,2007)将矿床的成因与成矿构造环境结合起来,提出了"内生内成、内生外成、外生外成、外生内成"的分类方案,将成矿系列在区域内的演化归结为成矿谱系。同时,肖克炎等(2009)提出了"三三式"成矿系列综合信息矿产资源评价方法;叶天竺等(2007)在成矿系列的基础上提出了矿床模型地质综合信息矿产资源预测方法。

翟裕生(2014)则从系统论和历史观相结合的角度总结提出了矿床成因的"源—运—储—变—保"5阶段模型。

程裕淇、陈毓川、王登红等(1979—2020)从"初论矿床的成矿系列问题"到"论地球系统四维成矿及矿床学研究方向——七论矿床的成矿系列",分7次相继对矿床成矿系列进行了划分。他们认为矿床成矿系列包含5个序次(层次):从第一序次分出矿床成矿系列组合、矿床成矿系列类型、矿床成矿系列组3类;第二序次为矿床成矿系列;第三序次为矿床成矿亚系列;第四序次为矿床式(类型);第五序次为矿床(图1-7)。在理想情况下,一个完整的矿床成矿系列组包括与岩浆作用有关的、与沉积作用有关、与变质作用有关、与区域构造事件-流体作用有关及与表生作用有关5类矿床成矿系列(王登红等,2020)。

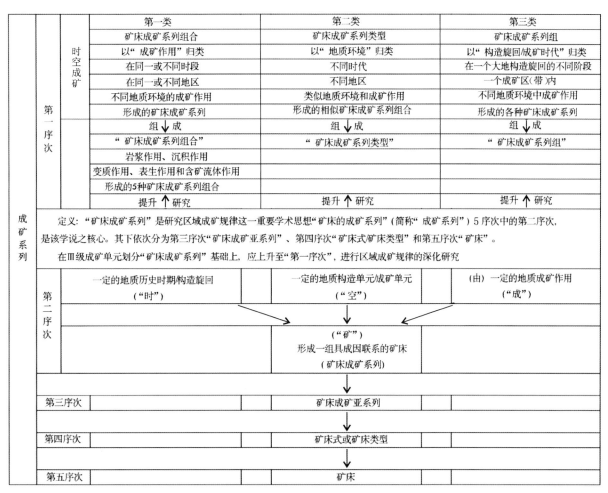

图1-7　成矿系列结构图(据陈毓川等,2006,修改)

近年来,随着"全国矿产资源潜力评价"项目(2007—2013)以及"中国矿产地质志"项目(2014年至今)的实施,矿床成矿系列研究得到了蓬勃发展,成果如雨后春笋般涌现。同时,陈毓川等(2016)认为,成矿系列概念作为区域成矿规律研究的一个派系,运行尚属起步,但历经40余年的实践,已充分证明其具有生命力,是一个很值得研究探索的方向,具有重大的理论与应用意义。

由上所述,在矿床成矿系列理论40余年系统、深入地研究应用过程中,成矿系列概念不断得到完善与提升,建立了成矿系列5个序次,划分了五大类成矿作用,提出了矿床自然分类,以及矿床成矿系列"全位成矿、缺位找矿"的预测思维等,在勘查实践中得到了广泛应用。

二、青海省内成矿系列研究现状

青海省内成矿系列研究起步较晚,2005年青海省国土资源厅出版的《青海省第三轮成矿远景区划研究及找矿靶区预测》,通过对336个矿床实例研究,划分出4个矿床成矿系列组合、15个矿床成矿系列类型、37个矿床成矿系列、21个矿床成矿亚系列,并以此建立了《青海省成矿谱系图》。

潘彤(2005)对东昆仑成矿带钴矿成矿系列进行了深入研究,探讨了东昆仑成矿带的成矿动力学演化;在对肯德可克钴铋金矿、驼路沟钴金矿、督冷沟铜钴矿的矿床(点)的控矿因素和成矿特征研究的基础上,首次提出并建立东昆仑成矿带钴矿成矿系列和成矿模式。

赵俊伟(2008)对青海东昆仑造山带造山型金矿成矿系列进行了研究,认为该区产出的金、锑(金)及含金汞矿床具有相似的地质-地球化学特征,为典型的造山型金矿床;在确定各典型金矿床成矿深度的基础上,首次建立了该区造山型金矿床由浅成(苦海)—中浅(大场、东大滩)—中深成(开荒北、五龙沟、纳赤台)的金矿地壳连续成矿模式,并总结了东昆仑造山带造山型金矿成矿系列、成矿规律,建立了金矿区域成矿模式。

丰成友等(2012)在系统总结柴周缘成矿地质背景、矿床类型、成矿规律的基础上,以内生矿床中的岩浆作用矿床为主,初步划分了柴达木周缘5个金属矿床成矿系列。

谭文娟等(2013)对祁连成矿省成矿系列进行了初步划分,以祁连成矿省划分的4个Ⅲ级成矿带为基础,初步将祁连成矿省划分为24个成矿系列族,并进一步划分为47个成矿系列。

杨生德和潘彤(2013)通过对23个主要矿种铁、铜、铅、锌、金、镍、锡、钼、钨、锰、银、铬、钒、钛、自然硫(硫铁矿)、稀土、磷、煤、萤石、菱镁矿、钾、硼、锂实例研究,划分出68个矿床系列(组)家族、115个成矿系列、83个代表性矿床式,按成矿省编制了成矿规律谱系图。

乔耿彪等(2014)采用杨合群等(2012)提出的与各类地质建造有关成矿系列细化为同生成矿系列、准同生成矿系列、后生成矿系列和表生风化成矿系列等类别,对阿尔金成矿带成矿系列进行了划分,并构建了阿尔金成矿带中各亚带的11个成矿系列家族和16个成矿(或矿化)系列。

潘彤(2015,2017,2018)将青海省金矿成矿划分为前寒武纪、早古生代、晚古生代—早中生代、晚中生代和新生代5个成矿期,结合典型金矿特征,首次建立了青海省金矿成矿系列,划分了20个金矿成矿系列(组),厘定了东昆仑成矿带黑色金属、有色金属及贵金属等5个矿床成矿系列。以区域成矿规律为主线,系统阐述了青海省成矿单元划分方案,将青海成矿单元划分为秦祁昆和特提斯2个Ⅰ级成矿域,北祁连、柴达木盆地、东昆仑、西秦岭西、可可西里-巴颜喀拉、三江北西延6个Ⅱ级成矿省,16个Ⅲ级成矿带和41个Ⅳ级矿带。在对青海以已查明资源储量的能源矿产、金属矿产、非金属矿产为主的成矿规律进行总结的基础上,据青海构造演化、岩石建造组合及矿产特征,进一步厘定青海省矿床成矿系列,划分出33个成矿系列(组)、91个成矿亚系列、60个矿床式,进一步丰富了青海省矿床成矿系列研究内容。

张爱奎等(2019)对青海省铁矿时空分布、成矿系列和成矿模式进行了研究,将青海省铁矿床划分为9个成矿系列,建立了元古宙沉积变质型、寒武纪—奥陶纪海相火山-沉积型、二叠纪—三叠纪海相火山-沉积型、三叠纪接触交代矽卡岩型4个主要成矿成矿系列的成矿模式。

潘彤等(2019)在柴达木盆地南北缘以地质成矿作用进行划分矿床成矿系列组合,共划分出3个组合,即岩浆、沉积和变质成矿作用成矿系列组合;据柴达木盆地南北缘矿床成矿时代划分为前南华纪、早古生代早期、早古生代晚期、晚古生代、中生代5个时期;将柴达木盆地南北缘划分出8个矿床成矿系列,同时划分出13个矿床成矿亚系列、19个矿床式。

青海省第四地质勘查院(2020)据柴北缘及邻区大地构造演化与成矿的特点,划分为5个成矿单元,厘定出成矿系列组33个、矿床成矿系列60个、亚系列51个、矿床式35个。

2014年至今,由青海省地质矿产勘查局潘彤主持实施的《中国矿产地质志·青海卷》,基于矿床成矿系列理论,以构造-流体-成矿体系为统一体系,全面系统梳理了青海省成矿单元、成矿规律、成矿系列等内容,划分出青海省矿床8个成矿系列组、42个成矿系列、97个成矿亚系列、61个矿床式。

第二章 地质背景与成矿动力学

柴北缘位于秦祁昆造山系北部，构造、岩浆活动、成矿作用强烈，蕴藏着丰富的稀有金属、贵金属等矿产资源。其中内生矿床大规模成矿作用发生在南华纪—泥盆纪阶段、石炭纪—三叠纪阶段，成矿类型主要为岩浆热液型、接触交代型、伟晶岩型、海相火山岩型等。岩浆热液型成矿作用在 426~409Ma 和 289~246Ma 之间；接触交代型矿床与钙碱性花岗质岩浆相关，成矿多形成于三叠纪；伟晶岩型稀有金属成矿作用主要形成于印支期（240~217Ma）；海相火山岩型矿床多形成于奥陶纪。

成矿动力学背景分别为早古生代柴达木地块与欧龙布鲁克地块的拼合碰撞缝合造山、晚石炭世—早二叠世的宗务隆裂陷槽闭合、晚三叠世东昆仑与柴达木陆缘增生带碰撞造山以及早白垩世碰撞造山后的地壳伸展减薄，矿床在不同阶段的造山挤压与伸展转换或造山期后的伸展阶段就位。

第一节 构造单元特征

一、构造分区

1. 大地构造位置

柴北缘总体属秦（岭）-祁（连）-昆（仑）造山系的一部分（潘桂棠等，2009），包括阿尔金造山带（青海境内）、全吉地块、中南祁连造山带（南部宗务隆山）和柴北缘造山带，大地构造位于华北、塔里木和扬子等陆块之间，处于祁连地块与柴达木地块的拼合部位（图 2-1）。其中阿尔金造山带（青海境内）、全吉地块和柴北缘通常指柴达木盆地北侧边缘断裂带与南祁连南缘断裂带之间的地质体，东、西两端分别被哇洪山断裂和阿尔金断裂切割。北西-南东向延伸近 750km，宽约 50km，范围约 37 000km²，呈反"S"形展布；分布有小红山、赛什腾山、绿梁山、锡铁山、全吉山、阿木尼克山、欧龙布鲁克山、牦牛山及阿尔茨托山等诸多山系。宗务隆构造带（或称宗务隆山裂陷槽）位于全吉地块与祁连地块之间，属南祁连沟弧盆体系（潘桂棠等，2009），为晚古生代—早中生代发育的裂陷槽（张雪亭等，2007）。

2. 构造单元分区

柴北缘地区在漫长的地史发展过程中，经历了前南华纪古陆形成，早古生代洋扩张、洋壳俯冲、大陆地壳碰撞深俯冲，海西期—印支期后造山，印支期—燕山期陆内演化，新生代高原大规模隆升 5 个阶段的构造事件作用，形成了结构十分复杂的造山带，尤其是加里东期活动大陆边缘古构造地貌单元均有不同程度保留（万天丰，2011），如岛弧、弧后盆地和增生杂岩楔等（潘桂棠等，2009，2012）。另外，还分布有表征大洋俯冲（邓晋福等，1999）的有关弧火成岩与蛇绿混杂岩带相伴呈现，以及志留纪碰撞阶段形成的世界著名的柴北缘超高压变质带也横贯该区（杨经绥等，2003）。

依据《1∶100 万青海省区域地质图》（青海省地质调查院，2020）4 个二级构造单元（即阿尔金造山带

(Ⅰ-1)、中南祁连造山带(Ⅰ-3)、全吉地块(Ⅰ-4)和柴北缘造山带(Ⅰ-5))研究成果为基础,基于不同地质时代的地质事件群的发育特征及其时空配置,通过沉积事件、岩浆活动、变质作用、构造形迹和成矿作用等的对比,结合不同地区总体地质构造特征差异与地质实体物质组成变化以及地球物理资料和边界断裂性质(杨生德和潘彤,2013)研究,综合考虑柴北缘地区及邻区地质构造发展演化历史,划分为 4 个二级构造单元、5 个三级构造单元(图 2-1,表 2-1)。

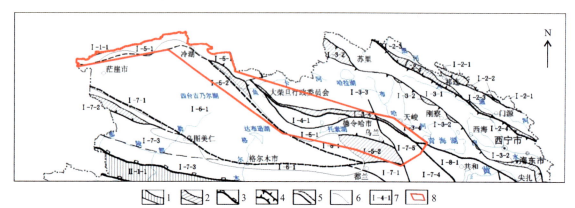

1.板块对接带;2.蛇绿混杂岩带;3.对接带边界断裂及俯冲方向;4.早古生代造山带边界断裂及俯冲方向;
5.三级构造单元边界断裂;6.柴达木盆地边界;7.构造单元编号;8.柴北缘地区范围

图 2-1　柴北缘地区大地构造分区示意图

表 2-1　柴北缘及邻区构造单元划分

一级构造单元	二级构造单元	三级构造单元
秦祁昆造山系(Ⅰ)	阿尔金造山带(Ⅰ-1)	Ⅰ-1-1 茫崖蛇绿混杂岩带(∈O)
	中南祁连造山带(Ⅰ-3)	Ⅰ-3-4 宗务隆山陆缘裂谷带(CP$_1$)
	全吉地块(Ⅰ-4)	Ⅰ-4-1 欧龙布鲁克被动陆缘(∈O)
	柴北缘造山带(Ⅰ-5)	Ⅰ-5-1 滩间山岩浆弧(O)
		Ⅰ-5-2 柴北缘蛇绿混杂岩带(∈O)

二、构造单元特征

本书仅对与贵金属及稀有金属矿产成矿密切相关的三级构造单元特征作简述。

(一)宗务隆山陆缘裂谷带(Ⅰ-3-4)

该带呈北西西向展布于宗务隆山—夏河甘加一带,介于宗务隆山北缘断裂和宗务隆山南缘-青海南山断裂之间,西端尖灭于鱼卡河一带,东端于天峻县纳尔宗尖灭,是叠加于中南祁连弧盆系之上的由大洋岩石圈转化为大陆岩石圈后的裂谷。由天峻南山蛇绿岩和宗务隆山-甘家陆缘裂谷组成。

天峻南山蛇绿岩主要分布于天峻县纳尔宗地区,沿北西-南东向展布,由变质橄榄岩、超基性岩、基性堆晶岩、火山熔岩(夹深海硅质岩)及基性岩墙群四部分组成,蛇绿岩层序由于遭受强烈的构造破坏,呈支离破碎的构造块体分布于不同的构造部位。王毅智等(2001)因在宗务隆带东段天峻南山地区的石炭系—二叠系宗务隆山群中发现蛇绿岩,认为其具晚石炭世有限洋盆的构造环境。李智佩等(2020)将宗务隆与隆务峡地区统一划为宗务隆-隆务峡蛇绿岩带,为有限洋盆环境。王苏里和周立发(2016)在宗务隆带东部晚二叠世镁铁质辉长岩中获得锆石 U-Pb 年龄(254±2)Ma,认为其可能是宗务隆有限洋向南俯冲的结果。郭安林等(2009)认为东部弧型花岗岩类是宗务隆有限洋向南俯冲的结果。由此,天峻南山蛇绿岩是典型的陆内裂谷扩张引起的宽度不大的陆缘裂陷拉张而形成的小洋盆(多岛)环境,裂张成洋于晚古生代,向南俯冲消亡于早中生代。

宗务隆山-甘家陆缘裂谷呈构造岩块广泛分布,由若干个不同的岩石组成的构造块体,彼此呈无序的混杂堆积,是一套混乱无序的非常规地层。涉及宗务隆山蛇绿混杂岩带中基性火山岩组合、碳酸盐岩组合、碎屑岩组合和常规地层果可山组。以绿片岩相变质为主,发育紧闭线形褶皱,局部褶皱具有明显的圈闭端,总体具有过渡型褶皱特征,早期以逆冲型韧性剪切变形为主,晚期以走滑型韧性剪切变形为主。三叠系广泛分布于都古寺一带,西段雷克山一带也有零星出露,涉及的地层单位主要有古浪堤组和隆务河组。古浪堤组为一套陆源碎屑浊积岩组合;隆务河组为一套半深海环境的砂砾岩组合。总体表现为一种抬升的侵蚀带,与下伏地层为不整合关系。

陈敏(2020a,2020b,2020c)对宗务隆构造带成矿环境研究认为,早泥盆世—早石炭世初始裂解有利于形成矽卡岩型矿床,晚石炭世—早二叠世陆内持续裂解形成砾岩改造型矿床,中二叠世—中三叠世先后发生洋陆俯冲形成矽卡岩型、伟晶岩型、岩浆-构造热液脉型等矿床类型。

(二)欧龙布鲁克被动陆缘(I-4-1)

欧龙布鲁克被动陆缘亦称为欧龙布鲁克隆起,呈北西西向展布于宗务隆山南缘-青海南山断裂和丁字口(全吉山南缘)-德令哈断裂之间,长度超过 500km,北与中—南祁连造山带相邻,南邻柴北缘造山带,西端尖灭于鱼卡河一带。具有古元古代结晶基底和南华纪—震旦纪盖层双层结构,其中古元古代结晶基底为一套中高级变质杂岩(Ar_3Pt_{1-2}),其上叠加有南华纪—震旦纪(Pt_{2-3})陆内裂谷、寒武纪—奥陶纪($\in O$)外陆棚及新生代盆地。

结晶基底主要由古元古代德令哈片麻岩、莫河片麻岩、达肯大坂岩群和中元古界万洞沟群组成,达肯大坂岩群呈长轴状北西向大小不等的不连续块体出露,为一套斜长角闪岩、角闪片岩、二云石英片岩、变粒岩、片麻岩,遭受了中压高角闪岩相-麻粒岩相变质作用和强烈构造变形;与上覆南华系—震旦系呈角度不整合接触。盖层为南华系及以上的地层,包括全吉群及耗牛山组等,全吉群呈高角度不整合覆盖于基底之上(万渝生等,2003)。南华纪—震旦纪陆内裂谷由全吉群 7 个岩组组成,全吉群陆内裂谷建造组合及其石英梁组中大陆玄武岩[(738±28)Ma],被认为是南华纪—震旦纪罗迪尼亚超级大陆裂解的岩石记录。大头羊-石灰沟陆棚分布于欧龙布鲁克一带,由欧龙布鲁克群、多泉山组、石灰沟组、大头羊沟组组成;它们基本上为连续稳定型盖层沉积;各类建造组合是在陆棚浅海环境下沉积的浅海相陆源碎屑岩和生物碳酸盐岩岩组合,发育浅水标志的层理和层面沉积构造,产各类滨浅海相生物化石,沉积稳定厚度不大,变质变形较弱。中上泥盆统耗牛山组陆相含火山岩的碎屑岩不整合其上。

(三)滩间山岩浆弧(I-5-1)

该岩浆弧位于全吉地块的南缘,南界为柴北缘蛇绿混杂岩带,西端被阿尔金走滑断裂所截,沿俄博梁、滩间山、阿木尼克山、耗牛山一带分布,总体为一向北凸出的弧形条带,是受早古生代柴北缘洋盆向北俯冲制约,奠基于全吉地块南缘的一个岩浆弧带。由奥陶纪火山岩、侵入岩和泥盆纪侵入岩构成该单元的主体。据潘彤等(2019)研究,该岩浆弧为南华纪—早古生代柴达木盆地北缘活动大陆边缘加里东碰撞造山(弧陆)运动的产物,可进一步细分为赛什腾岩浆弧和托莫尔日特岩浆弧两个次级构造单元。

1. 赛什腾岩浆弧(I-5-1-1)

早古生代赛什腾弧以深成侵入的弧岩浆组合发育为特征,沿赛什腾山主脊南侧分布,以奥陶纪花岗闪长岩占有绝对优势,呈岩基状产出,岩基长轴方向北西向,侵入于滩间山群。这些弧岩浆建造也有相当一部分侵入到了赛什腾弧北部的滩间山蛇绿混杂岩带内。赛什腾山地区晚奥陶世辉长岩分布面积大,其中产出有长征沟岩浆型铁矿;青海省地质调查院(2015)获得辉长岩锆石 U-Pb 年龄为(446.8±2.2)Ma;潘彤等(2019)在赛什腾山三角顶一带基性脉岩中采用 LA-ICP-MS 锆石 U-Pb 测年,获得 $^{206}Pb/^{238}U$ 加权平均年龄为(473.4±4.0)Ma,可代表基性岩墙群的形成年龄;吴才来等(2008)于赛什腾山脉主脊南侧灰色花岗闪长岩中获得 SHRIMP 锆石 U-Pb 加权平均年龄为(465.4±3.5)Ma;形成于典型的岛弧环境。赛什腾岩浆弧内最老地层为古元古界达肯大坂岩群,说明该弧仍然奠基在陆壳基地之上。

2. 托莫尔日特岩浆弧(Ⅰ-5-1-2)

该岩浆弧分布于乌兰县南部,以奥陶纪火山-沉积地层与侵入岩发育为特征。

1)奥陶纪火山-沉积地层(滩间山群)

托莫尔日特地区滩间山群划分为变火山岩组与变火山-碎屑岩组(河南省第一地质矿产调查院,2017)。目前,尚无直接可靠的时代依据,区内牦牛山组不整合于该地层单位之上,故推断该地层单位为奥陶系滩间山群。

变火山岩组进一步划分为变中基性火山岩段与变中酸性火山岩段;火山岩组岩性为绿泥绿帘片岩、钠长绿泥绿帘片岩、绿泥斜长片岩、钠长绿帘阳起片岩,原岩主要为拉斑玄武岩。变中酸性火山岩段岩石组合为白云母绿帘石英片岩、绿泥绿帘长石石英片岩、绿泥绿帘斜长片岩、英安岩、流纹岩,夹少量绿帘角闪片岩,绿片岩经原岩恢复主要为流纹岩、英安岩、安山岩,为钙碱性系列岩石。

变火山-碎屑岩组划分为变基性火山碎屑岩段、变碎屑岩段和硅质岩段 3 个岩性段。其中,变基性火山碎屑岩段分布于托莫尔日特北与蛇绿构造混杂岩带之间,主要为灰绿色绿片岩、浅灰绿色钙质绿片岩,原岩主要为含有大量基性火山碎屑物质的沉凝灰岩;变碎屑岩段岩石组主要有角闪片岩、绿片岩、云母石英片岩,条带状含铁石英岩、灰岩(大理岩)主要呈夹层形式出现在云母片岩中;硅质岩段岩性主要为灰绿色—灰紫色中薄层状硅质岩、灰绿色—灰紫色中厚层硅质粉砂岩、灰绿沉凝灰岩。

2)侵入岩

侵入岩主要由中奥陶世辉长杂岩、奥陶纪中酸性侵入岩、早志留世花岗岩等组成,呈岩基、岩株等形态展布于旺尔秀、打柴沟、三岔口、丁字口一带,与古元古界达肯大坂岩群呈侵入接触关系,侵入于奥陶纪、泥盆纪侵入体中,空间位置出露于滩间山岩浆弧。

旺尔秀辉长杂岩:出露规模较大,北西向呈透镜状展布,长轴长近 20km;杂岩体以辉长岩为主,另有少量辉绿岩、斜长岩。朱小辉等(2010)获得辉长岩锆石 $^{206}Pb/^{238}U$ 加权平均年龄(468±2)Ma。

奥陶纪中酸性侵入岩组合(TTG 岩套):由闪长岩、英云闪长岩和花岗闪长岩组成;岩体多呈岩株状,出露面积一般在几平方千米至几十平方千米,侵入于蛇绿混杂岩或滩间山群中,可见大量的铁镁质暗色微粒包体。岩石以富钠、低钾及相对低的铝含量为特征,为偏铝—弱过铝质钙碱性系列岩石,为英云闪长岩和花岗闪长岩,是典型 TTG 组合(孙延贵,2000;韩英善和彭琛,2000);河南省第一地质矿产调查院(2017)在中细粒英云闪长岩获得锆石年龄为(463.2±1.9)Ma;形成于典型的洋陆俯冲环境。

早志留世花岗岩组合:由石英二长闪长岩、二长花岗岩与花岗闪长岩组成,呈岩株状产出,部分地段侵入于蛇绿混杂岩或滩间山群弧火山岩建造。河南省第一地质矿产调查院(2017)在石英二长闪长岩获得锆石 U-Pb 年龄为(430.9±1.9)Ma,细粒黑云母二长花岗岩 $^{206}Pb/^{238}U$ 年龄为(431.6±2.1)Ma,正长花岗岩 $^{206}Pb/^{238}U$ 年龄为(439.8±2.3)Ma。

(四)柴北缘蛇绿混杂岩带(Ⅰ-5-2)

该带沿赛什腾山—绿梁山—锡铁山—扎布萨尔秀—沙柳河一带呈北西西向分布,东延被哇洪山-温泉断裂截切，北与滩间山岩浆弧为邻，南以柴北缘-夏日哈断裂为界与柴达木地块分开。经前人研究认为，柴达木地块与欧龙布鲁克地块间存在过早古生代的大洋，佐证依据主要为都兰托莫尔日特N-MORB型玄武岩、锡铁山洋岛玄武岩（赖绍聪等，1996；朱小辉等，2012）、绿梁山弧后盆地型蛇绿岩（王惠初等，2005）以及都兰沙柳河蛇绿岩（张贵宾和张立飞，2011）。该带包括洋壳残片、俯冲增生楔、火山岛弧、高压—超高压变质带，并伴有中新元古代碰撞型花岗岩及被肢解的韧性剪切带。根据岩石组合及形成环境不同，将柴北缘蛇绿混杂岩划分为基性火山岩组合、硅质岩组合、碎屑岩组合、中酸性火山岩组合和蛇绿岩组合。

蛇绿混杂岩带主体由绿梁山-哈莉哈德（沙柳河）蛇绿岩、赛什腾山-沙柳河增生杂岩、苏干湖-沙柳河火山弧构成。其中，绿梁山-哈莉哈德（沙柳河）蛇绿岩呈不连续分布，在绿梁山和哈莉哈德山最为集中，形成于弧后拉张环境，为与消减作用有关的SSZ型蛇绿岩；赛什腾山-沙柳河增生杂岩多呈断续出露，从西到东主要集中在赛什腾山、鱼卡河、绿梁山、锡铁山和都兰县沙柳河等地，产有硅质岩组合、碎屑岩组合，主体是由俯冲带上盘被刮下来的物质移到俯冲带附近的浊积岩，并有俯冲消减的洋壳残片、海山或外来岩块混杂其中，尔后在俯冲带浅部受强烈剪切和变质、变形，形成叠瓦状楔形体，属俯冲增生杂岩；苏干湖-沙柳河火山弧主要为基性火山岩组合和中酸性火山岩组合，其中基性火山组合分布在苏干湖西南、赛什腾山和都兰沙柳河一带，岩石组合为灰绿色玄武岩、玄武质火山角砾岩、玄武安山质凝灰岩夹结晶灰岩，火山岩为钙碱性系列。史仁灯等（2004）、王惠初（2006）研究认为，柴北缘赛什腾山、绿梁山、锡铁山及沙柳河一带的滩间山群火山岩总体上具有岛弧火山岩性质；朱小辉等（2015）认为滩间山群火山岩带为一条复杂的、包含不同成因岩块，为早古生代洋盆在不同发育时期形成的岩石残片经构造拼合形成的混杂岩带，属活动大陆边缘火山弧环境。

除上述柴北缘蛇绿混杂带的主要物质组成外，值得一提的是该带中发育一条断续出露约400km的高压—超高压变质带。柴北缘是一条在早古生代经历陆壳俯冲碰撞形成的高压—超高压变质带（朱小辉等，2015）；在榴辉岩中发现了柯石英包体，其原岩形成时代为516Ma，变质时代为445～440Ma，证实柴北缘局部地区在发生陆壳深俯冲前还存在洋壳深俯冲（张贵宾等，2005，2011）。高压—超高压变质带由西至东分布在大柴旦鱼卡河、绿梁山、锡铁山、都兰等地，榴辉岩和石榴橄榄岩以大小不等的透镜分布于片麻岩中，是典型的大陆型俯冲碰撞带，其中西部鱼卡河—胜利口—锡铁山和东部野马滩—沙柳河两个地区出露较集中。

第二节 成矿地质背景

区域上与稀有、贵金属成矿有关的地层主要有元古宇达肯大坂岩群、沙柳河岩组、万洞沟群，下古生界滩间山群以及晚古生代柴北缘蛇绿混杂岩、宗务隆山蛇绿混杂岩等；断裂构造以北西向深大断裂为主，发育宗务隆-青海南山断裂、乌兰-鱼卡断裂、柴北缘断裂、哇洪山-温泉断裂以及阿尔金走滑断裂等；岩浆活动较为发育，从基性—超基性岩、中酸性乃至碱性岩均有发育，以中酸性岩为主，侵入时代从古元古代到晚三叠世均有不同岩体出露；海相、陆相火山岩均有出露（图2-2）。脉岩主要有花岗伟晶岩脉、煌斑岩脉、辉绿玢岩脉和细晶岩脉等，其中花岗伟晶岩脉多沿区域断裂构造形成的次一级断裂构造展布，并伴生稀有金属等有关矿产，特别是与锂铍矿化关系最为密切。

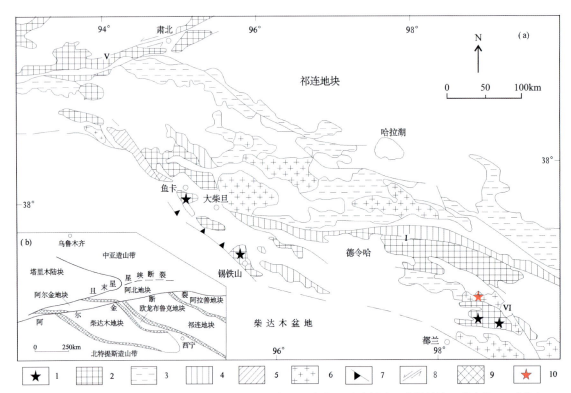

1.榴辉岩;2.新元古界;3.古元古界;4.上古生界;5.火山岩;6.花岗岩;7.逆冲断层;8.走滑断层;9.缝合带;10.采样点。
(a)柴北缘地区地质-断裂构造简图;(b)柴北缘及邻区大地构造分区略图。
Ⅰ.宗务隆-青海南山断裂;Ⅱ.乌兰-鱼卡断裂;Ⅲ.柴北缘断裂;Ⅳ.哇洪山-温泉断裂;Ⅴ.阿尔金走滑断裂

图2-2 柴北缘地质构造简图(据杨经绥等,2001;陈能松等,2007)

一、地层

柴北缘地区地层出露广泛,隶属于秦祁昆地层大区。地层区划引用《中国区域地质志·青海卷》(2019)划分方案,区域上以宗务隆-青海南山断裂、土尔根大坂-宗务隆山南缘断裂、丁字口(全吉山南缘)-德令哈断裂、阿尔金山主脊断裂、赛什腾山-旺尕秀断裂、柴北缘-夏日哈断裂、苦海-赛什塘断裂、哇洪山-温泉断裂为界,将柴北缘地区划分为1个地层大区、4个地层区、6个地层分区,分别为秦祁昆地层大区,祁连地层区、全吉地层区、柴达木-东昆仑地层区及西秦岭地层区,南祁连地层分区、宗务隆山地层分区、柴北缘地层分区、茫崖地层分区、万保沟-鄂拉山地层分区、苦海-赛什塘地层分区、泽库地层分区(表2-2)。出露地层与含矿有关的主要有达肯大坂岩群、沙柳河岩组、万洞沟群、全吉群、滩间山群、大煤沟组、油砂山组等;除新生代地层外,其余时代多数地层均不甚完整;其中与伟晶岩脉密切相关的地层主要有古元古界达肯大坂岩群、下—中三叠统隆务河组等。

1.古元古界达肯大坂岩群($Pt_1D.$)

该地层主要分布于柴北缘变质地带,由一套片麻岩、片岩及大理岩等中—高级变质岩系组成,遍布于阿尔金山南坡阿卡腾能山、青新界山、俄博梁北山,折向东南的赛什腾山、达肯大坂山、绿梁山、锡铁山及全吉山、欧龙布鲁克,向东延至布赫特山一带。该岩群分麻粒岩组、片麻岩组及大理岩组,由各种片麻岩、片岩、大理岩、角闪岩及混合岩组成,构造环境为岛弧和活动性陆缘的过渡环境(王洪强等,2016)。

表 2-2 柴北缘地区岩石地层划分表

地质年代			秦祁昆地层大区			
			柴达木-东昆仑地层区	全吉地层区	祁连地层区	
代	纪	世	柴北缘地层分区		宗务隆山地层分区	南祁连地层分区
新生代	第四纪	全新世	冲洪积		冲积为主	
		晚更新世				
		中更新世	七个泉组			
	新近纪	上新世	狮子沟组			临夏组
			油砂山组			
		中新世	干柴沟组			咸水河组
	古近纪	渐新世				白杨河组
		始新世	路乐河组			
		古新世				
中生代	白垩纪	晚世				
		早世	犬牙沟组			
	侏罗纪	晚世	红水沟组			
		中世	采石岭组			窑街组
		早世	大煤沟组			
	三叠纪	晚世				阿塔寺组
		中世			古浪提组	切尔玛沟组
						大加连组
						江河组
		早世			隆务河组	下环仓组
晚古生代	二叠纪	晚世				忠什贡组
		中世			果可山组	哈吉尔组
						草地沟组
		早世	克鲁克组			勒门沟组
	石炭纪	晚世	怀头他拉组		宗务隆山蛇绿混杂岩	
		早世	城墙沟组			
			阿木尼克组			
	泥盆纪	晚世	牦牛山组			
		中世				

续表2-2

地质年代			秦祁昆地层大区				
			柴达木-东昆仑地层区			全吉地层区	祁连地层区
早古生代	志留纪	早世					
		末世					巴龙贡噶尔组
		晚世					
		中世					
		早世					
	奥陶纪	晚世	柴北缘蛇绿混杂岩带	滩间山群	砂岩组		
		中世			玄武安山岩组	大头羊沟组	
					砾岩组	石灰沟组	
		早世			下火山岩组	多泉山组	
					下碎屑岩组		
	寒武纪	晚世		阿斯扎群	大理岩组	欧龙布鲁克群	
		中世					
		早世			绿片岩组		
		底世					
新元古代	震旦纪					邹节山组	
						红铁沟组	
						黑土坡组	
	南华纪					全吉群 红藻山组	天峻组
						石英梁组	
						枯柏木组	
						麻黄沟组	
	青白口纪						
中元古代	蓟县纪		万洞沟群	碳酸盐岩组			
				碎屑岩组			
	长城纪		沙柳河岩组				
古元古代			达肯大坂岩群	大理岩岩组		化隆岩群	石英片岩岩组
				片麻岩岩组			
太古宙				德令哈杂岩	大理岩		
					片麻岩		

达肯大坂岩群大理岩组中发育有铁、铜、磷、钛等矿化,如乌兰县高特拉蒙磷、钛矿化点的矿化即发育在灰白色块层状白云质硅质条带大理岩、白云岩中;另有乌兰县高特拉蒙绿松石矿点的矿化与灰色块层状硅质条带大理岩有关。古元古界达肯大坂岩群与伟晶岩脉成矿关系密切,是重要的成矿围岩,在冷湖镇北多罗什尔、乌兰沙柳泉等地分布的该套变质地层中,产有与混合岩化作用有关的白云母、绿柱石等伟晶岩型矿床。

2. 中元古代地层

该地层包括长城系沙柳河岩组（Chs）和中元古界万洞沟群（Pt_2W）。

沙柳河岩组分布于柴北缘地层分区,呈北西西向条带状断续分布,在西段鱼卡河、绿梁山主峰和东段都兰地区阿尔茨托山比较集中,其他地区零星出露。岩石组合各地变化很大,总体以石英质片岩为主体。在鱼卡河地区经受高压变质作用,含大量榴辉岩透镜体,以富含白云母、石榴石为特征。在阿尔茨托山等地各高压变质作用形成的白云母角闪榴辉岩、黝帘榴辉岩、蓝晶榴辉岩和榴闪岩透镜体。沙柳河岩组的原岩应是一套陆源碎屑岩夹基性火山岩及碳酸盐岩建造。在赛什腾山—沙柳河一带中元古界沙柳河岩组的片麻岩-斜长角闪岩中赋存有热液型铅锌矿（化）点,并富含金、银、稀有分散元素等,地层为成矿提供了部分物质来源（如沙柳河钨锡铅锌化点）。

万洞沟群主要分布在柴北缘地层分区西段,在赛什腾山万洞沟—滩间山一带较发育,地层出露较全,受北西向断层控制,呈北西向带状展布,与滩间山群为断层接触。万洞沟群分下部碎屑岩组和上部碳酸盐岩组。在赛什腾山东部的滩间山地区,中部碳酸盐岩组合中的含碳泥质岩石赋含金或含金矿物而构成矿床（如滩间山金矿田等）。

3. 新元古界全吉群（NhZQ）

由碎屑岩夹碳酸盐岩及冰碛砾岩组成。自下而上分为麻黄沟组（NhZm）、枯柏木组（NhZk）、石英梁组（NhZs）、红藻山组（NhZhz）、黑土坡组（NhZh）、红铁沟组（NhZht）。全吉群中与成矿有关的地层为石英梁组,其岩性主要为页岩、砂岩、玄武岩、含粉砂质黏土岩等,出露厚度在欧龙布鲁克山为303～395m,在全吉山为68～203m。该组为柴北缘成矿带变成型石英岩矿床的赋矿地层,以德令哈市艾力斯台石英岩矿床（超大型）为代表。

4. 早古生代地层

柴北缘地区早古生代地层较为发育,自老到新有寒武系欧龙布鲁克群（$\in O$）、下奥陶统多泉山组（O_1d）、下奥陶统石灰沟组（O_1s）、中奥陶统大头羊沟组（O_2dt）和奥陶系滩间山群（OT）。本书仅就重要的含矿地层简介如下：

奥陶系滩间山群（OT）,多呈断块形式出露于赛什腾山、吕梁山、锡铁山、阿木尼克山等地。滩间山群宏观岩性总体基本一致,但相变较大,由下而上为下碎屑岩组、下火山岩组、砾岩组、玄武安山岩组、砂岩组。

下碎屑岩组主要分布在赛什腾山东北坡和马海地区,在全吉山南麓也有小面积出露。下火山岩组分布面积广,以苏干湖西南、赛什腾山、滩间山最为集中,各地岩石组合和厚度变化较大。岩石化学特征显示,火山岩属钙碱系列,具岛弧火山岩性质。砾岩组仅见于赛什腾山、滩间山部分地区。玄武安山岩组分布范围与砾岩组相同。砂岩组仅见于赛什腾山公路沟—万洞沟一带。

滩间山群火山-沉积地层中火山岩较发育,局部与碎屑岩、碳酸盐岩互层。在喷发过程中,火山岩本身或与沉积岩、碳酸盐岩结合,促成金属元素富集成矿,具备形成海相火山岩型的铅锌铜-多金属矿产的沉积建造条件,局部可形成工业矿体。因而,形成的金属矿产地较多,但是除锡铁山大型铅锌银矿床外,多零星分散,规模不大,以矿（化）点居多。具一定规模的矿床为大柴旦锡铁山大型铅锌银矿床,矿点有大柴旦吕梁山铜矿点等。这些矿床（点）金属矿体多成群出现,组成矿带。矿体呈透镜状、似层状或脉状,顺层展布,多产于火山岩中,部分产于火山岩的沉积夹层砂页岩、硅质岩中。另外,滩间山群中产出大柴旦镇红旗沟锰矿点,含矿层赋存于滩间山群下火山岩组安山岩-英安岩-流纹岩岩石组合中。火山岩中有砂岩、板岩、千枚岩和沉凝灰岩等沉积夹层,矿体即产于沉积夹层中。矿体呈层状,层位稳定。矿石矿物有硬锰矿、软锰矿,其次为水锰矿、菱镁矿。同时,在大柴旦地区与滩间山群有关的火山沉积锰矿(化)点还有红灯沟、绿梁山、锡铁山、南山等矿化点,规模较小,但不具工业意义。

柴北缘蛇绿混杂岩属柴北缘地层小区,集中在赛什腾山、鱼卡河、绿梁山、锡铁山和都兰县沙柳河等地;划分为基性火山岩组合、硅质岩组合、碎屑岩组合、中酸性火山岩组合和蛇绿岩组合。时代为寒武纪—奥陶纪。火山岩中 Rb、Ba、Th、K、LREE 富集,形成于岛弧环境。

茫崖蛇绿混杂岩分布在茫崖地层分区,受后期区域动力变质作用,地质体严重破碎,呈断块状产出。划分为基性火山岩组合、碳酸盐岩组合、碎屑岩组合和蛇绿岩组合。基性火山岩组合以玄武岩为主,时代为寒武纪—奥陶纪,Rb 富集,Th、K、Sr、LREE 略显富集,形成于岛弧环境。在西邻清水泉地区蛇绿岩中获得同位素年龄为 500Ma(李向民,2009)。

5. 晚古生代地层

该地层包括上泥盆统牦牛山组(D_3m)、下石炭统阿木尼克组(C_1a)、下石炭统城墙沟组(C_1cq)、下石炭统怀头他拉组(C_1h)、上石炭统克鲁克组(C_2k)、上石炭统—下二叠统宗务隆山蛇绿混杂岩(C_2P_1Z)、中二叠统果可山组(P_2g)、中二叠统切吉组(P_2q)、下—中二叠统甘加组($P_{1-2}g$)。与成矿相关的地层简述如下。

牦牛山组分布于大柴旦、滩间山、夏日哈、牦牛山、赛什腾山、布赫特山等地,为陆内火山喷发活动的沉积产物,是一套以中酸性岩类为主的火山岩组合。下部为粗碎屑岩,上部由中性—酸性火山岩组成。火山岩属弱过铝质钙碱性系列,具陆相喷发特点,为碰撞环境火山岩组合。该组中赋存有砂岩型铜矿,前人工作先后发现了都兰县长沟东铜矿化点、都兰县断层沟口铜矿化点、都兰县埃姆尼克山主山脊南侧铜矿化点等,表明该地层是铜的主要赋存层位,但目前矿产地的工业价值较小。

城墙沟组分布于柴北缘阿木尼克山—怀头他拉—牦牛山一线,属于陆表海开阔台地碳酸盐沉积。产出有小型石灰岩矿床。

怀头他拉组主要分布在石灰沟、穿山沟西、欧龙布鲁克山南坡、怀头他拉煤矿、扎布萨尕秀南山及牦牛山等地。岩性组合可划分为下部砂页岩段和上部灰岩段,在怀头他拉等地页岩段夹有薄煤层,在石灰沟等地灰岩段中形成有石灰岩矿床,形成环境为海陆交互相。

6. 中生代地层

该地层包括下—中三叠统隆务河组($T_{1-2}l$)、中三叠统古浪堤组(T_2g),下—中侏罗统大煤沟组($J_{1-2}dm$)、中侏罗统采石岭组(J_2c)、上侏罗统红水沟组(J_3h)、下白垩统犬牙沟组(K_1q)。侏罗纪地层分布于宗务隆山地层分区、全吉地层区、柴北缘地层分区,沉积于断陷盆地。区域主要含矿地层简述如下。

隆务河组分布于宗务隆山地层分区和泽库地层分区,零星出露,岩性为一套砂岩、板岩夹薄层灰岩,局部地段夹不稳定砾岩。区域上在共和县乃亥发现铌钽矿床,围岩为隆务河组砂质板岩和条带状变余粉砂岩,在围岩中出露较多岩脉,其中伟晶岩脉、酸性岩脉与矿化关系密切具有不同程度的铌、钽、铍等矿化部分,形成矿化体。该地层在找矿过程中应引起高度重视。

大煤沟组是青海柴北缘最主要的含煤地层,主要分布在柴达木盆地北缘、阿尔金山南缘和冷湖至鱼卡、红山至德令哈一带以及阿木尼克山南麓等地,多数地区地层出露不全,但在大煤沟地区出露完整。大煤沟组受柴北缘—夏日哈断裂带控制,呈北西西向斜列展布。在嗷唠河、绿草山沉积成为多处大、中、小型煤矿的主体含煤建造,此外,其中也见有沉积型铀矿(化)点,已发现的矿化点有大柴旦镇嗷唠河铀矿化点和大柴旦镇绿草山铀矿化点。其中,大柴旦镇嗷唠河铀矿化点,放射性测量异常的顶、底板都为泥岩。异常范围 1000m×100m,分 6 个异常带,大者长 280m,宽 0.2~0.3m,小者长 8m,宽 0.3m,异常呈不规则状,沿走向变化大,在地表呈线状出现,伽马强度反应最高 300γ,一般 50~80γ,异常不连续。铀矿物有钒钙铀矿,伴生矿物有褐铁矿,样品分析结果显示含铀一般 0.007%~0.009%,最高为 0.025%~0.029%。

7. 新生代地层

该地层包括古近系—新近系路乐河组($E_{1-2}l$)、干柴沟组(E_3N_1g)、油砂山组(E_2y)、狮子沟组($N_2\hat{s}$)和第四系,其中古近系—新近系分布于宗务隆山地层分区、全吉地层区、柴北缘地层分区,岩性主要为砂岩、砾岩、砂砾岩,为河流、湖泊相沉积。上新统油砂山组(N_2y)下部的灰绿色砾岩为油气储集层段,茫崖市红沟子油田即产出于此。

第四纪地层在柴北缘地区分布广泛,成因类型繁多,时代亦较全,从下更新统至全新统均有分布,按成因类型分为下更新统七个泉组(Qp_1q)、中更新统冰碛(Qp_2^{gl})、冰水堆积(Qp_2^{fgl})、上更新统洪冲积(Qp_3^{pal})、洪积(Qp_3^{pl})、全新统冲积(Q^{al})、湖积(Q^l)、化学沉积(Q^h)等。沉积物为半固结—松散堆积,多形成于湖泊、河流及山前堆积,其中七个泉组中赋存机械沉积型黏土矿床,代表性矿床为大柴旦行委泉吉河砖瓦用黏土矿床;蒸发沉积型硼矿与全新世化学沉积有关,代表性矿床为大柴旦行委大柴旦湖硼矿区、柴达木小柴旦湖硼矿区。

二、岩浆岩

柴北缘岩浆活动强烈而又频繁,岩浆岩分布广泛,侵入岩、喷出岩均有产出,空间展布与区域构造线方向一致,在沙柳河至小赛什腾山之间呈北西向展布,在冷湖至阿卡托山一带呈北东向延伸。侵入岩在赛什腾—铅石山出露面积较大,在阿木尼克山—达达肯乌拉山出露零星,反映了区内岩浆侵入活动西强东弱的特点。在时间上,侵入岩主要形成于加里东期、海西期和印支期,以海西期为主(表 2-3);喷出岩以晚奥陶世最为发育,次为晚泥盆世、早石炭世和三叠纪。

(一)侵入岩

柴北缘地区出露大量的侵入体,基性—超基性岩、中性—酸性岩均有发育。其中,花岗岩类侵入体主要划分为:加里东期和海西晚期—印支期两个大的侵入期,它们分别是本区加里东期俯冲(岩浆弧)-碰撞造山和海西晚期—印支期古特提斯造山作用的产物(表 2-3)。

1. 基性—超基性岩

柴达木盆地北缘高丰度值的基性—超基性岩是矿化的重要物质来源,而成矿物质的富集则受超基性岩及其蚀变岩石的控制。基性—超基性岩带西起苏干湖,向东经绿梁山、锡铁山、沙柳河一带,北止于宗务隆山断裂带。断续延长 500km、宽 0.8~20km,共计有超基性岩体 370 多个,基性岩体 30 多个。柴北缘地区较为典型的超基性岩体有绿梁山岩体、柳梢沟岩体、灰狼沟岩体、沙柳河岩体、大柴旦胜利口岩体、万洞沟岩体等,与之相关的矿产主要有铬铁矿、铂族元素矿产等。

表 2-3 柴北缘岩浆侵入事件年龄及其岩石类型、构造环境

岩浆侵入期	中南祁连造山带	全吉地块	柴北缘造山带		年龄（Ma）/测试方法	岩石类型	构造环境	文献
	宗务隆陆缘裂谷	欧龙布鲁克被动陆缘	滩间山岩浆弧	柴北缘蛇绿混杂岩带				
白垩纪		煌斑岩			135~133/SHRIMP 锆石 U-Pb 和 LA-ICP-MS 锆石 U-Pb	钾质钙碱性	拉张环境	王秉璋等，2020
三叠纪	含绿柱石锂辉石伟晶岩				(217±1.8)/LA-ICP-MS 锆石 U-Pb		伸展环境	王秉璋等，2020
	含绿柱石伟晶岩				(235.9±2.3)/LA-ICP-MS 锆石 U-Pb			
			闪长岩		(240.5±1.7)/LA-ICP-MS 锆石 U-Pb	准铝质—弱过铝质高钾钙碱性 I 型	陆壳俯冲、幔源岩浆底侵	刘永乐等，2018
			花岗岩		(236.2±7.8)/SHRIMP 锆石 U-Pb	铝弱过饱和型，I 型	洋壳俯冲	吴才来等，2016
			花岗闪长岩		(242.5±3.2)/SHRIMP 锆石 U-Pb	铝弱过饱和型，I 型	洋壳俯冲	
			花岗岩		(247.9±2.1)/SHRIMP 锆石 U-Pb	准铝质 I 型	洋壳俯冲	
			角闪闪长岩		(248.1±2.4)/SHRIMP 锆石 U-Pb	准铝质 I 型	洋壳俯冲	
			花岗闪长岩		(250.2±1.3)/SHRIMP 锆石 U-Pb	准铝质 I 型	洋壳俯冲	
			石英闪长岩		(247±3)/LA-ICP-MS 锆石 U-Pb	准铝质—弱过铝质，I 型花岗岩	活动大陆边缘弧	王玉松等，2017

续表 2-3

岩浆侵入期	中南祁连造山带	全吉地块	柴北缘造山带		年龄(Ma)/测试方法	岩石类型	构造环境	文献
	宗务隆陆缘裂谷	欧龙布鲁克被动陆缘	滩间山岩浆弧	柴北缘蛇绿混杂岩带				
二叠纪			二长花岗岩		(252±3)/LA-ICP-MS 锆石 U-Pb	高钾钙碱性、弱过铝质,岛弧花岗岩	火山弧或活动陆缘	董增产等,2015
			花岗闪长岩		(251.3±1.5)/SHRIMP 锆石 U-Pb	准铝质I型	洋壳俯冲	吴才来等,2016
			花岗岩		(254.2±3.5)/SHRIMP 锆石 U-Pb	准铝质I型	洋壳俯冲	
			花岗岩		(259.9±1.2)/SHRIMP 锆石 U-Pb		陆内俯冲	吴才来等,2008
			花岗岩		(271.2±1.5)/SHRIMP 锆石 U-Pb		陆内俯冲	
石炭纪			花岗斑岩		(356±2.8)/LA-ICP-MS 锆石 U-Pb	中钾钙碱性—钙碱性	柴达木地块与南祁连地块碰撞后伸展	张延军等,2016
泥盆纪			花岗闪长岩		(372±2.7)/SHRIMP 锆石 U-Pb	I型	后碰撞伸展	吴才来等,2007
			花岗岩		(374.5±1.6)/SHRIMP 锆石 U-Pb	S型	后碰撞伸展	
			石英闪长岩		(372.1±2.6)/SHRIMP 锆石 U-Pb	埃达克质	后造山伸展环境	吴才来等,2008
			花岗闪长岩		(394.4±2.4)/LA-ICP-MS 锆石 U-Pb	钙碱性、准铝质,I型	碰撞后伸展	王飞等,2017

续表 2-3

岩浆侵入期	中南祁连造山带	全吉地块	柴北缘造山带		年龄(Ma)/测试方法	岩石类型	构造环境	文献
	宗务隆陆缘裂谷	欧龙布鲁克被动陆缘	滩间山岩浆弧	柴北缘蛇绿混杂岩带				
泥盆纪			花岗闪长岩		(397±3)/SHRIMP 锆石 U-Pb	钙碱性系列,既有 I 型花岗岩特征,又有 S 型花岗岩特征	后碰撞造山伸展	吴才来等,2004
			花岗岩		(391±5)/LA-ICP-MS 锆石 U-Pb	S 型花岗岩,高钾钙碱性过铝质岩石	后碰撞造山伸展	于胜尧等,2011
			花岗岩		(382±2)/LA-ICP-MS 锆石 U-Pb			
			二长花岗岩		397/SHRIMP 锆石 U-Pb	I 型	碰撞后	吴才来等,2004
			中粗粒花岗岩		(402±3)/SHRIMP 锆石 U-Pb			
			中细粒花岗岩		(408.6±4.4)/SHRIMP 锆石 U-Pb	I 型	碰撞后板块折返	吴才来等,2007
			中粗粒花岗岩		(403.3±3.8)/SHRIMP 锆石 U-Pb			
			花岗岩		(412.4±3.5)/SHRIMP 锆石 U-Pb	准铝质—铝弱过饱和质 A 型花岗岩	碰撞后伸展	吴才来等,2016
志留纪			花岗闪长岩		(422±6.4)/LA-ICP-MS 锆石 U-Pb	埃达克质、强过铝质	后碰撞造山伸展	周宾等,2014
			二长花岗岩		(428±1)/TIMS 锆石 U-Pb	I 型,钙碱性,偏铝质	碰撞后伸展	孟繁聪等,2005

续表 2-3

岩浆侵入期	中南祁连造山带	全吉地块	柴北缘造山带		年龄(Ma)/测试方法	岩石类型	构造环境	文献
	宗务隆陆缘裂谷	欧龙布鲁克被动陆缘	滩间山岩浆弧	柴北缘蛇绿混杂岩带				
志留纪			花岗闪长岩		(434±1)/LA-ICP-MS 锆石 U-Pb	埃达克质	碰撞造山	于胜尧等，2011
			花岗闪长岩		(432±1)/LA-ICP-MS 锆石 U-Pb			
			花岗岩		(430±8)/SHRIMP 锆石 U-Pb	钙碱性、过铝质	碰撞后伸展	孟繁聪和张建新，2008
			二长花岗岩		(437.2±1.5)/LA-ICP-MS 锆石 U-Pb	S型,富钾准铝质	碰撞后伸展	朱小辉等，2016
			花岗闪长岩		(437.4±3)/LA-ICP-MS 锆石 U-Pb	钙碱性、弱过铝质	大陆深俯冲	朱小辉等，2013
			环斑花岗岩		(440±14)/SHRIMP 锆石 U-Pb	A型,高钾钙碱性	后碰撞	卢欣祥等，2007
			眼球状花岗岩		436.9±2.8)/LA-ICP-MS 锆石 U-Pb		陆陆碰撞	周宾等，2013
			花岗闪长岩		(440.8±7.3)/LA-ICP-MS 锆石 U-Pb		陆陆碰撞	

续表 2-3

岩浆侵入期	中南祁连造山带	全吉地块	柴北缘造山带		年龄(Ma)/测试方法	岩石类型	构造环境	文献
	宗务隆陆缘裂谷	欧龙布鲁克被动陆缘	滩间山岩浆弧	柴北缘蛇绿混杂岩带				
奥陶纪			斑状花岗岩		(446.3±3.9)/SHRIMP 锆石 U-Pb	S 型	陆陆碰撞	吴才来等, 2007
			正长花岗岩		446/SHRIMP 锆石 U-Pb	S 型	同碰撞	吴才来等, 2004
			斑状二长花岗岩		(456.2±3)/LA-ICP-MS 锆石 U-Pb	S 型, 富钾弱过铝质	同碰撞	朱小辉, 2016
			花岗岩		(444.5±9.2)/SHRIMP 锆石 U-Pb	I 型		
			花岗岩		(465.4±3.5)/SHRIMP 锆石 U-Pb	埃达克质	洋壳俯冲, 岛弧环境	吴才来等, 2008
			花岗岩		(469.7±4.6)/SHRIMP 锆石 U-Pb			
				辉长杂岩	(468±2)/LA-ICP-MS 锆石 U-Pb		岛弧环境	朱小辉等, 2013
			花岗岩		473/SHRIMP 锆石 U-Pb	I 型	洋壳俯冲, 岛弧环境	吴才来等, 2001
			二长花岗岩		473/SHRIMP 锆石 U-Pb	I 型	岛弧环境或活动大陆边缘	吴才来等, 2004

续表 2-3

岩浆侵入期	中南祁连造山带	全吉地块	柴北缘造山带		年龄(Ma)/测试方法	岩石类型	构造环境	文献
	宗务隆陆缘裂谷	欧龙布鲁克被动陆缘	滩间山岩浆弧	柴北缘蛇绿混杂岩带				
寒武纪				斜长花岗岩	(493±3)/LA-ICP-MS 锆石 U-Pb	低钾准铝质、幔源 M 型花岗岩	弧后盆地	朱小辉等，2014
				变辉长岩（斜长角闪岩）	(535±2)/LA-ICP-MS 锆石 U-Pb		弧后盆地	
				辉长岩	(520.8±7)/LA-ICP-MS 锆石 U-Pb		洋岛	朱小辉等，2012
元古宙		二长花岗片麻岩			(2412±14)/锆石 U-Pb；(2366±10)/锆石 U-Pb			陆松年等，2004

柴北缘地区基性—超基性岩形成时代最早可追溯至古元古代，但多已变质为斜长角闪岩。在滩间山地区、大柴旦鹰峰一带野外可识别的辉长岩（脉）年龄分别为(837±3)Ma(王惠初,2006)和(822.2±5.3)Ma(廖梵汐,2015)，可能形成于陆缘裂谷环境，是对罗迪尼亚(Rodinia)超大陆裂解事件的响应。

元古宙之后的基性—超基性岩体主要分为两期，早期（寒武纪）岩体为柴北缘俯冲增生杂岩带中代表大洋环境的蛇绿混杂岩带组分，包括滩间山蛇绿混杂岩、阿木尼克蛇绿混杂岩、哈莉哈德山蛇绿混杂岩以及托莫尔日特蛇绿混杂岩，岩石以纯橄岩、蛇纹石化单辉橄榄岩、蛇纹岩为主。其中产出含铬岩体10处（大柴旦落凤坡铬矿床、乌兰县中沟铬矿点），铁、钛矿（化）点多处。晚期为后碰撞-后造山伸展环境下的非蛇绿岩属性产物，以纯橄榄岩、辉橄岩、角闪石橄榄岩、辉石岩及辉长岩为主，岩石类型部分属镁质超基性岩类，也见有铁质超基性岩类，含石棉岩体2处（茫崖石棉矿床），铜镍（牛鼻子梁铜镍矿床）、玉石矿床（点）2处（都兰县尹克盖玉石矿床）。

2. 中性—酸性侵入岩

中酸性岩浆侵入活动较频繁，既有前震旦纪的，也有加里东期的，更有大量海西期、印支期的中酸性岩体出露。中性—酸性侵入岩附近以及绝大部分矿（化）体周边均可见明显的蚀变现象。

早古生代花岗质侵入岩体多数出现在欧龙布鲁克微陆块的南侧边缘，与达肯大坂岩群等呈侵入接触关系，以嗷唠山岩体和大柴旦附近的孤山岩体为代表，以闪长岩-石英闪长岩组合为主。前人研究成果显示，有相当一部分矿床的成矿流体来源于中性—酸性侵入岩。如滩间山金矿的成矿流体为中—低盐度，中等偏高密度的弱酸—中偏碱性溶液，成矿介质来源于岩浆和沉积变质等条件。欧龙布鲁克花岗岩带加里东晚期—海西早期岩体以石英闪长岩居多,多以岩枝、岩株状产于达肯大坂岩群中,构成闪长岩-石英闪长岩-英云闪长岩-花岗闪长岩-二长花岗岩组合。大部分矿床分布于海西期和印支期岩体的附近,说明岩体不但为成矿过程提供了热源和流体,同时亦为成矿提供了物质来源。

分布于赛什腾山—锡铁山一带的中性—酸性侵入岩,以海西期岩浆岩为主,有花岗闪长岩和钾长花岗岩,规模都不大,多呈岩株产出,侵位于下古生界中,加里东期仅见个别英云闪长岩,呈岩株产出;印支期有二长花岗岩、钾长花岗岩,侵位于古元古界和石炭系,被晚三叠世陆相火山岩不整合覆盖。该带有关岩浆热液型、矽卡岩型 Cu、Pb、Zn、Au、Ag 矿产以及矿化线索较多,都与中酸性岩浆活动有密切的关系,尤以海西期和印支期构造岩浆旋回对成矿比较有利。

各时期侵入活动及其主要岩石类型:①新元古代侵入岩为一套历经变质变形的钾长花岗岩-二长花岗岩-花岗闪长岩组合。岩石呈花岗变晶结构,略具片麻状构造、条带构造,长英质脉体发育。包体主要为大理岩、变粒岩等浅源捕房体,尤以榴辉岩等包体的发育为最主要特征。②早古生代侵入体多呈岩株或岩基状。奥陶纪侵入岩主要岩性有花岗闪长岩、英云闪长岩、斜长花岗岩、二长花岗岩及辉长岩,侵入最新地层为下奥陶统,被下志留统不整合覆盖的志留纪侵入岩以钾长花岗岩-二长花岗岩为主。③晚古生代侵入岩多呈岩基或大型岩株产出,围岩蚀变强烈。泥盆纪侵入岩岩石类型有斜长花岗岩、花岗闪长岩、二长花岗岩及石英闪长岩,侵入最新地层为上泥盆统。二叠纪侵入岩有闪长岩、石英闪长岩、花岗闪长岩及钾长花岗岩等。中生代侵入岩以三叠纪最为发育,常呈岩株状沿区域性大断裂产出,主要分布柴北缘西端冷湖和东端的都兰及乌兰一带,主要岩性有二长花岗岩、花岗闪长岩和正长花岗岩等。

在乌兰—纳仁一带由肉红色条痕条带状—眼球状黑云二长片麻岩、黑云角闪二长片麻岩、二长花岗质片麻岩和浅灰色条带状黑云角闪斜长片麻岩、花岗闪长质片麻岩组成,为过铝质高钾钙碱性系列。

在布赫特山—阿里克特一带,灰色—暗灰色片理化闪长岩、暗绿色中细粒蚀变辉长岩、深灰绿色含棉全蛇纹石化辉石橄榄岩组成,岩石属钙碱性玄武岩系列的辉长岩-闪长岩类,橄榄岩+辉长岩+闪长岩组合。闪长岩中含大量辉长岩包体,部分包体呈条带状,空间上与辉长岩相伴。以小岩株状侵入于古元古界达肯大坂岩群中,呈不规则状近东西向,普遍具碎裂岩化和片理化现象,部分外接触带有矽卡岩出现。

在乌兰县尕子黑—王家琪一带,由闪长岩、石英闪长岩、英云闪长岩和花岗闪长岩组成,岩石均为偏铝质钙碱性系列,含角闪石钙碱花岗岩类(ACG),闪长岩+英云闪长岩+花岗闪长岩组合。侵入到古元古界达肯大坂岩群的片岩片麻岩中,并有晚三叠世晚期花岗岩超动侵入。

那仁达乌一带为肉红色斑状二长花岗岩、灰白色斑状中粒花岗闪长岩;天峻北山一带由英云闪长岩和花岗闪长岩组成。岩体侵入到古元古界达肯大坂岩群,并超动侵入到早二叠世花岗岩中,部分被晚三叠世花岗岩超动侵入。在尕子黑花岗闪长岩外侧形成 Cu-Zn-W 矿化矽卡岩。

霍德生一带由少量辉长岩及二长花岗岩、斑状二长花岗岩和正长花岗岩组成,除辉长岩属偏铝钙碱性系列外,其余岩石均为过铝质碱性系列,富钾及钾长石斑状花岗岩类(KCG),部分岩石中含白云母和石榴石,具典型的强过铝特点。岩体侵入到古元古界达肯大坂岩群及奥陶系滩间山群中,灰绿色中细粒角闪辉长岩呈小岩株状侵入中三叠统中,侵入界面清楚。

果可山沟一带为正长花岗岩和细粒正长岩,由橙红色中粗粒碱长花岗岩组成,岩石属偏铝质高钾钙碱性—碱性系列,富钾及钾长石斑状花岗岩类(KCG),碱性正长岩+碱性花岗岩组合,为典型的后造山花岗岩。它呈小岩株侵入到古元古界达肯大坂岩群的片麻岩和新元古代二长花岗质片麻岩中,并超动侵入到早二叠世—晚三叠世各期花岗岩中。

3. 脉岩

区内脉岩发育,类型众多,基性—酸性岩脉均有出露。按成因专属性可划分为与侵入岩相关性岩脉和区域性岩脉;按岩石类型分为基性岩脉、中性岩脉、酸性岩脉;按稀有金属成矿专属性分为伟晶岩脉、其他岩脉。

1)伟晶岩脉

柴北缘地区是青海省内稀有金属矿床(点)集中产出地区之一,目前已发现有沙柳泉铌钽矿床、石乃亥铌钽矿床、哈里哈答四铍矿点、夏日哈乌铌矿点、团宝山铌钽矿点等一批稀有金属矿床(点),其成矿类型属伟晶岩型,且均产出于柴北缘成矿带中断续出露伟晶岩脉带。该带伟晶岩脉十分发育,西起阿尔金山龙尾沟,经鱼卡河至乌兰县沙柳泉、察汗诺等地,长200多千米(青海省区域矿产总结报告,2001)(图2-3)。就成矿带而言,柴北缘地区内可分为阿尔金南缘地区伟晶岩带、柴北缘地区伟晶岩带2个伟晶岩带。

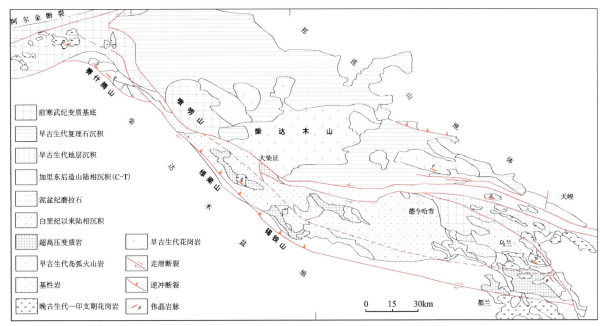

图 2-3 柴北缘地区伟晶岩脉分布示意图

阿尔金南缘地区伟晶岩带:伟晶岩脉断续产于茫崖-冷湖地区,多呈北西向展布,北东向、南北向等次之,与区域构造及次级断裂走向基本一致,表明伟晶岩脉的产出受构造控制明显。伟晶岩脉多呈透镜状、囊状、不规则状等形态产出,部分穿层侵入于古元古界达肯大坂岩群片麻岩、大理岩层中,以及花岗岩、花岗闪长岩等边部部位,伟晶岩脉的形成与花岗岩密切相关。据不完全统计,目前,在茫崖—龙尾沟等地区已发现花岗伟晶岩脉500余条;伟晶岩脉长一般10~60m,最长可达200m,宽一般1~10m,最宽约50m。其中俄博梁地区花岗伟晶岩具轻重稀土分馏程度明显,轻稀土富集;微量元素总体表现为Rb、Th、Ba等强不相容元素强烈富集,Ta、Nb、Ce、Zr、Hf、Sm等元素一般富集,显示花岗伟晶岩具下地壳源岩部分熔融花岗岩的特性,反映该地区花岗伟晶岩可能形成于活动陆缘弧环境。

柴北缘地区伟晶岩带:自小赛什腾山—大柴旦—乌兰—察汗诺—青海南山等地区伟晶岩脉断续出露,其中在生格、沙柳泉、察汗诺等地区伟晶岩脉具有群、带出露的特点,生格地区发现花岗伟晶岩脉175条,主要分布在野马滩、尕子黑及霍德生沟等地;沙柳泉地区分布有326条伟晶岩脉;茶卡北山地区发现伟晶岩脉800余条(图2-4),多呈脉状、透镜状、不规则脉状、似层状、串珠状等形态产出,一般为单脉,分支、分叉者较少,部分具狭窄、膨大的脉体变化。伟晶岩类型主要为微斜长石型、微斜长石钠长石型、钠长石型及白云母钠长石型。伟晶岩脉产出形态与区内次级断裂、片理、片麻理、节理、裂隙等构造特征相吻合,且脉体与围岩的接触界线清晰,反映出伟晶岩脉就位严格受构造控制的特点。

伟晶岩脉的形成与区域性中酸性岩浆活动有关;察汗诺地区伟晶花岗岩脉是以高硅、多碱质和挥发组分为特征,属弱铝质花岗岩,可能形成于陆缘火山弧环境。

近年来,在柴北缘地区东段发现伟晶岩型俄当岗铌矿、茶卡北山锂铍矿、锡莫格山锂铍矿等稀有金属矿点,均产于伟晶岩脉中;同时,在茶卡北山含锂辉石白云母花岗伟晶岩中获得U-Pb加权平均年龄

图 2-4　茶卡北山(a)、沙柳泉(b)地区伟晶岩脉遥感解译图

为 240Ma、217Ma(潘彤等，2020；王秉璋等，2020)，表明在茶卡北山地区锂铍矿明显具有中三叠世、晚三叠世两期成矿的特性。

2)其他岩脉

柴北缘地区脉岩极为发育且分布广泛，遍布于元古宙到三叠纪地质体中，脉体种类繁多且规模不等，基性—中性—酸性脉岩均有，与后期构造运动和岩浆侵入有关。根据脉岩与深成岩体和后期构造的关系，分为相关性脉岩和区域性脉岩。

相关性脉岩：此类脉体与区内各类深成岩体关系密切，是岩浆活动的派生产物，主要岩石类型有正长花岗岩脉、花岗岩脉、花岗闪长岩脉、二长岩脉、二长花岗岩脉、闪长(玢)岩脉等，在达肯大坂岩群、万洞沟群、泥盆纪—三叠纪岩体中均有不同程度分布。脉体规模相对较大，脉体宽在 5～200m 之间，长在 10～200m 之间，最长可达 500m。

区域性脉岩：此类脉岩受区域构造影响，大多沿深大断裂带、次级断裂裂隙面贯入，或沿早期地层面理顺层侵入，脉体规模较小但延伸较远，产状与区域构造方向一致，局部不同的构造部位发育特征各异。脉体产出地层主要为达肯大坂岩群、万洞沟群、元古宙变质侵入体等，脉岩类型包括石英脉、中基性岩脉、花岗细晶岩脉、花岗伟晶岩脉等。

石英脉为最发育的一类脉岩；脉体多呈细脉状、肠状、枝叉状、网格状等多种形态，沿裂隙、节理及断裂带贯入，长者可达百余米，短者可达显微级别；产状与区域构造线相吻合，形态变化较大。

中基性岩脉包括辉绿(玢)岩、微晶闪长(玢)岩，脉体分布较广，主要产于中生代的岩体中，在元古宙变质侵入体中也有少量产出。脉体一般延伸稳定，多数规模较小。

近年来，在沙柳泉地区发现了白垩系煌斑岩脉群，煌斑岩中获得锆石 U-Pb 年龄分别为(135.2±1.8)Ma、(132.9±1.3)Ma，确定形成于白垩纪(王秉璋等，2020)；显示柴北缘地区在白垩纪局部处于拉伸环境。

(二)火山岩

柴北缘火山岩主要发育相对集中于南华纪—奥陶纪和泥盆纪，其中寒武纪—奥陶纪为火山活动最重要的地质时期。

1. 南华纪—震旦纪火山岩

南华纪—震旦纪的火山岩主要分布于全吉布依坦乌拉山一带，赋存于全吉群石英梁组碎屑岩中下部，大多为玄武岩组合，岩石类型较单一。岩石受后期构造影响较弱，基本无变形。受石英梁组地层产状控制，呈狭长夹层状产出，与上、下层位呈整合接触关系。该套火山岩出露不稳定，剖面控制厚度约 5m。石英梁组玄武岩形成时代为 800Ma，形成于大陆裂谷环境(李怀坤等，2003)。但张海军等(2016)

在全吉群红藻山组中解体出一套中元古代长城纪凝灰岩,其锆石 U-Pb 年龄为(1640±15)Ma、(1646±20)Ma(表 2-4),将全吉地块火山活动时间下延至中元古代,可能反映了超大陆早期的裂解事件。

表 2-4　柴北缘地区火山岩构造环境与年龄数据表

火山岩地质时代	全吉地块	柴北缘造山带		年龄(Ma)/测试方法	岩石类型	构造环境	文献来源
	欧龙布鲁克被动陆缘	滩间山岩浆弧	柴北缘蛇绿混杂岩带				
泥盆纪		英安岩		(390.6±1.8)、(369.2±3.3)、(392.4±3.3)/LA-ICP-MS			1:25万大柴旦镇、德令哈市幅区调报告,2014;1:5万阿木尼克山四幅区调报告,2015
		流纹岩		(374.8±3.1)、(385.8±6.1)			1:5万阿木尼克山四幅区调报告,2015
奥陶纪		变英安岩		(486±13)/LA-ICP-MS 锆石 U-Pb		大陆裂谷(?)	赵风清等,2003
寒武纪		安山岩		(514.2±8.5)/LA-ICP-MS 锆石 U-Pb	岛弧拉斑系列(?)钙碱性火山岩	岛弧(?)	史仁灯等,2004
南华纪	玄武质安山岩(石英梁组)			800/锆石 U-Pb	钙碱性—碱性大陆板内玄武岩		李怀坤等,2003
	玄武岩			(738±28)/锆石 U-Pb			陆松年等,2006
长城纪	凝灰岩(红藻山组)			(1640±15)/LA-ICP-MS 锆石 U-Pb)		裂张	张海军等,2016
				(1646±20)/LA-ICP-MS 锆石 U-Pb			

2. 寒武纪火山岩

寒武纪火山岩自西向东零星分布于绿梁山、锡铁山南坡、布赫特山、都兰县阿尔茨托山、沙柳河东山及南戈泉等地。火山岩呈夹层状出露于阿斯扎群下部绿片岩组,岩性主要为变安山岩、变英安岩、流纹岩等。史仁灯等(2004)在安山岩中获得(514.2±8.5)Ma 的锆石 U-Pb 年龄(LA-ICP-MS),岩石地球化学特征分析为岛弧拉斑系列、钙碱性火山岩,据此其认为火山岩形成环境为岛弧,但这与柴北缘寒武纪时期构造环境为陆缘裂谷的观点(潘彤等,2019)并不相符。

3. 奥陶纪火山岩

柴北缘奥陶纪海相火山活动强烈,火山岩发育,是早古生代滩间山岩浆弧的重要组成部分。奥陶纪火山岩有两种赋存(产出)形式,成层有序出露的火山岩发育在滩间山群中,而具构造混杂特征的火山岩产于柴北缘蛇绿混杂岩带和阿木尼克蛇绿混杂岩带中。

1)滩间山群火山岩

滩间山群火山岩在柴北缘造山带中分布面积并不广。根据上、下层位关系,划分出下火山岩组和玄武安山岩组两个火山岩组,火山岩主要以火山岩系的形式赋存于这两个组中,另外在砾岩组和砂岩组中也发育少量火山岩夹层。区域上在采石岭、丁字口等地区滩间山群火山岩发育较完整,厚度较大。

下火山岩组是滩间山群中最发育的一个岩组,分布面积较广。以丁字口、赛什腾山、滩间山、采石岭等地最为集中,另外锡铁山和阿木尼克山西缘也有小面积出露。各地岩石组合和厚度变化较大。在滩间山、赛什腾山一带,岩石组合为灰绿色变安山岩、变安山质火山角砾岩、变英安质凝灰岩夹流纹质凝灰岩、英安岩,与下伏下碎屑岩组为整合接触,与上覆砾岩组为韧性剪切带接触,与柴北缘蛇绿混杂岩带呈断层接触,厚979m。在采石岭一带,岩石组合为安山岩、英安岩、火山角砾岩、晶屑凝灰岩及少量流纹岩等,与下伏下碎屑岩组为整合接触,志留纪花岗岩侵入其中,局部油砂山组角度不整合覆盖,出露厚度为113.81~683.03m。在全集山南麓岩石组合以灰色、灰褐色英安岩,流纹英安岩为主,夹流纹岩、霏细岩和少量砂屑灰岩。与下伏下碎屑岩组为整合接触,厚度仅326m。下火山岩组分布面积约215km^2。

玄武安山岩组分布范围较小,仅在茫崖、滩间山和锡铁山北坡零星出露。岩石组合主要为玄武安山岩、安山岩及玄武质集块岩、玄武安山质火山角砾岩、晶屑岩屑凝灰岩等,局部夹少量酸性火山岩。与下伏砾岩组、上覆砂岩组均为整合接触,厚437m。下部以爆发相为主,上部为溢流相。滩间山群海相火山岩沉积处于岛弧环境,属正常火山沉积岩系。

2)柴北缘蛇绿混杂岩带火山岩

该火山岩分布于柴北缘造山带南缘,由于新近纪沉积地层的覆盖,该条混杂岩带东、西两端出露情况较好,中部无显示。西部主要在三角顶、赛什腾山、滩间山及绿梁山一带出露,东部在托莫尔日特、野马滩、哈莉哈德山、乌龙滩等地出露,向东被哇洪山-温泉断裂切断。混杂岩带中出露火山岩以基性为主,中酸性火山岩较少,根据岩石组合划分出基性火山岩组合和中酸性火山岩组合。

柴北缘蛇绿混杂岩带中基性—酸性火山岩均有出露。基性火山岩组合在混杂岩带中最发育,分布面积最广,集中分布于三角顶、赛什腾山、滩间山、绿梁山和都兰托莫尔日特、哈莉哈德山、野马滩等地,各地岩性和厚度变化较大。在赛什腾山、海合沟一带,岩石组合为灰绿色玄武岩、玄武质火山角砾岩、玄武安山质凝灰岩等,断层发育,厚度大于2231m。酸性火山岩组合出露面积较小,仅见于东部都兰地区大海贡卡、柏树山、泉水沟以及西部赛什腾山一带,呈近东西向断续展布。多被后期中酸性侵入及第四系覆盖,被分割为几个大小不等的断块。岩石组合有中酸性玻屑晶屑凝灰岩、中酸性凝灰熔岩、硅化英安质凝灰岩、安山质糜棱岩等,剖面控制厚度为1124m。

柴北缘蛇绿混杂岩带中基性—酸性端元火山岩岩石地球化学特征与岛弧火山岩相似,结合区域大地构造背景,柴北缘蛇绿混杂岩带中基性、酸性火山岩组合形成于岛弧环境,局部出现弧后盆地的火山岩组合。

3)泥盆纪火山岩

晚古生代早期在柴达木周缘发育一套陆相火山岩,呈北西-南东向展布于柴北缘火山岩区,赋存于上泥盆统牦牛山组(D_3m)中。该套火山地层分布较为局限,集中出露在阿木尼克山、巴音山和牦牛山一带,在赛什腾山、夏日哈等地都是呈夹层状小面积产出于牦牛山组碎屑岩段中。受区域性断裂控制,西起青海省赛什腾山,向东经滩间山南部、阿木尼克山等地,直至巴音山、牦牛山、夏日哈等地,在柴北缘构造岩浆岩带上可划分为两个断续出露的火山洼地,分别是阿木尼克火山洼地和巴音山-牦牛山火山洼地。赛什腾山、滩间山一带牦牛山组分布于柴北缘蛇绿混杂岩带之间,与混杂带各岩石组合呈断层接触，除此之外，与其他地质体亦以断层接触为主，局部地段牦牛山组角度不整合覆于老地层与岩体之上。

阿木尼克火山洼地，集中分布于阿木尼克山、达达肯乌拉山地区。火山岩呈面状、条带状展布，总体展布方向为北西-南东向，长约35km，最宽处阿木尼克山出露宽度达8km，向两侧火山岩厚度逐渐变小，由条带状演变为透镜状并逐渐消失。火山岩以酸性火山(火山碎屑)岩为主，其次为中性火山岩，另有少量的基性火山岩。该地区发育火山机构，以阿木尼克山南火山机构保存较完整，火山机构最为典型。

巴音山-牦牛山火山洼地，集中分布于八音山、牦牛山主脊一带，夏日哈山北坡和哈莉哈德山等地小面积出露，总体呈北西向条带状展布，各地出露厚度不一。岩性主要为流纹岩、英安岩、安山岩、凝灰熔岩、集块岩、火山角砾岩及凝灰岩。岩石柱状节理发育，形成近于陡立的地貌景观，且普遍发生轻微的变质变形，局部出现片理化现象。该套火山岩总体面貌以紫红色—灰紫色、底部为灰绿色的顶红底绿为特点，显示陆相火山岩喷发特征，属裂隙-中心式喷发。

牦牛山组为一套高钾和钾玄岩质英安岩-流纹岩组合，属后碰撞环境。

(三) 蛇绿岩

柴北缘蛇绿岩蛇绿混杂岩带出露两期3条蛇绿岩带，分别为加里东期的柴北缘蛇绿岩带、茫崖蛇绿岩带、宗务隆山蛇绿岩带。其中柴北缘蛇绿岩带中蛇绿岩组分中的基性火山熔岩具有MORB和VAB双重属性，表明其为俯冲机制下的弧后扩张产物；茫崖蛇绿岩形成于弧后扩张盆地，具有SSZ型蛇绿岩特征；宗务隆山蛇绿岩属较典型的陆内裂谷扩张引起的宽度不大的陆缘裂陷小洋盆，呈北西西向夹持于南祁连微地块和柴达木地块之间，分布在赛什腾山、滩间山、达肯大坂山、鱼卡、绿梁山东部、宗务隆、乌兰南侧托莫尔日特一带。由于受后期构造的破坏，层序不完整，各岩石单元相互间多为构造界面。

1. 柴北缘蛇绿岩

柴北缘蛇绿岩带位于柴达木盆地北缘，属柴北缘造山带与柴达木断陷盆地的结合部位。蛇绿岩的分布严格受赛什腾-旺尕秀断裂、柴北缘-夏日哈断裂控制。自北西向南东经赛什腾山—滩间山—鱼卡河南—绿梁山—都兰沙柳河一带，总体呈北西-南东向断续带状展布，北邻滩间山岩浆弧火山岩系。蛇绿岩组合集中分布在鱼卡河南—绿梁山、阿木尼克山、赛坝沟—托莫尔日特等地。

蛇绿岩组分完整，有超镁铁质岩、镁铁质岩、辉绿岩墙、基性火山熔岩、斜长花岗岩及硅质岩等深海沉积物组成，各岩性呈构造岩块或透镜体无规则排列在柴北缘蛇绿混杂岩带中。蛇绿岩块体与围岩呈断层接触。

柴北缘蛇绿岩带中精确度较高的锆石U-Pb同位素年龄集中在534~480Ma之间。总体来看，整个柴北缘蛇绿岩带中蛇绿岩形成时代为早寒武世—早奥陶世，有可能延续到晚奥陶世，并且表现为西段鱼卡河-绿梁山较早，东段托莫尔日特较晚，具有时间差异性。

结合区域地质构造特征和大量的岩石地球化学分析数据，整个柴北缘蛇绿岩带中蛇绿岩组分中的基性火山熔岩均具有MORB和VAB的双重属性，表明其为俯冲机制下的弧后扩张的产物。

绿梁山-赛什腾山广泛发育镁铁—超镁铁质岩，成因十分复杂，其主体为蛇绿岩组分，但与之配套的熔岩不发育，落凤坡橄榄岩侵入体中取得Sm-Nd等时线年龄(521 ± 14)Ma及Rb-Sr等时线年龄(518 ± 11)Ma，证明存在早古生代蛇绿岩，测得蛇绿岩中的基性岩Rb-Sr及Sm-Nd等时线年龄(768 ± 39)Ma及(780 ± 22)Ma(杨经绥等，2004)。石棉矿一带具拉斑质的一套基性玄武岩与辉长岩和超镁铁质岩共同构成弧后盆地型蛇绿混杂岩，其中辉长岩的TIMS锆石年龄为(496.3 ± 6.2)Ma(王惠初等，2003)。锡铁山地区滩间山群中酸性火山岩锆石U-Pb年龄(468 ± 13)Ma(李怀坤等，1999)，可能为洋盆形成初始阶段的产物。

柴北缘东段沙柳河地区蛇绿岩主要分布在哈莉哈德山—托莫尔日特一带，围岩以滩间山群为主，托莫尔日特蛇绿混杂岩西岩石类型较为齐全，包括全蚀变方辉橄榄岩、蛇纹石化纯橄岩、蚀变橄榄岩、蚀变辉石角闪石岩、蛇纹石化单辉橄榄岩、糜棱岩化角闪辉长岩、蚀变辉绿岩、蚀变玄武岩、中粗粒角闪斜长花岗岩、含放射虫硅质岩等,蛇绿岩中的斜长花岗岩 Rb-Sr 等时线年龄为(447±22)Ma,地球化学特征表明为边缘海盆蛇绿岩(韩英善和彭琛,2000;孙延贵等,2000),哈莉哈德山西北部三道牙合辉长岩 Rb-Sr 等时线年龄为(470±2)Ma,显然蛇绿岩时代属奥陶纪无疑。在沙柳河地区发现一套蛇绿岩型地幔橄榄岩剖面,该橄榄岩体与沙柳河条带状蓝晶石榴辉岩构成大洋蛇绿岩剖面,代表大陆俯冲前的大洋岩石圈残片(张贵宾等,2005)。在新的1:25万都兰县幅区域地质调查中,报道在野马滩东北方向的托莫尔日特、灰狼沟、呼德生及都尔特德、哈莉哈德山一带确定出一套加里东期的蛇绿岩,主要岩石类型有变质纯橄岩、超镁铁岩、角闪石岩、辉长杂岩、辉绿岩、斜长花岗岩、玄武岩和放射虫硅质岩等,构成一完整的蛇绿混杂岩组合,蛇绿岩总体显示了岛弧岩浆的特征,并给出蛇绿岩的形成时代为500～470Ma。

总之,柴北缘蛇绿岩可能形成于SSZ环境,形成时代主要为521～470Ma的晚寒武世—早奥陶世。

2. 茫崖蛇绿岩

茫崖蛇绿岩主要分布在茫崖蛇绿构造混杂带中,但由于阿尔金断裂的破坏,东延不远即消失。蛇绿岩岩块多呈透镜状或断块状,局部呈带状沿近东西展布,长轴方向与区域构造线一致。蛇绿岩块与围岩均呈断层接触,各蛇绿岩岩块大小不一,规模较大,在茫崖一带蛇绿岩出露较为完整。

蛇绿岩组分包括蛇纹岩、辉长岩、玄武岩以及上覆岩系凝灰岩、硅质岩。

前人在茫崖蛇绿岩组分的辉长岩中获得(500.7±1.9)Ma、(444.9±1.3)Ma 的同位素年龄,认为茫崖蛇绿岩的形成时代可能为晚寒武世—奥陶纪。

茫崖蛇绿岩层序比较完整,蛇纹岩-辉长岩-基性熔岩(玄武岩)以及上覆岩系中凝灰岩、硅质岩齐全,玄武岩一系列稀土、蛛网图及构造判别图反映出岛弧拉斑玄武岩特征,结合区域地质资料,认为茫崖蛇绿岩形成于弧后扩张盆地,具有 SSZ 型蛇绿岩特征。

3. 宗务隆山蛇绿岩

宗务隆山蛇绿混杂岩带严格受北界宗务隆山北缘断裂、南界土尔根大坂-青海南山断裂控制,介于祁连造山带和柴北缘造山带之间。蛇绿岩空间上自西向东分布在大柴旦—宗务隆山主脊—巴音山—阿吾夏尔—天峻南山—夏河甘家一带,整体呈两边窄、中间宽的北西-南东向条带状展布,其中在宗务隆山主脊—阿吾夏尔一带呈近东西向带状展布,绵延400km左右,宽在2～15km之间。蛇绿岩组合集中分布在宗务隆山南坡、天峻南山一带。

蛇绿岩组分较为完整,包括变质橄榄岩、超镁铁—镁铁质堆晶岩、基性火山熔岩(夹深海硅质岩)和基性岩墙群四部分组成。蛇绿岩块体呈大小不等的构造岩块或透镜体分布在宗务隆山蛇绿混杂岩带中,略具定向性。蛇绿岩块与围岩均呈断层接触。

整个宗务隆山蛇绿岩带中蛇绿岩组分的同位素年龄集中在331～265Ma之间,表明形成时代应为石炭纪。

宗务隆山蛇绿岩带属较典型的陆内裂谷扩张引起的宽度不大的陆缘裂陷小洋盆,其中西段宗务隆山一带未见地幔橄榄岩,而东部天峻南山一带发育蛇纹岩、橄辉岩等地幔橄榄岩,表明整个宗务隆小洋盆西段拉伸浅东段拉伸较深的特点。

三、变质岩

变质岩出露较为广泛,具有不同变质成因、不同变质期次、不同变质程度的变质岩石复合体的特点。多数岩石形成以后遭受构造热事件改造,尤其是时代较老岩石经历多期改造,记录多期次变质变形作用。柴北缘地区变质作用时间跨度大,从太古宙到早三叠世地层均有不同程度变质作用发生,变质作用类型以区域动力热流变质作用和区域低温动力变质作用为主,局部叠加了动力变质作用和高压—超高压变质作用,变质相分布从角闪岩相到绿片岩相均有。

(一)区域变质作用

柴北缘地区独特的大地构造环境及其构造演变历史,特有的大地构造环境造就了其特定的变质作用物理化学条件,且在不同构造阶段、不同地区特定的物理化学条件及地质环境下,形成了特定的区域变质作用类型(表 2-5)。据区域变质作用类型及其形成的不同的岩石组合、特征变质矿物和矿物组合、不同的变质相带及构造环境,分为古元古代区域动力热流变质作用形成的结晶基底多相中—高级变质岩系及中新元古代—晚古生代区域低温动力变质作用形成的单相浅变质岩系。

表 2-5 柴北缘地区变质作用类型划分表

变质作用类型		主要变质岩石
区域变质作用	区域动力热流变质作用	石榴黑云斜长片麻岩、纹带状角闪斜长片麻岩、二云长斜长变粒岩、蛇纹石化橄榄大理岩
	区域低温动力变质作用	白云母石英片岩、二云石英片岩、斜长浅粒岩、千枚岩、板岩
动力变质作用	脆性变质作用	初碎裂岩、构造角砾岩、碎裂岩
	韧性变质作用	初糜棱岩、糜棱岩、千糜岩
高压—超高压高温变质作用		蓝晶石榴辉石、多硅白云母榴辉岩、角闪榴辉岩、角闪黝帘石榴辉岩、含绿辉石榴闪岩、蓝片岩、麻粒岩

1. 区域动力热流变质作用

区域动力热流变质作用是柴北缘地区最为主要的一期变质作用,形成德令哈杂岩、达肯大坂岩群和沙柳河岩组(表 2-6)。其中达肯大坂岩群变质岩石组合主要由一套中深变质的片麻岩、片岩、大理岩夹角闪质岩、变粒岩等组成,混合岩化发育;原岩为一套泥质、砂质碎屑岩-碳酸盐岩和中基性火山岩;变质泥质岩中稳定出现矽线石、蓝晶石、十字石及铁铝榴石等矿物,变质基性火山岩中普通角闪石、铁铝榴石也基本稳定出现,岩石具有完全平衡的矿物共生组合及结构构造;以泥质岩为主体,变质带划分为蓝晶石-十字石带,变质相均归属角闪岩相;变质相系为中压相系。区域上,王勤燕等(2008)在达肯大坂岩群斜长片麻岩、石英片岩等获得锆石 U-Pb 年龄在 2.43~2.47Ga 之间,揭示其随后相继发生了约 2.43Ga 之前的岩浆作用和约 1.92Ga 之前的区域变质作用事件。在茶卡北山地区达肯大坂岩群变质泥质岩中稳定出现十字石等特征矿物,成为寻找含矿伟晶岩脉的标志性矿物。

沙柳河岩组(Chs)位于柴北缘变质地带,呈北西西向条带状断续分布,在西段鱼卡河、绿梁山主峰和东段都兰地区阿尔茨托山集中出露。沙柳河岩组为一套层状无序的中—高级变质岩系,以含多硅白云母和蓝晶石为特征。在鱼卡河地区岩性为白云母石英片岩、含石榴白云母石英片岩,少量大理岩。东段阿尔茨托山等地,为深灰色二云石英片岩、白云石英片岩、长石石英岩、灰白色条带状大理岩,夹石榴角闪石英片岩、斜长角闪岩、二云斜长片麻岩等。主要变质岩石类型有片岩类、长英岩类、大理岩类和角闪岩类。

2. 区域低温动力变质作用

区域低温动力变质作用可划分为绿片岩相变质作用和亚绿片岩相变质作用两类,其中绿片岩相变质作用分为绿泥石级（绢云母-绿泥石组合）绿片岩相、黑云母级绿片岩相、绿泥石-黑云母级绿片岩相 3 类变质作用；亚绿片岩相变质零星出露鄂拉山组。在绿片岩相变质作用中，绿泥石级绿片岩相变质单位有全吉群、欧龙布鲁克群、多泉山组、石灰沟组、大头羊沟组、阿木尼克组、城墙沟组、怀头他拉组、果可山组、宗务隆山蛇绿混杂岩；黑云母级绿片岩相变质单位有万洞沟群、阿斯扎群；绿泥石-黑云母级绿片岩相变质单位有滩间山群、柴北缘和茫崖蛇绿混杂岩（表 2-6）。

表 2-6 柴北缘地区区域变质作用类型划分表

变质作用类型		变质单位	大地构造环境	变质相		原岩建造
克拉通基底区域变质作用	区域动力热流变质作用	沙柳河岩组	古陆壳固结增生发展期被动陆缘海盆地	角闪岩相		次稳定型泥砂质岩＋碳酸盐岩＋基性火山岩
		达肯大坂岩群				活动型泥砂质岩-碳酸盐岩-中基性火山岩
		德令哈杂岩	古陆壳固结增生			花岗岩＋基性岩和长英质表壳岩及碳酸盐岩
造山带区域变质作用	区域低温动力变质作用	鄂拉山组	东昆北陆缘弧火山盆地	亚绿片岩相	葡萄石-绿纤石相	陆相钙碱性火山碎屑岩
		全吉群、欧龙布鲁克群、多泉山组、石灰沟组和大头羊沟组、巴龙贡噶尔组、牦牛山组、阿木尼克组、墙沟组、怀头塔拉组、可山组、隆务河组、古浪堤组、宗务隆山蛇绿混杂岩、八音河组、郡子河群	南华纪—震旦纪陆内裂谷；早古生代被动陆缘，晚古生代陆内盆-陆表海；宗务隆陆缘裂谷；中生代陆表海-陆内上叠盆地	绿片岩相	绢云母-绿泥石级绿片岩相	裂谷滨浅海碎屑岩-碳酸盐岩＋冰碛砾岩＋火山岩；弧盆系复理石-碳酸盐岩-火山岩；基性火山岩、硅质岩、浊积岩
		滩间山群，柴北缘、茫崖蛇绿混杂岩	柴北缘早古生代活动陆缘、结合带		绿泥石-黑云母级绿片岩	滨浅海活动型碎屑岩-岛弧中酸性—中基性火山岩；洋盆相基性火山岩、硅质岩、岛弧火山岩、浊积岩、碳酸盐岩
		万洞沟群、阿斯扎群、天峻组、吾力沟组	中元古代及早古生代早期陆缘裂谷		黑云母级绿片岩相	滨浅海碎屑岩-碳酸盐岩和基性—中酸性火山岩-碳酸盐岩夹碎屑岩

万洞沟群(Pt_2W)呈断块或残留体集中分布于绿梁山西端鱼卡河一带,为一套石英岩-云母片岩-大理岩(斜长角闪岩)变质建造;变质岩石类形较复杂,以灰色石榴白云母片岩、含石榴白云母石英片岩为主,夹含石榴变粒岩、浅粒岩、石榴黑云角闪岩、石英岩及大理岩,偶夹兰晶石白云。特征矿物主要有蓝晶石、石榴石、角闪石、金红石,属中—高级变质,为区域动力热流变质作用,铁铝榴石带角闪岩相,中压区域变质岩系,大地构造环境属板内稳定。

奥陶系滩间山群(OT)由区域低温动力变质作用形成的变质岩,岩石在后期又叠加了较强的动力变质作用,强变形域顺层韧性剪切带、剪切褶皱及糜棱岩系列构造岩广泛发育,主构造线呈北西西-南东东向。区内变质岩石主要由绿帘石片岩、绿帘绿泥石片岩、阳起石片岩、斜长角闪片岩等绿色片岩为主,夹云母石英片岩及大理岩组成;为一套变质的低级绿色片岩相,变质作用类型属区域低温动力变质作用。滩间山群变质岩原岩组构保留较好,是强应力变形、较低温压条件下的区域低温动力变质作用形成的变质岩系,变质期次为加里东期。

(二)动力变质作用

动力变质岩发育于脆性断裂带及韧性剪切带中,柴北缘地区历经多次构造变动,韧-脆性断裂体系发育,原岩受到不同性质应力的影响,形成了各种类型的动力变质岩。

1. 脆性动力变质岩

碎裂岩分布在脆性断裂内和一些韧性剪切带的外缘(表2-6);以北西西向断裂为主,次为近东西向,断裂带内均有碎裂岩化变质岩分布;变质作用以碎裂作用为主。形成的主要变质岩石有构造角砾岩、碎裂岩、碎斑岩及碎裂岩化岩石,新生变质矿物极少,仅见有绢云母、绿泥石、钠长石等;据新生变质矿物共生组合,其属葡萄石-绿纤石相。

2. 韧性剪切带

据动力变质岩的变质变形特征,柴北缘逆冲走滑构造变质带主要形成一些逆冲型韧性剪切带,呈断续分布的片段被残存下来,其中尤以绿梁山、沙柳河地区发育较典型(表2-6)。韧性剪切带被卷入地层为古元古界达肯大坂岩群、奥陶系滩间山群,其中达肯大坂岩群主要变质岩有条纹带状黑云(二云)斜长片麻岩、眼球状黑云(二云)斜长片麻岩、黑云(二云)石英构造片岩、条纹条带状大理岩等。特征变质矿物堇青石、矽线石,可确定变质岩石属低角闪岩相。岩石变质变形较强,黏滞型石香肠、顺层掩卧褶皱、无根褶皱,"W"形、"N"形、"I"形脉褶十分发育,宏微观特征显示为中深构造层次韧性剪切作用下形成的低角闪岩相构造片岩、片麻岩类岩石。

滩间山群多被后期脆性断裂所破坏,走向以北西为主,宏观表现为狭长的退化变质带,形成的动力变质岩石主要有绢云母千糜岩、长英质糜棱岩、钙质糜棱岩、花岗质初糜棱岩及糜棱岩化岩石等。变质岩石中重结晶矿物较少,糜棱基质主要为微粒状方解石及长英质微粒状变晶集合体,具动态重结晶特点,属绢云母-绿泥石级低绿片岩相。变质岩石中布丁化碎斑、"σ"状碎斑、S/C组构、倾竖褶皱、不对称歪斜褶皱及紧闭尖棱褶皱发育,并随糜棱岩化作用增强而出现面理增强带;变质作用形成的糜棱面理与板理、千枚理,片理化面理基本平行,具同构造期的特点。

(三)接触交代变质作用

柴北缘地区接触交代变质作用不明显,主要表现在各阶段中酸性侵入岩与达肯大坂岩群之间,因侵入体围岩变质程度较高而对热接触不敏感,或没有碳酸盐岩等易蚀变岩石与岩体相接触,造成接触交代变质作用不明显。形成的变质岩石有角岩化岩石、角闪岩片麻岩及矽卡岩,为鳞片变晶结构、角岩结构、粒状变晶结构、块状构造、平行条状构造、变余片麻状构造等，新生矿物为黑云母、透闪石、微粒状石英、堇青石、绿帘石等，属钠长绿帘角岩相、角闪角岩相变质。

海西期侵入岩与古元古代中深变质岩接触带由于围岩主要为长英质变质岩，部分矿物发生重结晶，在与奥陶系滩间山群浅变质岩外接触带上，形成接触变质的角岩、角岩化带（表2-6）。印支期接触变质作用最为强烈，与区内铁、多金属矿化关系密切，接触变质带宽百余米至数百米不等。与奥陶系滩间山群变火山岩及鄂拉山组火山岩的外接触带形成热接触变质的角岩、角岩化岩石，在与滩间山群碳酸盐岩的接触带上形成接触交代成因的矽卡岩化岩石、矽卡岩。已有的成矿事实显示区内大部分铁、多金属矿产均产于矽卡岩中或其边部。

（四）高压—超高压高温变质作用

阿尔金-柴北缘地区为一条被巨型走滑断裂所切割的高压—超高压变质带（陈丹玲等，2005）；柴北缘高压—超高压变质带夹持于柴达木盆地与祁连变质地块之间，榴辉岩由西到东在鱼卡河、大柴旦、锡铁山、饮马峡、托莫尔日特、哈莉哈德山、沙柳河等地均有出露，呈串珠状沿北西西-南南东方向延伸达400km，西端被阿尔金山左行走滑断裂所切。按其产状、岩性特征、岩石化学特征及空间分布等分为西段榴辉岩带和东段榴辉岩带。

1. 西段榴辉岩岩带

1）榴辉岩特征

该岩带主要包括柴北缘西部鱼卡、绿梁山、胜利口、锡铁山至饮马峡等地段的榴辉岩。其中绿梁山榴辉岩赋存于长城系沙柳河岩组变质岩之中，是柴北缘高压—超高压变质岩带的组成部分。岩性由一套含石榴片岩、石英片岩、变粒岩、斜长角闪岩、大理岩及榴辉岩等构成的变质表壳岩系，呈不同规模的残块存在于中元古代花岗片麻岩中，以含榴辉岩为特征。宋述光等（2004）通过对石榴橄榄岩中包裹体的激光拉曼研究，首次发现与石榴石共生的微粒金刚石和石墨包裹体，从而进一步证明了石榴橄榄岩的形成深度大于150km；榴辉岩遭受了强烈的退变质作用，许多榴辉岩已变成了石榴角闪岩、石榴斜长角闪岩或含绿辉石的石榴角闪岩。

鱼卡河高压—超高压碰撞构造带中的花岗片麻岩主要有：白云母花岗片麻岩和变余斑状（眼球）二云母花岗质片麻岩两种，以白云母花岗片麻岩占主体，白云母均为多硅白云母，是一种较典型的高压变质矿物，已强烈变形片理化，说明白云母花岗片麻岩是在先期形成的造山花岗岩的基础上再次卷入高压变形环境的产物。陈丹玲等（2005，2007）对鱼卡地区的榴辉岩副片麻岩获得锆石变质年龄为435～430Ma，代表了鱼卡高压—超高压变质地体的峰期变质年龄。

锡铁山地区榴辉岩主要分布于全集峡、黄羊沟及其邻区，在断层沟地区也有零星的分布；大部分榴辉岩岩块经历了强烈角闪岩相退化变质叠加改造，部分已退变成石榴角闪岩及斜长角闪岩。锡铁山地区零星出露不含石榴石的蛇纹岩岩块与榴辉岩岩块共生，可能代表古大洋蛇绿岩的碎片（Zhang et al，2005；Song et al，2009）。宋述光等（2015）研究认为存在两期榴辉岩相变质，早期（>440Ma）与洋壳俯冲有关，原岩为洋壳玄武岩；晚期（435～420Ma）与大陆俯冲有关，原岩可能为沙柳河岩组。Zhang等（2005，2009）根据锡铁山榴辉岩的矿物组合特征，识别出角闪石榴辉岩和多硅白云母榴辉岩两种类型，并在绿辉石中发现柯石英假象，利用Grt-Omp-Ph温压计获得其变质温压条件为$T=750～790℃$，$p=2.7～3.2GPa$。研究显示，锡铁山地区榴辉岩的原岩具有MORB特征（Meng et al，2003；Yang et al，2006）。

2）榴辉岩变质作用

（1）变质矿物组合。早期变质矿物组合为石榴石+角闪石+石英+绿帘石±黑云母±斜长石±绿泥石；峰期变质矿物组合为石榴石+绿辉石+多硅白云母+金红石+石英±黝帘石±角闪石；峰期后退变质矿物组合为角闪石＋石英＋绿帘石＋斜黝帘石±透辉石±斜长石±绿泥石。

(2)造岩变质矿物。主要为石榴石、绿辉石、角闪石(包括透闪石和阳起石)、白云母(多硅白云母)、黑云母、蓝晶石、绿泥石、绿帘石、黝帘石(斜黝帘石)、透辉石、石英、斜长石等；副矿物有金红石、磷灰石、榍石、磁铁矿、钛铁矿、锆石等。

(3)变质作用。在柴北缘都兰地区的榴辉岩中已经发现有柯石英存在(杨经绥等,2001),鱼卡河地区榴辉岩中也发现了柯石英假象(李怀坤等,1999),由此证明榴辉岩至少部分经历过高压—超高压变质作用。

2. 东段榴辉岩带

1)榴辉岩特征

东段都兰超高压变质体位于柴北缘超高压变质带的最东端,主要分布在野马滩、沙柳河及阿尔茨托山等地。在柴北缘沙柳河、野马滩等地发现了榴辉岩(杨建军等,1994;张雪亭等,1999;杨经绥,2000),并在片麻岩中发现柯石英,首次证明是超高压变质体(宋述光和杨经绥,2001)。

东段高压变质岩类包括榴辉岩、榴闪岩和其他高压变质岩,分布在沙柳河高压—超高压混杂岩带内,呈大小不一的构造透镜体,包裹在沙柳河岩组中；从岩石构造可将榴辉岩分为块状榴辉岩和条带状榴辉岩。岩石类型包括蓝晶榴辉岩、绿帘榴辉岩、多硅白云母榴辉岩、多硅白云母角闪榴辉岩、黝帘榴辉岩；主要变质矿物有柯石英包裹体、石榴石、多硅白云母和角闪石。

2)变质年龄

陆松年等(2002)在阿木尼克和沙柳河等地榴辉岩中分别获得了$(473±4)$Ma 和$(484±3)$Ma 的锆石U-Pb年龄。张建新和杨经绥(2000)对鱼卡河附近榴辉岩样品测试获得$(494.6±6.5)$Ma,并认为该年龄值可代表榴辉岩相变质作用的年龄。

3)变质作用

都兰野马滩榴辉岩峰期变质矿物组合为石榴石＋绿辉石＋多硅白云母＋金红石＋柯石英、石榴石＋绿辉石＋绿帘石＋文石。峰期变质矿物都在不同程度上受到后期退化变质的改造,柯石英、文石以及超硅单斜辉石等再次减压过程中变得不稳定,柯石英和文石分别转变为多晶石英和方解石,而超硅单斜辉石中SiO_2发生出溶而形成平行排列的针状和棒状出溶片晶。绿辉石形成Cpx＋Ab 和Hb＋Ab 后生合晶反应边等。较晚期的退变组合Qz＋Pl＋Mu＋Bi±Hb 反映榴辉岩经历了角闪岩相退化变质作用[①]。

四、构造

(一)构造基本特征

区内经历了加里东、海西、印支、燕山、喜马拉雅多期构造运动,形成了现今北西向和近东西向两组区域构造形迹,其特征以断裂为主,褶皱次之。断裂具有多期活动的特点,主要变形样式为走滑-挤压构造,具有挤压推覆特征,兼走滑性质。据《中国区域地质志·青海卷》(2019)划分方案,结合区域主要沉积特征、岩浆活动、变质作用及各构造块体之间的相互关系,划分为二级断裂3条,即土尔根大坂-宗务隆山南缘断裂、丁字口-德令哈断裂、柴北缘-夏日哈断裂；三级断裂4条,即宗务隆山-青海南山断裂、赛什腾-旺尕秀断裂、哇洪山-温泉断裂、苦海-赛什塘断裂(图2-5)。

[①] Cpx. 单斜辉岩;Ab. 钠长岩;Hb. 普通辉岩;Pl. 斜长石;Qz. 石英;Bi. 黑云母;Mu. 白云母。

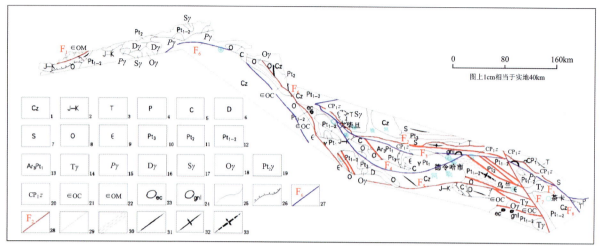

1.新生界;2.侏罗系—白垩系;3.三叠系;4.二叠系;5.石炭系;6.泥盆系;7.志留系;8.奥陶系;9.寒武系;10.新元古界;11.中元古界;12.古元古界—中元古界;13.新太古界—古元古界;14.三叠纪花岗岩;15.二叠纪花岗岩;16.泥盆纪花岗岩;17.志留纪花岗岩;18.奥陶纪花岗岩;19.中元古代花岗岩;20.宗务隆蛇绿混杂岩;21.柴北缘蛇绿混杂岩;22.茫崖蛇绿混杂岩;23.榴辉岩;24.麻粒岩;25.地质界线;26.角度不整合界线;27.二级构造单元界线断裂及编号;28.三级构造单元界线断裂及编号;29.一般断层;30.韧性剪切带;31.背斜褶皱;32.背形构造;33.向形构造

图 2-5 柴北缘地区主要断裂构造分布图

1. 二级断裂

1) 土尔根大阪-宗务隆山南缘断裂

该断裂位于柴北缘地区北部,西段为中南祁连造山带与全吉地块分界线,东段是中南祁连造山带与西秦岭造山带的边界。西起擦勒特北,经大柴旦、宗务隆山,东延伸出省外,呈北西西-南东东向弧形延伸,省内出露长度大于480km,在擦勒特南及生格东被右行走滑断层错断。该断裂发育宽40~50m的破碎带及达数百米的片理化带,主要由碎裂岩、碎斑岩组成,局部见构造角砾、断层泥。该断裂两侧发育有与之平行或斜交之分支断裂,呈叠瓦状构造。该断裂形成时间早于海西晚期,至印支期最为活跃,后期活化,造成了北部石炭系逆冲于南部下更新统七个泉组砂砾石层之上的态势。

2) 丁字口-德令哈断裂

该断层西起鱼卡,经阿木尼克山,东止于德令哈东交会宗务隆山南缘-青海南山断裂,呈往南凸起的弯曲状,断续长约240km,为全吉地块与柴北缘造山带的分界。明显切割古元古界、南华系—震旦系,为一活动性断裂。地表地质特征指示该带活动时期主要是加里东期,海西期和印支期仍具有较强的活动性。在南、北两侧基底断裂控制下,对东侧海西期—印支期活动区的形成起了推波助澜的作用。

3) 柴北缘-夏日哈断裂

该断裂为柴北缘造山带南界的主边界断裂,西始茫崖,向东经冷湖镇、锡铁山南,止于夏日哈。柴北缘地区内大部分呈隐伏状态,走向先南东经冷湖镇后走向转为南东东,断续长约812km。地震测深资料反映断裂是一条总体向北陡倾的岩石圈断裂,是柴北缘结合带与柴达木新生代盆地的分界断裂。

2. 三级断裂

1) 宗务隆山-青海南山断裂

该断裂位于柴北缘地区北部,为南祁连岩浆弧与宗务隆山陆缘裂谷带的三级构造单元界线。西起大柴旦,经巴音山,阿吾夏尔被一右行走滑断层切断,呈微向北凸出之弧形,形成宽为20~50m的断层破碎带,断层泥、断层角砾岩、岩石劈理及挤压透镜体等极为发育,由于旁侧牵引,发育拖曳褶皱。其中,砂岩变形较强,板岩类板理发育,岩石极度破碎,节理密集发育,大部分地段岩石产状紊乱。该断裂带控制了志留系与宗务隆山蛇绿混杂岩的分布;断裂最早形成于海西晚期,至印支期最为活跃,喜马拉雅期有新的活动。

2）赛什腾-旺尕秀断裂

该断裂为滩间山岩浆弧与柴北缘蛇绿混杂岩带的分界断裂，断裂呈断续两段出露。北西段被柴北缘-夏日哈断裂截切，长约141km，走向北西-南东，倾向北东；南东段被柴北缘-夏日哈断裂和哇洪山-温泉断裂截切，长度约283km，走向近东西，为一条隐伏断层，断层性质不明。

3）哇洪山-温泉断裂

该断裂北起阿吾夏尔，经哈里哈德山，南延伸出柴北缘地区，是一条挤压逆冲兼右行走滑的断裂，截切8条近东西向边界断裂，柴北缘地区内为鄂拉山岩浆弧与滩间山岩浆弧、柴北缘早古生代结合带的边界断层。断裂宽100～500m，长约60km，由数条走向北北西向的高角度逆断层组成，该断裂是一条以右行走滑为主兼压性逆冲的断裂。属壳型断裂，形成于早古生代末期，海西期—印支中期活动性增强，印支晚期—喜马拉雅期，进入陆内造山阶段，活动强度十分剧烈，组成北北西向具右行滑移的鄂拉山走滑构造带，控制了印支期中酸性岩浆岩侵位和区域晚三叠世火山沉积盆地分布，为一活动性构造。

4）苦海-赛什塘断裂

柴北缘地区内仅在橡皮山北出露该断裂北端局部，为东昆仑古生代造山带与西秦岭造山带分界断裂，也作为鄂拉山岩浆弧、赛什塘-苦海结合带与泽库复合型前陆盆地的三级构造分区界线。

5）脆性断裂

柴北缘地区脆性断层可分为北西—北西西向、近南北向、北东—北东东向3组，其中早期北西—北西西向断裂往往被后期北东—北东东向断裂切错。

北西—北西西向断裂：主要分布于柴北缘地区达肯大坂岩群、万洞沟群、滩间山群以及元古宙变质侵入体、构造混杂带内。性质均为逆冲断层。该类断层沿走向延伸一般较长，并被后期北东向断层切割。

近南北向断裂：断裂规模小，延伸短，长度一般为8～13km，主要分布于大柴旦一带，仅局部控制侵入岩的侵位，并常常错断北西向断裂，在北西向断裂和近南北向断裂交会处一般化探异常密集，且异常长轴方向与近南北向断裂的方向一致，反映出这两组断裂交会地带是多金属矿产富集区。

北东—北东东向断层：该组断裂为后期破坏性断裂，在柴北缘地区出露较多，断层规模不大，走向50°，沿断层方向地质体破碎较强，片理化强烈。

3. 韧性剪切带

韧性剪切带是加里东晚期以来多次造山活动的产物，具有深层变形构造特征。韧性剪切带西起丁字口，东至乌兰一带，夹持于柴达木盆地北缘隐伏断裂带与宗务隆山南缘断裂带以及大柴旦以西的宗务隆—青海湖断裂带之间，西窄东宽，呈"S"形展布。古元古界达肯大坂岩群、万洞沟群，古生界滩间山群普遍遭受了韧性剪切作用，尤其在大型的北西西向断裂两侧，韧性剪切带最为发育。前寒武系中，普遍分布石榴石橄榄岩、榴辉岩、柯石英等超高压岩石和矿物。滩间山金矿床、青龙沟金矿床、野骆驼泉金矿床均赋存于韧性剪切带中，其形成与韧性剪切带有着密切的成因联系。

4. 褶皱构造

柴北缘地区内加里东期褶皱多以紧闭褶皱为主，发生逆冲剪切变形之后，持续的南北向挤压力又使其发生褶皱变形，形成近东西向褶皱束，形成褶皱的岩性以碎屑质糜棱岩及千糜岩、千枚岩为主，该褶皱束总体显示紧密线状特征，剖面形态似尖棱状；褶皱两翼次级褶皱发育。

柴北缘地区内海西期—印支期褶皱出露较少，但规模大、保存好，卷入地层为三叠系，褶皱一般长5～10km，个别几十千米，背向斜构造翼间角一般45°～60°。褶皱样式为轴面近直立的等厚对称褶皱。该褶皱与断裂构造相伴，越靠近断裂带褶皱越密集。

柴北缘地区内燕山期在稳定的地块上表现为盆地基底的构造沉降。残留的右行走滑断裂，以北北西向和北东向右行走滑断裂居多。燕山旋回晚期转换为挤压逆冲构造运动，形成一系列浅层次脆性变形的逆冲-褶皱构造组合。逆冲断裂有两种表现形式：一种是对早期断裂的叠加改造，是叠加在早期构造脆弱面上,沿早期韧性剪切带或断裂破碎带再次发生逆冲断裂活动;另一种为发育的新逆冲断裂,逆冲构造变形主要形成一些逆冲型韧性剪切带,受剥蚀深度差异和后期构造改造影响。这些韧性剪切带常呈一些断续分布的片段残存下来,其中尤以绿梁山、沙柳河地区发育比较典型(许志琴等,1997)。叠加的逆冲断裂规模一般较大,新逆冲断裂规模相对较小,总体以北西、北西西走向为主。褶皱构造多为短轴状宽缓圆滑对称型背向斜褶皱,轴向北西和北西西,枢纽总体平缓,轴面近直立,轴面劈理不发育。

喜马拉雅期,柴北缘地区内西段受北西向断裂和阿尔金走滑断裂系影响,致使盖层构造变形强烈,发育近北西西向褶皱,规模相对较小。

(二)构造变形序列及构造变形期次

综观柴北缘的构造变形特征,前南华纪、南华纪—泥盆纪变质地体至少经受了古元古代、中元古代和早古生代3个构造旋回的构造变形。早古生代加里东期,柴北缘古元古代地质体(德令哈杂岩、达肯大坂岩群)、中元古代地质体(沙柳河岩组、万洞沟群等变质深成岩)和以滩间山群为代表的早古生代地质体三者以碰撞造山带的形式叠置于一起,碰撞造山作用对沙柳河岩组改造异常强烈,除榴辉岩中获得了一些早古生代的年龄数据外,沙柳河岩组片岩中的白云母等均留存有早古生代变形变质的烙印。柴北缘地区变形序列如表2-7所示。

表2-7 柴北缘构造变形序列及构造变形期次

时代		构造期	构造序列	变形特征	变质作用	岩浆作用	构造背景
新生代	Q	新构造期	D_7	逆冲推覆为主,并伴有左旋走滑	无	无	高原隆升
	EN_1	喜马拉雅期	D_6	早期地壳沉降,张性断层活动;后期地壳挤压剧烈隆升,形成北西向褶皱构造和北西向斜冲推覆构造;地壳抬升,形成多级河流阶地,湖盆发育	无	无	
中生代	JK	燕山期	D_5	张性伸展、断陷,柴达木盆地初现,侏罗—白垩纪陆相沉积,测区边缘有侏罗系含煤出露	无	煌斑岩脉	陆内造山,地壳下沉,盆地萌生
晚古生代	CT	海西期—印支期	D_4	石炭纪—二叠纪发育成宗务隆山裂陷槽。柴北缘有北西向张性断层活动	宗务隆山带低绿片岩相变质	沿北西向断裂尖峰山花岗闪长岩贯入	宗务隆地区地壳伸展裂陷,滩间山岩浆弧地壳挤压隆升
南华纪—泥盆纪	NhD_1	加里东期	D_3	早期地壳俯冲,北东-南西向挤压,近水平剪切,形成透入性片理,伴随强烈的韧性剪切作用,南华纪时,全吉地块近南北向张性伸展、断陷,出现台型-裂陷槽沉积。中期近东西向或北东-南西向构造挤压,板块碰撞,形成柴北缘蛇绿混杂岩带,滩间山群发育小型片理褶皱,形成褶劈理。后期有走滑断裂活动。晚期柴北缘总体地壳张性伸展裂陷,出现晚泥盆世磨拉石建造	以绿片岩相变质为主,局部达绿帘角闪岩相。在俯冲板片中发生了榴辉岩相变质作用	火山作用强烈,并有基性—超基性岩体侵位。同造山岩浆作用强烈,中酸性岩浆活动强烈	古陆裂解;俯冲消减;碰撞造山-伸展

续表2-7

时代	构造期	构造序列	变形特征	变质作用	岩浆作用	构造背景
前南华纪	Pt_2Pt_3 晋宁期	D_2	构造挤压,沙柳河岩组褶皱回返,形成透入性片理。加里东期强烈改造,构造形迹被掩盖;青白口纪柴北缘地区无地质记录	角闪岩相变质,但加里东期叠加有榴辉岩相变质	早期有基性火山活动,晚期同造山花岗岩发育	大陆汇聚
	Pt_1	D_1	早期北东-南西相挤压伴随近水平剪切,达肯大坂岩群中发生早期层理褶皱,形成一组透入性片理	绿帘角闪岩相-绿片岩相变质	早期基性火山活动强烈	古陆形成阶段

第三节 地球物理特征

一、航磁异常特征

柴北缘地区航磁异常整体呈北西向展布,磁异常展布明显受区域深大断裂控制。

柴北缘地区西侧阿尔金山东段俄博梁一带,磁异常整个为面形正磁场区,这是该区古元古代磁性基底,在高背景磁场上叠加有呈椭圆形局部异常,异常强度较大,其应是由中酸性侵入岩引起。

阿尔金山南坡地区,存在一条走向北东东向,磁异常强度高,最高值等值线为300nT,异常北侧伴有负异常,化极后异常变窄,北侧负异常基本消失。这些磁异常多是由奥陶纪的一套基性火山岩(熔岩)引起;除此异常之外,均为平稳的负磁场,场值为$-25\sim0$nT。

赛什腾山-阿尔茨托山造山亚带构造单元,为裂解过程中形成的槽地或裂谷,其内并有残留的古陆块。该带西段有面形的弱磁异常和规模小的强磁异常,这反映了基性或超基性侵入岩侵入于老的磁性地层的特点。如在绿梁山有铬铁矿点,有4个强磁异常,这些ΔT航磁异常能圈定基性、超基性岩体,可能与铬铁矿点无关,没有反映铬铁矿体的异常特征;在滩间山地段,铁、铜、铅锌金等矿床(点)星罗棋布,而航磁为平稳的负磁场区。中段锡铁山一带则为平静的负磁场,其中叠加少量范围小而弱的局部磁异常,这反映该带总体为一套弱磁性的中性火山岩和侵入其中的少量酸性岩体;在东段为范围较大的强磁异常区,为古元古代老结晶基底,很可能还存在太古宙地层(青海省矿产资源潜力评价成果报告,2013)。

柴达木盆地西部以负磁场为主,一般为$-80\sim-10$nT,尤以阿尔金山南缘负异常强度大,达-250nT。在盆地的西南部有一条呈北西向展布的串珠状正异常带,是祁漫塔格山中酸性岩体的反映,负磁场反映断陷盆地磁性基底很深非磁性地层,覆盖巨厚。

盆地东部是正异常区,经石油钻探验证,深部有隐伏的大型中酸性侵入岩体,形成北西向的正异常带。

锡铁山铅锌矿处于柴达木盆地-昆仑山高磁场区中的柴北缘赛什腾、绿草山高磁异常带与全集山高磁异常之间的胜利口负磁区东南缘的梯阶带上。正异常带呈狭长带状,轴向北西,呈斜列分布,主要由古元古界达肯大坂岩群变质岩和中基性火山岩引起,局部中高磁力由基性、超基性岩引起。正异常多被负异常分割,负异常多与断陷盆地所对应。锡铁山铅锌矿床就产于断陷盆地边缘的火山活动区(青海省大柴旦锡铁山铅锌矿区深部勘探报告,2009)。经典型矿床研究,认为铅锌矿与奥陶系滩间山群火山岩有关。该矿床位于航磁异常正负过渡带上,靠负异常一侧,可能与航磁异常有一定关系。该航磁异常可能是火山岩地层的反映。

滩间山金矿床处于赛什腾山-绿梁山高磁异常带上,磁场为相对平静,异常强度在$-50\sim0$nT之间,其中有少量范围很小,数值相差悬殊的局部正磁异常。引起这些局部异常的地质因素多推断属侵入于火山岩地层内的花岗闪长岩,局部可能为超基性、基性岩浆岩。航磁异常特征显示出磁场特征线呈北西向或北西西向,说明该区地壳深部存在以北西向为主的基底构造格局。

中西部冷湖—小赛什腾山一线有一个呈椭圆状展布的异常存在,其对应位置正处于小赛什腾铜矿点。

二、重力异常特征

据青海省重力异常图,柴达木盆地北缘成矿带布格重力异常强度北高南低,西段从-395×10^{-5}m/s^{2}递增至-300×10^{-5}m/s^2,东段从-420×10^{-5}m/s^{2}递增到-385×10^{-5}m/s^2。西段异常形态是近于北东走向的梯级带;托索湖一带为北西向椭圆状重力低异常;东段布赫特山一带为不规则的重力高异常。

青海省剩余重力异常等值线平面图(图2-7)显示,该带剩余重力异常有10余个,重力高与重力低相间展布,其中重力高异常多由中酸性岩体、基性或超基性岩体以及奥陶纪地层引起。最强的重力高异常为乌兰县南部的异常带,长约90km,宽约20km,Δg最高值24×10^{-5}m/s^2,是由灰狼沟的超基性岩体和南林陀乌里超基性岩体引起。重力低异常反映为凹陷盆地。其中,以托索湖重力低异常范围最大,呈北西向展布,西窄东宽,长约170km,宽$10\sim40$km。Δg最小值-8×10^{-5}m/s^2。该带有3个凹陷中心,反映为山间凹陷带。重力异常与矿产的关系,从剩余重力异常等值线平面图上宏观地看,重力异常总体上与该成矿带成矿具有密切的关系,该成矿带上的各类矿床、矿(化)点均在重力异常上或围绕重力异常边缘分布,重力异常及矿床、矿(化)点均受冷湖-锡铁山断裂(F青-0013)控制,因此重力异常对此成矿带的宏观反映比较明显,即可作为划分成矿带的宏观标志(青海省矿产资源潜力评价成果报告,2013)。

滩间山金矿处在赛什腾山-阿木尼克山重力梯级带上,在赛什腾山地区是以山脊为主体,梯级带呈北西向展布,梯级变化较稳定。区内异常值总的变化趋势是北高南低,似乎有由西北角至南东角展布一重力高异常带而其北东及南西两侧为重力低异常展布的变化特征,说明区内基底由北西至南东表现为一北西向的隆起带。滩间山金矿布格重力异常均为较大的负值重力,最高值位于西北角,异常值大于-320×10^{-5}m/s^2,最低值位于区内大柴旦镇东北部,异常值小于-465×10^{-5}m/s^2,变化幅度达到了145×10^{-5}m/s^2,区域上滩间山金矿床出露于东西向与北西向梯度带的转折处,梯级变化较为稳定(青海省大柴旦镇金龙沟金矿详查报告,2019)。

锡铁山-阿木尼克山地区,存在一个异常中心,反映了古元古代结晶基底的分布和起伏,表现为一呈北西向展布的梯度较陡的重力异常梯级带,显示了与其展布方向相同的区域构造的存在,与1:100万航磁异常对应,应具有较好的找矿前景。

带内重力推断赛什腾山东奥陶纪地层,乌兰县南古元古代地层可作为找铅、锌、银、铁、铜矿产预测要素。

三、物性特征

(一)密度特征

柴北缘地区内古元古代地层的硅质岩、石英岩、变粒岩等平均密度为$2.65\sim2.72$g/cm^3,片麻岩、混合岩平均密度为 2.63~2.66g/cm³，片岩类平均密度为 2.68~2.86g/cm³；中元古代地层的硅质岩、石英岩平均密度为 2.88~2.93g/cm³，片岩类平均密度为 2.96~3.01g/cm³；志留纪地层中变沉凝灰岩平均密度为 2.70g/cm³；石炭纪地层中凝灰熔岩类平均密度为 2.85~2.92g/cm³；磁铁矿的密度最高为 4.29g/cm³。

岩浆岩中，以海西期花岗岩密度最小，平均值为 2.61g/cm³，花岗闪长岩次之，平均为 2.68g/cm³，数值稳定集中；加里东期中基性岩密度较大，闪长岩为 2.83g/cm³，辉长岩为 2.97g/cm³，变化范围稍大；辉石岩脉密度最大，平均为 3.04g/cm³；奥陶系滩间山群中蚀变安山岩的密度值为 2.56g/cm³。

滩间山金矿岩石密度均显示高密度特征，大于地壳的平均密度 2.67g/cm³，不同的岩性又显示出高低不同的密度值，与金矿有关的主要有大理岩和碳质千枚岩，整体上大理岩除硅化的较低、糜棱岩化和大理岩密度值均较高（＞2.81g/cm³），千枚岩除糜棱岩化碳质绢云千枚岩密度值高于大理岩外，其他的千枚岩均小于大理岩的密度。整体而言，大理岩的密度大于碳质绢云千枚岩的密度，这也是重力在该区域找矿的物性前提。其他岩性中石英片岩的密度值最高，糜棱岩密度值最低。从密度直方图（图 2-6）上来看，大理岩的密度主要在 2.77~2.87g/cm³ 之间，千枚岩的密度主要分布于 2.8~2.85g/cm³ 之间（青海省大柴旦镇金龙沟金矿详查物探工作总结报告，2020）。整体上看，大理岩的密度分布较广，密度值较大，千枚岩密度分布范围相对较小，密度值也较小。

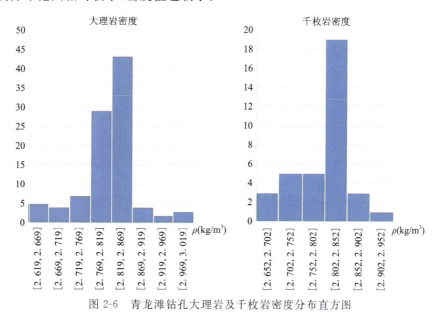

图 2-6 青龙滩钻孔大理岩及千枚岩密度分布直方图

锡铁山矿区内石炭系密度为 2.66g/cm³、泥盆系为 2.70g/cm³、志留系为 2.69g/cm³、奥陶系为 2.67g/cm³、寒武系为 2.73g/cm³、元古宇为 2.79g/cm³。赋矿围岩大理岩、绿片岩、角闪片岩、片麻岩的密度一般为 2.60~2.80g/cm³，浸染状—块状铅锌矿石密度为 3.90~4.25g/cm³（青海省大柴旦镇中间沟-断层沟铅锌矿区勘探地质报告，2014）。由此可见，区内铅锌矿石与围岩的密度差在 1.08g/cm³ 以上，具有较大的差异，投入重力找矿具备前提条件，为重力寻找隐伏矿体提供了依据。

（二）磁物性特征

1. 地层

地层主要为志留系、石炭系、二叠系、三叠系、白垩系以及第三系（古近系、新近系），岩石种类主要为砂岩、砾岩、泥岩以及灰岩。其中古近系、新近系、白垩系中砂砾岩、三叠系中的粗砂岩和页岩个别标本所测剩余磁化较高较高（图 2-7），一般沉积岩的磁性较弱，其磁化率主要取决于副矿物的含量及成分，它们是磁铁矿、磁赤铁矿、赤铁矿以及铁氢氧化物;大部分沉积岩的磁化率在其正常值数量级范围内,个别沉积岩磁性参数比常见的正常值要高一个数量级(表 2-8),应该与其副矿物中的铁质矿物成分有关。

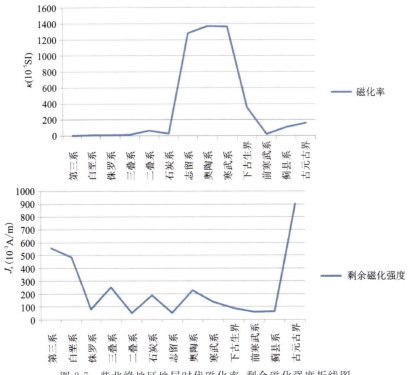

图 2-7　柴北缘地区地层时代磁化率、剩余磁化强度折线图

表 2-8　柴北缘地区地层岩石磁参数统计表

代	纪	岩性	磁化率 $\kappa(10^{-5}\mathrm{SI})$			标本剩磁 $J_r(10^{-3}\mathrm{A/m})$
			极小值	极大值	均值范围	
新生代	第三系	砂(砾)岩	0.8	10.8	1.5～9.91	11.2～1 105.7
中生代	白垩纪	砂(砾)岩	1.7	23.6	2.5～17.6	4.8～968.8
中生代	侏罗纪	砂岩	6.9	13.2	8.2～10.6	8.7～149.9
	三叠纪	砂(砾)岩	0.3	51.6	0.8～32.1	4.7～407.1
		灰岩	0.3	14.6	2.2～11.2	5.7～101.5
		页(板)岩	3.6	73.1	22	8.7～999.1
古生代	二叠纪	砂岩	0.7	275	1.6～254.5	7.4～100
		灰岩	0.1	37.5	0.6～21.4	7.9～90
	石炭纪	灰岩	0.07	43	1.6～23.8	3.4～53.8
		砂岩	1.1	31.2	2.1～27.5	9.0～781
		(板、片、千枚)岩	2	53.7	2.5～36	38.3～484
		片麻岩	6.7	321	7.5～145	5.6～131.6
	志留纪	砂岩	0.8	1260	1.3～1069	8.8～107.5
		板岩	5	2860	8.9～2600	14.8～112
		片岩、千枚岩	3.8	4660	5.25～1960	10.8～63
		混合岩化片麻岩	7	5030	7.35～4590	47.5

续表 2-8

代	纪	岩性	磁化率 $\kappa(10^{-5}SI)$			标本剩磁 $J_r(10^{-3}A/m)$
			极小值	极大值	均值范围	
古生代	奥陶纪	灰岩	1.8	26.8	2.9~13.2	15~46
		砂(片、板)岩	3.2	3610	4.6~3326	8~481
		中基性火山岩	27.2	7850	37.8~7529	12~117
		凝灰岩	11.2	51.1	22.8~25.2	415~736
	寒武纪	砂岩	3	19.2	5~17.6	15.8~131.3
		片(麻)岩	6	13 200	8.6~6600	11~167 476
元古宙	古元古代	磁铁石英岩	7360	22 000	12 100~13 200	943.8~11 540.5
		片岩	2.1	632	7.5~321	29~1780

2. 变质岩

区内主要的变质岩有寒武系、志留系以及石炭系的千枚岩、板岩、大理岩、变质砂岩和片麻岩。古元古代中深变质岩，其原岩为一套复理石-碳酸盐岩-中基性火山岩建造，其磁性不均匀，具弱磁性，个别处可达强磁性，磁化率为$(20\sim1500)\times10^{-5}SI$。当其被大面积岩浆岩侵入或穿插时，在磁场上反映为大片宽缓升高异常。中元古代—古生代浅变质岩，除古生界局部夹有火山岩，其余岩性为片岩、板岩、千枚岩、灰岩、砂岩等，磁化率小于$60\times10^{-5}SI$。在ΔT磁场图上表现为大面积负背景场。

前寒武纪、寒武纪—奥陶纪地层中角闪石片岩都有很高的剩余磁化强度，另外在前寒武纪地层中绿泥石英片岩的剩磁也较高。志留纪地层中，其中部分板岩的磁化率比一般的岩石要高，板岩的剩余磁化强度多在$(14.8\sim112)\times10^{-3}A/m$之间，一般小于奥陶纪地层中的同类岩石，但个别能达到$(275\sim333)\times10^{-3}A/m$，这主要由变质生成的含磁性矿物含量不同所致，在一些板岩中有明显的黄铁矿颗粒。通过统计，志留纪地层中岩石的磁性参数、千枚岩的磁化率并没表现出高值。局部板岩、变质砂岩、片麻岩的磁化率略高，能引起较低的航磁异常。

（三）侵入岩

区内主要出露的侵入岩有加里东早期混合岩化花岗岩、中粒似斑状花岗岩、中粒花岗闪长岩、中细粒闪长岩；加里东中期斜长花岗岩、超基性岩；加里东晚期肉红色钾质花岗岩、花岗岩、斑状斜长花岗岩、花岗闪长岩、石英闪长岩、灰绿色细粒闪长岩、浅绿色—暗绿色辉长岩；海西期的闪长岩及以闪长岩为主的中、基性侵入岩。一般基性、中性、酸性岩的磁性较超基性岩次之（图 2-8），中酸性侵入岩为弱—中等磁性，磁化率高者达$(1000\sim2000)\times10^{-5}SI$，当其大面积集中分布时，能引起大片异常或异常带。个别孤立的岩体可反映为正负伴生的异常。基性、超基性岩为中—强磁性，磁化率一般为$[1000\sim(n\times1000)]\times10^{-5}SI$，当其沿断裂分布时在磁场上表现为高幅值，有一定延伸的线性异常带。个别花岗岩岩石具有较高的剩余磁化强度。一些闪长岩和石英闪长岩的磁性极高，部分超过超基性岩（表 2-9）。估计其受构造变质作用、副矿物的含铁量增加所致。

锡铁山铅锌矿氧化矿的磁化率和剩余磁化强度的平均值分别为$195.7\times10^{-5}SI$和$83.4\times10^{-3}A/m$（青海省大柴旦行委锡铁山地区五幅1∶5万水系沉积物地球化学及地面高精度磁法测量成果报告，2015），属弱磁性特征，不能引起较强的磁异常。

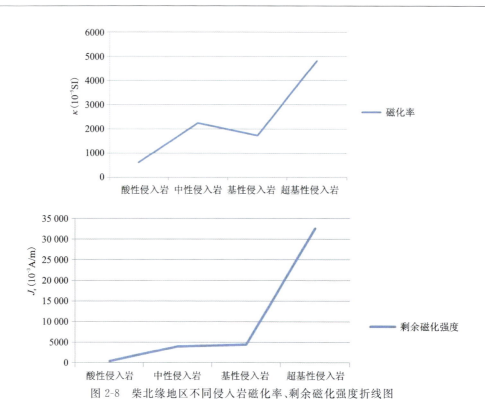

图 2-8 柴北缘地区不同侵入岩磁化率、剩余磁化强度折线图

表 2-9 柴北缘地区侵入岩岩石磁参数统计表

时代		岩性	磁化率 κ（$\times 10^{-5}$SI）			标本（块）	标本剩磁 J_r（10^{-3}A/m）
			极小值	极大值	均值范围		
海西期		花岗岩	2.8	2420	4.65~1230	19	8.7~1 930.4
		花岗闪长岩	3.9	2410	7.3~2180	2	40.5~45.1
		闪长岩	32	30 100	33.2~2940	5	20.3~117.8
		辉长岩	64	8060	64.4~6545	6	52.7~164.2
		超基性岩	45	12 200	80~8500	4	33.7~98 216.0
加里东期	晚期	花岗岩	7.5	2210	21.1~1450	13	28.1~429.3
		花岗斑岩	25	1920	30~1495	10	30.1~68.4
		花岗闪长岩	10	1920	1725	1	42.7
		闪长岩	22.8	19 200	47.2~17 508	16	33~31 561.9
		石英闪长岩	39	8720	132~7983	4	62.9~18 501.7
		辉长岩	34	4100	42~4470	13	18~4 647.2
	中期	辉长岩	39	1340	45~655	3	346.6~1 854.1
		超基性岩	50	12 630	71.5~9070	11	31.1~97 441.1
	早期	花岗岩	8.6	896	12.8~576	4	58.3~1 203.1
		正长岩	22.3	1740	42.7~1505	4	13.3~63.5
		花岗闪长岩	36.2	3270	52.1~2390	17	11.6~176.7
		闪长岩	62	7370	72~7245	4	39.7~1 475.8
		辉长岩	78	2530	107.5~1985	6	45.5~28 702.2
		超基性岩	380	11 900	3055~8165	4	6.8~279.5

4. 伟晶岩

茶卡矿区物性测量成果(表 2-10)表明,花岗伟晶岩与奥陶纪石英闪长岩、达肯大坂岩群石英片岩等围岩磁性均较弱,区内磁异常起因多为含磁铁矿片麻岩及辉长岩。花岗伟晶岩磁化率为$(41.4 \sim 212.0) \times 10^{-6} \times 4\pi SI$,剩余磁化强度平均值为$(73.0 \sim 85.0) \times 10^{-3}$ A/m,在磁异常图中无明显异常响应,表现为较为平稳的磁场背景区。高精度磁法测量无法直接圈定花岗伟晶岩脉,在寻找伟晶岩型稀有稀土矿方面作用有限。

表 2-10 茶卡北山地区磁物性参数特征统计表

岩性名称	标本块数（块）	$\kappa(\times 10^{-6} \times 4\pi SI)$			$J_r(\times 10^{-3} A/m)$		
		最小值	最大值	平均值	最小值	最大值	平均值
白云母花岗伟晶岩	3	13.5	69.4	41.4	67.0	107.1	85.0
花岗伟晶岩	12	106.5	346.4	212.0	8.5	179.2	73.0
细粒花岗岩	21	17.5	182.4	62.1	4.4	152.8	40.4
钾长花岗岩	8	13.4	183.7	66.0	10.3	264.3	73.4
片麻状花岗岩	15	1.8	204.3	75.6	10.5	209.5	60.2
石英闪长岩	28	71.4	1 187.4	462.7	27.7	255.3	83.9
糜棱岩化石英闪长岩	9	91.3	381.8	212.5	26.7	113.7	56.1
花岗闪长岩	57	2.2	1 823.9	319.7	6.9	226.1	61.2
斜长角闪岩	19	3.0	887.4	324.5	14.3	179.7	80.3
闪长玢岩	8	49.5	690.1	370.0	30.4	118.4	78.1
粗粒辉长岩	29	13.0	1 877.0	404.6	15.4	3 878.6	421.2
细粒辉长岩	14	729.6	3 396.6	1 655.1	67.2	3 744.7	1 024.7
石英片岩	23	14.0	2 876.4	600.8	13.7	317.8	102.4
黑云石英片岩	3	18.1	36.8	24.6	28.6	74.7	44.1
褐铁矿化黑云石英片岩	3	354.1	4 014.9	1 917.9	59.5	1 438.5	842.1
黑云斜长片麻岩	6	390.2	928.0	611.5	64.1	290.6	172.9
构造角砾岩	15	4.1	225.3	62.5	10.8	387.4	75.5
板岩	9	12.2	147.1	73.6	22.7	93.1	59.5
大理岩	36	19.7	666.7	167.6	10.8	614.9	85.5
石墨矿化大理岩	53	8.0	406.0	148.1	5.9	180.6	58.9
角闪岩	7	9.1	986.3	299.0	22.6	95.4	47.4
碎裂岩	5	14.7	209.1	115.2	35.8	112.8	68.1

(四)电物性特征

柴北缘地区出露的岩性不同导致引起的激电异常差异较大,根据岩性统计数据(图 2-9),沉积岩中砂岩视极化率平均值为 $0.6\% \sim 0.7\%$,视电阻率平均值为 $1983 \sim 2163 \Omega \cdot m$,为高阻低极化特征。

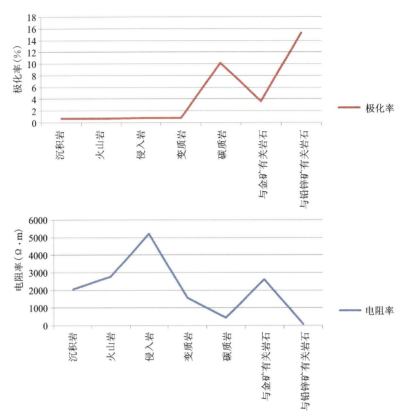

图 2-9 柴北缘地区不同岩性极化率、电阻率折线图

火山岩中玄武岩视极化率平均值为 0.7%,视电阻率平均值为 3502Ω·m;安山岩的视极化率平均值为 0.6%,视电阻率平均值为 2027Ω·m,为高阻低极化特征。

侵入岩中基性岩辉长辉石岩视极化率平均值为 1.2%～1.7%,视电阻率平均值为 6531～14 511Ω·m;中性岩花岗闪长岩的视极化率平均值为 0.7%,视电阻率平均值为 2166Ω·m;酸性岩花岗岩视极化率值 0.6%,视电阻率值 245Ω·m;碱性岩钾长花岗岩视极化率值 0.5%,视电阻率值 2624Ω·m。除花岗岩为低阻外,其余均表现为高阻低极化特征。

变质岩中片麻岩视极化率平均值为 0.6%～0.7%,视电阻率平均值为 1720～2965Ω·m;大理岩视极化率平均值为 0.6%,视电阻率平均值为 1642～1791Ω·m;绿泥片岩视极化率平均值为 1.4%,视电阻率平均值为 1111Ω·m;碎裂岩视极化率平均值为 0.4%,视电阻率平均值为 511～1177Ω·m。变质岩整体呈现高阻低极化特征。

与碳质相关的碳质绿泥石英片岩、含碳绢云石英片岩、碳质片岩、碳质千枚岩的视极化率平均值为 8.1%～12.1%,视电阻率平均值为 50～807Ω·m,为低阻高极化特征。

与岩浆热液型金矿成矿相关的黄铁矿化大理岩的视极化率平均值为 7.7%,视电阻率平均值为 4232Ω·m;褐铁矿化石英脉视极化率平均值为 2.1%,视电阻率平均值为 1475Ω·m;闪长岩脉视极化率平均值为 1.1%,视电阻率平均值为 2166Ω·m(青海省滩间山地区金矿整装勘查区找矿部署研究报告,2017)。该类大理岩整体表现为高阻高极化的特征。

与海相火山岩型铅锌矿成矿相关的氧化铅锌矿石的视极化率平均值为 1.4%,视电阻率平均值为 15Ω·m;氧化黄铁矿石的视极化率平均值为 1.7%,视电阻率平均值为 12Ω·m;似条带状块状黄铁矿铅锌矿石的视极化率平均值为 66.2%,视电阻率平均值为 22Ω·m;方铅矿石的视极化率平均值为 4.4%,视电阻率平均值为 147Ω·m;褐铁矿化矿石的视极化率平均值为 3.0%,视电阻率平均值为 147Ω·m。整体均为低阻高极化特征(青海青龙沟-绿梁山-锡铁山铅锌矿整装勘查区矿产调查与找矿预测,2019)。

(五)放射性异常特征

1.茶卡北山地区

2018年,青海省地质调查院在茶卡北山地区开展了1:1万伽马能谱测量,面积达41km²,圈定3个放射性异常分区,18处K异常高值点(表2-11)。其中,中部条带状高值异常区圈定的K10~K16七处异常点与伟晶岩分布较为对应。

铀、钍、钾总量的相关性较好,总体呈现为中等偏高的含量分区,钾含量变化范围为$(0.6\sim3.4)\times10^{-2}$,平均值为$2.1\times10^{-2}$;各K异常点特征见表2-11。

表2-11 茶卡北山地区钾异常点统计表

K异常点	K含量范围(10^{-2})	走向	受控因素
K1	2.3~3.7	北东	地层
K2	2.3~3.2	北东	断裂蚀变带、地层
K3	2.6~3.4	东西	地层
K4	2.9~3.6	北东	地层
K5	2.6~4.6	北东	地层
K6	2.3~3.6	北西	岩体
K7	2.3~3.3	北西	岩体
K8	2.3~3.6	北西	断裂蚀变带、岩体
K9	2.3~3.2	北西	断裂蚀变带
K10	2.3~3.6	北西	岩体、岩脉
K11	2.0~3.2	北西	岩岩体、岩脉
K12	2.0~2.6	北西	断裂蚀变带、岩体、岩脉
K13	2.3~3.0	北西	岩体、岩脉
K14	2.3~3.6	北西	岩体、岩脉
K15	2.3~2.7	北西	断裂蚀变带岩体、岩脉
K16	2.3~3.3	北西	断裂蚀变带、岩体、岩脉
K17	2.0~4.2	北西	岩体、岩脉
K18	2.0~3.2	北西	断裂蚀变带、岩体

2.阿姆内格地区

2017年,核工业二〇三研究所在阿姆内格北异常区开展了1:1万伽马能谱测量,划分了K异常带1条,异常点12个。钾含量变化范围为$(0.6\sim11.5)\times10^{-2}$,平均值为$3.3\times10^{-2}$,变异系数为39.0%,变异系数变化较大。区内钍含量的差异大,变异系数变化大,偏度正偏,峰度大,Th元素发生了局部富集,各类地质体的背景值(表2-12)。

以SB3构造破碎蚀变带为界,将铀、钍异常点划分为两部分,南部整体以点状分布,大致走向为北西向,受控于脉体走向,异常受控因素为分布范围有限的局部侵入岩体,多为铀钍混合异常,一般钾化程度不高,局部钾化强度较高。U1、U2、U3 为北西向花岗伟晶岩脉体控制,铀钾、钍钾的相关性也好,并且呈正相关,再次说明是热液型硅化带型异常特征,与地质特征吻合。

表 2-12 各类地质体背景值统计表

地层(岩性)	$K(10^{-2})$	
	X	S
第四系/全新统	1.7	1.2
达肯大坂岩群	2.4	1.5
角闪正长岩体	3.2	1.9
细晶岩脉、伟晶岩脉、蚀变岩	4.1	2.4

第四节 地球化学特征

一、元素异常带

(一)异常带划分

据柴北缘地区 1:25 万、1:20 万以及 1:5 万区域化探稀有稀土及放射性元素数据,通过数据处理和单元素异常圈定,确定综合异常 102 处,按异常所处的成矿带、组合特征及分布规律等,圈出的异常初步划分为阿尔金异常带、南祁连异常带、柴北缘异常带 3 个异常区带(图 2-10),因各带成矿地质环境的不同,La、Y、Nb、Li、Be、Rb、P、Sr、U、Th、Zr 和稀有稀土及放射性元素地球化学背景也有异同。

(二)异常带特征

1. 阿尔金异常带

阿尔金异常带相对于青海省和柴北缘总体而言,P 和 Sr 元素丰度总体较高,Be 接近背景值,La、Y、Nb、Li、U、Th、Zr、Rb 和稀有稀土及放射性元素丰度较低,总体亏损。

2. 柴北缘异常带

柴北缘异常带相对于青海省而言,Sr 丰度总体较高,Be、La、Li、Nb、U、Th、Y、Zr 和 Rb 低于背景值,尤其 Li 和 Zr 严重亏损。相对柴北缘地区,Sr 背景仍然较高,其他元素基本趋于背景值。

3. 南祁连宗务隆异常带

南祁连异常带上相对于青海省 La、Y、Nb、Li、P、U、Th、Zr 呈低背景,尤其 La、Li、Zr 亏损很明显,其他元素基本趋于背景值;相对于柴北缘地区总体而言,诸元素基本趋于背景值,无显著背景含量变化。

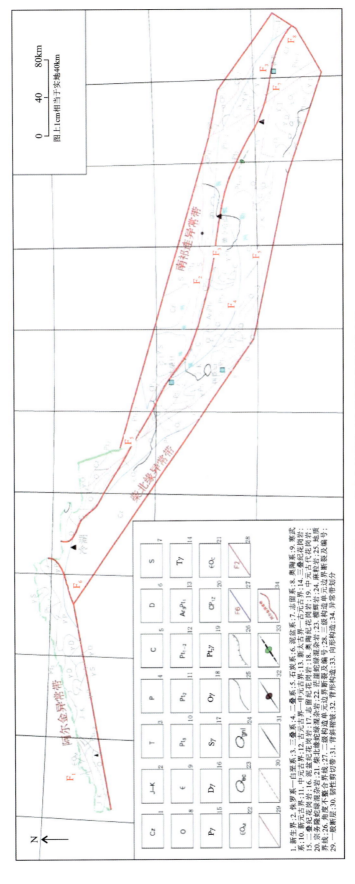

图 2-10 柴北缘地区地球化学异常带划分示意图

二、元素异常背景

(一)阿尔金异常带

阿尔金异常带茫崖镇-丁字路口地区金、稀有稀土元素异常背景显著(青海省第五地质勘查院，2006)，金异常与万洞沟群、奥陶系滩间山群及断裂构造密切相关；Li、La 等稀有金属与达肯大坂岩群及中酸性侵入岩相关。

1. Au 元素的异常背景

该带在蓟县系万洞沟群、奥陶系滩间山群中发现了较多的金矿床(点)，金矿主要产于与以上两个群的千枚岩、片岩有关的构造破碎带中，以滩间山金矿最为典型；另外在古元古界达肯大坂岩群中片麻岩组中也发现零星的金矿点。从已发现的矿产地看，达肯大坂岩群片麻岩组与金矿有明显关系；在赛什腾山东部滩间山地区，万洞沟群碎屑岩组赋含金或含金矿物而构成矿(化)体，滩间山金矿床即赋存于该岩组的碳质千枚岩、片岩中。受构造控制明显，矿体呈似层状、脉状、透镜状产出，走向多为北东向，少数为北西走向，倾角较陡。矿体规模变化较大，有褶曲轴部及层间破碎带发育地段，矿体厚度增大。金品位一般 $(4\sim7)\times10^{-6}$，单样最高品位达 80×10^{-6}。

滩间山群火山岩组和碳酸盐组是柴北缘地区金铜多金属矿成矿主要赋矿地层。Au 元素在岩石中的丰度明显高出区域内平均丰度，这一特征与茫崖—丁字口一带在滩间山群中 Au 大规模富集成矿有关，Mn、CaO 含量也较高。水系沉积物中 Au、As、Co、Cr、Ni、Cu、Fe_2O_3、MgO、Sb、V、Ti 元素(或氧化物)相对丰度明显偏高，这种地球化学特征与其海相火山岩建造特征相关。

2. 稀有金属异常背景

青海省茫崖镇-丁字路口地区 1:25 万区域化探报告资料显示，在该地区 Li、La、Ti、Mo 等稀有金属所在的地层主要有万洞沟群和达肯大坂岩群，所在的岩体主要有中酸性岩浆岩和基性—超基性岩(表 2-13)。

1)达肯大坂岩群

达肯大坂岩群岩性主要为石榴石辉石角闪岩、角闪片岩、黑云角闪斜长片麻岩、黑云斜长片麻岩。在岩石样中 B、Be、Bi、Li、Nb 等高温热液元素及稀有、分散元素的含量较全区丰度高，而 CaO、Cr、Ni 等元素含量相对较低，这种地球化学特征成因之一是地层区强烈的中酸性岩浆活动。水系沉积物元素含量显示除 Hg、Sb 较全区丰度明显偏低外，其余元素丰度与全区相当。

2)万洞沟群

万洞沟群主要为浅变质的镁质碳酸盐岩。岩石样中 Ca、Cd、Sb、W 含量高于全区丰度，Cu、Cr、Ni、Co、V 含量偏低。水系沉积物中 CaO、Cd、MgO、Mo、Sb 含量明显高于全区丰度。

3)中酸性岩浆岩

阿尔金异常带中酸性岩浆活动呈现活动期次多、规模大的特征，中酸性岩元素含量特征在一定程度上支配着整个异常带元素地球化学特征。中酸性岩浆岩中 Ba、Be、Bi、F、K_2O、La、Na_2O、Rb、P、Pb、Th、Y 含量明显高于全区丰度，Cr、Ni、MgO 含量明显低于全区丰度。水系沉积物中元素含量特征与岩石中相似，除 Hg 含量明显偏低外。

表 2-13 岩石样元素含量特征一览表

地层/岩体		Au X	Au S	Au Cv	Be X	Be S	Be Cv	La X	La S	La Cv	Li X	Li S	Li Cv	Nb X	Nb S	Nb Cv	Rb X	Rb S	Rb Cv
古近系—新近系	E(40)	0.68	0.57	0.84	1.3	1.1	0.81	25	21.13	0.85	15.45	14.03	0.91	8.56	5.72	0.67	94.95	97.43	1.0
白垩系	K(30)	0.65	0.30	0.46	0.9	0.1	0.12	10	2.10	0.21	3.62	3.49	0.96	4.64	2.16	0.46	44.52	5.49	0.1
侏罗系	J(30)	0.94	0.78	0.83	0.9	0.1	0.14	20	5.34	0.27	16.52	5.53	0.33	7.31	2.61	0.36	45.17	8.41	0.2
石炭系	C(20)	1.10	1.00	0.91	2.1	0.5	0.23	30	5.42	0.18	22.77	1.88	0.08	13.14	4.17	0.32	122.10	33.42	0.3
泥盆系	D(30)	1.24	1.35	1.09	1.7	1.2	0.68	30	14.68	0.48	22.73	10.41	0.46	9.03	4.41	0.49	76.11	66.85	0.9
奥陶系	O(20)	5.09	8.31	1.63	0.7	0.7	1.02	14	14.13	0.99	6.05	4.47	0.74	4.77	3.56	0.75	28.68	30.89	1.1
蓟县系	Jx(30)	0.5	0.17	0.34	0.8	0.9	1.10	20	15.79	0.80	15.21	10.91	0.72	7.18	4.85	0.68	33.29	31.16	0.9
滹沱系	Pt(40)	0.69	0.56	0.81	2.2	1.0	0.47	33	17.39	0.53	32.67	19.81	0.61	12.60	4.90	0.39	102.30	54.11	0.5
花岗岩	γ(30)	0.93	0.83	0.89	0.7	0.5	0.62	12	8.82	0.76	7.52	1.83	0.24	8.70	5.84	0.67	32.55	13.58	0.4
二长花岗岩	ηγ(30)	0.34	0.36	1.07	1.6	0.3	0.17	62	18.06	0.29	19.66	6.69	0.34	11.68	2.81	0.24	183.30	32.91	0.2
花岗闪长岩	γδ(60)	0.34	0.33	0.96	1.4	0.4	0.32	32	11.94	0.37	20.10	16.29	0.81	8.36	3.11	0.37	76.02	28.49	0.4
正长花岗岩	ξγ(30)	0.43	0.23	0.52	3.5	0.9	0.25	44	6.93	0.16	4.77	0.74	0.16	21.77	3.17	0.15	172.10	11.01	0.1
石英闪长岩	δο(60)	0.41	0.46	1.10	1.0	0.3	0.32	22	4.46	0.21	7.93	4.90	0.62	7.38	1.89	0.26	28.36	5.54	0.2
闪长岩	δ(60)	0.44	0.62	1.41	2.6	1.5	0.57	22	6.74	0.31	37.93	16.72	0.44	11.40	2.94	0.26	83.07	40.30	0.5
辉长岩	ν(30)	1.16	0.2	0.18	0.1	0.1	1.01	1	0.89	0.88	5.50	2.90	0.53	1.70	1.02	0.60	2.86	2.69	0.9
超基性岩	Σ(30)	0.95	0.52	0.55	0	0	0.31	0.6	0.35	0.64	0.92	0.71	0.76	1.65	0.31	0.19	1.88	0.51	0.3
全区	—570	0.82	1.88	2.30	1.4	1.2	0.82	24	18.06	0.75	16.41	15.57	0.95	8.85	5.66	0.64	70.01	62.96	0.9

续表 2-13

地层/岩体		Ti X	Ti S	Ti Cv	Li X	Li S	Li Cv	V X	V S	V Cv	Y X	Y S	Y Cv	W X	W S	W Cv	Ni X	Ni S	Ni Cv
古近系—新近系	E(40)	1457	1030	0.71	1.9	2.3	1.23	34	23.48	0.69	13.08	5.57	0.43	0.62	0.65	1.05	5.39	6.25	1.2
白垩系	K(30)	791	417	0.53	1.0	0.2	0.17	17	9.56	0.57	7.55	1.82	0.24	0.56	0.13	0.23	5.07	1.90	0.4
侏罗系	J(30)	2103	934	0.44	1.5	0.4	0.25	43	15.40	0.36	15.34	4.11	0.27	0.80	0.30	0.38	11.97	4.06	0.3
石炭系	C(20)	2860	728	0.25	2.3	0.8	0.33	72	31.10	0.43	19.33	4.97	0.26	1.89	0.30	0.16	17.87	9.04	0.5
泥盆系	D(30)	3470	1235	0.36	1.6	0.8	0.52	120	68.42	0.57	19.91	6.99	0.35	1.13	0.91	0.80	20.15	18.58	0.9
奥陶系	O(20)	1148	1171	1.02	0.8	0.4	0.52	39	41.78	1.08	11.65	10.14	0.87	0.62	0.61	0.98	20.25	20.23	1.0
蓟县系	Jx(30)	1854	1487	0.80	1.3	0.7	0.56	38	29.77	0.78	13.37	8.60	0.64	0.87	0.96	1.10	10.75	9.00	0.8
滩沱系	Pt(40)	4182	1177	0.28	2.0	1.0	0.51	126	63.19	0.50	26.18	8.15	0.31	1.18	0.67	0.57	35.84	33.83	0.9
花岗岩	γ(30)	6622	2468	0.37	0.7	0.4	0.54	302	80.27	0.27	18.88	3.42	0.18	0.28	0.10	0.37	109.70	28.72	0.3
二长花岗岩	ηγ(30)	1360	374	0.27	1.8	1.1	0.60	16	6.03	0.38	14.17	4.39	0.31	0.35	0.14	0.39	1.86	1.07	0.6
花岗闪长岩	γδ(60)	3185	1794	0.56	1.5	0.4	0.27	73	30.22	0.41	12.72	2.83	0.22	0.52	0.24	0.46	17.52	19.25	1.1
正长花岗岩	ξγ(30)	722	79.4	0.11	2.6	0.5	0.20	5	1.58	0.32	49.19	8.20	0.17	1.49	0.23	0.15	1.87	0.58	0.3
石英闪长岩	δο(60)	4240	1924	0.45	1.2	0.3	0.27	98	14.64	0.15	18.53	2.94	0.16	0.27	0.17	0.62	22.08	27.57	1.3
闪长岩	δ(60)	5489	1317	0.24	0.60	0.2	0.33	149	39.77	0.27	19.78	4.65	0.24	0.74	2.08	2.83	48.85	78.06	1.6
辉长岩	ν(30)	1195	716	0.6	0.4	0.1	0.23	90	31.56	0.35	6.92	2.08	0.30	0.07	0.15	2.28	445.60	37.92	0.1
超基性岩	Σ(30)	32.5	41.8	1.29	0.3	0.4	1.59	26	2.61	0.10	2.03	0.26	0.13	0.22	0.24	1.08	2414.00	123.90	0.1
全区	—570	2851	2249	0.79	1.3	1.0	0.79	83	77.50	0.93	16.97	10.85	0.64	0.68	0.91	1.34	172.60	538.90	3.1

注：X 为平均值；S 为南差；Cv 为变化系数。Au 含量为 $\times 10^{-9}$，其余元素含量为 $\times 10^{-6}$。

4）基性—超基性岩

阿尔金异常带基性—超基性岩出露较多，但规模不大，较多以小岩株、岩脉形成产出。基性—超基性岩岩样显示As、Co、Cr、Cu、MgO、Ni含量明显高于全区丰度；Ba、Be、Bi、F、K_2O、La、Na_2O、Rb、P、Pb、Th、Y含量明显较低。水系沉积物中含量特征与岩样中保持共性。

5）对比特征

阿尔金成矿带相对于青海省和柴北缘总体而言，P和Sr元素丰度总体较高，Be接近背景值，La、Y、Nb、Li、U、Th、Zr、Rb稀有稀土及放射性元素丰度较低（表2-14，图2-11），总体亏损。

表2-14 阿尔金成矿带稀有稀土放射性元素统计参数（$N=1318$）

元素	阿尔金成矿带（原始数集）		剔除离群点后数据		青海 $\overline{X}_q$	柴北缘 $\overline{X}_c$	派生参数		
	$\overline{X}_1$	Cv_1	$\overline{X}_2$	Cv_2			$\overline{X}_1/\overline{X}_q$	$\overline{X}_1/\overline{X}_c$	Cv_1/Cv_2
Be	1.63	0.72	1.63	0.68	1.95	1.88	0.84	0.87	1.06
La	19.0	0.13	19.1	0.12	32.41	25.8	0.59	0.74	1.08
Li	16.3	0.12	16.3	0.12	30.45	21.54	0.54	0.76	1.00
Nb	7.63	0.16	7.63	0.16	11.52	9.61	0.66	0.79	1.00
P	544.5	0.05	539.0	0.047	489.65	416.1	1.11	1.31	1.06
Sr	282.7	0.08	282.7	0.08	214.42	229.2	1.32	1.23	1.00
Th	6.05	0.25	6.09	0.25	9.57	8.77	0.63	0.69	1.00
U	1.50	0.98	1.50	0.94	2.03	1.87	0.74	0.80	1.04
Y	13.6	0.12	13.6	0.11	20.13	18.4	0.68	0.74	1.09
Zr	103.0	0.068	104.1	0.06	164.54	125.1	0.63	0.82	1.13
Rb	77.3	0.096	78.7	0.088	100.53	101.8	0.77	0.76	1.09

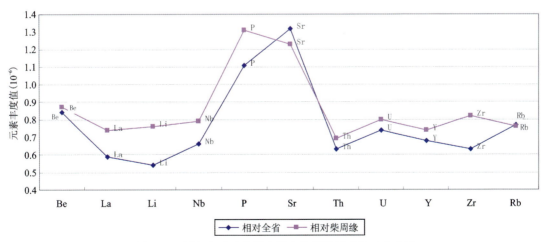

图2-11 阿尔金成矿带稀有稀土放射性元素相对丰度图

(二)柴北缘异常带

1. Au元素的异常背景

1)早古生代地层

Au元素丰度值较高的地层包括寒武系欧龙布鲁克群和奥陶系滩间山群;前者主要出露于欧龙布鲁克山、石灰沟、大头羊沟、塔塔楞河及全吉山等地;后者广泛见于赛什腾山、锡铁山、阿木尼克山、沙柳河等地。

2)晚古生代地层

上古生界包括上泥盆统牦牛山组(D_3m)、下石炭统城墙沟组(C_1cq)、下石炭统怀头他拉组(C_1h)、上石炭统克鲁克组(C_2k)、石炭系—中二叠统土尔根大坂组(CP_2t)、下二叠统果可山组(P_1g)。

2. 稀有及其他元素异常背景

Li元素分度值较高地层包括下奥陶统多泉山组(O_1d)、下奥陶统石灰沟组(O_1s)、中奥陶统大头羊沟组(O_2dt)、中上奥陶统盐池湾组($O_{2-3}y$)、奥陶系滩间山群(OT)。

Nb、W、Sn、Mo、V、Co、Ni等元素主要赋存于侵入岩中,其地球化学特征及异常背景如下。

(1)早侏罗世碱长花岗岩:Bi、Mo、Pb呈强富集特征,Nb、W、Au、Sn、Hg呈富集特征,Ag、K_2O呈高背景分布,Cd、Ba、Zn、As、V、Cr、Cu呈背景分布,Mn、Co、Ni、Sb呈低背景分布;Mo、W、Bi、V、Cr呈强分异性,Pb、Cd、Cu、Sn、Hg、Mn含量分布均匀,As、Zn、Sb、Ba、K_2O含量分布极均匀。

(2)晚三叠世花岗岩:Bi呈富集特征,Nb、W、Pb、Sn、K_2O呈高背景分布,Mo、Ag、Cd、Hg、Au、As、Ba、Zn、Sb、Mn呈背景分布,Cu、Cr、V、Co、Ni呈低背景分布;Bi、As、W、Mo、Ni、Ag、Hg呈强分异性,Cr、Cd、V、Co、Pb、Sn含量分布不均匀,Ba、Nb、Cu、Zn、Au、Sb含量分布均匀,Mn、K_2O含量分布极均匀。

(3)早三叠世花岗岩:Bi呈强富集特征,Mo呈高背景分布,W、Hg、Ba、K_2O、Nb、Sn、Au、Pb、Sb、Mn呈背景分布,Ag、Zn、As、Cd、V、Cu、Co、Cr、Ni呈低背景分布;Bi、Au、W、Cu呈强分异性,Ni、Hg、Cr、As、Pb、Mo、Ag含量分布不均匀,V、Cd、Co、Sn含量分布均匀,Sb、Zn、Mn、Nb、K_2O、Ba含量分布极均匀。

(4)早三叠世花岗闪长岩:Bi呈强富集特征,W呈富集特征,Nb、K_2O、Pb、Ba、Ag、Mo、Au、Sn、Mn、Zn呈背景分布,Sb、As、Cr、Cu、Cd、Hg、V、Co、Ni呈低背景分布;Bi、W、Cr、Ni、Cu呈强分异性,Hg、Mo、Co、As、Au、V、Ag含量分布不均匀,Sb、Cd、Ba、Sn、Mn、Zn、Nb、K_2O、Pb含量分布极均匀。

(5)早三叠世英云闪长岩:Sb呈高背景分布,Ba、Pb、Nb、K_2O、Ag、Mn、Mo、Bi、Sn呈背景分布,Au、As、Zn、W、Cd、Cr、Hg、Ni、Co、Cu、V呈低背景分布;Cr、Hg呈强分异性,Mo、As、Ag、Bi、Sb含量分布不均匀,W、Au含量分布均匀,V、Cu、Cd、Sn、Mn、Ni、Co、Nb、Zn、K_2O、Ba、Pb含量分布极均匀。

(6)早三叠世石英闪长岩:W呈富集特征,Au呈高背景分布,Nb、Ba、Mo、Bi、K_2O、Pb、V、Ag、Sn、Hg、Mn、Zn、Cr、Co呈背景分布,Ni、As、Sb、Cd、Cu呈低背景分布;Au、W、Ni、Cr呈强分异性,Hg、Bi、As、Mo、V含量分布不均匀,Co、Cu含量分布均匀,Cd、Sb、Ag、Sn、Pb、Nb、Zn、Mn、K_2O、Ba含量分布极均匀。

(7)新元古代二长片麻岩:Bi、Sn、As呈富集特征,Cr、W、Ni、Cd、Nb、Mo呈高背景分布,Sb、Ag、Co、Mn、K_2O、Hg、Pb、Zn、V、Cu、Ba、Au呈背景分布;W、Ni、Bi、Cr呈强分异性,As、Sn、Hg、Sb、Mn含量分布不均匀,Nb、Mo、Cd、Au、Co、V、Ag含量分布均匀,Cu、K_2O、Pb、Zn、Ba含量分布极均匀。

(8)古元古代二长片麻岩:Bi呈强富集特征,W、Mo、Hg、Ba、Nb呈富集特征,Ag、Zn、Pb、Au、Cu、Sn、K_2O、As、V、Cd呈高背景分布,Co、Ni、Sb、Mn、Cd呈背景分布;Bi、W呈强分异性,Ag、Ni、Cu、As含

量分布不均匀,Hg、Sn、Ba、Au、Mo、Cr、V、Co、Sb、Pb 含量分布均匀,Zn、Nb、Cd、Mn、K_2O 含量分布极均匀。

综上所述,不同的侵入岩具有不同的元素组合,碱长花岗岩富含稀有元素 Nb,以及 K_2O、Bi、Mo、Sn、Au 等元素(或氧化物),是寻找以稀有元素及 K_2O 为主矿产的有利地段。晚三叠世花岗岩中稀有元素 Nb 也呈高背景分布,对寻找稀有元素矿产具有指示意义。早三叠世花岗岩元素含量大多呈背景分布,成矿作用较差。早二叠世石英闪长岩中 Cr、Ni、Co 呈强富集—富集特征,说明其岩体中应该含有幔源的超铁镁质物质,同时 V、Cu 含量也较高,是寻找 Cr、Ni、Cu 矿产的有利层位。中二叠世辉石闪长岩的元素含量反映了中性岩的元素组合特征。中奥陶世辉长岩中 V、Cr、Co、Ni 呈强富集特征,Cu 元素呈富集特征,反映了基性—超基性岩的元素组合特征,是寻找 Cr、Ni、Cu 类矿产的有利层位。

(三)南祁连异常带

南祁连异常带上相对于全省 La、Y、Nb、Li、P、U、Th、Zr 呈低背景,尤其 La、Li、Zr 亏损很明显,其他元素基本趋于背景值(图 2-12,表 2-15);相对于柴北缘地区总体而言,诸元素基本趋于背景值,无显著背景含量变化。

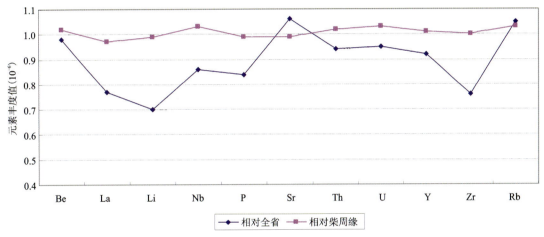

图 2-12 南祁连异常带稀有稀土放射性元素相对丰度图

表 2-15 南祁连异常带稀有稀土放射性元素统计参数($N=16\,840$)

元素	东昆仑成矿带（原始数集）		剔除离群点后数据		青海 $\overline{X}_q$	柴北缘 $\overline{X}_c$	派生参数		
	$\overline{X}_1$	Cv_1	$\overline{X}_2$	Cv_2			$\overline{X}_1/\overline{X}_q$	$\overline{X}_1/\overline{X}_c$	Cv_1/Cv_2
Be	1.91	0.54	1.96	0.39	1.95	1.88	0.98	1.02	1.38
La	25.0	0.12	25.0	0.10	32.41	25.8	0.77	0.97	1.20
Li	21.3	0.12	21.4	0.11	30.45	21.54	0.70	0.99	1.09
Nb	9.92	0.15	9.86	0.14	11.52	9.61	0.86	1.03	1.07
P	413.3	0.058	414.6	0.055	489.65	416.1	0.84	0.99	1.05
Sr	227.1	0.071	225.7	0.065	214.42	229.2	1.06	0.99	1.09
Th	8.98	0.19	9.09	0.17	9.57	8.77	0.94	1.02	1.12
U	1.92	0.59	1.93	0.56	2.03	1.87	0.95	1.03	1.05

续表 2-15

元素	东昆仑成矿带 （原始数集）		剔除离群点后数据		青海 $\overline{X}_q$	柴北缘 $\overline{X}_c$	派生参数		
	$\overline{X}_1$	Cv_1	$\overline{X}_2$	Cv_2			$\overline{X}_1/\overline{X}_q$	$\overline{X}_1/\overline{X}_c$	Cv_1/Cv_2
Y	18.5	0.12	18.5	0.11	20.13	18.4	0.92	1.01	1.09
Zr	125.5	0.073	125.7	0.063	164.54	125.1	0.76	1.00	1.16
Rb	105.1	0.096	108.9	0.079	100.53	101.8	1.05	1.03	1.22

三、元素分布特征

一个地区元素的分布具有不均匀性，是由地表原始物质分异的差异性引起的。这种差异性与区域构造、地层、岩浆活动紧密相关。本次分析与稀有金属元素有关的 W、Sn、Mo、V、Ti、Bi、Cd、P，等元素，以期找到稀有元素之间的规律。

（一）阿尔金异常带

1. 元素富集

阿尔金异常带 Li、La、Nb、Rb、Sr、Th 等元素（表 2-16）的极差变化程度大，说明以上元素在区内跳跃性强，富集成矿可能性较大；P、Sr、Ti 等元素分析总量最大，在地壳中丰度值较高。结合各个地层单元及主要侵入体背景值，相对青海省水系沉积物测量丰度值而言，P、Sr 等元素背景偏高，反映 P、Sr 等元素富集程度较高；Rb、Sr、Zr、La 的标准离差较大，反映成矿潜力也相对较大。

表 2-16　阿尔金异常带各元素变量描述性统计　　　　　　　　　　单位：10^{-6}

元素	样品数（N）	平均值（X）	总量	标准离差（S）	变化系数（Cv）	最大值	最小值	极差
Be	1377	1.71	2356	0.54	0.31	4.33	0.35	3.98
La	1377	19.81	27 283	7.28	0.37	54.80	5.62	49.18
Li	1377	16.81	23 153	5.65	0.34	38.03	6.24	31.79
Mo	1377	0.64	884	0.36	0.57	4.67	0.15	4.52
Nb	1377	7.85	10 816	2.62	0.33	22.01	2.58	19.43
P	1377	568.84	783 297	205.78	0.36	2 934.8	227.6	2 707.2
Rb	1377	83.69	115 242	30.70	0.37	197.98	11.87	186.11
Sn	1377	1.91	2624	0.70	0.37	5.28	0.55	4.73
Sr	1377	318.47	438 527	126.44	0.40	1 736.08	85.48	1 650.60
Th	1377	6.49	8933	2.86	0.44	20.13	1.63	18.50
Ti	1377	2 163.03	2 978 487	726.11	0.34	5385	695	4690
U	1377	1.55	2140	0.60	0.39	5.01	0.35	4.66
V	1377	50.37	69 356	19.17	0.38	150.33	15.50	134.83

续表 2-16

元素	样品数(N)	平均值(X)	总量	标准离差(S)	变化系数(Cv)	最大值	最小值	极差
W	1377	0.76	1040	0.70	0.92	13.00	0.12	12.88
Y	1377	13.89	19 133	4.23	0.30	39.54	4.68	34.86
Zr	1377	106.03	146 003	32.11	0.30	257.49	21.56	235.93

2. 元素空间分布

阿尔金地区以 La 为代表的轻稀土元素高背景及高值区地域上分布较为零散，浓集程度相对较小，主要分布于阿尔金山成矿带西南部的茫崖镇北部、中部牛鼻子梁西和东北部冷湖镇北部的打柴沟一带。分布特征总体上呈中部浓度高、两侧低，即中部牛鼻子梁西地区相对较高，茫崖镇北部、打柴沟一带相对较低，其他地区基本呈低背景或低值区。

以 Y 为代表的重稀土元素高背景及高值区地域上分布与轻稀土相似，较为零散、浓集程度相对较小，主要分布于阿尔金山成矿带西南部的茫崖镇北部、中部牛鼻子梁西地区，其他地区基本呈低背景或低值区。

元素高背景及高值区一般呈带状或串珠状，基本富集于北东东向断裂构造较发育的二叠纪、奥陶纪及三叠纪中酸性岩体范围，尤其在构造交会部位的酸性岩体区往往浓集强烈，形成极高值区。

U、Th 元素总体在低背景场形成的局部高背景或高值区，分布范围与 Nb、La、Y、Rb、Be 和油砂山北部的 Sr 较一致。在二叠纪、奥陶纪及三叠纪中酸性岩体范围形成 U、Th 高背景组合，油砂山北部北西向断裂发育的新近纪地层局部地区形成 U 极高值区。

V、Ti 分布基本一致，总体是在背景或低背景场中局部形成的高值区，面积一般较小，主要分布于花土沟西部、库尔索里南和冷湖镇东，相对冷湖镇东 Ti、V 高值区面积大，而 Ti 极高值区显著。地质体分布在蓟县系狼牙山组和奥陶系滩间山群等地层中。

目前，已发现的交通社西北山铌稀土矿所处地区 Y 浓集程度相对较小，牛鼻子梁西稀有稀土矿点正好处于 La、Y 浓度相对较高区域。

(二)柴北缘异常带

1. 元素富集

柴北缘异常带 La、Cd、Th、P、Nb 等元素(表 2-17)极差变化大，跳跃性强，成矿较大；P、Sr、Ti 等元素总量最大，在地壳中丰度值高。结合地层及主要侵入体背景值，相对青海省水系沉积物测量丰度值而言，Sr 等元素背景偏高，富集程度较高，Cd、P、Sr、Ti 的标准离差较大，反映出成矿潜力相对较大。

表 2-17 柴北缘异常带各元素变量描述性统计　　　　　　单位:10^{-6}

元素	样品数(N)	平均值(X)	总量	标准离差(S)	变化系数(Cv)	最大值	最小值	极差
Be	3850	1.67	6422	0.61	0.37	8.58	0.32	8.26
Bi	3850	0.25	947	0.49	2.01	15.72	0.04	15.68
Cd	3850	170.48	656 362	1 361.57	7.99	72 513.7	35.0	72 478.7
La	3850	24.19	93 131	9.89	0.41	123.38	5.61	117.77
Li	3850	18.62	71 683	10.44	0.56	78.15	3.10	75.05
Mo	3850	0.68	2622	0.81	1.19	34.10	0.20	33.90

续表 2-17

元素	样品数(N)	平均值(X)	总量	标准离差(S)	变化系数(Cv)	最大值	最小值	极差
Nb	3848	8.46	32 550	3.73	0.44	44.14	0.10	44.04
P	3850	406.72	1 565 881	169.20	0.42	1 495.0	100.0	1 395.0
Rb	3850	99.01	381 201	37.30	0.38	290.00	11.76	278.24
Sn	2684	2.35	6314	2.03	0.86	40.17	0.25	39.92
Sr	3850	279.45	1 075 889	106.47	0.38	978.70	48.40	930.30
Th	3850	8.57	32 989	4.05	0.47	50.05	0.90	49.15
Ti	3850	2 116.27	8 147 649	1 148.22	0.54	9962	255	9707
U	3850	1.98	7630	1.00	0.51	11.51	0.20	11.31
V	3850	61.59	237 119	42.38	0.69	300.25	8.66	291.59
W	3850	1.17	4516	1.39	1.19	48.34	0.17	48.17
Y	3850	17.53	67 508	5.52	0.31	66.76	3.40	63.36
Zr	3850	110.46	425 284	39.91	0.36	564.12	22.44	541.68

2. 元素空间分布

柴北缘地区以 La 为代表的轻稀土元素高背景及高值区地域上分布呈现出异常强度高，浓集中心明显，规模大，整个柴北缘成矿带上均有异常分布。在青海省内主要分布于柴北缘成矿带中部的鱼卡—宗务隆山一带、东部的乌兰地区，以及嗷唠河地区、石灰沟等地区。其中在大头羊沟北部和宗务隆山一带形成两个大的富集区。另外，滩间山地区的高值区面积虽然不大但强度高，La 峰值超过了 0.01%。

Y 元素的分布特征与 La 相似，在整个柴北缘均有分布，总体上也呈现出异常强度高，浓集中心明显，规模大的特点。主要分布于鱼卡—宗务隆山一带、乌兰地区，以及滩间山、石灰沟、锡铁山等地区。在大头羊沟北部和宗务隆山一带同样形成两个大富集区。

La、Y 元素背景或高背景场总体上呈北西向展布，与北西向构造展布方向近于一致，主要分布于断裂构造发育的古元古代、蓟县纪、寒武纪—奥陶纪、泥盆纪—二叠纪等地层区，尤其在古元古代、志留纪、三叠纪等酸性岩体范围分布较广。

U、Th 高背景总体分布趋势与 Nb、La、Y、Rb、Be 有相似之处，比较浓集强烈的极高值区分布于鱼卡南部中元古代等地层区、大柴旦地区志留纪、三叠纪酸性岩体范围、北霍鲁逊湖北地区奥陶纪—泥盆纪等时代的酸性岩体范围，以及乌兰县城西部泥盆纪区。

V、Ti 主要高背景总体仍呈北西向带状断续展布，其高值区主要分布于宗马海湖北部、锡铁山、德令哈东西条带上；低背景或低值区主要分布于大柴旦、巴夏柴达木湖和托素湖等地区。元素主要富集于断裂构造一般较发育的古元古代、寒武纪—奥陶纪等地层，以及二叠纪、三叠纪等中酸性岩体区。

（三）南祁连异常带

1. 元素富集

南祁连异常带 Bi、La、Cd、P、Sr、Th、Ti 等元素（表 2-18）极差变化程度大，跳跃性强，可能富集成矿；Cd、P、Rb、Sr、Ti、Zr 等元素分析总量大，在地壳中丰度值较高。结合地层及主要侵入体背景值，Rb、Cd、P、Sr、Ti 的标准离差较大，反映成矿潜力相对较大。

表 2-18　南祁连异常带各元素变量描述性统计　　　　　　　　　　　　单位：10^{-6}

元素	样品数(N)	平均值(X)	总量	标准离差(S)	变化系数(Cv)	最大值	最小值	极差
Be	5596	2.11	11 834	0.94	0.44	21.22	0.32	20.90
Bi	5568	0.31	1714	1.54	5.01	110.52	0.02	110.50
Cd	5596	129.49	724 633	87.63	0.68	1 800.40	38.00	1 762.40
La	5596	32.24	180 440	12.18	0.38	215.28	2.17	213.11
Li	5596	25.86	144 700	10.22	0.40	81.16	4.01	77.15
Mo	5596	0.64	3600	0.55	0.85	26.52	0.08	26.44
Nb	5593	11.50	64 309	4.57	0.40	81.15	0.15	81.00
P	5596	463.46	2 593 549	207.95	0.45	3 410.60	67.80	3 342.80
Rb	4799	124.68	598 336	78.90	0.63	601.19	1.58	599.61
Sn	5383	2.54	13 685	1.64	0.65	29.96	0.39	29.57
Sr	5596	256.44	1 435 042	155.08	0.60	1 873.00	33.90	1 839.10
Th	5596	9.98	55 845	5.02	0.50	218.88	1.02	217.86
Ti	5596	2 438.17	13 643 985	1 298.70	0.53	28 315.00	77.00	28 238.00
U	5596	1.91	10 662	0.60	0.32	18.85	0.70	18.15
V	5596	58.10	325 125	29.29	0.50	349.60	6.23	343.37
W	5596	1.40	7815	2.17	1.56	104.45	0.22	104.23
Y	5596	20.23	113 199	5.64	0.28	88.64	3.51	85.13
Zr	5596	144.50	808 622	50.04	0.35	949.44	6.65	942.79

2. 元素空间分布

南祁连异常区 La、Rb、Sr、Th 总体呈高背景分布，但无明显高值区或极高值区。La、Rb 呈局部高背景沿北西向断裂构造线浓集成几个高值区或极高值区，其中宗务隆山一带的部分稀有稀土及放射性元素组浓集强烈，并分布于花岗岩体中或者构造较为发育处。其余元素大多处于背景态，无显著富集。

U、Th 元素高背景及高值区与 Nb、La、Y、Rb、Be 较一致，其中 U、Th 主要极高值区仍分布于西部地区和中东部的局部地区。

四、地球化学特征

(一) 1∶25 万地球化学特征

1. Au 元素地球化学特征

阿尔金茫崖镇-丁字路口地区金异常 13 处，分别为独尖山西 $AS^{65}_{甲3-1}$、青龙沟 $AS^{66}_{甲2-1}$、山北丘 $AS^{60}_{甲3-1}$、三角顶 $AS^{59}_{甲3-1}$、托腊依格大坂 $AS^{47}_{乙3}$、野骆驼泉北 $AS^{55}_{乙3}$、敦格二道班东 $AS^{46}_{乙3}$、交勒萨依 $AS^{38}_{乙3}$、阿克塔斯阿苏 $AS^{45}_{乙3}$、油泉子西南 $AS^{15}_{丙}$、高泉煤矿 $AS^{62}_{丙}$、老基地东 $AS^{50}_{甲3-1}$、野骆驼泉 $AS^{57}_{甲3-1}$ 异常，评序结果如下（表 2-19，图 2-13）。

独尖山西 $AS^{65}_{甲3-1}$ 异常在评序中排列第一位,评序指数为 1 879.51,Au 元素的峰值达到 $162×10^{-9}$,浓幅分位达到 1/2 以上,衬度达到 10.76,异常的面积较大,元素组合复杂。异常区地层主要为滩间山群火山岩组,北西向断裂构造发育,多期次岩浆活动强烈。该异常为矿致异常,异常区内有红柳沟金矿床、二旦沟金矿化点,以及铁多金属矿化点 7 处、铜多金属矿化点 4 处。

另外,青龙沟 $AS^{66}_{甲2-1}$、山北丘 $AS^{60}_{甲3-1}$、三角顶 $AS^{59}_{甲3-1}$、高泉煤矿 $AS^{62}_{丙}$、老基地东 $AS^{50}_{甲3-1}$、野骆驼泉 $AS^{57}_{甲3-1}$ 异常均为矿致异常,地质背景与独尖山西 $AS^{65}_{甲3-1}$ 异常相似,由此推测野骆驼泉北 $AS^{55}_{乙2}$ 异常具有良好的成矿前景。

表 2-19 阿尔金异常带 Au 异常评序表   单位:10^{-9}

异常编号	异常名称	特征组合 主元素	特征组合 其他元素(或氧化物)	主元素规模(D)	特征组合平均衬度(K)	修正系数	评序指数	序次
$AS^{65}_{甲3-1}$	独尖山西	Au	Cu、V、Cr、Cd、Fe_2O_3	701.31	1.34	2	1 879.51	1
$AS^{50}_{甲3-1}$	老基地东	Au	Sb、As	84.75	8.8	1	745.8	2
$AS^{66}_{甲2-1}$	青龙沟	Au	As、Cr、Cd、Cu、Ni、Ag	164.28	1.66	2	545.41	3
$AS^{60}_{甲3-1}$	山北丘	Au(Cu)	V、Mo、Cr、Co、Fe_2O_3、Mn	155.69	1.34	2	417.25	4
$AS^{59}_{甲3-1}$	三角顶	Au	Sr、Cr、Ni、Cu	174.13	1.64	1	285.57	5
$AS^{47}_{乙3}$	托腊依格大坂	W(Au)	As、B、Bi、Zr、Mo	147.32	1.46	1	215.09	6
$AS^{55}_{乙2}$	野骆驼泉北	Au	P、W、U、Th、Li、Zr	168.4	1.12	1	188.61	7
$AS^{46}_{乙3}$	敦格二道班东	Au	F、B、Zn、Ni、P、La、Cr、Zr	143.24	1.18	1	169.02	8
$AS^{38}_{乙3}$	交勒萨依	Au	As、Cr、W、Nb	84.26	1.85	1	155.88	9
$AS^{15}_{乙3}$	阿克塔斯阿苏	Au	Zr、Mo、Li、B、La、Ag、As、W	118.19	1.31	1	154.83	10
$AS^{15}_{丙}$	油泉子西南	Mo(Au)	As、Ag、B、Sr、Cd、Pb	91.03	1.29	0.5	58.71	11
$AS^{57}_{甲3-1}$	野骆驼泉	Au	Bi、Cr、Ni、Cu、Sn	16.44	1.4	1	23.02	12
$AS^{62}_{丙}$	高泉煤矿	Au	As、Cu、Ba、Cr、Sb	9.99	1.16	1	11.59	13

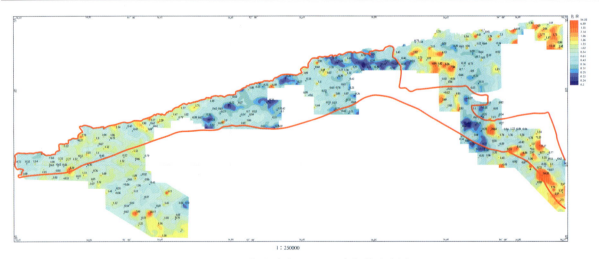

图 2-13 阿尔金异常区 Au 地球化学示意图

托腊依格大坂 $AS_{Z_3}^{47}$ 和交勒萨依 $AS_{Z_3}^{38}$ 异常在异常评序中分别排列第六位、第九位。地质背景十分相似,主要为由金水口岩群变质地层中多期次中酸性岩浆侵入活动引起 Au 的富集,并且断裂构造和褶皱构造发育,成矿条件良好,找矿前景较佳。

敦格二道班东 $AS_{Z_3}^{46}$、阿克塔斯阿苏 $AS_{Z_3}^{45}$ 两处异常地质背景上相同,空间上相连,区内断裂构造发育,异常沿北东东向逆断层展布,元素套合紧密,异常规模较大,评序分别为第八位、第十位,有成矿的可能性。

油泉子西南 $AS_{丙}^{15}$ 异常排序第十一位,地质背景主要为新生代碎屑岩,元素组合欠佳,异常强度较低,无找矿前景。

野骆驼泉 $AS_{甲3-1}^{57}$ 异常为野骆驼泉金矿化点矿致异常,但异常和矿点的套合程度差,异常反映弱。

柴北缘异常带和南祁连异常带未开展 1∶25 万地球化学测量工作。

2. 稀有元素

1)地球化学参数特征

柴达木盆地北缘特殊的地质环境、构造格局决定了其独特的地球化学特征,而这种错综复杂、具有一定规律性的地球化学景观,是该区在长期发展过程中各种地质作用相互叠加的综合反映。

因各带成矿地质环境不同,La、Y、Nb、Li、Be、Rb、P、Sr、U、Th、Zr 和稀有稀土地球化学背景在各异常区也有异同(图 2-14)。

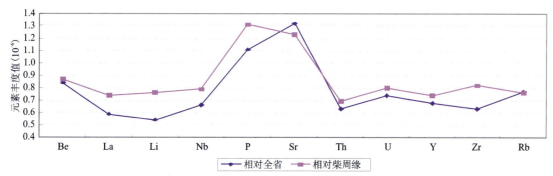

图 2-14 阿尔金成矿带稀有稀土放射性元素相对丰度图

(1)阿尔金成矿带。该成矿带相对于全省和柴周缘而言,P 和 Sr 元素丰度总体较高,Be 接近背景值,La、Y、Nb、Li、U、Th、Zr、Rb 和稀有稀土及放射性元素丰度较低,总体亏损(表 2-20)。

表 2-20 阿尔金成矿带稀有稀土放射性元素统计参数($N=1318$)

元素	阿尔金成矿带(原始数集)		剔除离群点后数据		青海 $\bar{X}_q$	柴周缘 $\bar{X}_c$	派生参数		
	$\bar{X}_1$	Cv_1	$\bar{X}_2$	Cv_2			$\bar{X}_1/\bar{X}_q$	$\bar{X}_1/\bar{X}_c$	Cv_1/Cv_2
Be	1.63	0.72	1.63	0.68	1.95	1.88	0.84	0.87	1.06
La	19.0	0.13	19.1	0.12	32.41	25.8	0.59	0.74	1.08
Li	16.3	0.12	16.3	0.12	30.45	21.54	0.54	0.76	1.00
Nb	7.63	0.16	7.63	0.16	11.52	9.61	0.66	0.79	1.00
P	544.5	0.05	539.0	0.047	489.65	416.1	1.11	1.31	1.06
Sr	282.7	0.08	282.7	0.08	214.42	229.2	1.32	1.23	1.00
Th	6.05	0.25	6.09	0.25	9.57	8.77	0.63	0.69	1.00
U	1.50	0.98	1.50	0.94	2.03	1.87	0.74	0.80	1.04

续表2-20

元素	阿尔金成矿带（原始数集）		剔除离群点后数据		青海 $\bar{X}_q$	柴周缘 $\bar{X}_c$	派生参数		
	$\bar{X}_1$	Cv_1	$\bar{X}_2$	Cv_2			$\bar{X}_1/\bar{X}_q$	$\bar{X}_1/\bar{X}_c$	Cv_1/Cv_2
Y	13.6	0.12	13.6	0.11	20.13	18.4	0.68	0.74	1.09
Zr	103.0	0.068	104.1	0.06	164.54	125.1	0.63	0.82	1.13
Rb	77.3	0.096	78.7	0.088	100.53	101.8	0.77	0.76	1.09

(2)柴北缘成矿带。该成矿带相对于全省而言，Sr丰度总体较高，Be、La、Li、Nb、U、Th、Y、Zr和Rb低于背景值，尤其Li和Zr严重亏损。相对柴周缘地区，Sr背景仍然较高，其他元素基本趋于背景值(图2-15，表2-21)。

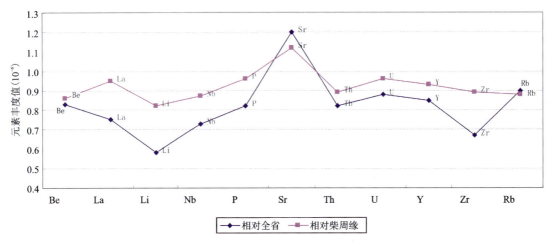

图2-15 柴北缘成矿带稀有稀土放射性元素相对丰度图

表2-21 柴北缘成矿带稀有稀土放射性元素统计参数（$N=5560$）

元素	柴北缘成矿带（原始数集）		剔除离群点后数据		青海 $\bar{X}_q$	柴周缘 $\bar{X}_c$	派生参数		
	$\bar{X}_1$	Cv_1	$\bar{X}_2$	Cv_2			$\bar{X}_1/\bar{X}_q$	$\bar{X}_1/\bar{X}_c$	Cv_1/Cv_2
Be	1.62	0.78	1.65	0.65	1.95	1.88	0.83	0.86	1.20
La	24.4	0.14	24.5	0.13	32.41	25.8	0.75	0.95	1.08
Li	17.6	0.17	17.7	0.17	30.45	21.54	0.58	0.82	1.00
Nb	8.36	0.25	8.63	0.22	11.52	9.61	0.73	0.87	1.14
P	401	0.078	400.0	0.076	489.65	416.1	0.82	0.96	1.03
Sr	257.0	0.07	257.0	0.072	214.42	229.2	1.20	1.12	0.97
Th	7.84	0.22	7.84	0.21	9.57	8.77	0.82	0.89	1.05
U	1.79	0.68	1.75	0.64	2.03	1.87	0.88	0.96	1.06
Y	17.1	0.11	17.2	0.10	20.13	18.4	0.85	0.93	1.10
Zr	111.0	0.086	112.6	0.078	164.54	125.1	0.67	0.89	1.10
Rb	90.0	0.10	92.6	0.092	100.53	101.8	0.90	0.88	1.09

(3)南祁连异常带。该成矿带相对于全省而言,La、Y、Nb、Li、P、U、Th、Zr 呈低背景,尤其 La、Li、Zr 亏损很明显,其他元素基本趋于背景值;相对于柴北缘地区总体而言,基本趋于背景值,无显著背景含量变化(图 2-16,表 2-22)。

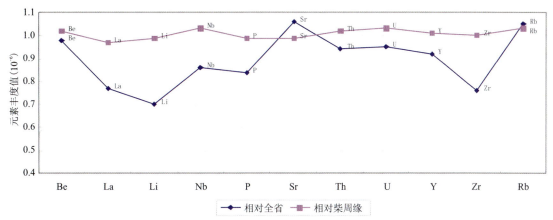

图 2-16 南祁连成矿带稀有稀土放射性元素相对丰度图

表 2-22 南祁连成矿带稀有稀土放射性元素统计参数($N=16\,840$)

元素	青海 $\bar{X}_q$	柴北缘 $\bar{X}_c$	派生参数		
			$\bar{X}_1/\bar{X}_q$	$\bar{X}_1/\bar{X}_c$	Cv_1/Cv_2
Be	1.95	1.88	0.98	1.02	1.38
La	32.41	25.8	0.77	0.97	1.20
Li	30.45	21.54	0.70	0.99	1.09
Nb	11.52	9.61	0.86	1.03	1.07
P	489.65	416.1	0.84	0.99	1.05
Sr	214.42	229.2	1.06	0.99	1.09
Th	9.57	8.77	0.94	1.02	1.12
U	2.03	1.87	0.95	1.03	1.05
Y	20.13	18.4	0.92	1.01	1.09
Zr	164.54	125.1	0.76	1.00	1.16
Rb	100.53	101.8	1.05	1.03	1.22

2)稀有元素分布特征

(1)阿尔金成矿带。Nb、Rb、Be 等元素高背景主要分布于阿尔金山西南茫崖镇北部、中部牛鼻子梁西和俄博梁西北、东北部丁字口北等地区,其他地区基本呈低背景或低值区,局部亏损严重。元素高背景一般呈带状或串珠状,基本富集于北东东向断裂构造较发育的二叠纪、奥陶纪及三叠纪中酸性岩体范围,尤其在构造交会部位的酸性岩体区往往浓集强烈,形成极高值区。

目前,已发现的交通社西北山稀有稀土矿床处于中部牛鼻子梁西的局部高背景区,但与茫崖镇北部相比 Nb 浓集程度相对较小。

Sr 元素总体呈背景或高背景场,高值区或极高值区主要分布于西南部的茫崖镇北部、中部索尔库里南—东北部打柴沟的北东向带范围,以及花土沟东及油砂山北。富集在古元古代、侏罗纪和新近纪地层,以及二叠纪、奥陶纪及三叠纪中酸性岩体区,并在油砂山北、牛鼻子梁-打柴沟的局部地区形成强烈浓集。

Li、Zr 元素在阿尔金成矿带总体呈背景或低背景场，并在打柴沟、油砂山等局部地区亏损严重。基本沿省界边缘北东向分布于断裂构造发育的古元古代、侏罗纪等地层和二叠纪酸性岩体区。

(2) 柴北缘成矿带。Nb、Rb、Be 元素背景或高背景场在柴北缘沿北西向构造呈北西向带状或局部浓集块，分布于断裂构造发育的古元古代、蓟县纪、寒武纪—奥陶纪、泥盆纪、二叠纪等地层区，尤其在古元古代、志留纪、三叠纪等酸性岩体范围分布广。其中，宗马海北部地区 Nb、Be 在总体低背景场中局部形成背景或高背景。鱼卡西嗷唠河地区 Nb 形成极高值区。大柴旦地区 Rb、Be 高背景及高值区呈块状，局部呈多个强浓集极高值区，Rb 浓集显著；Nb 主要沿柴旦南绿草山东西向浓集强烈。东部大致分为两个亚带，即北部大煤沟-曲公玛-石乃海亚带和南部锡铁山-乌兰亚带，两亚带局部地区 Nb、Rb、Be 高背景呈带状展布，部分元素局部浓集强烈形成高值区，如德令哈地区 Nb 的高值区。

Sr 元素总体呈背景或高背景北西向带状，主要分布于石炭纪、二叠纪、第三纪等地层中，如大煤沟—托素湖的石炭系和第三系中形成 Sr、La 组合或 Sr 高值区。

Li、Zr 在大柴旦-石乃亥地区呈带状高背景或局部高值区分布，Li 极高值区主要分布于北霍鲁逊湖地区，形成 U、Th、Li 高值区组合，Zr 无明显高值区及极高值区。

(3) 南祁连成矿带。Rb、Sr、Th 总体呈高背景分布，无明显高值区或极高值区。Rb 呈局部高背景沿北西向断裂构造线浓集成几个高值区或极高值区，其中宗务隆山一带部分稀有稀土及放射性元素组浓集强烈，并分布于花岗岩体中或者构造较为发育处；其余元素大多处于背景态，无显著富集。

3) 1∶25 万异常特征

以稀有稀土元素为主的异常主要为 AS7、AS11、AS101、AS102、AS104、AS131。

(1) 阿尔金断裂南东 $AS_{甲1}^{11}Nb(Sr、Y、U、Zr)$。该异常主元素为 Nb，异常组合元素为 Sr、Y、U、Zr，异常主元素 Nb 峰值为 $16.18×10^{-6}$，平均值为 $11.16×10^{-6}$，面积为 $53.15km^2$，衬度为 1.24，规模为 $65.9×10^{-6}$。异常主元素规模大，强度高，各元素之间套合好（表 2-23，图 2-17）。

表 2-23　$AS_{甲1}^{11}Nb(Sr、Y、U、Zr)$ 异常特征参数表　　　　　　　　单位：10^{-6}

元素	异常下限	点数	峰值	平均值	面积	衬度	浓度分带	规模
Nb	9	16	16.18	11.16	53.15	1.24	3	65.9
Sr	600	6	733.5	651.5	19.61	1.09	2	21.3
Y	15	3	18.04	17.22	7.35	1.15	3	8.4
U	1.6	2	1.85	1.81	6.18	1.13	2	7.0
Zr	120	2	137.73	131.99	3.98	1.10	2	4.4

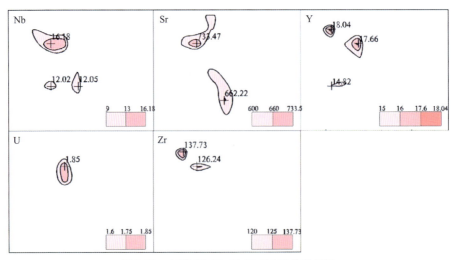

图 2-17　$AS_{甲1}^{11}Nb(Sr、Y、U、Zr)$ 异常剖析图

该异常位于阿尔金断裂南东侧,区内北西向、北东向构造发育。异常区内发现花岗岩和交通社西北山铌钽矿,表明该异常为矿致异常。结合区内发现 W、Mo 元素异常,表明该异常区找矿潜力巨大。

(2)俄博山克拉通 $AS_{101}^{甲1}$NbYLa(P、Zr、Li、U、Th、Sr)。该异常主元素为 Nb、Y 和 La,异常组合元素为 P、Zr、Li、U、Th,异常主元素 Nb 峰值为 37.06×10^{-6},平均值为 19.04×10^{-6},面积为 $102.44km^2$,衬度为 1.73,规模为 177.30;主元素 Y 峰值为 39.99×10^{-6},平均值为 27.38×10^{-6},面积为 $86.18km^2$,衬度为 1.44,规模为 124.20;主元素 La 峰值为 70.65×10^{-6},平均值为 47.06×10^{-6},面积为 $78.42km^2$,衬度为 1.31,规模为 102.51。异常规模大,强度高,各元素套合好,浓集中心明显(表 2-24,图 2-18)。

表 2-24　$AS_{101}^{甲1}$Nb、Y、La(P、Zr、Li、U、Th、Sr)异常特征参数表　　单位:10^{-6}

元素	异常下限	点数	峰值	平均值	面积(km²)	衬度	浓度分带	规模
Nb	11	25	37.06	19.04	102.44	1.73	3	177.30
Y	19	24	39.99	27.38	86.18	1.44	3	124.20
La	36	24	70.65	47.06	78.42	1.31	3	102.51
P	890	10	3 410.6	1 516.9	58.68	1.70	3	100.00
Zr	120	36	308.98	222.19	132.81	1.85	3	245.90
Li	25.8	21	33.93	30.42	67.67	1.18	2	79.80
U	2.7	14	3.89	3.27	56.39	1.21	3	68.20
Th	11	21	17.18	12.95	55.7	1.18	3	65.60
Sr	410	3	654.9	554.1	13.24	1.35	3	17.90

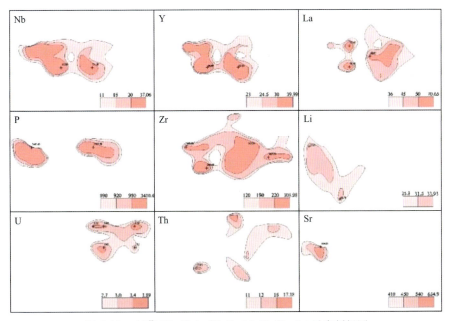

图 2-18　$AS_{101}^{甲1}$Nb、Y、La(P、Zr、Li、U、Th、Sr)异常剖析图

异常区位于俄博山克拉通边缘盆地,北西向和近东西向断裂构造发育。区内化探圈定了 SnMo、WSnBi、TiV 化探异常,重砂分析发现磷灰石、萤石重砂矿物。区内已发现高特拉稀土矿点。

(3)俄博山克拉通边缘 $AS_{102}^{甲1}$Nb、P、La(Li、Th、U、Y、Zr、Be)。该异常主元素为 Nb、P 和 La,异常组合元素为 Li、Th、U、Y、Zr、Be,异常主元素 Nb 峰值为 18.54×10^{-6},平均值为 14.98×10^{-6},面积为 $146.04km^2$,衬度为 1.15,规模为 168.32;主元素 P 峰值为 1295×10^{-6},平均值为 925.95×10^{-6},面积为 $93.00km^2$,衬度为 1.25,规模为 116.37;主元素 La 峰值为 67.54×10^{-6},平均值为 48.20×10^{-6},面积为

59.10km², 衬度为 1.24, 规模为 73.04。异常规模大, 强度一般, 浓集中心不明显, 各元素套合一般 (图 2-19, 表 2-25)。

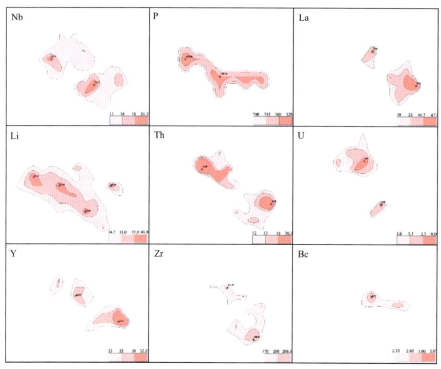

图 2-19 $AS_{102}^{甲1}$ Nb、P、La(Li、Th、U、Y、Zr、Be)异常剖析图

表 2-25 $AS_{102}^{甲1}$ Nb、P、La(Li、Th、U、Y、Zr、Be)异常特征参数表　　　　单位:10^{-6}

元素	异常下限	点数	峰值	平均值	面积(km²)	衬度	浓度分带	规模
Nb	13	44	18.54	14.98	146.04	1.15	3	168.32
P	740	17	1295	925.95	93.00	1.25	3	116.37
La	39	17	67.54	48.20	59.10	1.24	3	73.04
Li	24.7	52	41.54	32.60	174.05	1.32	3	229.7
Th	12	23	20.74	14.76	105.09	1.23	3	129.2
U	2.6	17	4.06	3.36	63.10	1.29	3	81.4
Y	23	24	32.21	25.75	69.38	1.12	3	77.7
Zr	170	21	206.81	188.90	52.95	1.11	2	58.8
Be	2.35	8	3.07	2.61	25.60	1.11	3	28.4

异常区位于俄博山克拉通边缘盆地, 北西向和近东西向断裂构造发育, 异常处于交会部位。区内化探圈定了 WSnMoBi、V、TiV 化探异常, 重砂分析发现稀土矿物。区内已经发现有野马滩南铌钽矿点。

(4)俄博山北西向断裂组 $AS_{104}^{甲1}$ Be、La、Th(U、P、Nb、Sr、Zr)。该异常主元素为 Be、La 和 Th, 异常组合元素为 U、P、Nb、Sr、Zr, 异常主元素 Be 峰值为 $8.54×10^{-6}$, 平均值为 $3.30×10^{-6}$, 面积为 106.52km², 衬度为 1.57, 规模为 167.52;主元素 La 峰值为 $70.91×10^{-6}$, 平均值为 $56.38×10^{-6}$, 面积为 25.02km², 衬度为 1.34, 规模为 33.59;主元素 Th 峰值为 $28.45×10^{-6}$, 平均值为 $24.05×10^{-6}$, 面积为 32.04m², 衬度为 1.60, 规模为 58.74。异常规模大, 强度高, 各元素套合好, 浓集中心明显(图 2-20, 表 2-26)。

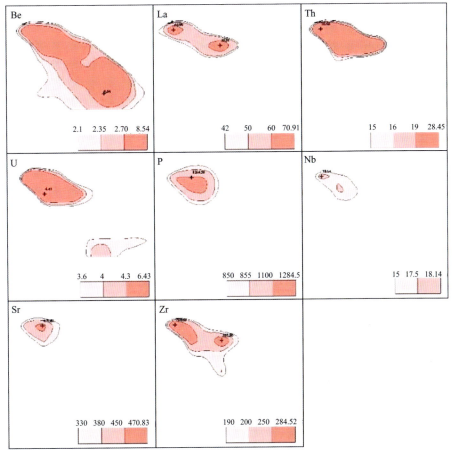

图 2-20 $AS^{甲1}_{104}$ Be、La、Th(U、P、Nb、Sr、Zr)异常剖析图

表 2-26 $AS^{甲1}_{104}$ Be、La、Th(U、P、Nb、Sr、Zr)异常特征参数表 单位：10^{-6}

元素	异常下限	点数	峰值	平均值	面积(km²)	衬度	浓度分带	规模
Be	2.1	28	8.54	3.30	106.52	1.57	3	167.52
La	42	6	70.91	56.38	25.02	1.34	3	33.59
Th	15	8	28.45	24.05	32.04	1.60	3	58.74
U	3.6	13	6.43	4.85	43.61	1.35	3	51.4
P	850	5	1 284.50	1 062.96	23.80	1.25	3	29.8
Nb	15	4	18.14	16.27	12.31	1.08	1	13.4
Sr	330	4	470.83	403.83	12.51	1.22	3	15.3
Zr	190	9	284.52	230.66	31.58	1.21	3	38.3

异常区位于俄博山北西向断裂组及北东向断裂交会部位。区内化探圈定了 WSnMoBi 化探异常，重砂分析发现萤石、重晶石、放射、稀有、磷灰石重砂矿物。区内已经发现有沙柳泉伟晶岩型铌钽铷矿床和阿姆内格花岗岩型锂铷矿点。

(5)宗务隆造山带 $AS^{甲1}_{131}$ Li、Y、Nb(Be、U、Th、La、Rb、Zr)。该异常主元素为 Li、Y 和 Nb，异常组合元素为 Be、U、Th、La、Rb、Zr，异常主元素 Li 峰值为 $69.56×10^{-6}$，平均值为 $46.94×10^{-6}$，面积为 335.51km²，衬度为 1.90，规模为 637.59；主元素 Y 峰值为 $88.64×10^{-6}$，平均值为 $38.69×10^{-6}$，面积为 80.08km²，衬度为 1.55，规模为 123.93；主元素 Nb 峰值为 $23.37×10^{-6}$，平均值为 $16.69×10^{-6}$，面积为

147.57km², 衬度为 1.28, 规模为 189.49。异常规模大, 强度高, 浓集中心明显, 各元素套合好(图 2-21, 表 2-27)。

异常区位于宗务隆造山带, 北东向断裂构造发育并交会。区内化探圈定了 WSn、WSnBi、SnMoBi、SnBi、TiV 异常。

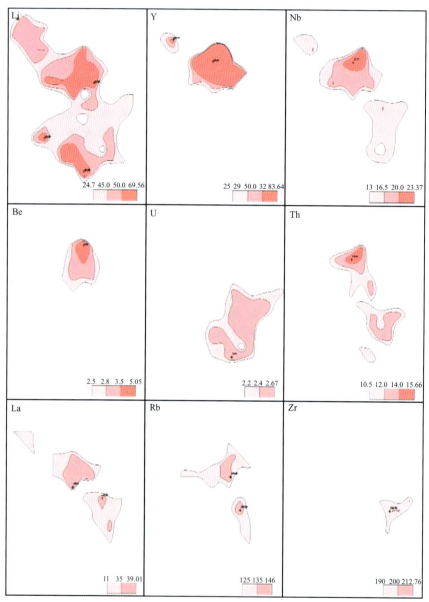

图 2-21　AS$_{131}^{甲1}$Li、Y、Nb(Be、U、Th、La、Rb、Zr)异常剖析图

表 2-27　AS$_{131}^{甲1}$Li、Y、Nb(Be、U、Th、La、Rb、Zr)异常特征参数表　　　　单位:10^{-6}

元素	异常下限	点数	峰值	平均值	面积(km²)	衬度	浓度分带	规模
Li	24.7	86	69.56	46.94	335.51	1.90	3	637.59
Y	25	22	88.64	38.69	80.08	1.55	3	123.93
Nb	13	42	23.37	16.69	147.57	1.28	3	189.49
Be	2.5	14	5.05	3.02	50.54	1.21	3	61.1
U	2.2	30	2.67	2.48	120.17	1.13	3	135.3

续表 2-27

元素	异常下限	点数	峰值	平均值	面积(km^2)	衬度	浓度分带	规模
Th	10.5	24	15.66	12.290 42	89.26	1.17	3	104.5
La	31	33	39.01	34.7	90.03	1.12	2	100.8
Rb	125	18	146.0	134.9	56.94	1.08	3	61.5
Zr	190	5	212.76	203.312	17.19	1.07	1	18.4

(二) 1∶20 万地球化学特征

1. 地球化学异常

柴北缘地区圈定化探异常 48 处，其中阿尔金地区化探异常 17 处，主要元素为 Cu、Ba、Mo、La、Au、Ni；欧龙布鲁克-乌兰地区化探查异常 31 处，主元素有 Au、Cu、Sr、Ba、Ni、Mo。

2. 异常分布特征

1) 阿尔金异常带

阿尔金异常带综合异常 12 个，乙类异常 4 个，丙类异常 8 个 (表 2-28)。

表 2-28 阿尔金成矿带综合异常表　　　　　　　　　　　　单位：10^{-6}

异常名称	异常编号	主元素	伴生元素(或氧化物)	异常分类	峰值	平均值	面积(km^2)	衬度	成矿特征
联欢沟	5	Ni	Cr、Co、Cu、W	丙	72.14	53.61	64	1.56	异常元素套合好，主元素 Ni 浓度高，具有二级浓度分带，浓幅分位值接近 1/4
金鸿山	10	Mo	Cu、Cd、Sb、As、B、Ti、Cr	乙3	4.5	1.98	272	1.62	异常的特征元素套合好，其中 Mo、Cu、Cd、Sb 异常浓度高，具有二级浓度分带。矿点有茫崖镇金鸿山煤矿
金鸿山东	11	Ba	Cd、As、Sb	丙	1 273.9	1 036.6	112	1.14	元素套合较好，但主元素 Ba 异常不够强大，所有元素仅只具有一级浓度分带
青新界山	12	W	F、Bi、Sn、Pb、Y、Cu、Li	乙3	10.39	4.23	224	2.55	异常的特征元素套合好，其中主元素 W 的浓度高，浓幅分位大于 1/4
柴达木大门口东	13	Mo	Cu、Cd、P、V、Fe_2O_3、Cr、Sr	丙	2.07	1.17	304	1.28	异常的特征元素套合较差，具有二级浓度分带。伴生元素 Cd 具有较高的异常强度，异常平均值 $0.27×10^{-6}$，异常峰值 $0.56×10^{-6}$，具有三级浓度分带

续表 2-28

异常名称	异常编号	主元素	伴生元素（或氧化物）	异常分类	峰值	平均值	面积（km²）	衬度	成矿特征
黄矿山	14	Ba	Sb、Mo	丙	916.11	868.96	48	1.04	异常的特征元素套合好。异常元素含量均较低，异常面积较小，该异常整体异常强度较弱
俄博梁	15	Au	La	丙	2.37	2.18	112	1.1	异常呈弧带状，近左右对称。异常元素组合简单，主元素Au异常平均值2.18×10^{-9}，具有一级浓度分带
采石岭北	22	Cr	Ni、Cu、CO、Sb、V、Fe₂O₃、Cd	丙	203.32	127.81	304	1.67	异常呈西宽东窄的长条状，异常的特征元素套合好，异常主元素具有二级浓度分带，异常面积大
大通沟南山	23	La	Rb、Be、Bi、Pb、Sn、Th	乙3	103.96	71.64	64	1.69	主元素La具有两个呈椭圆状的独立异常面，La异常线与其他特征元素异常线套合好，主元素La含量高，具有二级浓度分带
牛鼻子梁西	24	La	Nb、Th、U、Cr、Sn、Ti、Y	丙	77.09	52.51	208	1.33	异常特征元素LaThSnUNbY套合好，异常主元素La含量高，具有二级浓度分带，异常面积大
柴水沟	37	Cu	U、Nb、La、Be、As、Bi、Ti	乙3	47.16	34.56	128	1.38	异常呈近椭圆状。异常特征元素相对套合较好，具有一定规模。主元素Cu具有一级浓度分带
采石岭	38	Ba	W、Zr、Rb、Cu、Ti、V、Cr	丙	1 011.7	911.62	64	1.11	异常特征元素BaRbW套合好，TiCuVCrW异常线套合较好，存在异常中心，异常落位于英云闪长岩岩体内。矿点有茫崖镇小西沟煤矿点

金异常位于冷湖镇西俄博梁，构造位置属柴达木准地台大通沟南山断隆；出露地层为新近系油砂山组的碎屑岩、含油砂岩夹泥岩、泥灰岩和第四系洪积物覆盖；异常区西部有小范围的岩浆活动，为古元古代花岗闪长岩；断裂构造不发育。金异常呈弧带状，近左右对称，异常元素组合简单，主元素Au异常平均值2.18×10^{-9}，面积112km²，具有一级浓度分带。

2)柴北缘异常带

柴北缘异常带与贵金属、稀有稀土元素有关的异常有22个，其中甲类异常6个，乙类异常8个，丙类异常8个(表2-29)。金异常主要在德令哈市区和乌兰县一带。

表 2-29 柴北缘成矿带综合异常表　　　　　　　　　　单位：10^{-6}

异常名称	异常编号	主元素	伴生元素（或氧化物）	异常分类	峰值	平均值	面积（km^2）	衬度	成矿特征
阿尔金山	1	Cu	Sb、Bi、Mo、F、U、Nb、W	丙	53.12	40.42	272	1.38	该异常出省界，缺失相关资料，不作论述
阿尔金山西1	2	Nb	Sb、Mo、Cd、Cu、Zn、Cr、Y	乙3	55.16	23.82	160	1.56	该异常出省界，缺失相关资料，不作论述
阿尔金山西2	3	Ni	Cu、Cr、B、W、As、V、Ti	丙	107.89	59.8	96	1.41	
红灯沟	26	Au	Mo、Cu、Rb	乙3	4.55	3.93	96	1.23	异常呈不规则面状。异常特征元素 AuMoCu 套合好，落位于奥陶系滩间山群地层中，异常区域内有铜金矿点的支持。主元素 Au 异常，伴生元素 MoCuRb，均只具有一级浓度分带
鱼卡河	61	Cd	M、Or、Pb、Ag、Mn、Rb、Cu	丙	0.39	0.28	112	1.39	异常主元素 Cd 的异常浓度较低，异常峰值 0.39×10^{-6}，仅具有一级浓度分带。异常元素套合相对较好，在异常区的中心部位形成异常浓集中心
绿梁山	74	Cr	Co、V、Fe_2O_3、Mo、Ti	甲1	1 193.63	376.54	512	3.66	异常面呈椭球状，各元素套合十分好。异常主元素 CrNiCu 含量非常高，都具有很好的三级浓度分带，而且异常面积巨大。其他元素中 MoAu 具有很高的含量，Au 的异常峰值达 12.21×10^{-9}，具有三级浓度分带
		Ni			481.71	99.30	480	2.87	
		Cu			108.54	46.07	544	2.05	
胜利口	96	Ni	M、Sr、Ti、Cu	丙	117.49	66.79	64	1.78	主元素 Ni 异常面呈不规则面状，与 MoTiNi 异常线套合较好，异常主元素 Ni 含量较高，具有二级浓度分带
塔塔棱河	97	Sr	P、V、Ti、Cr、Fe_2O_3、Ba、Mo	乙3	1 005.7	501.02	272	2.04	主元素 Sr 含量高，具有三级浓度分带，异常面积很大。其他元素 CrPVBaCu 含量较高，异常面积大，Cr 具有三级浓度分带，PVBaCu 具有二级浓度分带

续表 2-29

异常名称	异常编号	主元素	伴生元素（或氧化物）	异常分类	峰值	平均值	面积（km²）	衬度	成矿特征
锡铁山	109	Pb	Cd、Au、Ag、Ti、Cr、Sn	甲2	2 149.72	359.63	192	6.64	异常主元素 PbZn 异常面呈近圆形，与其他元素套合十分好。主元素 PbZn 的含量非常高，均具有三级浓度分带。其他元素 CdAuAgSnWAs 也具有很高的含量，异常面积大
		Zn			2 855.36	623.46	144	6.29	
大煤沟	110	Sr	P、La、Ba	丙	655.59	545.69	384	1.56	异常主元素 Sr 呈长条带状，异常面积很大，几乎覆盖整个异常区，与其他元素套合非常好。异常元素含量较低，均只具有一级浓度分带
怀头他拉南	111	Sr	Cd、Li、Au	丙	717.94	556.32	240	1.32	异常主元素 Sr 呈西北宽东南窄的面状。主元素 Sr 异常线与 LiCd 套合较好，异常落位于石炭纪和第三纪地层中，Au 异常线孤立存在与西南部的第三纪地层中。异常元素含量偏低，异常面积较大
德令哈市区南东	126	Bi	P、Ti、Ba、Cu、Fe₂O₃、V	甲1	23.05	3.73	208	7.64	该异常区内 CuVFeTiP 构成异常的主体，几乎覆盖了整个异常区，异常面积巨大，主元素 BiAu 各有两个独立的异常面，落于异常区的东、西两侧，主元素异常没有重合部分。异常主元素 BiAu 含量很高，具有三级浓度分带。其他元素 PTiTh 含量较高，均具有二级浓度分带，异常面积较大
		Au			16.01	4.05	160	1.98	
布赫特山	127	Ti	Cu、Mo、V、Cr、Co、F、P	乙3	12 479	4 608.64	288	1.29	主元素 Ti 异常含量较高，具有二级浓度分带，峰值浓幅分位大于 1/2。伴生元素 VCrPBi 含量较高，具有二级浓度分带

续表 2-29

异常名称	异常编号	主元素	伴生元素（或氧化物）	异常分类	峰值	平均值	面积（km²）	衬度	成矿特征
铜普察汉河	137	Au	Zr、Mo、Ti、La、P、Y	丙	7.95	4.46	48	2.31	Cu、Au 异常在东部，Cu 异常跨铜普岩体接触带与 La、Th 异常有一定叠合关系；Au 异常在东北部，海西晚期英云闪长岩枝南西侧，与 Cu 异常有一定套合空间。其中，主元素 Au 含量很高，具有三级浓度分带，其他元素含量普遍较低
		Cu			40.85	32.99	112	1.41	
牛首山	149	F	Ti、Cu、P、V、Cr、Zr、Ni	丙	842.88	592.87	304	1.38	主元素 F 异常呈不规则面状，异常长轴方向为北西向，异常线与其他元素异常线套合非常好，异常落位于泥盆系牦牛山组和第三系油砂山组地层中。异常元素含量普遍很低，仅具有异常浓度外带，异常面积较大
旺尕秀	150	Cd	B、Mo、Rb、La、Li、Zr、F	乙3	0.74	0.42	320	1.95	异常主元素 Cd 含量较高，具有二级浓度分带
牦牛山	151	U	Th、Li、Cd、Sb、Pb、W、Ni	乙3	5.86	3.64	304	1.27	异常组分、形态、结构都很复杂。异常元素 U、Cd 含量较高，具有二级浓度分带
旺尕秀南西	152	Ag	U、Nb、W、Zr、As、Ba、Th	丁	0.11	0.09	272	1.14	主元素 Ag 异常呈面状，异常长轴东西向，异常区的南部 AgZrWThBaNb 套合好，北部 AsUAg 套合并与 Ag 元素异常局部套合。该异常各元素含量均很低，均只具有一级浓度分带，异常较弱
赛什克南	153	Cu	Fe₂O₃、Cr、Ni、V、Mn	甲1	95.53	44.29	304	1.83	该综合异常呈不规则面状，异常长轴方向北西向，大体与断裂构造线方向一致。异常组合元素套合好，元素含量均较高，其中 CuCoAuCrNiV 具有二级浓度分带，As 具有三级浓度分带。异常区内有多处金矿点、铜矿点、铜金矿点出现
		Co			54.40	26.80	240	1.75	
		Au			5.19	2.92	336	1.47	

续表 2-29

异常名称	异常编号	主元素	伴生元素（或氧化物）	异常分类	峰值	平均值	面积（km²）	衬度	成矿特征
莫河西阿移项	154	Ba	Zr、P、Cu、La、Cr、Ni、Ti	甲1	1 032.24	865.85	192	1.19	异常组分复杂，套合结构有序。西部和南部，Ba、Zr、P、Cd套合呈香蕉状，构成异常主体，已知矿床、矿化点落位其中。北东侧，Cu、Fe₂O₃、Ni、Cr、V套合贴在Ba、P异常边上。两组异常叠合中心在断裂带附近。异常元素CrNi含量较高，具有二级浓度分带，套合非常好，其他元素含量偏低
哈莉哈德山北西	167	Ni	Cu、Co、V、Sb、Fe₂O₃	乙3	225.05	54.2	336	1.67	主元素NiCr含量很高，均具有二级、三级浓度分带，浓幅分位值也很高
		Cr			488.7	158.7	320	1.86	
沙柳河中游	173	Sn	W、As、Cd、F、Cu、Li	甲1	24.09	6.78	304	1.94	B、F、Sn、Bi、As异常套合，呈近东西向笼罩整个异常，东部膨大；膨大部有Pb、Ag、Zn、Cd、Cu、W近等轴状套合，网罗了82%已知矿床、矿点。异常主元素SnBi含量很高，具有三级浓度分带，浓幅分位值大于1/4。其他元素WAsCdCuAg也表现出很高的含量
		Bi			3.72	1.33	208	2.24	
哇玉香卡西	177	Au	Sn、Cr、Li、Be、Nb	乙2	423.49	64.06	128	22.63	Au与Pb、Cu异常的局部叠合域是Au的高浓度带。主元素AuPb含量非常高，具有三级浓度分带。其他元素SnCrLiBeNb也表现出很高的元素含量
		Pb			241.23	76.55	80	2.34	

金异常主要分布于小赛什腾山地区，大地构造属柴达木准地台之柴北缘残山断褶带；出露地层为奥陶系滩间山群下火山岩组，岩浆活动主要为加里东中晚期的基性岩和花岗闪长岩，滩间山群中产出金矿点、铜金矿化点、锰矿化点。异常呈不规则面状，AuMoCu套合好，处于滩间山群中，异常内有铜金矿点；主元素Au异常峰值$4.55×10^{-9}$，具有一级浓度分带。

黑石山异常主元素BiAu含量高，具有三级浓度分带，其他元素PTiTh含量较高，均具有二级浓度分带，异常面积较大。

3）南祁连异常带

(1)综合异常。南祁连异常区14个异常，甲类异常3个，乙类异常6个，丙类异常4个，丁类异常1个（表2-30）。

表 2-30 南祁连矿带综合异常　　　　　　　　　　　　　　　　　　　　　　　　　　　　　单位：10^{-6}

异常名称	异常编号	主元素	伴生元素（或氧化物）	异常分类	峰值	平均值	面积（km²）	衬度	成矿特征
苏干湖西	16	Ti	Cr、Co、B、Ni、Cd、Au、Sb	丙	6 041.5	5 202.3	80	1.12	异常呈倒梨形。元素套合较好，主体落位于奥陶系滩间山群和第四纪地层中。主元素 Ti 异常平均值 5 202.30×10^{-6}，具有一级浓度分带，浓幅分位大于1/6。金异常面内存在冷湖镇小赛什腾山金矿化点
黑旦沟	25	Nb	Zr、P、Th、La、Mo、Ti	甲1	84.40	27.09	416	2.01	异常的特征元素套合好，异常主元素NbY含量高，具有三级浓度分带，异常面积大，浓幅分位大于1/2。特征组合元素含量都非常高，都具有二级浓度分带，异常的整体规模很大
		Y			112.30	40.33	368	1.70	
红旗沟	39	Cu	V、Co、Fe₂O₃、Cr、Au、Ni	乙3	55.2	46.85	96	1.18	异常特征元素套合较好，异常东北部CrNiCuFeCo元素套合较好，落位于滩间山群中。Au与Cu元素套合较好，该异常特征元素含量较低
滩间山北	40	Cu	Ti、Co、Nb、As、V、Cr	甲1	60.95	45.38	352	1.33	异常特征元素套合好，主元素CuMo含量高，其中Mo具有三级浓度分带，CuMo元素异常峰值浓幅分位大于1/4。伴生元素 WsbCdAsNb含量较高，均具有二级浓度分带
		Mo			6.33	1.86	256	2.01	
鹰峰东	41	Ba	B、P、Mn、W、La、Ti、Nb	丙	790.08	766.02	96	1.04	异常呈椭圆状，长轴方向北东向。异常特征元素套合较好，异常元素含量较低，异常强度不高
滩间山东	59	Ba	P、B、Zr、Y、Ti、Zn、Mn	丙	914.83	805.51	144	1.1	异常呈近椭圆状。元素套合较好，异常面积较大，但异常元素含量不高，所有元素均只具有一级浓度分带，异常较弱

续表 2-30

异常名称	异常编号	主元素	伴生元素（或氧化物）	异常分类	峰值	平均值	面积（km²）	衬度	成矿特征
大柴旦镇北	75	Bi	Bi、U、F、Th	乙2	8.67	4.59	416	1.36	异常呈不规则面状，几乎占据了整个异常区。异常主元素BeWSn套合好，异常元素含量高，W具有三级浓度分带，BeSn具有二级浓度分带，而且异常规模很大。其他元素中Bi元素含量很高
		W			15.22	5.89	224	2.18	
		Sn			13.37	6.76	304	1.51	
胜利口	96	Ni	M、O、Sr、Ti、Cu	丙	117.49	66.79	64	1.78	异常主元素Ni异常面呈不规则面状，与MoTiNi异常线套合较好，异常主体落位于英云闪长岩岩体和第四纪地层。异常主元素Ni含量较高，峰值117.49×10⁻⁶，具有二级浓度分带
塔塔棱河	97	Sr	P、V、Ti、Cr、Fe₂O₃、Ba、Mo	乙3	1 005.7	501.02	272	2.04	异常主元素Sr异常面呈上窄下宽的不规则面状，几乎覆盖整个异常区。异常元素线套合较好，主元素Sr含量高，具有三级浓度分带。其他元素CrPVBaCu含量较高，异常面积大，Cr具有三级浓度分带
塔塔棱河南	98	Mo	Mn、Sb、Zn、Hg、Nb、Ni	乙2	3.76	1.27	704	1.62	异常主元素MoCu呈长条带状，异常区内元素线套合较好，异常元素含量较高，异常面积巨大。主元素Mo具有三级浓度分带，Cu具有二级浓度分带。其他元素中Hg具有三级浓度分带
		Cu			39.62	27.31	816	1.51	
宗务隆山东	99	Cu	Cr、Ni、Ti、Zn、V、Co	甲1	49.47	33.18	1264	1.48	异常元素线套合非常好，异常元素Cu含量较高，具有二级浓度分带。其他元素含量普遍较低，仅具有一级浓度分带。异常落位地层主要为石炭纪—二叠纪地层
		Fe₂O₃			8.98	6.37	976	1.15	

续表 2-30

异常名称	异常编号	主元素	伴生元素（或氧化物）	异常分类	峰值	平均值	面积（km²）	衬度	成矿特征
宗务隆北东	112	Ni	Cd、Cr、Nb、A、S、COb、Cu	乙3	75.04	45.48	144	1.85	常主元素 Ni 呈近圆形，与其他元素套合良好，落位地层为石炭系中吾农山群和古元古界金水口岩群。异常元素含量较高，NiCdCrNbAs 均具有二级浓度分带，异常面积较大
		Pb			56.82	56.82	160	2.31	
曲公玛	115	Rb	Ba、Sr、As、Mo、Bi、Cd、Li	丁	153.34	111.87	224	1.31	异常主元素 Rb 具有两个独立的异常面，与其他元素线不套合单独出现
茶卡北山	138	Co	Cr、Li、Ni、Fe_2O_3、V、Cu、Mn	乙3	19.29	16.93	336	1.13	主元素 Co 异常呈不规则带状，异常轴向北西，与断裂带方向一致。异常与其他元素线套合非常好，异常元素含量偏低，均只具有一级浓度分带

南祁连异常区 La、Rb、Sr、Th 总体呈高背景分布，但无明显高值区或极高值区。La、Rb 呈局部高背景，沿北西向断裂构造线浓集成几个高值区或极高值区，其中宗务隆山一带的部分稀有稀土及放射性元素组浓集强烈，并分布于花岗岩体中或者构造较为发育处。其余元素大多处于背景态，无显著富集。U、Th 元素高背景及高值区与 Nb、La、Y、Rb、Be 较一致，其中 U、Th 主要极高值区仍分布于西部地区和中东部的局部地区。

(2) 主要异常特征。茶卡北山 $As_{138}^{Z_3}$Co、Cr、Li、Ni、Fe_2O_3、V、Cu、Mn(Zn)异常。元素组合为 Co、Cr、Li、Ni、Fe_2O_3、V、Cu、Mn(Zn)，主元素 Co 峰值为 15.05×10^{-6}，面积为 $336km^2$（表 2-31）。

表 2-31 1∶20 万水系 $As_{138}^{Z_3}$Co、Cr、Li、Ni、Fe_2O_3、V、Cu、Mn(Zn)异常特征值表

元素	异常量	异常点数	异常下限	峰值	平均值	面积(km²)	衬度	相对异常量
Co	378.08	21	15.05	19.29	16.93	336	1.13	9.66
Cr	402.42	21	73.04	116.20	87.48	336	1.20	10.28
Li	326.60	18	36.63	46.93	41.54	288	1.13	8.34
Ni	305.85	17	32.65	44.71	36.71	272	1.12	7.81
Fe_2O_3	290.31	17	5.58	6.34	5.96	272	1.07	7.42
V	284.23	16	89.39	130.84	99.25	256	1.11	7.26
Cu	272.98	15	21.55	37.96	24.52	240	1.14	6.97
Mn	248.23	13	936.92	1 413.51	1 118.16	208	1.19	6.34
Zn	200.96	12	73.76	83.99	77.21	192	1.05	5.13

续表 2-31

元素	异常量	异常点数	异常下限	峰值	平均值	面积(km²)	衬度	相对异常量
Ti	200.12	12	3 821.82	4 146.27	3 983.47	192	1.04	5.11
Bi	146.54	4	0.35	1.60	0.80	64	2.29	3.74
Rb	161.21	8	83.33	152.08	104.95	128	1.26	4.12
Sr	100.81	5	435.59	828.03	548.89	80	1.26	2.58
U	86.55	5	2.55	3.19	2.76	80	1.08	2.21
B	83.36	5	55.07	58.09	57.39	80	1.04	2.13
Ba	64.91	4	720.71	745.25	730.91	64	1.01	1.66
Y	50.46	3	25.50	28.32	26.81	48	1.05	1.29
Be	49.37	3	2.48	2.63	2.55	48	1.03	1.26
Sn	34.07	2	2.89	3.27	3.08	32	1.06	0.87
F	32.28	2	690.82	703.05	696.94	32	1.01	0.82
As	33.11	2	11.50	12.30	11.90	32	1.03	0.85
P	33.38	2	694.30	754.36	724.33	32	1.04	0.85
Mo	16.00	1	1.40	1.40	1.40	16	1.00	0.41
Zr	16.00	1	297.97	297.97	297.97	16	1.00	0.41
Au	16.00	1	2.30	2.30	2.30	16	1.00	0.41
W	16.00	1	2.15	2.15	2.15	16	1.00	0.41
Pb	16.00	1	25.98	25.98	25.98	16	1.00	0.41
Hg	16.00	1	0.02	0.02	0.02	16	1.00	0.41
La	16.00	1	37.44	37.44	37.44	16	1.00	0.41
Nb	16.00	1	16.62	16.62	16.62	16	1.00	0.41

注：Au 为 10^{-9}，其余元素为 10^{-6}。

各元素套合较好，其中 Li 元素异常较为突出，Li 元素峰值为 46.93×10^{-6}，异常下限为 36.63×10^{-6}，异常规模较大，相对异常量为 8.34，面积为 288km²，异常点数为 18 个，反映茶卡地区具有较好的稀有多金属矿找矿前景。

(三) 1∶5 万地球化学特征

1. 阿尔金异常带

1) 采石沟 $ZH_6^{Z,1}$ Nb、La、Y、Be 异常

该异常分布于加里东期浅灰绿色中细粒闪长岩体、海西期肉红色中粗粒碱长花岗岩体及滩间山群；Nb、Y、La 浓集中心处于地层与岩体接触带部位。异常套合紧密，浓集中心清晰。其中 Nb 峰值为 43.2×10^{-6}，大于 1/4 浓幅分位值，平均值为 27.37×10^{-6}，衬度为 1.33；La 峰值为 81.7×10^{-6}，大于 1/4 浓幅分位值，平均值为 54.3×10^{-6}，衬度为 1.15；Nb 规模为最大；推断碱长花岗岩体为矿致异常（图 2-22，表 2-32）。

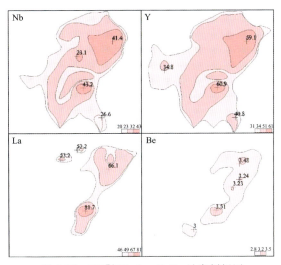

图 2-22 ZH_6^{Z1} Nb、La、Y、Be 异常剖析图

表 2-32 ZH_6^{Z1} Nb、La、Y、Be 异常参数表 单位：10^{-6}

元素	异常下限	总计数	峰值(10^{-6})	平均值(10^{-6})	面积(km^2)	衬度	规模	浓度分带
Nb	20.5	65	43.2	27.37	16.39	1.33	21.8	3
Be	2.83	18	3.51	3.12	5.01	1.10	5.52	2
La	46.9	23	81.7	54.3	5.3	1.15	6.14	3
Y	31.6	87	61.1	39.5	19.5	1.25	24.39	3

2. 柴水沟 $HS_{13}^{甲2}$（Ag、Au、Pb、Zn、As、Sn、Bi、Sb、Mo）异常

异常形态不规整，As 面积最大，达 $19km^2$，次为 Mo、Bi、Pb、Ag。综合异常面积为 $30km^2$。Au 异常衬度及规模大，异常峰值 $11.6×10^{-9}$。Au、Ag、As、Bi、Mo 异常浓度分带清晰，有内、中、外三带（图 2-23，表 2-33），各元素异常套合好，浓度中心明显。异常内奥陶系滩间山群分布，元素组合复杂，且以 Au、As 为主的综合异常反映金矿体或矿化体存在，且 Au 异常内带、中带对应矿（化）体，地表 Au 异常硅化、黄铁矿化、褐铁矿化和绿泥石化明显。

3. 柴北缘异常带

擦勒特 ZH_{13}^{Z2} Be、Nb、Y、La 异常。Be、Nb、Y、La 异常呈椭圆状分布于早志留世灰色中粗粒二云母二长花岗岩体与晚志留世灰色—灰红色环斑花岗岩体接触带。Be、Y、La 套合紧密，中心清晰，Be 峰值 $19.2×10^{-6}$，衬度 1.85；La 峰值 $110×10^{-6}$，衬度 1.3；Be 含量较高。另外，Y、La 异常强度也较高，碱长花岗岩为矿致异常，具有找矿潜力（图 2-24，表 2-34）。

4. 南祁连异常带

宗务隆 ZH_{65} La、Nb、Y、Li 异常。异常呈椭圆或不规则东西向展布于下二叠统果可山组中，套合紧密，La、Nb 均具三级分带。其中 Nb 峰值 $115×10^{-6}$，衬度 3.84，La 峰值 $161×10^{-6}$，衬度 1.49。伴生 La、Y 异常；各异常套合紧密，Nb、La 浓集中心清晰，强度高，尤其 Nb 峰值含量发现有矿化（图 2-25，表 2-35）。

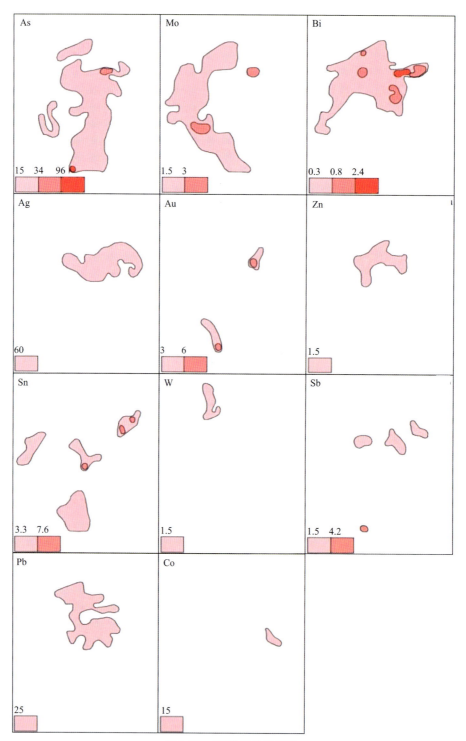

图 2-23 HS$_{13}^{甲2}$ 异常剖析图

表 2-33　$HS_{13}^{甲2}$ 综合异常元素特征值表　　　　　　　　　　　　　　　　　　　　单位:10^{-6}

元素	异常点数	异常下限	峰值	异常平均值	标准离差	面积(km²)	衬度	异常规模	异常分带
Au1	5	3	11.6	6.12	3.33	2	2.04	4.08	中、外
Au2	3	3	10.6	6.03	3.25	0.5	2.01	1.01	中、外
Pb	59	25	62.1	30.02	6.2	11	1.2	13.2	中、外
Zn	29	77	114.4	97.93	12.17	4.5	1.27	5.72	外
As	81	12	130.2	21.04	18.56	19	1.75	33.25	内、中、外
Sn1	9	3.8	9.9	4.94	1.84	1.5	1.3	1.95	中、外
Sn2	10	3.8	6.1	4.67	0.59	5	1.23	6.15	外
Sb1	41	1.7	7.4	2.98	1.68	6.5	1.75	11.03	中、外
Sb2	40	1.7	14	3.95	2.63	6	2.32	13.92	内、中、外
Bi	96	0.3	8.01	0.72	0.97	14	2.41	33.74	内、中、外
Sb1	6	1.5	2.44	2.03	0.30	1	1.35	1.35	外
Sb2	10	1.5	2.42	1.93	0.30	1.5	1.29	1.94	外
Mo	80	1.5	3.63	1.96	0.46	16	1.31	20.96	中、外
Ag	59	60	183	88.71	27.13	10	1.48	14.8	中、外

注:Au、Ag 为 10^{-9},其他元素为 10^{-6}。

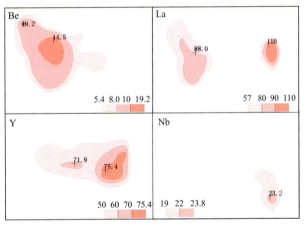

图 2-24　$ZH_{13}^{乙2}$ Be、Nb、Y、La 异常剖析图

表 2-34　$ZH_{13}^{乙2}$ Be、Nb、Y、La 异常特征值表　　　　　　　　　　　　　　　　　　单位:10^{-6}

元素	异常下限	异常点数	峰值	平均值	面积(km²)	衬度	规模	浓度分带
Be	38	5.45	19.2	10.10	6.91	1.85	12.81	3
Y	32	50.7	75.4	62.72	5.82	1.24	7.20	3
La	26	57.8	110	75.38	4.09	1.30	5.33	3
Nb	4	19.1	23.2	21.90	1.18	1.15	1.35	2

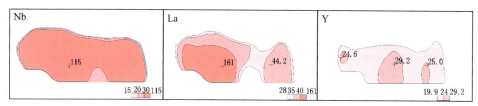

图 2-25　ZH_{65} La、Nb、Y、Li 异常剖析图

表 2-35　ZH_{65} La、Nb、Y、Li 异常特征值表　　　　单位：10^{-6}

元素	异常下限	异常点数	峰值	平均值	面积（km²）	衬度	规模	浓度分带
Nb	15	42	115	57.6	11.17	3.84	42.9	3
La	28.5	36	161	42.4	8.48	1.49	12.6	3
Y	19.9	27	29.2	23.8	6.88	1.19	8.22	2

（四）1∶2.5 万水系沉积物异常

柴北缘地区开展了部分 1∶2.5 万地球化学测量工作，圈定了一批贵金属金、稀有稀土元素综合异常。

1. 阿尔金异常带

1）阿卡托 $GA_{57}^{甲1}$ Au、Cu(Sb、Pb、As、Cr、Co、Ag)

异常出露地层为滩间山群，岩性以黑云石英片岩、绿泥石英片岩及绢云石英片岩为主，南部可见变质砾岩及砂岩，局部残留安山岩、玄武岩等。构造发育，呈北西-南东向平行分布，性质为逆断层。沿构造带二长花岗岩发育，形成规模不等岩株。

异常呈椭圆状，长轴方向为北西向，与区内构造线方向相同；异常为 Au、As、Sb、Cu、Pb、Ag 中低温热液元素组合，各元素套合较好。Au 峰值 23.20×10^{-9}，平均值为 8.6×10^{-9}，具三级浓度分带；异常规模大，强度较高，元素套合较好，浓集中心明显（表 2-36，图 2-26）。

表 2-36　$GA_{57}^{甲1}$ Au、Cu(Sb、Pb、As、Cr、Co、Ag) 异常特征表　　　　单位：10^{-6}

元素	异常点数	异常下限	峰值	平均值	异常面积（km²）	衬度	规模	浓度分带
Au	5	3.00	23.20	8.6	0.29	2.88	0.85	3
Cu	7	40.0	165.0	74.9	0.39	1.87	0.72	3
Cr	5	80.0	124.0	94.4	0.19	1.18	0.22	1
Sb	1	1.50	3.38	3.38	0.10	2.25	0.22	2
Pb	2	30.0	74.1	60.0	0.10	2.00	0.19	2
As	1	15.00	28.30	28.30	0.07	1.89	0.13	1
Bi	2	0.45	1.04	0.89	0.06	1.98	0.11	2
Co	2	20.0	22.4	21.4	0.08	1.07	0.09	1
Ag	1	80	104	104	0.05	1.30	0.07	1
Zn	1	90.0	117.0	117.0	0.05	1.30	0.07	1

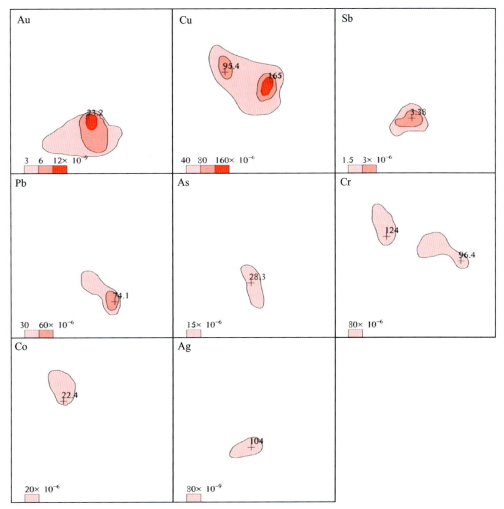

图 2-26　$GA_{57}^{甲1}$ Au、Cu(Sb、Pb、As、Cr、Co、Ag)异常剖析图

2)阿卡托 $GA_{58}^{甲1}$ Cu、Au(As、Sb、Cr、Co)

异常区出露地层为滩间山群,岩性以绿片岩以及蚀变玄武岩、安山岩等为主;断层构造发育,呈北东-南西向分布;形成宽 30m,长约 500m 断层破碎带。

异常呈椭圆状,长轴方向为北东向,与区内构造线方向相同;异常为 Au、Ag、As、Sb 以及 Cu、Cr、Co、Ni 组合;异常规模较小,As、Sb 具二级浓度分带,其他元素为一级浓度分带(表 2-37,图 2-27)。

表 2-37　$GA_{58}^{甲1}$ Cu、Au(As、Sb、Cr、Co)异常特征表　　　　　　　　　单位:10^{-6}

元素	异常点数	异常下限	峰值	平均值	异常面积(km^2)	衬度	规模	浓度分带
As	3	15.00	57.00	34.43	0.12	2.30	0.27	2
Sb	2	1.50	5.00	3.52	0.07	2.35	0.17	2
Cr	2	80.0	127.0	120.5	0.03	1.51	0.05	1
Cu	1	40.0	47.3	47.3	0.04	1.18	0.05	1
Co	2	20.0	25.4	24.3	0.04	1.21	0.04	1
Au	1	3.00	3.40	3.40	0.03	1.13	0.04	1

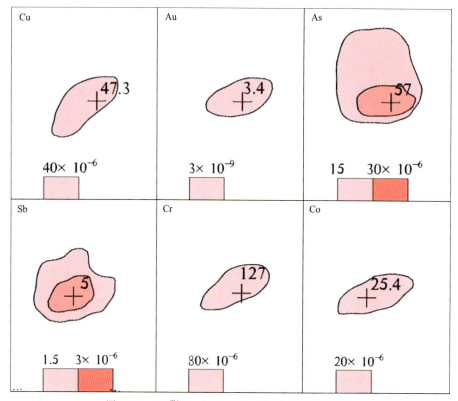

图 2-27　$GA_{58}^{甲1}$ Cu、Au(As、Sb、Cr、Co)异常剖析图

2. 南祁连异常带

1)干祖夏花其 $GA_{101}^{乙1}$ Be(Rb、Ta、Nb、Li、U、Sn、Bi、Pb)异常

异常区出露岩体为晚三叠世肉红色中细粒二长花岗岩($T_3\gamma\eta$),出露岩脉为闪长岩脉和花岗细晶岩脉。

异常以 Be 为主元素,元素组合为 Rb、Ta、Nb、Li、U、Sn、Bi、Pb。Ta 和 Bi 元素具明显的三级浓度分带,Be、Li、U、Sn 具二级浓度分带,其余元素为一级浓度分带,Be 峰值为 7.78×10^{-6},Ta 峰值为 8.40×10^{-6},Rb 峰值为 627×10^{-6},Nb 峰值为 45.30×10^{-6}。异常呈不规则状分布,走向近北西向;各元素相互套合好,异常浓集中心较为明显,异常强度一般,异常规模大(表2-38,图2-28)。

表 2-38　$GA_{101}^{乙1}$ Be(Rb、Ta、Nb、Li、U、Sn、Bi、Pb)异常特征表　　单位:10^{-6}

元素	异常下限	个数	峰值	平均值	标准偏差	面积(km²)	相对标准差	衬度	异常规模	相对规模	浓度分带
Rb	230	27	627	339.37	102.63	1.31	0.30	1.48	1.93	20.11	外
Be	4	24	7.78	5.52	0.94	1.28	0.17	1.38	1.76	18.31	外—中
Ta	2	26	8.40	3.78	1.40	0.67	0.37	1.89	1.26	13.13	外—中—内
Nb	25	13	45.30	33.52	6.20	0.87	0.18	1.34	1.17	12.15	外
Li	60	8	129	83.25	26.09	0.64	0.31	1.39	0.89	9.22	外—中
U	3	25	6.19	4.01	0.93	0.63	0.23	1.34	0.84	8.75	外—中
Sn	4.50	19	14.58	6.85	2.67	0.44	0.39	1.52	0.66	6.89	外—中
Bi	1	6	4.03	1.89	1.07	0.31	0.57	1.89	0.59	6.10	外—中—内
Pb	40	7	49.10	43.83	3.42	0.47	0.08	1.10	0.51	5.33	外

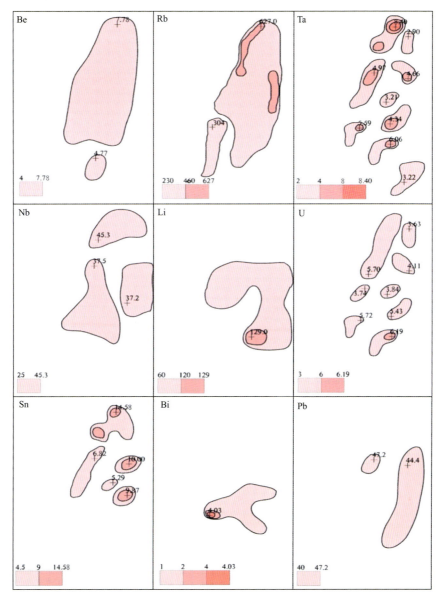

图 2-28 GA$_{101}^{\text{乙}1}$ Be(Rb、Ta、Nb、Li、U、Sn、Bi、Pb)异常剖析图

2)关角 GA$_{22}^{\text{乙}2}$ Be(Sn、Y、Rb、W、Bi、Nb、Pb、U)异常特征

异常位于二郎洞异常区,异常中心地理坐标:E98°51′41″,N37°7′11″,面积约0.55km²。

异常区位于中元古代灰白色糜棱岩化细粒白云二长花岗岩中,异常西北边部出露石英脉,异常区内发育一条北西向中层次韧性剪切带,异常走向与构造线一致。

异常以 Be 为主元素,元素组合为 Sn、Y、Rb、W、Bi、Nb、Pb、U。Sn 元素具三级浓度分带,Be、Y、Rb、W、Bi、Pb 具二级浓度分带,Be 异常面积为 0.329km²,峰值为 10.9×10^{-6},Sn 峰值为 42.1×10^{-6},Y 峰值为 124×10^{-6};异常呈不规则分布,走向近北西。各元素相互套合较好,浓集中心不明显,异常规模大(表 2-39,图 2-29)。

3)茶卡北山地区异常特征

2018 年,青海省地质调查院据承担的"青海省察汗诺-茶卡北山地区 1∶2.5 万地球化学测量"项目,圈定了 30 处综合异常,其中乙类异常 24 处(乙1类异常 4 处,乙2类异常 11 处,乙3类异常 9 处),丙类异常 6 处;并划分为俄当岗-日虚失 Be、La、Li、Nb 地球化学异常带和日旭日-苏吉 Be、La、Li、Nb 地球化学异常带 2 个综合异常带。

表 2-39　GA$_{22}^{Z2}$Be(Sn、Y、Rb、W、Bi、Nb、Pb、U)异常特征表　　　　　　　　　单位：10^{-6}

元素	异常下限	个数	峰值	平均值	标准偏差	面积(km²)	相对标准差	衬度	异常规模	相对规模	浓度分带
Sn	4.5	10	42.1	17.87	11.45	0.229	0.64	3.97	0.91	21.9	外—中—内
Y	35	10	124	88.46	24.84	0.294	0.28	2.53	0.74	17.9	外—中
Be	4	9	10.9	7.56	2.36	0.329	0.31	1.89	0.62	15.0	外—中
Rb	230	10	540	438.7	75.07	0.249	0.17	1.91	0.48	11.5	外—中
W	3	9	6.95	4.34	1.32	0.245	0.30	1.45	0.36	8.6	外—中
Bi	1	5	2.08	1.41	0.39	0.208	0.28	1.41	0.29	7.1	外—中
Nb	25	4	37.6	34.03	3.69	0.141	0.11	1.36	0.19	4.6	外
Pb	40	3	92.4	69.13	22.32	0.110	0.32	1.73	0.19	4.6	外—中
U	3	8	5.73	4.02	1.05	0.118	0.26	1.34	0.16	3.8	外

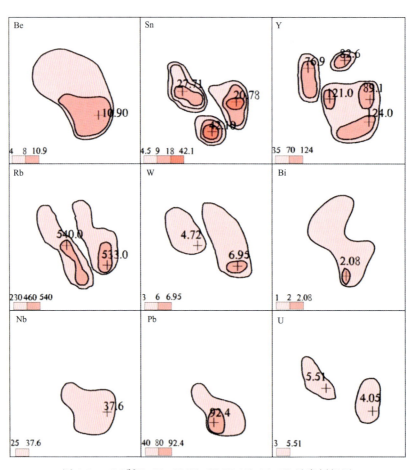

图 2-29　GA$_{22}^{Z2}$Be(Sn、Y、Rb、W、Bi、Nb、Pb、U)异常剖析图

GA$_{21}^{Z1}$Be(Sn、Li、Rb、Cu、W)异常位于恰让玛陇哇异常区,面积约 1.45km²。异常以 Be 为主元素(表 2-40,图 2-30),特征元素组合为 Sn、Li、Rb、Cu、W。Be、Sn、W 具明显的三级浓度分带,Be 异常面积为 0.74km²,峰值为 39.7×10^{-6}；Li 具二级浓度分带,峰值为 210×10^{-6}；其余元素均为一级浓度分带。异常呈不规则状分布,走向近北西向。异常特征组合中各元素相互套合好,异常浓集中心明显,异常强度强,异常规模大。

表 2-40　$GA_{21}^{Z_1}$ Be(Sn、Li、Rb、Cu、W)异常特征表　　　　　　　　单位:10^{-6}

元素	异常下限	个数	峰值	平均值	标准偏差	面积(km²)	相对标准差	衬度	异常规模	相对规模	浓度分带
Be	3	22	39.7	6.83	7.65	0.74	1.12	2.28	1.68	39.56	外—中—内
Sn	4	7	21	12.84	7.84	0.45	0.61	3.21	1.44	33.95	外—中—内
Li	65	16	210	94.96	36.13	0.57	0.38	1.46	0.83	19.57	外—中
Rb	150	4	254	184.25	46.81	0.1	0.25	1.23	0.12	2.89	外
Cu	40	5	54	43.46	5.92	0.1	0.14	1.09	0.11	2.55	外
W	4	3	16.9	8.44	7.33	0.03	0.87	2.11	0.06	1.49	外—中—内

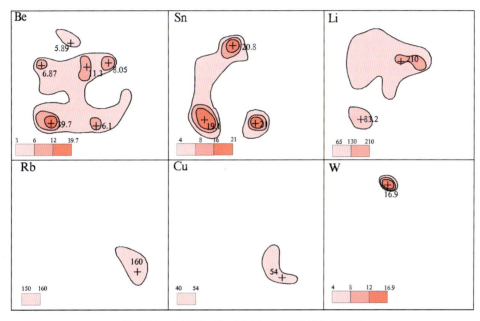

图 2-30　$GA_{21}^{Z_1}$ Be(Sn、Li、Rb、Cu、W)异常剖析图

异常区出露地层岩性为二云石英片岩、灰白色中细粒石英闪长岩岩体,发育大量花岗伟晶岩脉,呈北东-南西向的长透镜状分布,与 Be、Li 异常分布较吻合;圈定多条锂铍矿体、矿化体。

$GA_{19}^{Z_2}$ Be(Rb、Li、W、Sn)异常位于陇壤岗异常区,面积约 1.11km²。异常以 Be 为主元素(表 2-41,图 2-31),特征元素组合为 Rb、Li、W、Sn。Be、Sn 具明显的三级浓度分带,Be 异常面积为 0.62km²,峰值为 $57.4×10^{-6}$,Sn 峰值为 $35.1×10^{-6}$;其余元素均为二级浓度分带。异常呈条带状分布,走向近北西向。异常特征组合中各元素相互套合好,异常浓集中心明显,异常强度强,异常规模大。

表 2-41　$GA_{19}^{Z_2}$ Be(Rb、Li、W、Sn)异常特征表　　　　　　　　单位:10^{-6}

元素	异常下限	个数	峰值	平均值	标准偏差	面积(km²)	相对标准差	衬度	异常规模	相对规模	浓度分带
Be	3	16	57.4	13.48	15.11	0.62	1.12	4.49	2.79	85.66	外—中—内
Rb	150	5	391	249.60	84.44	0.11	0.34	1.66	0.18	5.63	外—中
Li	65	3	144	108.77	31.77	0.1	0.29	1.67	0.17	5.15	外—中
W	4	2	8.63	6.32	3.27	0.04	0.52	1.58	0.06	1.94	外—中
Sn	4	6	35.1	11.07	11.78	0.019	1.06	2.77	0.05	1.62	外—中—内

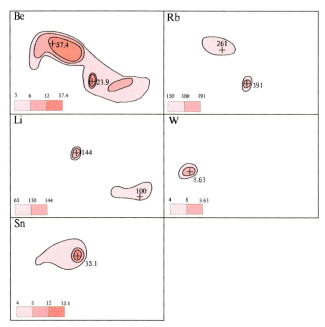

图 2-31　GA$_{19}^{Z2}$Be(Rb、Li、W、Sn)异常剖析图

异常区出露地层岩性主要为二云石英片岩，异常南部发育一条中浅部韧性剪切带，片岩中产有大量白云母花岗伟晶岩脉，呈北东-南西向透镜状分布，与 Be、Li 异常分布较吻合。异常区圈定出多条铍矿(化)体。

GA$_{18}^{Z2}$Be(Sn、Li、W、Rb)异常位于陇壤异常区，面积约 0.86km²。异常以 Be 为主元素(图 2-32，表 2-42)，特征元素组合为 Sn、Li、W、Rb。Be、Sn、W 具明显的三级浓度分带，Be 异常面积为 0.55km²，峰值为 114×10^{-6}，Sn 峰值为 23.3×10^{-6}，W 峰值为 26.2×10^{-6}；Li 为二级浓度分带，Rb 为一级浓度分带。异常呈不规则状分布，走向近北西向。异常特征组合中各元素相互套合好，异常浓集中心明显，异常强度强，异常规模大。

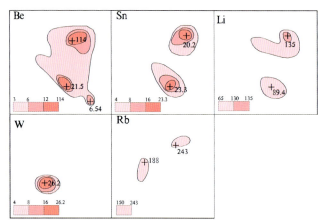

图 2-32　GA$_{18}^{Z2}$Be(Sn、Li、W、Rb)异常剖析图

表 2-42　GA$_{18}^{Z2}$Be(Sn、Li、W、Rb)异常特征表　　　　　　单位：10^{-6}

元素	异常下限	个数	峰值	平均值	标准偏差	面积(km²)	相对标准差	衬度	异常规模	相对规模	浓度分带
Be	3	11	114	21.05	35.14	0.55	1.67	7.02	3.86	69.33	外—中—内
Sn	4	4	23.3	15.55	8.06	0.26	0.52	3.89	1.01	18.16	外—中—内
Li	65	4	135	91.28	30.66	0.24	0.34	1.40	0.34	6.05	外—中

续表 2-42

元素	异常下限	个数	峰值	平均值	标准偏差	面积(km²)	相对标准差	衬度	异常规模	相对规模	浓度分带
W	4	2	26.2	15.10	15.70	0.07	1.04	3.78	0.26	4.75	外—中—内
Rb	150	4	243	203.50	34.12	0.07	0.17	1.36	0.09	1.71	外

异常区出露地层岩性为中粒二云石英片岩、糜棱岩化灰白色中细粒石英闪长岩，发育大量花岗伟晶岩脉，呈北东-南西向分布，与 Be、Li 异常分布较吻合。

3. 柴北缘异常带

1）沙柳泉 $GA_8^{Z\cdot2}Ta(Nb、Be、Au)$

该异常近椭圆状展布，面积约 0.504 3km²，主元素为 Ta 元素，主元素下限为 1.35×10^{-6}，峰值为 6.69×10^{-6}，具有明显的三级浓度分带。伴生元素为 Nb、Be、Au 元素，其中 Be 元素下限为 6.5×10^{-6}，峰值为 11.4×10^{-6}，具有明显的二级浓度分带；各元素之间套合较好，规模较小（表 2-43，图 2-33）。

表 2-43　$GA_8^{Z\cdot2}Ta(Nb、Be、Au)$ 异常特征值表　　单位：10^{-6}

元素	异常下限	总计数	峰值	平均值	标准偏差	面积(km²)	相对标准差	衬度	异常规模	相对规模
Be	6.5	2	11.4	9.52	2.67	0.06	0.28	1.46	0.08	7.73
Nb	20	5	22	20.44	1.57	0.13	0.08	1.02	0.14	12.81
Ta	1.35	11	6.69	2.11	1.55	0.50	0.73	1.56	0.79	74.33
Au	4	3	4.4	4.27	0.23	0.05	0.05	1.07	0.05	5.13

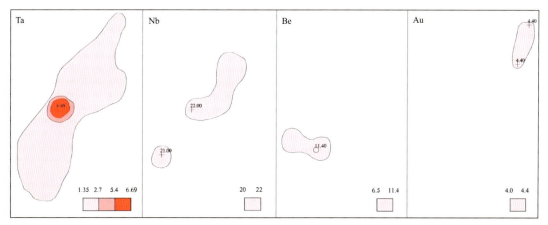

图 2-33　$GA_8^{Z\cdot2}Ta(Nb、Be、Au)$ 异常剖析图

2）阿姆内格北 $GA_2^{Z\cdot1}Ta(Ce、La、Pb、Nd、Sm、Pr)$ 异常

异常面积约 1.1km²，出露地层为古元古界达肯大坂岩群中部混合岩化黑云石英片岩及大理岩，断裂构造发育，异常区南侧白云母花岗伟晶岩脉侵入，脉长约 450m，宽 3～42m，与 Ta 异常分布吻合；大量角闪正长岩体呈北西-南东向分布，局部有花岗闪长岩脉、辉长岩脉、煌斑岩脉侵入。

异常以 Ta 为主元素，元素组合为 Ce、La、Pb、Nd、Sm、Pr；Ta 元素异常面积为 0.24km²，具明显三级浓度分带，峰值为 6.84×10^{-6}；其余元素均为一级浓度分带。异常呈不规则状分布，走向近北东向。异常特征组合中各元素相互套合较好，异常强度较强，异常规模较大（表 2-44，图 2-34）。

Ta 等元素异常由侵入于大理岩中的钠长石化白云母花岗伟晶岩脉引起；稀土金属 Ce、La、Nd、Sm、Pr 元素异常主要由角闪正长岩体引起；Pb 元素异常主要由侵入于混合岩中角闪正长岩体接触带附近不均匀的热液蚀变引起。

表 2-44　GA_2^{Z1} Ta(Ce、La、Pb、Nd、Sm、Pr)异常特征表　　　　　　　　　　单位：10^{-6}

元素	异常编号	异常下限	最大值	最小值	平均值	个数	面积(km²)	平均衬值	异常规模	相对规模	浓度分带
Ta	2	1.35	6.84	1.35	2.25	15	0.24	1.67	0.40	10.49	外—中—内
Ce	2	160	224	160	193.05	21	0.54	1.21	0.65	17.1	外
La	2	65	87.4	65.5	75	21	0.53	1.15	0.61	16.04	外
Pb	2	50	91.3	45.1	57.53	21	0.46	1.15	0.53	13.89	外
Nd	2	70	92.5	70.6	78.32	20	0.45	1.12	0.51	13.3	外
Sm	2	14	18.49	14.08	15.71	19	0.44	1.11	0.49	12.96	外
Pr	2	19	25.1	19.1	21.86	17	0.37	1.15	0.42	11.08	外
Nb	2	20	32.5	20	23.94	5	0.13	1.20	0.16	4.21	外
Zn	2	100	102	100	101	2	0.04	1.01	0.04	0.94	外

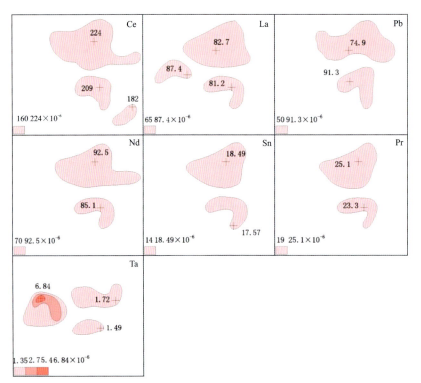

图 2-34　GA_2^{Z1} Ta(Ce、La、Pb、Nd、Sm、Pr)异常剖析图

3)纳鄂东 GA_{66}^{Z1} Nb(Ni、Cr、Co、Ta、Mn、Mo、Pb、La)异常

该异常位于二郎洞异常区,异常中心地理坐标:E98°54′12″,N37°3′29″,面积约 3.05km²。

异常区出露地层为勒门沟组,出露岩性主要为石英砂岩。出露岩体主要为中奥陶世灰黑色角闪辉长岩,岩脉主要为二长花岗岩脉和花岗细晶岩脉,侵入岩主要为晚三叠世肉红色中细粒二长花岗岩;异常走向与辉长岩体较为吻合。

异常以 Nb 为主元素,元素组合为 Ni、Cr、Co、Ta、Mn、Mo、Pb、Sn、Ni、Cr、Co、Ta 具明显的三级浓度分带,Nb 为二级浓度分带,其余元素均为一级浓度分带,Nb 异常面积为 2.261km²,峰值为 61.60×10^{-6},Ta 峰值为 9.82×10^{-6}(表 2-45,图 2-35);异常呈不规则状分布,走向近北西向;元素相互套合好,异常浓集中心明显、强度强、规模大。异常区内发育大量花岗伟晶岩脉,Nb、Ta 等元素异常主要由花岗伟晶岩脉和细晶岩脉引起。

表 2-45　GA_{66}^{Z1} Nb(Ni、Cr、Co、Ta、Mn、Mo、Pb、La)异常特征表　　单位：10^{-6}

元素	异常下限	个数	峰值	平均值	标准偏差	面积(km²)	相对标准差	衬度	异常规模	相对规模	浓度分带
Nb	25	59	61.60	41.24	7.67	2.261	0.19	1.65	3.73	24.2	外—中
Ni	50	55	1224	122.42	180.31	1.478	1.47	2.45	3.62	23.5	外—中—内
Cr	150	39	1216	283.74	231.59	1.683	0.82	1.89	3.18	20.7	外—中—内
Co	30	53	145	42.40	17.02	1.738	0.40	1.41	2.46	16.0	外—中—内
Ta	2	55	9.82	3.15	1.05	0.955	0.33	1.58	1.51	9.8	外—中—内
Mn	1200	8	1535	1 267.75	111.02	0.322	0.09	1.06	0.34	2.2	外
Mo	1	8	1.29	1.11	0.11	0.224	0.10	1.11	0.25	1.6	外
Pb	40	3	57.60	50.37	6.27	0.163	0.12	1.26	0.20	1.3	外
La	50	4	52.30	51.48	0.59	0.087	0.01	1.03	0.09	0.6	外

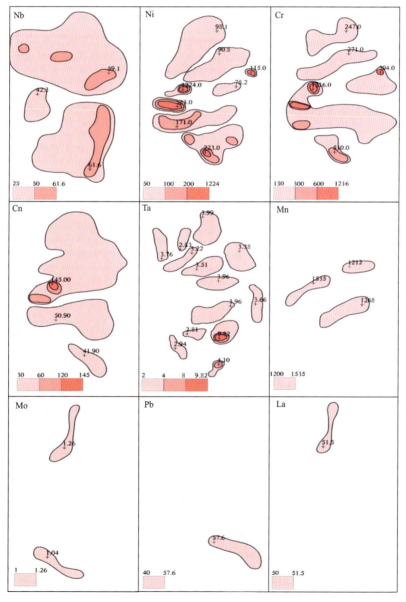

图 2-35　GA_{66}^{Z1} Nb(Ni、Cr、Co、Ta、Mn、Mo、Pb、La)异常剖析图

4)阿斯和塔夏乌嘎尔 $GA_{92}^{Z_1}Ta(Be、Rb、Nb、Li、Bi、Sn、U、Y)$异常

该异常位于夏尔莫斯塔异常区,异常中心地理坐标:E98°49′8″,N37°2′38″,面积约 1.78km²。

异常区出露岩体为晚三叠世肉红色中细粒二长花岗岩,出露岩脉为闪长岩脉和花岗细晶岩脉,异常北部发育韧性剪切带。

异常以 Ta 为主元素,元素组合为 Be、Rb、Nb、Li、Bi、Sn、U、Y。Ta 和 Bi 元素具明显的三级浓度分带,其余元素大多为二级浓度分带,Ta 异常面积为 2.148km²,峰值为 $15.88×10^{-6}$,Be 异常面积为 2.890km²,峰值为 $7.50×10^{-6}$,Li 峰值为 $87.30×10^{-6}$,Bi 峰值为 $4.98×10^{-6}$。异常呈不规则状分布,走向近南北向;元素相互套合较好,异常浓集中心明显、强度大、规模大(图 2-36,表 2-46)。异常区内发育少量花岗细晶岩脉,Ta、Be 等异常主要由二长花岗岩岩体和细晶岩脉引起。

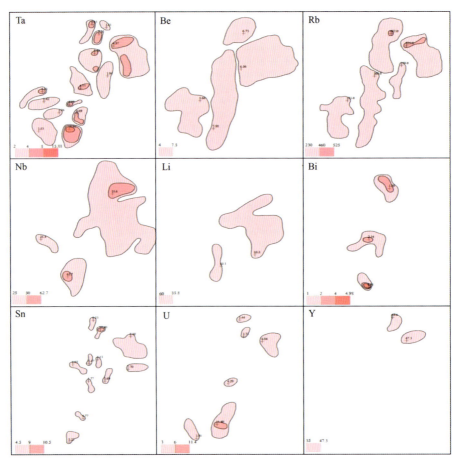

图 2-36　$GA_{92}^{Z_1}Ta(Be、Rb、Nb、Li、Bi、Sn、U、Y)$异常剖析图

表 2-46　$GA_{92}^{Z_1}Ta(Be、Rb、Nb、Li、Bi、Sn、U、Y)$异常特征表　　　　单位:$10^{-6}$

元素	异常下限	个数	峰值	平均值	标准偏差	面积(km²)	相对标准差	衬度	异常规模	相对规模	浓度分带
Ta	2	66	15.88	3.82	1.83	2.148	0.48	1.91	4.11	23.3	外—中—内
Be	4	63	7.50	5.52	0.65	2.890	0.12	1.38	3.99	22.6	外
Rb	230	64	525	316.02	57.51	2.233	0.18	1.37	3.07	17.4	外—中
Nb	25	25	62.70	32.06	10.27	1.823	0.32	1.28	2.34	13.2	外—中
Li	60	16	87.30	68.23	8.80	0.921	0.13	1.14	1.05	5.9	外
Bi	1	13	4.98	1.91	1.10	0.504	0.58	1.91	0.96	5.5	外—中—内

续表 2-46

元素	异常下限	个数	峰值	平均值	标准偏差	面积（km²）	相对标准差	衬度	异常规模	相对规模	浓度分带
Sn	4.5	32	10.50	6.22	1.57	0.621	0.25	1.38	0.86	4.9	外—中
U	3	31	11.40	4.01	1.62	0.624	0.40	1.34	0.83	4.7	外—中
Y	35	6	53.40	44.72	5.48	0.186	0.12	1.28	0.24	1.3	外

五、自然重砂特征

柴北缘重砂异常主要分布于阿尔金南缘、丁字口—滩间山—锡铁山、大柴旦—拜兴沟—青海南山、沙柳泉—铜普乡等地区，异常具有分布集中、套合好特征。

1. 阿尔金山稀有、放射性、萤石、钼、铋、钨异常带

圈定异常总体上弱小而零散，呈北东向展布；异常带内稀有稀土等矿物重砂异常有 27 处，主要分布于大通沟南山、俄博梁、青新界山、牛鼻子梁等地区，除稀有稀土矿物异常外，另有萤石、独居石、钨锡铋等矿物异常。异常与海西期中酸性岩体侵入有关，其中放射性、稀有稀土重砂异常主要出露古元古界达肯大坂岩群片麻岩组、晚三叠世二长花岗岩侵入地区，受近东西向、北东向断裂控制。

阿尔金成矿带南西段无明显的重砂异常，仅存在 1 处重砂异常和 1 处萤石异常，异常面积小，与稀有稀土矿点的成矿关系不明。该地区发现的茫崖镇金红山锶矿化点、茫崖镇阿哈堤锶矿化点，属于盐湖型锶矿，与重砂异常无关。阿尔金成矿带中部存在 14 处稀有稀土、萤石重砂异常，大通沟南山、俄博梁、青新界山、牛鼻子梁地区发现了牛鼻子梁西铌钽矿点，显示了良好的找矿前景。阿尔金成矿带北东段重砂异常主要为磷灰石、稀土重砂异常，共计 11 处。该地区发现了俄博梁稀有稀土矿点，交通社西北山铌钽稀土矿床，湖镇克希钛、稀土矿化点，显示出该地区具有寻找稀土矿的潜力。

2. 丁字口-滩间山-锡铁山钼、砷、稀土稀有、放射性、铅、重晶石异常带

异常带总体呈北西-南东向展布，与柴达木北缘铅、锌、锰、铬、金、云母成矿带的中西段一致。该地区重砂异常共计 26 处，异常类型以磷灰石、重晶石为主，稀土次之，异常面积 2~39km²，异常面积累计 223km²，连续性差，沿北西向展布，与区域构造方向一致。丁字口至滩间山段异常具有成群、集中产出特征，主要有砷锰、锌砷锰、钼磷灰石重晶石钨、钼铋稀土、稀土、放射铋钨、铅稀土钨、铁磷灰石、重晶石放射稀有稀土异常。异常中放射、稀有稀土矿物异常明显。分布在阿姆尼克山泥盆-石炭系中的钼、锰、铅、磷、灰石、重晶石等异常，受断裂带控制。区域内未发现稀有稀土矿（化）点，重砂异常与稀有稀土成矿关系不明。重砂矿物磷灰石＋重晶石＋稀土组合在一定程度反映出该地区具有一定的稀土矿成矿潜力。

3. 大柴旦-拜兴沟-青海南山萤石、锡、稀有放射性、稀土、金、钨异常带

异常带整体呈北西向展布，从大柴旦至布哈河的中西段，在该成矿亚带北侧，与海西期—印支期岩浆弧有关。该地区稀有稀土等矿物重砂异常有 51 处，异常总面积 1090km²，主要分布在大柴旦镇北、胜利口、双口山、居洪图、塔塔棱河等地区，异常以稀有稀土矿物异常为主，萤石、独居石、磷灰石、重晶石、钨锡铋、铁锰钨等矿物异常次之。异常主要有萤石稀土锡钨铋、萤石锡铋稀土铁钨锰、锡钨萤石铁钼稀土、锡稀土放射稀有钨、锡稀土铋钨、稀土铁锡铋钨金、稀土锡磷灰石等，与印支期长英质岩浆侵入作用有关。大柴旦镇擦勒特铷、稀土矿化点和大柴旦镇巴戈雅乌汝锶矿化点，与稀有重砂异常和萤石重砂异常套合好。

宗务隆北部稀土异常面积较大,80~150km²,与大规模海西期斑状二长花岗岩对应较好,岩体与三叠纪地层接触位置具有较多的萤石异常,目前未发现稀土矿床。宗务隆山南部靠近秦岭洋缝合带内存在多条花岗伟晶岩脉,已经发现大柴旦镇擦勒特铷、稀土矿化点和大柴旦镇巴戈雅乌汝锶矿化点,与稀有重砂异常和萤石重砂异常套合好。

4. 沙柳泉-铜普乡地区磷灰石、稀有、萤石、重晶石、独居石异常带

该地区稀有稀土等矿物重砂异常有113处,异常总面积1045km²,主要分布在沙柳泉—铜普乡一带,分布比较零散。异常以磷灰石异常为主,稀有异常次之,零星分布萤石和重晶石异常,另有独居石、钨锡铋、铁、自然金等矿物异常。异常面积为1~250km²不等,异常区主要出露古元古界达肯大坂岩群片麻岩组、金水口岩群麻粒岩、片麻岩组,与全吉地块的欧龙布鲁克-乌兰元古宙古陆块体构造单元相对应,早三叠世石英花岗闪长岩,晚三叠世二长花岗岩、正长花岗岩,早侏罗世正长花岗岩侵入地层之中。该地区已经发现5处花岗伟晶岩型、碱长花岗岩型稀有稀土矿化点,与稀有和萤石重砂异常对应较好。

第五节 成矿动力学

於崇文等(1994)认为成矿作用动力学是研究成矿作用的速率、机制和过程,可揭示成矿作用本质的科学,是矿床成因的核心问题。前人对柴北缘成矿带进行了大量研究,初步建立了柴北缘地球动力学演化过程(青海省地质调查院,2020),并提出了不同的构造演化模式。

一、概 述

自20世纪90年代柴北缘地区发现榴辉岩以来(杨建军等,1994;杨经绥和许志琴,1998),柴北缘地区成为中外地学界关注的热点地区之一,并对其构造及动力学演化做了大量研究工作。柴北缘地处秦祁昆晚加里东期造山系祁连造山带、东昆仑造山带和秦岭造山带的结合部位,是西域板块南缘的活动带。柴北缘是一个具有复杂演化历史的多旋回复合造山带(潘裕生等,1996;殷鸿福等,1997;姜春发,2000)。柴北缘及邻区的大地构造演化经历了前寒武纪基底成生演化、祁连期洋-陆转化、天山期—印支期板内变形和中新生代陆相盆地演化-高原隆升4个阶段(辛后田等,2006)。不同学者对柴北缘地球动力学演化仍持有不同的观点,将柴北缘与全球超大陆的裂解和汇聚事件联系起来,主要聚焦于两方面:一方面认为是华北克拉通在早古生代发生裂解的产物,另一方面认为是柴北缘是特提斯洋的组成部分。

柴北缘、祁连山地区的古老陆块为中朝克拉通一部分,是华北克拉通在早古生代发生裂解的产物(王云山和陈基娘,1987)。柴北缘是华北大陆板块(或中朝克拉通)南缘不同程度裂解的有限洋盆或裂陷槽(程裕琪等,1994;左国朝等,1996;刘训和王永,1995;夏林圻等,1991,1995;冯益民和何世平,1995)。

柴北缘曾是特提斯洋的组成部分,为特提斯洋域的微板块拼贴—碰撞—造山(非典型威尔逊循环)形成(殷鸿福和张克信,1998;潘桂棠等,2001a,b;许志琴等,1999,2001,2006,2013;杜远生等,2007;杨经绥等,2009)。许志琴等(2003)对柴北缘超高压变质带研究认为,该带形成于495~440Ma,是陆壳深俯冲的产物,晚于南祁连壳向北俯冲祁连微板块形成的火山弧。柴北缘为典型的大陆俯冲型变质带,榴辉岩的原岩具有MORB和OIB的特征,含柯石英片麻岩的锆石和石榴石橄榄岩超高压的变质年龄为423Ma,推测为陆壳深俯冲发生时间,柴北缘超高压变质带是北祁连洋俯冲消亡后柴达木-祁连大陆向华北克拉通俯冲碰撞的结果(宋述光等,2004)。柴北缘在早古生代经历了寒武纪晚期大洋闭合,进而

柴达木陆块向欧龙布鲁克陆块俯冲，同时出现邻近欧龙布鲁克陆块的大陆边缘岛弧，弧后扩张脊形成一套蛇绿岩组合（王惠初等，2005）。从前寒武纪至早古生代北祁连-柴北缘复合造山带经历了从大洋形成→扩张→俯冲→闭合到陆壳俯冲/碰撞造山及造山带垮塌6个构造演化阶段（宋述光，2013）。

由上所述，此次研究认为柴北缘是柴达木陆块和欧龙布鲁克陆块之间存在古特提斯洋的组成部分。

二、动力学演化与成矿作用

根据柴北缘地区古陆块沉积作用、岩浆活动、变质作用和构造环境等特征，将柴北缘地区地质构造划分为5个阶段、9期成矿动力学演化，即前南华纪古陆形成阶段（具体划分为古元古代古陆核形成期、中元古代陆内沉降期、中—新元古代Rodinia超大陆汇聚期3期）、南华纪—泥盆纪超大陆裂解-碰撞造山阶段（包括南华纪—震旦纪Rodinia超大陆裂解阶段、早古生代陆块俯冲与折返阶段、奥陶纪—志留纪碰撞造山）、石炭纪—三叠纪古特提斯洋演化阶段、侏罗纪—白垩纪陆内演化阶段、古近纪—第四纪高原隆升阶段（图2-37）。

柴北缘地区漫长而又复杂的洋陆俯冲、陆陆碰撞和造山作用等构造演化过程；保存了大陆裂解与汇聚等重要地质事件的物质记录，是研究国内Rodinia超大陆汇聚与裂解重要地区，也是研究与之有关的稀有、贵金属成矿响应机制有利地区之一。

（一）前南华纪古陆形成阶段

该阶段可划分为古元古代古陆核形成期、中元古代陆内沉降期、中—新元古代Rodinia超大陆汇聚期3期。

1. 古元古代古陆核形成期

该期是柴北缘地区古陆块雏形的形成阶段。根据沉积作用和岩浆活动的特点可以划分为两个时段，早期表现为强烈的花岗质岩浆活动和钾质混合岩化，形成了德令哈杂岩和莫河片麻岩。其中德令哈杂岩主要分布在柴达木盆地北缘北带德令哈一带，岩性以紫红色二长花岗片麻岩为主，二长花岗片麻岩中单颗粒锆石U-Pb年龄分别为（2412±14）Ma和（2366±10）Ma（陆松年等，2004），代表了本区最早的花岗质岩浆活动时代。莫河片麻岩分布于乌兰县城东北呼德生纳仁沟口，岩石类型为细粒黑云角闪斜长片麻岩和片麻状黑

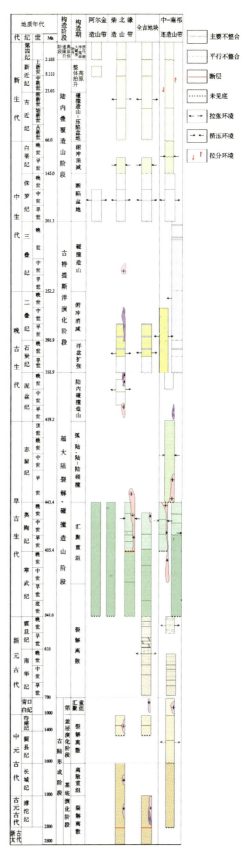

图2-37　柴北缘地区地质构造-地层-岩浆演化时空模式图（青海省地质调查院，2020）

云母石英闪长岩;片麻岩获得的单颗粒锆石 U-Pb 同位素年龄为 2348Ma,这些锆石具有明显的岩浆结晶特征,代表了岩体原侵入年龄,说明莫河片麻岩是柴北缘地区古元古代重要的花岗质岩浆活动事件。

晚期则表现为陆缘海或陆间海沉积-火山组合,形成了达肯大坂岩群。达肯大坂岩群为全吉地块变质基底的表壳岩系,覆于德令哈杂岩之上,为一套普遍混合岩化的中深变质岩系,岩性主要为石英岩、含石榴石石英片岩、云母片岩以及少量麻粒岩(陆松年等,2002)。达肯大坂岩群是柴北缘地区最古老地层,被德令哈片麻岩和莫河片麻岩侵入,多呈不规则状或透镜状,遭受了中压高角闪岩相-麻粒岩相变质作用和强烈构造变形,韧性剪切变形发育,属于不稳定构造环境下形成的沉积-火山建造。至此,柴北缘欧龙布鲁克古陆块陆核基本形成。

2. 中元古代陆内沉降期

与古元古代地质历史时期相比,柴北缘地区中元古代处于相对平静的构造期,表现为中元古界万洞沟群主体为一套浅变质陆源碎屑岩-碳酸盐岩沉积岩系,仅在局部发育少量的基性火山岩,主要分布在欧龙布鲁克古陆块西部的滩间山—万洞沟一带,由下而上分成两个岩组,下岩组为碳质绢云片岩、钙质片岩和大理岩;上岩组以斑点状千枚岩为主,夹大理岩透镜体。万洞沟群沉积岩系代表柴北缘地区较为稳定的陆表海环境的沉积序列,可能指示岩石圈的缓慢减薄和张裂过程;万洞沟群基性火山岩代表了原始秦昆洋的形成阶段。

3. 中—新元古代 Rodinia 超大陆汇聚期

中—新元古代时期发生了一次影响全球构造格局的重要事件,即 Rodinia 超大陆的汇聚。其中蓟县纪—青白口纪为第一盖层形成期,主要表现为古中国大陆裂陷离散与古中国大陆汇聚重组最终固结,并成为 Rodinia 超大陆的组成部分。中元古代早期随着古中国大陆岩石圈的初步固结及进一步硬化,原始中国古陆的范围进一步扩大,并逐渐稳定变得更加刚性。中元古代中期,刚性的克拉通沿结晶基底中先存的北西西向(区域上还有北东向)弱化带裂解离散,在华北、扬子之间及其各自内部并由于放热效应发生了有限裂离,柴北缘德令哈石底泉辉长岩(杨张张等,2016)、鹰峰环斑花岗岩组合(肖庆辉等,2007)均为这一时期的产物。

柴北缘地区陆续报道了新元古代花岗岩、辉长岩和火山岩(多为经历高压—超高压变质的榴辉岩透镜体)的存在,其中花岗岩多为与汇聚碰撞事件有关的花岗岩或花岗片麻岩类,形成时代介于 1000～900Ma 之间(李怀坤等,1999;郝国杰等,2001;陆松年等,2002;张建新等,2003;陈能松等,2007);青白口纪(1000～780Ma),进入汇聚重组阶段,柴北缘全吉山、欧龙布鲁克表现为南华系—震旦系全吉群底部的角度不整合;此运动使上述诸陆(地)块拼合联结,在挤压机制控制下形成了一套比较典型的区域尺度上以直立状背向形褶皱为主的弹塑性构造群落。陆松年等(2002)及陈能松(2006)对柴北缘 S 型花岗岩年代学研究,认为在中—新元古代柴北缘发生过区域变质作用,其时代与新元古代 Rodinia 超大陆拼合形成期一致。至此,古中国大陆最终固结,实现了第三次广泛的克拉通化。

由此,柴北缘地区中元古代末期—新元古代初期为 Rodinia 超大陆汇聚阶段,欧龙布鲁克古陆块与柴达木陆块在挤压机制作用下,发生强烈陆-陆碰撞,表现为强烈岩浆作用,具有 S 型花岗岩的特点;指示了 Rodinia 超大陆汇聚作用在柴北缘地区的地质响应。

此构造演化阶段形成的矿种主要有铁、石墨、透闪石、蓝晶石和白云岩,但矿产地较少。在俄博梁一带达肯大坂岩群中赋存石墨矿产,代表性矿床为茫崖行委大通沟南山石墨矿床;万洞沟群中的碳酸盐岩为白云岩矿产形成提供了条件,如茫崖行委临海套白云岩矿点、冷湖行委黄矿山白云岩矿点等即形成于万洞沟群碳酸盐岩中。

(二)南华纪—泥盆纪超大陆裂解-造山阶段

南华纪—泥盆纪为柴北缘地质演化中大陆边缘的发展历史,实际上是一个完整的威尔逊旋回,历经裂解—成洋—俯冲—碰撞造山。该阶段包括南华纪—震旦纪 Rodinia 超大陆裂解期、早古生代陆块俯冲与折返期、志留纪—泥盆纪碰撞造山期 3 期。

1. 南华纪—震旦纪 Rodinia 超大陆裂解期

柴北缘地区大量地质调查和研究表明,1020~800Ma 期间欧龙布鲁克古陆块与柴达木陆块经过汇聚形成之后,南华纪—震旦纪柴北缘已进入较为典型的板块构造体制阶段;地幔对流引起洋底扩张,地壳演化进入了一个新时期——古陆块的裂解期。

柴北缘地区原岩形成于新元古代的超高压榴辉岩大部分具有板内玄武岩或 E-MORB 的特征,这些榴辉岩原岩的形成与 Rodinia 超大陆裂解过程有关(张建新等,2003)。柴北缘地区新元古代火山岩-辉长岩普遍具有板内玄武岩或 E-MORB 的特征,并显示明显的陆壳混染(包括原岩年龄为 800~750Ma 的榴辉岩以及部分辉长岩等)。同时,分布在柴北缘北带欧龙布鲁克陆块内的全吉群为一套典型的边缘裂陷槽沉积,时代为新元古代(约 740Ma);全吉群在柴北缘的全吉山、石灰沟以及欧龙布鲁克山一带均有出露,并且在全吉山一带地层出露最好,其岩性的变化主要表现为底部发育以砾岩、砂砾岩为主的麻黄沟组;中部为枯柏木组和石英梁组,沉积物以长石石英砂岩和石英砂岩为主;继续向上沉积一套厚度可达数百米的富含叠层石的红藻山组碳酸盐岩。近年来,青海省地质调查院(2020)在茶卡北山地区新厘定青白口系—上奥陶统茶卡北山组,为一非正式填图单位,岩性主要为二云石英片岩、石榴石二云石英片岩夹少量黑云斜长片麻岩等,地层中发育大量花岗伟晶岩脉。指示本地区在新元古代发生裂解,柴北缘早古生代大洋可能是在这次裂解事件基础上发展起来的。

陈能松等(2007)通过对欧龙布鲁克陆块地层研究,认为浅变质或未变质的南华系—震旦系全吉群高角度不整合上覆于前震旦纪基底岩系,该盖层显示陆相环境向深海相环境转变的演化史,具坳拉槽式的沉积特征,构造环境表现为从大陆裂谷向浅海和深海发展。陆松年等(2002)对全吉河一带的花岗岩获得岩浆结晶锆石的 SHRIMP ^{206}Pb/^{238}U 年龄 842Ma,而 ID-TIMS 测定得到的岩体结晶年龄仅为(744±28)Ma;全吉群玄武安山岩锆石 ^{206}Pb/^{238}U 法测得表面年龄为(738±28)Ma(陆松年等,2002),反映了火山岩的形成年龄,由此推断全吉群的底界年龄在 740Ma 左右,这个年龄代表了新元古代 Rodinia 超大陆裂解事件的开始时间。

南华纪—震旦纪地壳动力学机制发生变化,柴北缘由原来的压缩机制转变为拉张机制。从南华纪—寒武纪,区域处于裂解的时期,其中南华纪—震旦纪接受了盖层沉积(全吉地块),在全吉群中发育厚约 191m 的石英岩形成超大型石英岩矿床。古中国大陆都存在震旦纪—寒武纪的冰碛岩、白云岩、含磷层沉积(张玲华和李正祥,1995),在大煤沟发现新元古代冰碛岩(陈世悦等,2015)。寒武纪中期开始至晚奥陶世(可能下沿至早志留世),裂谷演化为多岛洋系统,俯冲消减直至最终的弧盆系形成。此阶段确切保存记录的火山岩主要在全吉分布,赋存于全吉群石英梁组中,为 Rodinia 超大陆裂解时期的玄武岩组合。

该期矿产空间上产于以元古宙变质岩系为主体的柴北缘陆块稳定区或残存于造山带的变质基底中,成矿作用与地史演化阶段的沉积、变质、岩浆活动有关,区域构造断裂对变质矿产的形成与分布亦起到一定控制作用。但就目前已知地质勘查程度所获成矿事实判断,该阶段成矿条件较差、成矿强度弱,仅发现 3 处零星产出的沉积变质型铁矿点。另外,阿尔金主峰南缘余石山铌钽矿床霓辉石正长岩成岩年龄为(776.8±2.5)Ma,是与南华纪 Rodinia 超大陆裂解阶段稀有金属成矿的具体响应。

2. 早古生代陆块俯冲与折返期

1)早古生代早期

该期区域为洋盆沉积环境,早古生代初期—寒武纪至早奥陶世,在柴北缘地区延续了新元古代Rodinia超大陆裂解事件,仍为开阔小洋盆环境,在陆棚至浅海环境下形成了一套稳定的沉积建造,为以黄石梁式(白云岩)矿床、月牙岭磷矿和大煤沟石灰岩矿床等化学沉积型矿床的形成提供了物质条件。柴北缘地区700～535Ma期间洋壳事件的岩石记录较少,这可能是由于本时期主要为大洋扩张阶段,密度较大的洋壳在后期发生俯冲且没有折返到地表造成的。而东段都兰沙柳河大洋型蛇绿岩剖面(约516Ma)、托莫尔日特N-MORB型玄武岩(约480Ma)以及中段锡铁山OIB型玄武岩(约521Ma)的确定指示该地区至少在521～480Ma时仍存在洋壳。

自此,晋宁运动后柴北缘地区已进入大洋地壳的发育及演化阶段,沿柴达木盆地北缘连续分布的岩石记录表明该洋盆可能在早古生代已具有一定的规模。其中700～535Ma为大洋地壳形成发育阶段,该洋壳可能是在柴北缘地区新元古代Rodinia大陆裂解的基础上发育形成的;在740～468Ma期间柴北缘地区早古生代大洋持续了一个较长的时间。

在柴达木盆地北缘,绿梁山蛇绿岩[(535±2)Ma]很低TiO_2质量分数辉长岩的发现,说明可能在(535±2)Ma的始寒武世洋陆俯冲就已开始,阿木尼克[(515.9±2.4)Ma]高镁闪长岩组合的发现则可说明早寒武世中期初始弧或弧后初始扩张已开始,赛什腾北坡的碱性玄武岩+埃达克质英安岩(514.2Ma)也是一个确凿的证据(王秉璋等,2018)。因此,535～435Ma柴北缘为一增生型造山带,发育大量岩浆弧及大洋向南俯冲作用相关的盆地,并形成了弧后、弧前等多种类型的蛇绿岩,整体为一规模巨大、结构复杂的弧盆区,成矿作用均与其相关,主要有SSZ型蛇绿岩中的铬铁矿(落凤坡铬铁矿床、绿梁山铬铁矿床);俯冲早期(ϵ)滩间山蛇绿混杂岩(前弧盆地)形成了VHMS矿床,如青龙滩含铜硫铁矿床,俯冲末期(O_3)弧后(内)盆地中形成了热水沉积型铅锌矿床,如锡铁山铅锌矿床、锡铁山南重晶石矿床、哈莉哈德山式锰矿床。柴北缘大陆碰撞造山与大陆深俯冲的时代为435～420Ma(宋述光等,2015),峰期变质大约在432Ma,碰撞阶段深俯冲带岩浆活动十分微弱,在柴北缘俯冲碰撞杂岩带胜利口东榴辉岩带中发现的少量脉状产出白云母花岗岩[$^{206}Pb/^{238}Pb$加权平均年龄为(433.2±1.6)Ma],基本可以确定增生造山作用的上限。

2)早古生代中期(中—晚奥陶世)

陆块俯冲与折返,中奥陶世开始,柴达木陆块向欧龙布鲁克古陆块逐渐靠拢,古洋壳由南向北俯冲。由于洋壳的密度较大,柴达木陆块在其带动下也发生了俯冲,但仍有部分花岗岩、早期就位的新元古代镁铁质岩石、古生代岛弧火山岩以及少量的洋壳物质被刮削下来保存在混杂带中,其余大部分洋壳以及陆壳物质均发生了深俯冲并在后期有少量折返回地表与早期保留下来的物质一起构成了现今的柴北缘俯冲碰撞杂岩带。

柴北缘赛什腾山、绿梁山、锡铁山及沙柳河一带的滩间山群火山岩总体上具有岛弧火山岩性质(史仁灯等,2003,2004;王惠初等,2003),复杂的岩石类型以及跨度较大的形成时代(535～460Ma)指示分布在柴北缘构造带的滩间山群火山岩带为一条复杂的、包含不同成因岩块、为早古生代洋盆在不同发育时期形成的岩石残片经构造拼合形成的混杂岩带。

晚奥陶世洋壳继续强烈俯冲,带动柴达木陆块逐渐俯冲至欧龙布鲁克古陆块之下,洋壳与陆壳一起达到80～100km的高压—超高压环境,但由于洋壳与陆壳迅速俯冲,温度较低,发生了榴辉岩相的变质作用(李怀坤等,1999)。柴达木陆块与欧龙布鲁克古陆块535～460Ma期间洋盆发生俯冲消减,形成了一系列的岛弧火山岩及岩浆岩,局部含铜斑岩体上侵形成小赛什腾山式斑岩矿床,如小赛什腾山铜矿床;460～450Ma期间洋盆闭合消失,在俯冲大洋板块的拖曳作用下,柴达木陆块发生陆壳深俯冲并形成了长度达500km的超高压变质岩带,受变质作用普遍,在区内广泛形成与超高压变质榴辉岩有关的钛矿床,典型矿床为丁叉叉山南坡钛矿床。夏林圻等(2017)认为柴北缘地区发生洋壳俯冲的时限早于

535Ma，且可以一直持续到460Ma，柴北缘地区新元古代—早古生代大洋在460～450Ma期间便已经完全闭合。岩浆热液型矿床成矿作用多与高钾钙碱系列Ⅰ型花岗质岩浆密切相关。

3. 志留纪—泥盆纪碰撞造山期

志留纪—泥盆纪处于碰撞造山过程，确定大陆初始碰撞的时代大约在440Ma，早志留世晚期—晚志留世为碰撞-大陆深俯冲阶段，在绿梁山、锡铁山及都兰等地广泛发育由俯冲洋壳部分熔融并侵位于超高压地质体的同碰撞期埃达克质岩浆（宋述光等，2015），并形成长达几百千米的柴北缘沙柳河含柯石英榴辉岩A型高压—超高压带，代表大陆俯冲的榴辉岩形成于435～419Ma（陈丹玲等，2007；宋述光等，2011），据此确定柴北缘碰撞造山阶段的时限为440～419Ma。带内赋存与埃达克质岩浆相关的铜矿床（点），如冷湖行委小赛什腾山铜矿床、大柴旦行委绝壁沟铜铅锌矿点；赋存与榴辉岩相关的钛矿床和金红石矿床，代表性矿床为乌兰县丁叉叉南坡钛矿床、大柴旦行委鱼卡金红石矿点。末志留世—晚泥盆世为碰撞后转换阶段（S_4—D_3），标志着前造山活动结束进入新演化阶段，是一个持续性的伸展过程，出露一定规模的镁铁—超铁镁质岩浆岩，局部有铜镍成矿事实，代表性矿产地有茫崖行委牛鼻子梁铜镍矿点。

柴北缘区域地质调查资料表明，泥盆纪是柴北缘地区地质构造发展的重要转换期，具体反映在区域上早、中泥盆世普遍缺失沉积记录，这与柴北缘地区处于隆升的状态不无关系；晚泥盆世地层与前泥盆纪地层均呈角度不整合关系接触，说明进入了一新的地质演化阶段，与古特提斯洋的形成演化相对应。在阿尔金地区，后碰撞伸展环境为幔源基性—超基性岩的侵入及岩浆融离型硫化物矿床的形成创造了有利条件，此类矿产的矿床式为牛鼻子梁（岩浆型铜镍矿）；稍后呈脉状大量出现的含稀有金属伟晶岩脉有利于交通社式铌钽轻稀土矿床的形成。而在柴北缘地区东南端属柴北缘蛇绿混杂岩带构造单元的乌兰县沙柳河一带，尽管侵入岩成岩年龄反映出与阿尔金造山带地质过程有较明显的时间差别（潘彤，2019），岩浆岩组合复杂程度也较低，但发育的中酸性侵入岩熔流体却同样促进了岩浆热液型矿床及接触交代型矿床的形成，查查香卡一带的泥盆纪偏碱性侵入岩与岩浆热液型铀、钍、铌、稀土矿床密切相关，阿姆滩一带该时期的钙碱性花岗岩为已知接触交代型石墨矿床、巴硬格里山铁矿床等的控矿因素。

晚泥盆世为稳定发展期，地壳处于缓慢拉张状态，当时气候温和，植物茂盛，柴北缘地区开始形成稳定的沉积建造，形成了上泥盆统牦牛山组下部以粗碎屑为主的磨拉石建造。沉积地层都处于稳定的大背景环境下以正常岩类沉积为主，间有火山喷发沉积参与的沉积活动，所形成的地层有陆相和海相（含海陆交互相）之分，地层中形成由沉积作用主导的成矿事实和相关的成矿作用。随着地壳进一步伸展，在陆内裂陷盆地中出现了中酸性—碱性火山岩，晚泥盆世形成了陆相火山岩建造（牦牛山组上部），不整合于滩间山群和元古宙变质地层之上，下部为灰紫色砾岩、含砾粗砂岩和砂岩等，上部为安山岩、粗面岩和安山质集块岩，预示着古特提斯洋的打开。

上泥盆统为秦祁昆造山系造山期后的第一个沉积盖层，主体为山麓河湖相磨拉石建造，由沉积作用产生的成矿事实贫乏，似不具备沉积矿产形成的有利条件。晚泥盆世晚期在柴北缘发生陆内火山喷发活动，沉积了一套以中酸性岩类为主的火山岩组合，至今未发现有价值的成矿事实，但怀头他拉西南的阿木尼克山、乌兰以西的牦牛山等火山岩发育地段有较好的化探异常，并有重晶石矿化点产出。

（三）石炭纪—三叠纪古特提斯洋演化阶段

1. 陆内拉张裂解期（早石炭世）

早石炭世柴北缘地区进入陆内拉张裂解期，地壳拉张使柴北缘地区处于滨浅海及海陆交互环境，形成了以陆相碎屑沉积为主的城墙沟组和浅海相沉积的怀头他拉组及克鲁克组。城墙沟组、怀头他拉组和克鲁克组主要为灰岩、砾岩、砂岩夹页岩和煤线，含丰富的腕足类和珊瑚等化石。这个时期为柴北缘化学沉积型石灰岩矿床形成的主要阶段,发育多处大型—超大型石灰岩矿床;煤岩沉积较薄,煤炭资源不成规模。

2. 陆内俯冲、碰撞造山期(晚石炭世—中三叠世)

晚石炭世—中三叠世陆内俯冲、碰撞造山期,晚石炭世古特提斯洋的关闭,导致柴北缘地区构造应力由拉张变为收缩,从而柴北缘发生陆内 A 型俯冲,中下地壳重熔形成大量花岗闪长岩二长花岗岩岩浆。因此,早二叠世在欧龙布鲁克南缘出现了碰撞型花岗岩。这次陆内造山事件使柴北缘隆升成为古陆,晚石炭世到中三叠世始终处于剥蚀状态,缺失沉积建造。

另外,王秉璋等(2018)通过系统的研究与编图,在柴北缘确定了一个二叠纪—三叠纪的弧花岗岩带(阿尔金岩浆弧、小赛什腾岩浆弧、阿木尼克岩浆弧、布果特岩浆弧和野马滩岩浆弧),这些弧的生长与东昆仑略有差异,但总体是相似的。弧岩浆岩组合发育时间为早二叠世末期—中三叠世,不同于东昆仑地区,该岩浆岩带岩浆活动,特别是幔源岩浆活动的高峰期为晚二叠世—早三叠世。晚三叠世岩浆活动微弱,但却在小赛什腾山一带发育与铜(钼)矿化关系密切的浅成花岗闪长斑岩(贾群子等,2007),形成冷湖行委小赛什腾山铜矿床(小型),李大新等(2003)在含矿斑岩体中测得全岩 K-Ar 同位素年龄为(218.51±3.59)Ma,这个弧花岗岩可能与宗务隆陆缘裂谷初始洋壳向南俯冲相关。

在同时期,柴北缘逆冲-走滑构造带(CBNZ)中韧性—脆性剪切变形占主导,叠加于石炭纪之前既已存在的韧性剪切带之上,并控制着区域内岩浆热液型金矿床的形成,在次级断裂与褶皱构造交会发育的区段尤为明显,如金龙沟金矿、青龙沟金矿即为此阶段受韧性—脆性剪切变形作用控制下的成矿产物。此阶段成矿最显著特征是众多金矿的形成,柴北缘地区加里东造山的软碰撞过程只造成无经济价值的矿化,金的再活化和金矿体的最终定型主要与晚古生代—三叠纪的后造山有关。因此,柴北缘金矿床总体具有两期金矿化叠加的特征,其中不乏大型金矿,如滩间山金矿田(张德全等,2007;张博文等,2010)、赛坝沟金矿床(丰成友等,2002)、野骆驼泉金矿床(李冬玲等,2008)、青龙沟金矿床(张德全等,2001;林文山等,2006)等均具有晚加里东期、海西晚期—印支期的两次成矿热事件。

3. 陆内碰撞期(晚三叠世)

晚三叠世陆内碰撞期,晚三叠世受华北陆块、扬子陆块和羌塘陆块共同影响,洋壳的俯冲消失导致陆陆碰撞,西秦岭造山带形成并向西挤压,形成了秦昆结合部北西向展布,具右行走滑的哇洪山-温泉断裂构造带。在欧龙布鲁克古陆块的南缘发育了配套的火山岩和花岗岩,构成了活动陆缘岛弧环境的火山岩浆弧鄂拉山岩浆弧,早期为英安质流纹质陆相火山岩火山碎屑岩建造(鄂拉山组);晚期为大型同造山花岗岩岩基的侵位,茶卡北山地区晚三叠世侵入体出露面积约 88.6km²,岩性为正长花岗岩;该期岩浆活动表征在柴北缘东段形成茶卡北山、俄当岗以及锂墨格山、石乃亥等伟晶岩型稀有金属矿床、点,是晚三叠世陆内碰撞阶段岩浆活动的具体成矿响应。宗务隆构造带晚三叠世进入后造山伸展阶段。

4. 侏罗纪—白垩纪陆内裂解阶段

早侏罗世,随着陆内造山作用的结束和复合造山带的崛起,柴北缘地区进入后造山构造演化时期,在伸展构造机制的作用下,早中侏罗世发育了弧后断陷盆地,陆相河湖-湖沼型沉积盆地广泛分布,其中的早、中侏罗世是湖沼发育时期,普遍沉积了含煤碎屑岩地层和可采煤层,形成了大煤沟组、红水沟组和采石岭组等含煤碎屑岩建造和红色碎屑岩建造。该期煤田广布于柴达木盆地北缘,有丰厚的储量潜力(杨平等,2007)。

晚白垩世,由于新特提斯洋壳的向北俯冲,欧龙布鲁克古陆块发生了不同规模的基底滑脱和推覆,使已经存在的不同层次韧性剪切和逆冲推覆体系继承发展,连续造山,区内没有形成新的沉积。德令哈、乌兰、茶卡等地区出露的碱长花岗伟晶岩则反映出该区为陆内裂张环境。王秉璋等(2019)发现了全吉地块存在拉张事件的煌斑岩证据,锆石年代学表明其成岩时代为白垩纪,其富碱地幔岩的岩石学特征进一步指示了寻找金矿的前景和地质意义。

5. 古近纪—第四纪高原隆升阶段

该阶段古近纪—新近纪时期是区内石油(含天然气)和黏土矿的重要成矿时期。柴达木大型沉积盆地及其边缘在新近纪进入成熟期,提供了生储油层形成的有利条件,于成藏系统发育之处易于形成油气矿产,柴北缘成矿带以小型的花土沟镇红沟子油田和大柴旦行委鱼卡油田为代表。除油气矿产外,古近纪—新近纪表现为以物理作用为主导形成的黏土矿和石英砂岩矿,主要见于大煤沟成矿亚带、欧龙布鲁克成矿亚带及绿梁山-阿尔茨托山成矿亚带,矿床类型为机械沉积型,以乌兰县尕海南黏土矿床和大柴旦行委鱼卡石英砂岩矿点为代表。近年来,随着盆地深层卤水研究的深入,在柴达木盆地古—新近系干柴沟组(E_3N_1g)、上新统油砂山组(N_2y)中发现了丰富的深部古卤水型钾硼锂矿,极大地扩展了柴达木盆地及周缘小盆地盐类矿产探寻空间。第四纪为山前盆地、山间盆地盐湖沉积型盐类矿产成矿时期。

三、岩浆演化与稀有金属成矿作用

1. 岩浆活动与稀有金属富集成矿作用

柴北缘构造带内发育大量中酸性侵入岩,岩体空间上呈北西-南东向条带状展布,区域调查认为柴北缘东段中酸性岩体侵入时间为海西期(青海省地质局,1968)。青海南山早—中三叠世岩浆活动与古特提斯洋向北俯冲诱发的幔源岩浆底侵和岩浆混合作用有关(牛漫兰等,2018)。吴才来(2017)研究茶卡北山许给沟地区花岗岩认为,大多数锆石具有明显的振荡环带,为典型岩浆锆石,获得锆石 SHRIMP U-Pb 年龄为(254.2±3.5)Ma,为晚二叠世花岗岩;花岗岩具有钙性—钙碱性 Mg 质类型,属岛弧 I 型花岗岩;花岗岩类与欧龙布鲁克基底两类表壳岩的 Sr、Nd 同位素特征不同,表明许给沟地区花岗岩不可能来自暴露地表的前寒武纪变质岩系的部分熔融(吴才来等,2017)。茶卡北山伟晶岩均具有低且负的 $\varepsilon_{Hf}(t)$ 值($-15.2\sim11.8$)和古老的 t_{DM2} 模式年龄($2.22\sim1.99$Ga),伟晶岩源区最可能是来自全吉地块变质基底达肯大坂岩群(王秉璋等,2020),反映其源岩为古元古代地壳。茶卡北山地区花岗岩体分布在欧龙布鲁克陆块北部边缘,晚二叠世—中三叠世洋壳向南俯冲,形成一系列中酸性火山岩和青海湖南山及天峻南山花岗岩为代表的岛弧地体,晚三叠世洋壳闭合进入陆内碰撞造山期(郭安林等,2009;彭渊等,2016)。随着温度、压力的降低,母岩浆发生结晶分异作用,从早期相对富铁、镁向晚期相对富硅、碱方向演化,表现在岩石类型上,从早期到晚期依次出现花岗闪长岩→二长花岗岩→白云母花岗岩。由于 F、Cl、Li、B 等挥发分元素趋向分配到与晶体平衡的熔体相中,随岩浆的演化不断在晚期阶段富集,从而形成富 F、Cl 及 Li、Be、Nb、Ta 等稀有金属的伟晶岩浆和热液,最终形成茶卡北山式伟晶岩型锂铍矿。

2. 岩浆结晶分异与稀有金属富集成矿

交代作用与稀有金属矿化关系最为密切,一般交代作用不发育的伟晶岩,仅见部分锂、铍及铌钽矿化;而结晶岩脉内交代作用越发育,稀有金属矿化的可能性越大(袁见齐等,1984;邹天人和徐建国,1975)。马拉库舍夫(1983)、索波列夫(1982)研究认为 Sn(锡石)在其花岗岩熔体中的含量介于 $0.38\%\sim1.56\%$ 之间时发生沉淀,并以氧化物条件转移。当 Cs 在熔体结晶程度为 80% 时,其在熔体中溶度仅从 0.05×10^{-6} 增高到 2×10^{-6}(Audétat et al,2003)。朱金初等(2002)认为 Li-F 花岗岩浆中含有大量挥发分,大大降低了固相线温度,拉长了熔体的结晶时间,使熔体得以充分结晶,大量稀有金属元素在残余熔体中大量聚集。但挥发分的富集需要较高压的条件,在 400MPa 因熔体中含有较多挥发分,稀有金属元素在熔体和与之平衡流体间的分配系数小于 1;而当压力降低,Cl 等组分则存在于流体中,稀有金属的分配系数也随之增大(Webster et al,1989)。花岗岩浆的结晶分异一般发生于一种构造较为活跃的环境,常表现为多期构造活动的产物,这些条件均不利于挥发分在熔体中的保留,使之较早地从熔体中分离出来进入到流体相。

茶卡北山地区伟晶岩较为发育,其类型主要为白云母花岗伟晶岩、绿柱石花岗伟晶岩、锂辉石花岗伟晶岩以及锂云母花岗伟晶岩等,伟晶岩类型在时间上从早至晚的演化,按照 K→Na→Li 生成次序,伟晶岩基本成分的变化主要取决于岩浆本身,伟晶岩浆从早至晚变化,归因于岩浆结晶分异。白云母化、钠长石化和锂云母化,构成了矿区内伟晶岩 K-Na-Li 的交代系列,严格受伟晶岩成分演化控制。在岩浆结晶初期,钾质组分先结晶,因而促成钠质和挥发组分、稀有元素逐步聚集起来,逐步形成对早期形成物的交代能力。锂云母化总是发生在有石英锂辉石带的岩脉内,石英白云母交代体,多分布在块体微斜长石带的内部或一侧;交代作用和结晶分异作用有着密切的联系,它是结晶分异作用的继续和发展。

因此,结晶分异伟晶岩的最重要成矿阶段是晚期从岩浆中分异出的热液交代作用,通过交代作用使分散于各矿物中 Li 等稀有金属元素进入溶液,形成晚期锂阶段的发育。

四、伟晶岩形成与造山耦合作用

前人资料显示,伟晶岩脉形成多集中于造山过程的相对稳定时期。Černy(1991a)认为伟晶岩脉一般形成于地质构造-岩浆循环中,其生成一般与造山过程有关。Černy(1985)认为前寒武纪数量少但规模大的稀有金属伟晶岩矿床是受到构造控制的。加拿大安大略尼皮贡-乔治亚湖区、马尼托巴省伯尼,纳米比亚卡里比布,瑞典中部卡鲁特拉斯克,阿根廷的潘帕内斯山,印度比哈尔邦巴斯塔尔-蒙德拉,澳大利亚卡尔古利等地区元古宙富锂伟晶岩脉均产于造山期后稳定时期(宋琦,1980);大多数伟晶岩产于造山晚期、后造山期和非造山期,即 LCT 型伟晶岩一般产于同造山期或造山晚期,NYF 型伟晶岩则有产于后造山期或非造山期的趋势(Černy,1991a;Webber and Simmons,2000)(图 2-38)。

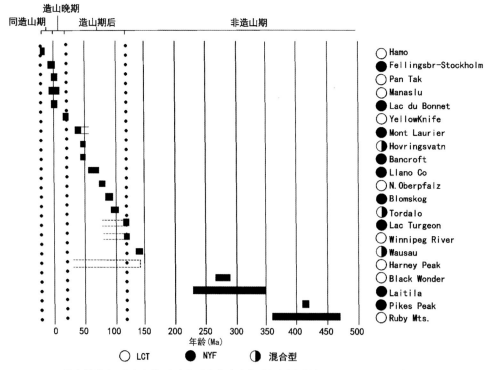

图中同造山、造山晚期、造山期后及非造山的时间间隔采用 Condie's(1989)的标准。

LCT. 富 Li、Cs、Ta 等组分的伟晶岩;NYF. 富 Nb、Y、F 等组分的伟晶岩

图 2-38 各花岗岩-伟晶岩体系与所处的造山阶段的关系图(Černy,1991a)

北美苏必利尔伟晶岩型稀有金属矿形成于岩基侵位之后的相对宁静期(Breaks et al,1992);王登红等(2002,2004)发现阿尔泰地区稀有金属大规模聚集主要出现在非造山过程的某一相对稳定大陆演化阶段,燕山期形成超大型可可托海3号脉(白云母^{40}Ar/^{39}Ar坪年龄为177.9~176.9Ma),是与造山过程和热历史演化耦合(庄育勋,1994)。南岭地区印支运动发育大量伟晶岩型Nb、Ta矿床成矿时代集中在297~231Ma(莫柱孙,1987)。由此,伟晶岩型矿床一般产于造山晚期、造山期后的大陆演化的稳定阶段。

近年来,发现的茶卡北山伟晶岩型锂铍矿区隶属柴北缘宗务隆构造带东段。西秦岭沿共和坳拉谷强烈斜向碰撞柴达木-欧龙布鲁克地块,造成印支期宗务隆构造带东段造山隆升及强烈的岩浆活动(彭渊等,2016)。宗务隆构造带是一条具有完整构造旋回的印支期造山带(王毅智等,2001;郭安林等,2009)。宗务隆构造带经历了由早泥盆世的陆内裂陷、晚石炭世的洋盆发育和晚二叠世—中三叠世的俯冲-碰撞造山的演化过程(郭安林,2009;强娟,2008)。晚三叠世的岩浆事件可能与柴北缘东端宗务隆地区的哇洪山-温泉断裂最早活动有关(辛后天等,2006)。宗务隆构造带茶卡北山地区伟晶岩脉具有成群、密集产出特点,花岗伟晶岩主要产于奥陶纪侵入岩及古元古界达肯大坂岩群中,伟晶岩脉呈透镜状、巢状、囊状等形态,成群产出,形成长约40km的伟晶岩带,含有锂铍铷等稀有金属,具有稀有金属花岗伟晶岩特征。稀有金属花岗伟晶岩往往产出在造山期后相对稳定阶段(王登红等,2004;李建康等,2017;郝雪峰等,2015),且与过铝质S型花岗岩密切相关(Cerny et al,1986)。世界上过铝质花岗岩主要形成于后碰撞构造环境,形成于造山作用所导致地壳增厚之后的构造减压过程(Sylvester,1998)。区域上晚三叠世宗务隆洋壳闭合进入陆内碰撞造山期,表明该时期宗务隆地区构造体制由挤压转换为伸展阶段,花岗伟晶岩可能形成于造山期后相对稳定阶段。

由上所述,茶卡北山锂铍矿床位于柴北缘造山带主体的东缘部位;该区地处秦祁昆造山带结合部位,构造复杂;茶卡北山锂铍矿是该造山带主体中生代演化晚期的产物,形成于造山期后相对稳定阶段。

第三章 典型矿床

第一节 金龙沟金矿床

一、概　述

金龙沟金矿床、青龙沟金矿床、细晶沟金矿床共同构成滩间山金矿田,该矿田位于青海省海西州大柴旦镇西北约 75km 处。1988—1991 年,青海省第五地质队在滩间山地区开展 1∶5 万区域地质调查联测工作时,首次发现了滩间山(金龙沟)岩金矿点;1992 年以来,区内开展了普查、详查工作,先后发现了青龙沟金矿床、细晶沟金矿床。其中金龙沟矿床是滩间山金矿田内规模最大的金矿床,累计圈定金矿体 31 个,其中北东向矿体 13 个,规模较大,为区内的主要工业矿体;北西向矿体 14 个,规模较小;1998 年提交金金属量 52 653kg,平均品位 7.11×10^{-6},矿床规模已达超大型。

1997—1999 年,青海省地质一大队与大柴旦政府共同对青龙沟矿区内 M1、M2、M3 矿体露天开采氧化矿石,进行堆浸工艺提金,共生产黄金 319.65kg。2005 年,加拿大埃尔拉多公司接盘青龙沟矿山,建设年处理 100 万 t 金矿石选矿厂,以碳氰法工艺处理氧化矿,并通过浮选/焙烧流程来处理原生矿,2007—2010 年平均年生产黄金 10 万余盎司(约 3.4t)。2017 年,银泰资源股份有限公司并购滩间山金矿,2018 年 4 月开始生产至今。

二、区域地质特征

矿田所处构造单元为柴达木盆地北缘碰撞造山带之柴达木盆地北缘后造山岩浆岩带,成矿区(带)属柴北缘铅、锌、锰、铬、金、白云母成矿带。区内主要出露古元古界达肯大坂岩群、中元古界万洞沟群、奥陶系滩间山群、中—上泥盆统牦牛山组等,地层总体呈北西-南东向带状展布。其中万洞沟群为一套碳酸盐岩、碎屑岩岩性组合;矿田内已发现的金矿床多产于万洞沟群中,以蚀变岩型金矿床为主,矿床规模较大。张德全等(2005,2007)认为,柴北缘-东昆仑地区一部分金矿床属造山型金矿,形成于早古生代和晚古生代碰撞造山过程晚期的两次热液-矿化事件中,部分成矿热液具岩浆源性质。区域上发现的红柳沟金矿床、红柳泉北金矿点、尖峰山金矿点等一批金矿床(点)产于滩间山群,锡铁山铅锌矿床、双口山铅锌银矿床、青龙滩含铜黄铁矿矿床等有色金属矿床也产于滩间山群(林文山等,2006)。随着柴达木陆块与祁连陆块的陆陆碰撞,万洞沟群在动力变质和热变质作用下形成韧性剪切带,同时少量基性、中酸性岩体侵入(李世金,2011),万洞沟群中的 Au 开始迁移并富集成矿(蔡鹏捷等,2019)。于凤池等(1994,1999)认为滩间山金矿床是在热水沉积预富集的基础上,经历了区域变质变形与岩浆活动叠加改造的产物,成矿物质源于容矿黑色岩系和海西晚期侵入岩,金主要源于预富集地层,侵入体起活化富集作用。国家辉等(1998a～d)指出,滩间山金矿区斜长花岗斑岩杂岩体是同源岩浆不同演化阶段的产物,成矿物质源于岩浆期后热液,并对矿区闪长玢岩、花岗斑岩等进行K-Ar测年,认为成矿于海西晚期。崔艳合等(2000)测得区内蚀变花岗斑岩型金矿石和黄铁绢英岩化闪长玢岩的K-Ar年龄分别为约294Ma和约268.94Ma,并将矿床归属于海西晚期。滩间山群火山岩以灰绿色中性熔岩、玄武质熔岩和火山碎屑岩为主,其中玄武岩总体形成在510～460Ma年龄区间,时代为奥陶纪,呈碱性—亚碱性,轻稀土富集,重稀土亏损,富集Th,亏损Nb、Ta、Ti、P,具岛弧玄武岩特征,形成于岛弧裂开的弧间盆地(高晓峰等,2011);同时,滩间山金矿区内黄铁矿的Co和Ni含量指示了金矿成因来自沉积改造和岩浆作用,不同类型的黄铁矿是海西早期和海西晚期—印支期复合造山过程的产物,其成矿经历了至少4个阶段(蔡鹏捷等,2019)。岩浆活动强烈,侵入岩从超基性到酸性均有产出,以中酸性、酸性为主;侵入时代以海西期为主,加里东期次之,受区域性深大断裂和主干断裂控制。区内构造十分发育,北西向为主构造线方向,样式以断裂为主,韧性剪切带和褶皱次之。

三、矿区地质特征

1. 地层

金龙沟矿区赋矿地层为万洞沟群(图3-1),分布于滩间山—万洞沟一带,平面形态呈东宽西窄带状,长约25km,最宽约4km,面积约76km^2。因断裂和覆盖,顶、底不全,厚度大于2365m。按岩性组合分为碳酸盐岩组、碎屑岩组两个岩组,其中碳酸盐岩组岩石类型为白云质大理岩、绢云石英片岩等,大理岩内产叠层石和微古植物化石;碎屑岩组以斑点状千枚岩、碳质绢云千枚岩、钙质片岩为主,下部夹大理岩和白云质大理岩透镜体。全岩Pb-Pb等时线年龄(1150±280)Ma(于凤池等,1994),Rb-Sr等时线年龄(1022±64)Ma(1∶5万区域地质调查报告,1993)。蓟县纪早期为远滨海环境陆源碎屑沉积,属陆缘裂谷边缘带;蓟县纪晚期接受碳酸盐沉积,属台地潮坪相或台地蒸发岩相。

2. 岩浆岩

矿区内发育滩间山酸性复式杂岩体(图3-1),以岩株形式产出,总体呈北西走向,面积为6～8km^2,早期花岗闪长斑岩相成岩年龄(394±6.0)Ma(李世金,2011),斜长花岗斑岩相成岩年龄(350.4±3.2)Ma(贾群子等,2013),花岗斑岩相成岩年龄(356.4±2.8)Ma(孙丰月等,2016),岩石的主量、微量元素组成特征均显示它们是同源岩浆不同阶段的产物(安生婷等,2020)。脉岩十分发育,多呈岩墙或岩脉状产出,基性—中性—酸性均有出露,岩石类型为超基性岩、辉长岩、闪长岩、闪长玢岩、花岗斑岩、斜长细晶岩或花岗细晶岩、云煌岩等。其中与金成矿密切相关的斜长细晶岩、闪长玢岩、云煌岩脉、花岗斑岩均为海西晚期岩浆活动的产物(国家辉,1998)。

斜长花岗斑岩和花岗斑岩属钙碱性、偏铝质—弱过铝质I型花岗岩,铕弱亏损或亏损不明显,富集大离子亲石元素K、Rb、Ba和活泼的不相容元素Th,相对亏损高场强元素Nb、Ta,具火山弧型花岗岩特点。$\delta^{18}O$平均12.8‰,($^{87}Sr/^{86}Sr$)为0.707 57,$Mg^{\#}$值为39.04～42.60,Nb/Ta值为3.51～4.80,推测岩体是由地幔和地壳的混熔作用形成的,可能形成于大陆后碰撞环境,为地壳伸展背景下的产物(贾群子等,2013;张延军等,2016)。

斜长细晶岩、闪长玢岩、云煌岩脉、花岗斑岩的浓度克拉克值Au=2 516.2,As=1 494.5,Ag=37.78,Sb=19.81,Hg=4.57,W=19.18(表3-1),整体含量较高,与金矿指示元素系列吻合一致,说明海西晚期脉岩与金矿化有明显的成因联系(国家辉,1998)。

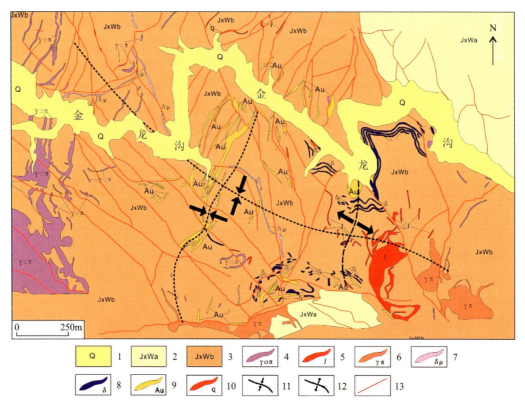

1.第四系；2.碳质千枚岩、片岩；3.大理岩；4.斜长花岗斑岩；5.细晶岩；6.花岗斑岩；7.闪长玢岩；
8.闪长岩；9.金矿体；10.石英脉；11.向斜；12.背斜；13.断裂

图 3-1　金龙沟金矿区地质略图

表 3-1　金龙沟矿区海西晚期侵入岩微量元素特征（据国家辉，1998）

岩体		单位	Au	Ag	As	Sb	Hg	Cu	Pb	Zn	Co	Ni	Mo	W
克拉克值（黎彤，1976）		10^{-6}	0.004	0.08	2.2	0.6	0.089	63	12	94	25	89	1.3	1.1
花岗斑岩	D_{232}	10^{-6}	17.60	3.57	580	11.9	0.07	23.5	35.8	64.1	17.5	55.2	6.53	5.21
		C	4400	44.63	263.6	19.83	0.81	0.37	2.98	0.68	0.7	0.62	5.02	4.74
	D_{7-1}	10^{-6}	1.87	3.49	24 199	60	3.80	2.85	28	40	4.7	24	2.8	9.5
		C	467.5	43.63	10 999	100	42.7	4.52	2.33	0.43	0.19	0.27	2.15	8.64
	D_{11}	10^{-6}	0.098	0.89	29.8	1.42	0.13	5.72	5.24	19.4	48.5	74.6	2.68	0.95
		C	24.5	11.13	13.54	2.37	1.46	0.09	0.44	0.21	1.94	0.84	2.06	0.86
	D_{192}	10^{-6}	0.49	1.78	320	2.54	0.032	6.87	12.4	23.2	1.69	6.75	0.80	0.92
		C	122.5	22.25	145.45	4.23	0.36	0.11	1.03	0.25	0.07	0.08	0.62	0.84
闪长玢岩	D_{10}	10^{-6}	1.19	0.37	296	1.05	0.028	145	9.9	41.50	2.8	19	0.3	1
		C	297.5	4.63	134.55	1.75	0.31	2.30	0.82	0.44	0.11	0.21	0.23	0.91
	D_{34}	10^{-6}	28.9	8.84	3545	12.0	0.058	56	34	58	10	25	3.7	47
		C	7225	110.5	1 611.4	20	0.65	0.89	2.83	0.62	0.4	0.28	2.85	42.73
	D_{55}	10^{-6}	13.4	7.48	2865	14.0	0.092	78	15	41.5	2.8	18	0.5	1.3
		C	3350	93.5	1 302.3	23.33	1.03	1.24	1.25	0.44	0.11	0.20	0.38	1.18

续表 3-1

岩体	单位	Au	Ag	As	Sb	Hg	Cu	Pb	Zn	Co	Ni	Mo	W
斜长花岗斑岩	D_{30} 10^{-6}	0.93	2.54	2.46	2.0	0.18	285	22	29	2.8	31	0.9	1
	C	232.5	31.75	111.82	3.33	2.02	4.52	1.8	0.37	0.11	0.35	0.69	0.91
云煌岩	D_{12} 10^{-6}	0.36	2.07	320	7.8	0.20	215	24	32.5	3.0	54	0.4	85
	C	90	25.88	145.45	13	2.25	3.41	2.0	0.35	0.12	0.61	0.31	77.27
	D_{16} 10^{-6}	0.67	2.35	808	7.6	0.13	285	170	53	6.0	95	2.9	90
	C	167.5	29.38	367.27	12.67	1.46	4.52	14.7	0.56	0.24	1.07	2.23	8182
斜长细晶岩	D_{25} 10^{-6}	55.2	2.54	6220	20.5	0.082	80	72	58	2.8	29	7.4	11
	C	13 800	31.75	2 827.3	34.17	0.92	1.36	6	0.62	0.11	0.33	5.69	10
	D_{218} 10^{-6}	0.071	0.35	28.2	1.83	0.076	3.96	2.88	15.2	5.2	7.73	1.28	0.28
	C	17.75	4.38	12.8	3.05	0.85	0.06	0.24	0.16	0.21	0.09	0.98	0.25
C变化范围	下限	24.5	4.63	13.54	1.75	0.31	0.09	0.24	0.16	0.07	0.087	0.23	0.25
	上限	13 800	110.5	10 999	100	42.7	4.52	14.17	0.68	1.88	1.067	5.69	81.82
$\bar{C}$		2 516.2	37.78	1 494.5	19.81	4.57	1.95	2.99	0.42	0.5	0.411	1.93	19.18
Cv		1.68	0.87	2.08	1.37	2.63	0.94	1.28	0.41	1.36	0.75	0.95	1.59

注：数据由地质矿产部沈阳地矿所实验室分析，C为浓度克拉克值，$\bar{C}$为浓度克拉克平均值，Cv为浓度克拉克值变异系数。

闪长玢岩属钙碱性、准铝质—过铝质S型花岗岩，轻稀土富集，重稀土亏损，铕具明显的负异常，富集Ba、Rb、U、Pb、Th等大离子亲石元素，亏损Ta、Ni、Ti等高场强元素，Nb/Ta为12.34~16.48，Zr/Hf值为34.6~37.6，铅同位素初始比值$(^{206}Pb/^{204}Pb)_t$为14.506~19.003，$(^{207}Pb/^{204}Pb)_t$为15.107~15.583，$(^{208}Pb/^{204}Pb)_t$为34.455~38.872，铅同位素构造模式图和环境判别图中(图3-2)，所有铅同位素值都投点于上地壳与地幔之间，表明有一定的幔源成分。

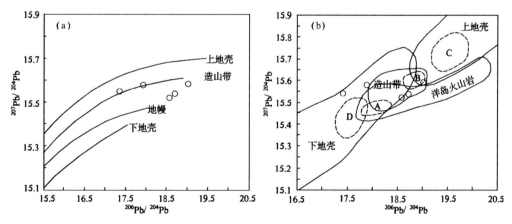

图3-2 金龙沟矿区闪长玢岩铅同位素构造模式图(a)和环境判别图(b)(据戴荔果，2019)

花岗斑岩属钙碱性、准铝质花岗岩，富集轻稀土，亏损重稀土，铕弱负异常，富集Rb、Ba、Th、K等大离子亲石元素，亏损Nb、Ta、Ti等高场强元素，Nb/Ta值为9.3~11.1，与大陆地壳值接近，Zr/Hf值为39.2~39.8，大于地幔比值，表明有一定幔源成分。

3. 构造

矿区发育万洞沟群复式倒转向斜，分布于金龙沟—细晶沟一带，轴面片理（S_1）与层理（S_0）近于垂直，前者产状 320°∠55°，后者产状 212°∠60°，枢纽 290°∠50°。区内发育金龙沟-馒头沟-小红柳沟北西向韧性剪切带，长度大于 10km、宽 1km 的脆性断裂控制其边界，见雪球构造、旋转碎斑系、S-C 组构、不对称褶皱等变形特征，具右行剪切；发育北东向韧性剪切带，西起方便沟，东至 ZK401 附近，宽 400～600m，长度大于 1km，北侧以脆性断裂与万洞沟群白云石大理岩相邻，南侧被海西期斜长花岗岩斑岩侵入，见旋转碎斑发育的山羊须、压力影、石香肠变形特征，具右行剪切（图 3-3）。北东向韧性剪切带可能是北西向韧性剪切带的扭折带。矿区内脆性断裂密如蛛网，纵横交错，互相镶嵌，以北西向左行压扭性断裂为主，其次为北东向张扭断裂（魏刚锋等，1995）。

a. S-C 组构；b. 旋转碎斑；c. 不对称显微褶皱；d. 石香肠构造
Py. 黄铁矿；Mu. 白云母；Do. 白云石；Qz. 石英

图 3-3 金龙沟矿区岩石镜下变形特征

4. 矿体特征

矿区内共圈出金矿体 31 条，其中 13 条矿体为近北东向，矿体均赋存于万洞沟群碳质千枚岩片岩段内，含矿岩性主要为碳质绢云千枚岩、蚀变闪长玢岩、斜长花岗斑岩和斜长细晶岩。它的主要工业矿体（占 90% 以上储量）全部产于近北东向褶皱轴部及翼部的北北东—南北向的断裂-裂隙带中（图 3-4），形成了矿区主要金矿化带，少数矿体呈北西向展布。矿体长 20～430m，宽 0.6～62.38m，变化较大，控制最大斜深 100m，主要矿体倾向南东，倾角较陡（60°～70°）。矿体多呈脉状、分支脉状、透镜状成群产出，沿走向和倾向有分支复合、尖灭再现现象，与蚀变围岩无明显界线，呈渐变过渡关系。金龙沟金矿化严格受断裂构造的控制，其次为岩性控制，断裂构造发育，并于有利岩性相交部位形成厚大且品位高矿体。

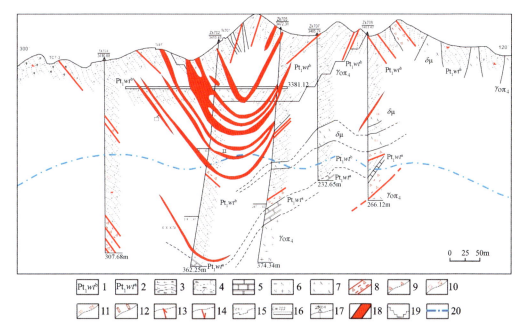

1.万洞沟群a岩组;2.万洞沟群b岩组;3.白云钙质片岩;4.碳质绢云千枚岩;5.中厚层白云石大理岩;6.斜长花岗斑岩;7.闪长玢岩;8.碎裂岩;9.碎裂岩化;10.褐铁矿化;11.黄铁矿化;12.碳酸盐化;13.实测逆断层;14.实测正断层;15.探槽位置及编号;16.平硐位置及编号;17.钻孔位置及编号;18.金矿石;19.露采境界;20.地下水水位界线

图3-4 金龙沟矿区11360N勘探线工程地质剖面图

5. 矿石矿物

矿石类型主要为蚀变碳质千枚岩型和蚀变脉岩型(图3-5),两类矿石中矿物均以含砷黄铁矿为主,其次是黄铁矿、毒砂、自然金和银金矿等,脉岩型矿石中矿物主要为含黄铜矿、自然金和银金矿(于凤池,1994)。载金矿物主要为黄铁矿、石英、毒砂,以自然金和银金矿为主。金可分为裂隙间隙金及包裹体金,以前者为主。裂隙间隙金呈规则—不规则粒状、微细脉状等形式分布于黄铁矿裂隙及其与脉石矿物粒间,前者居多;包裹体金呈规则—不规则粒状包裹于黄铁矿(或石英)中(戴荔果,2019)。载金黄铁矿分为3期,成矿前期黄铁矿晶粒较为粗大,多为自形和半自形,立方体状,颜色淡黄色;成矿期黄铁矿晶粒普遍很细小,以他形、五角十二面体为主,呈致密浸染状、条带状及细密分散状分布于千枚岩的变斑晶中、叶理面上以及脉岩中;成矿期后的黄铁矿呈单独的他形或半自形立方体以及在成矿后裂隙中作为黄铁矿-方解石细脉充填(张延军,2017)。脉石矿物主要由绢云母、石英和少量碳酸盐(以铁白云石为主)、高岭石、石墨和电气石组成。

矿石结构主要有他形结构、自形—半自形结构、骸晶结构、填隙结构、交代结构、包含结构、环边-环带结构(图3-6)。矿石构造主要有稀疏浸染状构造,脉状构造,结核状构造,环斑状构造,揉皱状构造,眼球状团块构造,细脉、网脉状构造等。

6. 围岩蚀变

矿区围岩蚀变强烈,以黄铁矿化、毒砂矿化、黄钾铁矾化、褐铁矿化、硅化、绢云母化为主,其次为赤铁矿化、绿帘石化、碳酸盐化、绿泥石化、石膏化及铁白云石化。其中黄铁矿化、毒砂矿化、硅化、绢云母化与金成矿密切相关。黄铁矿化多呈致密浸染状、条带状、细密分散状及少量细—网脉状分布于千枚岩的变斑晶、叶理面上以及脉岩中;毒砂矿化主要沿黄铁矿的微裂隙充填交代;硅化主要呈细—网脉状石英在侵入岩与片岩的接触带中较发育,发育程度与矿化强弱相一致,重结晶明显;绢云母化斜长石蚀变成绢云母,常见于闪长玢岩中。

a.蚀变碳质千枚岩型金矿石;b.蚀变脉岩型金矿石

图 3-5　矿石类型照片

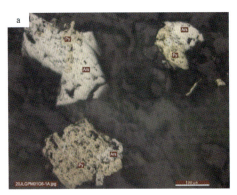

a.自形—半自形黄铁矿、毒砂;b.黄铁矿的填隙结构

Py.黄铁矿;Ars.堇青石;Phy.碳质千枚岩;Pyh.蚀变脉岩;l.细晶岩

图 3-6　矿石结构

7. 矿化阶段

金龙沟金矿床经历了 2 个成矿期,即岩浆热液成矿期和表生氧化期,其中岩浆热液成矿期又划分了少硫化物-石英脉成矿阶段、黄铁矿-石英脉成矿阶段、碳酸盐-石英脉成矿阶段 3 个成矿阶段(图 3-7)。

1)岩浆热液成矿期

少硫化物-石英脉成矿阶段:石英脉中硫化物数量少,多为粗晶黄铁矿,半自形—自形。

黄铁矿-石英脉成矿阶段:主要发育黄铁矿、毒砂、黄铜矿、闪锌矿、方铅矿等。黄铁矿呈细晶、半自形—他形,金为裂隙金,主要赋存于毒砂和黄铁矿等的裂隙内。

碳酸盐岩-石英脉成矿阶段:主要呈细脉—网脉状穿插先存围岩或矿石,见有少量黄铁矿。

这 3 个成矿阶段中,少硫化物-石英脉成矿阶段、黄铁矿-石英脉成矿阶段为主成矿阶段。

2)表生氧化期

氧化型矿石,为原生矿石近地表氧化形成,主要见有黄钾铁矾、褐铁矿、孔雀石和石膏等(戴荔果,2019)。

8. 地球化学特征

金龙沟金矿床矿物流体包裹体室温下相态主要为气、液两相包裹体(图 3-8);均一温度变化范围为 138.9～295.9℃(图 3-9);盐度变化范围为 5.85%～17.74%,属于低盐度流体(图 3-10);流体密度为 0.88～1.05g/cm³,显示低密度的特点(图 3-11)。由此,金龙沟金矿成矿流体为中温、低盐度、低密度的流体。计算成矿压力介于 15.42～35.50MPa 之间(图 3-12),估算成矿深度在 1.54～3.55km 之间,主成矿阶段成矿深度为 2～2.3km(杨佰慧,2019)。

主矿物及结构构造	岩浆热液成矿期			表生氧化期
	少硫化物-石英脉阶段	黄铁矿-石英脉阶段	碳酸盐-石英脉阶段	
石英	————	————	————	
绢云母	————	————		
黄铁矿	————	————	————	
毒砂	————	————		
白钨矿	————			
自然金	————	————		
石墨				
磁黄铁矿	————	————		
黄铜矿		————		
方铅矿		————		
闪锌矿		————		
褐铁矿				————
黄钾铁矾				————
石膏				————
孔雀石				————
矿石结构	环边、环带结构	交代结构、骸晶结构	自形	
矿石构造	细脉浸染状构造、眼球状团块构造	细脉、网脉状构造，微细粒浸染状构造	细脉浸染状构造	被膜状、网脉状

图 3-7 滩间山金矿床成矿期次及矿物生成顺序图（据戴荔果，2019）

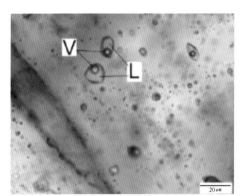
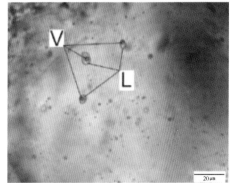

图 3-8 流体包裹体岩相学特征

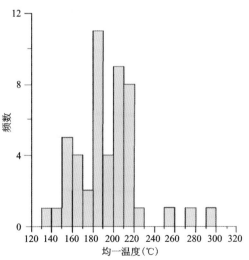

图 3-9 金龙沟金矿均一温度直方图

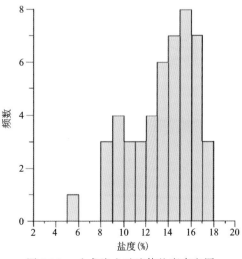

图 3-10 金龙沟金矿流体盐度直方图

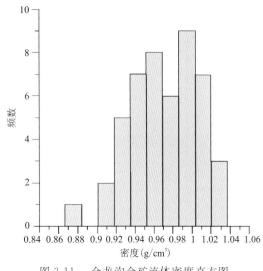

图 3-11　金龙沟金矿流体密度直方图　　　　图 3-12　金龙沟金矿成矿压力直方图

9. 矿床类型

金龙沟金矿床矿石类型主要为蚀变碳质千枚岩型和蚀变脉岩型；矿体的形态、产状及分布严格受层间断裂破碎带以及韧脆性断裂裂隙带的控制；矿石中硫同位素具有岩浆硫的特征；成矿流体主要为岩浆水和层间水；主成矿深度为 2～2.3km；金矿形成具有多期性，为 3 次热液-矿化叠加的产物。由此，矿床成因类型为中浅成、中温热液型金矿床，工业类型为构造蚀变岩型。

10. 成矿机制和成矿模式

1）成矿时代

张德全等（1998）在矿区内韧性剪切带千枚岩型金矿石中获得绢云母 Ar-Ar 法年龄为 425～401Ma；在片岩型矿石碳质片岩中获得 K-Ar 法年龄为 385.8Ma（崔艳合等，2000），表明初次成矿时间为加里东晚期—海西早期，黑色岩系中的金得以初始富集。

矿区内与金成矿关系密切的斜长花岗斑岩锆石 U-Pb 年龄（350.4±3.2）Ma（贾群子等，2013），花岗斑岩锆石 U-Pb 年龄（356±2.8）Ma（张延军等，2016），其全岩 Rb-Sr 等时线年龄（330.03±24.3）Ma（张德全等，2007）很可能为岩体经历构造热事件的年龄或变质作用年龄，表明二次成矿时间为海西中期，岩浆活动为金矿的形成提供了物源和热源（贾群子等，2013）。

矿区内黄铁绢云岩化闪长玢岩年龄（294.29±4.39）Ma，蚀变花岗斑岩型金矿石 K-Ar 年龄（268.94±4.31）Ma（崔艳合等，2000），闪长玢岩年龄（289.6±6.0）Ma，云煌岩年龄（288.9±7.3）Ma，细晶岩年龄（308.8±5.4）Ma，花岗斑岩年龄（275.9±7.2）Ma（K-Ar 法；国家辉，1998），黄铁绢英岩化糜棱岩、碳质千枚岩中的绢云母 Ar-Ar 年龄（284.0±3.0）Ma（张德全等，2005），表明再次成矿时间为海西晚期。

由此，矿区内金成矿经历了加里东晚期—海西早期黑色岩系中初始富集，海西中晚期岩浆活动为金提供了物源和热源，再次富集成矿；不同期次脉岩从深源带入更多的金，叠加在黑色岩系所在的韧性剪切带上，并发生强烈蚀变作用及再富集，最终形成金矿。

2）成矿物质来源

（1）硫同位素。矿床硫化物 $\delta^{34}S$ 值呈塔式分布（图 3-13），分布范围为 5‰～10‰，均值 8‰，表明分馏总体平衡。其中，矿石 $\delta^{34}S$ 均值为 7‰～8.6‰，而岩浆成因的黄铁矿硫同位素 $\delta^{34}S$ 值一般近于 0，表明硫可能源于围岩；硫化物 $\delta^{34}S$ 值直方图显示（图 3-14），矿区硫值与花岗岩分布区间一致，表明部分硫源于岩浆源或地幔源，部分可能混染了围岩地层硫，矿石硫为两者不均一的混合（戴荔果，2019）。

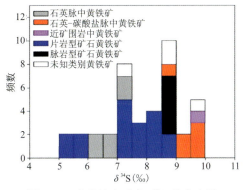

图 3-13 金龙沟金矿床 δ^{34}S 值直方图

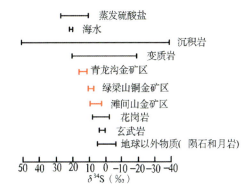

图 3-14 金龙沟金矿床硫同位素分布及与柴北缘典型金矿床等的对比(据戴荔果,2019)

(2)铅同位素。矿床铅同位素构造模式图(图 3-15)显示,矿石铅为深源铅与上地壳铅的不同比例混合,是矿区闪长玢岩与围岩黑色碳质片岩铅两端元混合的结果(戴荔果,2019)。

3)成矿流体

(1)氢氧同位素。矿区氢氧同位素分析显示(图 3-16),2 个样品分别投在岩浆水、变质水区,2 个样品投于岩浆水与大气水区之间;表明成矿流体具有岩浆水和变质水特点,后期可能有大气水参与成矿作用。

(2)碳氧同位素。崔艳合等(2000)测得滩间山金矿床碳同位素值(δ^{13}CPDB)变化于 $-12.9‰\sim 3.2‰$ 之间;戴荔果(2019)测试结果分布在岩浆氧化碳范围内,但部分落入海相碳酸盐范围(图 3-17),可能表明碳源主要源自矿区岩浆岩,结合氢氧同位素特征,认为其可能混有部分万洞沟群大理岩的碳源。

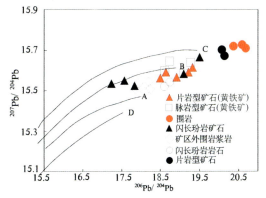

A.地幔;B.造山带;C.上地壳;D.下地壳

图 3-15 金龙沟矿床铅同位素构造模式(据戴荔果,2019)

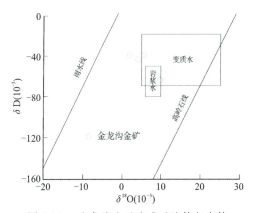

图 3-16 金龙沟金矿床成矿流体包裹体 δ^{18}O-δD 关系图

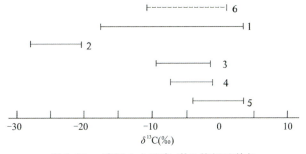

图 3-17 滩间山金矿床 δ^{13}C 特征及其与自然界其他物质 δ^{13}C 源的对比(据戴荔果,2019)

4) 控矿因素

通过矿区成矿条件及矿体展布特征，总结控矿因素如下：

(1) 碳质岩石的沉积形成了金的矿源层。

(2) 加里东晚期中地壳顶—上地壳下部的塑性变形形成的造山流体对矿源层金的迁移富集起到重要的作用，并在剪切变形带内使金初步富集。

(3) 海西中期碰撞造山隆升过程中，在北西向剪切带内叠加形成的拆离断层和近北东向复式皱褶及伴生的张性断裂裂隙构造，为流体循环及金的富集沉淀提供了通道和空间，是矿床形成的构造因素。

(4) 造山隆升过程中诱发的斜长花岗斑岩岩浆活动为金龙沟金矿形成提供了大量的矿质和成矿流体，是矿床形成的主要物源和动力因素。

(5) 多期岩脉为金提供了热源及物质来源，斜长细晶岩或花岗细晶岩→闪长玢岩脉→云煌岩脉→花岗斑岩脉→金矿化，说明多期形成的富含成矿物质的岩浆期后热液运移到有利地质构造位置发生金的矿化蚀变（国家辉，1998）。

5) 形成机制

金龙沟金矿床位于柴达木盆地北缘中西段，加里东晚期近南北向压应力作用下形成北西向复式向斜构造及同方向片理化带；海西中期压应力方向转为北西-南东向，在滩间山地区形成北北东向层间褶皱构造及同方向展布的片理化带，同时斜长花岗斑岩、花岗斑岩沿北北东向褶皱的层间滑脱断裂、褶皱轴面劈理带及复活的北西向、北北东向断裂侵位；海西晚期构造进一步活动，细晶岩脉、闪长玢岩脉、云煌岩脉、花岗斑岩脉与地层同步褶皱，岩浆期后热液将 Au、As、Sb、Pb、S、C、H_2O 等组分带入北北东向脆性破裂带，与高渗透的碳质千枚岩-片岩等围岩发生热组分的交换，随着物理化学条件（温度降低、Eh 升高、压力下降等）的变化，Au-S-As-Sb 络合物发生分解，Au 淀积成矿（崔艳合等，2000），形成了中浅成中温热液型金矿床。

6) 成矿模式

中元古代华北古陆台裂解，地壳发展进入到以拉伸作用为主的阶段，在裂陷槽内沉积了万洞沟群含碳泥质岩和富镁碳酸盐岩，同时在受基底同生断裂控制的凹陷中沉积了富含热水沉积物的含金碳质岩石，此后经历了低绿片岩相区域变质和堇青石角岩相热变质，矿源层形成并经历了预富集（于凤池等，1998）。

加里东早期，柴北缘处由被动陆缘转变为活动陆缘，柴北缘洋洋壳俯冲过程中形成了岛弧火山岩滩间山群（514～450Ma。史仁灯等，2004；韩英善和彭琛，2000）和一系列岛弧花岗岩（475～460Ma；朱小辉等，2014）及柴北缘高压—超高压变质带（496～443Ma。袁桂邦等，2002；吴才来等，2008）。

加里东晚期，洋盆闭合后，俯冲洋壳拖曳陆壳继续深俯冲，在中地壳上部形成了滩间山韧性剪切带构造（425～401Ma；Ar-Ar 法。张德全，1998），万洞沟群也发生了强烈的褶皱变形（国家辉，1998）。同时段亦发生了区域变质作用，使万洞沟群矿源层中的金元素活化转移，在韧性剪切带内发生了滩间山地区第一期金的变质成矿作用。

海西中期，处于后碰撞伸展环境，岩石圈地幔发生拆沉、去根作用，软流圈地幔上涌加热下地壳，在北西向剪切带内形成了叠加的近北东向皱褶和上、下拆离正断层，同时在上、下拆离断层夹持带内形成了叠加于近北东向皱褶构造上的张性断裂裂隙构造，并诱发了斜长花岗斑岩岩浆活动［(350.4±3.2)Ma；贾群子等，2013］，滩间山地区变质核杂岩形成，随着岩浆核的结晶分异，期后含矿流体进入断裂裂隙造就了金龙沟金矿的第二期的岩浆热液成矿作用（图 3-18）。

海西晚期，再生裂谷闭合，同时伴有强烈的岩浆活动，此次的岩浆侵位形成了细晶岩、闪长玢岩、云煌岩、花岗斑岩等，这些岩浆作用也带来了丰富的流体，同时也形成了矿区近南北向的褶皱构造（张德全等，2007a,b），片岩型矿石进一步富集，脉岩型矿石生成（魏刚锋和于凤池，1999），为金龙沟金矿的第三期岩浆期后热液成矿作用。

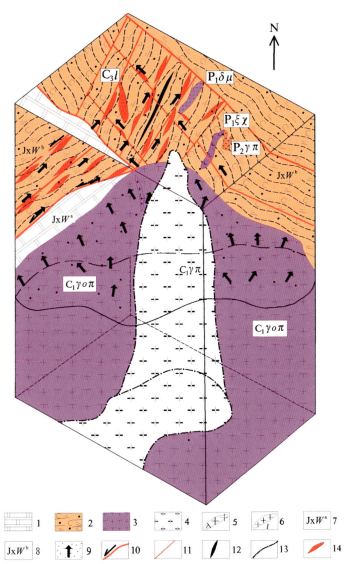

1.白云石大理岩;2.斑点状碳质绢云千枚岩;3.花岗闪长斑岩;4.花岗斑岩;5.闪长玢岩脉;6.细晶岩脉;7.万洞沟群a岩组;8.万洞沟群b岩组;9.热液运移方向;10.拆离滑脱断层;11.断层、裂隙;12.向斜轴;13.脉动侵入接触界线;14.矿体

图 3-18　滩间山金龙沟金矿成矿模式图

第二节　茶卡北山锂铍矿床

一、概　述

矿区位于青海省海西蒙古族藏族自治州东部;行政区划隶属于青海省海西蒙古族藏族自治州天峻县,矿区北距天峻县城80km,南距茶卡镇20km,交通方便。

2017年以来,青海省地质调查院首次在柴北缘茶卡北山地区伟晶岩脉中发现绿柱石,由此拉开了该地区寻找锂铍的序幕。茶卡北山矿区由俄当岗、茶卡北山以及锶墨格山3个矿区组成;2018年青海省地质调查院开展了茶卡北山地区1∶2.5万地球化学测量,圈定了以锂铍为主地球化学综合异常30余处。此后相继开展了多项预查、普查工作,通过1∶1万地质填图、1∶1万高精度磁法测量、1∶2000岩石剖面测量,并采用槽探、钻探工程等工作手段对1∶2.5万化探综合异常进行了查证;区内已发现伟晶岩脉1000余条,圈定锂、铍(铌钽铷铯等)矿体117条,矿化体294条,伟晶岩脉断续出露,规模相对较小。截至2021年12月,累计提交锂铍资源量2.1万t,矿床规模达中型。

二、区域地质特征

矿区地处柴达木盆地东缘,位于秦祁昆造山带的结合部位,构造单元隶属中南祁连弧盆系宗务隆山-夏河甘加裂谷,其北与南祁连岩浆弧相邻,南与全吉地块、柴北缘结合带滩间山岩浆弧相邻;成矿带属西秦岭宗务隆-双朋西铅、锌、银(铜、金)成矿带西段。

区域地层有古元古界达肯大坂岩群($Pt_1D.$),青白口系—上奥陶统茶卡北山组(QbO_3c),志留系巴龙贡噶尔组(Sb),上古生界土尔根大板组(CP_2t)、果可山组(CP_2g)、甘加组(CP_2gj)、巴音河群($P_{1-2}B$),中生界有三叠系隆务河组($T_{1-2}l$)、江河组($T_{1-2}j$)、大加连组($T_{1-2}d$)、切尔玛沟组(T_2q)、鄂拉山组(T_3e)等。其中古元古界达肯大坂岩群、青白口系—上奥陶统茶卡北山组、上古生界果可山组以及三叠系隆务河组与伟晶岩型稀有金属矿成矿关系密切,伟晶岩脉多穿层、顺层侵入于其中,为区内伟晶岩脉主要赋存地层。

区域构造活动强烈,具多期次特点,从加里东期到燕山期均有活动,且加里东期断裂活动最为强烈;断裂分为北西向、北北西向、北东向3组,其中以北西向断裂最为发育。

据区域地质背景及侵入岩分布特征,划分为加里东期、海西期、印支期和燕山期构造岩浆岩带。其中加里东期和海西晚期—印支期岩浆活动频繁,分别为加里东期俯冲(岩浆弧)-碰撞造山和海西晚期—印支期造山作用的产物。海西晚期—印支期岩性从超基性到酸性均有分布,其中又以中酸性岩居多,各岩性分布与区内主要构造线基本一致。就岩石类型而言,区内侵入岩岩性复杂,主要为(角闪)辉长岩、辉石闪长岩、花岗斑岩体、闪长岩、英云闪长岩、花岗闪长岩、石英闪长岩、斑状二长花岗岩、二长花岗岩、斜长花岗岩、正长花岗岩、碱长花岗岩等。火山活动频繁,分布较广,火山喷发时间最早可追溯到古元古代,石炭纪—二叠纪等时期也有火山喷发的地质记录。

脉岩较发育,根据脉岩岩石类型,可分为基性岩脉、中性岩脉和酸性岩脉,岩脉出露宽度较小,且延伸不大。酸性岩脉主要有花岗伟晶岩脉、花岗细晶岩脉、石英脉、花岗斑岩脉、花岗闪长斑岩脉、正长岩脉及二长花岗岩脉等,脉岩侵入区内所有地层和侵入体,脉体走向与区内构造线方向基本一致,呈北西向展布,岩石普遍具钾长石化、高岭土化。其中茶卡北山地区晚奥陶世石英闪长岩中产出的花岗伟晶岩脉是锂铍矿的主要含矿地质体。

变质作用较为发育,主要为区域动力热流变质作用、动力变质作用。其中区域动力热流变质作用主要为达肯大坂岩群,达高角闪岩相,产生退化变质作用;石炭纪—二叠纪地层变质程度较浅,变质岩类型为板岩、变质砂岩、千枚岩等。动力变质作用可划分为脆性动力变质作用和韧性动力变质作用,其中达肯大坂岩群普遍发生韧性剪切作用,形成糜棱岩化片麻岩、糜棱岩化片岩、糜棱岩化大理岩等。

三、矿区地质特征

矿区出露地层主要为古元古界达肯大坂岩群($Pt_1D.$)、新元古界青白口系—上奥陶统茶卡北山组(QbO_3c)、石炭系—二叠系果可山组(CP_2g)、石炭系—二叠系甘家组(CP_2gj)、二叠系巴音河群($P_{1-2}B$)、三叠系隆务河组($T_{1-2}l$)、上三叠统鄂拉山组(T_3e)等(图3-19);地层展布方向均为北西-南东向,与区域构造线方向一致。青白口系—上奥陶统茶卡北山组、石炭系—二叠系果可山组为区内主要地层,出露于矿区中南部—北部。青海省地质调查院(2021)厘定青白口系—上奥陶统茶卡北山组为一非正式填图单位,据该套地层体的变质程度、岩石组合、变质变形特征以及岩石组合特征将其分为茶卡北山片岩组下段(QbO_3c^1)和茶卡北山片岩组上段(QbO_3c^2)两个岩性段,二者呈断层接触,北西-南东向带状展布,与土尔根大坂组、隆务河组均呈断层接触;茶卡北山片岩组下段岩性组合为二云石英片岩、石榴石二云石英片岩,夹少量黑云斜长片麻岩、灰色粉砂质板岩;茶卡北山片岩组上段岩性主要为二云石英片岩、石英片岩。在青白口系—上奥陶统茶卡北山组中发育大量花岗伟晶岩脉,分布密集,且在伟晶岩脉中产出有锂辉石、绿柱石及少量锂云母等矿物,为区内主要的含伟晶岩脉地层。

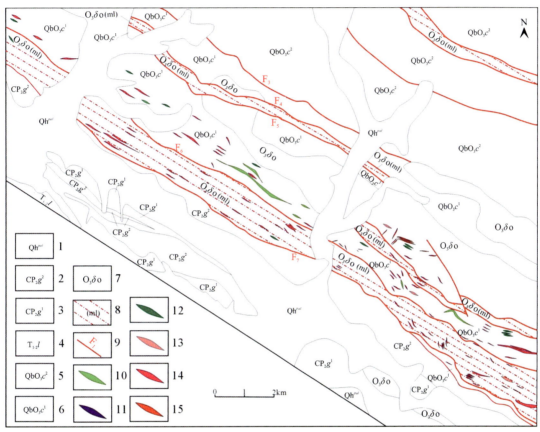

1.第四系;2.石炭系—下二叠统果可山组上段;3.石炭系—下二叠统果可山组下段;4.下中二叠统隆务河组;5.青白口系—上奥陶统茶卡北山组上段;6.青白口系—上奥陶统茶卡北山组下段;7.晚奥陶世石英闪长岩;8.石英闪长岩糜棱岩(化);9.性质不明断层;10.铍矿体;11.铌钽矿体;12.辉长岩脉;13.闪长岩脉;14.含矿不明伟晶岩脉;15.锂、铍矿体

图 3-19 茶卡北山矿区地质略图

矿区内断裂构造较为发育,以北西向为主,其次有北北西向、北东向、近东西向及近南北向断裂。F_3断裂位于矿区中北部,北西向延伸约 5km,断层性质不明;F_4、F_5 为一组平行断层,位于矿区中部,F_3 断层的南侧,为一条糜棱岩带,宽 80~120m,呈北西-南东向延伸约 5km,与地层走向基本一致,切穿青白口系—上奥陶统茶卡北山组下段地层和石英闪长岩体,糜棱岩带中岩性主要以糜棱岩化二云石英片岩为主,岩石片理化较强,岩石中可见矿物定向排列。F_6、F_7 为一组平行断裂,呈北西南东向展布,长约 7km,延伸出矿区,两组断层间岩性为糜棱岩化石英闪长岩、糜棱岩化片岩以及片麻岩。韧性剪切带分布于 F_4 与 F_5、F_6 与 F_7 断裂之间(图 3-19),岩石具强糜棱岩化特征;伟晶岩脉主要展布于 F_5 与 F_7 断裂之间,且沿断裂带走向密集产出。

岩浆活动强烈,可分为两期:一是晚奥陶世石英闪长岩($O_3\delta o$)沿区域性断裂产出,侵入于青白口系—上奥陶统茶卡北山组片岩段,大致呈北西向展布,出露面积约 $30km^2$,部分花岗伟晶岩脉超动侵入于晚奥陶世石英闪长岩中;王秉璋(2018)在石英闪长岩体中获得 447~446Ma 锆石 U-Pb 同位素年龄(内部资料),将该岩体侵位时代定为晚奥陶世。出露中细粒奥陶纪辉长岩体 14 个,呈椭圆状或岩株状近东西向展布。二是三叠纪中酸性侵入岩可划分为早、晚三叠世两期,其中早三叠世侵入岩体岩石组合为二长花岗岩、花岗闪长岩、石英闪长岩、花岗斑岩;而晚三叠世侵入岩体分布则相对较小,主要岩性为正长花岗岩。脉岩主要为中、酸性岩脉,其中中性岩脉有石英闪长岩脉,分布零星;酸性岩脉为花岗伟晶岩脉、花岗细晶岩脉、二长花岗岩脉等;花岗伟晶岩脉脉宽一般0.2~20m,最宽达40m,长50~400m,呈透镜状、巢状、囊状、条带状等,多呈北西向展布。

新元古界青白口系—上奥陶统茶卡北山组普遍经历了区域动力热流变质作用,达高角闪岩相;产生退变质作用,普遍发生韧性剪切作用,形成糜棱岩化片麻岩、糜棱岩化片岩等。石炭纪—二叠纪、三叠纪地层变质程度较浅,变质岩主要为中细粒二云石英片岩,以及韧性剪切带出露的石英闪长质糜棱岩等。

四、伟晶岩脉特征

(一)伟晶岩概况

伟晶岩脉主要产出于青白口系—上奥陶统茶卡北山组、晚奥陶世石英闪长岩中,伟晶岩脉具有成群、成带产出特征,形成长约40km、宽1.5~3km的伟晶岩带,该带呈北西向展布;岩脉呈大小不等的透镜状、团块状、瘤状、不规则脉状,脉体走向多为北西向,其次为北东向,少数呈南北向及东西向分布。目前,在区内已发现伟晶岩脉达1000余条,最长700m,一般5~100m;最宽20m,一般1~6m;地表土壤植被覆盖,伟晶岩脉露头相对较差,断续出露。

(二)伟晶岩类型

1. 伟晶岩类型

矿区内含矿花岗伟晶岩的主要造岩矿物有微斜长石、钠长石、白云母(锂云母)、锂辉石、绿柱石、电气石、石英7种,其中石英在各类伟晶岩中含量较高(>20%)且变化范围不大,没有分类的意义,故根据微斜长石(钾长石)、钠长石、电气石、锂辉石、绿柱石、白云母(锂云母)6种主要造岩矿物,可将含矿花岗伟晶岩分为6类:微斜长石伟晶岩(图3-20a)、钠长石-白云母伟晶岩(图3-20b)、钠长石-白云母-电气石伟晶岩(图3-20c)、钠长石-白云母-绿柱石伟晶岩(图3-20d)、钠长石-白云母-锂辉石伟晶岩(图3-20e)、钠长石-锂云母伟晶岩(图3-20f),以及14个亚类(表3-2)。

表3-2 茶卡北山片区伟晶岩类型划分表

类型	亚类
微斜长石伟晶岩	文象或似文象微斜长石伟晶岩
	中粗粒微斜长石伟晶岩
	块体微斜长石伟晶岩
钠长石-白云母伟晶岩	中粗粒钠长石-白云母伟晶岩
	块体钠长石-白云母伟晶岩
	块体钠长石-白云母-石榴石伟晶岩
钠长石-白云母-电气石伟晶岩	中粗粒钠长石-白云母(叠层状)-电气石伟晶岩
	中粗粒钠长石-白云母(鳞片状)-电气石伟晶岩
	块体钠长石-白云母(叠层状)-电气石伟晶岩

续表 3-2

类型	亚类
钠长石-白云母-绿柱石伟晶岩	块体钠长石-白云母(叠层状)-绿柱石伟晶岩
	中粗粒钠长石-白云母(鳞片状)-绿柱石伟晶岩
钠长石-白云母-锂辉石伟晶岩	块体钠长石-白云母(叠层状)-锂辉石伟晶岩
	中粗粒钠长石-白云母(鳞片状)-锂辉石伟晶岩
钠长石-锂云母伟晶岩	中粗粒钠长石-锂云母(鳞片状)伟晶岩

a.微斜长石伟晶岩　　　　　　　　b.钠长石-白云母伟晶岩

c.钠长石-白云母-电气石伟晶岩　　d.钠长石-白云母-绿柱石伟晶岩

e.钠长石-白云母-锂辉石伟晶岩　　f.钠长石-锂云母伟晶岩

图 3-20　茶卡北山片区伟晶岩类型

在这 6 类伟晶岩中,微斜长石伟晶岩和钠长石-白云母伟晶岩的原生结构带发育情况复杂,有的脉体边部或内侧带出现文象或似文象结构带,有的脉体却发育大面积块状结构带,有的伟晶岩却是中粗粒结构,组成伟晶岩脉的主体。这两类伟晶岩中由于结构不同,其矿化特征和工业意义是有明显差异的,因白云母含量的高低,具有铷矿化特征。锂铍矿主要赋存于钠长石-白云母-绿柱石伟晶岩、钠长石-白云母-锂辉石伟晶岩、钠长石-锂云母伟晶岩中,其中钠长石-白云母-锂辉石伟晶岩为主要富锂伟晶岩。

2. 岩相学特征

含锂辉石花岗岩:花辉石呈板柱状晶,晶体长短轴值在(6.0mm×15.0mm)~(11.0mm×40.0mm)之间,晶内见有不规则状裂纹;钾长石呈板状和他形粒状晶,粒径大小在11.0~35.0mm之间,晶内发育格子双晶和条纹结构,具明显黏土化蚀变,晶内见少量石英、斜长石微晶嵌布,为微斜条纹长石,多数晶内见裂纹,其间被粉末状不透明矿物充填;斜长石呈半自形板状晶,晶体长短轴值在(0.08mm×0.32mm)~(0.24mm×0.82mm)之间,为更长石,发育细密的聚片双晶;石英呈他形粒状晶,白云母呈片状晶,磷灰石呈细小柱状晶,不透明金属矿物呈微粒状、粉末状集合体,多沿裂隙分布,量极少。矿物主要为锂辉石(29%)、钾长石(26%)、石英(21%)、斜长石(20%)、白云母(3%)、磷灰石及少量金属矿物。

含绿柱石花岗伟晶岩:钾长石多呈他形粒状晶,粒径大小一般在0.93~1.78mm之间,具轻微黏土化蚀变,晶内见裂纹,局部发生破裂;斜长石半自形板状晶,晶体长短轴值在(0.28mm×0.48mm)~(0.81mm×1.8mm)之间,发育细密聚片双晶,为更长石,晶内多具裂纹,发育机械双晶,具轻微绢云母化蚀变,在岩石中不均匀分布于钾长石和石英之间;石英呈他形粒状晶,具波状消光;白云母呈片状晶,晶粒大小多在0.31~1.05mm之间;石榴石呈多边形状,晶内不规则状裂纹较发育;磷灰石呈细长柱状;绿柱石多呈短柱状,晶内裂纹发育;矿物主要有斜长石(32%)、钾长石(30%)、石英(20%)、白云母(11%)、绿柱石(5%)、石榴石(1%)、磷灰石及少量金属矿物。

在含绿柱石花岗伟晶岩中,绿柱石与白云母、石英、长石密切共生,反映了绿柱石是在富钾、富挥发组分的熔体-溶液下结晶的,其主体在伟晶作用结晶分异阶段早期晶出;部分绿柱石表现出晶形较好,呈规则或不规则六棱柱状产出;在伟晶作用晚期交代阶段,绿柱石含量明显减少,晶体呈细粒状,晶形不规则且较小,沿白云母、石英以及更-钠长石裂隙分布。

3. 含矿类型

Cerny(1991a)把伟晶岩型铌钽矿分为3种:LCT(Li-Cs-Ta)型、NYF(Nb-Y-F)型和LCT与NYF混合型。其中LCT型的主要富集元素为Li、Cs、Nb<Ta、B、P、F;NYF型主要富集元素为Nb>Ta、Y、REE、Ti、Zr、Be、Th、U、F;LCT与NYF混合型伟晶岩中Nb和Ta的含量相当。NYF型常与贫铝—准铝、贫石英的A型花岗岩及正长岩体有关,而且赋矿岩石常富碱。通常矿体与花岗岩体的距离不超过5km,且发育在深大断裂带附近或岩基接触带内(Cerny et al,1989b);LCT型伟晶岩与S型花岗岩(富Al)关系密切,此类花岗岩是先存的沉积岩部分熔融的产物(Shelley,1993),由于源岩中黑云母的存在而使熔体富集Li、Cs、Ta等元素(London,2004)。LCT型伟晶岩为花岗质伟晶岩,与过Al、富Si的S型花岗岩关系密切。

茶卡北山矿区含矿矿物主要为锂辉石、绿柱石等,锂电气石、铌钽铁矿、铌铁矿等次之;锂铍矿主要赋存于伟晶岩中。伟晶岩具有高硅、钙碱质和高分异以及低铁、镁、钙和钛为特征,属强过铝质花岗伟晶岩;Rb、Be、Li等元素富集明显,具有高分异花岗岩特征。

因此,茶卡北山地区伟晶岩含矿元素主要为Li、Be、Ta、Rb等稀有金属元素,具有LCT(Li-Cs-Ta)型特征,故将该矿床类型厘定为LCT型。

(三)含矿性特征

微斜长石伟晶岩:该类型3个亚类中稀有元素矿化有明显差异,文象微斜长石伟晶岩中铷、铌、钽等稀有元素均分散在造岩矿物里，基本上没有单矿物产出，无实际工业价值。块体微斜长石伟晶岩带中如发育一定程度的钠长石化时，铷、铌钽矿化可能更好。

钠长石-白云母伟晶岩：此类型中粗粒钠长石-白云母伟晶岩含有黑色电气石，铷具有一定品位，部分在边界品位之上，矿化均匀，但铌钽矿化相对较差；块体钠长石-白云母伟晶岩由于脉体交代作用广而深，使此类型伟晶岩除边缘及中心块状石英微斜长石带品位略低以外，大部分处于边界品位，具一定的工业意义。

钠长石-白云母-电气石伟晶岩：此类型中粗粒钠长石-白云母(叠层状)-电气石伟晶岩以及块体钠长石-白云母(叠层状)-电气石伟晶岩中含有黑色电气石，电气石粒径大小不等，最大可达30cm，一般为1～10cm，含量占5%～25%；一般而言，在伟晶岩中出现大量黑色电气石，为铌钽矿化不佳的标志，但具有寻找绿柱石的有利线索，且铷具有一定的品位，个别可达边界品位。

钠长石-白云母-绿柱石伟晶岩：该类型主要包括块体钠长石-白云母(叠层状)-绿柱石伟晶岩、中粗粒钠长石-白云母(鳞片状)-绿柱石伟晶岩，表现为白云母呈大片叠层状集合体或鳞片状。其中鳞片状含矿性较好，晶粒大小多在0.31～1.05mm之间，受应力作用解理弯曲；绿柱石多呈短柱状；磷灰石呈细长柱状，在岩石中零星可见，其中绿柱石可见于裂隙之中，而磷灰石以包裹体状赋存于石英晶内。部分块体岩脉中绿柱石呈六棱柱状，晶形粗大，粒径0.5～1cm，最大可达2.5cm，长0.5～2cm，个别可达4cm，产于大片叠层状白云母及石英矿物之间；铍品位达边界品位以上，具有工业意义。

钠长石-白云母-锂辉石伟晶岩：该类型主要包括块体钠长石-白云母(叠层状)-锂辉石伟晶岩、中粗粒钠长石-白云母(鳞片状)-锂辉石伟晶岩，表现为锂辉石呈板柱状晶，晶体长短轴值在(6.0mm×15.0mm)～(11mm×40mm)之间，光性特征为二轴晶正光性，纵切面斜消光，晶内见有不规则状裂纹，在岩石中分布于长石和石英等矿物间隙。另外，部分岩脉中含绿柱石；不透明金属矿物有的呈微粒状，有的呈粉末状集合体，多沿裂隙分布，量极少。锂辉石主要产于花岗伟晶岩脉的中部或占据整个脉体，其形态变化与花岗伟晶岩脉形态变化具一致性，锂辉石矿体大多呈脉状，在裂隙相交或转折处，呈透镜状膨胀；锂辉石与石英、长石、白云母属同一矿化阶段产物。锂辉石具多次结晶特征：早世代锂辉石呈长条状，定向排列明显，并均匀分布于矿石中，色泽鲜艳呈浅灰绿色；晚世代锂辉石晶体粗大，呈宽板状，色泽较白且矿物较纯，在矿石中分布不均匀，往往出现在矿体的中部。锂辉石风化后呈浅灰白色，经动力变质后呈绿色，两者均保留有锂辉石晶形。

钠长石-锂云母伟晶岩：基本上是由小片状钠长石带，石英-中细粒纳长石带(石英-钠长石-锂云母(少量锂辉石))组成，钠长石-锂云母伟晶岩脉中紫红色锂云母具有较高的品位，部分达工业品位，且铷及铌钽也达到边界品位，部分达工业品位，伟晶岩脉体中具有较好的找矿前景。

五、矿体规模、形态、产状

(一)伟晶岩带

Ⅰ号伟晶岩带：主要在茶卡北山矿区东段(图3-21)和锲墨格山矿区西段形成两个不连续的带状岩脉群，北西-南东向分别延伸约1km，宽100～200m，围岩为石英闪长岩。目前该带地表共圈定34条花岗伟晶岩脉(茶卡北山29条、锲墨格山3条、俄当岗2条)，其中20条为含矿伟晶岩(茶卡北山17条、锲墨格山3条)，矿化类型主要为锂铍、铍。该带伟晶岩呈浅肉红色，主要矿物成分有石英、斜长石、钾长石、黑色柱状电气石，少量棕红色石榴石(粒径0.5～1mm)、白云母、白色—浅绿色—烟灰色长柱状锂辉石(晶体宽0.3～1.5cm，长2～10cm)、白色—浅绿色绿柱石(0.5～1mm)。脉体产状较复杂，分北东倾和北西倾两组，经工程验证两组均可成矿。

Ⅱ号伟晶岩带:自俄当岗地区中部向南东延伸贯穿茶卡北山全区,直至锡墨格山西段,长约21km,在锡墨格山地区中东段还有约5km长的断续延伸,宽为200～900m,围岩为灰褐色二云石英片岩。该带圈定伟晶岩脉274条(茶卡北山144条、锡墨格山39条、俄当岗91条)(图3-21),其中120条含矿,矿化体矿化类型以铍为主。伟晶岩脉主要北东倾,地表延伸10～500m,宽0.2～20m,以灰白色为主,个别浅肉红色,主要有石英、斜长石,少量钾长石、黑色电气石、白云母、石榴石,部分岩脉肉眼可见绿柱石,绿柱石大小0.5～5mm,以绿色—浅绿色为主,少数呈灰白色、海蓝色。该带伟晶岩规模为茶卡北山最大,脉体也最为密集。

Ⅲ号伟晶岩带:自俄当岗地区中部向南东延伸贯穿茶卡北山全区,直至锡墨格山西段尖灭,长约22km,宽100～600m,围岩以糜棱岩化石英闪长岩为主,其中夹有二云石英片岩。目前该带圈定伟晶岩259条(茶卡北山115条、锡墨格山64条、俄当岗80条)(图3-21),其中79条含矿,矿化类型以铍为主。伟晶岩脉多数为北东倾,部分脉体变化极大,产状不易判断,岩脉在地表延伸50～300m。岩脉主要为灰白色、浅肉红色花岗伟晶岩,部分较破碎,矿物成分主要为石英、斜长石、粗大黑色电气石,在与围岩接触的边缘可见有白云母。

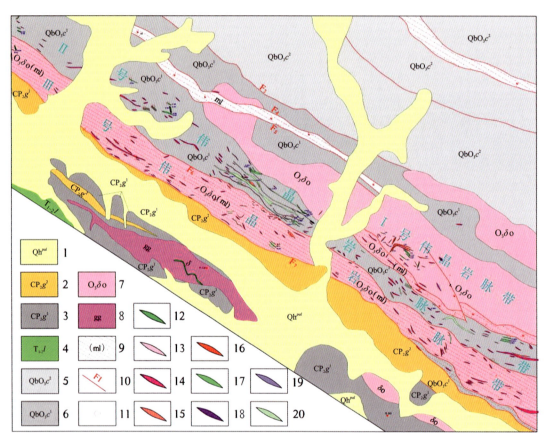

1.第四系;2.石炭系—下二叠统果可山组上段;3.石炭系—下二叠统果可山组下段;4.下中二叠统隆务河组;5.青白口系—上奥陶统茶卡北山组上段;6.青白口系—上奥陶统茶卡北山组下段;7.晚奥陶世石英闪长岩;8.花岗片麻岩;9.糜棱岩(化);10.性质不明断层;11.绿柱石;12.辉长岩;13.石英闪长岩;14.含矿性不明的花岗伟晶岩脉;15.已检查不含矿花岗伟晶岩脉;16.锂、铍矿体;17.铍矿体;18.铌钽矿体;19.铌钽矿化体;20.铍矿化体

图3-21 茶卡北山矿区伟晶岩脉分带性示意图

Ⅳ号伟晶岩带:仅在茶卡北山东端延伸至锡墨格山西端,长约5.5km,在茶卡北山地区带宽最大100m,伟晶岩脉数量较少,在锡墨格山地区带宽100～250m,伟晶岩脉产出较为密集。目前该带内初步圈定花岗伟晶岩脉81条(图3-21),伟晶岩脉宽一般为0.5～10m,地表延伸50～700m不等,伟晶岩脉总体近平行产出,走向多为110°。岩性主体为白云母花岗伟晶岩多呈浅灰白色,主要由石英、斜长石、白

云母、石榴石、零星绿柱石组成，绿柱石多以粒径0.5～3mm的细小针柱状不均匀分布，多呈浅绿色。

（二）矿体特征

1. 矿体概况

茶卡北山矿区锂铍矿体主要分布于茶卡北山、锲墨格山两个矿区。共圈定锂、铍（铌钽铷等）矿体111条，其中茶卡北山58条、锲墨格山36条、俄当岗17条；圈定矿化体204条（表3-3、表3-4）。Ⅰ号带共圈定矿体29条，锂铍（钽）矿体18条、铍（钽、铷）矿体8条、（铌）钽矿体3条；Ⅱ号带共圈定矿体56条，锂铍铌钽铷矿体1条、锂铍矿体2条、铌钽矿体1条、铍矿体52条；Ⅲ号带共圈定锂铍矿体23条，锂（铍）矿体2条、铍矿体21条；Ⅳ号伟晶岩带共圈定铍矿体3条。

表3-3 茶卡北山地区矿体特征表

序号	矿体编号	长度(m)	真厚度(m)	斜深(m)	品位(%)	工程控制情况
1	Ⅰ-M1	160	0.81	/	$BeO:0.054;Rb_2O:0.042$	TC10
2	Ⅰ-M2	80	1.31	/	$BeO:0.042;Rb_2O:0.047$	Ⅰ-ZK3
3	Ⅰ-M3	160	0.89	/	$Li_2O:2.15;BeO:0.069;Rb_2O:0.041$	TC2
4	Ⅰ-M4	135	0.91～8.28	140	$Li_2O:0.47～1.29$，平均0.89；$BeO:0.041～0.072$ 平均0.04；$(Nb+Ta)_2O_5:0.0197～0.0241$，平均0.0212；$Rb_2O:0.050～0.194$，平均0.116	TC53、Ⅰ-ZK1701、Ⅰ-ZK1702
5	Ⅰ-M5	160	1.57	7	$Li_2O:1.94;BeO:0.056;Rb_2O:0.041$	TC34
6	Ⅰ-M6	/	1.17	/	$(Nb+Ta)_2O_5:0.0271;Rb_2O:0.049$	Ⅰ-ZK7
7	Ⅰ-M7	280	0.83～3.06，平均1.65	158	$Li_2O:0.58～1.11$，平均0.81；$BeO:0.042～0.076$，0.059	TC5、TC7、Ⅰ-ZK1701、Ⅰ-ZK1
8	Ⅰ-M8	340	0.89～6.26，平均2.51	180	$Li_2O:0.55～1.70$，平均1.33；$BeO:0.040～0.076$，平均0.052；$Rb_2O:0.039～0.062$，平均0.049	TC3、TC4、TC5、TC6、TC7、Ⅰ-ZK1、Ⅰ-ZK3、Ⅰ-ZK2301、Ⅰ-ZK3101、Ⅰ-ZK1701、Ⅰ-QZ4、Ⅰ-ZK001、Ⅰ-ZK801
9	Ⅰ-M9	150	0.87～1.38，平均1.13	11	$Li_2O:1.01～1.58$，平均1.23；$BeO:0.064～0.070$，平均0.068；$Rb_2O:0.048～0.056$，平均0.051	TC4、TC5
10	Ⅰ-M10	100	0.89～2.421，平均1.54	25	$Li_2O:1.03～1.44$，平均1.14；$BeO:0.055～0.069$，平均0.064；$Rb_2O:0.042～0.091$，平均0.051	TC7、Ⅰ-ZK001、Ⅰ-ZK802
11	Ⅰ-M11	100	1.11	7	$BeO:0.041;Rb_2O:0.131$	TC7
12	Ⅰ-M12	100	6.25	6	$BeO:0.051;Rb_2O:0.130$	TC7
13	Ⅰ-M13	90	1.06～3.35，平均2.21	265	$BeO:0.046～0.063$，平均0.059；$Rb_2O:0.077$	TC9、Ⅰ-ZK1601

续表 3-3

序号	矿体编号	长度(m)	真厚度(m)	斜深(m)	品位(%)	工程控制情况
14	Ⅰ-M14	160	2.61	40	BeO:0.064	TC14
15	Ⅰ-M15	160	2.42	13	Li_2O:0.91;BeO:0.047;Rb_2O:0.078	TC8
16	Ⅰ-M16	160	1.25	2	BeO:0.050;Rb_2O:0.049	TC15
17	Ⅰ-M17	160	1.30	/	$(Nb+Ta)_2O_5$:0.0229	Ⅰ-ZK6
18	Ⅱ-M1	160	0.83	40	BeO:0.050	TC18
19	Ⅱ-M2	160	2.60	1	BeO:0.044	TC16
20	Ⅱ-M3	160	1.66	8	BeO:0.046	TC16
21	Ⅱ-M4	160	1.83	40	BeO:0.040	TC23
22	Ⅱ-M5	160	0.89	40	BeO:0.044	TC27
23	Ⅱ-M6	160	0.86	40	BeO:0.072	TC28
24	Ⅱ-M7	160	1.72	40	BeO:0.040	TC28
25	Ⅱ-M8	160	1.81	40	BeO:0.045	TC26
26	Ⅱ-M9	160	1.04	40	BeO:0.041	TC26
27	Ⅱ-M10	230	0.80~1.34,平均1.07	3	BeO:0.051~0.059,平均0.054	TC36、TC67
28	Ⅱ-M11	250	1.18~3.30,平均2.31	53	BeO:0.043;Rb_2O:0.044~0.047,平均0.043	TC36、TC67、Ⅱ-ZK3
29	Ⅱ-M12	660	1.77~3.85,平均2.54	/	BeO:0.053~0.058,平均0.055	TC42、Ⅱ-ZK3、Ⅱ-ZK1802、Ⅱ-ZK6601
30	Ⅱ-M13	96	0.88	/	BeO:0.070	Ⅱ-ZK3
31	Ⅱ-M14	160	4.44	55	BeO:0.040	Ⅱ-ZK1803
32	Ⅱ-M15	160	1.08~1.88,平均1.48	/	BeO:0.041~0.065,平均0.052;Rb_2O:0.031~0.055,平均0.044	TC37、Ⅱ-ZK1802
33	Ⅱ-M16	80	0.80	55	BeO:0.051	Ⅱ-ZK1801
34	Ⅱ-M17	107	Ⅱ-M17-1 2.88、Ⅱ-M17-2 0.96	6	Li_2O:1.15;Cs_2O:0.200;$(Nb+Ta)_2O_5$:0.032;Rb_2O:0.257;BeO:0.112	TC35
35	Ⅱ-M18	47	2.44	36	BeO:0.040	Ⅱ-QZ6
36	Ⅱ-M19	47	6.52	72	BeO:0.050	Ⅱ-ZK6601
37	Ⅱ-M20	110	1.87	40	BeO:0.049	TC57
38	Ⅱ-M21	110	1.17	40	BeO:0.049	TC57
39	Ⅱ-M22	160	1.48	40	BeO:0.042	TC57
40	Ⅱ-M23	116	1.88~2.03,平均1.96	40	BeO:0.050	TC57、TC58

续表 3-3

序号	矿体编号	长度(m)	真厚度(m)	斜深(m)	品位(%)	工程控制情况
41	Ⅱ-M24	160	0.81~3.37,平均2.09	/	BeO:0.043~0.053,平均0.045	TC61、Ⅱ-ZK8201
42	Ⅱ-M25	320	2.01~2.63,平均2.32	/	BeO:0.040~0.059,平均0.048	Ⅱ-ZK6601、Ⅱ-ZK8201
43	Ⅱ-M26	110	1.22	40	BeO:0.052	TC43
44	Ⅱ-M27	110	1.01	40	BeO:0.055	TC43
45	Ⅱ-M28	110	1.17	40	BeO:0.046;Rb_2O:0.042	TC43
46	Ⅱ-M29	160	1.35	40	$(Nb+Ta)_2O_5$:0.0301;Rb_2O:0.042	TC45
47	Ⅱ-M30	160	1.08	40	BeO:0.054	TC12
48	Ⅱ-M31	160	1.18	40	BeO:0.053	TC12
49	Ⅱ-M32	160	1.55	40	BeO:0.044	TC12
50	Ⅱ-M33	160	0.99	40	BeO:0.040	TC11
51	Ⅲ-M1	160	1.05	40	BeO:0.052;Rb_2O:0.042	TC38
52	Ⅲ-M2	160	1.25	41	BeO:0.049	Ⅲ-ZK2
53	Ⅲ-M3	160	0.83	3	Li_2O:1.02;BeO:0.130;Cs_2O:0.053;Rb_2O:0.077	TC1
54	Ⅲ-M4	160	1.12	40	BeO:0.045;Rb_2O:0.072	TC39
55	Ⅲ-M5	160	2.67	10	BeO:0.051	TC20
56	Ⅲ-M6	160	2.67	4	BeO:0.055	TC20
57	Ⅲ-M7	160	0.92	45	BeO:0.048	Ⅲ-QZ2
58	Ⅲ-M8	160	0.86	40	BeO:0.045;Rb_2O:0.052	TC22

表 3-4 锲墨格山地区矿体特征一览表

序号	矿体编号	长度(m)	厚度(m)	斜深(m)	矿体品位(%)			工程控制情况
					Li_2O	BeO	Ta_2O_5	
1	MⅠ-1	335	6.75	145	1.20	0.051	/	Ⅰ-ZK001、Ⅰ-ZK002、TC2、TC12、TC30
2	MⅠ-2	115	0.88	70	/	/	0.020	Ⅰ-ZK801、TC12
3	MⅠ-3	240	1.83	89	0.86	0.036	/	Ⅰ-ZK2601、Ⅰ-ZK2602、TC10
4	MⅠ-4	563	2.18	106	0.84	0.047	/	Ⅰ-ZK2601、Ⅰ-ZK2602、Ⅰ-ZK3801、TC3、TC4、TC5
5	MⅠ-5	130	0.90	34	0.56	0.043	0.015	Ⅰ-ZK3801、TC5
6	MⅠ-6	130	0.82	27	/	0.052	0.033	TC5
7	MⅠ-7	160	5.64	80	0.93	0.063	/	Ⅰ-ZK002

续表3-4

序号	矿体编号	长度(m)	厚度(m)	斜深(m)	矿体品位(%)			工程控制情况
					Li$_2$O	BeO	Ta$_2$O$_5$	
8	MⅠ-8	160	0.98	80	0.56	0.045	/	Ⅰ-ZK002
9	MⅠ-9	160	3.31	80	0.25	0.043	/	Ⅰ-ZK002
10	MⅠ-10	160	1.11	80	0.39	0.041	/	Ⅰ-ZK002
11	MⅠ-11	160	1.65	80	0.63	0.074	/	Ⅰ-ZK002
12	MⅠ-12	160	7.57	80	1.15	0.051	/	Ⅰ-ZK002
13	MⅡ-1	347	1.09	39	/	0.051	/	Ⅱ-ZK1501、TC13、TC25、TC33
14	MⅡ-2	775	1.15	58	/	0.056	/	Ⅱ-ZK701、Ⅱ-ZK1501、Ⅱ-ZK002、Ⅱ-ZK801、TC25、TC31、TC33
15	MⅡ-3	110	1.06	40	/	0.055	/	TC33
16	MⅡ-4	110	4.91	6	/	0.049	/	TC33
17	MⅡ-5	110	1.09	40	/	0.041	/	TC33
18	MⅡ-6	160	0.80	51	/	0.045	/	Ⅱ-ZK1501
19	MⅡ-7	160	0.81	51	/	0.042	/	Ⅱ-ZK1501
20	MⅡ-8	160	0.82	51	/	0.042	/	Ⅱ-ZK1501
21	MⅡ-9	320	0.92	40	/	0.051	/	TC26、TC29
22	MⅡ-10	160	0.92	40	/	0.044	/	TC28
23	MⅡ-11	160	1.03	40	/	0.072	/	TC28
24	MⅡ-12	160	0.99	40	/	0.051	/	TC18
25	MⅡ-13	160	0.99	40	/	0.041	/	TC18
26	MⅢ-1	156	11.52	40	/	0.068	/	TC34
27	MⅢ-2	156	1.14	40	4.13	/	/	TC34
28	MⅢ-3	156	11.98	40	/	0.062	/	TC34
29	MⅢ-4	156	11.40	40	/	0.061	/	TC34
30	MⅢ-5	156	1.05	40	/	0.11	/	TC35
31	MⅢ-6	160	3.15	40	/	0.042	/	TC6
32	MⅢ-7	160	0.81	49	/	0.058	/	Ⅲ-QZ2
33	MⅢ-8	160	8.82	40	/	0.064	/	TC22
34	MⅣ-1	160	0.81	40	/	0.051	/	TC21
35	MⅣ-2	160	0.92	40	/	0.058	/	TC21
36	MⅣ-3	160	1.38	40	/	0.046	/	TC21

矿体多呈岩脉状、透镜状产出,部分呈囊状,矿体走向以北西-南东向为主,个别矿体(如茶卡北山Ⅰ号带M7、M8)产状变化较大,由北东走向向东转为北西走向,整体呈不规则弧形。矿体长度在47～660m之间,真厚度0.8～11.98m,目前最大控制斜深265m;Li$_2$O平均品位0.56%～4.13%,BeO平均品位0.041%～0.112%,(Nb+Ta)$_2$O$_5$平均品位0.0197%～0.032%,Rb$_2$O平均品位0.042%～

0.257%，Cs_2O 平均品位 0.053%～0.2%。锂铍（铌钽铷铯）复合矿体主要产出于Ⅰ号伟晶岩带，Ⅱ、Ⅲ、Ⅳ号带以铍矿体为主。其中锲墨格山矿区 MⅠ-1、MⅠ-3、MⅠ-4、MⅠ-7～MⅠ-12、MⅡ-1、MⅡ-2、MⅢ-1-4、MⅢ-8 及茶卡北山矿区Ⅰ-M4、Ⅰ-M8、Ⅱ-M12 矿体较具规模。

2. 锲墨格山矿区

MⅠ-1 锂铍矿体：由 TC2、TC12、TC30、Ⅰ-ZK001、Ⅰ-ZK002 工程控制，对应 ρ_2 伟晶岩脉，矿体长 335m，最大推深 145m。矿体平均真厚度 6.75m，一般在 2.02～16.63m 之间，矿体厚度在走向上由西向东逐渐变小，倾向上由地表至深部亦呈现厚度变小趋势。Li_2O 品位 0.77%～1.69%，平均 1.20%；BeO 品位 0.044 7%～0.061%，平均 0.051%。伟晶岩脉地表产状为 0°∠56°，总体走向为 90°。含矿岩性含锂辉石花岗伟晶岩，伟晶岩中矿物有石英、斜长石、钾长石、锂辉石、白云母，少量石榴石，锂辉石板柱状、灰白色—浅灰绿色，晶体宽度在 0.5～2cm，长度 2～10cm，最长可达 30cm，绿柱石少见。

MⅠ-4 锂铍矿体：由 TC3、TC4、TC5、Ⅰ-ZK2601、Ⅰ-ZK2602、Ⅰ-ZK3801 工程控制，对应 ρ_4 伟晶岩，控制长 563m，最大推深 106m。矿体平均真厚度为 2.18m，一般在 1.32～4.38m 之间，走向上相对稳定，倾向上由地表至深部呈现厚度变小趋势。矿体品位稳定，Li_2O 平均品位 0.84%，一般在 0.65%～1.08% 之间；BeO 平均品位为 0.047%，一般 0.049%～0.050%。伟晶岩地表产状 35°∠80°，含矿岩性含锂辉石花岗伟晶岩。

MⅠ-7～MⅠ-12 矿体：均由Ⅰ-ZK002 钻探工程控制（图 3-22），为深部隐伏矿体，对应地表 ρ_2 伟晶岩脉，矿体真厚度在 0.98～7.57m 之间，矿体长均为 160m，推深 80m。其中，Li_2O 平均品位 0.25%～1.154%，BeO 平均品位为 0.041%～0.074%。含矿岩性为含锂辉石花岗伟晶岩，岩石中锂辉石多呈浅白色，短板状不均匀分布，局部锂辉石含量 2%～3%，绿柱石少量可见。

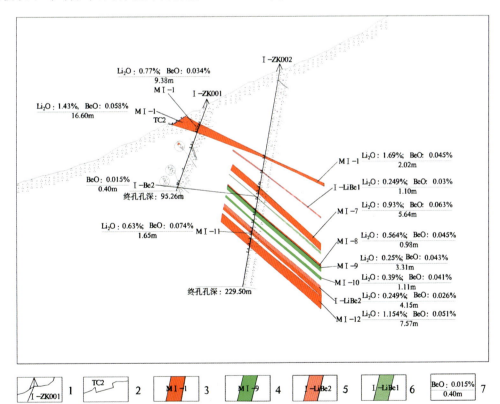

1.已施工见矿钻孔及其编号；2.已施工未见矿钻孔及其编号；3.锂铍矿体及编号；
4.铍矿体及编号；5.锂铍矿化体；6.平均品位/真厚度；7.块段平均品位/真厚度

图 3-22 锲墨格山地区Ⅰ-0 勘探线剖面图

MⅡ-1铍矿体：由TC13、TC25、TC33及Ⅱ-ZK1501控制，对应$\rho 8$伟晶岩，平均真厚度1.09m，一般在0.80~1.36m之间，走向及倾向上厚度变化较小，矿体控制长347m，推深39m；BeO平均品位0.051%，一般在0.0477%~0.0597%之间。含矿岩性为含绿柱石白云母花岗伟晶岩，伟晶岩地表产状为17°∠49°，岩石矿物主要由斜长石、钾长石、石英、电气石，少量白云母及绿柱石组成，绿柱石呈圆柱状，粒径小于1mm，目估1%以下。

MⅡ-2铍矿体：由TC25、TC31、TC33及Ⅱ-ZK701、Ⅱ-ZK1501、Ⅱ-ZK002、Ⅱ-ZK801控制，对应$\rho 8$伟晶岩，矿体长775m，最大推深58m。矿体平均真厚度1.15m，一般0.81~2.02m。矿体品位整体稳定，BeO平均品位0.056%，一般在0.041%~0.059%之间。含矿伟晶岩岩性为含绿柱石白云母花岗伟晶岩，伟晶岩地表产状为20°∠55°，伟晶岩矿物主要由斜长石、钾长石、石英、电气石、白云母及绿柱石等组成，电气石、石榴石多细粒不均匀分布，绿柱石多呈圆柱状，粒径小于1mm，目估1%以下，伟晶岩局部具文象结构。

MⅢ-1、MⅢ-3、MⅢ-4铍矿体：均由TC34槽探控制，对应$\rho 47$伟晶岩，矿体控制长均为156m，真厚度分别为11.52m、11.98m、11.40m，推深40m；BeO平均品位分别为0.068%、0.062%、0.061%。含矿伟晶岩岩性为含绿柱石白云母花岗伟晶岩，伟晶岩矿物主要由斜长石、钾长石、石英、电气石及绿柱石等组成，电气石粒度较粗，一般在0.5cm×2cm，较不均匀分布，绿柱石多呈短柱状、浅绿色，粒径一般1~2mm，目估含量1%以下。

MⅢ-8铍矿体：由TC22槽探工程控制，对应$\rho 78$伟晶岩，矿体控制长160m，真厚度为8.82m，推深40m，BeO平均品位为0.064%。含矿伟晶岩岩性为钾长花岗伟晶岩，主要由石英、钾长石、斜长石及白云母、电气石组成，绿柱石零星可见。

3. 茶卡北山矿区

Ⅰ-M4矿体：矿体长135m，最大控制斜深140m，地表由TC53控制，深部由Ⅰ-ZK1701、Ⅰ-ZK1702控制，厚度0.91~8.28m，其含矿岩性为灰白色含绿柱石锂辉石花岗伟晶岩，沿围岩片理顺层分布，产状325°∠65°，岩石矿物成分斜长石（40%~45%）、石英（20%~25%）、钾长石约20%，锂辉石呈灰白色板柱状，长轴0.5~2cm，短轴0.2~0.5cm，绿柱石呈浅灰绿色—海蓝色，星点状，粒径为0.5~2mm，共分为6种矿石类型。Li_2O品位0.47%~1.29%，平均0.89%；BeO品位0.041%~0.072%，平均0.040%；$(Nb+Ta)_2O_5$品位0.0197%~0.0241%，平均0.0212%；Rb_2O品位0.050%~0.194%，平均0.116%。

Ⅰ-M8锂铍矿体：地表由TC3、TC5、TC6、TC7控制，长约340m，深部工程由Ⅰ-ZK1、Ⅰ-ZK3、Ⅰ-ZK2301、Ⅰ-ZK3101、Ⅰ-ZK1701、Ⅰ-QZ4、Ⅰ-ZK001、Ⅰ-ZK801控制（图3-23）。

矿体走向自西向东由40°逐渐变为110°，真厚度2.7~5.13m，含矿岩性均为灰白色锂辉石花岗伟晶岩（图3-24），矿物成分主要为钾长石、斜长石、石英、白云母、锂辉石，偶见绿柱石。锂辉石呈灰白色、浅灰色、浅绿色，晶体呈长板柱状、部分呈不规则他形粒状，晶内见有不规则状裂纹，发育十字解理，矿物粒径0.3~5cm不等。通过验证，矿体在深部延伸较为稳定，其在地表主要为锂铍矿化，向深部逐渐渐变为铍矿化。矿体真厚度2.7~5.13m，平均2.51m，Li_2O品位0.55%~1.70%，平均1.33%；BeO为0.040%~0.076%，平均0.052，Rb_2O品位0.039%~0.062%，平均0.049%。

Ⅱ-M12铍矿体：由TC42、Ⅱ-ZK3、Ⅱ-ZK1802、Ⅱ-ZK6601控制，矿体长660m，走向约120°，真厚度1.77~3.85m，平均2.54m，BeO品位0.053%~0.058%，平均0.055%，含矿岩性为灰白色含绿柱石花岗伟晶岩，矿物成分主要为石英、斜长石、白云母，及少量绿柱石、电气石、石榴石。绿柱石呈星点状在岩石中分布，粒径0.5~3mm不等，含量为0.5%~1%（图3-25），矿体产状12°∠27°。

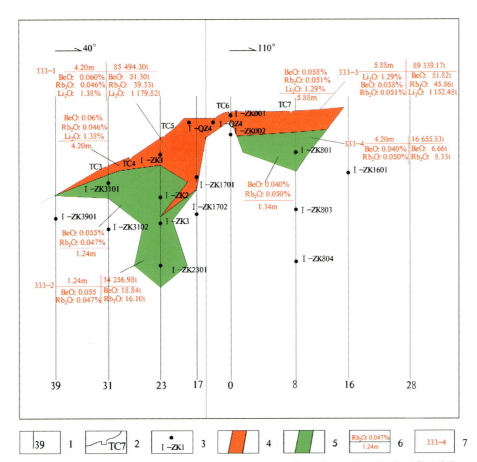

1.勘探线投影位置及编号；2.槽探工程；3.钻探工程；4.锂铍(铷)矿体及编号；5.铍(铷)矿体及编号；
6.块段平均品位/真厚度；7.块段编号

图 3-23　茶卡北山矿区 I-M8 矿体垂直纵投影图

图 3-24　I-M8 矿体含锂辉石花岗伟晶岩

图 3-25　II-M12 绿色绿柱石(左)、浅灰白色绿柱石(右)

六、矿石矿物特征

1. 矿物组合

矿石矿物主要为锂辉石、绿柱石,其次为锂电气石、锂云母、铌钽铁矿、铌铁矿;脉石矿物为钠长石、钾长石、石英、石榴石、电气石、白云母、黑云母等(图3-26)。

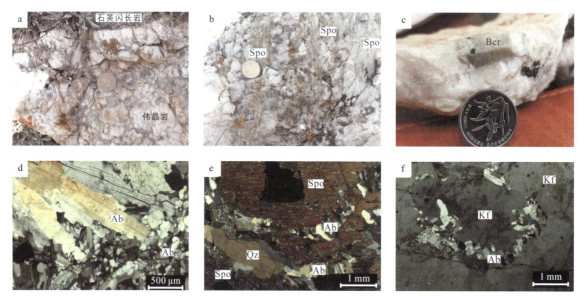

a.伟晶岩侵入于石英闪长岩形成的冷凝边;b.含绿柱石锂辉石伟晶岩中锂辉石巨晶;c.含绿柱石伟晶岩中的绿柱石;d.含绿柱石锂辉石伟晶岩早期结晶大颗粒板柱状自形钠长石和晚期结晶的糖粒状他形钠长石(正交偏光);e.含绿柱石锂辉石伟晶岩中糖粒状钠长石沿裂隙充填在锂辉石中(正交偏光);f.含绿柱石锂辉石伟晶岩中微斜条纹长石边缘的钠长石(正交偏光)。矿物代号:Spo.锂辉石;Ber.绿柱石;Ab.钠长石;Qz.石英;Kf.钾长石

图3-26 茶卡北山矿区伟晶岩产状、手标本及显微特征图(王秉璋等,2020)

锂辉石:呈板柱状晶,晶体长短轴值在(1.3mm×2.0mm)~(11mm×40mm)之间,光性特征为二轴晶正光性,正延性,纵切面斜消光,CNG≈21°,受动力变质作用发育波状消光,晶内见不规则状裂纹,沿裂纹充填有钠长石,锂辉石不均匀分布于长石和石英等矿物间隙(图3-27、图3-28)。

图3-27 锂辉石晶体内可见不规则状裂纹,沿裂纹充填有钠长石

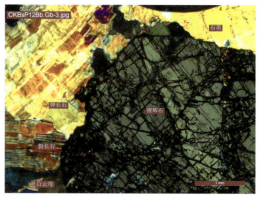

图3-28 钾长石、斜长石与锂辉石共生,锂辉石晶内裂纹发育

绿柱石：岩石中分布较少，呈六方柱状，大部分由于变质作用较破碎，并且晶型不完整，粒径在 0.2～5mm 之间，分布于石英、斜长石锂辉石等矿物颗粒之间（图 3-29、图 3-30）。

图 3-29　绿柱石晶体分布于钠长石及
石英间隙，较破碎

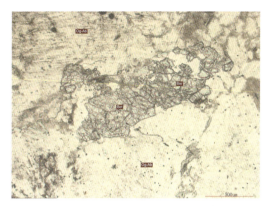

图 3-30　显微镜下绿柱石（Ber）分布于
更-钠长石（Og-Ab）晶间

锂云母：为热液交代蚀变作用的产物，多呈细小片状晶，片长在 0.02～1mm 之间，少数呈鳞片状集合体分布，略显浅玫瑰红色（图 3-31），与石英相对集中分布，两者同期形成，属云英岩化作用的产物。

铌钽铁矿：铌钽铁矿呈自形柱状晶，长短轴值在（0.005mm×0.025mm）～（0.004mm×0.075mm）之间，为岩浆结晶的产物，属岩石中的副矿物。

钠长石：多呈半自形板柱状晶，长短轴值在（0.70mm×1.15mm）～（4.0mm×8.75mm）之间，受动力变质作用，发育亚晶粒结构，钠长双晶弯曲及波状消光变形结构，伴泥化蚀变，颗粒表面分布少量绢云母，钠长石为热液蚀变作用的产物，见交代钾长石的现象。

石英：他形粒状晶，粒径在 0.1～3.5mm 之间，与钠长石属同期热液蚀变作用的产物，受动力变质作用，发育亚晶粒结构与波状消光结构。

钾长石：受钠长石交代后呈边界不规则粒状分布，粒径在 0.16～1.5mm 之间，具条纹结构，为条纹长石，伴绿泥石化蚀变，属早期花岗伟晶岩的残留矿物。

白云母：呈片状晶，片长在 0.08～1.2mm 之间，沿矿物间少量分布，受力后解理面弯曲变形。

黑云母：呈片状晶，片长在 0.08～1.50mm 之间，显棕色多色性，部分受白云母沿解理面交代，属于原岩交代的残留矿物，但因含量少且矿物小，无法恢复原岩类型。

绢云母：应属后期热液蚀变作用的产物，鳞片状集合体，沿矿物间或裂隙充填分布。

电气石：黑色，呈半自形柱状晶，具显著反吸收性，粒径在 0.06～0.18mm 之间（图 3-32）。

石榴石：呈半自形粒状晶，粒径在 0.03～0.18mm 之间。

图 3-31　锂云母呈片状变晶，沿裂隙分布于
石英和更长石之间

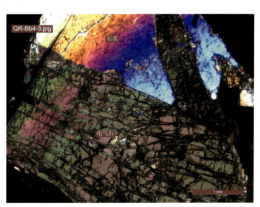

图 3-32　电气石晶体内发育不规则状裂纹

2. 矿石结构构造

矿石主要为伟晶结构、变余伟晶结构、他形粒状变晶结构，少数碎裂结构、片状粒状变晶结构。矿石构造比较单一，为块状构造。

七、围岩蚀变

区内含矿伟晶岩脉主要产于石英闪长岩、二云石英片岩中，其中石英闪长岩蚀变强烈，包括绿帘石化和云英岩化等，绿帘石化较普遍，云英岩化较弱。与围岩二云石英片岩接触蚀变类型主要为碳酸岩化、高岭土化、黑云母化等；碳酸岩化呈灰白色、白色、呈薄层状、碎块状集合体发育，多在二云石英片岩片理面呈薄层状产出；高岭土化见于断层接触带附近，沿破碎带产出；黑云母化产于接触带边缘，厚为1~2mm。

含矿伟晶岩普遍含有钠长石，但钠长石呈现两组粒级分布的特点，一组为半自形板状晶，另一组为他形粒状晶，即糖粒状晶，糖粒状钠长石呈集合体分布于粗粒自形板状钠长石周围，也沿裂隙充填于锂辉石中，微斜长石边缘也可见糖粒状钠长石环状分布。钠长石化与稀有金属矿化作用的关系十分密切，在一般情况下都是Li、Be、Nb、Ta矿化的标志，其中糖粒状钠长石多是铌矿化的标志。

钾化、白云母化沿构造破碎带、石英脉、伟晶岩脉、岩体和围岩的接触边缘分布，与铍矿化关系比较密切，区内未见明显绿柱石的含铍矿伟晶岩普遍具较强的钾化、白云母化，因此二者也是寻找铍矿的重要指示。

八、矿化阶段

（一）地球化学演化特征

花岗伟晶岩乃是花岗质岩浆分异结晶及交代作用演化的派生物（邹天人和徐建国，1975）。由于花岗质岩浆分异演化的总趋势是朝着"碱性"的方向发展，这就有可能派生出富含钙（钠）质、富含钾质和晚期富含钠质的各类伟晶岩（郭承基，1963）。茶卡北山地区伟晶岩结晶期造岩矿物主要按斜长石、微斜长石、绿柱石、锂辉石顺序晶出；交代期造岩矿物晶出顺序为钠长石、白云母、绿柱石、锂辉石、锂云母，可见热液交代期为锂铍成矿的重要演化阶段（图3-33）。

一般而言，岩浆结晶分异作用过程中，可能伴随交代作用；随着结晶分异作用的进行交代作用也在加强。郭承基（1963）认为岩浆分异结晶作用能使不相容的铌和钽及挥发分逐渐富集在残余熔体中，演化到热液-流体阶段时，富含 Na、F 及 Nb 和 Ta 等元素，在钠长石化阶段开始结晶沉淀。茶卡北山地区伟晶岩中 Rb、Nb 等元素在结晶分异过程中以类质同象形式少量进入到白云母和钾长石等矿物中，而 Li、Ta 等元素在交代期钠长石化阶段开始富集沉淀，后期演化至锂云母阶段出现铯榴石、锂霞石等碱性矿物（图3-33）。

（二）矿化阶段

茶卡北山地区伟晶岩脉规模相对较小，长多数小于100m，宽一般1~6m；其结晶分异作用而形成的结构分带不甚明显；而部分脉体由边缘至中心结晶由细变粗，中心部位钠长石化、云英岩化逐渐增强，锂辉石含量增高，并出现紫红色锂云母团块；部分脉体的石英核或石英钠长石锂辉石边部出现粗晶绿柱

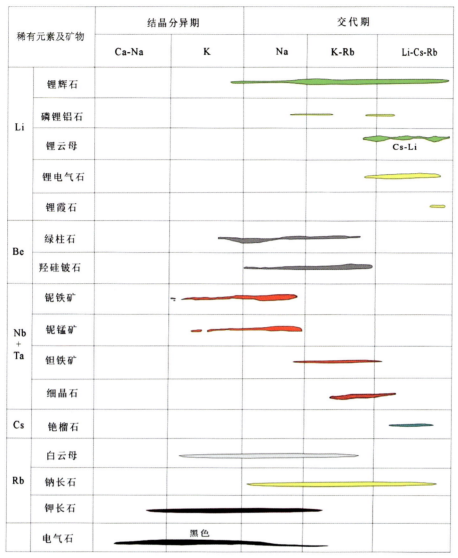

图 3-33 伟晶岩成矿演化阶段

石、铌钽铁矿、锂辉石等矿物产出。显示由边缘至中心化学成分有 Ca(Na)、K、Be、Ta、Li、Cs 的演化发展趋势。

1. 结晶分异阶段

随着伟晶岩作用的发展演化，含 Ca、K、Na 长石类矿物严格按一定的晶出顺序，即斜长石→微斜长石→钠长石（袁见齐等，1985）。据矿区内伟晶岩类型及含矿性特征，划分为 Ca-Na、K 两个阶段。

Ca-Na 阶段：大量出现的更长石为该阶段标志，部分伟晶岩边缘部位出现细粒石英-更长石带（文象或似文象花岗岩伟晶岩带）（图 3-34），伴生形成 U 和 Th 矿化。

K 阶段：随岩浆进一步演化，晶出大量的钾长石（微斜长石、正长石）为标志，形成粗粒、巨粒或块体结构石英-微斜长石带和微斜长石单矿物带。该阶段形成大片叠层状白云母-石英集合体；部分伟晶岩脉中部富含绿柱石、黑色电气石，呈集合体产出。部分伟晶岩脉中与块状或糖粒状钠长石伴生的绿柱石、电气石等典型矿物，绿柱石与石英、白云母及钠长石密切共生，部分呈规则的六棱柱状；电气石呈黑色，晶体大小不等，最大可达 4cm，呈柱状或纤维状晶体，具有玻璃光泽或丝绢光泽，柱面有纵纹；有的与石英一起呈脉状，或在围岩中呈斑杂状分布（图 3-35、图 3-36）。

图 3-34 Ca-Na 阶段似文象花岗岩伟晶岩

图 3-35 K 阶段白云母-石英集合体，富含绿柱石　　图 3-36 K 阶段富含黑色电气石

2. 交代作用阶段

矿区内伟晶岩交代作用较为发育，特别是钠长石化、白云母化、云英岩化和锂云母化等与锂铍矿化密切相关；交代作用是按钠长石、白云母、锂云母演化过程进行的。交代作用是对结晶分异作用的演进或改造，主要发生在钾长石、更长石等结晶期矿物的边部，形成港湾状、溶蚀状或镶嵌状等形态，形体多不规则。

矿区内伟晶岩交代作用造岩矿物主要为钠长石、白云母及锂云母(锂辉石)等，交代作用可划分为钠长石化(Na)、白云母化(K-Rb)、锂云母化(Li-Cs-Rb)3 个阶段。

Na 阶段：矿区内以钠长石化强烈交代为标志，形成各种钠长石交代体。该阶段绿柱石及电气石多数呈不规则星点状分布。另外，于结晶期继微斜长石之后，钠长石阶段开始有锂辉石晶出，锂辉石晶体粗大，伴生有磷锂铝石等，均嵌生于石英中，在局部形成石英-锂辉石带，这是锂矿化最重要的生成时期。Na 阶段是铌和锂铍矿化成矿时期，含矿矿物主要是白云母、绿柱石及锂辉石等(图 3-37～图 3-39)。

K-Rb 阶段：矿区内伟晶岩以白云母广泛交代为标志，形成了白云母交代体；白云母多呈鳞片状、放射状等与石英、钠长石共生；该阶段稀有元素主要出现 Nb、Ta、Be、Rb 及少量 Li 等元素的矿化，其中以 Rb 含量较高，在含白云母伟晶岩中 Rb_2O 品位最高可达 0.24%，与白云母化、钠长石化密切相关(图 3-40)。

Li-Cs-Rb 阶段：该阶段是花岗伟晶岩演化至最晚阶段，以锂云母交代为标志，部分伟晶岩脉中形成锂云母交代体，与锂云母相伴生还有少量锂霞石，也是锂辉石大量产出期。该阶段铷浓度高，主要进入锂云母、白云母及钠长石，并出现铯独立矿物——铯榴石。在含锂云母花岗伟晶岩中出现浅粉红色鳞片状锂云母集合体(图 3-41)；交代期锂云母化(伴有铷、铯)是锂矿化另一重要成矿期，该阶段还伴生有少量针状锂辉石、磷锂铝石等，该阶段常伴生有重要的 Li、Ta、Cs 矿化。另外，Cs 主要呈分散状态赋存于锂云母中,部分赋存于铯榴石。

由此,矿区内伟晶岩的地球化学演化呈现出两个阶段:结晶分异作用阶段为Na-Ca→K,交代作用阶段为Na→K-Rb→Li-Rb-Cs,在锂云母化阶段主要形成锂云母、锂辉石、锂霞石等富锂矿物。

图3-37　Na阶段黑色电气石与钠长石、石英共生

图3-38　Na阶段绿柱石与钠长石、白云母、石英共生

图3-39　Na阶段锂辉石与钠长石、石英共生

图3-40　K-Rb阶段白云母与石英、钠长石共生

图3-41　Li-Cs-Rb阶段浅粉红色鳞片状锂云母集合体

九、地球化学特征

1. 主量元素

含绿柱石花岗伟晶岩、含石榴石电气石花岗伟晶岩、含白云母花岗伟晶岩中SiO_2含量分别为

72.08%~79.18%、72.04%~72.47%、73.09%~80.21%，均属于酸性岩的范畴；在 TAS 图解中多数点投入花岗岩区(图 3-42)，仅有一点投入石英二长岩区，且靠近花岗岩区。柴北缘地区 A/CNK 值为 1.01~2.75，平均为 1.40；在 A/NK-A/CNK 判别图解(图 3-43)中，多数点处于过铝质区，具有过铝质花岗岩的特征。里特曼指数(σ)多数为 1.14~7.65，平均为 2.31，里特曼指数均小于 3.3，属于钙碱性岩系列。K_2O/Na_2O 多数介于 0.17~2.59 之间，平均为 0.67，具有富钠花岗岩特性；在花岗岩 K_2O-SiO_2 岩浆系列判别图解(图 3-44)中，样品投点多落入钙碱性岩系列岩区。柴北缘地区伟晶岩分异指数(DI)为 42.86~55.86，平均为 49.36，分异指数较高，显示岩浆分异结晶作用较强。再投点于伟晶岩(K_2O+Na_2O)/(CaO)-(Zr+Nb+Ce+Y)图解(图 3-45)中，多数点投于分异的 I 型、S 型和 M 型花岗岩区内，显示具有高分异花岗岩的特点。

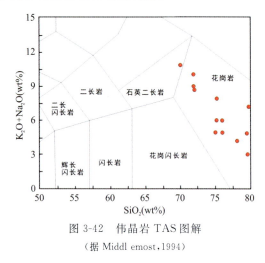

图 3-42 伟晶岩 TAS 图解
(据 Middl emost,1994)

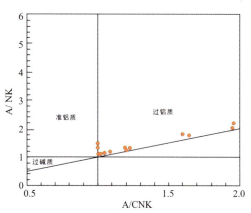

图 3-43 伟晶岩 A/NK-A/CNK 判别图解
(据 Maniar and Piccoli,1989)

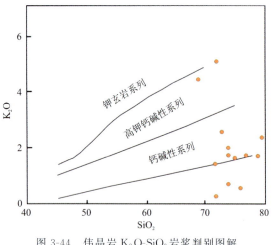

图 3-44 伟晶岩 K_2O-SiO_2 岩浆判别图解
(据 Peccerillo and Taylor,1976)

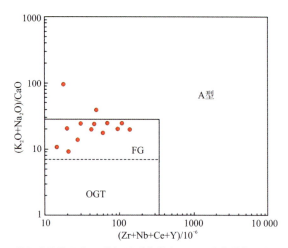

FG. 分异的 I 型、S 型和 M 型花岗岩；OGT. 未分异的 I 型、S 型和 M 型花岗岩；A 型. A 型花岗岩

图 3-45 高分异花岗岩判别图解(据 Whalen et al,1987)

由上所述，茶卡北山地区花岗伟晶岩是以高硅、富铝、钙碱质和高分异，以及低铁、镁、钙和钛为特征，属过铝质花岗伟晶岩，可能形成于大陆碰撞环境(表 3-5)。

表 3-5 伟晶岩全岩主量(%)和稀土、微量(μg/g)元素分析结果

样品	QMG-5	QMG-20	QMG-21	QMG-22	QMG-23	QMG-24	QMG-25	QMG-27	QMG-29	QMG-31	QMG-32	QMG-33	QMG-34	QMG-35
岩性			含绿柱石花岗伟晶岩				含电气石花岗伟晶岩				白云母花岗伟晶岩			
Al_2O_3	14.488	16.668	15.375	16.402	14.940	17.038	12.604	16.959	16.349	15.270	11.469	17.464	16.660	16.015
SiO_2	75.869	74.272	77.228	72.079	76.930	69.668	79.183	72.044	72.471	74.941	80.219	67.608	73.094	74.334
CaO	0.379	0.216	0.174	0.239	0.405	0.543	0.524	0.479	0.467	0.244	0.450	0.144	0.199	0.186
K_2O	1.570	1.713	0.566	5.086	0.393	4.465	1.519	1.288	0.154	2.020	2.234	9.897	2.376	0.807
TFe_2O_3	0.694	0.792	0.892	0.788	1.063	0.561	1.161	0.656	0.676	0.976	0.765	0.482	0.992	0.766
MgO	0.101	0.056	0.063	0.074	0.129	0.107	0.090	0.207	0.135	0.083	0.084	0.053	0.064	0.082
MnO	0.174	0.170	0.114	0.271	0.178	0.076	0.313	0.039	0.053	0.132	0.073	0.086	0.197	0.090
Na_2O	5.968	3.874	2.829	4.531	3.897	6.230	3.231	7.374	9.062	4.026	4.537	3.815	2.732	4.193
P_2O_5	0.065	0.098	0.122	0.170	0.177	0.276	0.334	0.147	0.070	0.124	0.093	0.130	0.054	0.121
TiO_2	0.009	0.014	0.016	0.019	0.009	0.017	0.012	0.003	0.012	0.017	0.015	0.019	0.015	0.017
LOI	0.629	0.222	0.341	0.299	0.308	0.349	0.409	0.614	0.114	0.254	0.362	0.172	0.210	0.273
Total	99.945	98.096	97.720	99.958	98.430	99.330	99.381	99.809	99.565	98.085	100.301	99.868	96.593	96.883
DI	42.86	43.86	44.86	45.86	46.86	47.86	48.86	49.86	50.86	51.86	52.86	53.86	54.86	55.86
SI	4.84	2.03	1.08	0.75	1.18	0.64	1.89	0.87	1.19	1.98	1.23	1.01	0.96	0.36
σ	2.96	2.20	1.73	0.99	0.34	3.19	0.54	4.28	0.62	2.58	2.88	1.14	1.23	7.65
τ	31.66	72.77	936.24	913.88	794.09	634.84	1187.43	635.76	755.90	2819.15	602.28	661.44	465.21	729.84
A/CNK	0.99	1.00	1.19	1.93	2.75	1.22	1.97	1.06	1.59	1.18	1.03	1.65	1.07	1.01
ALK	8.17	8.28	7.54	5.66	3.45	9.57	4.32	10.74	4.74	8.67	9.20	6.12	6.72	13.69
La	0.94	0.78	1.03	1.04	1.97	1.12	2.34	2.76	1.61	1.16	0.88	0.41	0.45	0.88
Ce	0.56	0.32	0.39	0.37	1.20	0.62	1.13	1.85	1.09	0.40	0.30	0.14	0.15	0.25
Pr	0.44	0.15	0.14	0.16	0.84	0.43	0.71	1.20	0.77	0.26	0.24	0.12	0.13	0.18
Nd	0.31	0.06	0.05	0.06	0.55	0.26	0.39	0.87	0.55	0.15	0.18	0.08	0.07	0.13

续表 3-5

样品	QMG-5	QMG-20	QMG-21	QMG-22	QMG-23	QMG-24	QMG-25	QMG-27	QMG-29	QMG-31	QMG-32	QMG-33	QMG-34	QMG-35
岩性		含绿柱石花岗伟晶岩					含电气石花岗伟晶岩				白云母花岗伟晶岩			
Sm	0.19	0.05	0.04	0.05	0.32	0.15	0.25	0.56	0.30	0.09	0.10	0.04	0.05	0.07
Eu	0.19	0.05	0.03	0.06	0.26	0.58	0.57	0.39	0.31	0.15	0.20	0.12	0.07	0.05
Gd	0.13	0.04	0.04	0.04	0.20	0.11	0.17	0.36	0.20	0.06	0.10	0.04	0.04	0.05
Tb	0.12	0.05	0.04	0.04	0.19	0.08	0.17	0.33	0.17	0.05	0.08	0.03	0.06	0.04
Dy	0.10	0.03	0.03	0.03	0.15	0.07	0.12	0.27	0.17	0.04	0.08	0.02	0.03	0.03
Ho	0.08	0.02	0.02	0.02	0.12	0.06	0.08	0.18	0.15	0.03	0.07	0.02	0.02	0.02
Er	0.07	0.02	0.01	0.02	0.11	0.05	0.06	0.16	0.17	0.02	0.07	0.02	0.02	0.02
Tm	0.09	0.02	0.02	0.03	0.12	0.06	0.07	0.17	0.24	0.03	0.07	0.01	0.02	0.01
Yb	0.08	0.02	0.01	0.02	0.11	0.05	0.06	0.15	0.26	0.02	0.07	0.01	0.02	0.01
Lu	0.09	0.02	0.02	0.03	0.11	0.06	0.06	0.16	0.32	0.02	0.09	0.02	0.02	0.02
ΣREE	1.14	0.61	0.73	0.73	2.27	1.21	2.18	3.44	2.12	0.88	0.78	0.34	0.37	0.63
LREE	1.03	0.57	0.70	0.69	2.09	1.12	2.05	3.16	1.88	0.84	0.68	0.32	0.34	0.59
HREE	0.11	0.03	0.03	0.03	0.17	0.08	0.13	0.29	0.23	0.04	0.09	0.03	0.03	0.03
LREE/HREE	9.09	17.18	24.00	20.07	12.22	13.56	16.28	11.05	8.06	19.72	7.29	11.42	10.91	17.80
La/Yb	16.83	60.30	102.42	72.30	27.68	30.28	59.48	26.99	9.09	89.71	19.22	44.49	37.19	101.79
La/Sm	7.79	27.50	37.57	34.34	9.88	11.81	14.80	7.85	8.65	21.53	13.61	14.77	14.72	21.10
Sm/Nd	0.20	0.23	0.26	0.25	0.19	0.19	0.21	0.21	0.17	0.18	0.18	0.17	0.21	0.16
Gd/Yb	1.88	2.36	3.22	2.19	2.41	2.46	3.58	2.96	0.93	3.94	1.76	3.30	2.67	4.81
$(La/Yb)_N$	11.34	40.66	69.05	48.74	18.66	20.42	40.10	18.19	6.13	60.48	12.96	29.99	25.07	68.62
$(La/Sm)_N$	4.90	17.30	23.64	21.60	6.22	7.43	9.31	4.94	5.44	13.54	8.56	9.29	9.26	13.27
$(Gd/Yb)_N$	1.52	1.90	2.60	1.77	1.94	1.98	2.89	2.39	0.75	3.18	1.42	2.66	2.15	3.88

续表 3-5

样品	QMG-5	QMG-20	QMG-21	QMG-22	QMG-23	QMG-24	QMG-25	QMG-27	QMG-29	QMG-31	QMG-32	QMG-33	QMG-34	QMG-35
岩性		含绿柱石花岗伟晶岩					含电气花岗伟晶岩			白云母花岗伟晶岩				
δEu	1.17	1.20	0.83	1.39	0.99	4.45	2.72	0.85	1.26	1.97	2.02	3.05	1.63	0.88
δCe	0.81	0.69	0.67	0.62	0.86	0.80	0.74	0.93	0.91	0.57	0.53	0.52	0.54	0.47
Ni	13.46	4.51	2.32	10.39	6.68	3.63	3.40	220.01	16.92	6.58	8.36	6.01	183.62	6.56
Cu	6.46	5.53	3.23	13.46	6.03	5.41	5.46	13.26	5.64	6.92	16.40	8.03	11.69	5.23
Zn	13.09	70.17	77.35	60.07	49.60	35.64	28.49	36.46	37.85	33.31	25.93	6.60	39.13	20.81
Ga	22.31	25.16	21.05	20.36	25.92	21.52	19.56	29.87	19.42	28.82	16.51	15.12	26.18	23.59
As	12.21	12.20	12.55	11.76	12.22	12.52	12.06	12.59	12.14	13.03	12.38	12.05	11.97	12.13
Rb	192.49	338.27	140.02	1 016.00	81.18	717.11	233.97	223.38	14.05	275.54	232.64	1 245.50	355.62	167.59
Sr	26.43	20.96	11.72	19.46	22.79	50.38	21.32	30.55	33.18	34.09	26.02	31.13	32.36	13.08
Zr	2.72	3.17	2.88	7.91	3.14	13.48	0.87	11.52	18.19	2.90	1.55	2.68	12.36	5.44
Nb	39.87	26.59	91.17	40.42	11.59	133.11	18.83	46.50	0.80	43.22	25.63	15.44	95.67	63.28
Mo	0.65	0.35	0.29	0.39	0.48	0.23	0.27	20.68	4.37	0.83	0.87	0.81	38.55	1.14
Cd	1.46	0.65	1.06	0.46	0.37	0.40	0.36	0.60	0.05	0.49	0.28	0.09	0.69	0.69
In	0.13	0.07	0.09	0.05	0.04	0.04	0.04	0.06	0.00	0.05	0.03	0.01	0.07	0.07
Cs	13.30	60.73	65.86	63.07	47.47	63.85	22.25	13.83	4.93	25.82	13.76	77.92	55.21	34.67
Ba	27.53	10.91	5.12	14.57	16.00	82.04	30.09	15.65	6.49	29.92	47.26	32.01	16.00	4.99

在 SiO$_2$ 主量元素哈克图解(图 3-46)中,含锂辉石伟晶岩 TiO$_2$、MgO 显著降低,Ca$_2$O 和 Fe$_2$O$_3$ 呈逐步降低,而 Na$_2$O 值显著升高,K$_2$O 具降低趋势;表明岩浆演化过程中,钠长石化交代作用逐渐增强,而钾长石及微斜长石受钠长石交代,钾含量逐步降低;黑云母受白云母等交代,MgO、Fe$_2$O$_3$ 等含量明显降低。

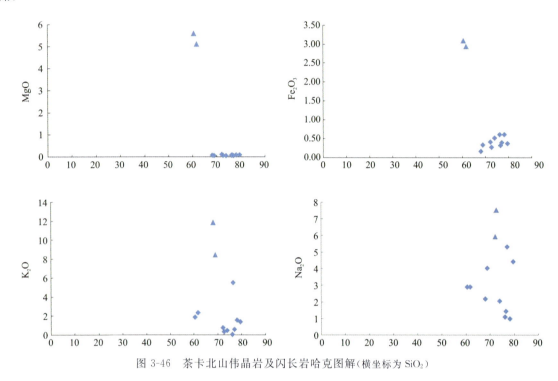

图 3-46 茶卡北山伟晶岩及闪长岩哈克图解(横坐标为 SiO$_2$)

2. 稀土元素

柴北缘地区花岗伟晶岩类的稀土元素分析结果,稀土总量较低,$\sum$REE 为 $(0.34 \sim 3.44) \times 10^{-6}$,平均为 1.24×10^{-6}。由于稀土元素在多数情况下为不相容元素,在岩浆结晶过程中易保存在残余流体相中,对于深部形成的热液流体其稀土元素总量较低(赵振华和周玲棣,1997)。区内 LREE/HREE 为 $7.29 \sim 24.00$,平均为 14.19,岩石具有轻稀土富集特点,(La/Yb)$_N$ 一般为 $11.34 \sim 69.05$,平均为 33.60,(La/Sm)$_N$ 为 $4.90 \sim 23.64$,平均为 11.05,轻重稀土分馏明显;稀土元素球粒陨石标准化曲线右倾,稀土配分曲线斜率基本一致(图 3-47),δCe 为 $0.47 \sim 0.93$,平均为 0.69,呈负异常;δEu 分布于 $0.83 \sim 3.05$ 之间,δEu 平均值为 1.75,具有正铕异常;推测铕正异常与围岩同化混染作用有关。稀土元素含量趋低、轻重稀土比值趋小是高分异花岗岩的特征(Gelman et al,2014)。而柴北缘地区花岗伟晶岩稀土元素总量较低,且铕呈正异常;反映具有高分异花岗岩的特征。

3. 微量元素

柴北缘地区内伟晶岩大离子亲石元素 Rb 富集明显,K、Sr、Ba 相对亏损;另外,高场强元素 Nb、Ta 富集,而 Zr、Hf、Th、Ce、U 等元素明显亏损,Sm、Y、Yb 强烈亏损;强不相容元素中 Rb、Ta、Nb 富集明显,Ba、Th 的相对亏损。花岗伟晶岩类微量元素蛛网图(图 3-48)呈 M 型特征。

柴北缘地区花岗伟晶岩类的 Nb 含量 $(11.59 \sim 91.17) \times 10^{-6}$,平均为 46.58×10^{-6};Ta 含量 $(5.01 \sim 49.53) \times 10^{-6}$,平均为 17.30×10^{-6};Nb/Ta 为 $1.46 \sim 5.61$,平均为 3.40;Zr/Hf 一般为 $7.65 \sim 17.63$,平均为 12.63。由上所述,花岗伟晶岩岩浆演化晚期 Rb、Ta、Nb、Be、Li 等元素富集明显,而 Zr、Hf、Th、Ce、Y、Yb 等元素明显亏损;表明岩浆演化过程晚期岩浆具高度分异作用。

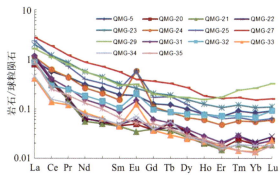

图 3-47　茶卡北山地区伟晶岩 REE 配分模式图(标准化值据 Boynton,1984)

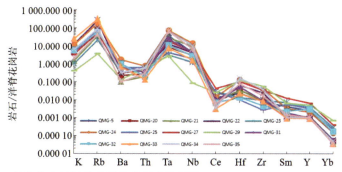

图 3-48　茶卡北山地区伟晶岩微量元素蛛网图(标准化值据 Sun and McDonough,1989)

另外,矿区内伟晶岩中均含有白云母,而 Rb 主要赋存于白云母、锂云母中,少量赋存于微斜长石中;含锂辉石伟晶岩中 K/Rb 值范围较小,一般为 $(0.004\ 1\sim0.007\ 8)\times10^{-6}$,平均为 $0.005\ 9\times10^{-6}$;在 K/Rb-稀有元素图解(图 3-49)中,含锂辉石伟晶岩 K/Rb 值与 Nb、Ta、Be、Li 元素含量呈正相关关系,即 K/Rb 值为 0.005 9 时,Li、Ta、Be 矿化较好。由此,K/Rb 值可作为该区域内含锂铍伟晶岩矿化地球化学示踪剂,是重要的锂铍稀有金属找矿的地球化学标志。

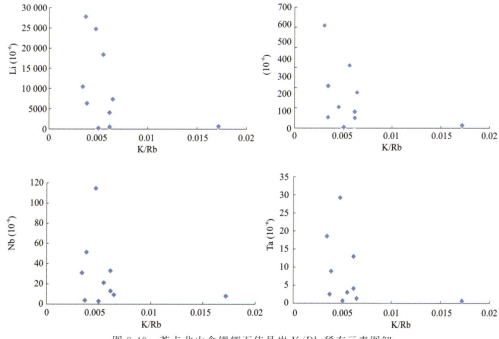

图 3-49　茶卡北山含锂辉石伟晶岩 K/Rb-稀有元素图解

4. 流体包裹体

含锂辉石伟晶岩中石英具有与锂辉石同期形成特征，通过对石英流体包裹体进行显微测温、成分及压力测试及分析，石英流体包裹体主要有富液包裹体（L_{H_2O}）、气体包裹体（V_{CO_2}）、CO_2两相包裹体（$V_{CO_2}+L_{H_2O}$）、CO_2三相包裹体（$V_{CO_2}+L_{CO_2}+L_{H_2O}$）4种类型（图3-50、图3-51），其中以富液包裹体为主；成分主

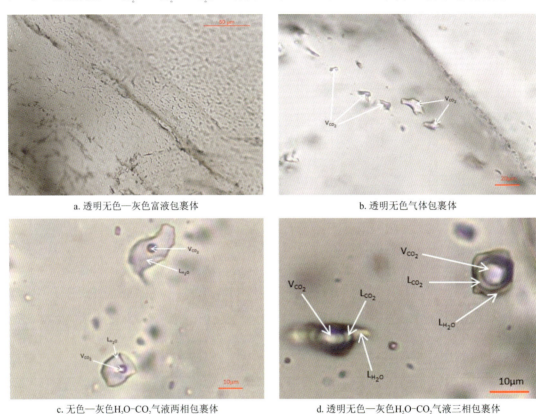

a. 透明无色—灰色富液包裹体　　　　　　　　b. 透明无色气体包裹体

c. 无色—灰色H_2O-CO_2气液两相包裹体　　　　d. 透明无色—灰色H_2O-CO_2气液三相包裹体

图3-50　茶卡北山含矿伟晶岩中石英流体包裹体类型

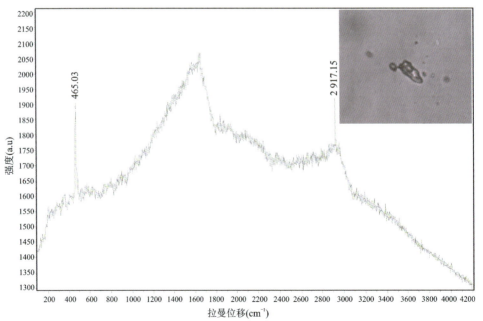

a. 气液两相包裹体显微激光拉曼光谱图（BGT1-4）

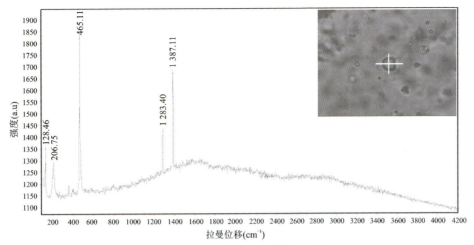

b. 气体包裹体显微激光拉曼光谱图(BGT7-3)

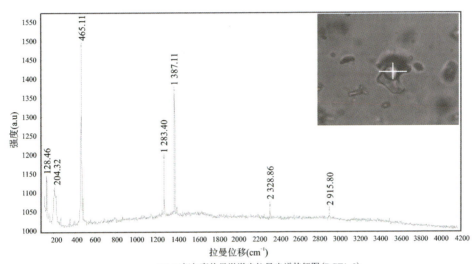

c. CO_2三相包裹体显微激光拉曼光谱特征图(BGT1-2)

图 3-51 包裹体气相特征图谱

要由液相 H_2O,气相 H_2O、CO_2、CH_4、CO、N_2、H_2 等组成;盐度较低,平均为 5.83%;据流体包裹体均一温度分布与矿物共生关系(图 3-52a、图 3-52b、图 3-53),含矿伟晶岩经历了早期高温阶段(356℃)和晚期低温阶段(160℃)两期热液活动,成矿深度介于 18.52~20.27km 之间,平均 19.64km。由上所述,矿区内含矿伟晶岩成矿深度较深,属深成伟晶岩,是岩浆演化期后富含挥发组分的岩浆产物;成矿流体主要来自花岗质岩浆结晶及变质分异作用,反映该矿可能具有岩浆成因和变质成因稀有金属矿床的特性。

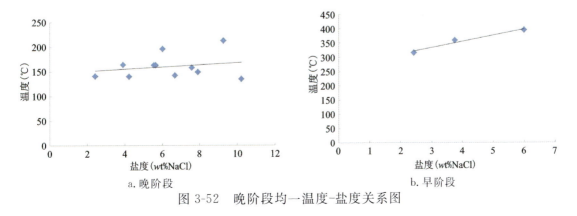

a. 晚阶段　　　　　　　　　　　　　b. 早阶段

图 3-52 晚阶段均一温度-盐度关系图

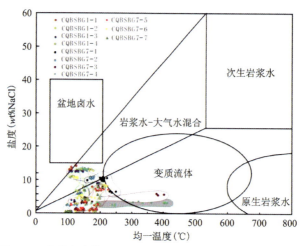

图 3-53 流体包裹体均一温度-盐度相关图(底图据 Beane,1983)

由此,矿区伟晶岩具有高硅、钙碱质和高分异以及低铁、镁、钙和钛为特征,属强过铝质花岗伟晶岩;稀土总量较低,ΣREE 平均为 1.29×10^{-6},δEu 平均值为 1.75,稀土元素球粒陨石标准化曲线右倾。Nb/Ta 值平均为 3.40,Zr/Hf 值平均为 12.63;Rb、Be、Li 等元素富集明显,具有高分异花岗岩特征。成矿流体主要来自花岗质岩浆结晶及变质分异作用,反映该矿可能具有岩浆成因和变质成因稀有金属矿床的特性。

十、形成时代

1. 样品采集及分析方法

茶卡北山矿区采集 1 件同位素测年岩性为含绿柱石花岗伟晶岩。锆石 U-Pb 同位素定年在北京燕都中实测试技术有限公司实验室完成。锆石 U-Pb 同位素定年利用 LA-ICP-MS 分析完成,激光剥蚀系统为 New Wave UP213,ICP-MS 为布鲁克 M90。激光剥蚀过程中采用氦气作载气、氩气为补偿气以调节灵敏度,二者在进入 ICP 之前通过一个匀化混合器混合;每个样品点分辨包括 20~30s 的空白信号和 50s 的样品信号。

U-Pb 同位素定年中采用锆石标准 91500 和 Plesovice 作为外标进行同位素分馏校正;锆石微量元素含量利用 SRM610 作为多外标、Si 作内标的方法进行定量计算;测试剥蚀光斑直径根据实际情况选择 $25\mu m$。

普通铅计算按 3D 坐标法进行校正(Anderson,2002),样品同位素比值和元素含量计算采用 GLITTER4.4 软件处理,锆石的谐和曲线和加权平均年龄计算采用 Isoplot3.2 等程序完成。

2. LA-ICP-MS 锆石 U-Pb 定年

含绿柱石花岗伟晶岩中锆石呈半透明,为他形粒状、柱状、长柱状,颗粒长径为 $100\sim200\mu m$,长宽比为(1:5)~(2:1)。阴极发光图像(CL)显示,几乎不显示韵律环带,锆石内部呈多孔状、斑杂状,阴极射线发光弱,不均匀,显示热液蚀变锆石的特点,经历了蜕晶质化或流体交代作用。

14 颗锆石给出的年龄范围为 226.3~234.3Ma(表 3-6),在 U-Pb 谐和图上,14 个分析点都落在谐和线或附近(图 3-54),其加权平均年龄为(229.5±1.3)Ma(MSWD=0.58),代表含绿柱石花岗伟晶岩锆石结晶年龄。

表 3-6　茶卡北山矿区伟晶岩 LA-ICP-MS 锆石 U-Pb 测年结果

编号	元素含量(×10⁻⁶)		Th/U	同位素比值							年龄(Ma)			
	U	Th		$^{207}Pb/^{206}Pb$	1σ	$^{207}Pb/^{235}U$	1σ	$^{206}Pb/^{238}U$	1σ		$^{207}Pb/^{235}U$	1σ	$^{206}Pb/^{238}U$	1σ
1	11 862	110	0.01	0.050 68	0.000 91	0.256 00	0.007 37	0.036 28	0.000 60		231.4	6.0	229.7	4.0
2	8294	48.2	0.01	0.052 09	0.000 99	0.259 90	0.005 21	0.036 12	0.000 30		234.6	4.0	228.7	2.0
3	14 244	88.7	0.01	0.050 91	0.001 10	0.250 41	0.005 01	0.035 72	0.000 44		226.9	4.0	226.3	3.0
4	8335	96.5	0.01	0.067 70	0.000 79	0.343 55	0.007 24	0.036 70	0.000 40		299.9	5.0	232.3	2.0
5	18 034	142	0.01	0.051 02	0.000 55	0.254 59	0.003 60	0.036 17	0.000 41		230.3	3.0	229.0	3.0
6	9860	69.1	0.01	0.053 07	0.000 81	0.266 77	0.007 48	0.036 37	0.000 62		240.1	6.0	230.3	4.0
7	9320	59.5	0.01	0.050 64	0.000 91	0.253 04	0.002 97	0.036 13	0.000 38		229.0	2.0	228.8	2.0
8	12 977	91.7	0.01	0.051 66	0.001 00	0.257 34	0.006 44	0.036 11	0.000 57		232.5	5.0	228.7	4.0
9	12 200	79.5	0.01	0.052 62	0.001 02	0.262 99	0.005 86	0.036 11	0.000 49		237.1	5.0	228.7	3.0
10	9435	66.2	0.01	0.050 56	0.000 62	0.252 31	0.003 41	0.036 07	0.000 28		228.5	3.0	228.4	2.0
11	7201	52.2	0.01	0.056 20	0.000 54	0.284 75	0.002 81	0.036 75	0.000 39		254.4	2.0	232.7	2.0
12	10 183	66.6	0.01	0.051 11	0.000 87	0.254 75	0.004 69	0.035 97	0.000 38		230.4	4.0	227.8	2.0
13	8533	70.6	0.01	0.062 84	0.000 59	0.319 19	0.004 52	0.036 74	0.000 38		281.3	3.0	232.6	2.0
14	7934	41.2	0.01	0.056 50	0.000 69	0.282 93	0.004 74	0.036 18	0.000 37		253.0	4.0	229.1	2.0

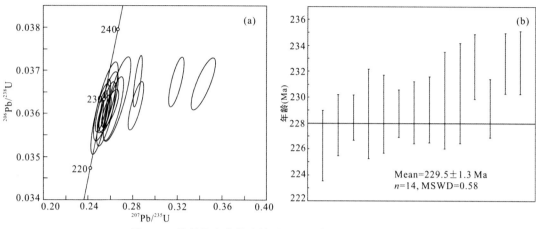

图 3-54 锡墨格山伟晶岩锆石 U-Pb 谐和图及平均年龄

3. 伟晶岩形成时代

伟晶岩成岩年龄对于研究伟晶岩的形成构造背景、伟晶岩成因等有着极其重要的意义。伟晶岩的形成及稀有元素的富集与造山过程和热历史演化是耦合的(王登红等,2004)。花岗伟晶岩可能是过冷却状态下快速生长形成的(李建康,2012)。茶卡北山地区位于青海南山的西端,区域构造上处于南祁连地块与全吉地块(又称欧龙布鲁克陆块)结合的宗务隆山构造带东段。在青藏高原东北缘茶卡北山地区首次发现锂辉石伟晶岩脉群,这些伟晶岩脉沿宗务隆山南缘断裂北侧密集出露并呈狭窄的带状北西向展布。柴北缘东段出露大量印支期岩浆岩,向东可与西秦岭北缘同期花岗岩相连,共同构成北西-南东向展布的青海南山岩浆岩带(闫臻等,2012)。柴北缘乌兰地区晚二叠世—早三叠世(年龄为 254～240Ma),又可进一步细分为 254～251Ma、250～248Ma、244～240Ma 三次侵位,对应的岩石组合为闪长岩+花岗闪长岩+花岗岩(吴才来等,2016)。郭安林等(2009)和强娟(2008)在天峻南山、青海湖南山发现年龄为 246Ma、238Ma 印支期花岗岩。宗务隆构造带内普遍发育 240～220Ma 花岗岩侵入体(郭安林等,2009)。卢欣祥(2010)认为花岗伟晶岩年龄可能要稍晚于相关花岗岩基的年龄。在茶卡北山含锂辉石白云母花岗伟晶岩中获得 U-Pb 加权平均年龄为(240.6±1.5)Ma、(217.0±1.8)Ma(潘彤等,2020;王秉璋,2019)。本次在茶卡北山东段含绿柱石花岗伟晶岩中获得锆石加权平均年龄为(229.5±1.3)Ma,代表含绿柱石花岗伟晶岩结晶年龄。

由此,柴北缘地区及邻区含矿花岗伟晶岩成岩成矿年龄集中于 240～217Ma,形成于中—晚三叠世,伟晶岩的形成年龄稍晚于柴北缘东段地区花岗岩类(254～238Ma)成岩年龄。

十一、矿床类型

王登红(2014)认为青藏高原东缘的伟晶岩矿床研究基础较薄弱,成岩成矿构造环境较复杂,但其成果对于探讨青藏高原的隆升机制、重塑大陆演化过程中的成矿作用意义重大。在伟晶岩矿床与大陆演化过程之间建立起某种耦合机制不但是可能的,而且很有必要(Collerson,1999)。

茶卡北山地区隶属柴北缘宗务隆山-夏河甘加裂谷中东部,晚古生代海西期在柴达木盆地东北缘岩浆岩活动十分剧烈。晚二叠世—中三叠世宗务隆洋壳向南俯冲,形成一系列中酸性火山岩和青海湖南山及天峻南山花岗岩为代表的岛弧地体,晚三叠世洋壳闭合进入陆内碰撞造山期(郭安林等,2009;彭渊等,2016)。王秉璋(2019)认为茶卡北山锂辉石伟晶岩的发现,可推断宗务隆山构造带东段是青藏高原北部一条新的、重要的 Li、Be 矿成矿带。一个相对较长的地质稳定时期有助于稀有金属的聚集成矿(王登红等,2002)。区域上海西期侵入岩在内压力和构造应力的作用下,其熔融体沿早期形成的构造裂隙侵位于石炭纪—二叠纪地层薄弱面和北东向、北西向构造裂隙,侵入岩主要有中基性石英闪长岩、酸性中—粗粒花岗岩等。在岩浆结晶分异作用的晚期,残余热液中富含大量碱金属,挥发组分浓度增高,如可溶性铷、锂、铌钽等元素含量增高,钠的浓度急剧增加,演化至钠长石化阶段,铌、铍在碱性溶液中沉淀析出形成矿物;随着钠的交代,熔浆中铷、锂浓度增高,形成含锂云母、绿柱石、锂辉石型花岗伟晶岩。茶卡北山地区伟晶岩中除 Li、Be 外,Nb、Ta、Cs 也可能是有潜力的成矿元素。

因此,茶卡北山伟晶岩主要形成于中晚三叠世,表明构造体制由挤压转换为伸展,导致加厚地壳物质减压熔融形成大量的伟晶岩;伟晶岩含矿石矿物主要为锂辉石、绿柱石,矿床类型主要为锂辉石-绿柱石伟晶岩型矿床。

十二、成矿要素

茶卡北山伟晶岩型锂铍稀有金属矿成矿要素见表 3-7。

表 3-7 茶卡北山伟晶岩型锂铍稀有金属矿成矿要素表

成矿要素		要素描述	要素分类
成矿时代		晚三叠世	必要
大地构造位置	大地构造分区	秦祁昆造山系,中—南祁连弧盆系,宗务隆山-夏河甘加裂谷	重要
成矿地层	岩石名称	二云石英片岩、石英闪长岩为含矿围岩	重要
	岩石时代	青白口纪—晚奥陶世、晚奥陶世	重要
岩浆建造-岩浆作用	岩石名称	花岗伟晶岩	必要
	侵入岩时代	晚三叠世	必要
	岩体形态	含矿伟晶岩为岩脉、透镜状、囊状	重要
	岩体产状	受区域性构造控制,总体呈北西向展布	重要
	岩石结构	伟晶结构、变余伟晶结构、他形粒状变晶结构,少数碎裂结构,片状粒状变晶结构	重要
	岩石构造	块状构造	重要
成矿构造	韧性剪切带	呈北西向横贯全区,宽 200～600m,在石英闪长岩中形成强糜棱面理是伟晶岩侵入的薄弱位置	重要
	断裂构造	断裂构造发育,北西向断裂 F_5~F_9 控制矿体的总体分布,地层中的薄弱面、构造裂隙及节理为容矿构造	重要
矿床资源储量	资源量/t	Li_2O:15 324.46;BeO:2 343.17;$(Nb+Ta)_2O_5$:392.35;Rb_2O:1 895.92;Cs_2O:17.62	
	平均品位/%	Li_2O:1.14;BeO:0.062;$(Nb+Ta)_2O_5$:0.013 2;Rb_2O:0.049;Cs_2O:0.183	
	矿床规模	锂铍铷为中型	

十三、成矿模式

茶卡北山地区伟晶岩脉达1000余条,穿层侵入于青白口系—上奥陶统茶卡北山组、石炭系—下二叠统果可山组中,部分伟晶岩呈超动侵入于石英闪长岩($O_3\delta o$)中。茶卡北山地区青白口系—上奥陶统茶卡北山组为区内最古老地层,呈北西向展布;晚奥陶世石英闪长岩沿区域性断裂侵入于青白口系—上奥陶统茶卡北山组(图3-55A),大致呈北西向展布。

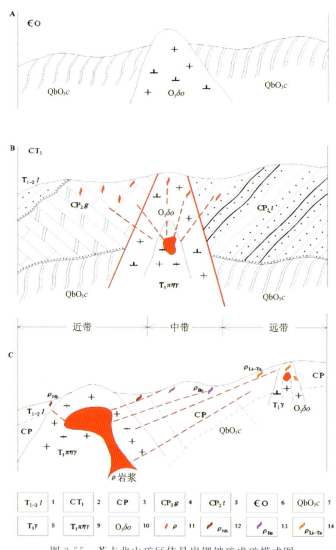

图3-55 茶卡北山矿区伟晶岩锂铍矿成矿模式图

1.三叠系隆务河组;2.石炭系—早三叠统;3.石炭—二叠系;4.果可山组;5.土尔根大坂组;6.寒武—奥陶系;
7.青白口系—上奥陶统茶卡北山组;8.早三叠世花岗岩;9.早三叠世斑状二长花岗岩;10.晚奥陶世石英闪长岩;
11.未矿化伟晶岩脉;12.含铌伟晶岩脉;13.含绿柱石伟晶岩脉;14.含锂辉石伟晶岩脉.

一般而言,含稀有金属矿床的伟晶岩与花岗岩在空间上和时间上密切相关。在茶卡北山南部地区出露规模不等的早三叠世二长花岗岩、花岗斑岩,以及晚三叠世正长花岗岩。伟晶岩的形成过程就是一个从岩浆到热液的演化过程,在伟晶岩形成的前期,结晶(分异)作用是主要的,由于温度的降低,使组成伟晶岩的主要矿物(如长石、石英和云母)以及一些稀有元素矿物(如锂辉石、铌钽铁矿、绿柱石等),从伟晶岩熔浆中逐渐结晶出来,形成于较稳定的封闭环境。由于挥发组分的参加可使熔浆的结晶温度降低,粒度变小,有利分异作用的进行,随着结晶作用的进行,可产生分异现象,形成完好的带状构造。同时,由于挥发组分的存在,将增加伟晶岩浆的内应力,在构造应力下,可侵入到母岩的外壳或节理裂隙中及围岩构造裂隙中形成伟晶岩脉;茶卡北山地区与印支期酸性侵入岩有关的伟晶岩脉主要侵入于青白口系—上奥陶统茶卡北山组、石炭系—二叠系土尔根大坂组、石炭系—下二叠统果可山组中,部分花岗伟晶岩脉超动侵入于奥陶纪石英闪长岩中(图 3-55B),伟晶岩脉类型主要为黑云母伟晶岩、含绿柱石伟晶岩以及少量锂辉石伟晶岩等。

随着岩浆演化的后期阶段,当母岩浆侵入到具有良好屏蔽作用的围岩中,上部和外部岩浆迅速冷却,形成一个相对封闭的环境。Li、Nb、Ta 等稀有元素与 F、Cl、CO_2、H_2O 等易发生液态不混溶的挥发分主要富集于花岗质残余岩浆即伟晶岩浆中,具有较低的固结温度、黏度和密度,存在于岩浆房的上部;而在伟晶岩演化后期交代作用非常发育,表现为早期晶出的矿物为后期矿物所交代溶蚀;当上部岩石因冷却发生断裂后,压力突然降低,导致这种熔体喷出,携带挥发组分的伟晶岩浆沿构造、地层裂隙、层理以及岩体节理等薄弱面,在适宜部位形成含矿伟晶岩脉。通过区域勘查及验证工作,含矿伟晶岩脉明显具体分带性特征,即印支期侵入岩体近处形成含铌矿为主的伟晶岩,远离岩体形成铌、铍,以及锂、铷、铯等含矿伟晶岩脉(图 3-55C)。

在伟晶岩浆演化的各阶段都有程度不等的 Li、Nb、Ta 独立矿物的析出。晚三叠世茶卡北山地区受华北陆块、扬子陆块和羌塘陆块共同影响,洋壳的俯冲消失导致陆陆碰撞,西秦岭造山带形成并向西挤压,形成了秦昆结合部北西向展布,构成鄂拉山岩浆弧;在茶卡北山地区晚三叠世侵入体岩性为正长花岗岩,该期岩浆活动表征在柴北缘东段形成茶卡北山、俄当岗以及锡墨格山、石乃亥等伟晶岩型稀有金属矿床、点,是中晚三叠世陆内碰撞阶段岩浆活动的具体成矿响应。

十四、成矿环境

1. 伟晶岩成矿作用

一般认为,花岗伟晶岩是由富含挥发分的花岗质母岩的残余岩浆结晶分异产生。花岗伟晶岩是重要的绿柱石铍矿类型,世界上一半以上的铍矿物来自该类型矿床(李建康等,2017)。富 Be 岩浆一般具有较高的 F 含量,从岩浆晚期(晶洞、伟晶岩)到热液阶段,是各类铍矿物的结晶和富集成矿过程中,Be 含量有升高趋势(London and Evensen,2002)。当伟晶岩演化到晚期交代阶段,稀有元素大量沉淀、富集。伟晶岩中稀有元素是通过岩浆结晶分异而逐渐富集的(Evensen et al,1999)。王登红等(2002,2004)认为稀有金属元素在多期次岩浆活动中逐步富集成矿。

伟晶岩富含水及挥发组分,携带稀有金属成矿元素一起迁移和富集成矿(Thomas et al,2006)。卢焕章等(2004)研究认为花岗岩浆在结晶分异过程中将导致 Cr、Ni、Co、Sr、Ba 和 Zr 等微量元素的显著降低,以及 Li、Rb 和 Cs 等含量的显著增高。柴北缘地区及邻区印支期岩浆活动强烈,伟晶岩为岩浆演化后期的产物;花岗伟晶岩中 Li、Be 主要赋存于锂辉石、锂云母、锂电气石、绿柱石等独立矿物中;锂电气石主要分布在钾长石表面或沿裂隙充填,生成晚于锂辉石、钾长石、石英等;绿柱石呈自形—半自形粒状晶、他形粒状晶,与钠长石、石英及白云母等矿物共生。

因此,柴北缘地区含绿柱石花岗伟晶岩的形成与印支期岩浆活动密切相关,Li、Be 等稀有元素是在多期次岩浆活动中逐步富集成矿。

2. 伟晶岩形成构造环境

柴北缘地区内花岗伟晶岩脉产出于古元古代变质地层及奥陶纪侵入岩中,形成长约 40km 的伟晶岩带,具有高分异、过铝质含稀有金属花岗伟晶岩的特征。含稀有金属花岗伟晶岩往往产出在造山期后相对稳定阶段(王登红等,2004;郝雪峰等,2015;李建康等,2017),且与过铝质 S 型花岗岩密切相关(Cerny et al,1986;Williams and Mckibben,1989);世界上过铝质花岗岩主要形成于后碰撞构造环境,形成于造山作用所导致地壳增厚之后的构造减压过程(Sylvester,1998);因此柴北缘地区稀有金属花岗伟晶岩可能形成于造山期后碰撞环境。

区域上伟晶岩脉成群分布于宗务隆构造带东缘,与伟晶岩密切相关的印支期侵入岩主要分布于柴北缘地区南侧,岩石类型主要有二长花岗岩、花岗闪长岩、正长花岗岩等。研究宗务隆构造带内岩浆活动可为伟晶岩提供构造约束,进而明确其产出的构造环境。宗务隆构造带是在欧龙布鲁克陆块与中—南祁连地块共同构建的加里东地块之上发育起来的印支期造山带(张雪亭等,2007),吴才来等(2016)认为柴北缘乌兰地区晚二叠世—早三叠世 I 型花岗岩类的形成与宗务隆洋壳向南俯冲于欧龙布鲁克陆块之下有关;闫臻等(2012)认为青海南山岩浆岩带的形成与古特提斯洋演化紧密相关;牛漫兰等(2018)指出早—中三叠世岩浆活动与古特提斯洋向北俯冲诱发的幔源岩浆底侵和岩浆混合作用有关;而青海南山中三叠世岩浆形成于陆块碰撞造山的后碰撞阶段(王季伟,2019),且具有相似构造带的鄂拉山构造带(彭渊等,2016),岩浆岩形成于碰撞及碰撞后阶段(李玉晔,2008);三叠系鄂拉山组(约220Ma)是与蛇绿岩相伴出现的磨拉石建造,表征为拉张作用的后造山-非造山岩浆作用记录(吴福元等,2020);晚三叠世 A 型花岗岩(230~214Ma)的发现(强娟,2008;彭渊等,2016),标志着晚三叠世碰撞造山已结束。表明宗务隆地区构造体制由中三叠世碰撞及碰撞后阶段转换为晚三叠世伸展阶段。柴北缘地区中—晚三叠世花岗伟晶岩脉主要产出于宗务隆构造带东段,该时期宗务隆地区构造体制由挤压转换为伸展阶段,而花岗伟晶岩可能形成于造山期后相对稳定阶段。

第三节　沙柳泉铌钽矿床

一、概　述

矿区位于青海省中部海西蒙古族藏族自治州东部,地处柴达木盆地东北边缘,行政区划隶属于青海省海西蒙古族藏族自治州乌兰县柯柯镇。矿区西距乌兰县城 25km,东距德令哈市 96km,交通极为方便。

20 世纪 50 年代发现该矿床以来,随即开展了不同程度的勘查工作。1958 年当地群众在沙柳泉地区发现了白云母和绿柱石。同年,德令哈农场组织人员在沙柳泉地区开采白云母,共采出绿柱石 442t,白云母 345t。1959—1960 年石油普查大队对沙柳泉地区一号花岗伟晶岩脉以白云母、绿柱石为主进行了初步勘探。1965—1972 年青海地质矿产局地质六队针对沙柳泉花岗伟晶岩脉进行了预查、普查及详查工作,提交 $Nb_2O_5+Ta_2O_5$ 地质储量 405.03t,达到小型矿床。2011—2014 年青海省第七地质矿产勘查院针对区内花岗伟晶岩型钾长石矿产开展了普查工作,圈定了钾长石矿体 9 个,矿体赋存于花岗伟晶岩中,矿体厚度变化较大,在 3.00~28.82m 之间,平均厚度 12.64m。随后 2015—2018 年青海省地质调查院在该区针对花岗伟晶岩型稀有金属矿产开展了普查工作,通过 1∶2.5 万水系沉积物测量、1∶1 万地质草测、1∶1 万地质修测、1∶1 万高精度磁法测量、1∶5000 岩石地化剖面测量、1∶2000 岩石地化剖面测量、1∶1000 采样线剖面测量以及槽探、钻探工程等工作手段对圈定的 16 处综合异常进行了查证,初步圈定出伟晶岩脉 118 条,圈定出钾长石矿体 14 条、铷(铍钽等)矿体 20 条。初步估算出 333+334 类钾长石资源量 78 万 t,334 类资源量:Rb_2O 为 946.94t;共生 Ta_2O_5 为 7.59t;BeO 为 28.01t;K_2O 平均品位 8%、Rb_2O 平均品位 0.08%、Ta_2O_5 平均品位 0.006%、BeO 平均品位 0.05%。Rb_2O 资源量规模达到中型矿床。

二、区域地质背景

沙柳泉矿区大地构造单元属于秦祁昆造山系全吉地块，隶属于三级成矿单元"柴达木北缘铅、锌、锰、铬、金、白云母成矿带（Ⅲ-24）"，位于柴北缘欧龙布鲁克-乌兰钨（铁、铋、稀有、稀土、宝玉石）成矿亚带（Ⅳ-24③），是青海省内稀有、稀土矿的成矿有利地区之一，具有形成金多金属及稀有矿床的潜力。

区域构造活动强烈，从加里东期到喜马拉雅期都有断裂活动，并且有多期活动的特点，其中以加里东期断裂活动最为强烈，形成了本区早期深大断裂，而且对后期断裂的形成起着一定的控制作用，也是整个造山带形成与发展演化的主控构造。各期断裂相互交切，分支现象常见，使区内断裂系统显得十分复杂。根据断裂延展方向，按其展布方向中可分为近东西向、北西向、北东向3组。其中近东西向断裂规模大、形成时间早、活动期长，系主干构造；北西向、北东向两组断裂一般规模小，形成时间略晚，活动期短。

区内岩浆岩活动十分剧烈，岩浆岩广泛分布，出露面积较大，岩石性质以酸性—基性为主，岩浆活动以海西期中酸性侵入活动为主，明显受北西向断裂带控制，在西部形成以闪长岩为主的中基性侵入岩体，其次为中粗粒花岗岩、似斑状花岗岩；而且继侵入活动之后各类岩脉均比较发育，特别是花岗伟晶岩脉，在阿姆内格山东北部密集出现，侵入于古元古界达肯大坂岩群中，并伴生稀有金属及有关的长石、石英等矿产。

古元古界达肯大坂岩群片岩岩组、大理岩岩组中深变质岩系组成区内主要地层，普遍经历了区域动力热流变质作用，达高角闪岩相，并产生退化变质作用，普遍发生韧性剪切作用，形成各类糜棱岩化片麻岩、糜棱岩化片岩、糜棱岩化大理岩和各类糜棱岩等。后期叠加浅层次的动力变质作用。以脆性变形为主，局部生成碎裂岩、构造角砾岩。

三、矿区地质特征

（一）地质概况

矿区出露地层较为简单，岩性较复杂，主要为古元古界达肯大坂岩群片岩段、大理岩段、片麻岩段。其中片岩段主要岩性为黑云母石英片岩，局部具混合岩化；大理岩段主要岩性为白云质大理岩及第四系等地层。区内地层经受了各期构造运动，褶皱、断裂构造均十分发育（图3-56）。

矿区内构造活动较为强烈，断裂构造较发育，以北西向阿姆内格山南逆断层和阿姆内格山北断层为主要断层，规模较大。区内断裂构造主要由北西向、北东向两组组成。通过地质草测、修测，结合1:1万高精度磁法测量，先后圈定出北西向断裂5条（SB1～SB5）形成了区内主体构造格架，为区内主体构造线方向，其控制了本区内地层、其他构造和岩浆岩的展布，构成了普查区基本地质格架。北东向断裂8条（SB6～SB13），走向北东—北北东，多为右行平移断层，造成达肯大坂岩群沿走向上不连续。通过进一步综合分析认为，普查区内矿产分布与构造发育的关系较为密切，且存在一定的成矿专属性特征，其中SB1、SB4、SB8三条破碎带主要为金、多金属矿产富集部位，SB2破碎带及周边发育的花岗伟晶岩主要为稀有金属矿产富集部位。褶皱、节理等构造形迹规模较小，多呈露头尺度产出。

矿区内岩浆活动以海西期中酸性侵入活动为主，明显受北西向断裂带控制，岩体出露较少，主要在西北角有少量肉红色角闪正长岩，侵入于古元古界达肯大坂岩群，侵入界线弯曲。脉岩比较发育，酸性—中性—基性均见出露，主要有花岗闪长岩脉、正长花岗细晶岩脉、石英脉、花岗伟晶岩脉、煌斑岩脉、

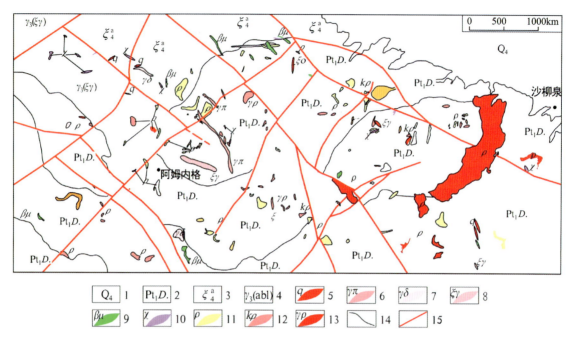

图 3-56 沙柳泉地区地质简图

1.第四系；2.古元古代达肯大坂岩群；3.海西期角闪正长岩；4.加里东期斜长角闪岩；5.石英脉；6.花岗岩脉；7.花岗闪长岩脉；8.正长花岗岩脉；9.辉绿玢岩脉；10.煌斑岩脉；11.花岗伟晶岩脉；12.钾长花岗伟晶岩脉；13.含矿白云母花岗伟晶岩脉；14.地质界线；15.断层

闪长玢岩脉、辉长岩脉及辉绿玢岩脉等，多沿岩石片理侵入，少量沿断裂及其次级节理、裂隙侵入，多呈北西-南东向，少量呈北东向及近东西向。断裂及其次级裂隙构造发育地段为脉岩密集分布地段。脉体规模不等，脉宽一般 3～10m，最宽者达 40m 以上，长 20～500m。

（二）花岗伟晶岩脉

1. 伟晶岩脉形态

区内稀有金属主要赋存于伟晶岩中，伟晶岩脉(ρ)成群出露，在区内已发现伟晶岩脉 118 条，其中长度大于 200m 以上的有 17 条，200～100m 之间有 38 条，小于 100m 的有 63 条，岩石类型主要为花岗伟晶岩、白云母花岗伟晶岩、钾长花岗伟晶岩、电气石化花岗伟晶岩等，其中以花岗伟晶岩（81 条）、白云母花岗伟晶岩（19 条）、白云母钾长花岗伟晶岩（12 条）出露范围相对较广。主要含矿岩脉分布于普查区中部、东部，侵入于达肯大坂岩群中，多呈透镜状、不规则状、脉状、瘤状产出，走向大多数为北东向，少数呈北西走向，多数呈小脉体，目前由于工作程度较低，尚有大量伟晶岩脉未开展系统的检查工作，其含矿性不明。

2. 伟晶岩脉分类

据野外观察及镜下鉴定，将伟晶岩脉进行了初步分类：花岗伟晶岩、钠长石-白云母花岗伟晶岩、白云母钾长花岗伟晶岩、电气石化花岗伟晶岩等。其中钠长石-白云母花岗伟晶岩、白云母钾长花岗伟晶岩为区内稀有金属矿体的主要赋存岩石。

钠长石-白云母花岗伟晶岩：斑晶成分为钾长石，呈大小不一的眼球状，长短轴值在（0.874mm×1.710mm）～（14mm×22mm）之间（后者量于手标本，图 3-57），具条纹构造和格子双晶，为微斜条纹长石，黏土化蚀变较强，颗粒表面显浑浊，有少量鳞片状的白云母呈包体分布，沿斑晶长轴略具定向排列趋势。在微斜条纹长石碎斑短轴两端分布着细小微斜条纹长石集合体组成的重结晶尾,基质成分为钾长石、白云母、磷灰石及不透明矿物等。其中,钾长石呈碎粒状,粒径一般在0.038~0.2mm之间;白云母呈板状、鳞片状、粒状晶,长短轴值在(0.038mm×0.076mm)~(0.076mm×0.128mm)之间,部分手标本中可见13cm×7cm×2cm集合体,沿矿物间隙定向分布;磷灰石呈微晶粒状、针柱状散布与基质中。基质具明显定向排列,长轴方向与岩石构造方向一致。碎斑(29%):钾长石25%、白云母4%左右;基质(71%):钾长石44%、石英20%、白云母6%,磷灰石少量,不透明矿物1%。此类型铷具有一定品位,部分在边界品位之上,矿化均匀,部分含有黑色电气石者铌钽矿化相对较差;块体钠长石-白云母伟晶岩由于脉体交代作用广而深,使此类型伟晶岩除边缘及中心品位略低以外,大部分处于边界品位,具有一定的工业意义。

a. 开采钾长石石料堆　　　　　　　b. 含白云母花岗伟晶岩

c. 含白云母钾长伟晶岩　　　　　　d. 含白云母钾长花岗伟晶岩

e. 含白云母钾长花岗伟晶岩　　　　f. 伟晶岩中白云母集合体

图3-57 沙柳泉地区花岗伟晶岩特征照片

白云母钾长伟晶岩:岩石的主要矿物成分为钾长石(70%)、斜长石(4%)、石英(25%)、白云母(1%),及少量磷灰石、不透明矿物。钾长石呈半自形板状伟晶,长短轴值在15.20~16.72mm之间,局部显格子双晶,为微斜长石,轻微黏土化蚀变,颗粒表面略显浑浊,可见钠长石顺着钾长石解理方向穿插生成,消光位较一致。受碎裂化构造应力影响,岩石发育多条裂隙、裂纹,后期被钾长石、斜长石、石英和白云母充填其中,钾长石为微斜长石,呈他形粒状晶,粒径大小在 0.190~0.304mm 之间;斜长石呈半自形—他形粒状晶,粒径大小在 0.114~0.456mm 之间,具聚片双晶和卡式双晶,根据其负低突起和较宽的双晶纹推测,该长石属钠长石;石英呈他形粒状晶,粒径大小在 0.114~0.304mm 之间,具波状消光现象;少量白云母呈细小鳞片状晶沿矿物间隙分布。针柱状的磷灰石呈色体分布于上述矿物中,不透明矿物呈星点状或浸染状分布。

电气石化花岗伟晶岩:岩石的主要矿物成分为黑电气石(54%)和斜长石(45%)以及少量石英(1%)、白云母(图 3-58)。黑电气石呈自形柱状晶,属热液交代蚀变作用的产物,长短轴值在(0.380mm×0.836mm)~(4.560mm×6.840mm)之间,具反吸收性:Ne 为淡蓝绿色,No 为黄棕色,形成之后因受应力作用而具波状消光现象,沿显微裂纹充填次生绢云母;斜长石呈半自形板状晶,长短轴值在(0.456mm×1.330mm)~(7.410mm×7.980mm)之间,具细密的聚片双晶,但双晶纹不平直发生弯曲,推测应受动力作用产生碎裂化的影响,同时矿物表面裂隙、裂纹较发育,石英充填成细脉,局部见有细小的白云母、石英呈色体分布;岩石中还存在少量细小颗粒的石英,具波状消光现象;白云母呈细小鳞片状晶沿矿物间隙分布。

a.含黑色电气石花岗伟晶岩

 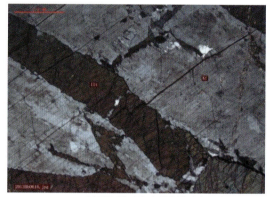

b.10×2.5(+)热液交代浊变作用形成的黑电气石(11t)　　c.10×2.5(+)沿钾长石(Kf)晶体的破碎裂隙,黑电气石(11t)交代钾长石(Kf)

图 3-58　黑色电气石样品照片及显微照片

四、矿体规模、形态、产状

1. 含矿(化)伟晶岩脉特征

对矿区内 118 条伟晶岩体(脉)的含矿性特征进行了总结,其中复合型含矿伟晶岩脉 1 条,含铌、钽、铷矿体伟晶岩 5 条;含铌、钽、铷矿化伟晶岩 21 条,含铍矿化伟晶岩脉 3 条。主要含矿岩脉分布于普查区中部、南部,侵入于达肯大坂岩群中,多呈透镜状、不规则状、脉状、瘤状产出,走向大多数为北东向,少数呈北西走向,矿化伟晶岩脉长度大于300m的3条,长度为300～200m的14条,长度为200～100m的38条,小于100m的63条;其中以ρ4、ρ411、ρ415、ρ87矿化伟晶岩脉最具典型特征(表3-8)。

表3-8 矿化伟晶岩脉一览表

编号	形态	产状	规模	围岩	伟晶岩分布特征及品位
ρ101	椭圆状	走向为东西向	长350m、宽60～80m	大理岩	矿化伟晶岩脉侵入、穿插于达肯大坂岩群大理岩段中,投入的工作量:1:5万路线地质调查。Rb_2O品位为0.042%,$Nb_2O_5+Ta_2O_5$为0.0178%
ρ405	不规则脉状	120°∠55°	长240m、宽25～110m	片岩、大理岩	矿化伟晶岩脉侵入、穿插于达肯大坂岩群大理岩段和片岩中,投入的工作量:1:5万路线地质调查,1:2000地化剖面2条。Rb_2O品位最高可达0.0516%,$Nb_2O_5+Ta_2O_5$最高为0.0214%
ρ38	不规则状	走向南北向	长210m、宽20～50m	大理岩	矿化伟晶岩脉侵入、穿插于达肯大坂岩群大理岩段中,投入的工作量:1:5万路线地质调查。Rb_2O品位为0.0527%,$Nb_2O_5+Ta_2O_5$品位为0.0147%
ρ104	舌状	195°∠45°	长180m、宽20～45m	大理岩	矿化伟晶岩脉侵入、穿插于达肯大坂岩群大理岩段和片岩中,投入的工作量:1:5万路线地质调查,1:2000地化剖面1条,Rb_2O平均品位0.065%,$Nb_2O_5+Ta_2O_5$平均品位为0.0139%
ρ398	不规则状	走向为北东向	长145m、宽30～70m	大理岩、片岩	矿化伟晶岩脉侵入、穿插于达肯大坂岩群大理岩段和片岩中,投入的工作量:1:5万路线地质调查,1:2000地化剖面1条,钻探。Rb_2O平均品位为0.044%,$Nb_2O_5+Ta_2O_5$平均品位为0.0162%
ρ51	瘤状	走向为北东向	长100m、宽20～35m	大理岩	矿化伟晶岩脉侵入、穿插于达肯大坂岩群大理岩段中,投入的工作量:1:5万路线地质调查,1:2000地化剖面1条,钻探。Rb_2O平均品位为0.092%,$Nb_2O_5+Ta_2O_5$平均品位为0.034%
ρ17	脉状	走向为近南北向	长100m、宽20～35m	大理岩	矿化伟晶岩脉侵入、穿插于达肯大坂岩群大理岩段中,投入的工作量:1:5万路线地质调查。Rb_2O平均品位为0.0572%,$Nb_2O_5+Ta_2O_5$平均品位为0.0217%
ρ221	透镜状	走向为北北西向	长60m、宽12～20m	大理岩、片岩	矿化伟晶岩脉侵入、穿插于达肯大坂岩群大理岩段和片岩中,投入的工作量:1:5万路线地质调查。Rb_2O平均品位为0.0838%,$Nb_2O_5+Ta_2O_5$平均品位为0.0145%
ρ252	脉状	50°∠30°	长90m、宽10～35m	大理岩	矿化伟晶岩脉侵入、穿插于达肯大坂岩群大理岩段中,投入的工作量:1:5万路线地质调查、钻探。Rb_2O品位为0.0838%,$Nb_2O_5+Ta_2O_5$品位为0.0136%
ρ372	透镜状	走向为北西向	长50m、宽15m	大理岩	矿化伟晶岩脉侵入、穿插于达肯大坂岩群大理岩段中,投入的工作量:1:5万路线地质调查。$Nb_2O_5+Ta_2O_5$品位为0.019%

续表 3-8

编号	形态	产状	规模	围岩	伟晶岩分布特征及品位
ρ373	透镜状	走向为北北西向	长50m、宽8~15m	大理岩	矿化伟晶岩脉侵入、穿插于达肯大坂岩群大理岩段中,投入的工作量:1:5万路线地质调查。Rb_2O品位为0.076 3%,$Nb_2O_5+Ta_2O_5$品位为0.015 1%
ρ380	脉状	走向为北北东向	长80m、宽10~18m	大理岩、片岩	矿化伟晶岩脉侵入、穿插于达肯大坂岩群大理岩段和片岩段中,投入的工作量:1:5万路线地质调查。$Nb_2O_5+Ta_2O_5$品位为0.014 4%
ρ204	透镜状	走向为东西向	长50m、宽18~25m	大理岩	矿化伟晶岩脉侵入、穿插于达肯大坂岩群大理岩段中,投入的工作量:1:5万路线地质调查。Rb_2O品位为0.119 1%,$Nb_2O_5+Ta_2O_5$品位为0.022 6%
ρ389	透镜状	走向为北东向	长30m、宽10m	大理岩	矿化伟晶岩脉侵入、穿插于达肯大坂岩群大理岩段中,投入的工作量:1:5万路线地质调查。Rb_2O品位为0.068 2%,$Nb_2O_5+Ta_2O_5$品位为0.015 8%
ρ396	不规则状	走向东西向	长30m、宽6~15m	大理岩	矿化伟晶岩脉侵入、穿插于达肯大坂岩群大理岩段中,投入的工作量:1:5万路线地质调查。Rb_2O品位为0.066 7%,$Nb_2O_5+Ta_2O_5$品位为0.044 6%
ρ318	透镜状	走向为北北东向	长90m、宽20m	大理岩	矿化伟晶岩脉侵入、穿插于达肯大坂岩群大理岩段中,投入的工作量:1:5万路线地质调查。$Nb_2O_5+Ta_2O_5$品位为0.025 7%
ρ249	透镜状	走向南北向	长30m、宽2~9m	大理岩	矿化伟晶岩脉侵入、穿插于达肯大坂岩群大理岩段中,投入的工作量:1:5万路线地质调查。Rb_2O品位为0.060 7%,$Nb_2O_5+Ta_2O_5$品位为0.015 7%
ρ422	脉状	走向为东西向	长80m、宽2~7m	大理岩	矿化伟晶岩脉侵入、穿插于达肯大坂岩群大理岩段中,投入的工作量:1:5万路线地质调查。Rb_2O品位为0.067 7%,$Nb_2O_5+Ta_2O_5$品位为0.044 6%

ρ4号花岗伟晶岩脉侵位、穿插于达肯大坂岩群上部片岩段和大理岩段中,伟晶岩脉地表出露长约为475m,宽30~150m不等,呈北西向展布,该伟晶岩脉展布方向与构造方向一致。伟晶岩岩石组合主要有白云母钾长花岗伟晶岩、糜棱岩化花岗伟晶、锂云母化花岗伟晶岩、钠长石化花岗伟晶初糜棱岩、含绿色白云母花岗糜棱岩、含白云母电气石化花岗伟晶岩等组成,局部岩石较为破碎。针对该岩脉先后利用1:5万路线地质调查及1:2000地化剖面进行了追溯,后期利用槽探、钻探工程对发现的异常地段进行了揭露控制,圈定出1条(SMⅥ)铷矿体。

ρ411号矿化伟晶岩脉侵位于达肯大坂岩群上部片岩段和大理岩段中,铷、铌钽矿化伟晶岩脉宽18~35m,长20~50m,矿化线索走向为60°~240°。岩性主要为白云母钾长花岗伟晶岩、含白云母花岗伟晶岩、花岗伟晶岩,蚀变特征以白云母化、钾长石化为主。

ρ415号矿化伟晶岩脉侵位于达肯大坂岩群上部片岩段中,处于构造交会部位,受构造控制明显,是该区已知矿化最好的地段。矿化主要赋存在ρ415号花岗伟晶岩脉中,ρ415号伟晶岩脉出露长约

230m，宽 20～35m，呈北西向展布；线索铷、铌钽矿化伟晶岩脉宽为 18～35m，长 20～50m，矿化线索走向为 60°～240°。岩性主要为白云母钾长花岗伟晶岩、白云母花岗伟晶岩、钠长石化白云母花岗伟晶岩，蚀变特征以钠长石化、白云母化、钾长化为主。

ρ87 号矿化伟晶岩脉侵位于达肯大坂岩群上部片岩段中，处于构造交会部位，受构造控制明显，是该区已知矿化最好的地段。矿化主要赋存在 ρ87 号花岗伟晶岩脉中，脉长 230m，宽 20～80m，呈东西向展布。岩性主要为白云母钾长花岗伟晶岩、白云母花岗伟晶岩、钠长石化白云母花岗伟晶岩，蚀变特征以钠长石化、白云母化、钾长化为主。

2. 稀有金属矿体特征

目前，矿区内共圈定出稀有金属矿体 20 条，矿体均位于花岗伟晶岩中，其产出规模及空间展布均与岩体有密切联系。

SMⅥ铷矿体：位于 ρ4 号花岗伟晶岩中，共有 9 条单矿体组成，地表由 15TC05、15TC06、TC01、TC09、TC12、TC13、TC46、GA12-ZK001（图 3-59）、ZK02、ZK701 控制，呈北西-南东向展布，出露长度 65～251m 不等，宽 10～23m 不等，赋矿岩性主要为白云母钾长花岗伟晶岩，主要矿化蚀变为白云母化、钠长石化。其中钽铷矿体 2 条，平均厚度为 6.26m，铷最高品位 0.129 2%，平均品位 0.025%；铷矿体 7 条，平均厚度为 5.73m，铷最高品位 0.241 1%，平均品位 0.1%。通过槽探揭露，同时发现锂、铍矿化，其中含铍矿物为绿柱石，多呈黑色、墨绿色针状、星点状，品位 0.05%；含锂矿物主要为浅粉紫色锂云母，Li_2O 含量最高 0.82%。另在 TC46 探槽中亦有锂矿化显示，为目前普查区内唯一一处发现的固体锂矿点。同时施工的钻孔 GA12-ZK001 孔中圈定出高品位隐伏金矿体 1 条，厚度 2.6m，金最高品位 $6.04×10^{-6}$，平均品位 $3.54×10^{-6}$，为该区寻找复合型矿床指明了方向。矿体受构造控制明显，花岗伟晶岩脉展布方向与区域主构造方向一致。

ρ353 花岗伟晶岩体：通过 TC27 探槽揭露控制，新圈定出铷矿体 1 条（SMⅨ），地表长度 100m，赋矿岩性为白云母花岗伟晶岩，主要矿化蚀变为白云母化、钠长石化。其中铷矿体厚度 6.92m，Rb_2O 最高品位 0.081%，平均品位 0.06%。

在对 SB2 蚀变带东段开展路线追溯的过程中，发现 ρ405 花岗伟晶岩体中白云母化、钠长石化较为普遍，该岩体走向北东-南西，地表长约 250m，宽 30～120m 不等，呈不规则状展布。通过 TC34、TC51 及 ZK03 控制，新圈定出铌钽铷矿体 1 条（SMⅦ），地表长 150m，赋矿岩性为白云母钾长花岗伟晶岩，主要矿化蚀变为白云母化、钠长石化。其中铷矿体厚度 8.21m，Rb_2O 最高品位 0.136 6%，平均品位 0.08%。

3. 稀有金属元素赋存特征

目前，区内圈定的稀有金属矿体均赋存于钠长石化白云母花岗伟晶岩脉、钠长石锂云母花岗伟晶岩脉中。其中 ρ4 号花岗伟晶岩脉中锂主要赋存于钠长石-锂云母带，基本上是由小片状钠长石带、糖粒状钠长石带，石英-中细粒钠长石带（石英-钠长石-锂云母）组成，在 ρ4 号伟晶岩脉体中钠长石-锂云母伟晶岩规模大小不等，表层土壤覆盖，出露有限，但矿化均匀，在所发现的钠长石-锂云母伟晶岩脉中，紫红色锂云母具有较高的品位，部分达工业品位。

锂云母呈鳞片状、叠瓦状、叶片状和晶簇状集合体，主要沿微裂隙、粒间隙及解理裂隙分布（图 3-60），少量以包裹体的形式存在于石英、长石和电气石之中。锂云母在显微镜下观察粒径为 0.022～5.350mm，平均粒径 0.194mm。在矿化结晶分异及交代演化时期，交代期锂云母化（伴生有铷、铯）是锂矿化的重要成矿期，形成锂云母，在含锂云母花岗伟晶岩中出现浅粉红色锂云母集合体。交代期的鳞片状锂云母，经常伴生有重要的锂、Nb、Ta 矿化。

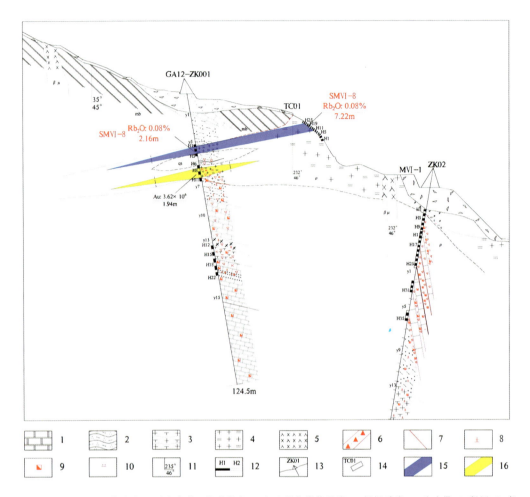

1.大理岩;2.黑云石英片岩;3.混合岩化正长花岗岩;4.白云母花岗伟晶岩;5.辉绿玢岩;6.破碎带;7.断层;8.高岭土化;9.褐铁矿化;10.硅化;11.产状;12.化学样采样位置及编号;13.钻孔位置及编号;14.槽探位置及编号;15.铷矿体;16.金矿体

图 3-59　沙柳泉矿区 ρ4 伟晶岩区 0 勘探线剖面图

图 3-60　沙流泉 ρ4 号花岗伟晶岩脉中锂矿化特征

另外，Nb、Ta、Li、Be 等主要呈独立矿物的形式出现，Nb、Ta 主要赋存于铌铁矿、铌钽铁矿中；Li 主要赋存于锂云母中；Be 赋存于绿柱石中；Rb、Cs 主要呈分散状态赋存于白云母、锂云母中，少量赋存于钠长石中，可能呈类质同象赋存于白云母、钠长石晶格中。在白云母矿物中，主要赋存铌钽、铷等元素（表 3-9），其中 Nb_2O_5 最高为 728×10^{-6}，一般 $(581\sim677)\times10^{-6}$，平均为 656.00×10^{-6}；Ta_2O_5 最高为 50.1×10^{-6}，一般 $(38.5\sim43.9)\times10^{-6}$，平均为 44.05×10^{-6}；Rb_2O 最高为 3292×10^{-6}，一般 $(1821\sim2098)\times10^{-6}$，平均为 2270×10^{-6}；另外，也显示有锂的赋存矿化显示，Li_2O 最高可达 1148×10^{-6}。

单矿物微斜长石中锂铌钽铷品位变化表（表 3-10）显示，铌钽以及锂均较低，表明在微斜长石中铌钽以及锂不具有找矿前景，而在物微斜长石中铷也具有较高的含量显示，Rb_2O 最高为 1724×10^{-6}，一般 $(1519\sim1652)\times10^{-6}$，平均为 1627.75×10^{-6}；由单矿物微斜长石中稀有元素含量显示，在微斜长石中也具有铷的有利赋存条件。

表 3-9　白云母中锂铌钽铷品位变化表　　　　　　　　　　　单位：10^{-6}

送样号	岩性	Nb_2O_5	Ta_2O_5	Li_2O	Rb_2O
SLQHX1	白云母	677	43.9	174	1869
SLQHX2	白云母	638	38.5	179	2098
SLQHX3	白云母	728	50.1	174	1821
SLQHX4	白云母	581	43.7	1148	3292
平均值		656.00	44.05	418.75	2 270.00

注：样品由国土资源部青海西宁岩矿监督检测应用中心完成。

表 3-10　微斜长石中锂铌钽铷品位变化表　　　　　　　　　　单位：10^{-6}

送样号	岩性	Nb_2O_5	Ta_2O_5	Li_2O	Rb_2O
SLQHX1-1	微斜长石	5.22	2.5	9.85	1724
SLQHX2-1	微斜长石	8.64	3.7	12.5	1652
SLQHX3-1	微斜长石	12.9	3.79	13.7	1616
SLQHX4-1	微斜长石	8	2.19	19.6	1519
平均值		8.69	3.045	13.912 5	1 627.75

注：样品由国土资源部青海西宁岩矿监督检测应用中心完成。

五、矿石矿物特征

1. 矿石组构

伟晶岩结构以伟晶结构为主，其次为似文象结构、初糜棱结构、糜棱结构、交代残余结构。其中伟晶结构中微斜长石多呈较大晶块或集合体，主要为微斜条纹长石，主晶为微斜长石，粒径一般可达 3～10cm，嵌晶为钠长石，其次为石英、白云母；文象结构中石英与微斜长石呈共生结构，石英晶体按一定方向穿插在长石晶体中（图 3-61）。

构造以块状构造为主，次为眼球状构造、片状构造、条带状构造等（图 3-61）。

2. 矿物特征

矿石矿物为白云母（1%～2.7%）、钾长石（45%～52.8%）、锂云母、绿柱石；脉石矿物为斜长石（14.2%～19.5%）、石英（21%～24.7%），副矿物为黑云母、石榴石、磷灰石、电气石、锆石、绿帘石、铁质等组成。

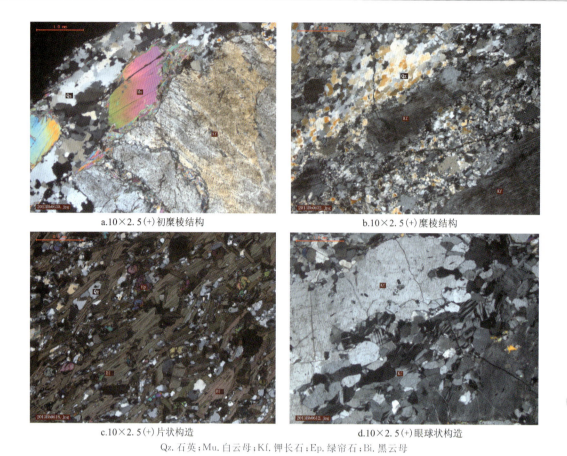

a.10×2.5(+)初糜棱结构　　　b.10×2.5(+)糜棱结构

c.10×2.5(+)片状构造　　　d.10×2.5(+)眼球状构造

Qz.石英；Mu.白云母；Kf.钾长石；Ep.绿帘石；Bi.黑云母

图 3-61　沙柳泉地区花岗伟晶岩显微组构特征

钾长石：主要为微斜长石、条纹长石，其次是正长石。少数微斜长石具有格子状双晶，碎粒化明显；条纹长石主晶是微斜长石，嵌晶是钠长石。钠长石呈细脉状、纺锤状、波纹状、树枝状。

白云母：呈叠片状聚集成不规则的团块、似脉状，少数呈鳞片状嵌布在长石、石英之间。

绿柱石：岩石中分布较少，呈六方柱状，粒状切面，粒径在 0.3～2mm 之间，大部分由于变质作用较破碎，裂纹发育呈网格状，晶型不完整，裂纹间充填锂云母细小鳞片状集合体，分布于石英、斜长石等矿物颗粒之间（图 3-62a）。

锂云母：手标本上呈细小鳞片状，淡粉紫色，大小在 1～3mm 之间，镜下呈无色透明，平行消光，极完全解理，因与白云母光性相近，伟晶岩中两种云母均可出现，大小在 0.02～3.6mm 之间，无色透明为二级及以上干涉色（图 3-62b）。

　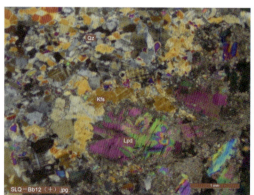

a. 含绿柱石伟晶岩中绿柱石(Ber)碎裂结构　　　b. 含锂云母花岗伟晶岩中的锂云母(Lpd)

图 3-62　花岗伟晶岩中绿柱石、锂云母镜下鉴定特征

表 3-11　沙柳泉地区稀有金属矿体特征一览表

矿体编号	稀有金属	矿体块断 长度(m)	真厚度(m)	推深(m)	平均品位(%)	含矿岩性	矿形态体	分布特征	控制工程
SMⅠ-1	Rb_2O	118.18	4.38	25.79	0.07	白云母钾长花岗伟晶岩	透镜状	位于ρ38伟晶岩中，侵入达肯大坂岩群大理岩中，地表出露面积较大	TC48、CP4、ZKⅡ003
SMⅠ-2	Rb_2O	62.74	1.28	20.00	0.0470				TC48
SMⅡ	Ta_2O_5	58.33	1.92	20.00	0.0160	含绿柱石钠长石化白云母花岗伟晶岩	透镜状	ρ104号伟晶岩，侵入达肯大坂岩群大理岩段中，地表出露面积较大	TC72
	Rb_2O	58.33	7.28	20.00	0.1284				
	BeO	58.33	5.81	20.00	0.0569				
SMⅢ	Rb_2O	100.00	7.72	20.00	0.0650	白云母花岗伟晶岩	透镜状	位于ρ415伟晶岩中，侵入达肯大坂岩群大理岩中，呈不规则条带状，出露面积较大	15TC03
SMⅣ	Rb_2O	100.00	10.53	20.00	0.0830	钠长石化白云母花岗伟晶岩	透镜状	位于ρ411伟晶岩中，侵入达肯大坂岩群大理岩中，呈纺锤状	15TC02
SMⅤ-1	Rb_2O	387.92	18.79	20.00	0.0808	含绿柱石白云母花岗伟晶岩、白云母钾长花岗伟晶岩	不规则状	位于ρ87伟晶岩体中，沿达肯大坂岩群大理岩段与片岩段接触界线侵入，地表出露面积较大	15TC01、TC64、TC65、TC66
SMⅤ-2	Rb_2O	176.02	3.28	20.00	0.0814				TC65、TC66
	BeO	176.02	2.36	20.00	0.0402				
SMⅥ-1	Rb_2O	77.21	5.34	20.00	0.1362	白云母钾长花岗伟晶岩、白云母花岗伟晶岩	似层状、分支状	位于ρ4花岗伟晶岩段中，侵入达肯大坂岩群大理岩段中，地表出露面积较大	TC63
	Ta_2O_5	77.21	2.78	20.00	0.0100				
SMⅥ-2	Rb_2O	73.52	6.80	20.00	0.1092				
	Ta_2O_5	73.52	0.85	20.00	0.0237				
SMⅥ-3	Rb_2O	65.92	0.95	20.00	0.0733				15TC06
SMⅥ-4	Rb_2O	65.65	2.22	20.00	0.0800				
SMⅥ-6	Rb_2O	104.11	6.15	20.00	0.0827				TC09

续表 3-11

矿体编号	稀有金属	矿体块断 长度(m)	矿体块断 真厚度(m)	矿体块断 推深(m)	平均品位(%)	含矿岩性	矿形态体	分布特征	控制工程
SMⅥ-5	Rb₂O	196.13	3.04	59.96	0.089 0	白云母钾长花岗伟晶岩、白云母花岗伟晶岩	似层状、分支状	位于ρ4花岗伟晶岩体中,侵入达肯大坂岩群大理岩群大理岩段中,地表出露面积较大	TC13,TC46,ZK701
SMⅥ-8	Rb₂O	177.23	4.22	63.29	0.092 0				TC01,15TC05,TC09,ZK001
	BeO	53.87	1.08	20.00	0.046 7				
SMⅥ-7	Rb₂O	74.85	9.37	20.00	0.075 0				
SMⅥ-9	Rb₂O	64.95	2.98	20.00	0.054 0				TC09
SMⅦ	Rb₂O	152.15	7.44	67.02	0.088 0	白云母钾长花岗伟晶岩	不规则状	ρ405号伟晶岩,侵入达肯大坂岩群大理岩段中,地表出露面积较小	TC34,TC51,ZK03
SMⅧ-1	Ta₂O₅	100.00	2.88	20.00	0.008 0	钠长石化白云母钾长花岗伟晶岩	透镜状	ρ104号伟晶岩,侵入达肯大坂岩群大理岩段中,地表出露面积较大	TC67
	BeO	100.00	4.20	20.00	0.065 8				
SMⅧ-2	Rb₂O	100.00	10.92	20.00	0.075 0				
MIX	Rb₂O	72.76	6.93	20.00	0.064 8	钠长石化白云母花岗伟晶岩	透镜状	ρ353号伟晶岩,侵入达肯大坂岩群大理岩段中,地表覆盖较大	TC27
	Ta₂O₅	72.76	1.06	20.00	0.009 8				

六、围岩蚀变

区内围岩蚀变一般不明显,局部与伟晶岩脉接触带附近,偶见矽卡岩化;花岗伟晶岩脉中白云母化、钠长石化、钾化、硅化、碳酸盐化等较为普遍;沿构造破碎带具有明显碳酸盐化、硅化、绿泥石化、绿帘石化、绢云母化、黄铁矿-褐铁矿化等,偶见孔雀石化。稀有金属矿化与花岗伟晶岩脉中的白云母化、钠长石化较为密切。

白云母化:呈叠片状聚集成不规则的团块、似脉状,少数呈鳞片状嵌布在长石、石英之间。

钾化:主要为微斜长石、条纹长石,其次是正长石。少数微斜长石具有格子状双晶,碎粒化明显;条纹长石主晶是微斜长石,嵌晶是钠长石。

钠长石化:呈细脉状、纺锤状、波纹状、树枝状,肉眼可见砂糖状断口。

七、矿化阶段

在花岗伟晶岩发展演化过程中,可分为结晶分异期和交代期,稀有元素成矿过程 Li、Be、Nb、Ta、Rb、Cs 等稀有元素和矿物成矿期及演化特征明显(图 3-63)。

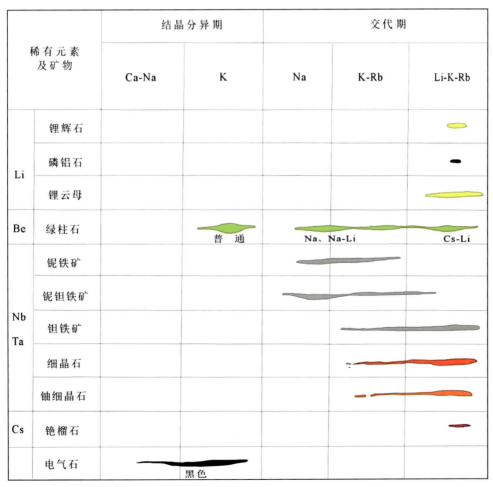

图 3-63 沙柳泉地区伟晶岩矿物成矿期及演化特征图

1. 结晶分异期

伟晶岩的分异作用形成了各原生结构带,如细晶结构带,文象变文象结构带,中粗粒结构带,块状石英微斜长石带和石英核,且由脉壁至中心有规律地排列,结晶由细变粗。由于各带的矿物成分不同,其化学成分变化较大,边缘带往往含奥长石,往中心微斜长石,锂云母含量增高,化学成分由脉壁至脉体中心明显有Ca(Na)、K、Li、Cs演化发展的趋势。

花岗伟晶岩中作为碱质(Ca、K、Na等)标志的长石类矿物随着伟晶岩作用的发展演化,有严格的晶出顺序,即斜长石、微斜长石、钠长石。

Ca-Na阶段:这是花岗伟晶岩发展的初始阶段,以更长石的大量晶出为标志,在沙柳泉地区形成花岗伟晶岩体边缘的细粒石英-更长石带(文象花岗岩伟晶岩带)(图3-64)。此阶段主要形成一些TR、U和Th的矿化。

图3-64 Ca-Na阶段文象花岗岩伟晶岩照片

K阶段:随着花岗伟晶岩进一步演化,以晶出大量的钾长石(微斜长石、正长石)为标志,形成了粗粒、块体结构的石英-微斜长石带和微斜长石单矿物带。K阶段的晚期钾长石往往发生水解,形成大片叠层状的白云母-石英集合体;伟晶岩脉中局部富含黑色电气石,呈集合体产出(图3-65)。

图3-65 K阶段叠层状水解白云母呈集合体产出

2. 交代期

继原生结晶分异期之后伟晶岩作用进入了热液交代期,这在花岗伟晶岩的发展演化史上是另一个重要的演化阶段,也是稀有元素另一个极为重要的成矿时期。交代作用期间的主要造岩矿物为钠长石、白云母及锂云母等。

Na阶段:该阶段是花岗伟晶岩演化过程中重要的交代时期,沙柳泉地区以钠长石的强烈广泛交代为标志,局部形成了各种糖粒状钠长石交代体(图3-66)。伴生的典型特征矿物有绿色白云母、黑色电气石。其中电气石主要与石英共生,与之伴生的矿物有绿帘石、绿泥石、绢云母等。电气石呈黑色或绿黑色,晶体大小不等,从隐晶质到1cm左右的柱状晶体均能见到,晶体形态主要有两种:一种为柱状,具玻璃光泽,柱面有纵纹;另一种为纤维状,晶体紧密平行排列,呈灰色,具明显的丝绢光泽。电气石集合体多呈致密的团块状,有的与石英一起呈脉状,或在围岩中呈斑杂状分布。Na 阶段是铌钽、钽和铍矿化极为重要成矿时期,稀有元素矿物主要是绿色白云母、绿柱石等。

电气石化

绿色白云母片理化

伟晶岩中绿柱石

Ber. 绿柱石,Lpd. 锂云母

图 3-66　交代作用 Na 阶段

K-Rb 阶段:与稀有元素矿化有关的岩浆期后的气成热液交代作用,一般由钠长石化开始,到云英岩化而结束(图 3-67)。在这种交代作用进行的过程中,伴随着云母类矿物规律性的变化,从早到晚由黑云母转化为白云母;沙柳泉地区花岗伟晶岩以白云母的交代发育为标志,形成了白云母交代体,在含白云母钾长伟晶岩质初糜棱岩中 Rb 较高,Rb_2O 品位最高可达 0.24%,与白云母化密切相关。

块状钠长石化

糖粒状钠长石化

图 3-67　交代作用 K-Rb 阶段

Li-K-Rb 阶段:该阶段是花岗伟晶岩演化发展的最高阶段,以锂云母的广泛交代为标志,形成锂云母交代体(图 6-68)。另外,氧化点位偏高,Mn^{3+} 可使一些矿物出现红色或浅紫红色色调,如紫色锂云母等,在含锂云母花岗伟晶岩中出现浅粉红色锂云母集合体。交代期的鳞片状锂云母,经常伴生有重要的锂、Nb、Ta 矿化。

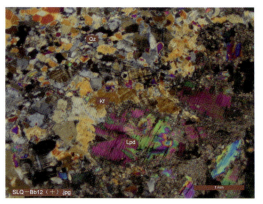

锂云母与石英、微斜长石共伴生显微特征
Ber. 绿柱石；Lpd. 锂云母；Pl. 斜长石；Qz. 石英；Kf. 微斜长石；Mu. 白云母

图 3-68　交代作用 Li-K-Rb 阶段

八、地球化学特征

(一)稀土元素特征

1. 稀土元素特征

矿区内 18 件样品分别取自伟晶岩、围岩中，相应样品的稀土元素的含量及特征如表 3-12 所示。

钾长伟晶岩质糜棱岩：ΣREE 为 $(2.77\sim4.34)\times10^{-6}$，平均为 3.44×10^{-6}；LREE/HREE 为 $1.37\sim3.57$，平均为 2.10；$(La/Yb)_N$ 为 $1.00\sim8.68$，平均为 2.92；$(La/Sm)_N$ 为 $0.63\sim3.41$，平均为 1.39；显示轻重稀土分馏明显，具轻稀土富集性特征。由于稀土元素在多数情况下为不相容元素，在岩浆结晶过程中易保存在残余流体相中（酸性岩类除外），而且其在流体演化过程中会发生轻重稀土元素的分馏，所以对于深部形成的热液流体（地幔源）其稀土元素总量较低，轻重稀土元素分异较弱。矿区内伟晶岩 δEu 为 $0.42\sim0.58$，平均为 0.49，铕具显著的负异常；δCe 为 $0.47\sim1.01$，平均为 0.71，Ce 显亏损性特征。在球粒陨石标准化稀土曲线图（图 3-69a）显示，多数样品 Eu、Ce 略显负异常；电气石化花岗伟晶岩标准化稀土曲线图（图 3-69b）显示，Eu 略显负异常。表明轻重稀土分馏明显，具轻稀土富集性特征，Eu、Ce 略显负异常，暗示具有稀土元素可能来源于壳幔混合源特征。

云英岩化花岗伟晶岩：ΣREE 为 $(13.15\sim49.78)\times10^{-6}$，平均为 28.34×10^{-6}；LREE/HREE 为 $0.97\sim4.30$，平均为 2.38；$(La/Yb)_N$ 为 $0.24\sim3.29$，平均为 1.38；$(La/Sm)_N$ 为 $0.74\sim1.30$，平均为 1.04；显示轻重稀土分馏明显，具轻稀土富集性特征。δEu 为 $0.07\sim0.24$，平均为 0.13，铕具显著的负异常；δCe 为 $0.81\sim1.25$，平均为 0.97，Ce 略显亏损性特征。在球粒陨石标准化稀土曲线图（图 3-69c）显示，Eu 略显负异常，呈明显的"V"形特征。

花岗伟晶岩质初糜棱岩：ΣREE 为 $(1.14\sim2.37)\times10^{-6}$，平均为 1.86×10^{-6}；LREE/HREE 为 $1.19\sim2.70$，平均为 2.06；$(La/Yb)_N$ 为 $1.62\sim4.85$，平均为 2.94；$(La/Sm)_N$ 为 $1.21\sim2.06$，平均为 1.49；轻重稀土略显分馏，略具轻稀土富集性特征。δEu 为 $0.87\sim1.56$，平均为 1.07，铕略显正异常；δCe 为 $0.75\sim1.54$，平均为 1.00，Ce 未显亏损性。在球粒陨石标准化稀土曲线图（图 3-69d）显示，Eu 异常不明显，呈明显的多"M"形特征。

黑云石英片岩、闪长岩：ΣREE 为 $(110.21\sim168.67)\times10^{-6}$，平均为 140.66×10^{-6}；LREE/HREE 为 $5.28\sim6.00$，平均为 5.60；显示轻重稀土分馏明显，具轻稀土富集性特征。在球粒陨石标准化稀土曲线图（图 3-69e、f）显示，曲线呈右倾平滑趋势，Eu 呈显著的正异常。

第三章 典型矿床

表 3-12 沙柳泉地区不同类型岩石稀土元素分析结果表（$w_B/10^{-6}$）

样品编号	岩性	La	Ce	Pr	Nd	Sm	Eu	Gd	Tb	Dy	Ho	Er	Tm	Yb	Lu	Y
QHSLQ-2	钾长伟晶岩质糜棱岩	1.03	1.45	0.17	0.50	0.19	0.05	0.36	0.05	0.24	0.05	0.07	0.05	0.08	0.05	1.23
QHSLQ-4	钾长伟晶岩质糜棱岩	0.33	0.51	0.10	0.38	0.23	0.05	0.35	0.06	0.31	0.05	0.11	0.05	0.19	0.05	1.64
QHSLQ-21	钾长伟晶岩质糜棱岩	0.30	0.76	0.11	0.40	0.30	0.05	0.38	0.07	0.30	0.05	0.07	0.05	0.12	0.05	1.65
QHSLQ-22	钾长伟晶岩质糜棱岩	0.55	0.58	0.16	0.58	0.33	0.05	0.41	0.06	0.31	0.05	0.11	0.05	0.18	0.05	1.87
QHSLQ-14	二长花岗伟晶质糜棱岩	0.49	0.74	0.16	0.62	0.32	0.05	0.31	0.05	0.26	0.05	0.12	0.05	0.33	0.05	1.69
QHSLQ-5	电气石化花岗伟晶岩	0.80	1.69	0.23	0.87	0.44	0.05	0.52	0.07	0.28	0.05	0.10	0.05	0.17	0.05	1.56
QHSLQ-6	电气石化花岗伟晶岩	0.78	2.12	0.24	1.00	0.64	0.05	0.66	0.09	0.31	0.05	0.12	0.05	0.19	0.05	1.74
QHSLQ-3	云英岩化花岗伟晶岩	8.38	16.3	2.53	9.00	4.07	0.10	2.89	0.41	1.87	0.28	0.97	0.19	2.36	0.43	11.60
QHSLQ-10	云英岩化花岗伟晶岩	2.60	5.24	0.94	3.36	2.21	0.05	2.38	0.52	2.36	0.26	0.67	0.12	1.17	0.20	13.60
QHSLQ-12	云英岩化花岗闪长伟晶岩	1.05	3.17	0.35	1.24	0.61	0.05	0.65	0.14	1.01	0.21	0.91	0.25	2.98	0.53	7.72
QHSLQ-13	碎裂化钾长伟晶岩	0.26	0.93	0.08	0.27	0.14	0.05	0.22	0.05	0.09	0.05	0.05	0.05	0.08	0.05	0.54
QHSLQ-15	钾长伟晶岩	0.36	0.58	0.08	0.28	0.11	0.05	0.23	0.05	0.10	0.05	0.05	0.05	0.05	0.05	0.56
QHSLQ-19	花岗伟晶岩质初糜棱岩	0.23	0.50	0.07	0.25	0.12	0.05	0.23	0.05	0.07	0.05	0.05	0.05	0.05	0.05	0.36
QHSLQ-20	花岗伟晶岩质初糜棱岩	0.12	0.24	0.05	0.11	0.05	0.05	0.16	0.05	0.06	0.05	0.05	0.05	0.05	0.05	0.34
QHSLQ-8	黑云母石英片岩	29.70	64.40	8.14	33.00	6.68	1.98	7.70	0.99	6.22	1.27	4.02	0.52	3.50	0.55	36.70
QHSLQ-9	黑云母石英片岩	25.80	55.10	7.17	29.40	6.19	1.63	7.00	1.00	6.22	1.28	3.93	0.53	3.27	0.49	37.00
QHSLQ-11	弱电气石化斜长角闪岩	18.20	40.60	5.45	23.20	4.95	1.38	5.28	0.74	4.34	0.84	2.56	0.31	2.04	0.32	23.50
QHSLQ-23	绢云母绿泥石化闪长玢岩	24.70	53.10	6.39	25.00	4.97	1.33	5.30	0.77	5.00	1.05	3.33	0.43	2.90	0.46	30.20

注：样品由国家地质实验测试中心完成。

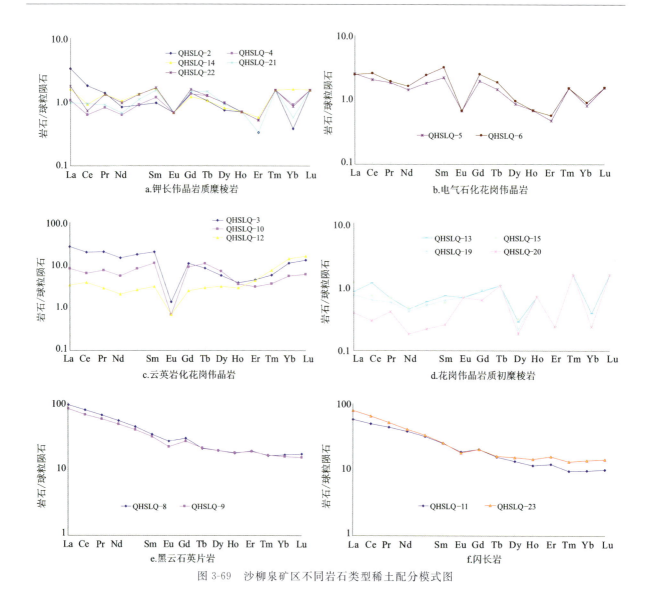

图 3-69　沙柳泉矿区不同岩石类型稀土配分模式图

2. 物源分析

元素 Ce、Eu 的异常反映在 δEu、δCe 值的变化上，δEu 为 Eu 异常系数，可灵敏地反映体系内的地球化学状态，可作为鉴别物质的来源的重要参数。热液的 δEu 大小可以反映体系的相对氧化还原程度，当氧逸度值降低，δEu 减少；相反，氧逸度增加，δEu 增大。因而将矿区内样品投在 δCe-δEu、$(La/Yb)_N$-$(La/Sm)_N$ 图解（图 3-70a,b），沙柳泉地区不同类型岩石的 δCe、δEu 多数小于 1，指示成矿为相对氧化的环境；图解中投点具有一定的相关性，尤以 $(La/Yb)_N$-$(La/Sm)_N$ 图解相关性明显；显示含矿伟晶岩脉与围岩关系密切，可能受到后期构造演化及成岩成矿作用的影响。

稀土元素（REE）的含量、配分模式和一些重要的稀土元素参数对探讨成因、物源具有重要意义；通过热液矿物中稀土元素总量大小和轻重稀土元素分异程度来定性判断成矿流体来源的深度。矿区内伟晶岩类 ΣREE 最高为 168.67×10^{-6}，一般 $(13.15 \sim 110.21) \times 10^{-6}$，平均为 39.43×10^{-6}；LREE/HREE 值最高为 7.5，平均为 3.52。显示区内伟晶岩类 ΣREE 相对较低，轻重稀土元素分异明显，暗示具有壳幔深部热液流体来源参与结晶混合的可能性。

PedrOa(2000)认为稀土（铀）伟晶岩矿床形成于大于 11km 的深度，白云母及含稀有金属白云母矿床形成于 7～11km 的深度，稀有金属伟晶岩矿床则形成于 3.5～7km 的深度。陈西京，1976 认为浅成

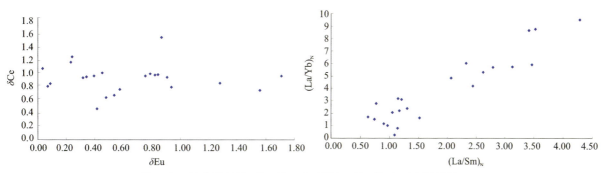

图 3-70 沙柳泉地区 δCe-δEu、(La/Yb)$_N$-(La/Sm)$_N$ 相关性图解

伟晶岩(晶洞伟晶岩)形成深度 1.5～3.5km,产于浅成花岗岩侵入体的顶部;中深伟晶岩(稀有金属伟晶岩)形成深度 3.5～7km,产于低压—中高温的堇青石-角闪石变质相岩石中;深成伟晶岩(白云母伟晶岩)形成深度 7～11km,产于较高压—高温的铁铝榴石-角闪石变质相岩石中。邹天仁和徐建国(1975)认为云母族矿物可反映伟晶岩成岩过程中交代作用由弱至强的发展阶段,黑云母型、二云母型、白云母型和锂云母型分别表示伟晶岩成岩过程由早至晚的演化过程。郭承基(1965)认为云母种类的变化对伟晶岩脉中稀有金属矿物出现的指示更为直接而明显,从黑云母型经二云母型到白云母型反映了形成温度的降低。区内伟晶岩主要出露于达肯大坂岩群大理岩段中,岩石类型属低角闪岩相,且伟晶岩岩石中白云母为主要矿物之一,赋存铌钽矿与白云母化、钠长石化密切相关。

由此显示,区内伟晶岩可能具有中深伟晶岩的特性。

(二)流体包裹体特征

1. 样品采集

流体包裹体样品主要采自沙柳泉地区 ρ1 号伟晶岩脉中的石英,石英具有与花岗伟晶岩脉中稀有金属矿同期形成的特征(图 3-71),其中斜长石呈半自形板状晶,具聚片双晶和卡式双晶;石英呈他形粒状晶,具波状消光现象,均以集合体形式充填于裂隙中;白云母呈大片状,干涉色鲜艳,闪突起显著,部分白云母呈细小鳞片状晶沿矿物间隙分布。按等间距共采集 13 件样品,石英均采集于岩石的新鲜面。

Mu.白云母;Qz.石英;Pl.斜长石

图 3-71 沙柳泉地区与花岗伟晶岩同期形成的石英显微组构特征(10×2.5)(+)

2. 测试方法

样品在核工业北京地质研究院分析测试研究中心完成,对石英流体包裹体的显微测温、成分及压力进行了测试。显微测温仪器为英国 Linkam THMSG-600 型冷热台,可测温度范围为 −196～+600℃,

分析精度低于30℃时为±0.1℃,高于100℃时为±2℃。对于气、液两相水溶液包裹体,测定冰点温度$T_m(ice)$和完全均一温度T_h;对含CO_2三相包裹体、CO_2包裹体,测定CO_2的初熔温度$T_m(CO_2)$、CO_2相部分均一温度$T_h(CO_2)$、CO_2笼形化合物消失温度$T_m(cla)$和包裹体完全均一温度T_h(卢焕章等,2004)。

显微激光拉曼光谱分析采用LabRAM HR800研究级显微激光拉曼光谱仪,该仪器使用Yag晶体倍频固体激光器,激光波长为532nm,扫描范围$100\sim4200cm^{-1}$,曝光时间1s扫描次数为3次。

3. 分析结果

流体包裹体显微测温结果及相关参数见表3-13。

SLQP1BG1-1主要为呈无色—灰色的H_2O-CO_2三相包裹体、呈无色—灰色的富液包裹体2种类型(图3-72a)。其中H_2O-CO_2三相包裹体形状较为规则负晶形,大小处于($6\mu m\times8\mu m$)~($15\mu m\times20\mu m$)之间,CO_2相比在35%~40%之间;富液包裹体形状较为规则负晶形,大小处于($5\mu m\times9\mu m$)~($15\mu m\times19\mu m$)之间,气液比在20%~30%之间。

SLQP1BG6-1为呈无色—灰色的H_2O-CO_2三相包裹体、呈无色—灰色的富液包裹体及呈灰色—深灰色的CO_2两相包裹体3种类型(图3-72b)。其中H_2O-CO_2三相包裹体形状较为规则负晶形,大小处于($6\mu m\times12\mu m$)~($15\mu m\times30\mu m$)之间,CO_2相比变化范围较大,在25%~60%之间;富液包裹体形状较为规则负晶形,大小处于($4\mu m\times6\mu m$)~($10\mu m\times30\mu m$)之间,气液比在20%~25%之间;CO_2两相包裹体形状较为规则负晶形,大小处于($5\mu m\times8\mu m$)~($15\mu m\times20\mu m$)之间,气液比25%。

SLQP1BG8-1主要为呈无色—灰色的H_2O-CO_2三相包裹体、呈无色—灰色的富液包裹体及呈灰色—深灰色的CO_2两相包裹体3种类型(图3-72c)。其中H_2O-CO_2三相包裹体形状较为规则负晶形,大小处于($4\mu m\times8\mu m$)~($5\mu m\times7\mu m$)之间,CO_2相比为40%;富液包裹体形状较为规则负晶形,大小处于($4\mu m\times9\mu m$)~($10\mu m\times20\mu m$)之间,气液比在20%~30%之间;CO_2两相包裹体形状较为规则负晶形,大小处于($4\mu m\times6\mu m$)~($10\mu m\times15\mu m$)之间,气液比25%~30%。

SLQP1BG13-1为呈无色—灰色的H_2O-CO_2三相包裹体、呈无色—灰色的富液包裹体、含子矿物富液包裹体及呈灰色—深灰色的CO_2两相包裹体4种类型(图3-72d)。其中H_2O-CO_2三相包裹体形状较为规则负晶形,大小处于($5\mu m\times7\mu m$)~($15\mu m\times20\mu m$)之间,CO_2相比较高,达50%~70%;富液包裹体形状较为规则负晶形,大小处于($5\mu m\times8\mu m$)~($20\mu m\times70\mu m$)之间,气液比在25%~30%之间;含子矿物富液包裹体形状较为规则负晶形,大小处于($7\mu m\times9\mu m$)~($15\mu m\times20\mu m$)之间,气液比为15%;CO_2两相包裹体形状较为规则负晶形,大小处于($4\mu m\times6\mu m$)~($10\mu m\times20\mu m$)之间,气液比为20%。

4. 包裹体类型

沙柳泉地区花岗伟晶岩脉中石英包裹体较为发育,成群分布,以原生包裹体为主,仅发现有少量次生包裹体。原生包裹体形态规则,次生包裹体沿裂隙分布。其中,原生包裹体以透明无色的纯液包裹体为主,部分视域内无色—灰色H_2O-CO_2三相包裹体、深灰色气体包裹体与无色—灰色富液体包裹体较为发育。

Schmidt(2000)通过研究指出:较高盐度的低CO_2含量卤水包裹体和低盐度的H_2O-CO_2包裹体是由发生不混溶作用的CO_2-H_2O包裹体所形成的,表明流体包裹体组分的选择性渗漏是由不混溶作用引起的体积增加导致的,从而出现有成对存在的两种不同组分的流体包裹体的现象。沙柳泉铌钽矿床伟晶岩脉中石英流体包裹体主要有4种类型:富液包裹体为主、CO_2-H_2O两相包裹体、含子矿物富液包裹体以及H_2O-CO_2三相包裹体,其中以富液包裹体、CO_2-H_2O两相包裹体为主。

表 3-13 沙柳泉地区伟晶岩脉中石英流体包裹体显微测温结果及相关参数

样号	赋存矿物	类型	N	长轴长 (μm×μm)	气液比 (%)	均一相态	$T_h CO_2$ (℃)	$T_h t$ (℃)	盐度(wt%NaCl)	p (MPa)
SLQP1BG1-1	石英	H_2O-CO_2三相包裹体	9	15×20	35~40	VCO_2→L CO_2	27.6~31.2	321~407	5.76~12.32	272~343
		富液包裹体	20	15×1	20~30	L CO_2→LCO_2		183~350	10.33~15.37	
SLQP1BG6-1	石英	H_2O-CO_2三相包裹体	16	15×30	25~60	VCO_2→L CO_2	27.1~31.2	245~365	4.33~5.05	153~300
		富液包裹体	36	4×6	20~25	L CO_2→LCO_2		215~283	4.8~5.14	
		CO_2两相包裹体	2	15×20	25	液相	25.4~29.6			
SLQP1BG8-1	石英	H_2O-CO_2三相包裹体	2	5×7	40	VCO_2→L CO_2	29.2~29.6	341~345	9.04	309~310
		富液包裹体	14	10×20	20~30	液相		205~290	2.07~9.13	
		CO_2两相包裹体	22	10×15	25~30	L CO_2→LCO_2	26.6~31.2			
SLQP1BG13-1	石英	H_2O-CO_2三相包裹体	4	15×20	50~70	VCO_2→L CO_2	29~31.2	324~499	4.69~11.92	192~274
		富液包裹体	18	20×70	25~30	液相		190~296	3.52~11.89	
		含子矿物富液包裹体	7	15×20	15	液相		256~374	35.32~44.32,平均为40.29	
		CO_2两相包裹体	13	10×20	20	液相	26.3~31.1			

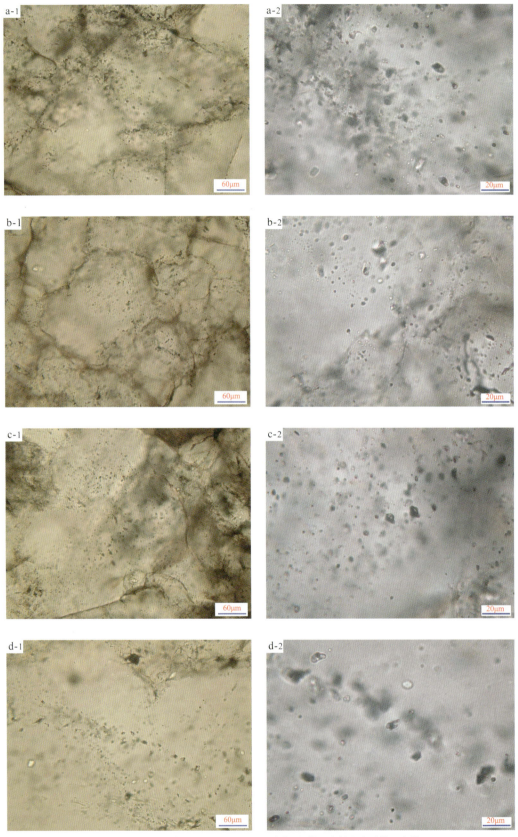

a. H_2O-CO_2三相包裹体与富液体包裹体;b. H_2O-CO_2三相包裹体、气体包裹体与富液体包裹体;c. H_2O-CO_2三相包裹体、CO_2两相包裹体、气体包裹体与富液体包裹体;d. 富液体包裹体及含子矿物富液包裹体

图3-72 流体包裹体类型

5. 单个流体包裹体成分分析

流体包裹体在了解成矿热液的成分、温度、压力等方面有着不可替代的作用(池国祥和赖健清,2009)。沙柳泉矿区激光拉曼显微探针分析显示,包裹体液相成分主要为 H_2O,气相成分为 H_2O、CO_2。如 SLQP1BG1-1 气液两相包裹体 CO_2 谱峰位置为 $1283cm^{-1}$、$1387cm^{-1}$;SLQP1BG8-1 气体包裹体气相 CO_2 谱峰位置为 $1282cm^{-1}$、$1385cm^{-1}$;SLQP1BG13-1 三相包裹体气相 CO_2 谱峰位置为 $1282cm^{-1}$、$1386cm^{-2}$(图 3-73)。

由此显示,沙柳泉地区伟晶岩脉主成矿阶段成矿流体为 H_2O-NaCl 体系。

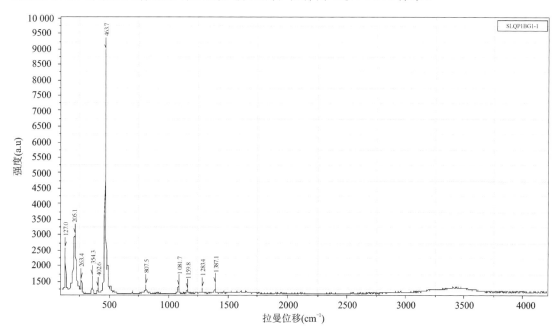

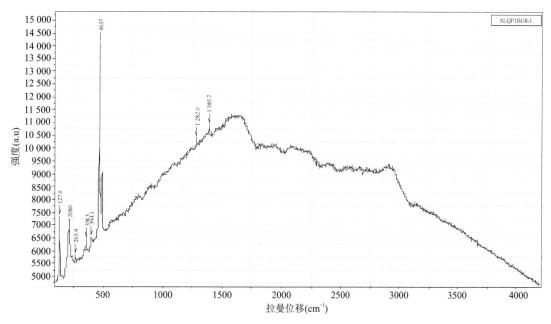

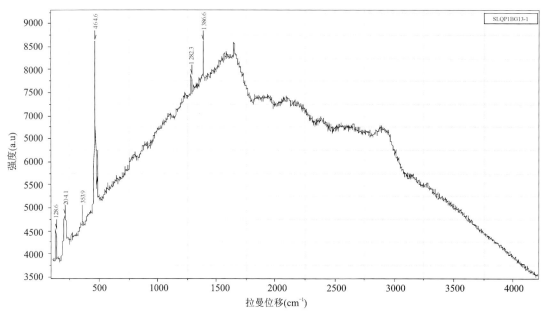

SLQP1BG1-1.气液两相包裹体气相CO_2特征图谱;SLQP1BG8-1.气体包裹体气相CO_2特征图谱;
SLQP1BG1-13.H_2O-CO_2三相包裹体气相CO_2特征图谱

图3-73 包裹体气相特征图谱

6. 流体包裹体成矿温度

由于硅酸盐压缩系数很小,压力对硅酸盐熔融体的影响不大,因此,硅酸盐类包裹体不需进行压力对均一温度的校正,其均一温度可以近似地看作捕获温度或形成温度(卢焕章,2004)。沙柳泉地区的铌钽矿与其伟晶岩脉中石英关系密切,石英中包裹体多为同期生长的原生包裹体,测试的石英样品的结晶温度与其均一温度相近,所测温度可作为推测沙柳泉含矿伟晶岩成矿温度的依据。

SLQP1BG1-1石英中H_2O-CO_2三相包裹体T_h一般为321~407℃,平均为363℃,而在富液包裹体均一温度T_h一般为183~350℃,平均为229℃。SLQP1BG6-1石英中H_2O-CO_2三相包裹体T_h一般为245~365℃,平均为302℃,富液包裹体T_h一般为215~283℃,平均为241℃。SLQP1BG8-1石英中H_2O-CO_2三相包裹体T_h一般为341~345℃,平均为343℃,富液包裹体T_h一般为205~290℃,平均为241℃。SLQP1BG13-1石英中H_2O-CO_2三相包裹体T_h一般为324~499℃,平均为391℃;含子矿物富液包裹体T_h一般为256~374℃,平均为323℃;富液包裹体T_h一般为190~296℃,平均为257℃。

由上所述,沙柳泉$\rho1$伟晶岩脉中石英中H_2O-CO_2三相包裹体T_h一般为321~407℃,平均为350℃;富液包裹体T_h一般为190~296℃,平均为246℃;含子矿物富液包裹体T_h平均为323℃,与H_2O-CO_2三相包裹体均一温度接近,具有形成一致温度的特征。表明沙柳泉地区伟晶岩脉具有明显的两期成矿的特征,成矿形成的温度分别对应321~407℃,平均为350℃;190~296℃,平均为246℃。

7. 流体包裹体均一温度和盐度之间的关系

SLQP1BG1-1中9个H_2O-CO_2三相包裹体均一温度为321~407℃,平均值为363℃,盐度处于5.76~12.32ωt%NaCl之间,平均值为9.5ωt%NaCl;20个富液包裹体均一温度183~325℃,平均值为229℃,盐度处于10.33~15.37ωt%NaCl之间,平均值为13.48ωt%NaCl;表明存在至少两期成矿期,其中H_2O-CO_2三相包裹体较富液包裹体均一温度平均值高134℃,H_2O-CO_2三相包裹体较富液包裹体盐度平均值低3.98ωt%NaCl,SLQP1BG1-1均一温度-盐度关系图(图3-74a)显示,富液包裹体均一温度-盐度具有显著的线性关系。H_2O-CO_2三相包裹体为原生包裹体,属于早期阶段,与主矿物同期形成,指示了主矿物形成时的流体成分以及捕获条件;富液包裹体是在主矿物形成后遭受改造作用时的流体成分及热力学条件,在矿物结晶生长过程中,部分气相物质溶蚀或逃逸后,盐度逐渐升高,多数形成富液包裹体,代表次生流体包裹体,其形成晚于主矿物。在 SLQP1BG6-1、SLQP1BG8-1 均一温度-盐度关系图(图 3-74b～d)中,富液包裹体较 H_2O-CO_2 三相包裹体均一温度-盐度线性关系显著;而在 SLQP1BG13-1 中含子矿物富液包裹体均一温度-盐度呈正相关关系(图 3-74e、f),盐度一般为 35.32～44.32wt%NaCl,平均为 40.29wt%NaCl,均一温度 T_h 一般为 256～374℃,平均为 323℃。即呈现随温度升高而显示盐度升高趋势,可能显示含子矿物富液包裹体形成于早期阶段,后期遭受改造作用较弱或影响较小,保留了早期高温高盐度的包裹体特征。

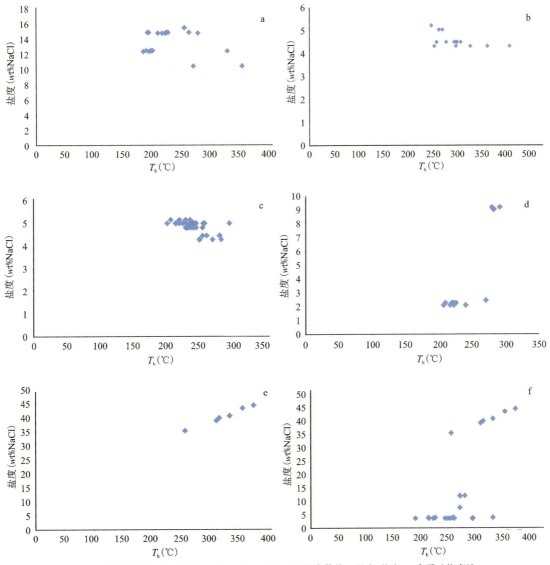

a、c、d.富液包裹体均一温度-盐度;b.H_2O-CO_2 三相包裹体均一温度-盐度;e.含子矿物富液包裹体均一温度-盐度;f.含子矿物富液包裹体及富液包裹体均一温度-盐度

图 3-74 均一温度-盐度关系图

8. 压力和深度估算

成矿深度研究是研究成矿作用的重要内容之一,隐伏矿体的找矿工作可在成矿深度的指导下比较顺利地进行。国内外成矿深度主要是通过计算得到包裹体成矿压力,再经过换算平均静水压力梯度(流体压力小于 40MPa)或平均静岩压力梯度(流体压力大于 370MPa)而得出的(邵洁连,1988;孙丰月等,

2000;卢焕章等,2004;张德会等,2011)。本次通过 Roedder 等(1980)的 H_2O-CO_2 体系 p-x 相图获得 H_2O-CO_2 三相包裹体流体压力为 153~343MPa,介于 40~370MPa 之间,因此本次采用 Shepherd(1985)的经验公式[$p=2.7\times 0.0981\times H$($p$ 单位为 bar,H 单位为 m)]来估算成矿深度。

SLQP1BG1-1 石英中 H_2O-CO_2 三相包裹体估算成矿深度一般为 9.88~12.46km,平均为 12.15km;SLQP1BG6-1 石英中 H_2O-CO_2 三相包裹体估算成矿深度一般为 5.56~10.90km,平均为 8.52km;SLQP1BG8-1 石英中 H_2O-CO_2 三相包裹体估算成矿深度一般为 11.23~11.26km,平均为 11.25km;SLQP1BG13-1 石英中 H_2O-CO_2 三相包裹体估算成矿深度一般为 6.98~9.96km,平均为 8.67km。表明沙柳泉地区伟晶岩脉成矿深度具有显著的两个阶段:第一阶段集中在 11.25~12.15km,对应温度为 321~407℃的早期高温阶段;第二阶段集中在 8.52~8.67km,温度为 190~296℃的晚期中低温阶段。由测试所得包裹体特征显示:早期高温包裹体发育较差,晚期中低温包裹体发育较好。而上述两种包裹体的共存进一步表明了成矿流体应有两次相对独立的活动。

(三)成矿物源

Elrhazi(2002)认为流体包裹体是研究矿床成矿物质来源的直观证据。矿物形成早期温度高,溶解-沉淀反应快,比较容易达到平衡,而负晶形的主晶矿物是包裹体与主晶矿物达到平衡时最稳定的形态,因此负晶形的主晶矿物多存在于形成较早的原生包裹体之中(Kerkhof et al,2001)。沙柳泉伟晶岩中石英包裹体呈规则状的负晶形,成群、成带状分布,主要有 H_2O-CO_2 三相包裹体、富液包裹体、含子矿物富液包裹体及 H-CO_2 两相包裹体 4 种类型,与主晶矿物密切相关,具有原生包裹体的某些特征。

陈衍景等(2007)认为,岩浆热液矿床发育含多种子晶包裹体和高盐度富 CO_2 的包裹体,变质热液矿床发育低盐度富 CO_2 包裹体,改造热液矿床总体缺乏含子晶包裹体和富含 CO_2 包裹体,大量发育水溶液包裹体。沙柳泉地区伟晶岩脉中局部石英中含子矿物富液包裹体,且盐度一般为 35.32~44.32wt%NaCl,平均为 40.29wt%NaCl,盐度较高,具有岩浆热液矿床的特点。

在流体包裹体均一温度-盐度相关图(图 3-75)显示,所有样品均投点于变质流体及岩浆水-大气水混合区域内。区内伟晶岩脉具有明显的两期成矿的特征:早期高中温阶段,成矿温度为 321~407℃,平均为 350℃,压力 153~348MPa,深度集中在 11.25~12.64km;晚期中低温阶段,成矿温度为 190~296℃,平均为 246℃,深度集中在 8.17~8.67km。芮宗瑶等(2003)认为花岗质岩浆深侵位成矿深度处于 5~19km 之间。挥发相在封闭条件下转变为热水的过程和加热天水在开放条件下参与活动的过程对于成矿组分的迁移富集是十分重要的,成矿物质于岩浆期开始富集,在岩浆期后热液过程中开始大规模的矿质聚集。

就矿区内成矿条件而言,古元古界达肯大坂岩群大理岩段为沙柳泉地区主要含伟晶岩脉层位。岩石普遍受到变形、变位、变质作用,表现为一套层状无序的中—深变质岩系(闫亭廷,2011)。穿插于大理岩段及褶皱带核部的伟晶岩脉在较高压力下,在岩石固化过程中发生了物质的再分配,并发生结晶作用和变质作用而形成,因此具有变质分异伟晶岩的特征。区内发育北西向断裂,具有断裂早、活动时间长的特点,且在开放体系下可能有天水参与其中。区内西侧发现有海西期侵入岩,可能有来自海西期深部的岩浆液和变质热流体在岩石发生变质分异作用的同时参与并混合(李蜀资等,1973),在后期的重结晶作用和交代作用下,形成不同类型伟的晶岩脉。

由上所述,沙柳泉地区海西期岩浆活动发育,可能有来自深部的岩浆液和变质热流体参与岩石发生变质分异作用;北西向断裂发育,可能有天水参与其中;石英包裹体呈规则状的负晶形,具有原生包裹体的特征。石英中含子矿物富液包裹体,且盐度较高,平均为 40.29wt%NaCl。表明矿区内成矿流体主要来自花岗质岩浆的结晶变质分异作用,其成因主要与岩浆作用密切相关,具有岩浆热液矿床的特点。

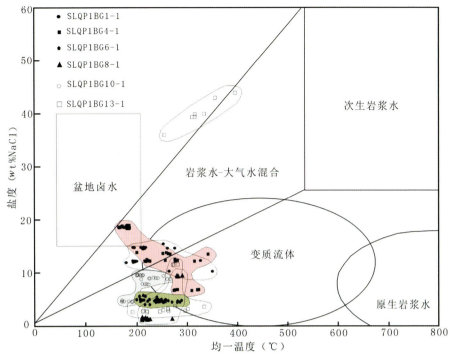

图 3-75　流体包裹体均一温度-盐度相关图(底图据 Beane，1983)

九、矿床类型

一般而言,按铌、钽的相对量比,可将铌钽矿床分为 3 类:钽矿床[钽、铌氧化物比值为(3∶1)～(1∶5)],钽-铌矿床[钽、铌氧化物比值为(1∶5)～(1∶20)],铌矿床(钽、铌氧化物比值小于 1∶20)(赵太平等,2010)。在高度分异的过铝花岗质熔体中,铌氧化物比钽氧化物优先达到饱和(Lin-nen et al,1997);Linnen(1998)认为,高 Li 和 F 含量促使 Ta 富集在熔体中,熔体中的 Li 和 F 能阻止钽铁矿比铌铁矿晚饱和结晶,一直到 Li、F 矿物结晶,降低了钽铁矿的溶解度,才导致富 Ta 矿物形成,这样形成的矿床就具有富钽的特征。另外,Li 和 F 在花岗岩体内富集的过程中也促进了 Na 和 Al 的富集(Manning,1981;Martin,1983)。因此,如果条件允许,可导致不同矿床中铌和钽的含量比值产生差异。

在沙柳泉伟晶岩中 Nb_2O_5 最高为 $268.86×10^{-6}$,一般为 $(66.90～245.98)×10^{-6}$,平均为 $101.14×10^{-6}$;Ta_2O_5 最高为 $148.96×10^{-6}$,一般为 $(11.81～37.97)×10^{-6}$,且多数小于 $100×10^{-6}$,平均为 $21.40×10^{-6}$,Nb_2O_5 远大于 Ta_2O_5,矿床中铌和钽的含量比值差异较大;沙柳泉伟晶岩中铌、钽氧化物比值均小于 1,且氧化物比值最高为 0.84,多处于 0.11～0.67 之间,平均为 0.22。由此,从区域成矿类型分析,矿区主要成矿类型为花岗伟晶岩型铌钽矿床;矿区铌钽矿具有铌远大于钽,其矿床类型为伟晶岩型钽-铌矿床。

十、成矿模式

1. 矿床成因

沙柳泉铌钽矿床大地构造位置位于柴达木盆地北缘台缘褶皱带东缘,区内出露地层主要为古元古界达肯大坂岩群。区内伟晶岩脉主要穿插于大理岩段和褶皱带核部,岩石固化过程中,在高压的作用下发生物质的再分配,在重结晶作用和变质分异作用影响下而形成,具有变质分异伟晶岩特征。另外,在多次构造运动影响下,沙柳泉地区断裂构造较发育,呈北西向、北东向和近东西向展布,其中以北西向断裂最为发育;北东向断裂及派生的次级断裂弧形断裂最晚。而在柴达木盆地东北缘晚古生代海西期岩浆岩活动十分剧烈,在本区西侧存在大量的海西期侵入岩,在内压力和构造应力的作用下,其熔融体沿早期形成的构造裂隙侵位于达肯大坂岩群中的薄弱面及北东、北西构造裂隙及节理,区内派生发育的北东向、北北西向或北北东向、近东西向节理为控制伟晶岩脉及其他脉岩的主要裂隙。区内发育北西向断裂,具有断裂早、活动时间长的特点,且在开放体系下可能有天水参与其中。区内西侧发现有海西期侵入岩,可能有来自海西期深部的岩浆液和变质热流体在岩石发生变质分异作用的同时参与并混合,在后期重结晶作用和交代作用下,形成不同类型伟晶岩脉。

2. 成矿要素

沙柳泉地区铷、铍、钽矿床成矿要素见表 3-14。

表 3-14　沙柳泉地区铷、铍、钽矿床成矿要素表

成矿要素		要素描述	要素分类
大地构造位置	大地构造分区	秦祁昆造山系,中—南祁连弧盆系,全吉地块东段	重要
成矿地层	赋矿岩石名称	钠长石-白云母花岗伟晶岩、白云母钾长花岗伟晶岩	重要
	岩石时代	古元古代	重要
	蚀变特征	砂糖状钠长石化、钾化、白云母化	重要
岩浆建造-岩浆作用	岩石名称	花岗伟晶岩	必要
	侵入岩时代	海西期—加里东期	重要
	岩体形态	岩脉	重要
	岩体产状	受区域构造带控制,呈北西向带状分布,与达肯大坂岩群火山岩组呈侵入或断层接触	重要
	岩石结构	花岗伟晶结构、似文象结构、半自形粒状结构	重要
	岩石构造	块状构造、变余粒状结构	重要
成矿构造	断裂构造	断裂构造发育,主要受阿姆内格山断裂控制,发育北西、北东两组断裂构造,其中 SB1、SB2、SB4 构造破碎带为区内最主要成矿带,均为北西-南东走向,破碎带宽18～132m 不等	重要
矿床资源储量	金属量	初步估算出 333+334 类钾长石资源量 78 万 t;334 类资源量:Rb$_2$O 946.94t,共生 Ta$_2$O$_5$ 7.59t、BeO 28.01t;Rb$_2$O 资源量规模达到中型矿床	金属量
	矿石量	233.24×10^{4}t	矿石量
	平均品位	K$_2$O 平均品位 8%、Rb$_2$O 平均品位 0.08%、Ta$_2$O$_5$ 平均品位 0.006%、BeO 平均品位 0.05%	平均品位

矿区内稀有矿产形成主要受地层、构造、岩浆活动等因素的控制,各因素在矿床成矿过程中,具有不同的控制作用。其中地层主要为古元古界达肯大坂岩群,含矿伟晶岩脉多集中分布在该套地层中,古元古代地层可能不具有富集成矿的条件,但后期岩浆构造作用形成的含矿伟晶岩脉使该套地层与伟晶岩

接触带具有矿化蚀变;成群分布的次级断裂和韧性剪切带呈北西西向、北西向展布,为主要控矿构造;伟晶岩脉极为发育,并且具有多期性,为成矿提供了充足的热源和物源条件。

3. 成矿模式

区内主要地层为古元古界达肯大坂岩群,其中分布的伟晶岩脉是稀有稀土元素的高背景地质体,具有为稀有稀土矿提供物质来源的基础和条件,是区域上较重要的稀有稀土矿的矿源体。

目前,在乌兰柯柯地区以北,已发现伟晶岩脉群2处,伟晶岩脉达400余条,具体为沙柳泉伟晶岩脉群、生格伟晶岩脉群。其中沙柳泉伟晶岩脉群达227条,生格伟晶岩脉群达175条,共同构成柯柯伟晶岩田。在生格北侧发育有约30km²的海西期花岗岩,由区域地质特征及伟晶岩分带型特征分析,其为周边花岗伟晶岩的成矿母岩。从母岩体向外,伟晶岩脉群在矿物组成、内部结构、微量元素和矿化特点等方面呈现系统变化,而显示区域分带性。

稀有金属成矿方面,近带生格地区具有寻找轻稀土、U、Th等矿的可能性,而在远带沙柳泉地区集中了铌钽、铷及锂等稀有金属矿产,Be相对处于中间部位或偏远带部位(图3-76),在远带沙柳泉地区就已发现中型铌钽矿床及小型绿柱石铍矿。稀有金属铌钽铷矿化主要赋存于钠长石-白云母花岗伟晶岩脉中,伟晶岩脉中钠长石化、白云母化发育地段是成矿有利地段,形成伟晶岩型稀有金属矿床。

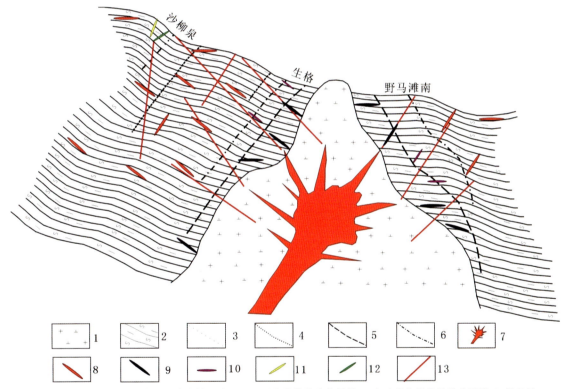

1.印支期花岗岩;2.古元古界达肯大坂岩群;3.锂云母花岗伟晶岩分界线;4.白云母花岗伟晶岩分界线;5.黑云母花岗伟晶岩分界线;6.二云母花岗伟晶岩分界线;7.伟晶质岩浆;8.白云母花岗伟晶岩脉;9.黑云母花岗伟晶岩脉;10.二云母花岗伟晶岩脉;11.绿柱石花岗伟晶岩脉;12.锂云母花岗伟晶岩脉;13.断裂

图3-76 沙柳泉-生格地区伟晶岩型稀有金属成矿模型图

十一、找矿标志

1. 伟晶岩类型标志

按照长石类矿物共生组合,结合锂云母、锂辉石划分的花岗伟晶岩类型,反映伟晶岩的物质成分、分异以及交代作用的特点,可间接表示花岗伟晶岩的矿化标志:

斜长石-微斜长石型伟晶岩主要是轻稀土、铀以及钍的矿化,品位较低,工业意义不大;微斜长石型伟晶岩主要是白云母和铍矿化,不同程度具铷矿化,但品位低,达不到工业品位;钾长石-钠长石-白云母型伟晶岩主要是铷、铌钽以及铍的稀有金属的矿化,品位较高,具有找矿的有利识别标志;钠长石-锂云母型伟晶岩是锂、铌钽、铷及铍的有利矿化,是沙柳泉地区主要的含矿标志,作为今后找矿的主要标志。

2. 分带性标志

带状构造是分异作用的物质表现及标志,分异作用的强弱对原生期的铌钽、稀土矿化至关重要。以粗粒、块体结构的石英-微斜长石带和以块体微斜长石带、块体石英带为标志的强分异和全分异型伟晶岩,是粗晶绿柱石的良好标志。石英-锂辉石带的出现既是 Li 矿化的重要标志,也是交代期 Nb、Ta 和 Be 矿化的良好预示。

3. 矿化标志

花岗伟晶岩中交代作用的强烈、广泛发育,是 Ta、Cs、Be、Li 等矿化的重要找矿标志。

(1) 钠长石化:在一般情况下都是 Be、Nb、Ta 矿化的肯定标志。其中糖粒状钠长石多是铌铁矿的标志;叶钠长石则是铌钽铁矿、钽铁矿的标志。

(2) 白云母化:有两种基本情况,一种是原生结晶期钾阶段末期钾长石水解的白云母,呈大片叠层状,伴生有绿柱石和铌铁矿;另一种是交代期的鳞片状白云母,经常伴生有重要的 Nb、Ta 矿化。

(3) 锂云母化:锂云母的强烈发育,一般情况下都是富 Ta、Li 矿化的极好标志。铌钽矿物主要为钽铁矿、细晶石、铌钽铁矿等富含钽的矿物,同时伴生有 Cs-Li 绿柱石。在锂辉石系列的花岗伟晶岩中,锂云母化发育且伴生有红色、彩色电气石时,往往是寻找铯榴石的良好标志。

(4) 钠长石化、白云母化、锂云母化等交代作用在空间上叠加发育时,这是 Ta、Nb、Be、Li、Cs 等稀有元素矿化的极好标志。

4. 典型矿物标志

电气石颜色具有良好的找矿意义。黑色电气石是铌矿化的标志;绿色电气石是铌钽矿化的找矿标志(仅出现在察汉诺地区)。在空间上,黑电气石主要分布在伟晶岩和围岩的接触部位,在此部位白云母的数量也相对较多,反映了在伟晶岩结晶过程中,挥发组分向外逃逸并在此部位形成大量富挥发组分矿物的特点。由于此阶段伟晶岩形成的环境较稳定,矿物的结晶作用也较充分,所以电气石等矿物的晶体普遍较大,而且也较完整。彩色电气石是钽、锂、铯矿化标志,但钽的含量大于铌。

5. 化探异常标志

大比例尺水系沉积物测量异常浓集中心为稀有及稀土元素矿化的主要标志。

第四章　柴达木盆地北缘成矿规律

一、成矿地质背景

柴北缘地区大地构造位置处于古亚洲构造域与特提斯构造域结合部位的多旋回弧盆造山系,是中央造山带的西部成员——秦祁昆褶皱系的一部分,也是典型的复合造山带(殷鸿福和张克信,1998)。该区加里东造山遵循的不是威尔逊旋回,而是非威尔逊旋回,具有多岛洋、软碰撞的特点(姜春发等,1992;殷鸿福和张克信,1998)。柴北缘地区构造岩浆旋回大致可分为3个阶段,分别为前南华纪、南华纪—泥盆纪和石炭纪—三叠纪。区内侵入岩主要有奥陶纪碱长花岗岩、石英二长花岗岩;二叠纪碱长花岗岩、花岗闪长岩、斑状二长花岗岩;三叠纪花岗伟晶岩脉、正长花岗岩、二长花岗岩;早侏罗世正长花岗岩及石英正长岩等。柴北缘地区出露有大量伟晶岩脉,具有呈分片区、分时段、集中产出的特征,主要分布于西起龙尾沟,经鱼卡河、沙柳泉、察汗诺,东至茶卡北山,形成了伟晶岩型等稀有稀土矿,是青海省重要的稀有稀土多金属成矿区。

柴北缘地区的稀有稀土矿集中产于柴北缘铅、锌、锰、铬、金、白云母成矿带、南祁连铅、锌、金、铜、镍、铬成矿带、西秦岭铅、锌、铜(铁)、金、汞、锑成矿带,是青海省内稀有稀土矿的成矿有利地区(表4-1)。柴北缘欧龙布鲁克陆块和西秦岭地区发育大量北西向的伟晶岩带,伟晶岩带沿大柴旦—德令哈—乌兰—青海南山分布,全长500余千米,宽17~48km,伟晶岩规模大,且发育有多个稀有金属矿点,如沙柳泉铌钽矿、石乃亥铌钽矿、阿姆内格锂铷矿、野马滩南铌钽矿点、高特拉蒙稀土矿点、哈里哈答铋铍矿点及擦勒特铌钽矿点、茶卡北山锂、铍矿点等。柴北缘地区具有形成各类稀有稀土多金属矿床的巨大潜力。

张德全等(2005)在柴北缘地区获得赛坝沟矿床(425.5±2.1)Ma、青龙沟矿床(409.4±2.3)Ma、滩间山矿床(284.0±3.0)Ma、野骆驼泉矿床(246.0±3.0)Ma等成矿年龄数据;显示柴北缘地区金矿床形成于加里东晚期和海西晚期—印支期,是该区加里东和海西晚期—印支期复合造山过程的产物。鄂拉山群(晚三叠世)陆相高钾钙碱性火山岩、大量海西晚期—印支期造山花岗岩、多条相关的剪切变形带等;这次陆内造山作用的强烈抬升,使柴北缘叠加于加里东造山作用之上,形成叠加的花岗岩带和叠加变形带,并给柴北缘地区带来了丰富金属矿产资源。金成矿作用主要发生在碰撞造山过程的晚期,自区域北部向南部,金成矿年龄值变小,与柴北缘地区的复合造山作用在时空上的"构造迁移"相一致(殷鸿福和张克信,1998;张德全等,2001)。

青藏高原东北缘宗务隆山构造带东段茶卡北山伟晶岩型锂、铍矿的发现暗示南祁连地块与全吉地块结合部的宗务隆山构造带东段可能是一个新的锂、铍成矿带,是青藏高原继"马尔康-雅江-喀喇昆仑巨型锂矿带"之后的又一重要的印支期锂、铍成矿带(王秉璋等,2020)。

二、矿产概况

(一)概况

近年来,通过区域地质调查及矿产调查过程中,在锡铁山、冷湖、鱼卡、察汗森地区,以及沙柳泉、察汗诺、茶卡等地区已发现稀有稀土元素部分含量相对较高,如交通社西北、冷湖、鱼卡、葫芦山等地区 Nb、Ta、Cr、Cs、La、Lu 等含量较高,并陆续发现了 28 处稀有稀土矿床、点(表 4-1),如交通社西北稀有稀土矿、俄博梁地区铌钽及轻稀土矿化点、冷湖镇野骆驼泉北锂矿化点、大柴旦镇擦勒特铷稀土矿化点、柴达木大门口东轻稀土矿化点、茶卡北山锂铍矿点、锶墨格山锂铍矿床、俄当岗锂铍矿点、龙尾沟稀土矿点等,并发现有大面积稀有、稀土等综合异常呈带状展布。同时,在柴北缘地区内发现与伟晶岩脉密切相关的白云母矿点及矿化点 21 处,水晶矿点及矿化点 10 处,以及与伟晶岩脉有关的铀矿点及矿化点 10 余处。

另外,发现柴北缘成矿带金床(点)达 53 处,其中大型矿床 2 处,中型矿床 1 处,小型矿床 11 处,矿点及矿化点为 39 处;矿床类型主要为岩浆热液型(表 4-2);其中滩间山金矿田中两类矿石中矿物均以含砷黄铁矿为主,其次是黄铁矿、毒砂、自然金和银金矿等,脉岩型矿石中矿物主要为含黄铜矿、自然金和银金矿等。

(二)主要矿种

柴北缘地区主要稀有稀土矿种为锂、铍、铌、钽、铷及镧铈等。其中以铌钽、锂铍为主矿种,铷主要呈伴生矿种产出。金主要赋存于黄铁矿、石英、毒砂,以自然金和银金矿为主,金可分为裂隙间隙金及包裹体金。

(三)成矿类型

根据柴北缘稀有稀土矿产的分布特征及成矿条件,梳理出稀有稀土矿的主要成矿类型有伟晶岩型、花岗岩型等。其中伟晶岩型稀有金属矿床主要有茶卡北山锂铍矿、沙柳泉铌钽矿床以及石乃亥铌钽矿床等,花岗岩型主要与轻稀土矿镧铈有关,主要矿床(点)有查查香卡铌稀土矿、夏日达乌铌矿等;其中以伟晶岩型铌钽矿床规模较大。金矿床类型主要为岩浆热液型、砂矿型、机械沉积型,其中以岩浆热液型为主。

1. 稀有金属成矿类型

1)成因类型观点

近几十年来,关于岩浆型、伟晶岩型稀有金属矿的富集成因存在着两种观点:一种认为铌和钽是通过岩浆结晶分异过程逐渐富集的(Zhu et al,2001);另一种则认为铌钽的富集与岩浆期后气热溶液交代早期结晶的花岗岩有关(Kempe et al,1999)。

(1)岩浆结晶分异说。Dingwell 等(1985)认为 F 可以降低熔体的黏度,也可以增加铌、钽的溶解度。高 F 含量也能导致熔体结构的改变,致使岩浆固相线降低至 490℃,从而间接降低了高场强元素在熔体中活度系数及晶体/熔体分配系数,成为强不相容元素(London et al,1988)。花岗伟晶岩在 200~400MPa 条件下形成,当挥发分和稀有金属富集到一定程度后,导致熔体中的 F 明显降低,诱发 Nb、Ta

表 4-1 柴北缘稀有稀土矿产地一览表

编号	矿产地名称	矿类	矿种	区	镇	地质背景及矿床地质特征	矿床规模	勘查程度	成因类型
K1	冷湖镇克希铁、稀土矿化点	稀有稀土、分散元素矿产	镧铈	海西州	茫崖市	岩浆岩分布广泛，新元古代、古生代～中生代均有不同程度的岩浆作用，岩浆作用具多期次、多类型的特点，岩石类型多样，包括超基性岩、基性岩、中性岩和酸性岩。区内花岗伟晶岩脉发育，多呈北西向，近南北向产出于达肯大坂岩群中	矿点	预查	花岗岩型
K2	俄博梁稀土矿点	稀有稀土、分散元素矿产	镧铈	海西州	茫崖市	矿点位于阿尔金成矿带南缘，矿点产出于古元古界达肯大坂岩群大理岩中，侵入岩有晚奥陶世二长花岗岩、晚三叠世花岗闪长岩，受北东向构造控制。稀土总体品位出于达肯大坂岩群，基本在边界品位附近	矿点	踏勘	花岗岩型
K3	冷湖镇西柴达木大门口东轻稀土矿化点	稀有稀土、分散元素矿产	轻稀土、镧铈	海西州	冷湖行委	地处柴达木准地台大通沟南山断隆。出露地层为古元古界达肯大坂岩群下岩组，岩性为混合岩。地层褶皱较简单，为向北东倾斜的单斜。区内花岗伟晶岩脉发育，附近有晋宁期斜长花岗岩出露。矿化处于1:5万青新界-俄博梁化探水系扫面AS01乙Co(Cu,W,Mo)异常附近。矿化赋存于花岗伟晶岩脉中。岩性为浅肉红色、灰白色花岗伟晶岩，主要为镧、铈、钍矿化。矿石矿物为菱黑稀土矿。所取的两个化学样分析 La 0.033%～0.21%，Ce 0.062%～0.38%，Th 0.011%～0.059%，光谱结果 Cu 1000×10^{-6}，La 5000×10^{-6}，Ce 7000×10^{-6}，Th 300×10^{-6}，单矿物分析 La 3%，Ce≥5%，Th 2%，2001年省矿勘院院在青新界-俄博梁1:5万化探普查中对本点进行了检查，认为伟晶岩脉可划分为3个平行的脉群，其中规模较大的宽约130m，最宽达290m，沿主向延伸约1250m，单脉宽0.5～1m不等，另两条脉群规模较小	矿化点	预查	伟晶岩型

续表 4-1

编号	矿产地名称	矿类	矿种	区	镇	地质背景及矿床地质特征	矿床规模	勘查程度	成因类型
K4	冷湖镇交通社西北山铌铌轻稀土矿点	稀有稀土、分散元素矿产	铌、镧铈	海西州	茫崖市	位于阿尔金成矿带南缘，古元古界达肯大坂岩群上岩组片麻岩段，呈近南北向展布。古石组合为一套片麻岩夹大理岩。矿区内侵入岩浆活动较剧烈，岩浆岩分布较广且规模较大，主要为岩株及岩基状的黑云闪长岩、花岗闪长岩。脉岩主要为闪长岩、碱长花岗岩等，圈出稀有轻稀土及石墨矿带 1 条，长度 6600m，宽度一般为 50～580m，含矿岩性主要为条带状大理岩，含石墨大理岩，走向 140°～190°，倾向东一北东。带内圈出铌钽矿体 4 条（包括盲矿体 1 条），其中铌钽矿体长为 1180～1420m，厚 2.28～6.01m，品位（Nb+Ta)$_2$O$_5$ 为 0.043%～0.15%，伴生轻稀土矿 Ce$_2$O$_3$ 品位为 0～0.14%	矿点	预查	花岗岩型
K5	冷湖龙尾沟稀土矿点	稀有稀土、分散元素矿产	镧铈	海西州	茫崖市	矿点地处柴北缘西段，主要出露古元古界达肯大坂岩群变质岩系，其中伟晶岩十分发育，有正长伟晶岩，钾长花岗伟晶岩，斜长伟晶岩、微斜斜长伟晶岩等。断裂构造较发育，伟晶岩具分带现象。成矿矿化与伟晶岩有直接关系。主要为稀土矿化及铌钼等矿化。于柴达木大门口以东至多罗尔什以东，伟晶岩分布广泛，伟晶岩集中分布区，构成一个伟晶岩集中分布区，可进一步工作可扩大远景储量	矿点	踏勘	伟晶岩型
K6	大通沟南山稀有稀土矿点	稀有稀土、分散元素矿产	铌、镧、铈	海西州	茫崖市	矿点中部出露小面积的狼牙山组（下岩组，中岩组）。在柴北缘东西向断裂的影响下形成了南部东西向的断裂金水口变质岩群东西向槽皱发育。中酸性岩体（大通沟南山岩体）对成矿起主导作用，主要为肉红色黑云母花岗岩脉、闪长岩脉。异常特征组合为 Rb、Bi、Sn、Li、Th、La、Be、Nb、U、Y、P，其中 Bi 具有三级浓度分带，Rb、Sn、Th、La、P 具有二级浓度分带。异常依然呈东西向展布，异常浓集中心空间位置与二长花岗岩岩体一致。发现矿化体 3 条，长度大于 1km，宽 2m，(Ta+Nb)$_2$O$_5$ 平均品位 0.013%～0.018%	矿点	踏勘	伟晶岩型

第四章 柴达木盆地北缘成矿规律

续表 4-1

编号	矿产地名称	矿类	矿种	区	镇	地质背景及矿床地质特征	矿床规模	勘查程度	成因类型
K7	冷湖镇野骆驼泉北锂矿化点	稀有稀土、分散元素矿产	锂	海西州	茫崖市	出露地层主要为滩间山群，主要分布在小赛什腾山、野骆驼泉、赛什腾山主脊一带，呈北西向展布。区内圈定 1∶5 万水系沉积物异常 1 处，为乙 3 类异常 1 处。异常组合元素以 Li 为主，受区域构造影响，区内异常呈椭圆状展布，异常总体表现为面积大强度高浓集中心较明显，元素套合好	矿点	踏勘	伟晶岩型
K8	茫崖镇柴水沟钇、铽稀土矿化点	稀有稀土、分散元素矿产	钇、铽	海西州	茫崖行委	大地构造位置属阿尔金斯裂带。地层为滩间山群。侵入岩发育，与稀土矿化有关的为碱长花岗岩岩体。东西长约 10km，南北宽 2.5km，面积约 16km²，柴水沟水系沉积物 Y 类异常呈北东向延长的蛋圆状，面积 2.97km²。共采 12 个样平均 Y 含量 92.5×10^{-6}，最高一样 $200×10^{-6}$，6 个样 $100×10^{-6}$、5 个样 $(30~70)×10^{-6}$，伴生 Yb 为 $50×10^{-6}$、2 个样 $(5~10)×10^{-6}$ 1 个样，Nb 为 $(50~60)×10^{-6}$ 4 个样，Pb 为 $150×10^{-6}$ 1 个样，$(40~60)×10^{-6}$ 2 个样，MO $10×10^{-6}$ 1 个样，$(5~6)×10^{-6}$ 1 个样，Y 异常伴有 Yb、Nb、Zr、Pb 等元素	矿点	预查	花岗岩型
K9	大柴旦镇擦勒特铌、镧铈稀土矿化点	稀有稀土、分散元素矿产	铌、镧铈	海西州	茫崖市	通过靶区异常查证初步圈出花岗伟晶岩 6 条，伟晶岩 2 条，花岗伟晶岩及伟晶岩呈北西-南东向展布，伟晶岩走向 135°，近直立，伟晶岩宽 1~11m 不等，长 500~1200m；通过地化剖面控制，伟晶岩中均有稀土矿化显示，伟晶岩中采集的 6 个检块化学样均见到了 Nb、Rb 矿（化）体，其中稀有金属 Nb_2O_5 品位 0.004 5%~0.017 4%，平均值 0.009 7%，Rb_2O 品位 0.058 4%~0.086 9%，平均值 0.068 3%	矿点	踏勘	花岗岩型
K10	德令哈市八勒根鄂勒-巴勒果轻稀土矿化点	稀有稀土、分散元素矿产	镧铈	海西州	德令哈市	区内出露地层主要为志留系巴龙贡嘎尔组，为一套碎屑岩夹火山岩、碳酸盐岩组合。区域上岩体较为发育，主要为海西期二长花岗岩，似斑状花岗岩等中酸性岩体，且规模较大	矿点	踏勘	花岗岩型

续表 4-1

编号	矿产地名称	矿类	矿种	区	镇	地质背景及矿床地质特征	矿床规模	勘查程度	成因类型
K11	德令哈市察汗森铌铍矿化点	稀有稀土、分散元素矿产	铍	海西州	德令哈市	位于宗务隆-青海南山晚古生代—早古生代陷槽，南部跨入欧伦布鲁克陆块。肉红色花岗伟晶岩脉状侵入，岩石中有少量包体，沿接触带有黄铁矿化，碱性系列，含白云母过铝质花岗岩类（MPG），正长花岗岩，属典型的后造山环境形成的花岗岩	矿点	踏勘	伟晶岩型
K12	德令哈市巴哈盖德格铍矿化点	稀有稀土、分散元素矿产	铍	海西州	德令哈市	岩浆岩分布广泛，新元古代、古生代—中生代均有不同程度的岩浆作用。岩浆作用具多期次、多类型的特点，岩石类型多样，包括超基性岩、基性岩、中性岩和酸性岩	矿点	踏勘	伟晶岩型
K13	天峻县野马滩南铌钽矿化点	稀有稀土、分散元素矿产	铌、钽	海西州	天峻县	大地构造位置属柴达木准地台之欧布鲁克陆块。矿化点附近出露地层为古元古界 b 岩组二云母石英斜长角闪片岩，产状 25°∠(50°～80°)。北西西向或近东西向的花岗伟晶岩脉沿片岩片理方向分布。脉体一般无分带现象，有的脉体可以分出含锂云母石英糖粒状钠长石交代带。铌钽矿化赋存于花岗伟晶岩岩脉中，伟晶岩脉走向与围岩走向一致，见 2 条矿体，分别为 10m×3m 和 5m×1m。铌钽铁矿呈柱状、针状分布于含锂云母石英岩片交代带中。未分带的伟晶岩脉未见长石、石英，脉石矿物为钠长石、锂云母。化学样分析结果 Nb₂O₅ 0.024%、Ta₂O₅ 0.011%、Li₂O 0.019 4%	矿点	预查	伟晶岩型
K14	高特拉蒙稀土矿点	稀有稀土、分散元素矿产	镧铈	海西州	茫崖市	矿床位于柴北缘成矿带，出露古元古界达肯大坂岩群，有晚三叠世二长花岗岩侵入，矿化体位在边界左右，见伟晶岩脉，矿化体受北西向构造控制	矿点	踏勘	伟晶岩型

第四章 柴达木盆地北缘成矿规律

续表 4-1

编号	矿产地名称	矿类	矿种	区	镇	地质背景及矿床地质特征	矿床规模	勘查程度	成因类型
K15	生格铌矿点	稀有稀土、分散元素矿产	铌	海西州	天峻县	隶属欧龙布鲁克陆块，出露地层主要为古元古界达肯大坂岩群和奥陶系滩间山群；区内伟晶岩脉规模相对较小，但数量多，且较为成群成带相同集中分布，岩脉的产出显著受控于柴北缘地区内的次级断裂、裂隙等构造，以脉状、透镜状为主产出；伟晶岩类型主要为微斜微斜长石型、钠长石型、钠长石-钠长石型及白云母型白云母钠长石型、带状空间分布	矿点	预查	伟晶岩型
K16	哈里哈答铌铍矿化	稀有稀土、分散元素矿产	铍	海西州	乌兰县	出露地层主要以古元古界达肯大坂岩群为主，北西-南东向、北西-南东向断裂构造发育，岩浆活动强烈，基性-酸性脉岩、石英脉岩、酸性脉岩及伟晶岩脉岩等较为发育，检测样分析基本达到边界品位	矿点	预查	伟晶岩型
K17	俄当岗铌矿点	稀有稀土、分散元素矿产	铌	海西州	天峻县	地处柴达木盆地东北缘，区域地层及构造线展布方向为北西-南东向，构造十分复杂，主要以断裂为主。区域上岩浆活动频繁，尤其以元古宙及中生代岩浆活动最发育，多数岩体长轴方向与区域主构造线方向相吻合，岩浆活动的方式有侵入和喷发两种，侵入岩岩石类型极为复杂，从超基性、基性、中性、中酸性、酸性均有出露，其中以中酸性侵入岩最发育。俄当岗地区圈定伟晶岩带 4条，伟晶岩 190条，其中圈定铍矿体 13条，锂铍复合矿体 2条，铷矿体 7条，铍矿化 12条，矿体长 80m，厚 1～6.64m，Li_2O 品位 0.74%～0.75%，BeO 品位 0.04%～0.064%，Rb_2O 品位 0.049%～0.066%	矿点	预查	伟晶岩型

续表 4-1

编号	矿产地名称	矿类	矿种	区	镇	地质背景及矿床地质特征	矿床规模	勘查程度	成因类型
K18	茶卡北山锂铍矿点	稀有稀土、分散元素矿产	锂铍	海西州	天峻县	地处柴达木盆地东北缘，区域地层及构造线展布方向为北西-南东向，构造十分复杂，以断裂为主。区域上岩浆活动频繁，尤其以元古宙及中生代岩浆活动最发育，多数岩体长轴展布方向与区域主构造线方向相吻合。岩浆活动的方式有侵入和喷发两种。侵入岩石类型极为复杂，从超基性、基性、中性、中酸性、酸性均有出露，其中以中酸性侵入岩最发育。区内目前共圈定锂（铌钽铍）等矿体 56 条，矿化体 130 条。其中 Ⅰ 号带 17 条（锂铍矿体 8 条、铍铷矿体 7 条、铌钽矿体 2 条，Li₂O 平均品位 0.58%～1.94%，BeO 平均品位 0.041%～0.076%）；Ⅱ 号带圈定矿体 33 条（锂铍铌钽矿体 1 条，Li₂O 平均品位 0.112%）；Ⅲ 号带圈定锂铍矿体 8 条（锂铍矿体 1 条、铍矿体 7 条，BeO 平均品位 0.045%～0.055%）	矿点	预查	伟晶岩型
K19	乌兰县沙柳泉西白云母-绿柱石矿点	建材和其他非金属矿产	白云母、绿柱石	海西州	乌兰县	大地构造位置属柴达木准地台之欧龙布鲁克陆块。出露地层为震旦系中部碳酸盐组。加里东期和海西期肉红色花岗岩、肉红色花岗伟晶岩岩和其他伟晶岩脉侵入其中。矿体产于加里东期花岗红色岩中。已圈定伟晶岩脉 227 条，其中矿脉岩有价值的白云母矿伟晶岩脉共 11 条，矿脉长一般为 50～134m，平均厚度为 2.03～3.95m，呈板状，走向北北东。矿石成分除白云母外，尚有钾长石、黑云母、石英、锂云母、锂长石、磷铝石、萤石、砂铍石、磷铍石等 66 种矿物	矿点	普查	伟晶岩型
K20	乌兰县沙柳泉西白云母-绿柱石矿点	建材和其他非金属矿产	白云母、绿柱石	海西州	乌兰县	大地构造位置属柴达木准地台之欧龙布鲁克陆块。出露地层为震旦系中部碳酸盐组。加里东期和海西期肉红色花岗岩、肉红色花岗伟晶岩岩和其他伟晶岩脉侵入其中。矿体产于加里东期花岗红色岩中。已圈定伟晶岩脉 227 条，其中矿脉岩 66 条含矿。矿石与钠长石化有关。共有 4 个铁矿和锰钼矿化物，矿化与钠长石化有关。此外，尚有铌钽矿，长几十米，宽几十米到几十米，呈透镜状，砂段分布，在矿脉拐弯处的粗粒变晶结构变晶象结核状核心的矿脉拐弯处有 Li,Nb,Ta,和 La 的富集	矿点	普查	伟晶岩型

续表 4-1

编号	矿产地名称	矿类	矿种	区	镇	地质背景及矿床地质特征	矿床规模	勘查程度	成因类型
K21	阿姆肉格铌矿点	稀有稀土、分散元素矿产	铌	海西州	乌兰县	位于柴达木盆地东北缘，主要为前寒武纪地层所构成的"古隆起区"。总体构造走向为北西向。区内出露地层属东昆仑—中秦岭地层分区，为昌宗务隆山地层小区。区域地层及构造线展布方向为北西—南东向，构造十分复杂，主要以断裂为主。区域岩浆活动频繁，从元古宙至中生代均有侵入岩形成，其中以古生代晚奥陶世、晚白垩世，中生代晚三叠世，早侏罗世岩浆活动最为强烈，花岗伟晶岩脉也"成群"产出，主要分布在阿姆尼克山东北部	矿点	预查	伟晶岩型
K22	乌兰县察汉诺稀散矿化点	稀有稀土、分散元素矿产	铌、钽、铈、镧	海西州	乌兰县	大地构造位置属柴达木准地台之欧龙布鲁克陆块。地层为一套变质岩系。断裂以北西向和近南北向为主。侵入岩以闪长岩为主，花岗岩类为次。该区稀散岩化主要有伟晶岩型、花岗岩型、混合岩型等。伟晶岩次级断裂成群产出。伟晶岩可分为褐帘石伟晶岩、褐钇铌矿伟晶岩、铌钽铁矿钠长石化、绿帘石化及绿泥石铀矿物伟晶岩。围岩蚀变有钠长石化、绿帘石化、绿泥石化等。矿石矿物有褐帘石、烧绿石、铀烧绿石、刚玉、黄玉、电气石、钇铈稀石、钍石、锆石、铀矿、独居石、金红石、复稀金矿、花岗石等。据80余个基岩光谱分析，有1/3的样含Nb 0.01%、Yb 0.04%、Y 0.02%，个别Nb达0.001%、Yb 0.002 5%	矿化点	预查	伟晶岩型
K23	阿斯和塔复乌嘎尔铌矿点	稀有稀土、分散元素矿产	铌	海西州	乌兰县	大地构造位置处于东昆仑山造山带，欧龙布鲁克—乌兰元古宙陆块体内；成矿区划上处于欧龙布鲁克—海西期钨（铍、稀有稀土、宝玉石成矿带；主体岩性为晚印支期有关的钾化较强烈的二长花岗岩及花岗伟晶岩脉出露。区内有与铌有关的钾长石花岗岩，及少量早印支期石英花岗岩型。有较好的Nb化探异常，具有寻找以伟晶岩脉型及花岗岩型Nb为主的稀有稀土矿产资源的找矿远景	矿点	踏勘	花岗岩型

续表 4-1

编号	矿产地名称	矿类	矿种	区	镇	地质背景及矿床地质特征	矿床规模	勘查程度	成因类型
K24	共和县红岭北稀有金属矿化点	稀有稀土、分散元素矿产	锂、铍、铌、钽	海南州	共和县	区内所处大地构造位置为祁连加里东期褶皱系南祁连冒地槽带。矿区内出露的地层主要为石炭纪变石英砂岩,与石片岩互层。区内断裂构造较为发育,北西向断层为主要构造,计有4条。岩浆岩不太发育,在矿(化)点南西部1km外有中细粒花岗岩出露,脉岩为发育为中基性—酸性,属海西期,岩脉主要为细粒闪长岩脉、长英岩脉及伟晶岩脉及石英脉等,脉岩规模不太大,一般小于1.0km,宽为10~20cm,其受地层及伟晶岩脉之顶部之节理、裂隙控制,其延伸方向与区域构造线一致。矿体产于石炭系变化砂岩顶部之黑云母石英片岩中的伟晶岩露头上。伟晶岩露头约1m²,交代作用强烈,为钠长石化和白云母化。矿物成分以块状和糖粒状钠长石为主,其次为石英、白云母、少许斜长石、磷灰石、绿泥石等,稀有矿物有浅绿色绿柱石,铁黑色铌钽铁矿(毛发状、针状、板状)、白色—浅绿色锂辉石(柱状,沿柱面有纵纹)。捡块样分为:Li_2O 0.39%,BeO 0.04%,Nb_2O_5 0.016%,Ta_2O_5 0.012%,分别接近或已达工业品位。在北部其他地方的黑云母伟晶岩中也零星见到花岗伟晶岩或其转化,成因类型伟晶岩型	矿化点	预查	伟晶岩型
K25	乌兰县夏日达乌铌镧铈矿床	稀有稀土、分散元素矿产	铌、镧、铈	海西州	乌兰县	大地构造位置属柴达木准地台之柴北缘山残北褶皱带。地层为古元古界达肯大坂岩群—奥陶系滩间山群。达肯大坂岩群岩性为黑云母斜长角闪岩夹斜长角闪片麻岩,底部为石榴二云石英片岩、黑云石英片岩夹斜长角闪片下部为火山岩组;上部为斜长角闪岩。以北西向、北西西向的韧性剪切带—脆性断裂为主。岩浆岩主要为黑云岩、花岗闪长岩、闪长岩、各类脉岩。矿化带发育,矿体主要分布于含矿构造带的碎裂岩及糜棱岩中。共发现铌、镧、铈矿体8条。矿体地表长55~425m,平均厚度1.1~39.92m。长条状出北西走向,倾向北东32°~60°,倾角58°~70°。金属矿物:铌铁矿、铌金红石、锆石、方铅矿、黄铁矿、锡石等。全区平均品位$(Nb+Ta)_2O_5$ 0.085%,La_2O_3 0.155%,Ce_2O_3 0.187%	小型	普查	花岗岩型

续表 4-1

编号	矿产地名称	矿类	矿种	区	镇	地质背景及矿床地质特征	矿床规模	勘查程度	成因类型
K26	乌兰县查查香卡铀稀土矿点	稀有稀土、分散元素矿产	铀、镧铈	海西州	乌兰县	地处柴达木陆块北部活动陆缘带，为茶什腾山-乌兰山北山构造岩石小区，区内岩浆活动频繁剧烈，不仅有大规模的复式岩体贯入，而且与之相伴的火山岩活动也十分强烈；区内岩脉发育较多，分布广泛，从深成到浅成，从基性到酸性，不同种类繁多，区内多期次的岩浆活动为铜、金等多金属成矿提供了物质来源，为多金属富集成矿起到了决定性作用	矿点	普查	花岗岩型
K27	共和县石乃亥铌钽矿床	稀有稀土、分散元素矿产	铌、钽	海南州	共和县	区内所处大地构造位置为松潘-甘孜印支期褶皱系青海南山昌昆槽带。出露地层主要为三叠系隆务河组下岩组，古近系+新近系和第四系。区内构造活动强烈，表现为一系列紧密的褶皱，北西向断裂以及节理裂隙。北西向节理和裂隙是西矿带主要的容矿构造。东矿带主要导矿构造为具糜棱化的北西向韧性剪切带。酸性岩脉与铌、钽、铍等矿化关系密切。区内伟晶岩长岩体和隆务河群内的伟晶岩脉中，其中东矿带405条，西矿带148条，共计553条。西矿带位于大水桥东石乃亥闪长岩上部及接触带，长9.6km，宽70~1450m，矿体长80~213m，厚1.19~32.79m，矿石品位出矿（化）体43条，Ta_2O_5在0.031%~0.063%之间，Ta_2O_5 0.016%。东矿带分布于然兑然立平陇日格木沟一大水桥切如沟，长5.6km，宽140~1200m，厚1.06~32.79m，矿石品位，Rb_2O为0.137%，$(Ta+Nb)_2O_5$ 0.031%~0.063%，Ta_2O_5 0.007 7%~0.016 89，BeO 0.040 6%~0.194 6%。矿床成因为类伟晶岩型构造和热液控矿	大型	普查	伟晶岩型

续表 4-1

编号	矿产地名称	矿类	矿种	区	镇	地质背景及矿床地质特征	矿床规模	勘查程度	成因类型
K28	牛鼻子梁西铌钽矿点	稀有稀土、分散元素矿产	铌、钽	海西州	茫崖市	出露地层主要为古元古界达肯大坂岩群片麻岩上岩组大理岩、片麻状花岗闪长岩出露于矿区中部，近南北向展布。碱长花岗岩呈条带状分布于矿区，近东西走向。发现3条稀有稀土矿化带，带长200～5300m，宽2～40m，带内出露的岩性为灰绿色斜长角闪片麻岩、碱性花岗岩。带内共圈定了13条稀有稀土矿体，长200～2250m，真厚度3.89～21.88m，控制斜深60～252m。(Nb+Ta)₂O₅品位0.014%～0.022%，轻稀土总量0.059%～0.075%，矿体主要赋存于斜长角闪片岩内，部分赋存于碱长花岗岩	矿化点	预查	花岗岩型

表 4-2 柴北缘地区金矿产地一览表

编号	矿产地名称	矿床类型	规模	成矿时代	含矿地层/岩体	资源储量	保有资源储量	平均品位	成矿单元	构造单元	勘查程度	利用情况
1	大柴旦行委青龙沟金矿床	岩浆热液型	大型	D	$Pt_2^{2-3}W$	24726	9625	3.88	IV-24-2	I-5-1	详查	开采
2	大柴旦行委滩间山金矿床	岩浆热液型	大型	D	$Pt_2^{2-3}W,D_3\delta o$	46743	2694	6.52	IV-24-2	I-5-1	详查	开采
3	大柴旦行委细晶沟金矿床	岩浆热液型	中型	D	$Pt_2^{2-3}W,D_3\delta o$	10406	10406	6.27	IV-24-2	I-5-1	普查	开采
4	天峻县莫沟金矿床	岩浆热液型	小型	O	$Pt_3^1G,\delta o$	58	58	5.61	IV-22-2	I-3-1	普查	未采
5	德令哈市雅沙图砂金矿床	砂矿型	小型	Q	Q				IV-23-3	I-3-3	普查	停采
6	天峻县维日可琼西金矿床	岩浆热液型	小型	D	Pt_3^2t	568	568	2.03	IV-23-3	I-3-3	普查	未采
7	天峻县夏格曲金矿床	岩浆热液型	小型	S	Pt_3^2t	883	883	4.77	IV-23-3	I-3-3	普查	未采
8	茫崖市采石沟金矿床	岩浆热液型	小型	S	$OT_1,S_1\gamma\delta$	1147	1147	3.38	IV-24-1	I-5-1	普查	未采
9	茫崖市野骆驼泉西金矿床	岩浆热液型	小型	T	OT_1	3196	1691	4.08	IV-24-2	I-5-1	详查	开采
10	大柴旦行委胜利沟金矿床	岩浆热液型	小型	O	$OT_2,O_3\nu$	562	562	1.92	IV-24-2	I-5-1	普查	未采
11	大柴旦行委红柳沟金矿床	岩浆热液型	小型	O	OT	1085	811	5.52	IV-24-4	I-5-2	普查	开采
12	大柴旦行委金红沟金矿床	岩浆热液型	小型	D	$Pt_2^{2-3}W$	40	40		IV-24-2	I-5-1	普查	未采

续表 4-2

编号	矿产地名称	矿床类型	规模	成矿时代	含矿地层/岩体	资源储量	保有资源储量	平均品位	成矿单元	构造单元	勘查程度	利用情况
13	乌兰县拓新沟金矿床	岩浆热液型	小型	O	OT	688	688	5.34	IV-24-4	I-5-2	普查	未采
14	乌兰县素明沟金矿床	岩浆热液型	小型	S	$O_3\gamma\delta o$	3576	2492	10.09	IV-24-4	I-5-2	详查	开采
15	大柴旦行委芥日力根金矿点	机械沉积型	矿点	P	$P_{1-2}l$、$S_1\pi\eta\gamma$				IV-23-2	I-3-3	预查	未采
16	德令哈市卡克图砂金矿点	砂矿型	矿点	Q	Q				IV-23-2	I-3-3	预查	未采
17	德令哈市默沟砂金矿点	砂矿型	矿点	Q	Q				IV-23-2	I-3-3	预查	未采
18	德令哈市牙玛台金矿点	岩浆热液型	矿点	O					IV-23-1	I-3-3	预查	未采
19	德令哈市幺二湾金矿点	岩浆热液型	矿点	O					IV-23-1	I-3-3	预查	未采
20	德令哈市熊掌金矿点	岩浆热液型	矿点	O					IV-23-1	I-3-3	普查	未采
21	德令哈市伊克拉砂金矿点	砂矿型	矿点	Q	Q				IV-23-2	I-3-3	预查	未采
22	芒崖市柴水沟西金矿点	岩浆热液型	矿点	S	$S_2\gamma o$				IV-24-1	I-5-1	预查	未采
23	芒崖市柴水沟红灯沟金矿点	岩浆热液型	矿点	S	OT_1、$S_2\gamma\delta$				IV-24-1	I-5-1	普查	未采
24	芒崖市小赛什腾金矿点	岩浆热液型	矿点	O	OT_2				IV-24-1	I-5-1	预查	未采
25	芒崖市千枚岭金矿点	岩浆热液型	矿点	O	OT_1、$O_3\gamma\delta$				IV-24-2	I-5-1	普查	未采
26	芒崖市三角顶金矿点	岩浆热液型	矿点	D	$O_2\gamma\delta$				IV-24-2	I-5-1	预查	未采
27	大柴旦行委红柳泉北金矿点	岩浆热液型	矿点	O	$O_2\gamma\delta$				IV-24-2	I-5-1	预查	未采
28	大柴旦行委红灯沟金矿点	岩浆热液型	矿点	O	OT_2				IV-24-2	I-5-1	普查	未采
29	大柴旦行委二旦沟金铜矿点	岩浆热液型	矿点	O	OT				IV-24-4	I-5-2	预查	未采
30	大柴旦行委万洞沟金矿点	岩浆热液型	矿点	O	OT				IV-24-2	I-5-1	预查	未采
31	大柴旦行委青山金矿点	岩浆热液型	矿点	D	$Pt_1D.$、$D_3\delta o$				IV-24-2	I-5-1	预查	未采
32	大柴旦行委绝壁沟金矿点	岩浆热液型	矿点	D	$Pt_2^{2-3}W$				IV-24-2	I-5-1	预查	未采
33	大柴旦行委龙柏沟金矿点	岩浆热液型	矿点	D	$Pt_2^{2-3}W$				IV-24-2	I-5-1	预查	未采
34	大柴旦行委南泉金矿点	岩浆热液型	矿点	D	$Pt_1D.$、$o\Sigma$				IV-24-4	I-5-2	普查	未采
35	大柴旦行委柴旦东山金矿点	岩浆热液型	矿点	D	$Pt_1D.$				IV-24-3	I-4-1	普查	未采

续表 4-2

编号	矿产地名称	矿床类型	规模	成矿时代	含矿地层/岩体	资源储量	保有资源储量	平均品位	成矿单元	构造单元	勘查程度	利用情况
36	大柴旦行委塔塔楞河金矿点	岩浆热液型	矿点	O	OT				Ⅳ-24-3	Ⅰ-4-1	普查	未采
37	德令哈市求绿特金矿点	岩浆热液型	矿点	D	Pt_2W_2				Ⅳ-24-3	Ⅰ-4-1	普查	未采
38	乌兰县阿母内可可山金矿点	岩浆热液型	矿点	P	Pt_1D、$P_2\eta\gamma$				Ⅳ-24-2	Ⅰ-5-1	普查	未采
39	乌兰县沙柳泉金矿点	岩浆热液型	矿点	D	Pt_1D				Ⅳ-24-2	Ⅰ-5-1	普查	未采
40	乌兰县托莫尔日特金矿点	岩浆热液型	矿点	D	OT				Ⅳ-24-4	Ⅰ-5-2	普查	未采
41	都兰县南戈滩金矿点	岩浆热液型	矿点	D	Pt_1J_1、$T_2\pi\eta\gamma$				Ⅳ-24-4	Ⅰ-5-2	普查	未采
42	乌兰县嘎顺金铜矿点	岩浆热液型	矿点	D	OT				Ⅳ-24-4	Ⅰ-5-2	普查	未采
43	乌兰县巴润可万万铜矿点	岩浆热液型	矿点	D	OT				Ⅳ-24-4	Ⅰ-5-2	预查	未采
44	乌兰县赛坝沟外围5号金矿点	岩浆热液型	矿点	S	$OT,\gamma o$				Ⅳ-24-4	Ⅰ-5-2	预查	未采
45	乌兰县乌达热呼金矿点	岩浆热液型	矿点	D	$O_3\gamma\delta o$				Ⅳ-24-4	Ⅰ-5-2	普查	未采
46	乌兰县阿里根刀若金矿点	岩浆热液型	矿点	O	$O_2\gamma\delta$				Ⅳ-24-4	Ⅰ-5-2	普查	未采
47	都兰县沙柳河西Ⅳ号金矿点	岩浆热液型	矿点	T	OT				Ⅳ-24-4	Ⅰ-5-2	预查	未采
48	乌兰县灰狼沟金铜矿点	岩浆热液型	矿点	P	$OT,P_1\gamma\delta$				Ⅳ-24-4	Ⅰ-5-2	预查	未采
49	茫崖市东沟金铜矿点	岩浆热液型	矿点	O	OQ_2、$O_3\gamma\delta$				Ⅳ-26-1	Ⅰ-7-1	预查	未采
50	茫崖市十字沟西岔金矿点	岩浆热液型	矿点	O	OQ				Ⅳ-26-1	Ⅰ-7-2	预查	未采
51	茫崖市小盆地南金矿点	岩浆热液型	矿点	O	OQ				Ⅳ-26-1	Ⅰ-7-2	普查	未采
52	德令哈市赛日-京根郭勒金矿点	岩浆热液型	矿点	P	$CP_2\hat{Z}$				Ⅳ-28-1	Ⅰ-7-4	预查	未采
53	德令哈市玛尼特金矿点	岩浆热液型	矿点	P	Pt_1J				Ⅳ-28-1	Ⅰ-3-4	预查	未采

注:资源量单位:kg;岩金品位:g/t;砂金品位:g/m³。

独立矿物(如铌铁矿-钽铁矿等)结晶而成矿,钽铁矿等的固结温度可能低于600℃(Cerny,1991b)。江西宜春钽铌矿床全岩Nb、Ta和F含量以及钽铌矿物Ta/(Ta+Nb)值,从底部黑云母花岗岩到上部钠长石锂云母花岗岩或伟晶岩脉呈逐渐增加趋势。另外,Ta的溶解度相对高于Nb,Ta的络合物在低温下更趋向于稳定(Keppler,1993;Xiong et al,1998)。随着岩浆演化的进行,残余熔体的Ta/(Ta+Nb)值必然逐渐升高(Cerny et al,1986)。由此,以上显示出岩浆结晶分异成矿的特点。

(2)热液交代说。在花岗岩型和伟晶岩型稀有金属矿床中,岩石蚀变通常表现为钠长石化、锂云母化等,且交代越强矿化也越好(Wang et al,1982)。在一些铌钽矿床中可见矿物交代和蚀变现象,铌钽矿的富集与热液交代作用有关(Salvi et al,2006)。钠长石化蚀变主要是Na^+、K^+、H^+等在碱性长石与热液流体之间的交换反应(Pollard,1989);钠长石化受到流体K/Na值、温度(Lagache et al,1977)及阴离子特性(Picha-vant,1983)影响。含F矿物(黄玉、萤石、云母等)的沉淀或受到其他流体影响而使F浓度降低,致使岩石发生钠长石化(Pollard,1989)。伟晶岩中铌钽矿与钠长石(化)密切相关(Glyuk et al,1980)。在某些伟晶岩型矿床中钠长石化伴随有云英岩化、锂云母化。

(3)变质分异成因。变质分异成因伟晶岩是在超变质作用和变质分异作用下形成的(戎嘉树,1997)。郭承基(1965)认为变质分异成因伟晶岩常产于复背斜核部深变质岩-混合花岗岩两翼或眼球状混合岩和各种片麻岩内,脉小而密集成群分布,常构成所谓的"条带状混合岩";厚度一般小于1m或1~5m,最厚10~20m;沿走向一般延伸不大,常在30~50m内尖灭,个别长达100~200m。这种伟晶岩与围岩常无十分明显的界线,多为逐渐过渡;伟晶岩的矿物成分简单,主要由微斜长石、奥长石、石英及黑云母组成,有时可见极少量的白云母;副矿物的特征是磁铁矿和石榴石含量高,稀有元素矿化以TR-Nb-Ti组合形式出现,主要矿物是黑(复)稀金矿、铌钇矿、褐钇铌矿、磷钇矿、褐帘石等。伟晶岩围岩为均质混合岩或眼球状混合岩,向外逐渐过渡为混合岩化片麻岩、混合岩化片岩、云母片岩、千枚岩等。

2)成矿类型

柴北缘地区伟晶岩型稀有稀土金属矿床(点)为28处,其中小型规模矿床3处,为沙柳泉铌钽矿床、夏日达乌铌钽矿床、石乃亥铌钽铷矿床,其余均为矿点或矿化点。成因类型主要为花岗岩型铌稀土矿、伟晶岩型锂铍矿,其中以伟晶岩型规模大,分布范围广。

(1)花岗岩型。岩浆活动不仅为稀有金属成矿提供了丰富的物质来源,也是锂铍等稀有金属成矿作用最主要的热动力,是锂铍矿床形成的重要条件之一。吴才来等(2016)在柴北缘乌兰地区花岗岩类获得锆石SHRIMP U-Pb年龄为晚二叠世—早三叠世(年龄为254~240Ma),分为254~251Ma、250~248Ma、244~240Ma三次侵位,对应的岩石组合为闪长岩+花岗闪长岩+花岗岩。柴北缘中性—酸性侵入岩较发育,与岩浆岩有关的成矿作用发育,与之有关的稀有稀土矿产分布甚广,成因类型主要有岩浆型、伟晶岩型等。加里东成矿期形成铌、稀土金属矿产,其成矿作用强度相对较弱,矿化信息较少。在乌兰一带与岩浆侵入活动有关的稀土、铌矿床,矿床类型以岩浆型为主,与岩浆作用有较密切的联系。此类矿床主要产于夏日达乌—布赫特山一带下古生界滩间山群,在夏日达乌地区滩间山群斜长角闪岩中分布有铌等稀有金属矿。

(2)伟晶岩型。该类型矿床(点)主要产于柴北缘成矿带,西起阿尔金山龙尾沟,经鱼卡河至乌兰县沙柳泉、察汗诺等地,长200多千米,为青海省内重要的伟晶岩型稀有金属成矿带。近年来,在柴北缘地区陆续发现了20余处稀有稀土矿床、矿化点,如交通社西北稀有稀土矿床、鄂博梁地区铌钽及轻稀土矿化点、冷湖镇野骆驼泉地区钴、钛、稀有稀土矿点、大柴旦北山稀有、钨、锡矿点、德令哈市哈里他哈答四地区铋、铍矿点、沙柳泉铌钽矿床、夏日哈乌铌钽矿点、石乃亥铌钽矿点,以及俄当岗锂铍矿、茶卡北山锂铍矿和锡墨格山锂铍矿等;稀有稀土矿集中产于俄博梁金、铜(钨、铋、稀土)成矿带、欧龙布鲁克-乌兰钨(铁、铋、稀有、稀土、宝玉石)成矿带、宗务隆-天峻铅、锌、银、金成矿亚带中,是青海省内稀有稀土矿的成矿有利地区之一。

2. 金成矿类型

一般而言，金矿化集中区产出于碰撞造山带中(陈衍景，1992)；古老结晶基底岩系被认为是金的矿源层，花岗岩被认为是金成矿重要的动力及热液源泉。柴北缘地区已发现金矿床、点为53处(表4-2)，金矿成矿类型主要为岩浆热液型、砂矿型、机械沉积型，其中以岩浆热液型为主；达到矿床规模的金矿为14处，其中大型金矿主要为滩间山金矿床、青龙沟金矿床，中型金矿为细晶沟金矿床；小型金矿为野骆驼泉金矿床、红柳沟金矿床、采石沟金矿床、龙柏沟金矿床、赛坝沟金矿床、乌达热乎金矿床、拓新沟金矿床等。

岩浆热液型金矿主要为金龙沟、青龙沟、细晶沟、红柳沟等矿床和矿点；与金成矿关系密切岩体主要为中晚泥盆世的花岗闪长斑岩、英云闪长岩、花岗闪长岩、石英闪长岩、闪长玢岩脉、细晶岩脉等；金矿床受区域性断裂及韧-脆性剪性带控制，尤其北西向区域断裂与其旁侧的次级断裂交会处，是金矿床最有利的产出部位。该类型金矿位于柴北缘大型逆冲型韧性剪切带之间，早期形成的北西向区域性断裂是区内控岩构造，晚期形成的北北西向片理化带是重要的导矿构造，层间破碎带、层间滑脱带是矿区最主要的控矿容矿构造，金矿化主要产于区域性韧性剪切带内的滑脱断裂、裂隙构造及旁侧的次级构造带中。其中金龙沟金矿床的矿体严格受褶皱轴部或两翼的断裂-裂隙带控制，后生成矿特点非常明显，中元古界万洞沟群千枚岩是滩间山金矿床矿体的主要围岩，少数矿体也产于海西晚期脉岩中。金矿成矿矿质来源与地层关系较为密切，其主要来源于万洞沟群、中晚泥盆世岩浆热液体系，地层对成矿富集具有一定的控制作用，表现为万洞沟群千枚岩吸附障和还原障效应及云母类等片状矿物对含矿流体的屏蔽作用；滩间山群是金成矿物质来源又一层位，该套地层岩石性脆，不易形成扩容空间，金成矿条件主要与该层火山岩及片岩有关；含矿建造为中元古界万洞沟群沉积含金岩系(大理岩-变质砂岩-千枚岩)、奥陶系滩间山群火山岩夹片岩密切相关(图4-1)。

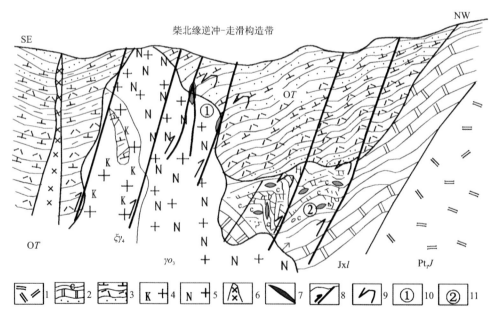

1.金水口岩群片麻岩；2.蓟县纪沉积含金岩系(大理岩-变质砂岩-千枚岩)；3.滩间山群斜长角闪片岩；
4.海西期钾长花岗岩；5.加里东期斜长花岗岩；6.辉长岩；7.金矿化部位；8.压扭性断裂；9.含矿热液运移方向；10.赛坝沟式金矿床；11.滩间山式金矿床

图4-1 柴北缘破碎蚀变岩型金矿区域成矿模式图(据青海省潜力评价，2013)

野骆驼泉矿床是柴北构造带最西北部的一个金矿床，其矿体产于早古生代(寒武纪—奥陶纪)千枚岩中，严格受北西向大型剪切带旁侧的次级近南北向剪切带控制，金矿化主要与晚期的左旋斜冲脆性变形有关。赛坝沟金矿床位于柴北构造带最东南部，矿床受发育于英云闪长岩或花岗闪长岩中的北西西向韧-脆性剪切带控制,获得的等时线年龄为(422.2±5.3)Ma(张德全等,2005)。

另外,石英脉型金矿点主要为千枚岭、红灯沟、三角顶等,石英脉型金矿化具有规模小、分布杂乱的特点,主要分布于区内的金矿(化)点内,该类矿化受控于区域性脆-韧性剪切带和剪切带旁侧的次级断裂构造;石英脉型金矿化的承载构造多是蚀变岩型金矿床承载构造的次级构造。

因此,加里东晚期—海西早期,柴北缘洋盆闭合碰撞造山,逆冲型韧性剪切带形成,使矿源层强烈变形褶曲,发生动力热流变质,成矿物质迁移,再度富集形成金矿化体。海西晚期再生裂陷谷盆闭合造山,右行走滑韧性剪切带形成,伴随强烈的构造岩浆活动,中酸性杂岩体岩浆期后成矿热液运移到继承性复合的控矿构造部位,再次发生矿化富集叠加,使金矿化体叠加富成矿。

三、成矿地质条件

(一)稀有金属成矿条件

柴北缘地区伟晶岩脉产于不同地层、侵入岩中,受构造及次级断裂控制作用明显。

1. 地层与成矿

柴北缘地区出露地层较多,主要有德令哈杂岩、达肯大坂岩群、沙柳河岩组、万洞沟群、全吉群、阿斯扎群、欧龙布鲁克群、滩间山群、多泉山群、石灰沟组、大头羊沟组、牦牛山组、大煤沟组、隆务河组等。其中古元古界达肯大坂岩群与稀有稀土矿关系较为密切,如交通社西北山铌钽稀土矿、沙柳泉铌钽矿等,均表现为伟晶岩脉侵入达肯大坂岩群发生成矿作用。滩间山群在乌兰查查香卡、夏日达乌等地区斜长角闪岩(片岩)中赋存有铌、钽、铀、轻稀土矿化,伴生有强烈的钾化、硅化。

柴北缘地区伟晶岩脉多顺层或穿层侵入于古元古界达肯大坂岩群、下古生界滩间山群以及石炭系—二叠系果可山组、三叠系隆务河组等中,其中含矿伟晶岩脉多集中产于达肯大坂岩群片麻岩组、大理岩组中;在阿尔金南缘牛鼻子梁地区达肯大坂岩群大理岩组中伟晶岩具有形成铌矿化特征;而在生格、沙柳泉等地区达肯大坂岩群大理岩组、片麻岩组中伟晶岩形成锂铍、铌钽等矿化现象;伟晶岩脉呈透镜状、不规则脉状为主,多成带、成群产出,赋存有锂铍、铌钽、铷等稀有金属矿产。察汗诺及茶卡北山等地区伟晶岩脉主要产于青白口纪—奥陶纪茶卡北山片岩中。另外,在石乃亥地区三叠系隆务河组中伟晶岩具有形成铌钽铷矿的特征。

由此,上述地层不一定具有伟晶岩脉的控制作用,但多数伟晶岩脉产于地层层理、薄弱面或裂隙中,达肯大坂岩群、青白口纪—奥陶纪茶卡北山片岩为区域上主要的伟晶岩脉产出层位。

宗务隆带青白口纪—奥陶纪茶卡北山片岩组及三叠系隆务河组与稀有稀土矿关系密切,在察汗诺、茶卡北山、石乃亥等地区含矿伟晶岩集中分布于上述地层中,形成了具有一定规模的稀有金属伟晶岩型矿床。

2. 构造与成矿

柴北缘地区分布的主要断裂有阿尔金山主脊断裂、宗务隆山南缘断裂、宗务隆山-青海南山断裂、丁字口-乌兰断裂、柴北缘-夏日哈断裂、哇洪山-温泉断裂和赛什腾-旺尕秀断裂,地质构造极为复杂,并且有多期活动的特点,另外发育有背、向斜褶皱及韧性剪切带等构造。

区内近东西向、北西西向和近南北向断裂发育,次级断裂和韧性剪切带是伟晶岩脉的主要控矿构造。受北宗务隆山断裂带、欧龙布鲁克山-牦牛山断裂带等深大断裂影响,区内次级断裂构造极为发育,并具有长期性、多期性、多旋回特征。有北西西向、北东向、近东西向3组,以北西西向较为发育,纵横交错,成群出现。次级断裂与区内稀有金属成矿关系极为密切,控制着区内伟晶岩脉的展布。目前,区内发现的沙柳泉、生格、茶卡北山以及石乃亥等多数含矿伟晶岩脉均与次级断裂密切相关,伟晶岩脉沿构造裂隙或旁侧产于地层或岩体中。

由此,区域近东西向、北西西向和近南北向断裂是主要控岩构造,而北西西向、北东向、近东西向次级断裂和断裂裂隙构造控制着伟晶岩脉的产出状态。

3. 岩浆岩与成矿

岩浆活动不仅为稀有金属成矿提供了丰富的物质来源,也是锂铍等稀有金属成矿作用最主要的热动力,是锂铍矿床形成的重要条件之一。柴北缘地区具有独特的岩石圈结构和丰富的火成岩石记录,既有地质历史中地幔演化的深成镁铁、超镁铁岩和岩浆分异喷发的火山岩,又有造山作用过程中陆壳生长的花岗岩及火山岩。岩浆岩呈现出期次多、分布广、规模大、岩类复杂的特点。

1) 岩浆活动

柴北缘地区岩浆活动较为强烈,基性、超基性岩及中性、酸性岩浆侵入活动和火山活动均有产出。古元古界达肯大坂岩群中存在与混合岩化作用有关的白云母、绿柱石等伟晶岩矿产信息,分布于冷湖镇北多罗什尔、乌兰沙柳泉、大柴旦黄羊沟、鱼卡等地,在俄博梁一带有产于前兴凯期花岗伟晶岩脉群内的稀土(镧、铈、钍)矿点。阿尔金南端的牛鼻子山一带印支期花岗岩主要有基性、超基性岩,属于非蛇绿岩型的基性、超基性岩,主要分布在古元古界达肯大坂岩群。与伟晶岩脉关系密切的奥陶纪—三叠纪中酸性岩均有分布,定位于不同构造岩浆旋回的不同构造环境中,具有分布广、规模大特点,成为岩浆活动的主体;阿尔金南缘交通社地区发现的 A 型花岗岩及片麻状花岗闪长岩均形成于后碰撞构造环境,在 450Ma 左右阿尔金地区碰撞造山阶段进入后碰撞的伸展环境。中酸性岩主要分布于柴北缘西段及东段地区,与稀有金属有关的伟晶岩脉断续出露 200 余千米,分布于阿尔金南缘、大柴旦、布赫特山以及察汗诺、石乃亥等地区,形成一批伟晶岩型锂铍、铌钽铷等矿床(点)。

柴北缘东段地区伟晶岩脉岩较发育,脉体走向与区内构造线方向基本一致,呈北西向展布,花岗伟晶岩是锂铍及铌钽矿的赋矿岩性。茶卡北山地区含矿伟晶岩主要形成于中晚三叠世,该地区位于宗务隆构造带东段,晚三叠世宗务隆洋壳闭合进入陆内碰撞造山期;表明该时期宗务隆地区构造体制由挤压转换为伸展阶段,造山过程处于相对稳定阶段,伟晶岩形成于后碰撞构造环境。

由此,柴北缘中性—酸性侵入岩较发育,与岩浆岩有关的成矿作用发育,与之有关的稀有矿产分布甚广,成因类型主要有花岗岩型、伟晶岩型等。加里东成矿期形成与伟晶岩有关的稀有金属矿产,矿化较普遍。柴北缘地区伟晶岩脉的形成往往集中于造山过程的相对稳定时期;伟晶岩型矿床一般产于造山晚期、造山期后的构造演化的稳定阶段。

2) 侵入岩地球化学特征

侵入岩以印支期中性—酸性岩浆活动为主体;印支期侵入岩包括印支晚期的中细—粗粒二长花岗岩,印支早期的细—中粒二长花岗岩、斑状二长花岗岩,细—中粒英云闪长岩,细—中粒花岗闪长岩、花岗斑岩及细—中粒石英闪长岩。此外,还有燕山早期的粗粒碱长花岗岩。

早侏罗世碱长花岗岩:Bi、Mo、Pb 呈强富集特征,Nb、W、Au、Sn、Hg 呈富集特征,Ag、K_2O 呈高背景分布,Cd、Ba、Zn、As、V、Cr、Cu 呈背景分布,Mn、Co、Ni、Sb 呈低背景分布;Mo、W、Bi、V、Cr 呈强分异性,Pb、Cd、Cu、Sn、Hg、Mn 含量分布均匀,As、Zn、Sb、Ba、K_2O 含量分布极均匀。

晚三叠世花岗岩:Bi 呈富集特征,Nb、W、Pb、Sn、K_2O 呈高背景分布,Mo、Ag、Cd、Hg、Au、As、Ba、Zn、Sb、Mn 呈背景分布,Cu、Cr、V、Co、Ni 呈低背景分布;Bi、As、W、Mo、Ni、Ag、Hg 呈强分异性,Cr、Cd、V、Co、Pb、Sn 含量分布不均匀,Ba、Nb、Cu、Zn、Au、Sb 含量分布均匀,Mn、K_2O 含量分布极均匀。

早三叠世花岗岩:Bi 呈强富集特征,Mo 呈高背景分布,W、Hg、Ba、K_2O、Nb、Sn、Au、Pb、Sb、Mn 呈背景分布,Ag、Zn、As、Cd、V、Cu、Co、Cr、Ni 呈低背景分布;Bi、Au、W、Cu 呈强分异性,Ni、Hg、Cr、As、Pb、Mo、Ag 含量分布不均匀,V、Cd、Co、Sn 含量分布均匀,Sb、Zn、Mn、Nb、K_2O、Ba 含量分布极均匀。

综上所述，不同的侵入岩具有不同的元素组合，碱长花岗岩富含稀有元素 Nb，以及 K_2O、Bi、Mo、Sn、Au 等元素(或氧化物)，是寻找以稀有元素及 K_2O 为主的矿产的有利地段；晚三叠世花岗岩中稀有元素 Nb 也呈高背景分布，对寻找稀有元素矿产具有指示意义；早三叠世花岗岩元素含量大多呈背景分布，成矿作用较差。

3) 伟晶岩特征

柴北缘地区伟晶岩脉较为发育，主要产于柴北缘铅、锌、锰、铬、金、白云母成矿带、南祁连铅、锌、金、铜、镍、铬成矿带、西秦岭铅、锌、铜(铁)、金、汞、锑成矿带；其中柴北缘铅、锌、锰、铬、金、白云母成矿带是青海省内稀有稀土矿的成矿有利地区之一。目前，已发现有龙尾沟稀土矿点、交通社铌稀土矿点、沙柳泉铌钽铷矿床、石乃亥铌钽矿床、哈里哈答四铍矿点、夏日哈乌铌矿点、茶卡北山锂铍矿点等一批稀有金属矿床(点)，其成矿类型属伟晶岩型、花岗岩型，且均产于柴北缘地区断续出露伟晶岩脉带。

伟晶岩脉区域上多呈北西向展布，北东向、南北向等次之，与区域构造及次级断裂走向基本一致。伟晶岩脉多呈脉状、透镜状、不规则脉状、似层状、串珠状等形态产出；一般为单脉，分支、分叉者较少，部分具狭窄、膨大的脉体变化。伟晶岩类型主要为微斜长石型、微斜长石钠长石型、钠长石型、白云母钠长石型、白云母锂辉石型、白云母绿柱石型、锂云母锂辉石型等。伟晶岩脉产出形态与区内次级断裂、片理、片麻理、节理、裂隙等构造特征相吻合，且脉体与围岩的接触界线清晰，反映出伟晶岩脉就位严格受构造控制的特点。部分穿层侵入于古元古界达肯大坂岩群片麻岩、大理岩层中，以及花岗岩、花岗闪长岩等边部等部位，伟晶岩脉的形成与花岗岩密切相关。

晚古生代海西期在柴达木盆地东北缘岩浆侵入活动十分剧烈，海西期侵入岩在内压力和构造应力作用下，其熔融体沿早期形成的构造裂隙侵位于达肯大坂岩群中的薄弱面和北东向、北西向、南北向构造裂隙，侵入岩主要有中基性的闪长岩类以及酸性的中—粗粒花岗岩、似斑状花岗岩等。由于地壳深部外压大于残余熔融体的内压，形成相对封闭和高温物理化学条件的环境，挥发分不易逸出。使得熔浆能溶解较多的挥发组分，在这些挥发组分的作用下，残浆的黏度降低，活性增强，而挥发分的存在降低了矿物结晶的温度，延缓结晶时间，随着温度的缓慢下降，钾长石、斜长石、石英等从熔浆中分异结晶出来，形成近南北向、北东-南西向展布的伟晶岩脉。

伟晶岩脉与海西期—印支期岩浆活动有密切关系，柴北缘东段地区岩浆活动以侵入岩为主，与成矿关系密切的侵入岩有三叠纪花岗岩等。在察汗诺—石乃亥一带与中性—酸性岩浆侵入活动有关的锂铍矿床，矿床类型以伟晶岩型为主，与岩浆作用有较密切联系。此类矿床主要产于察汗诺—石乃亥一带的花岗岩类分布区，茶卡北山等地区的花岗伟晶岩中赋存锂、铍及铌钽等稀有金属矿产。

4) 碱长花岗岩

近年来，柴北缘地区发现的稀有矿化部分与碱长花岗岩或碱性岩等密切相关，如交通社西北山等地区发现的稀土矿化与碱长花岗岩有关。在双口山、沙柳泉、察汗诺等地区稀土矿化与石英正长岩息息相关。在乌兰一带产有与岩浆侵入活动有关的查查香卡、夏日达乌等稀土、铌矿床(点)，铌稀土铀矿共生的物质来源及成矿机制初步分析认为，稀土可能与花岗岩类密切相关，以花岗岩型为主。此类矿床主要产在夏日达乌—布赫特山一带下古生界滩间山群。另外，巴硬格莉山一带产有中细粒正长花岗岩；果可山沟一带为正长花岗岩和细粒正长岩，由橙红色中粗粒碱长花岗岩组成，岩石属偏铝质高钾钙碱性—碱性系列，富钾及钾长石斑状花岗岩类，碱性正长岩＋碱性花岗岩组合，为典型的后造山花岗岩。在草绿河—怀头他拉一带有中细粒含白云母正长花岗岩，岩体中有钾长花岗伟晶岩脉侵入，碱性系列，含白云母过铝质花岗岩类，属典型的后造山环境形成的花岗岩。在这些地区也是寻找轻稀土矿化最有利地区。

由此，柴北缘地区中性—酸性侵入岩较发育，与岩浆活动有关的成矿作用发育，加里东期及印支期是岩浆型及伟晶岩型稀有金属成矿重要时期，在察汗诺—石乃亥一带形成了伟晶岩型锂铍等稀有金属矿产，具有较好的找矿潜力。

(二)金矿成矿条件

1. 地层与成矿

地层对金具有显著的控矿作用,一是地层控制了矿床的部分物质来源,二是特定岩性及结构构造控制了矿体的赋存空间;地层沉积对 Au 元素初始富集具有重要作用。如柴北缘地区奥陶系滩间山群火山碎屑岩也被认为是金矿床的重要矿源层;万洞沟群为滩间山金矿重要的赋矿地层。对于机械沉积型、砂矿型等外生矿床而言,地层沉积成矿作用明显,如二叠系巴音河群下部勒门沟组底部发现尕日力根金矿床,其成因为机械沉积型。砂金的富集与分布主要受地貌形态、地理环境、侵蚀堆积作用、物质来源及新构造运动等因素制约。

1)前南华纪地层

前南华纪出露的地层主要有古元古界达肯大坂岩群、长城系沙柳河岩群、蓟县系万洞沟群。前南华纪为古陆形成阶段,古元古界达肯大坂岩群代表了该时期凯诺兰(Kenorland)超大陆裂解后被动陆缘构造环境形成的火山-沉积建造组合,在该套地层中易形成铁、铜、磷、钛、石墨等变质、变成型矿产。在赛什腾山—沙柳河一带中元古界沙柳河岩组的片岩-斜长角闪岩中赋存有变质火山沉积型铅锌矿,并富含金、银、稀有、稀散元素等。万洞沟群为一套陆缘海或陆间海碎屑岩-碳酸盐岩建造,遭受绿片岩相变质,以片岩、千枚岩及碳酸盐岩为主,碳酸盐岩组合中的含碳泥质岩石赋含金或含金矿物而构成矿床(如滩间山金矿田等)。

古元古代二长片麻岩:Bi 呈强富集特征,W、Mo、Hg、Ba、Nb 呈富集特征,Ag、Zn、Pb、Au、Cu、Sn、K_2O、As、V、Cd 呈高背景分布,Co、Ni、Sb、Mn、Cd 呈背景分布;Bi、W 呈强分异性,Ag、Ni、Cu、As 含量分布不均匀,Hg、Sn、Ba、Au、Mo、Cr、V、Co、Sb、Pb 含量分布均匀,Zn、Nb、Cd、Mn、K_2O 含量分布极均匀。

新元古代二长片麻岩:Bi、Sn、As 呈富集特征,Cr、W、Ni、Cd、Nb、Mo 呈高背景分布,Sb、Ag、Co、Mn、K_2O、Hg、Pb、Zn、V、Cu、Ba、Au 呈背景分布;W、Ni、Bi、Cr 呈强分异性,As、Sn、Hg、Sb、Mn 含量分布不均匀,Nb、Mo、Cd、Au、Co、V、Ag 含量分布均匀,Cu、K_2O、Pb、Zn、Ba 含量分布极均匀。

2)南华纪—泥盆纪地层

该地层具有超大陆裂解-碰撞的记录,有裂谷、大陆边缘、洋盆、岛弧、俯冲杂岩等各种环境的沉积。

南华纪—寒武纪为陆内裂谷环境,在欧龙布鲁克陆块沉积了全吉群和欧龙布鲁克群,前者为一套以碎屑岩为主夹镁铁质碳酸盐岩和冰碛砾岩组成的浅水型-陆相稳定型沉积。欧龙布鲁克群为碳酸盐岩组合,古地理环境为陆内裂谷以后的被动陆缘陆棚碳酸盐岩台地环境。

奥陶纪进入弧盆系发展阶段,全区处于活动陆缘环境,构造古地理单元复杂多变,既有俯冲增生杂岩楔、火山岛弧,又有弧前盆地、弧后盆地和弧背盆地,沉积建造类型繁多。滩间山群海相火山岩-碎屑岩-碳酸盐岩-热水沉积岩建造是形成岩浆热液型、火山-沉积型多金属矿床的重要层位。如野骆驼泉金钴矿床赋存于滩间山群形成的破碎蚀变带(韧性剪切带)中,构造破碎带中岩性组合有灰黑色褐铁矿化千枚岩、土黄色糜棱岩、灰绿色糜棱片岩、褐黄色构造角砾岩、灰白色糜棱片岩,岩石矿化类型主要为褐铁矿化、黄铁矿化,蚀变类型主要为硅化、高岭土化、绢云母化等。金钴矿床主要赋存在构造破碎带的北段膨大部位。

由此,柴北带金矿赋矿地层主要为中—新元古界万洞沟群和下古生界滩间山群等,金矿体受北西向大型韧性剪切带控制,成矿元素主要有 Au、As、Sb 等,经历了加里东晚期、海西期两次造山运动的叠加成矿过程,形成了柴北带一系列岩浆热液型金矿床。

2. 岩浆岩与成矿

岩浆作用发生在从大洋俯冲、大陆碰撞到造山带垮塌的每一个阶段(宋述光等,2015)。柴北缘地区岩浆岩从基性—超基性岩至中酸性、碱性岩以及火山岩均有发育。岩浆活动在金成矿过程中，不仅直接提供成矿流体和成矿物质，而且还提供热源，驱动深部含矿流体向上运移，对金多金属成矿物质的提供、萃取、活化、迁移、富集起着极为重要的作用，对金矿床的形成具有明显的控制作用。

柴北缘地区发育多期次岩浆活动，从古元古代到晚三叠世均有不同程度的出露，有基底演化阶段的变质侵入体，有洋盆演化形成的蛇绿岩带，也有不同时段形成的正常侵入体，侵入活动频繁而强烈。随着柴北缘地区复杂地质构造演化，具有显著的构造—岩浆—成矿活动特征，与金矿成矿关系最为密切的主要是加里东期、印支期中酸性侵入岩。

1) 加里东期中酸性侵入岩

志留纪在锡铁山-托莫尔日特出露过铝质花岗岩组合，在打柴沟出露一套高镁闪长岩组合；泥盆纪侵入岩出露规模较小，在大通沟南山—野马滩一带零星出露高钾—钾玄岩质花岗岩组合。柴北缘地区内与加里东期中酸性侵入岩成矿有关的金矿床主要为赛坝沟金矿床、拓新沟金矿床、乌达热呼金矿床、嘎顺金铜矿点等（图4-2）。矿床（点）位于柴达木盆地北缘东侧，丁字口-乌兰断裂南侧，其大地构造属柴北缘蛇绿混杂岩带；成矿区（带）属柴北缘成矿带之绿梁山-阿尔茨托山成矿亚带。

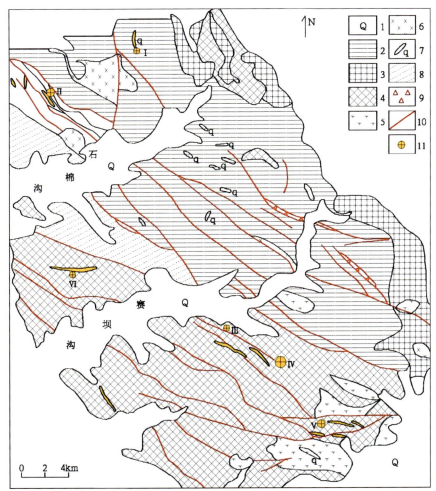

1.第四系；2.滩间山群火山变质岩；3.海西期钾长花岗岩；4.加里东期斜长花岗岩；5.闪长岩；6.基性岩；7.石英脉；
8.剪切带；9.破碎带；10.断层；11.金矿床(点)。Ⅰ.嘎顺金矿点；Ⅱ.拓新沟金矿床；Ⅲ.赛坝沟外围金矿点；
Ⅳ.赛坝沟金矿床；Ⅴ.乌达热呼金矿床；Ⅵ.阿里根刀诺金矿点

图4-2 赛坝沟地区地质略图（据李宝林等，1998，修改）

加里东期中粗粒角闪斜长花岗岩是赛坝沟金矿的主要围岩，灰色细粒石英闪长岩在局部地段也是较重要的赋矿围岩。矿体赋存于浅灰色—灰色中粒斜长花岗岩中的断裂破碎蚀变带内。赛坝沟金矿是在滩间山群火山岩系沉积和其后加里东期斜长花岗岩体的侵入,在同期断裂构造影响下,岩浆热液使地层金活化迁移,形成含金热液,对围岩进行交代蚀变,形成黄铁绢云岩等使金初步富集成矿。其后在随印支期钾长花岗岩的侵入,岩浆期后热液使金进一步富集、迁移;在脆性、压扭断裂扩容条件下充填形成脉型矿体,此为金矿化形成的最主要阶段。

2) 三叠纪岩浆活动与成矿

二叠纪侵入岩除 TTG 组合外,其他有辉长岩、二长花岗岩、正长花岗岩等,广泛分布于黄矿山-野骆驼泉地带;三叠纪侵入岩组合为英云闪长岩、二长花岗岩、正长花岗岩,主要见于霍德森一带。在黄矿山一带的印支期二长花岗岩与地层接触带附近的矽卡岩型铜、铅、锌矿化。

早三叠世花岗闪长岩:Bi 呈强富集特征,W 呈富集特征,Nb、K_2O、Pb、Ba、Ag、Mo、Au、Sn、Mn、Zn 呈背景分布,Sb、AS、Cr、Cu、Cd、Hg、V、Co、Ni 呈低背景分布;Bi、W、Cr、Ni、Cu 呈强分异性,Hg、Mo、Co、As、Au、V、Ag 含量分布不均匀,Sb、Cd、Ba、Sn、Mn、Zn、Nb、K_2O、Pb 含量分布极均匀。

早三叠世英云闪长岩:Sb 呈高背景分布,Ba、Pb、Nb、K_2O、Ag、Mn、Mo、Bi、Sn 呈背景分布,Au、As、Zn、W、Cd、Cr、Hg、Ni、Co、Cu、V 呈低背景分布;Cr、Hg 呈强分异性,Mo、As、Ag、Bi、Sb 含量分布不均匀,W、Au 含量分布均匀,V、Cu、Cd、Sn、Mn、Ni、Co、Nb、Zn、K_2O、Ba、Pb 含量分布极均匀。

早三叠世石英闪长岩:W 呈富集特征,Au 呈高背景分布,Nb、Ba、Mo、Bi、K_2O、Pb、V、Ag、Sn、Hg、Mn、Zn、Cr、Co 呈背景分布,Ni、As、Sb、Cd、Cu 呈低背景分布;Au、W、Ni、Cr 呈强分异性,Hg、Bi、As、Mo、V 含量分布不均匀,Co、Cu 含量分布均匀,Cd、Sb、Ag、Sn、Pb、Nb、Zn、Mn、K_2O、Ba 含量分布极均匀。

3. 构造与成矿作用

构造运动是驱使壳幔物质包括成矿物质运动的主导因素,构造为含矿流体运移和矿质堆积提供空间,控矿构造的规模差别很大,可分为区域性大型控矿构造和局部性中、小型控矿构造。区域性大型控矿构造既是决定该区域地质构造基本格局的根本因素之一,也是导致各类有关成矿物质大规模分异和富集,形成大型、超大型矿床的基本条件,同时控制区域成矿区和成矿带的形成和分布。中、小型控矿构造是区域性大型控矿构造的次级控矿构造,其形成和演化受控于区域性大型控矿构造。

柴北缘地区内构造活动显著,北西向、近东西向深大断裂和大型剪切带是主要的控岩、控矿构造,北西—近东西向次级褶皱和断裂裂隙明显具有构造控矿特征,北东向和近南北向断裂为成矿后构造。宗务隆山、柴达木盆地北缘是区内主要的三级构造带边界,哇洪山、阿尔金两条深断裂限制了柴达木盆地北缘东、西两侧的边界,这些断裂切割深、多期次活动,同时也是不同时期的缝合带或俯冲-碰撞带,从而成为汇聚板块的边界。这些深大断裂旁侧发育一系列的大型剪切带,在加里东期显示为右旋逆冲剪切,海西晚期—印支期再次活动则显示为左旋斜冲剪切。

构造对地层和岩体具有明显的控制作用,特别是与金矿形成具有密切的关系,是金矿形成的关键控矿作用;断裂构造不仅控制金矿床形成过程,且控制矿化空间分布。柴北缘地区金矿床(点)多数受断裂构造控制,阿尔金、哇洪山、丁字口-乌兰等断裂构造不但对金矿床分布进行多级控制,而且直接控制金矿床的空间定位。如滩间山金矿集区、赛坝沟金矿集区均受丁字口-乌兰区域性深大断裂控制,且滩间山、赛坝沟等金矿多受韧-脆性剪切带控制,金矿床成矿作用大多发生剪切带从韧性到脆性、进变质到退变质的转化阶段。

1) 深大断裂控矿作用

阿尔金南缘深大断裂带内出露古元古代深变质的火山沉积岩系(达肯大坂岩群),且岩浆作用和变质变形作用强烈,发育元古宙—古生代(尤其是二叠纪)中基性—酸性侵入岩,是阿尔金断裂南部重要的金、铁、铜、镍等多金属成矿带,金、铜及多金属元素异常呈带状沿阿尔金断裂附近分布。柴北缘深大断裂带呈北西西向展布,主要物质组成为古元古代被动陆缘火山-沉积岩系,长城纪陆棚碎屑岩,寒武纪—奥陶纪火山岛弧火山-沉积岩系,晚泥盆世断陷盆地火山-沉积岩系,早古生代高压—超高压榴辉岩,中—新元古代同碰撞岩浆杂岩,晚寒武世—奥陶纪蛇绿岩等;沿断裂带附近发现一批铜、铅锌、金等矿床（点）。

赛坝沟金矿区控矿构造是一条非常典型的韧-脆性断裂构造,叠加于早期韧性剪切带之上的晚期脆性破裂带,是矿脉的主要产出位置,成矿与断裂带的韧-脆性转换密切相关,后期由于抬升剥蚀而出露地表。具体表现在断裂带浅部脆性变形区形成以石英脉型为主的金矿床,在深部韧性变形区则出现蚀变糜棱岩型金矿床,而在韧-脆性过渡部位,常常表现为二者的共存。此系当围压、温度、构造应力及流体条件等发生变化,导致断裂带由韧性变形向韧-脆性变形转化时,岩石变形也由塑性流动方式向碎裂流动方式转化,岩石的塑性流动导致有用元素的活化,并向高应变区迁移聚集成矿。

2）次级断裂、褶皱及韧性剪切带控矿作用

一般而言,深大断裂控制着矿带展布,其次级断裂则控制矿田、矿床的分布,矿区内次一级断裂及其破碎带、韧性剪切带则控制矿体的就位形态和产状。阿尔金南缘大断裂之南柴达木盆地西缘一带由于阿尔金断裂走滑发育牵引的弧形褶皱,构造线由北西向转为北东向,该类型褶皱控制多个金属矿床的产出,如多罗什尔含白云母伟晶岩脉即受该背斜的次一级压扭性结构面的裂隙控制。小赛什腾山帚状构造表现为志留系—石炭系呈弧状分布,向北西收敛,向南东撒开,该褶皱系中心有海西期花岗闪长岩-钾长花岗岩侵入,控制着小赛什腾山铁铜矿点的产出。

柴北缘受南北向构造控制的岩体为胜利口似金伯利岩;受东西向与北西向构造之复合控制的岩体有柳梢沟、灰狼沟、沙柳河及南林陀乌里等岩体;而受古北西向构造与反"S"形构造复合控制的岩体有公路沟、万洞沟、黑山沟、嗷唠山、绿梁山等岩体。滩间山金矿主要产于以上两个群的千枚岩、片岩有关的构造破碎带中,另外在古元古界达肯大坂岩群片麻岩组中也发现零星的金矿点,围岩蚀变强烈,与矿化关系密切的蚀变主要为硅化、绢云母化、黄铁矿化等。赛坝沟金矿分布于滩间山群的火山岩组中,变火山岩以岩片状出露在托莫尔日特、灰狼沟、七道班和大海滩、野马滩等地;火山岩组发育北西向的断裂构造,金矿体主要产于北东向与北西向断裂的交会部位,还有北西向的韧性剪切带也具有控矿特征。

大型剪切带运动学特点决定着柴达木盆地北缘-东昆仑地区金矿的区域导矿或控矿构造,大型剪切带的次级构造（断裂、褶皱）控制着矿床和矿体。储矿构造通常是韧性剪切带内或旁侧次级脆性断裂或脆-韧性断裂以及褶皱转折部位叠加的脆性断裂,如青龙沟金矿床。

由此,柴北缘地区早期形成的北西向区域性断裂是该区的控岩构造,深大断裂带及其两侧的剪切带,对柴北缘金矿带的成矿作用起着决定性的重要作用,金成矿带及带内的金矿田、矿床均受其严格控制,而阿尔金、哇洪山两条深断裂带则限制了柴北缘金成矿带的主要控矿构造。这些断裂切割至下地壳,具多期次活动特征。同时,柴北缘深断裂旁侧还发育一系列大型剪切带,不仅是金成矿区域导矿或控矿构造,而且韧-脆性变形是理想的剪切带型金矿成矿的变形模式,金元素被活化后能够在破裂的脆性裂隙中沉淀成矿。而复式褶皱的层间破碎带、层间滑脱带是矿区最主要的控矿容矿构造。滩间山金矿田、赛坝沟金矿等主成矿期为海西期—印支期,但在加里东期的构造活动中均有不同程度的成矿作用,存在多期叠加成矿作用。

4. 变质作用与成矿

变质岩地区存在多种矿产,大多数矿产尤其是金属矿产是由于沉积作用和火山作用过程中成矿元素受到后来的变质改造而形成的,变质作用与变质矿产有着极为密切的联系。柴北缘构造带划归全吉变质地带（Pt_1Pt_3、Pz）和柴北缘变质地带（高压—超高压榴辉岩带、蛇绿混杂岩带）（Pt_1Pt_3、Pz）两个变质地质单元。其历经古元古代—晚古生代5个阶段的变质时期,遭受结晶基底变质、基底盖层变质、深俯冲高压变质、动力变质、古生代埋深变质等作用,区域变质、接触变质等变作用强烈,变质岩较为发育,构成柴北缘变质地带。其中柴北缘地区内与金成矿作用密切的主要为中元古界万洞沟群,万洞沟群分布在柴北缘变质地带赛什腾山—滩间山—布赫特山一带,下部为碎屑岩组,上部为碳酸盐岩组。碎屑岩组主要分布在赛什腾—滩间山一带,另在布赫特山也有出露。下部以片岩为主,上部以千枚岩为主;碳酸盐岩组分布面积相对较广,除赛什腾山外,在阿尔金山也有零星分布;碳酸盐岩组合中的含碳泥质岩石赋含金或含金矿物,典型矿床主要为以滩间山金矿田。

四、成矿单元及特征

(一)成矿单元划分

成矿区(带)是具有地质构造演化史,经历过成矿作用(一次或多次),成矿物质大量或巨量堆积,矿产资源丰富、存在潜力、具备找矿前景的成矿地质单元(朱裕生等,2013)。成矿区(带)内具有主导的成矿地质环境、地质演化历史及与之匹配的区域成矿作用、相应浓集的成矿信息和特定时代形成的已知矿床集中的分布空间(陈毓川等,2006),各矿床组合往往有规律地集中分布,可观察到特定的控矿因素和有效找矿标志的地质空间。成矿区(带)的划分对资源预测及勘查工作部署具有重要的指导意义。

1. 划分依据

以大地构造演化为基础,以成矿系列理论为指导,以区域成矿规律为主线。参照《中国成矿区带划分方案》(徐志刚等,2008)以及东昆仑及邻区成矿单元划分(李金超等,2015)。重点以青海省成矿单元(潘彤,2017)及柴北缘Ⅳ级成矿单元(潘彤,2018)为划分依据。开展Ⅳ级、Ⅴ级成矿区(带)划分,Ⅳ级(成矿亚带)、Ⅴ级(矿集区、成矿远景区)在《中国矿产地质志·青海卷》、柴达木盆地北缘Ⅳ级成矿单元划分(潘彤和王福德,2018)基础上进行划分。

1)Ⅳ级成矿区(带)

Ⅳ级成矿区(带)是受不同区域地质成矿作用或几个主导成矿地质因素控制的多个矿集区(远景区)带。一是三级构造单元及其控制边界断裂;二是成矿亚带内构造环境、地质体时代、岩石组合、含矿建造及成矿特征;三是主要的矿产类型、成矿系列、成矿作用及主成矿期;四是地球物理、地球化学特征。

2)Ⅴ级成矿区(带)

该带为特定成矿地质条件下成因相似、空间相近的矿产密集分布区或远景区。一是以Ⅳ级成矿亚带划分为基础;二是矿床类型相同的矿床集中区;三是成矿环境相似、成矿作用相近、类型相同的矿床(点)时空分布较为集中,构成一个矿集区或成矿远景区。

2. 划分原则

1)Ⅳ级成矿区(带)

一是构造环境及成矿作用相统一。区域成矿作用是区域构造活动的组成部分,与地质构造演化是一致的。成矿地质构造环境及其有关的成矿地质作用的范围是划分成矿区(带)边界的地质科学依据(董连慧等,2010)。

二是逐级圈定的原则。成矿区(带)划分在《中国成矿区带划分方案》(徐志刚等,2008)及《中国矿产地质志·青海卷》等对柴北缘地区成矿区(带)划分的基础上,按Ⅰ级(成矿域)、Ⅱ级(成矿省)、Ⅲ级(成矿带)、Ⅳ级(成矿亚带)、Ⅴ级(矿集区/成矿远景区)五级逐级划分。

三是突出重点矿种的原则。同一地区产出的矿产可能是不同地质时期、不同成矿作用形成的,可能属于不同的成矿区(带)。划分成矿区(带)划分充分考虑重要矿种的成矿作用。

四是地质、矿产、物化探、遥感信息相互印证的原则。地球物理、地球化学、遥感等资料对划分成矿区(带)边界确定具有参考意义(董连慧等,2010)。以成矿地质条件为研究基础,通过地球物理、地球化学、遥感等研究成果相互印证,开展成矿区(带)划分。

五是尽量反映新成果。近年来,在柴达木盆地北缘锂、铍等战略性矿产勘查取得重要进展,成矿区(带)的划分对这些矿种的勘查部署具有重要指导意义。

六是综合分析。某一构造单元中,不同地质时期可能发育不同的成矿作用,形成不同的矿床,因而构成不同的成矿单元。成矿区(带)划分时,成矿单元与构造单元范围大致重叠,但常有边界不一致的情况(陈廷愚等,2010)。柴北缘地区成矿地质条件复杂、研究程度较低,成矿区(带)划分在综合分析的基础上进行。

2)Ⅴ级成矿区(带)

根据成矿强度、已知矿产分布密集程度,Ⅴ级成矿区(带)划分为成矿远景区或矿集区。

一是寻找大中型矿产地。成矿远景区或矿集区的圈定是为矿产勘查部署服务的,寻找大中型矿产地是主要目的。

二是划分的Ⅴ级成矿区面积适中。成矿远景区面积不宜太大,也不宜太小。远景区面积太大,勘查工作部署较分散,勘查目标不集中;远景区面积太小则容易造成漏矿。在综合分析各种有效成矿信息的基础上,确定成矿远景区边界的最佳空间位置,求得含矿率和找矿面积的统一,最大限度地反映成矿信息和最佳面积。

三是开展综合评价。成矿远景区的圈定不仅是矿床自身的综合评价,也包含了矿产勘查的综合方法的使用(朱裕生等,2000);综合评价是必须遵循的原则。

四是水平对等的原则。柴北缘不同地区地质工作程度差异较大,成矿远景区比例尺与采用的地质、地球物理、地球化学、遥感等资料的比例尺一致,比其比例尺大的原始资料可以补充其中,但比其比例尺小的原始资料不允许作为远景区预测资料使用。

3. 成矿区(带)划分结果

柴北缘地区属秦祁昆成矿域(Ⅰ-2),共涉及3个成矿省、3个成矿带;据上述划分依据、原则,在柴北缘地区划分出了8个Ⅳ级成矿区(亚带)(图4-3)、17个Ⅴ级成矿单元(根据矿产分布密集程度划分为11个矿集区和6成矿远景区)(表4-3)。

(二)成矿区(带)地质概况

针对柴北缘地区划分出的3个成矿带、8个Ⅳ级成亚带作简要概述,而对划分的17个Ⅴ级成矿单元作详细叙述。

1. Ⅲ级成矿带

1)阿尔金金、铬、石棉、和田玉成矿带(青海段)(Ⅲ-19)

该成矿带位于阿尔金山西段采石岭北部,呈三角形展布,东西长约36km,最宽处约8km。出露地层为奥陶系滩间山群,为俯冲环境玄武安山岩构造岩石组合(岛弧),由滩间山群下火山岩组的钙碱性火山岩段的钙碱系列火山岩组合组成,为海相喷溢相产物。构造为一轴向近东西向的复式向斜南翼次级背斜构造。受北东向主构造控制,近东西向次级断裂发育,断裂蚀变程度较高。位于野马滩俯冲构造岩浆岩段上,为与洋俯冲有关的高镁闪长岩组合,由灰绿色细粒橄辉长岩、辉长岩组成。目前,在该带尚未发现贵金属及稀有稀土金属等矿点。

2)柴北缘金、铜、铅、锌、铁、锰、铬、钛、钨、稀有、铀、煤、石油、盐类、红蓝宝石、石灰岩、大理岩、蛇纹岩、地下水成矿带(Ⅲ-24)

该成矿带出露地层主要为古元古界、中—新元古界、侏罗系等。构造发育,区域性断裂主体为北东

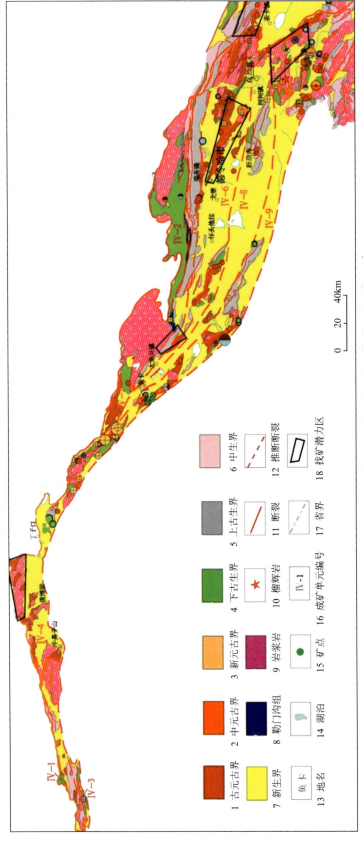

图 4-3 柴达木盆地北缘Ⅳ级成矿单元[成矿区(带)编号参见表4-3]

表 4-3 柴北缘成矿带成矿区（带）划分表

成矿域（Ⅰ级）	成矿省（Ⅱ级）	成矿带（Ⅲ级）	成矿亚带（Ⅳ级）	成矿远景区（Ⅴ级）	备注
秦祁昆成矿域（Ⅰ-2）	阿尔金-祁连成矿省（Ⅱ-5）	阿尔金金、铬、铜、石棉、和田玉成矿带（青海段）（Ⅲ-19）	迪木那里克铁、铜、钒、钛成矿亚带（Ⅳ-19-3）	牛鼻子梁镍矿远景区（Ⅴ-24-1-1）	
	昆仑成矿省（Ⅱ-6）	柴北缘金、铜、铅、锌、铁、锰、铬、钛、钨、稀有、铀、石灰岩、大理岩、红蓝宝石、石棉、蛇纹岩、地下水成矿带（Ⅲ-24）	俄博梁镍、铜、金、白云母、煤、地下水成矿亚带（Ⅳ-24-1）		
			茫崖-采石沟铁、金、石棉、煤成矿亚带（Ⅳ-24-2）	茫崖-采石沟铁、金矿集区（KJⅢ 24-1）	
			锡铁山-布果特山金、铜、铅、锌、铁、锰、稀有、煤、盐类、重晶石、绿松石、红蓝宝石、石灰岩、大理岩、地下水成矿亚带（Ⅳ-24-3）	滩间山地区金、铜镍、硫铁、煤矿集区（KJⅢ 24-2）	
				大柴旦湖-小柴旦湖硼矿集区（KJⅢ 24-3）	
				锡铁山地区铅、锌、铜、重晶石矿集区（KJⅢ 24-4）	
				锡铁山金、铅、锌、铜、重晶石远景区（Ⅴ-24-3-1）	
				高特拉蒙-霍德森沟钛、磷、铁、铜矿远景区（Ⅴ-24-3-3）	
				沙柳泉铌钽铍、金、铀、钨矿远景区（Ⅴ-24-3-3）	
			大煤沟煤、黏土、铀成矿亚带（Ⅳ-24-4）	绿草山-大煤沟煤矿集区（KJⅢ 24-5）	
			欧龙布鲁克煤、磷、石灰岩、白云岩、地下水（铁、黏土）成矿亚带（Ⅳ-24-5）	石灰沟-石门沟石灰岩、石英岩、白云岩、磷矿集区（KJⅢ 24-6）	
				落凤坡铬、铜矿集区（KJⅢ 24-7）	
			绿梁山-阿尔茨托山铜、铅、锌、金、锰、铁、铬、钛、稀有、铀、煤、石油、蛇纹岩、石灰岩、地下水成矿亚带（Ⅳ-24-6）	尕旺秀石灰岩、煤炭非金属矿集区（KJⅢ 24-8）	
				赛坝沟金、稀有、钨、铜、铁矿集区（KJⅢ 24-9）	
				沙柳河铅、锌、钨、铜、铁矿集区（KJⅢ 24-10）	
				呼拉达沃-哈利德山锰、金、铬、铁矿远景区（Ⅴ-24-6-1）	
	秦岭-大别成矿省（Ⅱ-7）	西秦岭金、铜（铁）、汞、钨、锑、砷、干热岩、盐类、泥炭、大理岩、花岗岩、石灰岩、地下水、地下热水成矿带（青海段）（Ⅲ-28）	宗务隆-双朋西金、铅、铁、稀有、石灰岩、花岗岩、大理岩、矿泉水、地下水、地热成矿亚带（Ⅳ-28-1）	青海南山铁、稀有金属远景区（Ⅴ-28-1-1）	
				宗务隆石灰岩矿集区（KJⅢ 28-1）	

东向；岩浆活动较强烈，基性、超基性岩及中、酸性岩浆侵入活动和火山活动具有产出。带内矿产丰富，成矿地质事件期次多，矿种组合复杂。其中俄博梁地区出露地层主要为达肯大坂岩群、万洞沟群、大煤沟组、采石岭组、红水沟组等；发育北西向和近南北向断裂，岩浆活动较强烈，牛鼻子山一带稀土元素（镧）化探异常显示较好，异常呈东西向沿断裂带分布，范围长达数十千米。近年来，在俄博梁一带发现有交通社西北铌钽矿、柴达木大门口轻稀土矿点、龙尾沟稀土矿点等。

欧龙布鲁克-乌兰地区出露地层主要为达肯大坂岩群、万洞沟群、沙柳河群、全吉群、欧龙布鲁克群、滩间山群等。断裂为北北西向和北西向，基性、超基性岩较发育，内生金属矿产与中酸性侵入岩紧密相伴，主要有沙柳泉铌钽矿床、阿姆内格铌矿点等，矿床类型为伟晶岩型。

赛什腾山-阿尔茨托山地区岩浆活动强烈，其中以变基性—中基性火山岩为主的变火山岩岩组以岩片状出露在托莫尔日特、灰狼沟、七道班和大海滩、野马滩等地。发现稀有金属矿产有铌矿2处，主要有查查香卡铌矿、夏日达乌铌矿，成矿与海西期中酸性侵入岩和北西向韧性剪切带关系密切，成因类型为花岗岩型。

3）西秦岭金、铅、锌、铜（铁）、汞、钨、锑、砷、干热岩、石灰岩、大理岩、花岗岩、盐类、泥炭、地下水、地下热水成矿带（青海段）（Ⅲ-28）

出露地层主要有志留系巴龙贡葛尔组，上石炭统—下二叠统土尔根大坂组，下二叠统果可山组，下—中三叠统隆务河组等；区域性断裂以北西西向为主，次为北东向和北北西向。岩浆侵入活动强烈，以中酸性岩为主。稀有金属稀矿产主要有锂、铍、铌钽等，成矿作用主要发生在印支期，矿床类型多为伟晶岩型，代表性的矿点为共和县石乃亥铌钽矿、茶卡北山地区锂铍矿等。目前，发现稀有金属矿点3处，主要有茶卡北山锂铍矿点、锡墨格山锂铍矿点、俄当岗锂铍矿点等，均为伟晶岩型，3个矿区彼此相连，总长达约40km。

2. Ⅳ级成矿亚带

1）迪木那里克铁、铜、钒、钛成矿亚带（Ⅳ-19-3）

该构造单元位于阿尔金山西段采石岭北部。属阿帕-茫崖蛇绿混杂岩带，出露地层主要为奥陶系滩间山群、中元古界万洞沟群、侏罗系大煤沟组等。近东西向断裂构造较发育，侵入岩有奥陶纪辉长岩等。目前，该亚带工作程度低，仅在茫崖镇野马滩一带发现有金、铁为主的矿化信息。

2）俄博梁铜、镍、金、铜、白云母、石油、煤、地下水成矿亚带（Ⅳ-24-1）

该亚带位于阿尔金山山脉南麓。出露地层主要为达肯大坂岩群、万洞沟群、大煤沟组、采石岭组、红水沟组等。区域性断裂主体呈北东向，局部发育北西向断裂，发育宽100～500m的韧性剪切带。岩浆活动较强；发现矿产地26处，其中小型矿床5处，矿点21处；矿床类型主要为变成型、海相火山岩型、岩浆热液型、岩浆型、伟晶岩型、化学沉积型等，金属矿产有铁、镍、钨、钛、铜、金、铌等。

3）茫崖-采石沟铁、金、石棉、煤成矿亚带（Ⅳ-24-2）

该亚带位于阿尔金山西南段，西起茫崖，东到阿拉巴斯套，北接俄博梁成矿亚带，南与柴达木盆地成矿带相邻，长约85km，宽10～15km。出露地层主要为奥陶系滩间山群，下—中侏罗统大煤沟组、中侏罗统采石岭组、上侏罗统红水沟组，下白垩统犬牙沟组等。带内构造以北东向断裂为主，次为近东西向断裂，采石沟金矿床与近东西向断裂关系密切。带内中、酸性岩浆侵入活动和火山活动较强，基性、超基性岩分布零星于茫崖镇北西一带。

该亚带发现矿产地5处，其中超大型矿床1处（茫崖石棉矿田），小型矿床1处（采石沟金矿床），矿点3处。已发现的矿床类型有浅成中低温热液型、岩浆热液型、生物化学沉积型。奥陶系滩间山群双峰式火山岩建造中，形成与加里东期蛇绿岩套（以斜辉橄榄岩、斜辉辉橄岩和纯橄岩组成的似层状超基性岩为主）有关的石棉、滑石、蛇纹岩及玉石等，这套岩石组合具有一定的成矿专属性（潘彤和王福德，2018），超基性岩中产有茫崖石棉、滑石、蛇纹岩矿床。奥陶系滩间山群海相火山岩中产有采石沟金矿床，奥陶纪基性火山-沉积岩中产有柴水沟金银矿点，金银矿表现出浅成低温热液脉型成矿特性。侏罗纪湖相沉积大煤沟组产出柴水沟、小西沟煤矿点。

4)锡铁山-布果特山金、铜、铅、锌、铁、锰、稀有、煤、盐类、重晶石、绿松石、红蓝宝石、石灰岩、大理岩、蛇纹岩、地下水成矿亚带(Ⅳ-24-3)

该亚带位于赛什腾山—阿木尼克山—布果特山一线,赛什腾山—阿木尼克山段呈北西-南东向条带状展布、阿木尼克山—布果特山段近东西向延伸。构造单元属柴北缘结合带滩间山岩浆弧。西界为赛什腾山西翼隐伏断裂,北缘为土尔根达坂-宗务隆山南缘断裂和丁字口(全吉山南缘)-德令哈断裂,南翼受控于柴北缘-夏日哈断裂和赛什腾-旺尕秀断裂,东侧被哇洪山-温泉断裂阻断。东西长约460km,宽7~50km,面积约15767km^2。

出露地层主要有古元古界达肯大坂岩群、长城系沙柳河岩组、中元古界万洞沟群、奥陶系滩间山群、上泥盆统牦牛山组、石炭纪—侏罗纪地层等。区域性断裂主体呈北西向,沿赛什腾山—锡铁山—阿木尼克山一带和布果特山展布,普遍具韧性剪切性质,发育宽100~500m的韧性剪切带,构成大型变形构造带,为岩浆侵入体的产出和成矿聚矿提供了构造条件。赛什腾山—滩间山一带以北西向断裂为主体,控制着该区地层和岩浆岩的分布,断裂构造与青龙沟等金矿床的形成关系密切。锡铁山地区北西向断裂构造为控矿构造,控制了中基性火山沉积岩系中锡铁山超大型铅锌矿床的产出。

带内经历洋陆俯冲、陆陆碰撞的构造演化,岩浆活动较为强烈,基性、超基性岩及中、酸性岩浆侵入活动和火山活动均有存在。火山岩主要为奥陶系滩间山群陆缘弧火山岩构造岩石组合,主要由玄武岩-玄武安山岩组成。侵入岩有加里东晚期、海西期、印支期的闪长岩类和花岗岩类(以海西期居多),空间上以西段赛什腾山西部和东段阿尔茨托山最为发育。

该亚带内矿种有37种,发现各类矿产地112处,其中超大型矿床2处(大柴旦湖硼矿床、锡铁山铅锌矿床),大型矿床8处(青龙沟金矿床、金龙沟金矿床、小柴旦湖硼矿区、泽令沟盆地水源地、黄梁子石灰岩矿床、沙柳泉铌钽矿床、柳泉大理岩矿床、柯柯盐矿床),中型矿床10处,小型矿床17处,矿点75处。金属矿产有铁、锰、铬、钛、铜、铅、锌、镍、钼、金、银、铌、钽等。矿床类型主要有岩浆热液型、海相火山岩型、蒸发沉积型、伟晶岩型、变成型、化学沉积型、机械沉积型。

该成矿亚带地质构造复杂,地质演化历史漫长,成矿作用具有多期性和不均一的特点。矿化类型多样,与奥陶纪海相火山岩有关的铅锌、锰、硫铁矿化(锡铁山铅锌矿床、青龙滩硫铁矿矿床等);与加里东期侵入岩有关的金、铜、重晶石矿化(胜利沟金矿床、小赛什腾山铜矿床、锡铁山南重晶石矿床等);与海西期岩浆侵入活动有关的金矿化(青龙沟、金龙沟金矿床等);与三叠纪伟晶岩有关的铌钽矿化(沙柳泉铌钽矿床等);与印支期岩浆活动有关的金、铜、铁、钴矿化(野骆驼泉西金钴矿床、霍德森沟铁铜金矿床等)。不同时代成矿具有一定的专属性,奥陶纪主要形成海相火山岩型铅锌矿、岩浆热液型金矿,伟晶岩型白云母矿;石炭纪主要形成岩浆热液型金矿;三叠纪主要形成伟晶岩型铌钽矿、岩浆热液型金钴矿、接触交代型铁铜矿;第四纪主要形成蒸发沉积型盐类矿。

5)大煤沟煤-黏土-铀成矿亚带(Ⅳ-24-4)

该亚带北西起于大柴旦石灰沟,南东至红山煤矿。出露地层为德令哈杂岩、达肯大坂岩群、全吉群、大头羊沟组、大煤沟组以及新生代地层等。其中下—中侏罗统大煤沟组与煤炭成矿关系最密切,是该亚带主要赋煤地层,产有大滩煤矿、大煤沟煤矿大煤沟井田、航亚煤矿等大中型煤矿。断裂主要发育于塔塔椤河至布依坦乌拉山一带,以北西向为主;岩浆岩不发育。发现矿产地31处,其中大型矿床2处,矿种以煤等能源矿产为主,少量金、铁等金属矿产及非金属矿产。矿床类型主要有生物化学沉积型、机械沉积型、岩浆型;主成矿期为侏罗纪。

目前,仅在晚奥陶世正长花岗中发现1处伟晶岩型白云母矿点(德令哈市波京吐白云母矿点)。

6)欧龙布鲁克煤、磷、石灰岩、白云岩、地下水(铁、黏土)成矿亚带(Ⅳ-24-5)

该亚带位于大柴旦镇石灰沟至德令哈市之间,构造单元属全吉地块欧龙布鲁克被动陆缘。该亚带内出露地层主要有新太古代—古元古代德令哈杂岩,古元古界达肯大坂岩群,南华系—震旦系全吉群,寒武系欧龙布鲁克群,奥陶系多泉山组、石灰沟组、大头羊沟组,石炭系城墙沟组、怀头他拉组,石炭系—

二叠系克鲁克组；构造、岩浆活动不发育。发现矿产地23处，矿种以非金属矿产为主。成矿类型以受变质型、化学沉积型为主；主要成矿期集中在新元古代—奥陶纪。

7）绿梁山-阿尔茨托山铜、铅、锌、金、锰、铁、铬、钛、稀有、铀、煤、石油、蛇纹岩、石灰岩、地下水成矿亚带（Ⅳ-24-6）

该亚带位于柴达木盆地东北缘，由西段（结绿素煤矿北侧至大柴旦双口山）和东段（达达肯乌拉山东南尾端至哈莉哈德山附近）两部分组成，构造单元属柴北缘蛇绿混杂带。出露地层主要有古元古界达肯大坂岩群、中—新元古界万洞沟群，长城系沙柳河群，奥陶系滩间山群、下奥陶统多泉山组、中奥陶统大头羊沟组，中—上泥盆统牦牛山组，下石炭统阿木尼克组、城墙沟组、怀头他拉组和上石炭统—下二叠统克鲁组等。断裂构造以北西向为主，基性、超基性岩及中性、酸性岩浆侵入活动和火山活动均有分布。带内发现矿产地119处，其中超大型矿床1处、大型矿床3处、中型矿床4处、小型矿床21处、矿点80处。矿种有铁、铜、铅、钨、金、银、铌、钽等近20种，成矿类型以岩浆热液型为主，次为接触交代型、浅成中—低温热液型和生物化学沉积型；成矿时代以奥陶纪为主，次为三叠纪和侏罗纪。矿化类型主要有与寒武纪超基性—基性岩有关的铬矿化（绿梁山落凤坡铬矿床）等，与奥陶纪海相火山岩有关的铜、铅锌、锰矿化（哈莉哈德山锰矿床、绿梁山铜矿床等），与奥陶纪—泥盆纪中酸性侵入岩有关的金、稀有金属矿化（拓新沟金矿床、夏日达乌铌镧铈矿床等），与印支期中酸性侵入岩有关的金、铜、铅锌、钨、铁矿化（沙柳河南区有色金属矿床、沙那黑钨铅锌矿床等）。

8）宗务隆-双朋西金、铅、钨、铁、稀有、石灰岩、花岗岩、大理岩、矿泉水、地下水、地热成矿亚带（Ⅳ-28-1）

该亚带西起大柴旦镇鱼卡以北，向东经宗务隆山至茶卡北山，构造单元属宗务隆陆缘裂谷带。亚带内地层分段明显，非金属矿化多产于西段的石炭纪—二叠纪宗务隆山蛇绿混杂岩中；金属矿化则产于东段的下—中三叠统隆务河组、中三叠统古浪堤组及与印支期中酸性侵入岩的接触带。带内有金、稀有金属、铜、铅、锌等矿产产出，共计发现各类矿产32处，其中超大型矿床1处、大型矿床2处、中型矿床2处、小型矿床4处（畜集北山铅锌矿床、畜积山铅银铜矿床等）、矿点23处。主要成矿类型为化学沉积型，部分矿床（矿点）为热液型、伟晶岩型。矿化类型有与三叠纪碎屑岩沉积建造有关的铜、铅、锌、银矿化（德令哈市蓄积山铅银铜矿床），与印支期花岗伟晶岩有关的稀有金属矿产矿化（茶卡北山锂铍矿床等）。

3. Ⅴ级成矿单元

根据柴达木盆地北缘地区成矿地质背景、物化探异常、控矿要素、矿产分布等特征，遵循突出矿产特色、面积适中、综合评价、水平对等准则，划分了11处矿集区和6处成矿远景区（图4-4）。

图4-4 柴达木盆地北缘Ⅳ、Ⅴ级成矿区（带）划分图

1)茫崖-采石沟石棉、金矿集区(KJⅢ24-1)

(1)成矿地质背景。矿集区位于茫崖-采石沟成矿亚带,构造单元隶属滩间山岩浆弧。区内出露地层以奥陶系滩间山群为主,并有上泥盆统、中下侏罗统及新近系。滩间山群岩性为中基性火山岩、千枚岩、结晶灰岩、砂岩;上泥盆统为一套陆相火山岩,底部陆相碎屑岩,与奥陶系滩间山群断层接触。中下侏罗统为受断陷盆地控制的含煤碎屑岩建造,覆盖于花岗岩或超基性岩体之上或呈断层接触。区内断裂发育,主要为区域性北东向大断裂或隐伏大断裂,超基性岩体北侧逆断层及北西向的逆断层组。岩浆岩发育,从超基性到酸性岩,从喷发岩到侵入岩均有,以加里东期花岗岩和超基性岩分布最广。奥陶系滩间山群是金矿主要赋矿地层,近东西断裂对金成矿有明显控制作用。

采石沟一带圈定水系沉积物综合异常 1 处,主元素 Cu 具外中内带,$AS^{37}_{Z3}CuNbLaBeAsBiTi$ 异常,异常有一定规模、结构复杂。As、Cu 受控于奥陶系滩间山群,放射、稀有、稀土元素异常主要受控于海西期钾长花岗岩分布域,异常内分布有 1 处小型金矿床(采石沟)、1 处金矿点(含银)(柴水沟)。另外圈定 1 处重砂异常 QZ^{39}_{11} 铋萤石铁,重砂矿物为铋、萤石、铁,已知矿点(化)都在异常之内。

(2)成矿特征。采石沟金矿床、柴水沟西金矿点矿区地层以奥陶纪地层为主,其次为侏罗纪、古近纪—新近纪中新世地层。矿区地处阿尔金断裂带,构造线主体呈北东—近东西向,受阿尔金断裂走滑影响出现北西向构造叠加,构造变形强烈,表现为十分发育的断块及强烈的褶皱。区域岩浆活动强烈,主要包括加里东期、海西期。矿体均赋存在断裂破碎带内。

矿集区内分布有矿产地 5 处,其中超大型矿床 1 处(茫崖石棉矿田),小型矿床 1 处(采石沟金矿床),矿点 3 处,矿种以石棉、金为主,局部有煤产出。查明资源储量:金 1.15t,砷 0.5 万 t。5 处矿产地中有 1 处勘探,3 处普查和 1 处预查,整体工作程度不高。成矿类型有浅成中低温热液型、岩浆热液型、生物化学沉积型。成矿时代为奥陶纪、志留纪。

由上所述,矿集区内具有形成超大型浅成中—低温热液型石棉矿和小型以上岩浆热液型金矿的地质-地球化学条件,具有一定煤矿找矿潜力。

2)滩间山地区金、锰、铜镍、硫铁、煤矿集区(KJⅢ24-2)

矿集区位于锡铁山-布果特山成矿亚带西部,构造单元属滩间山岩浆弧和柴北缘蛇绿混杂岩带的结合部位。

(1)地质背景。出露地层主要有中元古界万洞沟群和奥陶系滩间山群,万洞沟群为赋矿地层。万洞沟群为浅变质的泥质岩及碳酸盐岩,呈小岩片出露于滩间山至万洞沟一带,滩间山金矿床即赋存于上部岩组的碳质千枚岩中。区内构造活动强烈,沿柴北缘深断裂旁侧发育有多条北西—北北西向韧性剪切带和次一级的褶皱、断裂构造。在奥陶系滩间山群中发育有多条韧性剪切带,为加里东晚期以来多次造山活动的产物,具有深层变形构造(韧性剪切)特征。区内一些主要金矿床(如金龙沟金矿、青龙沟金矿、野骆驼泉金矿等)的形成均与韧性剪切带构造有着密切关系。

侵入岩以中酸性为主,多属海西晚期—印支期花岗岩类。加里东晚期—海西早期以基性辉长岩和中酸性花岗岩类为主,以赛什腾山岩体、嗷唠山岩体为代表。海西晚期—印支期全部为花岗岩类,以赛什腾山西岩体为代表。矿集区内金属矿产多数产在大型变形构造柴北缘逆冲走滑构造带上。

该区水系沉积物异常与已知矿床(点)套合较好,青龙沟金异常以及滩间山金(铜、锌)异常经查证已发现中—大型金矿。位于青龙沟北侧的万洞沟-曲金沟金(铜)异常规模较大、强度较高,浓度分带清晰,并与北北西向韧-脆性断裂带相套合,具有形成热液型金矿的有利条件。

(2)成矿特征。滩间山式热液型金矿床产于陆内造山构造环境中,受大断裂及韧-脆性剪切带控制明显,尤其北西向(或北北西向)区域断裂与其旁侧的北北西向、北北东向断裂交会处,是金矿床、矿田最有利的产出部位。在红柳沟—野骆驼泉一带,已发现有多处热液型及石英脉型金矿点,该地区构造岩浆活动强烈,剪切带发育,Au、Cu 化探异常显示较好。

区内已发现矿产地 46 处,其中大型矿床 3 处,中型矿床 2 处,小型矿床 9 处,矿点 32 处。矿种以金、煤炭、铜、镍、锰为主。累计查明资源量:金 84.27t,银 15t。

由此，矿集区内有岩浆热液型金矿、海相火山岩型硫铁矿、海相火山岩型锰矿，矿种以石棉、金为主。

3) 大柴旦湖-小柴旦湖硼矿集区（KJⅢ24-3）

矿集区位于锡铁山-布果特山成矿亚带中部大柴旦湖至小柴旦湖之间，构造单元隶属滩间山岩浆弧。地质工作程度总体较高，1∶20 万、1∶5 万区调和物化探等基础地质调查覆盖全区，水文地质调查基本覆盖。

(1) 成矿地质背景。矿集区处于新生代山间断陷盆地，区内绝大部分地段分布新生界，第四系沉积物厚度较大。赋矿地层较为简单，硼矿主要赋存于现代盐湖的湖化学沉积中；与地下水赋存相关的地层为晚更新世洪冲积和全新世沼积。构造不甚发育，新近纪之后的新构造活动微弱。

(2) 成矿特征。区内已发现矿种为硼和铅锌矿等，矿产地 7 处（大型矿床 2 处，中型矿床 3 处，小型矿床 1 处，矿点 1 处）。整体工作程度较高，其中勘探 3 处，详查 2 处，普查 1 处，预查 1 处。已查明资源储量：硼 1 053.9 万 t，锂 244.14 万 t，盐矿 13.03 亿 t，镁盐 3 809.5 万 t，钾盐 435.5 万 t，芒硝 32 806.5 万 t，铅 4.69 万 t，锌 0.80 万 t，银 164t。

4) 锡铁山地区铅、锌、重晶石矿集区（KJⅢ24-4）

矿集区位于锡铁山-布果特山成矿亚带中部，构造单元隶属滩间山岩浆弧；以锡铁山铅锌矿床为主体，区内整体工作和研究程度较高。

(1) 成矿地质背景。出露地层主要为古元古界达肯大坂岩群变质岩和奥陶系滩间山群浅海相中基性—酸性火山喷发熔岩，后者为铅锌矿和重晶石矿的主要赋矿地层。侵入岩不甚发育，出露的火山岩为滩间山群中基性火山岩-基性凝灰岩、玄武岩夹安山岩，中酸性火山岩-流纹岩及英安岩。变质岩主要为片麻岩化等，局部分布少量榴辉岩。断裂构造较常见，以北西向为主，锡铁山矿区断裂主要有北西向、北东向、近东西向、近南北向 4 组，其中北西向断裂为控矿构造。

1∶20 万化探综合异常元素组合 PbZnCdAuAgTiCrSn，该异常规模大、强度高、异常元素组合复杂，元素异常套合好，显示出区内良好的地球化学背景。

(2) 成矿特征。锡铁山铅锌矿床是该矿集区内迄今发现的规模最大，研究程度最高的矿产地，矿床中铅锌矿体多呈似层状、透镜状，少数为细脉浸染状，绝大多数矿体赋存于滩间山群下部火山-沉积岩中，矿床类型属海相火山岩型。

发现各类矿产地 5 处，其中超大型矿床 1 处，小型矿床 1 处，矿点 3 处。主要矿种为铅锌、重晶石，此外还产出铁、银、白云母等。查明矿产资源储量：铅 199.67 万 t，锌 291.78 万 t，铜 0.03 万 t，金 31.24t，银 2522t，镓 175t，铟 529t。

由此，区内铅锌多金属矿资源潜力巨大，具有岩浆热液型重晶石矿的地质条件，其次具有一定白云母、黏土矿找矿潜力。

5) 绿草山-大煤沟煤矿集区（KJⅢ24-5）

矿集区位于大煤沟成矿亚带西部，构造单元隶属欧龙布鲁克被动陆缘。

(1) 成矿地质背景。区内出露地层主要有下—中侏罗统大煤沟组、上侏罗统红水沟组、下白垩统犬牙沟组、上更新统，其次为新太古代—古元古代德令哈杂岩、渐新统—中新统干柴沟组。下—中侏罗统大煤沟组为柴北缘成矿带最主要的含煤地层，此矿集区内煤矿即赋存于该套地层；构造不发育。

(2) 成矿特征。区内以生物化学沉积型煤为主，还有岩浆型铀矿、岩浆热液型金、重晶石等矿产。已知矿产地 17 处，其中大型矿床 1 处，中型矿床 1 处，小型矿床 4 处，矿点 11 处。青海省矿产资源潜力评价预测该区资源量：金 16.50t，重晶石 177.58 万 t。由此，区内油页岩、岩浆热液型金矿、岩浆型铀矿找矿潜力。

6) 石灰沟-石门沟石灰岩、石英岩、白云岩、磷矿集区（KJⅢ24-6）

该矿集区位于欧龙布鲁克成矿亚带北侧，构造单元隶属欧龙布鲁克被动陆缘。

(1) 成矿地质背景。出露地层主要有太古宙—古元古代变质岩系、新元古界全吉群变质岩系、早—中古生代碳酸盐岩+碎屑岩系、晚古生代碳酸盐岩+碎屑岩系。其中新元古界全吉群变质岩系中赋存石英岩矿产,早—中古生代碳酸盐岩与石灰岩、白云岩及磷矿床的形成有关,晚古生代碳酸盐岩中形成石灰岩矿床。区内局部有兴凯期片麻状二长花岗岩;断裂构造为北西向,局部错断岩体。

(2)成矿特征。矿床类型主要为化学沉积型,其次为受变质型。矿种以非金属矿产为主,成矿时代集中在前南华纪—奥陶纪。已知矿产地12处,其中超大型矿床1处,大型矿床1处,中型矿床4处,小型矿床1处,矿点5处。

7)落凤坡铬、铜矿集区(KJⅢ24-7)

该矿集区位于绿梁山-阿尔茨托山成矿亚带西部,大柴旦湖-小柴旦湖硼矿集区北西,东西长约32km,宽约10km,面积约320km^2。本区地质工作程度较高,1∶20万、1∶5万区调和物化探等基础地质调查覆盖全区。

(1)成矿地质背景。出露地层主要为古元古界达肯大坂岩群变质岩、中元古界沙柳河岩组、奥陶系滩间山群变火山-沉积岩系及中—下侏罗统大煤沟组,滩间山群及大煤沟组为主要含矿地层。侵入岩不甚发育,在绿梁山地区有加里东早期的基性—超基性岩类分布。断裂构造比较发育,以北西向断层为主。

绿梁山一带1∶20万绿梁山CrNiCuCoVFe$_2$O$_3$MoTi综合异常规模大、强度高、异常元素组合复杂、元素异常套合好,北西向断裂发育,该异常经查证已发现绿梁山铜矿,在异常区已有6处铬矿床点和1处铅锌矿床,在异常查证时发现了金矿化和韧性剪切带,表明在绿梁山地区有热液型金矿的找矿潜力。

(2)成矿特征。矿床类型有岩浆型(绿梁山落凤坡铬矿床、落凤坡铀矿点)、海相火山岩型(绿梁山铜矿床)、变成型(鱼卡金红石矿点)、伟晶岩型(鱼卡白云母矿点)、岩浆热液型(南泉金矿点)、生物化学沉积型,以岩浆型铬矿、海相火山岩型铜矿和生物化学沉积型煤层气矿产最为重要。绿梁山一带以大柴旦镇绿梁山落凤坡铬矿床为代表,成矿类型属岩浆型,矿体赋存于绿梁山南坡超基性岩体的蛇纹岩带中。

矿集区矿种有石油、石英砂岩、煤、煤层气、油页岩、页岩气、金红石、地下水、金、铬、铀、白云母、石棉、铜等。已有矿产地17处,包括矿床5处,其中绿梁山铜矿床(小型,普查)、绿梁山落凤坡铬矿床(小型,勘探)。

8)尕旺秀石灰岩、煤炭非金属矿集区(KJⅢ24-8)

该矿集区位于绿梁山-阿尔茨托山成矿亚带西部,近东西向展布,东西长约30km,南北宽约20km,面积约522km^2。1∶20万、1∶5万区调和物化探等基础地质调查覆盖全区;区内交通便利。

(1)成矿地质背景。出露地层主要为下石炭统阿木尼克组为一套碎屑岩夹灰岩、火山岩地层,属海陆交互河口湾相沉积;下石炭统怀头他拉组是一套台地陆源碎屑-碳酸盐岩盆地环境下形成的碎屑岩组合;上石炭统—下二叠统克鲁克组为局限台地碎屑岩-碳酸盐岩建造,夹有煤层;下—中侏罗统大煤沟组,是煤、石灰岩等矿产的主要赋矿地层。此外还有少量的下白垩统犬牙沟组,为冲积扇相沉积,主体部分是扇三角洲平原沉积。

区内构造较为发育,发育有多组北西-南东向断裂,多为地层界线,另有少量北东-南西向断裂分布。岩浆活动微弱,未见岩体出露。

(2)成矿特征。区内已知矿产以沉积型非金属矿产为主,共有矿产地14处,超大型矿床1处,大型矿床1处,中型矿床2处,小型矿床1处,矿点9处。主要矿种有石灰岩、煤炭、黏土等。还产出有锰、钴、铁、铀等金属矿产。区内整体工作程度较高,有详查地6处,普查地2处,预查地5处。

9)赛坝沟金、稀有矿集区(KJⅢ24-9)

该矿集区位于绿梁山-阿尔茨托山成矿亚带东部,北西-南东向展布,东西长约34km,南北宽约16km,面积约436km^2。1∶20万、1∶5万区调和物化探等基础地质调查覆盖全区。

(1)成矿地质背景。出露地层主要为奥陶系滩间山群。由5个岩组组成,以组以下碎屑岩组、下火山岩组最发育,奥陶纪超基性岩、基性岩以及志留纪中酸性侵入岩分布广泛,金矿化多与加里东期中酸性侵入岩有关。位于沙柳河地区经后期构造改造的柴北缘逆冲-走滑构造带中,构造活动强烈,发育有多条北西向韧脆性剪切带和北东向脆性断裂。

区内西北部已发现岩浆热液型金矿（矿体由石英脉组成）成矿与海西期中酸性侵入岩和北西向剪切带关系密切。托莫尔日特—乌达热乎—阿里根刀诺一带发现少量由石英脉组成矿体的热液型金矿点，处于剪切带韧、脆性转换过渡带。

该区化探异常显示较好，1:20万 $As_{甲1}^{153}$（铜、钴、金）赛什克南综合异常沿托莫尔日特隆起带分布，异常分为北段嘎顺异常区，中段赛坝沟-乌达热乎异常区和南段阿里根刀诺异常区。中段发现拓新沟金矿床（小型）和赛坝沟金矿床（小型），北段、南段异常区亦发现有金矿点。

（2）成矿特征。区内以岩浆热液型矿床为主体，主矿种以金为主，还产出有铌钽、铅、铀等矿产。区内共有矿产地13处，小型矿床5处，矿点为主，区内整体工作程度不高，仅有详查地2处，普查地7处，剩余4处均为预查。累计查明资源储量：金4.27t。

由此，区内加里东期—海西期侵入岩发育，构造活动强烈，是寻找岩浆热液型贵金属的有利地段。

10）沙柳河铅、锌、钨、铜、铁矿集区（KJⅢ24-10）

矿集区位于绿梁山-阿尔茨托山成矿亚带东部，近东西向展布，长约77km，宽约22km，面积约1374km²。地质工作程度总体较高，已有1:20万、1:5万区调和物化探等基础地质调查基本覆盖全区。已知9处矿床的矿产工作程度，达到普查的矿床有4处，详查5处。

（1）成矿地质背景。出露地层为古元古代变质岩系、中元古界沙柳河岩组、奥陶系滩间山群绿片岩系和第四系，少量中上泥盆统牦牛山组。除第四系和牦牛山组外，其余地层均和成矿有关。侵入岩广泛发育于矿集区边部，主要有兴凯期片麻状花岗闪长岩，海西期石英闪长岩、英云闪长岩、二长花岗岩，印支期侵入体为斑状二长花岗岩，其中以海西期侵入岩出露最广。海西期侵入岩和印支期侵入岩与成矿关系密切，前者形成以铅锌为主的有色多金属矿及铁矿，后者则与铅锌多金属矿及钨锡多金属矿有关。区内断裂构造较为发育，主要有北西向和北东向两组断裂，北西向断裂带内多有矿床点分布。

矿床类型有岩浆型、接触交代型、岩浆热液型、海相火山岩型、变成型、浅成中低温热液型6类，以接触交代型（代表性矿床为沙柳河南区有色金属矿床、沙柳河老矿沟铅锌银矿床、巴硬格莉山铁矿床）、岩浆热液型（代表性矿床为沙那黑钨铅锌矿床）和海相火山岩型（代表性矿床为太子沟铜锌矿床）为主。

1:20万化探综合异常面积大，元素组合复杂、相互套合好，异常范围内分布较多的有色多金属矿产地。

（2）成矿特征。区内分布有接触交代型和海相火山岩型多金属矿床，各类矿产地34处，其中大型矿床1处，中型矿床1处，小型矿床7处，矿点25处。主要矿种有钛、铜、铅锌、钨、铁、铬等金属矿产。区内累计查明资源储量：铅4.91万t，锌16.12万t，银33t，铜4.15万t，钨2万t，锡1.24万t，金0.46t，铁225.6万t，硫70.3万t，石墨3.2万t，萤石39.9万t，是柴北缘成矿带东部最大的金及多金属矿集区之一。

由此，目前区内正开采的矿床有巴硬格莉山铁矿床，可围绕区内侵入岩内外接触以及火山岩继续寻找接触交代型和海相火山岩型多金属矿床。

11）宗务隆石灰岩矿集区（KJⅢ28-1）

该矿集区位于宗务隆-双朋西成矿亚带西段，构造单元属于宗务隆山陆缘裂谷带，呈近东西向展布，东西长约69km，南北宽约8km，面积约672km²。矿集区邻近德令哈市，交通便利。

（1）成矿地质背景。处于宗务隆蛇绿混杂岩带内，地层较为简单，除蛇绿混杂岩外，仅在南部边缘位置有少量下—中三叠统隆务河组出露。区内岩浆活动微弱，未见大规模岩体出露。

矿集区内分布有2处1:20万化探综合异常：宗务隆山北东 $AS_{乙3}^{112}NiCdCrNbAsCObCu$ 和蓄集山东 $AS_{乙3}^{114}AgCrCuNiPbRbSbV$。

（2）成矿特征。区内发现矿产地12处。其中超大型1处，大型2处，中型1处，小型2处，其余为矿点。成矿类型以化学沉积型为主，次为受变质型、接触交代型、浅成中—低温热液型及生物化学沉积型。查明资源储量：铅2.36万t，锌0.09万t，铜0.01万t，银17万t。

12) 牛鼻子梁镍矿远景区(Ⅴ-24-1-1)

该远景区位于俄博梁成矿亚带北段，构造单元属柴北缘造山带滩间山岩浆弧。北东向展布，长约135km，宽约23km，面积约3105km²。

出露地层主要为古元古界金水口岩群和第四系。由于金水口岩群处于柴达木地块边缘，历经多次构造-岩浆活动，岩石遭受了多次强烈改造，加之在区域变质过程中面理的彻底置换作用，已成为叠加的无序构造岩片，无法恢复其初始的地层层序。金水口岩群普遍经历了角闪岩相-麻粒岩相的区域变质作用。变质岩原岩恢复为泥砂质、泥钙质类中基性火山岩。

侵入岩主要有牛鼻子梁基性—超基性层状杂岩体和三叠纪的二长花岗岩及寒武纪的石英闪长岩。牛鼻子梁铜镍矿床目前发现铜镍矿体的岩体岩性主要为角闪橄榄岩和辉石角闪橄榄岩，属基性—超基性岩体的下部层序，含矿岩性主要为下部层序的超基性岩。断裂构造主要为近东西向和北东东向两组。

区内矿产地9处，其中小型矿床2处，茫崖行委牛鼻子梁铜镍矿床查明镍矿0.60万t。

13) 锡铁山铅、锌、铜、重晶石矿远景区(Ⅴ-24-3-1)

该远景区位于锡铁山-布果特山成矿亚带中部锡铁山—阿木尼克山一带，构造单元属滩间山岩浆弧。北西向展布，长约115km，宽约20km，面积约2300km²。远景区整体属柴达木盆地东缘浅中切割山地，交通便利。

区内出露地层主要为古元古界达肯大坂岩群变质岩和奥陶系滩间山群变火山-沉积岩系，后者为含矿地层。侵入岩不甚发育，仅在矿田北部见有海西期二长花岗岩侵入，此外在绿梁山地区有加里东早期的基性—超基性岩类分布。断裂构造比较常见，以北西向为主。

该地区化探异常显示较好，在锡铁山及其东部一带有3处1:20万综合异常，异常浓集中心位置多有矿产地产出。

区内发现矿产地20处，其中超大型矿床1处，中型矿床1处，小型矿床1处，17处矿点。金属矿种有铅、锌、银、铜、铁、钼等，成矿类型以海相火山岩型和岩浆热液型矿床为主。区内除锡铁山矿区外，整体工作和研究程度较低。查明资源储量：铅199.67万t，锌291.78万t，铜0.03万t，金31.24t，银2522t。

14) 高特拉蒙-霍德森沟钛、磷、铁、铜矿远景区(Ⅴ-24-3-2)

该远景区位于锡铁山-布果特山成矿亚带东部布赫特山一带，构造单元属滩间山岩浆弧。呈近东西向展布，东西长约45km，南北宽约15km，面积约675km²。属柴达木盆地东缘浅中切割山地，交通便利。

区内出露地层主要是古元古界达肯大坂岩群，局部出露中上泥盆统牦牛山组。岩浆活动较为强烈，由基性到酸性侵入岩均有出露。侵入岩以中酸性为主，多属海西晚期—印支期花岗岩类，尕子黑花岗闪长岩出露于该区东部，呈岩瘤和岩脉产出，具矽卡岩化、透闪石化及绿泥石化等蚀变。矽卡岩化在岩体西侧广泛发育，矽卡岩带成东西向展布。乌兰县尕子黑钨矿就产于该矽卡岩带内，钨矿化在空间上明显受构造控制，并与绿帘石矽卡岩关系密切，矿体均产在硅化矽卡岩的顶部；区内小型断裂构造发育；水系沉积物异常与已知矿床(点)套合较好。

发现矿产地11处，有小型矿床2处。矿种有铜、铅、锌、铁、钛等。工作程度较低，仅有1处勘探和1处详查矿产地。成矿类型以接触交代型为主，此外，岩浆型、岩浆热液型亦有分布。

15) 沙柳泉铌钽、铍、金、铀、钨矿远景区(Ⅴ-24-3-3)

该远景区位于锡铁山-布果特山成矿亚带东部沙柳泉—柯柯一带，构造单元隶属于滩间山岩浆弧。北西向展布，长约30km，宽约16km，面积约480km²。

区内出露地层主要有古元古界达肯大坂岩群和第四系湖相沉积物，少量渐新统—中新统和上新统。达肯大坂岩群变质地层分布区产出有岩浆热液型金矿点，浅成中—低温热液型铀、铁矿点，伟晶岩型铌钽、长石和白云母矿产地。第四系盐湖中则赋存盐矿。

水系沉积物异常与已知矿床(点)套合较好。沙柳泉铌钽矿床、阿母内可山金矿点、沙柳泉金矿点、阿母内可山铁矿化点即产于沙柳泉AS^{135}_{ZZ}WPbBeMObUBiP异常中，该异常规模较大、强度较高，浓度分带清晰,北西向断裂发育,岩浆活动强烈,见有多条伟晶岩脉,具有形成岩浆热液型、浅成中低温热液型多金属矿产以及伟晶岩型稀有金属矿产的有利条件。

发现矿产地11处,其中大型矿床1处,小型矿床3处,矿点7处。产出有铌钽、金、铁等金属矿产。整体工作程度较高,有勘探1处,详查3处,普查5处,预查2处。查明资源储量铌钽2145t。

16)呼拉达沃-哈莉哈德山锰、金、铬、铁矿远景区(V-24-6-1)

该远景区位于乌兰县哈莉哈德山一带,北西向展布,长约30km,宽约15km,面积约450km^2。属柴达木盆地东缘浅中切割山地,交通便利。

出露地层主要为奥陶系滩间山群火山-沉积岩系,少量出露中元古界沙柳河岩组和古元古界达肯大坂岩群,其中奥陶系滩间山群为锰矿、铁矿的赋矿地层。加里东期—印支期花岗岩侵入体分布广泛,以加里东期最广,其次为海西期。加里东期为基性—超基性岩,海西期—印支期为中酸性岩类,有闪长岩、花岗闪长岩、二长花岗岩、钾长花岗岩等。铬铁矿及玉石矿与加里东超基性岩有关,金与海西期中酸性侵入岩有关。

该地区化探异常显示较好,哈莉哈德山北西 $AS_{Z3}^{167}NiCrCuCoVSbFe_2O_3$ 异常规模大、异常元素组合复杂,异常区已知有呼啦大沃(灰狼沟)铁矿点、灰狼沟金铜矿点、哈莉哈德山锰矿床、乌兰县中沟铬矿点产出,成矿地质条件显示具有寻找锰金铬铁矿的潜力。

矿产地6处,其中中型矿床1处,小型矿床1处,矿点4处。6处矿产地中有3处普查,3处预查,整体工作程度不高;锰资源储量433.26万t。

17)青海南山铁、稀有金属远景区(V-28-1-1)

该远景区位于共和县境内,橡皮山一带,北西-南东向展布,东西长约110km,南北宽9~22km,面积约1636km^2。区内交通较为便利。

远景区大地构造单元处于南祁连岩浆弧、宗务隆山陆缘裂谷带、鄂拉山岩浆弧和泽库前陆盆地的交汇部位,地质背景极其复杂。远景区北西段主要出露志留系巴龙贡噶尔组,由一套陆源碎屑岩组成,属半深海-浅海环境斜坡沟谷-陆架沙坡相,处于弧后前陆盆地构造环境,地层经受了区域低温动力变质作用;南东段主体为下—中三叠统隆务河组的一套灰绿色—灰黑色—黑灰色砂岩、板岩夹薄层灰岩的浅海-半深海相沉积,并有零星的古元古界化隆岩群出露。区内晚三叠世中酸性侵入活动剧烈。远景区整体位于航磁异常的负异常带和重力高异常带上。区内由西向东分布有3处1:20万化探异常,为区内铁及多金属、稀有金属成矿提供了良好的地物化条件。

目前,发现矿产地13处,矿种以铁、稀有金属为主。整体工作程度较低,其中勘探1处,普查3处,其余9处均为预查。查明资源储量:$(Ta+Nb)_2O_5$ 23t,Rb_2O 203t,Fe 14万t。

由此,针对花岗伟晶岩中产出的伟晶岩型的铌钽、锂铍等稀有金属矿产有较大的勘查潜力,目前已发现天峻县茶卡北山锂铍矿等。

五、区域成矿规律

柴北缘造山带经历了复杂的地球动力学演化阶段,具有多期次造山旋回特点,在不同时期响应着超大陆的聚合、裂解事件,呈现独特的微陆块、有限洋盆等大地构造环境及演化特征。结合地质构造演化、构造-岩浆活动与成矿作用、成矿物源和岩石、矿石地球化学等特征,柴北缘自中新元古代以来经历了多次构造事件、岩浆事件和沉积事件的叠加和演化,主要构造演化阶段形成了贵金属及稀有金属,具有明显的成矿规律。

(一)金成矿规律

柴北缘地质历史经历了复杂的地质构造运动过程,形成了中国又一重要成矿带——柴北缘成矿带,区域内矿产资源丰富,主要以贵金属、有色金属和煤为主(康高峰等,2007)。柴北缘岩浆热液型金矿由于受区域构造演化影响,造成其产出环境、形成机理及改造保存等地质作用具有独自的特征。而成矿作用是一个建立在四维空间的物质交换、迁移、富集及沉淀的能量转换过程,研究其特定地质背景及各种成矿作用,成矿过程关联性、动力学演化时间的耦合性是十分必要。

1. 时间演化规律

柴北缘地区内部分金矿(化)点成矿时期,因缺乏金矿床同位素年龄,其时代的判别主要据矿床(点)产出的地层和赋矿岩石时代而定。同时,柴北缘地区金矿床严格受构造控制,且不同时期的金矿化与构造-岩浆作用密切相关,因此,可根据赋矿围岩地层时代、与成矿密切相关岩体的上侵时代、控矿构造的形成时代及不同期次成矿脉体的穿插关系来判断成矿大致时代。据柴北缘成矿带前人对金矿床年代学研究(表 4-4),主要经历了加里东期和海西期—印支期成矿作用。

表 4-4 柴北缘地区岩浆热液型金矿床及成矿时代表

金矿床名称	地质产状	方法	年龄(Ma)	资料来源
野骆驼泉	矿区南侧柴北缘断裂变质变形期 赛什腾山花岗岩侵位	$^{40}Ar/^{39}Ar$ Rb-Sr 等时线	400 454 221.72±0.508	陈文,1994; 崔文军等,1996; 李东玲等,2008
千枚岭	北西向大型剪切带	—	晚加里东期	张德全等,2001
红柳沟	斜长花岗岩	—	海西期	张德全等,2001
青龙沟	绢云母化金矿石 石英闪长玢岩	绢云母 Ar-Ar 法 全岩 K-Ar 年龄	409.4 274.6	张德全等,2001; 林文山等,2006
滩间山金矿田	滩间山奥长花岗斑岩 斜长细晶岩 剪切带内变质黑云母 破碎带中的绢云母 金龙沟花岗斑岩	全岩 Rb-Sr 等时线 全岩 K-Ar 年龄 全岩 K-Ar 年龄 Ar-Ar 年龄 绢云母 Ar-Ar 法 U-Pb 锆石年龄	330.0±24.3 309.87±4.77 309.0±4.8 401 284.04±2.95 344.7±2	张德全等,2001; 国家辉等,1997; 张德全等,2005; 本书
赛坝沟	蚀变糜棱岩型金矿石 含金石英脉切穿印支花岗期岩脉	绢云母 Ar-Ar 法 全岩 K-Ar 年龄	426±2 210±3	丰成友等,2002

1)加里东期金矿化富集期

柴北缘在加里东晚期—海西期经过了洋壳俯冲消减、闭合-弧陆碰撞、陆陆碰撞/陆壳深俯冲的内部造山过程,同时,形成了规模宏大的一个典型的早古生代内部造山带,完全拼接到华北陆块上。在此过程中,因古大洋洋壳的俯冲形成了区域上典型的古大洋沟-弧-盆体系(张德全等,2005)。持续的造山运动伴随着强烈的深部岩浆热液活动,构成了柴北缘构造带巨大的内生金成矿作用。柴北缘发生大规模海底火山活动,这些火山活动携带了大量成矿物质,形成初始金元素预富集,为后期金矿形成奠定了物源基础。

赛什腾山地区滩间山群浅变质中基性火山岩-火山碎屑岩地层为金成矿富集提供了矿源层,如野骆驼金矿区内滩间山群碳质千枚岩含金量为$(35\sim90)\times10^{-9}$(李冬玲等,2008),这为海西期的成矿作用提供了优越的矿质初始富集基础;同样红柳沟金矿区内滩间山火山岩组地层含金量也较高,形成了原始的矿源层,为加里东晚期—海西期的成矿作用提供了成矿物质。张德全等(2017)对金龙沟金矿流体包裹体特征研究,结合产状、共生黄铁矿、金矿物和矿区控矿特征,早期热液-矿化仅局限于千枚岩型金矿石内,形成于晚志留世—早泥盆世陆壳深俯冲,成矿流体主要为变质流体,表现为在区域性韧性剪切带内形成了Au元素的初步富集,达到了矿化级别。

柴北缘早古生代晚期(志留纪—泥盆纪)是金多金属矿成矿作用高峰,且成矿作用主要沿滩间山一带和阿尔金南缘当金山口—茫崖一带分布,矿床类型主要为岩浆热液型,如滩间山金矿、青龙沟金矿、大平沟金矿等。志留纪为柴北缘洋壳俯冲消减,同时,伴有俯冲型-碰撞型花岗岩的侵入(赛什腾山—滩间山一带),多形成与前陆盆地有关的构造蚀变岩型金矿;Au强烈富集,形成赛什腾一带的破碎蚀变岩型金富集区,在区域上已发现有野骆驼泉金矿、塞西泉金矿点等。

张德全等(2005)对青龙滩含铜硫铁矿研究认为,青龙滩矿床安山岩形成于晚寒武世$[(514.2\pm8.5)Ma]$,该矿床形成时代为加里东期。

2)海西期金成矿期

柴北缘成矿带泥盆纪岩浆活动为区内金矿的形成提供了一定的物源,对金矿的形成起到了决定性的作用。海西期是区内岩浆热液型金矿重要成矿期,代表性矿床为滩间山金龙沟金矿床。张德全等(1995,2000)通过金龙沟金矿研究,金龙沟金矿内中期含金石英细脉是该期热液-矿化事件所致,中期矿化时间为中晚泥盆世;柴北缘地区内形成野骆驼泉金钴矿、千枚岭金矿床、胜利沟金矿床、红柳沟金矿床、青山金铅锌矿床、细晶沟金矿床、金龙沟金矿床等主要金矿床,以构造蚀变岩金矿占绝对优势,石英脉型金多金属矿矿点次之;经历过该期成矿作用后,后期构造-岩浆活动减弱。滩间山金矿床赋矿围岩为万洞沟群上岩组碳质石英绢云母片岩,张德全等(2007)根据包裹体研究及岩体、剪切带年代学,限定该矿床具有加里东晚期、海西晚期—印支期两次成矿热事件;同时,张德全等(2001)获得绢云母化金矿石中的绢云母Ar-Ar年龄为409.4Ma,林文山等(2006)对石英闪长玢岩的全岩K-Ar年龄测试获得274.6Ma,说明该矿床具有加里东晚期和海西期矿化作用。另外,青龙沟金矿赋矿围岩为浅变质岩系的万洞沟群,其矿石类型有变砂岩型、硅化白云石大理岩型、蚀变闪长玢岩型及绢云千枚岩型,该矿床具有加里东晚期的黄铁绢英岩化蚀变矿化作用及海西期的变砂岩矿化作用。

野骆驼泉金矿床赋矿岩石主要为滩间山群千枚岩,该套地质体受到了早期深层次韧性剪切变形阶段、中期脆-韧性剪切变形阶段和晚期脆性断裂发育阶段,据控矿构造、矿床流体包裹体研究及同位素年代学特征,该矿床至少发生了加里东晚期、海西期两期金矿化(李冬玲等,2008);富含Au成矿元素的赛什腾山地区滩间山群,在加里东晚期—海西期造山成矿作用下,形成了野骆驼泉式的造山型金矿。

李世金(2011)认为海西早期表现为造山挤压环境下形成大量的造山型金矿,晚期则转换为伸展构造形成的变质核杂岩控制的金矿床,并在滩间山金矿区获得碰撞型斜长花岗斑岩的成岩年龄为394.4Ma,晚期伸展阶段对金矿起控制作用的变质核杂岩中的中酸性脉岩的年龄为344.9Ma;代表了同一岩浆在不同阶段演化和成矿年龄。

柴北缘在晚古生代(石炭纪—二叠纪)以来主要进行陆内叠覆造山运动、阿尔金右行走滑断裂开始发育,这一阶段的显著特征就是强烈的构造运动,同时伴随着岩浆活动,强烈的构造运动使有益元素进一步活化转移,在构造有利部位富集成矿。石炭纪—早二叠世生格地区有基性火山岩分布,一定程度上具备了成矿物质集聚的有利条件,近年发现了较有前景的构造蚀变岩型金矿。

赛坝沟金矿床赋矿围岩为新元古代中粗粒花岗闪长岩-英云闪长岩,丰成友等(2002)据矿石类型及矿石、岩脉年代的确定,证实该矿床也具有加里东晚期、海西晚期—印支期两期金矿化叠加的特征。

近年来,在柴北缘下中二叠统勒门沟组V号蚀变带初步圈定金矿体2条,通过ZK801另圈定盲矿体6条,矿体赋存于砾岩胶结物中,围岩为砾岩局部夹薄层砂岩,金矿体品位$(0.26\sim6.16)\times10^{-6}$,厚$1.31\sim3.87m$不等,其中AuⅡ-2及AuⅢ矿体为工业矿体,其余均为低品位矿体(青海省第四地质矿产勘查院,2018)。

3)印支期叠加成矿期

柴北缘地区中生代花岗岩成矿作用较弱,在晚三叠世斑状二长花岗岩、花岗闪长岩与下二叠统果可山组碳酸盐岩的接触带附近,形成双朋西式矽卡岩型铜金矿床。在黄矿山一带的印支期二长花岗岩与地层接触带附近,铜、铅、锌矿化比较普遍,可能与印支期岩浆作用有关。

赛坝沟金矿床成矿阶段有3个主要阶段:早期滩间山群火山岩系沉积阶段为矿源层形成;中期变质热液阶段,金进一步富集;晚期印支期钾长花岗岩侵入,岩浆期后热液使金进一步富集,为金矿化形成的最主要阶段。丰成友等(2002)在赛坝沟矿区绢云母 Ar-Ar 法测得蚀变糜棱岩型金矿石的年龄为$(426±2)$Ma,另见有含金石英脉切穿印支期花岗岩脉[全岩 K-Ar 年龄为$(210±3)$Ma],具有多期叠加成矿作用的特点。

综上所述,柴北缘地区金矿床(点)成矿时代主要集中于 514～409Ma、310～250Ma 及 220～200Ma,分别对应于加里东晚期、海西早期和印支中—晚期(图 4-5);主要经历了加里东期和海西期—印支期成矿作用,形成了一系列与构造背景相对应的内生金属矿床。柴北缘经历了加里东晚期的初始富集作用,海西早期—印支期成矿过程;而宗务隆带是发生于海西晚期—印支期的造山带,其成矿作用集中于印支中—晚期。柴北缘地区金矿床显示具有多期次叠加成矿特征,宗务隆带成矿时代较新,反映主成矿时代由北向南、由东向西,显示由老到新的趋势,成矿作用和构造演化的一致性。

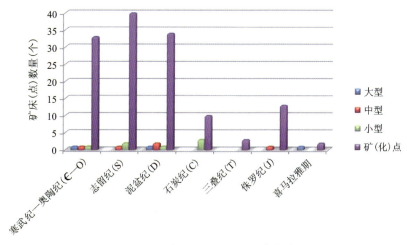

图 4-5 柴北缘地区金矿成矿时代统计图

2. 空间分布规律

1)成矿区(带)金分布规律

(1)阿尔金成矿带。该带出露中元古界金水口岩群,为一套以角闪岩相为主的变质岩建造,受宗务隆山南缘断裂应力影响广泛发育"S"形褶皱,并后期叠加海西期—印支期中酸性岩浆侵入。地球化学特征表现为 Au、As、B、Bi、W、K_2O、Na_2O、Pb、Re、Sr、Be 丰度较高,后期的岩浆活动使 K_2O、Na_2O、Pb、Re、Sr、Be 强力富集,并在采石沟地区形成金矿床。

(2)柴达木盆地北缘成矿带。金主要集中分布于冷湖镇野骆驼泉—大柴旦镇滩间山一带和乌兰县沙柳泉—赛坝沟一带,典型代表性矿床为滩间山构造蚀变岩型金矿和赛坝沟构造蚀变岩型金矿;铅锌矿主要集中分布于双口山、锡铁山和沙柳河一带的奥陶系滩间山群中,其次在柴水沟、蓄积山地区有零星分布,典型代表性矿床为锡铁山热水喷流沉积型铅锌矿床和沙柳河热水喷流沉积型铅锌矿床;铌钽矿仅在乌兰县沙柳泉、夏日达乌等地产出。砾岩型金矿主要分布于察汗诺-大柴旦等地区。

总体而言,空间上阿尔金成矿带以铜镍、金、稀有金属成矿为主;柴达木盆地北缘成矿带以热水喷流沉积型铅、锌、铜矿和构造蚀变岩型金矿为主。

2) 区域金分布规律

在赛什腾山东部的滩间山地区，蓟县系—震旦系中部碳酸盐岩组合中的含碳泥质岩石富含金或含金矿物而形成一些矿点。滩间山地区金矿化主要形成于碰撞挤压和隆升伸展构造体制阶段，故同阶段形成的脆-韧性剪切带和滑脱剪切断裂、裂隙构造对其含矿体流体的就位具有绝对的控制作用。从区内金矿床分布情况，突出特点是受脆-韧性剪切带构造控制明显，对地层没有过多的选择性，矿体的围岩多样，但在万洞沟群内易形成具规模金矿床，而在其他层位中以小型矿床规模和矿（化）点产出。其中万洞沟群富含有机碳和同生黄铁矿，由于有机碳和黄铁矿具有较好的吸附障效应与还原障效应，能使含矿流体中的金元素更容易发生沉淀富集作用。另外，千枚岩中片状矿物云母等其物理性质柔软，在剪切变形中极易形成扩容空间，为含矿流体中金的沉淀创造了极佳的储集空间。因此，区内万洞沟群对金成矿具有形成有利空间和矿源层的作用，对其矿床位置的分布也具有一定的控制作用。

区内金矿化类型主要有蚀变岩型和石英脉型两种，其中蚀变岩型金矿化具产出位置集中、规模大的特点，仅在金龙沟、青龙沟、细晶沟等6个金矿床内有发育，并伴随有弱的石英脉型金矿化，严格分布于区域性脆-韧性剪切构造带内；而石英脉型金矿化具有规模小、分布杂乱的特点，主要分布于区内的金矿（化）点内，但总体上该类矿化仍有受控于区域性脆-韧性剪切带和剪切带旁侧的次级断裂构造的规律。石英脉型金矿化的承载构造多是蚀变岩型金矿床承载构造的次级构造。

由此，区内蚀变岩型、石英脉型金矿化在空间上的分布均受控于区域性的野骆驼泉、宽沟口、二旦沟、滩间山等脆-韧性剪切带及其叠加于内和旁侧派生的断裂裂隙构造。

3) 金矿床变化规律

区内金矿床尚具有明显的变化规律，即在赛什腾山地区由北西-南东成矿类型上有石英脉型向蚀变岩型转变的特征，其主要原因为因剥蚀保存程度不同而造成。其中北西段红旗沟-千枚岭地区野骆驼泉、千枚岭、红柳泉北、红灯沟、红旗沟等金矿点均为明显的石英脉型金矿化，含金石英脉主要分布于构造破碎带中，化探异常显示组合简单，多个矿床（点）处均为Au、As、Sb、Hg等前缘晕极不发育，Au异常浓集中心和三级分带明显，异常外带面积较大，中带和内带面积急剧缩小，为典型尾晕异常特征；研究认为该区段剥蚀程度较大，已至矿下部，通过该地区矿床点内钻探工程的深部验证证实了这种认识，深部无富集无延伸。

中部红柳沟、胜利沟金矿化类型既有石英脉型又有蚀变岩型，化探异常组合复杂，除Au异常外尚有As、Sb、Cu、Pb、Zn等元素异常，认为区内中部相比北西部具有剥蚀程度较小，保存一般；通过对矿床内钻探深部验证，发现矿化体向深部存在较稳定延伸，沿倾向延深为100～500m。

南东段青龙沟—金龙沟段，矿床内矿化类型以蚀变岩型占绝对优势，化探异常组合最复杂，除Au、As、Sb、Cu、Pb、Zn等元素异常外，还出现W、Sn、Mo等高温元素异常，Au、As、Sb异常规模大，套合好，浓集中心和三带明显，分带匀称。而W、Sn、Mo、Cu、Pb、Zn等元素异常多具外、中两带，且面积较大，与其他元素异常套合相对较好，认为南东段异常前缘晕发育，反映其剥蚀较浅，矿床保存较好；区内青龙沟金矿已控制斜深达410m，但矿体向深部仍有稳定延深。

由此，柴北缘赛什腾山地区金矿化类型在空间上存在上部蚀变岩型和下部石英脉型分布特征。

（二）稀有金属成矿规律

1. 伟晶岩时间演化规律

1) 伟晶岩成矿时代研究现状

钨、锡、锂、铍、铌、钽等关键金属矿床往往与花岗质岩体具有密切的时空及成因联系，而且与成矿有关的花岗岩体往往为多期次侵位的复式岩体，经历过较高程度的分异作用、强烈的蚀变过程及多期次成矿作用（陈毓川等，1989；毛景文等，2007）。毛景文等（2019）认为传统的锆石U-Pb测年是限定花岗岩形成年龄及间接指示与之相关矿床成矿年龄的重要手段,但这类经历高度分异演化的花岗岩,其锆石往往受含 F 流体交代蚀变而具有极高的 U 含量,难以获得高精度的 U-Pb 年龄信息。云母 Ar-Ar 测年在一定程度上对于间接限定这类矿床的成矿年龄具有积极作用(毛景文等,2004;袁顺达等,2012),但有时会受多期次岩浆-热液叠加及多期成矿作用的影响,所获得的年龄并不能完整指示成矿年龄。

近年来,针对这类关键金属矿床成矿年代学难题,直接采用独居石、锡石、黑钨矿、白钨矿及铌钽铁矿等矿石矿物开展同位素测年取得了一系列重要进展,在很大程度上推进了这类矿床成矿理论研究及找矿勘查工作的突破。

2)柴北缘稀有金属成矿时代演化规律

柴北缘是一个具有复杂演化历史的多旋回复合造山带(潘裕生等,1996;殷鸿福等,1997;姜春发等,2000),该带地质演化时间漫长,经历了多次洋陆转换及多期次的不同陆块汇聚或地体拼贴,复杂的地质演化背景,造就了复杂的构造-岩浆-成矿的历史,由于成矿作用过程的多期性、继承性和叠加性,因此,柴北缘地区伟晶岩型稀有金属矿床形成时代是复杂的。岩浆活动从元古宙到中生代,间歇性的火山喷发和岩浆侵入活动交替出现,构成不同构造岩浆期的岩石构造组合。据柴北缘地区内伟晶岩时空展布以及稀有金属矿床产出特征,按区域构造演化及成矿作用主要划分为中元古代(前南华纪)、早古生代早期(寒武纪—奥陶纪)以及早中生代(三叠纪)3 个成矿阶段,其中早古生代早期、早古生代是区内最重要的成矿期。

(1)中元古代(前南华纪)。区内古元古界达肯大坂岩群较广泛,其岩石组合主要为一套角闪岩相变质的含碳高铝的沉积岩系,下部有少量斜长角闪岩,构造-岩浆活动不甚发育,构造背景相当于被动大陆边缘或陆内环境。在古元古界达肯大坂岩群中有与混合岩化作用有关的白云母、绿柱石等伟晶岩型矿床,分布于冷湖北多罗什尔、乌兰沙柳泉等地。在赛什腾山—沙柳河一带中元古界沙柳河岩群的片岩-斜长角闪岩中富含稀有分散元素等。

新元古代中期,柴北缘地区该期形成稀有稀土矿床(点)尚未发现,但在同一成矿区(带)有该期矿床,主要产出于阿尔金主峰南麓,代表性矿床为余石山大型铌钽矿床,矿区发现了霓辉正长岩体,锆石 U-Pb 测年为(776.8±2.5)Ma,表明该侵入岩体形成于南华纪(杨再朝等,2014);其形成的构造背景为塔里木-敦煌陆块南缘活动陆缘初始裂解的大陆裂谷时期;在该时期,由于地幔物质上涌,岩石圈发生拉张,同时伴有双峰式火山岩的出现,为典型大陆裂谷环境。因而,在柴北缘西段阿尔金南缘也有赋存该期稀有金属成矿的可能性。

(2)早古生代早期(寒武纪—奥陶纪)。柴北缘晚寒武世—奥陶纪裂解鼎盛洋盆形成的同时或稍后,各洋盆的洋壳与相邻的陆壳之间发生了拆离,开始了洋陆消减,步入了汇聚重组(洋-陆转换)构造阶段弧盆系构造期。寒武纪—奥陶纪是大陆伸展-板块扩张-俯冲阶段沉积盆地阶段,海相为碎屑岩、火山岩和碳酸盐岩组合的浅海-半深海相复理式沉积,在不同的构造位置、弧盆系阶段具有不同的成矿作用特点。

寒武纪—奥陶纪蛇绿岩组合中的基性—超基性侵入体主要分布在构造结合带、岩浆弧、火山活动地带,这些部位构造活动强烈、岩浆活动频繁,形成了具有轻稀土相对富集的侵入体及火山岩、岩脉等。超镁铁质岩主要分布在赛什腾山—滩间山一带(柴达木盆地北缘蛇绿岩带)及茫崖一带(阿帕-茫崖蛇绿混杂岩带)。

柴北缘早古生代变质带及其旁侧的达肯大坂岩群片麻岩中存在 3 种早古生代花岗岩组合,揭示了柴北缘早古生代有 3 次重大构造-热事件,平均时间大致为 473Ma、446Ma 和 397Ma。其中 Ⅰ 类花岗质岩浆作用于陆缘伸展环境,并与柴北缘超高压榴辉岩的退变质作用时间(494Ma)大致相同;Ⅱ 类花岗质岩浆作用形成于同碰撞环境;Ⅲ 类花岗质岩浆作用于碰撞后环境。在阿尔金南缘交通社地区,获得片麻状花岗闪长岩 U-Pb 加权平均年龄为(451±2)Ma;在辉长岩中获得 U-Pb 加权平均年龄为(451±4)Ma(青海省第五地质矿产勘查院,2017);与片麻状花岗闪长岩 U-Pb 年龄一致,代表了岩体形成年龄;二者形成与同期构造环境。在乌兰察汗诺地区伟晶岩中获得锆石 U-Pb 加权平均年龄为(454.1±2.5)Ma

(内部资料，未刊)，而稀有金属元素赋存于伟晶岩中，成矿时代主要为晚奥陶世，代表了伟晶岩型稀有金属矿成矿年龄。在乌兰察汗诺地区含白云母花岗伟晶岩中获得 U-Pb 加权平均年龄为 (454.1 ± 2.5) Ma、(424.3 ± 2.3) Ma；在天峻县生格地区含石榴石石英正长岩中获得 U-Pb 加权平均年龄为 (443.8 ± 1.3) Ma（青海省地质调查院，2017）。稀有金属元素主要赋存于伟晶岩中，且与中酸性花岗岩密切相关，454～424Ma 代表了伟晶岩型稀有金属矿成矿年龄。

(3) 早中生代（三叠纪）。印支期伟晶岩型稀有矿床、点发育，且具有较好的找矿前景，主要有石乃亥铌钽矿床、茶卡北山锂铍矿点等；其中茶卡北山地区岩浆活动发育，早三叠世侵入体分布面积占印支期侵入岩的大部分，出露的岩石类型有二长花岗岩、花岗闪长岩、石英闪长岩、花岗斑岩；晚三叠世侵入体分布则相对较小，出露的岩石类型为正长花岗岩，呈岩株状产出。其中茶卡北山地区已发现伟晶岩脉 1000 余条，具有成群、成带产出特征，呈大小不等的透镜状、团块状、瘤状、不规则脉状为主，最长 700m，一般 5～100m；最宽 20m，一般 1～6m；主要产于青白口系—上奥陶统茶卡北山组、晚奥陶世石英闪长岩中；稀有金属主要赋存于伟晶岩脉中，主要矿物为锂辉石、锂云母以及绿柱石等。茶卡北山富锂伟晶岩中铌钽铁矿（CGMs）分为岩浆成因铌钽铁矿（属锰铌铁矿）、热液交代成因铌钽铁矿（属锰钽铁矿），岩浆成因铌钽铁矿加权平均 U-Pb 年龄为 (240.6 ± 1.5) Ma，可代表含锂伟晶岩的侵位年龄，即成矿年龄（潘彤等，2020）。另外，王秉璋等（2020）、李善平等（2021）在茶卡北山矿区通过锆石 U-Pb 年龄为 229～217Ma，含绿柱石锂辉石伟晶岩中锆石 U 含量高达 $(3317～17\,082)\times10^{-6}$。前已述及，伟晶岩为经历高度分异演化的花岗岩，其锆石往往受含 F 流体交代蚀变而具有极高的 U 含量，获得的 U-Pb 年龄精度不高；而铌钽铁矿 U-Pb 年龄相对更为精确。反映在茶卡北山地区锂铍矿明显具有中三叠世成矿的特性，结合区域成矿地质背景、稀有金属成矿期以及矿区伟晶岩类型等要素，富锂伟晶岩可能形成于中三叠世。

由上所述，柴北缘地区伟晶岩型稀有金属成矿是一个多期次多成因复合叠加成矿的过程，该地区伟晶岩型稀有金属成矿期以加里东期、印支期最为重要。稀有金属伟晶岩的形成多受到构造环境的约束；伟晶岩脉形成于柴北缘构造带地质历史中的构造-岩浆循环中，其生成一般与造山过程密切相关。

2. 空间展布规律

1）伟晶岩脉分布规律

柴北缘伟晶岩脉主要产于柴北缘成矿带，西起阿尔金山龙尾沟，经鱼卡河至乌兰县沙柳泉、察汗诺等地，断续出露长 200 多千米，为省内重要的伟晶岩型稀有金属成矿带。柴北缘地区伟晶岩脉在茫崖-冷湖-小赛什腾山-大柴旦-乌兰-察汗诺-青海南山等地区伟晶岩脉断续出露，伟晶岩脉具有成群、成带，分时段、集中产出特征。

茫崖-冷湖地区伟晶岩脉断续产出，多呈北西向展布，北东向、南北向等次之，与区域构造及次级断裂走向基本一致，表明伟晶岩脉的产出受构造控制明显。伟晶岩脉多呈透镜状、囊状、不规则状等形态产出，部分穿层侵入于古元古界达肯大坂岩群片麻岩、大理岩层中，以及花岗岩、花岗闪长岩等边部部位，伟晶岩脉的形成与花岗岩密切相关。目前，在茫崖-龙尾沟等地区已发现花岗伟晶岩脉 500 余条；伟晶岩脉长一般 10～60m，最长可达 200m；宽一般 1～10m，最宽约 50m。

在生格-沙柳泉-夏日达乌等地区伟晶岩脉具有成群出露的特点，生格地区发现花岗伟晶岩脉 175 条，主要分布在野马滩、夯子黑及霍德生沟等地；沙柳泉地区分布有 326 条伟晶岩脉。

茶卡北山-石乃亥地区已发现伟晶岩脉 1000 余条（图 4-6、图 4-7），多呈脉状、透镜状、不规则脉状、似层状、串珠状等形态产出，一般为单脉，分支、分叉者较少，部分具狭窄、膨大的脉体变化。伟晶岩类型主要为微斜长石型、微斜长石钠长石型、钠长石型及白云母钠长石型。伟晶岩脉产出形态与区内次级断裂、片理、片麻理、节理、裂隙等构造特征相吻合，且脉体与围岩的接触界线清晰，反映出伟晶岩脉就位严格受构造控制的特点。

图 4-6 茶卡北山地区伟晶岩脉遥感解译图

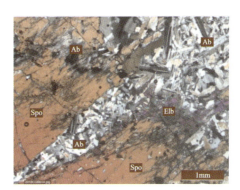

Ab.钠长石；Spo.锂辉石；Elb.锂电气石

图 4-7 显微镜下锂辉石呈板柱状晶

2) 矿床（点）分布规律

从区域成矿带而言，已发现的 28 处稀有稀土矿产以及与伟晶岩有关的其他矿点，多处在柴北缘铅、锌、锰、铬、金、白云母（稀有稀土）成矿带、南祁连铅、锌、金、铜、镍、铬成矿带、西秦岭铅、锌、铜（铁）、金、汞、锑成矿带。其中柴北缘铅、锌、锰、铬、金、白云母（稀有稀土）成矿带为主要稀有金属成矿带，柴北缘西段阿尔金南缘地区主要以铌、轻稀土为主，如牛鼻子梁铌矿化点、交通社西北山铌稀土矿、龙尾沟稀土矿化、柴达木大门口轻稀土矿化点等主要分布于冷湖北山地区，具有进一步寻找轻稀土矿的前景。柴北缘中段包括小赛什腾山-大柴旦-德令哈-乌兰地区，该地区主要围绕布赫特山地区有稀有稀土矿床（点）的产出，如沙柳泉铌钽矿床、生格铌铍矿点、阿姆内格铌钽矿点、哈里哈塔四铍矿化点、野骆驼泉锂矿化以及察汗森铌矿化点等矿床（点），另外，在大柴旦地区发现有较好的伟晶岩脉出露，查查香卡-夏日达乌地区分布有铌-稀土-铀矿共生组合类型，在该地区仍有花岗伟晶岩脉产出，具有进一步寻找稀有稀土矿的前景。

南祁连铅、锌、金、铜、镍、铬成矿带中代表性矿床为石乃亥铌钽铷矿床。西秦岭铅、锌、铜（铁）、金、汞、锑成矿带是近年来找矿进展较为突出，发现有俄当岗锂铍矿、茶卡北山锂铍矿、锡墨格山锂铍矿以及红岭北锂矿点等一批稀有稀土矿床（点）。含矿伟晶岩脉受北西西向、北西向构造控制作用明显，伟晶岩脉主要产于古元古界达肯大坂岩群片麻岩组、晚三叠世石英闪长岩、晚三叠世钾长花岗岩等地层和岩体中；另外，早侏罗世钾长花岗岩、石英正长岩中可能有稀土矿化。

3) 含矿性规律

柴北缘地区内发现了 28 处稀有稀土矿床（点），以及 40 余处与伟晶岩型有关的白云母、水晶以及铀等矿点，部分稀有金属矿勘查程度已达到详查阶段。伟晶岩型稀有金属含矿性也具有集中分布于阿尔金南缘伟晶岩含铌、布赫特山地区伟晶岩富铌钽铍、茶卡北山地区伟晶岩富锂铍的特性。

(1) 阿尔金南缘地区含铌伟晶岩。区域上与伟晶岩型有关的稀有稀土矿主要有 7 处；其中交通社西北山铌稀土矿区圈定破碎蚀变带 4 条，发现铌钽、晶质石墨矿带 1 条，带内圈出铌钽矿体 6 条，估算 334 类铌资源量 4249t（青海省第五地质勘查院，2018），认为古元古界达肯大坂岩群上岩组大理岩段中的褐铁矿化大理岩是铌钽矿及轻稀土矿的标志层，该套岩石中铌钽、轻稀土含量普遍较高，铌钽一般（Nb_2O_5，Ta_2O_5）0.015%～0.043%，最高（Nb_2O_5，Ta_2O_5）0.051%；轻稀土一般 Ce_2O_3 为 0.08%～0.13%，最高 Ce_2O_3 达 0.16%，铌钽矿与轻稀土矿相伴生，铌矿与碱长花岗岩关系密切。

另外，俄博梁地区花岗伟晶岩轻重稀土分馏程度明显，轻稀土富集；微量元素总体表现为 Rb、Th、Ba 等强不相容元素强烈富集，Ta、Nb、Ce、Zr、Hf、Sm 等元素一般富集，显示花岗伟晶岩具下地壳源岩部分熔融花岗岩的特性，反映该地区花岗伟晶岩可能形成于活动陆缘弧环境。

(2) 布赫特山地区富铌钽铍伟晶岩。在生格、沙柳泉、霍德生、野马滩南以及夏日达乌等地区伟晶岩脉具有成群和成带出露的特点，区内已发现沙柳泉铌钽矿床、查查香卡铌稀土矿床等 10 余处矿床（点）。

1965—1972年,青海地矿局地质六队在沙柳泉矿区提交$Nb_2O_5+Ta_2O_5$工业储量279.64t,$Nb_2O_5+Ta_2O_5$地质储量405.03t,达到小型矿床。2015—2018年,青海省地质调查院对该矿区伟晶岩型铷铌钽锂矿进行勘查工作;圈定出118条伟晶岩体(脉),20条稀有金属矿体(图4-8～图4-11),其中铷矿体14条,铷钽矿体4条,铍矿体1条,铷、钽、铍矿体1条;并获得Rb_2O矿物334类资源量946.94t,Ta_2O_5矿物334类资源量7.59t,BeO矿物334类资源量28.01t。初步认为稀有金属成矿受构造控制明显,存在多期次构造叠加及成矿作用。

图4-8 沙柳泉地区伟晶岩脉遥感解译图

图4-9 灰白色—玫瑰色碎裂细粒锂云母花岗伟晶岩

图4-10 灰白色—玫瑰色细粒白云母化锂云母花岗伟晶岩

图4-11 灰白色—玫瑰色细粒云英岩化锂云母花岗伟晶岩

2001—2004年,青海省核工业地质局对夏日达乌铌钽矿开展了预查、普查工作,划分了东、西两个矿带,含矿伟晶岩脉227条,圈出40km^2的铌钽锡石异常,共圈出矿体8个(M1～M8),矿体长55～427m,宽1.88～39.9m,推深25～100m;估算出总矿石量612.13万t,(Nb_2O_5,Ta_2O_5)估算资源量(333+334_1类)5 487.58t;La_2O_3估算资源量(333+334_1类)8 036.62t;Ce_2O_3估算资源量(333+334_1类)9 436.47t;综合资源量达22 960.67t(不含放射性元素)。认为矿区内含矿岩性主要为灰绿色斜长角闪片岩、灰绿色斜长角闪片麻岩夹斜长角闪岩;普遍具绿泥石化、绿帘石化、阳起石化,局部钾化,沿构造破碎带呈细脉穿插;矿体主要分布于含矿构造带的碎裂岩及糜棱岩中。

(3)茶卡北山-石乃亥地区富锂铍伟晶岩。锂铍矿是青海省地质调查院2017年以来开展科研及化探工作中发现的较好稀有金属矿点,发现有伟晶岩型俄当岗铌矿、茶卡北山锂铍矿、锡莫格山锂铍矿等稀有金属矿点,其东侧有石乃亥铌钽铷矿床,均产于伟晶岩脉中。在茶卡北山矿区初步划分为4个磁异常分区,圈定磁异常8处;划分出3个放射性异常分区,圈出U异常带3条、U异常点22个;Th异常带3条、Th异常点20个;圈出K异常带3条,异常点18个;初步划分3条伟晶岩带(Ⅰ、Ⅱ、Ⅲ),圈定锂、铍(铌钽铷铯等)矿体117条,矿化体294条;控制主矿体长90～2794m,厚1.65～6.35m,控制矿体最大斜深854m,Li_2O平均品位0.72%～1.22%,BeO平均品位0.047%～0.086%。其中Ⅰ号带上部以锂铍(铌钽铷)为主,下部以铍为主,圈定锂、铍矿体36条,长55～563m,真厚度0.8～6.25m,控制斜深2~

265m,Li$_2$O平均品位0.42%～1.94%,BeO平均品位0.041%～0.076%。

Ⅱ号带矿化类型主要为铍,圈定以铍为主的矿体59条,矿体长80～1080m,厚0.82～6.30m,最大控制斜深652m,BeO平均品位0.040%～0.112%,最高0.297%,Li$_2$O平均品位1.15%。其中Ⅱ号带西段的Ⅱ-M12、Ⅱ-M14、Ⅱ-M19、Ⅱ-M25及东段的Ⅱ-M41、Ⅱ-M43矿体规模最大、延伸最稳定。

Ⅲ号带矿化类型为锂铍,圈定24条矿体,矿体规模均较小,长度均为160m,真厚度为0.83～4.67m,控制斜深3～40m,Li$_2$O平均品位1.02%,BeO平均品位0.042%～0.130%。

Ⅳ号带圈定铍矿体3条,均为单槽控制,长160m,厚0.81～1.38m,BeO平均品位0.046%～0.058%。

截至2021年9月,估算出潜在资源量Li$_2$O:14 194.29t;BeO:5044t;(Nb+Ta)$_2$O$_5$:350.80t;Rb$_2$O:645.82t;Cs$_2$O:62.66t。

青海省核工业地质局(2001—2008)在石乃亥地区进行了踏勘、预查及普查工作,发现大小553条含矿伟晶岩脉,长1～180m,厚0.1～35.0m;划分了东、西两个矿带,圈定矿体33条,其中东矿带28条,西矿带5条;估算(333+334类)矿石量461万t,铷2 686.35t,钽17.80t,钽铷112.38t,铌钽13.40t,铌钽铷482.75t,伴生铍86.79t;为大型铌钽铷稀有金属矿床。

4) 伟晶岩分带性规律

(1) 水平分带规律。邹天人和徐建国(1975)研究认为,从母岩体向外,伟晶岩脉群在矿物组成、内部结构、微量元素和矿化特点等方面呈现系统变化,而显示区域水平分带性,且世界上许多大的稀有金属伟晶岩田均有这种区域分带性特征(表4-5)。

表4-5 伟晶岩类型划分及稀有金属矿化表(据邹天人和徐建国,1975)

区域分带	伟晶岩类型		稀有金属矿化										造岩矿物平均含量(%)								结构变化
			REE	U	Tb	Nb	Ta	Zr	Hf	Be	Li	Rb	Cs	Mi	Olig	Ab	Q	Bi	Ms	Lep	Sp	
远带 上	锂云母	Ab				**	**		**	**	**	**		3		40	20		1.5	30	2	↑钠长石化 ↑内部分带 ⋮文象结构 ⋮花岗结构
	白云母	Ab				**		*						7		60	20	7	+	+		
		Ab Sp		*	*	*	*		**					3		40	40		5	+	12	
		Mi Ab Sp		*	*	*	*	*	**	*	*	*	*	30	+	30	30		5	0.5	5	
		Mi Ab				*	*		**					35	+	25	30	8				
		Mi	白云母矿	*	*	*								50	10	4	30	5				
	二云母	Mi Ab	*			*			*					42	8	15	30	1.5	4			
		Mi	*			*						**		55	15	2	25	1.5	1.5			
近带 下	黑云母	Olig Mi	**	*		*		*						15	25		25	3				

注:Olig.更长石;Mi.微斜长石;Ab.钠长石;Sp.锂辉石;Lep.锂云母;*.少量;**.多量。

邹天人和徐建国(1975)认为伟晶岩脉群从近带到远带,微斜长石逐渐减少,更长石也逐渐减少,变为钠长石并增多;云母以黑云母为主变为以白云母为主,甚至出现锂云母以及文象结构,内部分带愈益明显。同时,垂向分带性也更明显,顶部钠长石化发育,稀土、U、Th集中在最下部(近带),Li、Rb、Cs、Hf、Ta(以及Sn、W)向上(远带)集中,Be相对处于中间部位或偏上部位,Zr、Nb在最下部。

茶卡北山矿区伟晶岩带水平分带。茶卡北山地区含矿伟晶岩脉具有明显的水平分带性,自北而南可初步划分为4个伟晶岩带,其中Ⅰ号伟晶岩带规模相对较小,但为区内主要的含矿伟晶岩带,矿化类型为锂铍,矿石矿物为锂辉石、锂云母以及绿柱石等。Ⅱ号伟晶岩带产出规模最大,脉体最为密集,矿化类型以铍为主。

Ⅰ号伟晶岩带:主要在茶卡北山矿区东段(图4-12)和锲墨格山矿区西段形成两个不连续的带状岩脉群,北西-南东向分别延伸约1km,宽100～200m,围岩为石英闪长岩。目前该带地表共圈定34条花岗伟晶岩脉(茶卡北山 29 条、锲墨格山 3 条、俄当岗 2 条),其中 20 条为含矿伟晶岩(茶卡北山 17 条、锲墨格山 3 条),矿化类型主要为锂铍、铍。该带伟晶岩呈浅肉红色,主要矿物成分有石英、斜长石、钾长石、黑色柱状电气石,少量棕红色石榴石(粒径 0.5~1mm)、白云母、白色—浅绿色—烟灰色长柱状锂辉石(晶体宽 0.3~1.5cm,长 2~10cm),白色—浅绿色绿柱石(0.5~1mm)。伟晶岩脉体产状较复杂,呈北东向、北西向两组,两组伟晶岩脉均含矿。

Ⅱ号伟晶岩带:自俄当岗地区中部向南东延伸贯穿茶卡北山全区,直至锲墨格山西段,长约 21km,在锲墨格山地区中东段还有约 5km 长的断续延伸,宽 200~900m,围岩为灰褐色二云石英片岩。该带圈定伟晶岩脉 274 条(茶卡北山 144 条、锲墨格山 39 条、俄当岗 91 条)(图 4-12),其中 120 条含矿,矿化体矿化类型以铍为主。伟晶岩脉主要北东倾,地表延伸 10~500m,宽 0.2~20m,岩石组分由石英、斜长石,少量钾长石、黑色电气石、白云母、石榴石等,绿柱石 0.5~5mm,以绿色—浅绿色为主,少数呈灰白色、海蓝色;该带伟晶岩脉规模最大,脉体密集分布,具有成群产出的特点。

Ⅲ号伟晶岩带:自俄当岗地区中部向南东延伸贯穿茶卡北山全区,直至锲墨格山西段尖灭,长约 22km,宽 100~600m,围岩以糜棱岩化石英闪长岩为主,其中夹有二云石英片岩。圈定伟晶岩 259 条(茶卡北山 115 条、锲墨格山 64 条、俄当岗 80 条)(图 4-12),其中 79 条含矿,矿化类型以铍为主。地表呈北东向延伸 50~300m,灰白色、浅肉红色,矿物成分主要为石英、斜长石、粗大黑色电气石等,与围岩接触边缘可见白云母。

Ⅳ号伟晶岩带:仅在茶卡北山东端延伸至锲墨格山西端,长约 5.5km,在茶卡北山地区带宽最大 100m,伟晶岩脉数量较少,在锲墨格山地区带宽 100~250m,伟晶岩脉产出密集。圈定花岗伟晶岩脉 81 条(图 4-12),伟晶岩脉宽一般为 0.5~10m,地表延伸 50~700m 不等,伟晶岩脉产出走向 110°,为浅灰白色白云母花岗伟晶岩,主要由石英、斜长石、白云母、石榴石、绿柱石等组成,绿柱石粒径 0.5~3mm,呈浅绿色细小针柱状,不均匀分布于伟晶岩中。

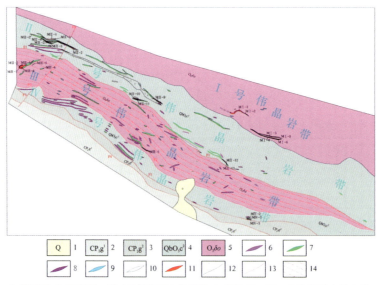

1.第四系;2.石炭系—下二叠统果可山组下段;3.石炭系—下二叠统果可山组上段;4.青白口系—上奥陶统茶卡北山组上段;5.晚奥陶世石英闪长岩;6.白云母花岗伟晶岩;7.含绿柱石(石榴石)花岗伟晶岩;8.锂辉石花岗伟晶岩;9.石英脉;10.花岗细晶岩脉;11.矿体及编号;12.地质界线;13.性质不明断层;14.韧性剪切带

图 4-12 茶卡北山地区伟晶岩脉水平分带图

沙柳泉矿区伟晶岩脉水平分带。结晶分异作用是伟晶岩水平分带形成的一个重要过程。由于伟晶岩富含水等挥发分,降低了岩浆的黏度和固相线温度,使岩浆冷却和结晶速率变慢,有利于形成明显的矿物分带和粗大的晶体(块体带)。由于矿物结晶温度和延续时间不同,其分异程度存在较明显差异,近围岩部位熔浆温度急剧下降,各矿物组分来不及有效分离就迅速结晶,形成细粒的边缘相花岗细晶岩;伟晶岩浆后期交代作用形成的矿物集合体可以呈带状,也可以呈团块状叠加在伟晶岩分带中,从而使分带现象被改造和变得更复杂;越往中心部位则温度下降越慢,结晶程度越好,形成晶体粗大的块状伟晶岩。各结构带在平面上表现为从岩脉边部向岩脉中心依次发育了细晶岩带、文象结构带、花岗结构带、伟晶结构带和块体带,这种花岗伟晶岩的矿物和结构分带顺序基本上与伟晶岩浆随温度降低而结晶的顺序一致,或者说与流体增加的方向一致。

沙柳泉矿区 $\rho1$ 号伟晶岩脉相对规模较大,倾向北东,倾角平缓约 $10°$,走向总体北北东,沿走向出露长约 1800m,沿倾向宽约 400m,呈舌状(图 4-13)。为矿区最大规模伟晶岩脉,由脉体南西端的顶端沿倾向垂向下延伸约 400m,此范围内脉有较好的分异,以钠长石化为主的交代作用发育。

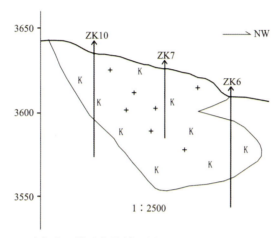

图 4-13 沙柳泉 I 号矿体纵剖面图(据沙柳泉铌钽矿详查报告,1976)

沙柳泉地区伟晶岩脉外侧带为细晶岩带、灰白色文象花岗伟晶岩,过渡为灰紫色白云母花岗质糜棱岩-白云母花岗伟晶岩;渐变过渡为灰白色花岗伟晶岩-灰紫色含白云母钾长花岗伟晶岩;过渡为核心石英岩;由核心向边部渐变过渡为文象花岗伟晶岩,继续渐变过渡为含白云母钠长石化花岗初糜棱岩,以及灰紫色白云母钾长花岗伟晶岩、片理化含白云母花岗初糜棱岩、灰白色含白云母钠长石化花岗初糜棱岩,渐变过渡为外侧带灰白色文象花岗伟晶岩及紫红色花岗伟晶岩(图 4-14),巨粒结构,块状构造;伟晶岩脉围岩为达肯大坂岩群片麻岩组黑云母石英片岩。

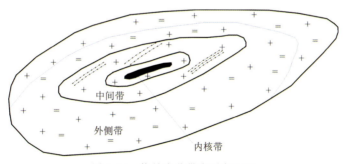

图 4-14 伟晶岩分带水平断面图

外侧带(细晶岩、文象结构花岗伟晶岩带):Jahns(1969)认为形成伟晶岩的熔体来自花岗岩浆经固液结晶分异形成的残余岩浆,残余岩浆中的流体(H_2O)随着结晶作用的进行进一步富集,发生过饱和沸腾出溶,进而从残余岩浆中分离出富水的低黏度流体,使体系变为晶体、熔体和流体3个相组成,其中的低黏度流体是形成伟晶岩的直接岩浆,而熔体则因"成分淬火(因组分过饱和而快速成核)"形成细晶岩。伟晶岩与细晶岩以及花岗岩之间有着密切的共生空间关系,伟晶岩-细晶岩呈脉状(或透镜状)陡倾斜产出在花岗岩体的顶上带围岩中(梁磊等,2017;朱金初,2002;张智宇等,2015)。沙柳泉矿区花岗细晶岩主要产于伟晶岩与围岩大理岩接触部位,与大理岩呈侵入接触关系,而与伟晶岩呈渐变过渡关系(图 4-15~图 4-17),且呈陡倾斜产于伟晶岩边部,成为伟晶岩脉边缘带或外侧带。最外侧浅紫红色细晶岩带与伟晶岩直接接触,界线清楚。细晶岩呈细粒结构,块状构造,呈浅灰色、浅紫红色,节理较为发育;文象结构花岗伟晶岩以文象结构伟晶岩为主(由微斜长石和石英共结而成),微斜长石占优势,成块体状巨晶。厚度较薄,且不连续。由石英、微斜长石、云母组成,斜长石含量少。文象结构伟晶岩是在较高的温度和较大的压力下,微斜长石和石英共结阶段的产物。从外向内,文象结构由小变大,石英由规则排列到无规则排列。随着共结条件的破坏,向内逐渐过渡为中—粗粒伟晶岩,而且开始了小块体伟晶岩的晶出。

图 4-15 浅紫红色花岗细晶岩

图 4-16 细晶岩与伟晶岩呈渐变过渡接触关系

图 4-17 灰白色文象花岗伟晶岩(外侧带)

中间带(粗粒花岗伟晶岩带):渐变过渡为含白云母钠长石化花岗初糜棱岩以及灰紫色白云母钾长花岗伟晶岩、片理化含白云母花岗初糜棱岩、灰白色含白云母钠长石化花岗初糜棱岩等伟晶岩岩石组合,共同构成伟晶岩脉的中间带(图 4-18,图 4-19)。在块体文象伟晶岩带外部,特别是相当于小块体伟晶岩的部位,发生了较强烈的钠长石取代钾长石的现象,在这个部位糖晶状钠长石集合体的数量增加,空间上构成伟晶岩体的中间带。该带的特征是随着钠取代钾,有大量绿柱石从溶液中晶出,局部可见块体钠长石和糖晶状钠长石共存,前者是从熔融体中结晶形成,后者是自交代作用阶段形成。白云母呈直径小(片径仅 0.1~0.5mm)、厚度大(厚达 1~4mm)的小叠片填充于板条状钠长石晶体间的孔隙内。伴生有副矿物锰铝石榴石和磷灰石、黑色电气石等。

内核带(块体石英带):在相对封闭的条件下,熔体中的气液大量富集,并处于超临界状态下,极为平衡而稳定,在饱和的介质中,结晶中心极少;同时由于放热极慢,形成巨晶微斜长石带和块状石英(石英核)(图 4-20)。这时在气液的作用下,白云母沿着微斜长石间隙及微斜长石与石英核接触部位生长,形成气成型的白云母;由于生长迅速,晶体较大,多为楔形、透镜状产出。这时熔体和气液中铁的浓度较低,气成型白云母一般含斑点很少,少量的铁呈类质同象代替白云母中的铝,以致白云母多数为浅绿色。该带以块体石英为主,块体黑色电气石及微斜长石为次组成,位于伟晶岩脉中心。伟晶岩脉从近端至远

图 4-18　灰紫色白云母花岗质糜棱岩(中间带)

图 4-19　含白云母花岗伟晶岩(中间带)

端,微斜长石逐渐减少,更长石也逐渐减少,变为钠长石并增多,云母以黑云母为主变为白云母为主,甚至出现锂云母多出现文象结构,内部分带愈益明显,顶部钠长石化发育,稀土、U、Th 集中在最下部,Li、Rb、Cs、Ta(以及 Sn、W)向远带集中,Be 相对处于中间部位或偏上部位,Zr、Nb 在下,Hf、Ta 在上。当然,在一个伟晶岩中不一定每个类型都存在,并且愈是向上(向远处)的类型往往不是单独出现,而是复合地可以出现在同一个脉体中,即在一个脉体中从边缘向内,可以出现两个以上的类型。

图 4-20　含黑色电气石石英岩(内核带)

由上所述,伟晶岩脉从边部到内部,矿物组成表现为斜长石、钾长石在伟晶岩脉边部较富集,而在脉内部则微斜长石和石英更富一些。这种矿物组成的内部分带正反映了饱和水的一般花岗质熔体晶出矿物从斜长石—黑云母—微斜长石—石英的固相线依次降低的总趋势(Burnham et al,1986)。同时,结构上表现有细晶状浅色花岗岩(文象结构花岗岩)、伟晶状(巨粒状花岗伟晶岩)成渐变过渡关系,这是由于从母岩浆房顶部派生出伟晶岩浆过程中因挥发分逸出引起液相线固相线温度提高而形成细晶结构花岗岩,而残留有挥发分的部位构成伟晶状花岗岩。

(2)垂向分带性规律。郭承基(1965)认为侵入体的形态类型是由侵入体形成的深度和大小决定的,花岗岩侵入体可以分为 3 个类型:深成岩体,形成深度大于 10km;中深岩体,侵入深度 6~10km;浅成侵入体,侵入深度为3～6km。挥发相的迁移在其侵入阶段已发生,由于压力降低,H_2O和F在浅成侵入体顶部的富集使该处挥发分的分压局部升高,熔体的黏滞性降低,结晶温度大为下降;伴随挥发分一起有很多稀有元素,主要为锂、铷、铯、铍、钨、锡和钽迁移到这种侵入体的顶部,侵入体顶部的挥发分流使该地段稀有和成矿元素大量富集,在浅成侵入体层位中形成一系列稀有元素异常富集区。

从深部成矿趋势而言,近年来深部找矿主要集中于柴北缘西段交通社西北山地区、查查香卡以及茶卡北山等地区。其中交通社西北山主要以铌稀土为主,深部主要以铌矿为主,虽有高品位铌矿化,但无法圈定矿体或规模,找矿进展停滞不前。而茶卡北山地区主要以伟晶岩型锂铍矿为主,部分伟晶岩脉在深部断续圈定矿体或矿化体,部分伟晶岩脉在深部具有延伸稳定且有变厚趋势,具有一定找矿前景;同时,在垂向存在稀有元素演化趋势,上部4100～4300m为Li+Be+Rb(少量Nb+Ta)→中部3900～4100m为Be、Rb(Nb+Ta出现,Li显著减少)→深部3500～3900m为Nb(Be、Rb少量);呈现出趋于深部锂铷铍含量相对减少而铌含量逐步增加的趋势。由此,也提供了寻找锂铍矿的深部找矿方向。

3. 稀有元素赋存规律

毛景文等(2019)认为在俯冲大陆边缘弧后伸展带和碰撞后大陆松弛过程,深部软流圈减压熔融形成的基性岩浆上侵导致上地壳物质重熔,形成富含锂的酸性花岗质岩浆,这些岩浆经过分异演化最终形成富Li、Rb、Cs、Nb、Ta、W和Sn矿床,高度富含挥发组分的岩浆形成伟晶岩型矿床。稀有金属元素可以在花岗岩结晶时进入造岩矿物或副矿物中,稀有金属的地球化学特征是克拉克值低,一般仅为$n\times 10^{-6}$到$10n\times 10^{-6}$;稀有金属矿物要从熔体中结晶,需要熔体中的稀有金属高度富集,一般需要富集到其克拉克值的2～3个数量级(王汝成等,2019)。Li和F在花岗岩体内富集的过程中也促进了Na和Al的富集(Manning,1981;Martin,1983)。茶卡北山矿区含矿矿物主要为锂辉石、绿柱石、锂云母,还含有少量铌钽铁矿、铌钽锰矿、绿柱石、锂云母、电气石、磷铝锂石、锂电气石、锂霞石等。

1) Li元素

锂是一种离子半径小的碱金属元素,具有活泼的地球化学性质,在地球化学循环中趋向于在上地壳富集;可能是易于被黏土矿物所吸附的缘故,导致绝大多数锂在上地壳循环(毛景文等,2019)。吴福元等(2017)认为花岗岩或伟晶岩中重要的锂矿物包括锂辉石、透锂长石、锂云母、磷铝锂石、锂霞石等;锂云母的出现是高分异花岗岩最重要的造岩矿物学标志之一。茶卡北山矿区中Li主要赋存于锂辉石、锂云母中,少量赋存于锂电气石、磷铝锂石、锂霞石;矿石类型以钠长石-白云母-锂辉石型和石英-锂辉石型为主,以含巨晶状锂辉石、块状石英、白云母为特征,锂辉石呈粗粒—巨晶状,长3～40cm,宽0.2～3cm,晶体完整,呈自形—半自形长柱状。其中钠长石-白云母-锂辉石伟晶岩主要包括块体钠长石-白云母(叠层状)-锂辉石伟晶岩、中粗粒钠长石-白云母(鳞片状)-锂辉石伟晶岩,锂辉石主要产于花岗伟晶岩脉的中部或占据整个脉体,其形态变化与花岗伟晶岩脉形态变化具一致性,锂辉石矿体大多呈脉状,在裂隙相交或转折处,呈透镜状膨胀;锂辉石与石英、长石、白云母属同一矿化阶段产物。随着钠的交代,Li、Cs、Ta等元素含量增高,云英岩化作用强烈,形成锂云母,并伴生有少量早期锂辉石矿物;矿物组合主要是由石英、钠长石、锂云母,构成锂云母型花岗伟晶岩。

锂辉石具多次结晶特征,早世代锂辉石呈长条状,定向排列明显,并均匀分布于矿石中,色泽鲜艳呈浅灰绿色;晚世代锂辉石晶体粗大,呈宽板状,色泽较白且矿物较纯,在矿石中分布不均匀,往往出现在矿体的中部;锂辉石风化后呈浅灰白色,经动力变质后呈绿色,两者均保留有锂辉石晶形。锂辉石呈板柱状晶(图4-21),晶体长短轴值在(6.0mm×15.0mm)～(11mm×40mm)之间,光性特征为二轴晶正光性,纵切面斜消光,晶内见有不规则状裂纹,在岩石中分布于长石和石英等矿物间隙(图4-22)。

锂云母呈浅紫红色,产出于钠长石-锂云母伟晶岩中(图4-23),锂云母为热液交代蚀变作用的产物,多呈细小片状晶,片长在0.02～1mm之间,少数呈鳞片状集合体分布,略显浅玫瑰红色,与石英相对集中分布,两者同期形成,沿裂隙分布于石英和更长石之间(图4-24),与其共生的为浅色绿柱石、锂辉石等,锂云母属云英岩化作用的产物。

图 4-21　钠长石-白云母-锂辉石伟晶岩

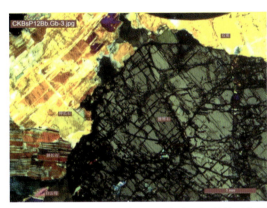

图 4-22　钾长石、斜长石与锂辉石共生，锂辉石晶内裂纹发育

图 4-23　钠长石-锂云母伟晶岩

图 4-24　锂云母呈片状变晶，沿裂隙分布于石英和更长石之间

矿区内有少量含锂电气石,主要与石英-钠长石呈共生,锂电气石呈长柱状,具明显的柱状结构,其后沿裂隙被石英穿入其中。锂电气石似乎只局限在含稀有金属的花岗岩类、特别是花岗伟晶岩中(Selway et al,1999)。锂电气石在形成时间上明显晚于主体矿物石英、钠长石、钾长石及锂辉石-磷锂铝石等,并与较晚形成的锂云母等矿物共生;表明锂电气石可能形成于伟晶熔体-溶液中 Li、Rb、Cs、Nb、Ta、Sn 高度富集,形成深度明显较浅,交代作用发育,开放体系环境。

含锂辉石花岗伟晶岩中 Li_2O 品位 $0.39\% \sim 1.18\%$,平均为 0.90%;Rb_2O 含量一般为 $(504.39 \sim 1939.87) \times 10^{-6}$,平均为 881.49×10^{-6};Cs_2O 一般为 $(43.15 \sim 367.87) \times 10^{-6}$,平均 152.73×10^{-6};Nb_2O_5 一般为 $(90.04 \sim 102.67) \times 10^{-6}$,平均为 94.09×10^{-6};Ta_2O_5 一般为 $(40.78 \sim 105.86) \times 10^{-6}$,平均为 56.57×10^{-6};$(Ta+Nb)_2O_5$ 含量一般 $(208.53 \sim 130.82) \times 10^{-6}$,平均为 150.66×10^{-6};Ta_2O_5/Nb_2O_5 值为 $1.03 \sim 0.45$,平均为 0.58,具有 Nb_2O_5 大于 Ta_2O_5 的特征。

2)Be 元素

随着伟晶岩成岩过程交代作用的演化,伟晶岩中的矿物组合出现白云母和绿柱石。在含绿柱石伟晶岩中,绿柱石与白云母、石英、长石密切共生,反映了绿柱石是在一种富钾、富挥发组分的熔体-溶液中结晶的,其主体在伟晶作用结晶分异阶段早期晶出;部分绿柱石表现出晶形较好,呈规则或不规则六棱柱状产出。

茶卡北山伟晶岩矿脉分带性差,铍主要赋存于绿柱石、羟硅铍石中,其中含绿柱石花岗伟晶岩呈碎裂岩化结构与伟晶结构并存,块状构造,岩石矿物主要有斜长石(34%)、钾长石(30%)、石英(23%)、白云母(11%)、石榴石(1%)、绿柱石(少量)、磷灰石(微量)、金属矿物(少量)。据产状和矿物共生组合,绿柱石可分为早、晚两期;其中早期绿柱石是含被原始伟晶熔体-溶液在温度下降过程中,通过结晶分异作用形成的,绿柱石与石英-叠层白云母、石英-钠长石、石英-电气石共生,发育晶形较好的六棱柱状绿柱石(图 4-25)。早期绿柱石常与叠层白云母构成集合体,在石英-叠层白云母中几乎集中了伟晶岩中 50% 以上的绿柱石。除白云母外,钠长石也与绿柱石密切共生,相对而言,钠长石形成稍晚于绿柱石,其他共生矿物还有石英、锂辉石、微斜长石、锂电气石等。绿柱石经低温热液蚀变矿物主要是绢云母化和高岭土化。

图 4-25 发育晶形较好的六棱柱状绿柱石

晚期绿柱石是伟晶岩叠加在早期矿物组合之上,绿柱石含量明显减少;绿柱石呈浅灰绿色,细小、短柱状、板状半自形—自形晶(图4-26),晶形不规则,粒径为0.1~2mm。与鳞片状白云母和石英-钠长石-细鳞片白云母共生,绿柱石可见于裂隙之中而磷灰石以包裹体状赋存与石英晶内,沿白云母、石英以及更-钠长石裂隙分布(图4-27)。在含绿柱石花岗伟晶岩中BeO品位0.044 7%~0.061%,平均0.051%。

图4-26 绿柱石呈细小、不规则状分布特征

图4-27 显微镜下绿柱石(Ber)分布于更-钠长石(Og-Ab)晶间

3) Rb元素

在高演化花岗岩、伟晶岩中,铷的富集也是普遍的现象,天河石是含铷的钾长石,也是高演化岩石中最常见的铷矿物(王汝成等,2019)。铷锂云母是第一个也是目前为止唯一一个以铷为主的云母(Pekov et al,2010)。类似的富铷云母在多个伟晶岩地区被发现(Potter et al,2009;Cerny et al,2012)。铷、铯与钾、钠化学性质相近,在云母层间铷、铯可以置换钾,成为云母中常见的微量元素矿物,Rb、Cs主要以类质同象赋存于白云母、微斜长石、铁锂云母中(王汝成等,2019)。云母是花岗岩、伟晶岩中的造岩矿物,其晶体结构特殊性使其对稀有金属具有良好的亲和性,为稀有金属元素富集提供了重要的示踪作用(王汝成等,2019)。

铷、铯化学性质相似,主要富集在白云母、锂云母中,形成铷云母或铯云母。茶卡北山矿区内花岗伟晶岩交代作用强烈,主要有白云母化、钠长石化、锂云母化、云英岩化等,其中与含铷有关的白云母化最为普遍,大致可分早、中、晚3个时期;早期白云母主要产于块体石英与块体微斜长石接触带,为气成岩浆阶段形成的白云母,白云母呈薄片状集合体(图4-28),无色透明,片径5~10cm。岩石类型主要为中粗粒钠长石-白云母(叠层状)-电气石伟晶岩型、块体钠长石-白云母(叠层状)-电气石伟晶岩型,其中中粗粒钠长石-白云母-电气石伟晶岩含有黑色电气石,铷具有一定品位,部分在边界品位之上,矿化均匀,但铌钽矿化相对较差;块体钠长石-白云母-电气石伟晶岩由于脉体交代作用广而深,含铷白云母为大片叠层状集合体,使此类型伟晶岩除边缘及中心块状石英微斜长石带品位略低以外,铷处于边界品位。

中期白云母化主要与板状钠长石共生,呈鳞片状集合体发育在块体石英周围或块体长石带,常含绿柱石、电气石。岩石类型主要为钠长石-白云母-绿柱石伟晶岩型、钠长石-白云母-锂辉石伟晶岩型;其中钠长石-白云母-绿柱石伟晶岩型中白云母呈片状或鳞片状(图4-29),其中鳞片状含矿性较好,晶粒大小多在0.31~1.05mm之间,受应力作用解理弯曲;钠长石-白云母-锂辉石伟晶岩型主要包括块体钠长石-白云母(叠层状)-锂辉石伟晶岩、中粗粒钠长石-白云母(鳞片状)-锂辉石伟晶岩,表现为白云母呈叠层状或鳞片状,锂辉石呈板柱状晶,不透明金属矿物呈粉末状集合体,多沿裂隙分布,量极少。

图4-28 白云母呈薄片状集合体

图4-29 白云母呈片状或鳞片状

晚期白云母化,呈细鳞片状与钠长石、锂云母共生,仅在部分伟晶岩脉中可见,锂云母花岗伟晶岩(图4-30)零星发育。岩石类型主要为钠长石-锂云母伟晶岩,铷主要赋存于锂云母中,锂云母呈鳞片状产出,具强云英岩化,为主要含锂、铷、铯矿物。

随着钠的交代,锂、铯、钽等元素含量增高,云英岩化作用强烈(图4-31),形成锂云母,锂云母化主要为细鳞片状锂云母,与其共生的为浅色绿柱石、锂辉石等。

茶卡北山矿区含锂辉石花岗伟晶岩中Rb_2O含量一般为$(504.39\sim1939.87)\times10^{-6}$,平均为$881.49\times10^{-6}$。

图4-30 锂云母化特征

图4-31 云英岩化特征

4)Cs元素

铯以类质同象的形式主要赋存于锂云母、白云母、微斜长石、绿柱石中,未见独立矿物。新疆阿尔泰Ⅲ号伟晶岩脉中存在含铯锂云母,这种铯锂云母的出现是花岗质岩浆高度分异的结果,并且与流体交代作用有关(Wang et al,2007)。茶卡北山矿区铯主要富集在白云母、锂云母中,形成铷云母或铯云母,在含锂辉石花岗伟晶岩中Cs_2O一般为$(43.15\sim367.87)\times10^{-6}$,平均为$152.73\times10^{-6}$。

5)Ta、Nb元素

Stepanov等(2014)认为云母在花岗岩铌钽成矿中具有重要作用。有关云母与花岗质熔体间Nb-

Ta 分配行为的实验研究表明，云母可在一定的条件下赋存一定量的 Nb、Ta(Stepanov, Hermann, 2013)。锂云母铌、钽含量变化能够反映花岗岩的演化规律，特别是 Nb/Ta 值会随岩浆分异结晶作用呈现降低趋势(王汝成等，2019)。Nb、Ta 主要赋存于铌钽铁矿、铌钽锰矿、铌铁矿、钽铁矿等矿物中，也以类质同象赋存于白云母、微斜长石和锡石等矿物，但含量极低。铌钽成矿作用主要与花岗岩、伟晶岩有关，其中最重要的铌钽矿物是氧化矿物，如铌铁矿-钽铁矿系列、烧绿石-细晶石系列、锡锰钽矿等。

茶卡北山矿区内铌钽铁矿呈自形柱状晶，长短轴值在(0.005mm×0.025mm)~(0.004mm×0.075mm)之间，为岩浆结晶的产物，属岩石中的副矿物，赋存于铌钽铁矿、铌钽锰矿、铌铁矿、钽铁矿等矿物中；部分铌、钽等稀有元素均分散在造岩矿物里，块体微斜长石伟晶岩带中如发育一定程度的钠长石化时，铌钽矿化较好。

含锂辉石花岗伟晶岩中 Nb_2O_5 一般为$(90.04\sim102.67)\times10^{-6}$，平均为 94.09×10^{-6}；Ta_2O_5 一般为$(40.78\sim105.86)\times10^{-6}$，平均为 56.57×10^{-6}；$(Ta+Nb)_2O_5$ 含量一般$(208.53\sim130.82)\times10^{-6}$，平均为 150.66×10^{-6}；Ta_2O_5/Nb_2O_5 值为 $1.03\sim0.45$，平均为 0.58，具有 Nb_2O_5 大于 Ta_2O_5 的特征。

由上所述，茶卡北山矿区内稀有元素丰富，其中 Li 主要赋存于锂辉石、锂云母、锂电气石等矿物中，具有显著的成矿阶段，锂电气石在形成时间上明显晚于主体矿物锂辉石-磷锂铝石等，而与锂云母等矿物共生；铍主要赋存于绿柱石、羟硅铍石中，其中绿柱石具有早、晚两期特征，早期绿柱石具有晶形较好的六棱柱状，晚期绿柱石呈细小、短柱状、板状半自形—自形晶及不规则晶形，与钠长石及白云母等矿物共生；铷、铯以类质同象的形式主要赋存于锂云母、白云母、微斜长石、绿柱石中，形成铷云母或铯云母；铌钽赋存于铌钽铁矿、铌钽锰矿、铌铁矿、钽铁矿等矿物中，部分铌、钽等稀有元素均分散在造岩矿物中。同时，Li 元素达到工业品位要求，Be、Rb 元素达到了边界品位要求，Nb、Ta 元素含量达到了伴生元素工业指标要求，Cs 元素含量较低。

第五章 柴北缘金、稀有金属成矿系列

第一节 金、稀有金属成矿系列划分

一、成矿系列划分依据

重点参照陈毓川等（2006，2015，2016，2020）提出的矿床成矿系列划分5个序次（表5-1），时间一般以大地构造旋回为限，空间采用三级构造单元，即相当于三级成矿单元［成矿区（带）］范围，地质成矿作用通常划分为岩浆成矿作用、沉积成矿作用、变质成矿作用、表生成矿作用、流体成矿作用。

表 5-1 矿床成矿系列序次划分表（据陈毓川等，2006）

序次	名称	含义
第1序次	矿床成矿系列组合	由不同地质成矿作用各自所形成的矿床成矿系列集合
	矿床成矿系列类型	不同时代、不同地区在类似的地质构造，同类成矿作用，形成的各具特色的矿床成矿系列组成
	矿床成矿系列组	在一个成矿区（带）内，同一个大地构造旋回活动过程中，在不同阶段、不同大地构造环境条件中形成的各种成矿系列的组合
第2序次	矿床成矿系列	在特定的四维时间-空间域中，由特定的地质成矿作用形成的有成因联系的矿床组合
第3序次	矿床成矿亚系列	对于地质构造区较大，形成时间相对较长，而不同地段成矿的地质构造条件有一定差异形成的矿床组合构成成矿系列内的成矿亚系列
第4序次	矿床式（矿床类型）	矿床成矿系列中由相同成因和相似的矿物构成的矿床类型组成一个矿床式，一般常以其中的代表性矿床来命名
第5序次	矿床	单个矿床作为成矿系列最基础的组成单元（工作程度低的地区，矿点、矿化点可列入研究范围）

二、金、稀有金属成矿系列划分原则

(1) 参照《中国成矿体系与区域成矿评价》(陈毓川等, 2007)提出的矿床成矿系列含义、序次等进行矿床成矿系列划分,突出青海省不同时段秦祁昆-特提斯一级成矿域构造(环境)演化的重点金、稀有金属矿床成矿系列和特色。

(2) 以近年来完成的《青海省地质志》《青海省矿产地质志》成果为基础,以青海省柴北缘地区金、稀有金属矿产为主,通过矿床、矿点的成矿时间、成因类型、空间分布以及组合关系等进行成矿系列研究。

三、成矿系列划分方法

(一) 成矿序次划分方法

矿床成矿系列划分为 5 个序次(层次):矿床成矿系列组合(类型、组)→矿床成矿系列→矿床成矿亚系列→矿床式(矿床类型)→矿床。

第 1 序次:为矿床成矿系列的上层建筑,从不同角度概括矿床成矿系列的组合规律。其中矿床成矿系列组合指由不同地质成矿作用各自所形成的矿床成矿系列集合、沉积作用有关矿床成矿系列组合、侵入作用有关矿床成矿系列组合、火山作用有关矿床成矿系列组合、变质作用有关矿床成矿系列组合、流体作用有关矿床成矿系列组合、风化作用有关矿床成矿系列组合等。矿床成矿系列组是研究在一个成矿区(带)内的同一个大地构造旋回活动过程中,在不同阶段、不同大地构造环境条件中(如裂谷环境、小洋盆环境、大洋环境、岛弧环境、碰撞造山环境等)形成的各种金、稀有金属矿床成矿系列的组合。

矿床成矿系列组的命名采用成矿省名称+构造演化时间+构造旋回名称+主要或特色矿产(以中大型规模金、稀有金属矿产为主)+矿床成矿系列组来表达。

第 2 序次:矿床成矿系列是基础,重点强调矿床与矿床之间的相关性。研究矿床成矿系列,时间一般以大地构造旋回为限;空间采用三级构造单元的范围,相当于Ⅲ级成矿单元[成矿区(带)]范围较为适宜;金、稀有金属矿产地质成矿作用通常划分为岩浆成矿作用、沉积成矿作用、非岩浆-非变质流体成矿作用。

采用地质历史时期+构造运动阶段来表达。"一定的地质构造单元"通常(一般)大致对应于一个(或一个以上)三级大地构造单元。"一定的地质成矿作用"采用二级或三级成矿作用,二级成矿作用包括岩浆作用(I)、沉积作用(S)、变质作用(M)、含矿流体作用(F)和表生风化作用(H)。以上 3 个"一定"条件下一组具有成因联系的矿床的"自然组合"形成一个矿床成矿系列。

矿床成矿系列的命名采用成矿省[成矿区(带)]+成矿时间+成矿作用+主要或特色矿产(小—大型规模金属矿产为主或重要矿点)+矿床成矿系列。矿床成矿系列的代号采用成矿时间+序号+成矿作用来表达。

第 3 序次:矿床成矿亚系列,一般不需要,但对于地质构造区较大、形成时间相对较长,而不同地段成矿的地质构造条件有一定差异形成的矿床组合构成矿床成矿系列才考虑进一步划分成矿亚系列。

命名采用成矿省[成矿区(带)]+成矿时间+成矿作用+主要矿产(小—大型规模金属矿产为主或重要矿点)+矿床成矿亚系列。

第 4 序次:矿床式是矿床成矿系列或亚系列之下一小组相同类型的矿床,即一定区域内有成因联系的同类型矿床。同时,矿床式也是通用矿床类型在一个构造单元或一个成矿单元的表现形式,是进一步总结矿床成矿系列所需要的模块。

矿床式以典型矿床为主进行建立，对指导找矿而言，将矿点、矿化点也考虑在内，无典型矿床时以工作程度高的矿床（点）建立。

第5序次：单个金、稀有金属矿床作为矿床成矿系列最基本的组成单元；将重要的稀有金属矿点纳入研究范围。

（二）成矿系列划分要素

矿床成矿系列的命名应反映4种要素，即成矿空间（Ⅳ级构造单元或Ⅳ级成矿单元）、成矿时间（地质年代或大地构造旋回）、成矿地质作用（岩浆作用、沉积作用、变质作用、表生作用、含矿流体作用）、成矿矿种（矿种多时可表示主要的，按先金属后非金属列出）。

1. 成矿空间

在柴北缘地区将柴达木北缘铅、锌、金、锰、钛、铜、铬、煤、石棉、石灰岩、盐类（稀土）成矿带划分为迪木那里克铁、铜、钒、钛成矿亚带（代号Ⅳ19③）(J)、俄博梁石棉、铜、镍、金、稀有金属、白云母、地下水（钨、铋、石油、煤炭）成矿亚带（代号Ⅳ24①）(Pt, Z—S)、茫崖-采石沟石棉、铁、金、煤成矿亚带（代号Ⅳ24②）(O, C)、锡铁山-布果特山铅、锌、金、铜、锰、稀有金属、煤、盐类、地下水成矿亚带（代号Ⅳ24③）(O、C、J、Q)、大煤沟煤、铀、黏土（金、铁）成矿亚带（代号Ⅳ24④）(J)、欧龙布鲁克石灰岩、石英岩、地下水（磷、铁、脉石英）成矿亚带（代号Ⅳ24⑤）(Nh—Z、∈—O、C)、绿梁山-阿尔茨托山钛、锰、铬、铅、锌、金、铀、铁、稀土、地下水（钨、铜、石灰岩、宝玉石、黏土、石油、煤层气）成矿亚带（代号Ⅳ24⑥）(O、T—J)、宗务隆-石乃亥锂、铍、铅、锌、金、石灰岩、地下水成矿亚带（代号Ⅳ28①）(C、T) 8个成矿亚带（表5-2）。

表 5-2　柴北缘成矿带成矿单元划分表

成矿省	Ⅲ级成矿带		Ⅳ级成矿亚带（区）	
	名称	编号		名称
阿尔金-祁连成矿省	阿尔金-北祁连金、铜、镍、铬、钒、钛、石棉成矿带（Ⅲ-19）	Ⅳ19③		迪木那里克铁、铜、钒、钛成矿亚带(O)
东昆仑成矿省	柴达木北缘铅、锌、金、锰、钛、铜、铬、煤、石棉、石灰岩、盐类（稀土）成矿带（∈—O、C、J、Q）（Ⅲ-24）	Ⅳ24①		俄博梁石棉、铜、镍、金、稀有金属、白云母、地下水（钨、铋、石油、煤炭）成矿亚带(Pt, ZS)
		Ⅳ24②		茫崖-采石沟石棉、铁、金、煤成矿亚带(O, J)
		Ⅳ24③		锡铁山-布果特山铅、锌、金、铜、锰、稀有金属、煤、盐类、地下水成矿亚带(O、C、J、Q)
		Ⅳ24④		大煤沟煤、铀、黏土（金、铁）成矿亚带(J)
		Ⅳ24⑤		欧龙布鲁克石灰岩、石英岩、地下水（磷、铁、脉石英）成矿亚带(NhZ, ∈O、C)
		Ⅳ24⑥		绿梁山-阿尔茨托山钛、锰、铬、铅、锌、金、铀、铁、稀土、地下水（钨、铜、石灰岩、宝玉石、黏土、石油、煤层气）成矿亚带(O、TJ)
西秦岭成矿省	西秦岭铅、锌、铜（铁）、金、锑、煤、大理岩、盐、泥炭成矿带（Ⅲ-28）	Ⅳ28①		宗务隆-石乃亥锂、铍、铅、锌、金、石灰岩、地下水成矿亚带(C、T)

2. 成矿时间

对与岩浆作用、变质作用有关矿床成矿系列常用大地构造旋回；对与沉积作用、表生作用有关的矿床成矿系列常用地质年代。时代代号：前南华纪（新太古代 Ar_3、古元古代 Pt_1、中元古代 Pt_2、新元古代青白口纪 Qb），南华纪—泥盆纪（南华纪 Nh、震旦纪 Z、寒武纪 $\in$、奥陶纪 O、志留纪 S、泥盆纪 D），石炭纪—三叠纪（石炭纪 C、二叠纪 P、三叠纪 T），侏罗纪—白垩纪（侏罗纪 J、白垩纪 K），古近纪—第四纪（古近纪 E、新近纪 N、第四纪 Q）。成矿时代则尽可能具体。

3. 成矿地质作用

以5类地质作用的英文第一字母大写代号表示，即岩浆作用为 I（图解时用红色）、沉积作用为 S（图解时用绿色）、变质作用为 M（图解时用紫色）、表生作用为 F（图解时用橘黄色）、含矿流体作用为 N（图解时用蓝色）。

4. 矿床成矿系列

Ⅲ级成矿单元编号＋时代代号＋成矿作用代号＋该单元的矿床成矿系列序号（1,2,3,…）。概括地讲，就是空间、时间、地质成矿作用3种要素的代号组合再加序号，例如Ⅲ24C：T-I-1 表示石炭纪—三叠纪与中酸性侵入岩有关的铁、铜、金、铅、锌、银、钨、锡、钼、钴、稀有金属、玉石、重晶石、长石、白云母、脉石英矿床成矿系列；需要划分矿床成矿亚系列时，编号中成矿单元采用Ⅳ级，该矿床成矿亚系列序号进一步用英文小写字母分别表示，即 a、b、c、… 等依次排序，如Ⅳ24③C：T-I-2a 表示锡铁山-布果特山成矿亚带三叠纪伟晶岩型稀有金属、长石、白云母、绿柱石、水晶矿床成矿亚系列，而Ⅳ24③C：T-I-2b 表示锡铁山-布果特山成矿亚带石炭-三叠纪岩浆热液型金、铜、钨矿床成矿亚系列。

对于矿床式命名，主要沿用前人习惯，有的借用典型矿床名称来命名，有的借用地区名称来命名。

四、柴北缘成矿系列划分

矿床成矿系列、成矿的时空分布和演化与大地构造演化密切有关，成矿事件与包括火山事件、沉积事件、岩浆侵入事件及变质事件在内的地质事件具有一致性。柴北缘地区大地构造位置处于古亚洲构造域与特提斯构造域结合部位弧盆造山系，按照威尔逊旋回思想和岩石-构造学说观点（张旗等，2020）以及大陆造山带碰撞-垮塌过程（宋述光等，2015）中地质作用的构造环境特征。根据柴北缘地区地壳演化、岩浆岩带复合、叠加等特点，将自太古宙至第四纪经历的漫长地质构造演化划分为5个成矿构造演化旋回（表5-3），即前南华纪基底演化（AnNh）、南华纪—泥盆纪（780~359.6Ma）原特提斯演化（NhD）、石炭纪—三叠纪（359.6~199.6Ma）古特提斯演化（CT）、侏罗纪—白垩纪（199.6~65.0Ma）特提斯演化（JK）和古近纪—第四纪（65.0Ma 至今）高原碰撞隆升演化（EQ）（王进寿等，2022）。其中，早古生代早期（奥陶纪）和晚古生代晚期（石炭纪—二叠纪）是柴北缘成矿带金成矿的高峰期；早古生代中—晚期（奥陶纪）以及早中生代（中晚三叠世）阶段是柴北缘成矿带稀有金属成矿的高峰期。

柴北缘矿床成矿系列基于5个成矿构造旋回进行划分，第1序次为矿床成矿系列组；第2序次为大地构造-岩浆-成矿旋回的某一时期或构造运动阶段；第3序次主要针对地质构造区域形成时间相对较长，而不同地段成矿的地质构造条件有一定差异形成的矿床组合构成的矿床成矿系列，进一步划分矿床成矿亚系列；第4序次为一定区域内有成因联系的同类型矿床；第5序次为单个矿床（点）。

由此，将柴北缘成矿带金、稀有金属矿共厘定出矿床成矿系列组合4个，矿床成矿系列5个，矿床成矿亚系列10个，矿床式9个（表5-4）。

表 5-3 柴北缘成矿构造演化旋回划分表

地质时代		旋回	阶段
代	纪		
新生代(Cz)	第四纪(Q)	高原碰撞隆升	强烈隆升(2.59Ma至今)
	新近纪(N)		隆升(65～2.59Ma)
	古近纪(E)		
中生代(Mz)	白垩纪(K)	特提斯洋演化	陆内造山(199.6～65Ma)
	侏罗纪(J)		
	三叠纪(T)	古特提斯洋演化	板内海相及复合岩浆弧/陆内裂谷(359.2～199.6Ma)
晚古生代(Pz$_2$)	二叠纪(P)		
	石炭纪(C)		
	泥盆纪(D)	原特提斯洋演化	碰撞-碰撞后伸展(444～396Ma)
早古生代(Pz$_1$)	志留纪(S)		
	奥陶纪(O)		俯冲消减(516～444.2Ma)
	早—晚寒武世($\in_2\in_4$)		
	底寒武世($\in_1$)		
新元古代(Pt$_3$)	震旦纪(Z)		裂解(764～521Ma)
	南华纪(Nh)		
	青白口纪(Qb)		
中元古代(Pt$_2$)	待建纪	基底演化	基底盖层形成(1600～780Ma)
	蓟县纪(Jx)		
	长城纪(Ch)		
古元古代(Pt$_1$)	滹沱纪(Ht)		结晶基底形成(2366～1600Ma)
新太古代(Ar$_3$)			
成矿省		阿尔金-祁连成矿省	
成矿域		秦祁昆成矿域	

表 5-4 柴达木盆地北缘Ⅲ级成矿单元金、稀有金属成矿系列划分方案表

构造时段	矿床成矿系列组合		矿床成矿系列	矿床成矿亚系列	矿床式	矿床实例
E—Q	沉积作用	与沉积作用有关的石油、盐类、砂金、黏土、石英砂岩矿床成矿系列组合	第四纪河湖相沉积有关的砂金、黏土矿床成矿系列(E$_2$Q-S-1)	与河流机械沉积有关的砂金矿床成矿亚系列(E$_2$Q-S-1)		雅沙图砂金矿床、卡克图砂金矿床

续表 5-4

构造时段	矿床成矿系列组合	矿床成矿系列	矿床成矿亚系列	矿床式	矿床实例
C—T	与岩浆作用有关的铁、铜、金、银、铅、锌、钨、钼、钴、钛、磷、稀有金属、白云母、长石、水晶、蛇纹岩（玉石）、脉石英矿床成矿系列组合	石炭纪—三叠纪中酸性侵入岩有关的铁、铜、金、铅、锌、银、钨、锡、钼、钴、稀有金属、玉石、重晶石、长石、白云母、脉石英矿床成矿系列(C:T-I-1)	三叠纪伟晶岩型稀有金属、长石、白云母、绿柱石、水晶成矿亚系列(C:T-I-2a)	茶卡北山式	茶卡北山锂铍矿床、石乃亥铌钽铷矿床
			石炭纪—二叠纪岩浆热液型金、铜、钨矿床成矿亚系列(C:T-I-2b)	金龙沟式、青龙沟式	金龙沟金矿床、青龙沟金矿床、细晶沟金矿床、三角顶金铜矿点、阿尔茨托山南坡金铜钨矿点
			三叠纪接触交代型金、铁、铜矿床成矿亚系列(C:T-I-2c)	霍德森沟式	霍德森沟铁铜金矿床
	与含矿流体作用有关的金、钴、铜、铅、锌、铀、冰洲石矿床成矿系列组合	石炭纪—三叠纪含矿流体有关的金、钴、铜、铅、锌、铀、冰洲石矿床成矿系列(C:T-N-2)	石炭纪含矿流体有关的金、钴矿床成矿亚系列(C:T-N-2d)	野骆驼泉式（金、钴）	野骆驼泉西金钴矿床
Nh—D	岩浆作用	奥陶纪海相火山岩有关的铅、锌、铜、锰、铁、金、银矿床成矿系列(Nh:D-I-1)	奥陶纪海相火山岩有关的铅、锌、金、银矿床成矿亚系列(Nh:D-I-2a)	锡铁山式、赛坝沟式	锡铁山铅锌（金、银）矿、赛坝沟金矿、白云滩铅银金矿点
	与岩浆作用有关的铁、锰、铜、铅、锌、金、银、铬、镍、铌、钽、铀、钛、磷、石棉、稀土、白云母、蛇纹岩（玉石）矿床成矿系列组合	奥陶纪—泥盆纪中酸性侵入岩有关的金、银、铌、钽、铀、铁、铜、铅、锌、稀土、白云母矿床成矿系列(Nh:D,I,3)	泥盆纪偏碱性侵入岩有关的岩浆热液型铀、钍、铌、稀土矿床成矿亚系列(Nh:D-I-3a)	查查香卡式	查查香卡铀多金属矿床
			奥陶纪伟晶岩型"三稀"矿床成矿亚系列(Mh:D-I-3b)	交通社式	交通社铌钽轻稀土矿床
			奥陶纪与中酸性侵入岩有关的岩浆热液型金、银、铁、铜、铅、锌矿床成矿亚系列(Mh:D-I-3c)		胜利沟金矿床、采石沟金矿床
			与中酸性侵入岩有关的岩浆热液型铌、稀土、白云母矿床成矿亚系列(Mh:D-I-3d)		夏日达乌铌镧铈矿床

据柴北缘金、稀有金属矿床成矿系列及亚系列的综合研究,其矿床成矿系列组(合)反映出以岩浆作用为主的突出成矿特点,占矿床成矿系列组的50%,其次为含矿流体作用和沉积作用有关的成矿作用,各占矿床成矿系列组的25%(图5-1)。从成矿时段上,表现出以海西期—印支期(36.84%)和加里东期(31.58%)成矿作用为主体的鲜明特点(表5-5、图5-1、图5-2)。

表5-5 柴北缘金、稀有金属矿床成矿系列划分表

序号	成矿时代	成矿(亚)系列数	矿床成矿系列的组合结构					矿床式	占矿床式(%)	矿床成矿系列组(合)
			I	S	M	N	H			
1	E—Q	2	—	1						1
2	C—T	6	4	—	—	2	—	5	55.56	2
	系列	2	1			1				
	亚系列	4	3			1				
3	Nh—D	16	3					4	44.44	1
	系列	2	3							
	亚系列	5	6							
小计	系列	5	3	1		1				
	亚系列	10	8	1		1				
合计		15	11	2	—	2		9	100	3
占比(%)		100	73.34	13.33		13.33				

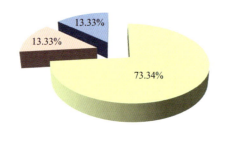

I.岩浆成矿作用之矿床成矿系列组合;S.沉积成矿作用之矿床成矿系列组合;N.非岩浆-变质的含矿流体及成因不明的矿床成矿系列组合

图5-1 柴北缘成矿带矿床成矿系列的系列组结构图

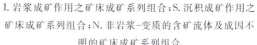

I.岩浆成矿作用之矿床成矿系列组合;S.沉积成矿作用之矿床成矿系列组合;N.非岩浆-变质的含矿流体及成因不明的矿床成矿系列组合

图5-2 柴北缘成矿带各成矿时代与成矿作用结构图

柴北缘金、稀有金属矿床成矿系列主要为与岩浆作用有关的矿床成矿系列、与含矿流体作用有关的矿床成矿系列,两者占比分别为88.89%、11.11%。因区域成矿地质背景的复杂性及成矿构造的多旋回性,矿床成矿系列划分的第3序次——矿床成矿亚系列可分性强,南华纪—泥盆纪、石炭纪—三叠纪两个成矿构造旋回与岩浆作用成矿有关的金、稀有金属矿床成矿亚系列划分明显,可进一步划分出多个成矿亚系列(表5-5)。

柴北缘地区金、稀有金属矿床分布受区域大地构造单元和地质演化阶段的控制,其成矿作用类型、强度均有显著差异。根据柴北缘地区已知金、稀有金属矿床成矿特征,结合大地构造分区及地质演化史,将主要金、稀有金属矿床系列划分为石炭纪—二叠纪岩浆热液型金、铜、钨矿床成矿亚系列(C_2T-I-2b)、三叠纪接触交代型金、铁、铜矿床成矿亚系列(C_2T-I-2c)、石炭纪含矿流体有关的金、钴矿床成矿亚系列

(C:T-N-2d)、奥陶纪与中酸性侵入岩有关的岩浆热液型金、银、铁、铜、铅、锌矿床成矿亚系列(Mh:D-I-3c);三叠纪伟晶岩型稀有金属、长石、白云母、绿柱石、水晶成矿亚系列(C:T-I-2a)、泥盆纪偏碱性侵入岩有关的岩浆热液型铀、钍、铌、稀土矿床成矿亚系列(Nh:D-I-3a)、奥陶纪伟晶岩型"三稀"矿床成矿亚系列(Mh:D-I-3b)、与中酸性侵入岩有关的岩浆热液型铌、稀土、白云母矿床成矿亚系列(Mh:D-I-3d)。

五、金、稀有金属成矿系列特征

作为矿床的一种自然分类,矿床成矿系列随矿床成矿期、成矿地质环境、成矿作用及矿床类型组合的改变而呈现出不同的特征,其以特定的面貌出现于造山带或成矿带各成矿期(构造期)和成矿单元中,并且在构造演化过程中不断演进保存或转化或消失,进而表现出其复杂程度的巨大差异,往往其越是复杂,则成矿强度可能越高,矿种多样性越丰富;但受后期保存条件的约束,现今发现的矿床规模不一定越大。

柴北缘矿床成矿系列突出大地构造演化与成矿关系,反映以成矿时代为主线,按构造-成矿旋回建立矿床成矿系列格架及其特征。

(一)时间特征

按照矿床成矿系列"四个一定"的思路,划分的4个矿床成矿系列组、5个矿床成矿系列、10个含成矿亚系列、9个矿床式均属具有成因联系的不同矿床的"自然组合体",即为柴北缘成矿带各个地质历史演化阶段主要地质-成矿事件的必然产物。显然,矿床成矿系列的时代结构及其发育规律与主要矿产地(矿床)时代结构及其产出规律基本相似,显示成矿时代产出规律的本质属性,它们均为柴北缘成矿带各个地质历史时期"四维"成矿有序演化的结果。

柴北缘成矿带金、稀有金属矿床成矿系列随成矿构造演化旋回空间展布规律,具有南华纪—泥盆纪复杂→石炭纪—三叠纪中等复杂→古近纪—第四纪简单的特点(图5-3),前二者具有一定的相似性和继承性,均表现为成矿复杂性与造山阶段的对应性。从矿床成矿系列复杂程度,反映相应成矿构造旋回中重大成矿地质事件的强度。

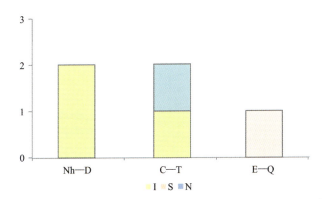

纵坐标为各时段矿床成矿系列及亚系列占比数量;横坐标为3个成矿构造旋回
I.岩浆成矿作用之矿床成矿系列组合;S.沉积成矿作用之矿床成矿系列组合;
N.非岩浆-变质的含矿流体及成因不明的矿床成矿系列组合
图5-3 柴北缘成矿带各时代金、稀有金属矿床成矿系列结构图

柴北缘金、稀有金属矿床成矿系列的成矿时代排序分布规律为:以南华纪—泥盆纪和石炭纪—三叠纪为高峰的分布规律,其中南华纪—泥盆纪发育2个矿床成矿系列、5个矿床成矿亚系列、3个矿床式;

石炭纪—三叠纪发育有 2 个矿床成矿系列、4 个矿床成矿亚系列、4 个矿床式;古近纪—第四纪仅发育 1 个矿床成矿系列、1 个矿床成矿亚系列(表 5-5)。

(二)空间特征

柴北缘成矿带 8 个Ⅳ级矿带中,矿床成矿系列、矿床成矿亚系列及矿床式属锡铁山-布果特山成矿亚带Ⅳ24③(共有矿床成矿系列及矿床成矿亚系列 8 个)最多,其次为绿梁山-阿尔茨托山成矿亚带Ⅳ24⑥(共有矿床成矿系列及矿床成矿亚系列 6 个)。

矿床成矿系列在不同构造单元(成矿亚带)的大致分布规律为:滩间山岩浆弧复杂、柴北缘蛇绿混杂岩带复杂、阿尔金造山带中等、欧龙布鲁克被动陆缘简单、宗务隆山陆缘裂谷带简单,即构造单元中地质构造环境及建造组合简单,则矿床成矿系列亦简单,反之亦然。

柴北缘地区历经前南华纪古陆基底演化、南华纪—泥盆纪原特提斯洋演化、石炭纪—三叠纪古特提斯洋演化、侏罗纪—白垩纪特提斯洋演化以及古近纪—第四纪高原碰撞隆升 5 个旋回构造演化,构造环境具有复杂性,总体表现出以岩浆成矿作用、沉积作用和变质作用为主的鲜明特色,但各成矿单元不同的成矿作用随成矿环境的变迁呈现出叠加的特征(图 5-4)。例如,在茫崖采石沟一带侏罗纪—白垩纪与沉积作用有关的矿床成矿系列叠加于南华纪—泥盆纪与岩浆作用有关的矿床成矿系列之上,在沙柳河一带石炭纪—三叠纪与岩浆作用有关的矿床成矿系列和与含矿流体作用有关的矿床成矿系列叠置,在布果特山一带则出现了与变质作用、岩浆作用、含矿流体作用及沉积作用有关的矿床成矿系列多重叠置的现象,可能有利于形成一定规模的成矿。矿床成矿系列的叠加既体现了成矿的多样性和复杂性,也预示着多期次叠加成矿条件有利于区域成矿的可能性。部分矿床成矿系列的相互叠加对成矿预测有着积极作用,而一些成矿亚系列很可能与矿床成矿系列的谱系演化相关,比如对沙柳河一带石炭纪—三叠纪与岩浆作用有关的矿床成矿系列成矿作用分析,认为三叠纪酸性侵入岩的分异演化产生伟晶岩型稀有金属、长石、白云母、绿柱石、水晶矿床成矿亚系列,三叠纪酸性侵入岩与围岩接触交代成矿产生接触交代型铁、铜、金、铅、锌、银、钨、锡矿床成矿亚系列,说明不同的与岩浆作用有关的矿床成矿亚系列系可能由同一成矿系统演化而来,它们构成"岩浆热液型-接触交代型、岩浆热液型-伟晶岩型"等方式的矿床组合。但有些则无明确的找矿意义。因而,深入以矿床成矿系列的思想开展成矿预测理论研究具有重要的科学意义。

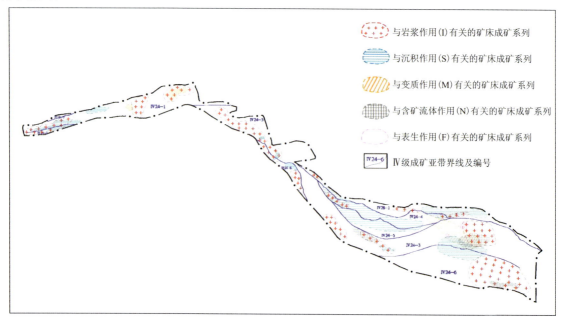

图 5-4　柴北缘地区矿床成矿系列分布图(王进寿等,2022)

(三) 成矿作用

柴北缘 5 个成矿构造演化旋回中，因成矿地质动力学背景的不同而造成成矿作用特征的巨大差异。其中，南华纪—泥盆纪成矿构造旋回发育的矿床成矿系列多样，从矿床成矿系列及矿床成矿亚系列数量来看，成矿高峰期表现出岩浆作用成矿、沉积作用成矿与变质作用成矿，而与岩浆作用有关矿产地数量达 79 处，占该成矿构造旋回矿产地总数(116 处)的 68%，涉及岩浆型、伟晶岩型、接触交代型、斑岩型、岩浆热液型、海相火山岩型共 6 种类型矿床，组成 3 个矿床成矿系列、6 个矿床成矿亚系列、6 个矿床式；沉积作用成矿形成矿产地 11 处，涉及以化学沉积型为主、机械沉积型为次的两种矿床类型，构成 2 个矿床成矿系列、1 个矿床式；变质作用成矿形成矿产地 13 处，矿床类型以变成型为主，其次为受变质型，组成 1 个矿床成矿系列、3 个矿床成矿亚系列、1 个矿床式。

石炭纪—三叠纪成矿强度仅次于南华纪—泥盆纪，因古特提斯洋演化出现板内海相、复合岩浆弧及陆内裂谷的复杂构造环境，因而，该成矿构造演化旋回岩浆作用以及流体作用尤为强烈，矿产地众多(98 处)、矿种复杂，可划分出多个矿床成矿系列。与岩浆作用有关矿产地数量达 40 处，矿床类型有岩浆型、伟晶岩型、接触交代型、岩浆热液型、陆相火山岩型、海相火山岩型，可划分出 2 个矿床成矿系列、5 个矿床成矿亚系列、5 个矿床式。沉积作用成矿形成矿产地 23 处，矿床类型有化学沉积型、机械沉积型、蒸发沉积型 3 种，组成 1 个矿床成矿系列、2 个矿床成矿亚系列、3 个矿床式。

侏罗纪—白垩纪主要以侏罗纪生物化学沉积作用形成煤矿床成矿系列，新近纪陆相沉积作用主要形成黏土矿床成矿系列，第四纪形成与湖盆沉积有关的盐类矿产矿床成矿亚系列。

(四) 金、稀有金属矿床成矿系列及矿床式

1. 与奥陶纪海相火山岩有关的铅、锌、铜、锰、铁、金、银矿床成矿系列

该矿床成矿系列由原特提斯洋演化旋回早寒武世—奥陶纪洋壳俯冲消减阶段(516~444.2Ma)海底火山作用成矿形成的矿床构成。矿种主要为铅、锌、铜、锰，其次为铁、金、银。矿产地分布于锡铁山-布果特山成矿亚带(Ⅳ24③)和绿梁山-阿尔茨托山成矿亚带(Ⅳ24⑥)奥陶系滩间山群出露区。可进一步分为奥陶纪海相火山岩有关的铅、锌、金、银矿床成矿亚系列等。矿产地有大柴旦行委锡铁山铅锌矿床、大柴旦行委双口山铅银锌矿床、乌兰县哈莉哈德山锰矿床、大柴旦行委红旗沟锰矿床、大柴旦行委绿梁山铜矿床、白云滩铅银金矿点等。

锡铁山式铅锌(金银)矿床

成矿区(带)属锡铁山-布果特山铅、锌、金、铜、锰、稀有金属、煤、盐类、地下水成矿亚带(Ⅳ24③)。出露地层为古元古界达肯大坂岩群、奥陶系滩间山群、上泥盆统、下石炭统等，其中滩间山群是铅锌矿体的赋矿层位。侵入岩为加里东期中酸性花岗岩和海西期酸性花岗岩，火山岩与铅锌矿及金矿成矿关系密切，为凝灰岩、玄武岩夹安山岩和中酸性火山岩-流纹岩及英安岩等海相基性火山岩，部分变质为斜长角闪岩，与达肯大坂岩群呈角度不整合或断层接触。区内褶皱构造复杂，断裂构造十分发育，北西向断裂规模巨大，具区域性深大断裂特征，为控矿构造。

矿区共有 4 个矿带，矿区共圈出铅锌矿体 98 个，35 个矿体分布于大理岩内及大理岩与片岩接触带中；63 个矿体分布于片岩中。其中矿体Ⅳ-3 长度 300m，垂直延深 167m，平均真厚度 28.39m，平均品位 Pb 0.95%、Zn 6.38%、Au 0.41g/t、Ag 27.66g/t；矿体Ⅱ333 长度 75m，垂直延深 133m，平均真厚度 17.92m，平均品位 Pb 7.81%、Zn 12.28%、Au 0.31g/t、Ag 116.05g/t；矿体Ⅲ5 长度 200m，垂直延深

112m,平均真厚度 8.84m,平均品位 Pb 3.74%、Zn 3.55%、Au 0.11g/t、Ag 61.13g/t。矿体走向北西,倾向南西,倾角变化稳定,呈似层状,透镜状,多呈雁行排列,自北西往南东侧伏。

矿石矿物为闪锌矿、方铅矿、黄铁矿、磁黄铁矿,少量白铁矿、毒砂、黄铜矿、黄锡矿等。矿石中脉石矿物主要为石英、方解石、钠长石等,其次有绢云母、菱锰矿、石膏等。矿石类型有4种:条带—块状黄铁矿(胶黄铁矿)-闪锌矿-方铅矿矿石;条带—浸染状黄铁矿(胶黄铁矿)-闪锌矿-方铅矿矿石;星散状、细脉浸染状黄铁矿-闪锌矿-方铅矿矿石和其他矿石类型(伟晶状矿石、花斑状矿石和角砾状矿石等)。矿体围岩有大理岩和绿片岩两类,主要蚀变有硅化、黄铁矿化、碳酸盐化、钠长石化、重晶石化等;矿床类型为海相火山岩型。

2. 与奥陶纪—泥盆纪中酸性侵入岩有关的金、银、铌、钽、铀、铁、铜、铅、锌、稀土、白云母矿床成矿系列

该矿床成矿系列由原特提斯洋俯冲消减阶段(516~444.2Ma)、碰撞-后碰撞伸展阶段(444~396Ma)岩浆作用成矿与中酸性侵入岩有关的矿产地构成。矿种主要为铁、铜、铅锌、金(银)、铌钽、铀、稀土、白云母等。矿产地广泛分布于整个柴北缘地区中酸性侵入岩分布区域,分为泥盆纪偏碱性侵入岩有关的岩浆热液型铀、钍、铌、稀土矿床成矿亚系列(Nh:D-I-3a)、奥陶纪伟晶岩型"三稀"矿床成矿亚系列(Nh:D-I-3b)、与中酸性侵入岩有关的岩浆热液型金、银、铁、铜、铅、锌矿床成矿亚系列(Nh:D-I-3c)、中酸性侵入岩有关的岩浆热液型铌、稀土、白云母矿床成矿亚系列(Nh:D-I-3d)四个亚系列。

1)泥盆纪偏碱性侵入岩有关的岩浆热液型铀、钍、铌、稀土矿床成矿亚系列

该亚系列矿种主要为铀、钍、铌、稀土,分布于绿梁山-阿尔茨托山成矿亚带(Ⅳ24⑥)乌兰县查查香卡一带,泥盆纪偏碱性花岗岩出露地区,有乌兰县查查香卡铀钍矿床。

查查香卡式铀钍铌稀土矿床

成矿区(带)属绿梁山-阿尔茨托山钛、锰、铬、铅、锌、金、铀、铁、稀土、地下水(钨、铜、石灰岩、宝玉石、黏土、石油、煤层气)成矿亚带(Ⅳ24⑥);出露地层为古元古界达肯大坂岩群、奥陶系滩间山群、第四系,其中滩间山群岩性有两种:一是片理化斜长角闪岩;二是斜长角闪片岩夹斜长角闪岩,少量片理化凝灰岩、沉凝灰岩及安山岩,是铀多金属矿体的赋矿岩性。矿区北侧出露志留纪花岗闪长岩体,矿区发育各类岩脉,主要有辉长岩脉、闪长岩脉、闪长玢岩脉、花岗岩脉、石英脉等。区内褶皱构造残缺不全,北西向、北西西向韧性剪切带和脆性断裂为主体构造格架,其中脆性断裂具脆性和压扭性叠合性质,断带内发育断层泥、碎裂岩等,有大量正长花岗岩脉、长英质脉、石英脉及碳酸盐脉体贯入,构造带中赤铁矿化、褐铁矿化、硅化、绿帘石化、绿泥石化蚀变强烈,该构造为区内控矿构造。

划分为西、中、东3段,西段有3条异常带,长500~900m,宽2~10m;中段异常断续长200m,宽几十米至百余米(由多条带组成);东段异常断续长3000m(傅成铭等,2011)。共圈定6个矿体,受北西向脆性断裂构造及地层控制,赋矿围岩为奥陶系滩间山群糜棱岩化斜长角闪片岩,矿体呈似层状、透镜状、脉状,具上缓下陡的特征。5个矿体出露于地表,1个为深部盲矿体,其中Ⅲ号矿体为主矿体,长400m,平均厚度2.84m,最厚20.07m,矿体中部厚大、两端变薄至尖灭,平均品位0.058%。矿体和地层产状近一致,倾向北东,倾角49°~61°。其他矿体出露于蚀变带中,长123~280m,平均厚度1.13~2.06m,厚度变化小,平均品位0.054%~0.108%。含铀矿物为晶质铀矿、沥青铀矿。氧化矿石中金属矿物为黄铁矿、褐铁矿、方铅矿、闪锌矿、铌铁矿、铌钽铁矿,原生矿石中金属矿物为铌铁矿、铌钽铁矿、方铅矿、黄铁矿、锡石等,脉石矿物为石英、钠长石、云母、绿泥石、绿帘石等。成矿时代为泥盆纪,矿床类型为岩浆热液型。

2)奥陶纪伟晶岩型"三稀"矿床成矿亚系列

该矿床成矿亚系列分布于俄博梁成矿亚带Ⅳ24①交通社一带,矿种主要为铌钽、轻稀土金属,矿床

形成主要与晚奥陶世正长花岗伟晶岩脉相关,围岩为古元古界达肯大坂岩群大理岩。矿产地有冷湖镇交通社西北山铌轻稀土矿床。

交通社式铌钽轻稀土矿床

成矿区(带)属俄博梁石棉、铜、镍、金、稀有、白云母、地下水(钨、铋、石油、煤炭)成矿亚带(Ⅳ24①)。出露地层为古元古界达肯大坂岩群、侏罗系、新近系、第四系,其中达肯大坂岩群是铌钽轻稀土矿体的赋矿围岩。矿区广泛出露奥陶纪、二叠纪中酸性花岗岩体,中酸性岩脉较为发育。区内北东向脆韧性断裂为主体构造格架,断带内发育碎裂岩,有大量正长花岗伟晶岩脉、长英质脉、石英脉及碳酸盐脉体贯入,构造带中褐铁矿化、硅化、绿泥石化蚀变强烈,为区内控矿构造。

铌钽轻稀土矿化带长8030m,宽50～580m,倾角60°～85°,带内圈出铌钽矿体6条(其中盲矿体1条)、晶质石墨矿体8条(其中盲矿体3条)、铌钽矿化体16条。带内发现碱长花岗伟晶岩17处,铌钽矿体受碱长花岗伟晶岩控制。矿带中铌钽矿体规模较大,矿体向深部具有品位变富厚度变大的趋势。矿石矿物主要为铌铁矿,含量一般0.015%～0.043%,局部含少量黄铁矿、褐铁矿、磁铁矿、磷灰石、榍石;脉石矿物主要为角闪石、石英、斜长石、黑云母。矿石矿物呈半自形—自形结构,星点状构造。矿化蚀变主要有矽卡岩化、硅化、绿泥石化、绿帘石化、褐铁矿化、高岭土化。赋矿围岩主要为二云母片岩,其次为硅化大理岩。碱长花岗伟晶岩发育区域矿化和蚀变强烈,尤其是具有硅化、绢云母化和绿泥石化等蚀变的二云母片岩中,Nb、Ta元素含量普遍较高,部分高于工业品位。矿床类型为伟晶岩型,成矿时代为奥陶纪。

3) 奥陶纪与中酸性侵入岩有关的岩浆热液型金、银、铁、铜、铅、锌矿床成矿亚系列

该亚系列矿种主要为金、铁、铜、铅、银,遍布于柴北缘地区,奥陶纪、志留纪、泥盆纪中酸性侵入岩为控矿因素,有大柴旦行委胜利沟金矿床、茫崖行委采石沟金矿床、乌兰县赛坝沟金矿床、乌兰县拓新沟金矿床、大柴旦行委绝壁沟铜铅锌矿点、都兰县阿尔茨托山西缘铅银矿点。

赛坝沟式金矿

矿床产于绿梁山-阿尔茨托山成矿亚带(Ⅳ24⑥)。出露地层主要有古元古界达肯大坂岩群、上奥陶统、上泥盆统牦牛山组、新近系油砂山组和第四系,其中滩间山群海相火山-沉积地层为赛坝沟金矿的主要赋矿围岩。区内岩浆活动显著从超基性岩到酸性岩均有出露,以海西晚期—印支期中酸性侵入岩为主。矿区及外围断裂构造十分发育,北西向韧-脆性剪切断裂带控制着区内赛坝沟金矿床、乌达热乎金矿点产出的就位空间。

以Ⅱ号带和Ⅴ号带矿体规模较大,矿体长度十几米至200多米不等,平均厚度1.0～3.3m。产状变化较大,总体走向为北西-南东向,倾向主要为北东向,矿体倾角较陡,一般介于60°～80°之间,局部近直立。

矿石类型主要有石英脉型和黄铁绢英岩化糜棱岩型,以前者为主,它们常在空间上共生并有分带性。石英脉型金矿石品位较高,$Au(wB)>5.0\times10^{-6}$,而黄铁绢英岩化糜棱岩型矿石相对较贫,$Au(wB)$为$(1.0\sim7.0)\times10^{-6}$。矿石矿物成分主要为自然金、银金矿、黄铁矿、黄铜矿、磁铁矿、赤铁矿、毒砂、方铅矿、闪锌矿等;脉石矿物主要有石英、斜长石、绢云母、绿泥石等。金矿物大多以微粒和细粒自然金形式存在,偶见明金。矿石结构有交代结构、胶状结构、碎裂结构、粒状变晶结构、粒状鳞片变晶结构、糜棱结构等;矿石构造主要为稀疏浸染状、脉状、条带状和定向构造等。围岩蚀变主要类型有黄铁绢英岩化、黄铁矿化、硅化、钠黝帘石化、绿泥石化、高岭土化、碳酸盐化等,其中硅化、黄铁绢英岩化、黄铁矿化与金矿化关系最为密切。总体来说热液蚀变分带较明显,在石英脉矿体的两侧发育由强硅化、黄铁矿化和绢云母化构成的黄铁绢英岩化蚀变带一般带宽0.2m左右。矿床类型为海相火山岩型,成矿时代为奥陶纪。

4) 与中酸性侵入岩有关的岩浆热液型铌、稀土、白云母矿床成矿亚系列

该亚系列矿种主要为铌钽、稀土、白云母，产出于绿梁山-阿尔茨托山成矿带（Ⅳ24⑥），主要分布在乌兰县夏日达乌一带，以往矿床研究表明泥盆纪中酸性侵入岩为主要的控矿因素。由于目前对该地区与此矿床成矿亚系列相关的矿种地质工作程度偏低，发现的铌、稀土、白云母矿产地数量有限，仅有乌兰县夏日达乌铌镧铈矿床。

3. 与石炭纪—三叠纪中酸性侵入岩有关的金、铁、铜、铅、锌、银、钨、锡、钼、稀有金属、长石、白云母、玉石、重晶石、脉石英矿床成矿系列

该矿床成矿系列由古特提斯洋演化板内海相及复合岩浆弧-陆内裂谷阶段（359.2～199.6Ma）岩浆作用成矿与中酸性侵入岩有关的矿产地构成。矿种复杂，矿产地多，主要为金、铅、锌、铁、铌钽、锂铍、长石、蛇纹岩，次之为铜、银、钨、锡、钼、白云母、玉石、重晶石、脉石英等，矿产地广泛分布于俄博梁成矿亚带（Ⅳ24①）、锡铁山-布果特山成矿亚带（Ⅳ24③）、大煤沟成矿亚带（Ⅳ24④）、绿梁山-阿尔茨托山成矿亚带（Ⅳ24⑥）以及宗务隆-茶卡北山成矿亚带（Ⅳ28①）中酸性侵入岩发育区域，与复合岩浆弧花岗岩侵入活动密切相关。矿床类型主要为伟晶岩型、岩浆热液型、接触交代型。分为三叠纪伟晶岩型稀有金属、长石、白云母、绿柱石、水晶成矿亚系列（$C_2T-I-2a$）、石炭纪—二叠纪岩浆热液型金、铜、钨矿床成矿亚系列（$C_2T-I-2b$）和三叠纪接触交代型金、铁、铜矿床成矿亚系列（$C_2T-I-2c$）三个矿床成矿亚系列。

1）三叠纪伟晶岩型稀有金属-长石-白云母-水晶矿床成矿亚系列

该矿床成矿亚系列主要矿种为稀有金属铌、钽、锂、铍、长石，其次为白云母、水晶，矿产地分布于锡铁山-布果特山成矿亚带（Ⅳ24③）锡铁山、阿里特克山北西、沙柳泉一带，绿梁山-阿尔茨托山成矿亚带（Ⅳ24⑥）巴林特等地，以及宗务隆-茶卡北山成矿亚带（Ⅳ28①）红旗峰、茶卡北山、阿姆内格、二郎洞等地。地层主要为古元古界达肯大坂岩群、中元古界沙柳河岩组、下—中三叠统隆务河组、奥陶系滩间山群等，侵入岩出露三叠纪二长花岗岩、花岗闪长岩、白云母花岗伟晶岩等，其中白云母花岗伟晶岩为控制稀有金属成矿的主要因素。矿床类型为伟晶岩型，多数矿床形成于中晚三叠世。矿产地天峻县茶卡北山锂铍矿、天峻县二郎洞白云母矿点、大柴旦行委红旗峰白云母矿点、大柴旦行委冷泉沟白云母矿点、大柴旦行委锡铁山白云母矿点、德令哈市阿里特克山北西白云母矿点、天峻县二郎洞白云母矿点、都兰县巴林特水晶矿点等。

茶卡北山式锂铍矿

矿区地处宗务隆构造带东缘，构造单元隶属中南祁连弧盆系宗务隆山-夏河甘加裂谷；成矿带属西秦岭宗务隆-双朋喜铅-锌-银（铜、金）成矿带西段。出露地层主要有古元古界达肯大坂岩群（$Pt_1D.$）、青白口系—上奥陶统茶卡北山组（QbO_3c）、志留系巴龙贡噶尔组（Sb）、晚古生界土尔根达板组（CP_2t）、果可山组（CP_2g）、中生界三叠系隆务河组（$T_{1-2}l$）等。区域构造活动强烈，具多期次特点；断裂分为北西向、北北西向、北东向3组，其中以北西向断裂最为发育。加里东期和海西晚期—印支岩浆活动频繁，分别为加里东期俯冲（岩浆弧）-碰撞造山和海西晚期—印支期造山作用的产物。脉岩较发育，据脉岩岩石类型，可分为基性岩脉、中性岩脉和酸性岩脉。酸性岩脉主要有花岗伟晶岩脉、花岗细晶岩脉、石英脉、花岗斑岩脉等，其中茶卡北山地区晚奥陶世石英闪长岩中产出的花岗伟晶岩脉是锂铍矿主要含矿地质体。变质作用较为发育，主要为区域动力热流变质作用、动力变质作用。

伟晶岩脉主要产出于青白口系—上奥陶统茶卡北山组、晚奥陶世石英闪长岩中，伟晶岩脉具有成群、成带产出特征，形成长约40km、宽1.5～3km的伟晶岩带，该带呈北西向展布；岩脉呈大小不等的透镜状、团块状、瘤状、不规则脉状，脉体走向多为北西向，其次为北东向，少数呈南北向及东西向分布。目前，在区内已发现伟晶岩脉达1000余条，最长700m，一般5～100m；最宽20m，一般1～6m；地表土壤植

被覆盖，伟晶岩脉露头相对较差，断续出露。

据矿区内地质背景、伟晶岩脉空间展布以及含矿性和异常等特征，将茶卡北山矿区划分为4个伟晶岩带，4个伟晶岩带贯穿俄当岗、茶卡北山以及锲墨格山3个矿区。矿区含矿矿物主要为锂辉石、绿柱石等，锂电气石、铌钽铁矿、铌铁矿等次之；锂铍矿主要赋存于伟晶岩中。圈定锂、铍（铌钽铷等）矿体111条，其中茶卡北山58条、锲墨格山36条、俄当岗17条；圈定矿化体204条。LiO_2平均品位0.56%～4.13%，BeO平均品位：0.041%～0.112%，$(Nb+Ta)_2O_5$平均品位0.0197%～0.032%，Rb_2O平均品位0.042%～0.257%，Cs_2O平均品位：0.053%～0.2%。矿石结构主要为伟晶结构、变余伟晶结构、他形粒状变晶结构，少数碎裂结构、片状粒状变晶结构；块状构造。与围岩接触的蚀变类型主要有碳酸盐化、绿帘石化和高岭土化等。矿床类型主要为锂辉石-绿柱石伟晶岩型矿床；伟晶岩成岩成矿年龄集中于217～240Ma，形成于中—晚三叠世；宗务隆地区构造体制由挤压转换为伸展阶段，而花岗伟晶岩可能形成于造山期后相对稳定阶段。

金龙沟式金矿床

成矿区（带）属锡铁山-布果特山铅、锌、金、铜、锰、稀有金属、煤、盐类、地下水成矿亚带（Ⅳ24③），出露地层主要为中元古界万洞沟群，其按岩性组合分为上、下两个岩组，其中下岩组为白云质大理岩、绢云石英片岩等；上岩组以斑点状千枚岩、碳质绢云千枚岩、钙质白云母片岩为主。区内岩浆活动强烈，侵入岩与喷出岩均较发育。岩浆岩主要岩石类型有斜长花岗斑岩、石英闪长玢岩、闪长玢岩、花岗斑岩等。变质作用发育，主要为区域变质作用、动力变质作用和热液交代变质作用等，褶皱和断裂十分复杂，金矿体主要分布于层间褶皱的翼部及其转折端附近，矿体的形态、产状明显受翼部片理化带及后期断裂的控制。

矿体均赋存于万洞沟群碳质千枚岩片岩段，主要工业矿体（占90%以上储量）全部产于褶皱轴部及翼部的北北东-南北向断裂-裂隙带中，少数矿体呈北西向展布。矿体多呈脉状、分支脉状、透镜状成群产出，矿体长20～430m，宽0.6～62.38m，变化较大，控制最大斜深100m，金平均品位3.9～13.4g/t。矿石主要为构造蚀变岩型，依蚀变岩原岩不同又可分为蚀变碳质千枚岩片岩型和蚀变脉岩型。矿石矿物主要有自然金、银金矿、黄铁矿、毒砂、含砷黄铁矿等；脉石矿物主要为石英、绢云母、石墨等。矿床中银含量为1.2～35.7g/t，平均含量为5.19g/t；另外，矿石中As、S、C等有害组分含量较高。

矿石结构主要为自形—半自形粒状结构、环边及环带结构、筛状结构等；矿石构造主要为浸染状构造、眼球状构造、块状构造、细脉—网脉状构造等。围岩蚀变强烈，主要有硅化、黄铁矿化、绢云母化等。另外，地表氧化带中常见黄钾铁矾化、褐铁矿化及石膏化等。成矿时代为石炭纪，矿床类型为岩浆热液型。

3) 三叠纪接触交代型金、铁、铜矿床成矿亚系列

该矿床成矿亚系列主要矿种为金、铁、铜，矿产地主要分布于锡铁山-布果特山成矿亚带（Ⅳ24③）霍德森沟等地，主要地层为古元古界达肯大坂岩群、奥陶系滩间山群、中元古界沙柳河岩组等。侵入岩为加里东期、海西期、印支期花岗岩类；矿床有乌兰县霍德森沟铁铜金矿床。矿床时代为三叠纪，矿床类型为接触交代型。

4. 与石炭纪—三叠纪含矿流体有关的金、钴、铜、铅、锌、铀、冰洲石矿床成矿系列

该矿床成矿系列矿种为金、钴、铜、铅、锌、铀、冰洲石等，分布于锡铁山—布果特山一带，地表见中—上泥盆统牦牛山组陆相火山岩，古元古界达肯大坂岩群片麻岩、片岩等，次级断裂构造发育；绿梁山-阿尔茨托山牦牛山南侧地表出露古元古界达肯大坂岩群片麻岩、中元古界沙柳河岩组、奥陶系滩间山群等，脆-韧性断裂构造较为发育；以及宗务隆-茶卡北山成矿亚带（Ⅳ28①）怀头他拉北山，地表发育石炭

系—二叠系宗务隆山群，北西向断裂构造较为发育。矿床类型为浅成中低温热液型，成矿时代为石炭纪—二叠纪。可细分为石炭纪含矿流体有关的金、钴矿床成矿亚系列。矿床有野骆驼泉西金钴矿床，主要矿点有都兰县孔雀沟铜（金）矿点、德令哈市达达肯乌拉山西铜银金矿点、冷湖行委友谊沟下游冰洲石矿点、都兰县铅石山铜矿点、乌兰县310-Ⅱ铀矿点、乌兰县牦牛山南侧冰洲石矿点、都兰沙柳河西区铅锌矿点等。

野骆驼泉西式金钴矿床

矿床位处于锡铁山-布果特山铅、锌、金、铜、锰、稀有金属、煤、盐类、地下水成矿亚带（Ⅳ24③），属滩间山岩浆弧。矿区内出露地层主要有古元古界金水口岩群、奥陶系滩间山群和第四系，滩间山群为赋矿地层，主要岩性有灰黑色千枚岩、灰绿色千枚岩、灰色千枚岩等。

侵入岩多为石英闪长岩脉、花岗岩脉及石英脉，脉岩与围岩接触带附近具硅化、绢云母化、黄铁矿化等，且有 Co 异常显示。变质作用类型主要有区域变质作用、气液变质作用和动力变质作用。矿区主构造线与区域一致，呈北西向，金矿床赋存于构造破碎蚀变带内，断裂构造控矿区内矿体展布。矿区褶皱属赛什腾山复向斜褶皱构造南翼，在滩间山群内形成一较大规模的斜歪倾伏紧闭褶皱。赋矿破碎蚀变带长约4km，宽10～150m，具膨大缩小、分支复合之现象，金钴矿床主要赋存在构造破碎带北段膨大部位，常见岩性有灰黑色褐铁矿化千枚岩、土黄色糜棱岩、灰绿色糜棱片岩、褐黄色构造角砾岩、灰白色糜棱片岩，岩石矿化类型主要为褐铁矿化、黄铁矿化，蚀变类型主要为硅化、高岭土化、绢云母化等。

矿区内共圈定矿体42条，其中金矿体30条，钴矿体6条，金钴矿体6条，矿体走向均为近南北向，与控矿构造展布方向一致。矿体形态呈长条带状、条带状和透镜状。矿体长40.00～182.90m，延深40m，埋藏深度约50m，矿体厚2.51～11.00m。总体走向180°，倾角约78°。矿床金平均品位4.09g/t，钴平均品位0.044%。矿石工业类型主要为金矿石、钴矿石和金钴矿石；矿石中金属矿物主要为褐铁矿、黄钾铁矾，金的矿物为自然金及少量的钛铁矿和金红石；脉石矿物主要是石英、钠长石、绿泥石、黑云母。

矿石结构主要有角粒状结构、假象结构、残留结构、胶絮状结构、碎裂结构、镶边结构等；矿石构造以多孔状、浸染状构造为主，有时见团粒状、皮壳状构造。矿石类型主要为构造角砾岩、褐铁矿化糜棱岩等，构造角砾岩主要发育在破碎蚀变带与围岩的接触部位，其金平均品位为10～20g/t，最高可达60.5g/t；组合分析钴平均含量0.022%，最高0.070%。矿石中的有益元素为Au、Co，有害元素含量较低。自然金与褐铁矿及黄钾铁矾关系密切，自然金的赋存状态以包裹裂隙粒间金为主，占88.08%，其次为空洞金，占11.42%，粒间金含量很少。矿区围岩蚀变强烈，主要蚀变类型包括硅化、绿泥石化、黄铁绢英化、碳酸盐化等，由矿体中心向两侧蚀变强度依次减弱。

矿床成矿时代经历了加里东晚期、海西期及印支期。矿床成因类型为浅成中—低温热液型，工业类型为破碎蚀变岩型。

5. 与第四纪河湖相沉积有关的砂金、黏土矿床成矿系列（E:Q-S-1）

该矿床成矿系列的建立由高原碰撞隆升旋回强烈隆升阶段（2.59Ma至今）与第四纪时期干旱气候环境下河湖相沉积作用成矿相关的矿产地组成，矿种主要为砂金、黏土等，进一步分为与河流机械沉积有关的砂金矿床成矿亚系列（E:Q-S-1）。砂金矿产地主要分布于宗务隆-石乃亥锂、铍、铅、锌、金、石灰岩、地下水成矿亚带德令哈市雅沙图、卡克图、默沟一带，矿床类型为机械沉积型，成矿时代为第四纪。黏土矿产地于大煤沟煤、铀、黏土（金、铁）成矿亚带大柴旦行委泉吉河地区，矿区分布地层为晚更新世洪冲积物。主要矿床有大柴旦行委泉吉河砖瓦用黏土矿床，矿点有大柴旦行委小柴旦湖北黏土矿点等，成矿时代为第四纪。

第二节 柴北缘区域金、稀有金属成矿演化与区域成矿谱系

一、区域金、稀有金属成矿演化

1. 前南华纪成矿演化阶段

前南华纪为柴北缘地区结晶基底形成和基底盖层沉积广泛发育的阶段，元古宙为基底发育的重要时期，本阶段构造演化响应 Rodinia 超大陆的汇聚和裂解事件。中元古代陆内沉降期沉积形成陆源碎屑岩-碳酸盐岩沉积岩系，沉积处于滨浅海环境，形成于扩张的构造背景。万洞沟群变质程度普遍达到高绿片岩相或角闪岩相，总体看，元古宇成矿强度较弱，矿产地规模一般较小，但中元古界万洞沟群可能作为早期金的富集地层，该套地层金丰度值高于地壳丰度平均值，滩间山金矿即以其为赋矿围岩。

2. 南华纪—泥盆纪成矿演化阶段

南华纪—泥盆纪柴北缘处于原特提斯洋演化旋回，为柴北缘最重要的加里东造山运动期，历经裂解(764～521Ma)、俯冲消减(516～444.2Ma)、碰撞-碰撞后伸展(444～396Ma)3 个阶段，在活动陆缘大规模的俯冲-碰撞作用之下，大陆边缘构造活动强烈，弧盆体系构造组合较齐全，成矿地质环境复杂而多样，地球动力学背景系统且连续。沉积-岩浆-变质-流体产物及建造极为丰富，为内生矿产、外生矿产和复合/改造矿床的形成提供了适宜的物理化学条件和充足物质条件，是柴北缘成矿带构造-成岩-成矿的高峰期，尤以奥陶纪—志留纪俯冲、造山背景下岩浆弧发育时段壳幔物质能量交换产生的巨量熔体-流体裹携大量金属元素为大型—超大型内生金属矿床形成的必备物源。

该阶段早期的南华纪—震旦纪，在滩间山岩浆弧自早寒武世就开始了洋陆俯冲，中性—酸性侵入岩及岩浆分异活动强烈，稀有金属矿主要产于花岗伟晶岩脉中，形成与伟晶岩有关的铌、钽矿，俯冲末期弧后(内)盆地中形成了海相火山岩型金、铅锌(金、银)矿床。泥盆纪柴北缘地区总体属于碰撞后伸展环境，产生与偏碱性侵入岩有关的岩浆热液型铀、铌、稀土等矿产。

该成矿时期和上述成矿环境相应的金、稀有金属矿床成矿系列与岩浆作用有关，为与奥陶纪海相火山岩有关的铅、锌、铜、锰、铁、金、银矿床成矿系列(Nh:D-I-1)，与奥陶纪—泥盆纪中酸性侵入岩有关的金、银、铌、钽、铀、铁、铜、铅、锌、稀土、白云母矿床成矿系列(Nh:D-I-3))(图5-5)。各矿床成矿系列包含的矿床类型主要有3类，如伟晶岩型(代表性矿床为交通社铌、钽、轻稀土矿床)、岩浆热液型(胜利沟金矿床、查查香卡铀、铌、稀土矿床、夏日达乌铌镧铈矿床)、海相火山岩型矿[典型矿床为锡铁山铅锌(金、银)矿床、赛坝沟金矿床]。

随构造单元地质环境、成矿环境、成矿单元及含矿建造的不同，该时期与岩浆作用有关的矿床成矿系列广泛分布于加里东期—印支期岩浆作用强烈的滩间山岩浆弧和柴北缘蛇绿混杂岩带，其他构造单元则较为少见。这种特点充分反映出造山带以岩浆作用为主的重大地质事件与内生金属成矿事件的耦合性，即俯冲-造山环境中岩浆作用对金属矿产成矿起着重要的控制作用。

俄博梁石棉、铜、镍、金、稀有金属、白云母、地下水(钨、铋、石油、煤炭)成矿亚带和茫崖-采石沟石棉、铁、金、煤成矿亚带(Ⅳ24①)，主要匹配伟晶岩型"三稀"矿床成矿亚系列(代表性矿床有交通社铌、钽、轻稀土矿床)、岩浆热液型金、白云母成矿亚系列(典型矿床有采石沟金矿床)。

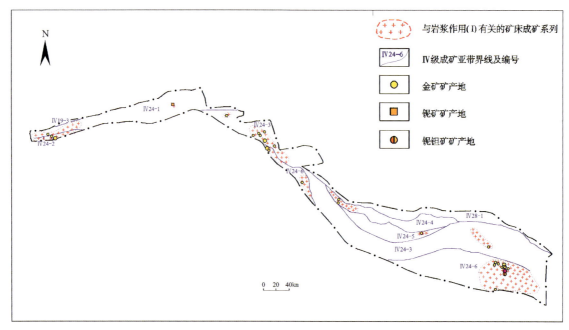

图 5-5　柴北缘地区南华纪—泥盆纪金、稀有金属矿床成矿系列分布图

锡铁山-布果特山铅、锌、金、铜、锰、稀有金属、煤、盐类、地下水成矿亚带(Ⅳ24③),主要为海相火山岩型铅、锌、金、银成矿亚系列[典型矿床为锡铁山铅锌(金、银)矿床],其次为伟晶岩型稀有金属、长石、白云母、绿柱石、水晶矿床亚系列(代表性矿床有沙柳泉铌钽矿床)。值得注意的是,在该亚带西段赛什腾山一带,尤其东段布赫特山一带中酸性岩浆建造较为发育,叠加多种成矿作用,成矿条件有利,且有少量岩浆热液型金、铁等矿点发现,但工作程度较低,因此,推测该区域应存在岩浆热液型及浅成中低温热液型矿床成矿亚系列及相应矿床。

基于柴北缘蛇绿混杂岩带之上的绿梁山-阿尔茨托山钛、锰、铬、铅、锌、金、铀、铁、稀土、地下水成矿亚带(Ⅳ24-⑥)内,偏碱性侵入岩有关的岩浆热液型铀、钍、铌、稀土成矿亚系列(典矿为查查香卡铀多金属矿床)和海相火山岩型铅、锌、金、银成矿亚系列[典矿为锡铁山铅锌(金、银)矿、赛坝沟金矿]与俯冲期中酸性侵入岩及弧后(内)盆地海相火山岩的发育相辅相成。

3. 石炭纪—三叠纪成矿演化阶段

该成矿时期柴北缘地区构造带属古特提斯构造域的重要组成部分,处于柴达木-华北陆块与南方特提斯洋盆共存格局相互作用的阶段,以往成岩成矿时代同位素年龄资料研究证实,大规模成矿集中于三叠纪,与古特提斯洋闭合后的大陆碰撞造山作用密切相关,宗务隆陆缘裂谷初始发展成洋并逐渐退行性演化。

此时期以强烈的岩浆作用为特色,虽然石炭纪岩浆岩不太发育,但滩间山一带金矿床的形成却与小型中酸性侵入体和韧性断裂构造密切相关;二叠纪—三叠纪在阿尔金、小赛什腾、阿木尼可、布果特至野马滩一线均发育醒目的岩浆弧花岗岩带(潘彤等,2019),同时,伴随俯冲板片脱水富集的巨量流体作用活跃运移于中上地壳不同部位,印支期形成伟晶岩型稀有金属矿床、接触交代型金、铁、铜矿产以及岩浆热液型金等矿产,易于形成与岩浆作用有关的矿床成矿系列,包括岩浆热液型矿床成矿亚系列、伟晶岩型矿床成矿亚系列、接触交代型矿床成矿亚系列较为普遍,矿种主要有金、铅、锌、铁、稀有、稀散金属矿等。

金、稀有金属矿产地的成因类型统计研究表明,该成矿时期与成矿作用相对应的矿床成矿系列有两类：一是与石炭纪—三叠纪中酸性侵入岩有关的铁、铜、金、铅、锌、钨、锡、钼、钴、稀有金属、玉石、重晶石、长石、白云母、脉石英矿床成矿系列，二是石炭纪—三叠纪含矿流体有关的金、钴、铜、铅、锌、铀、冰洲石矿床成矿系列（图 5-6）。

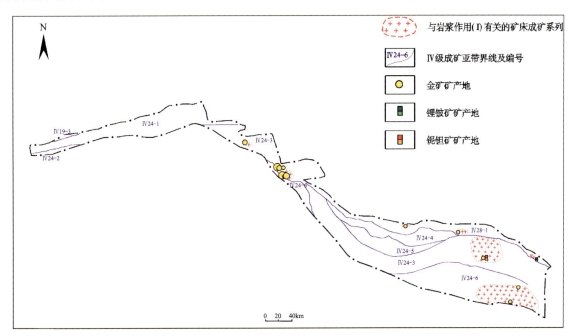

图 5-6 柴北缘地区石炭纪—三叠纪金、稀有金属矿床成矿系列分布图

与岩浆作用有关的矿床成矿系列为石炭纪—三叠纪成矿时段最为重要的矿床成矿系列，包含 3 个亚系列：①三叠纪伟晶岩型稀有金属、长石、白云母、绿柱石、水晶成矿亚系列，矿床式为茶卡北山式矿床，实例有茶卡北山锂铍矿点、石乃亥铌钽铷矿床、红岭北锂矿床；②石炭纪—三叠纪岩浆热液型金、铜、钨矿床成矿亚系列，矿床式为金龙沟式、青龙沟式，典型矿床有金龙沟金矿床、青龙沟金矿床、细晶沟金矿床等；③三叠纪接触交代型金、铁、铜矿床成矿亚系列，矿床式为霍德森沟式，代表性矿床有霍德森沟铁铜金矿床等。

石炭纪—三叠纪与含矿流体有关的金、钴、铜、铅、锌、铀、冰洲石矿床成矿系列，该系列在柴北缘重要性低。矿床式为野骆驼泉式（金、钴），矿床实例为野骆驼泉西金钴矿床。

二、区域成矿谱系

近年来，将不同类型矿床之间的相关性、矿床成矿系列放在更大尺度的成矿构造背景中去研究，进一步发展产生了"成矿谱系"和"成矿体系"的新理论（张均，2000；陈毓川等，2006；王登红等，2007；姚书振等，2011）。一般内生成矿系统的时限可对应于大地构造活动旋回或相对独立的构造活动阶段，沉积成矿系统与变质成矿系统应与地质年代（代、纪、世）相对应，在空间尺度上，成矿系统从大到小可划分为成矿域、成矿省、成矿区（带）、成矿亚带或矿集区、矿田和矿床在内的多个层次。低级别成矿系统的发育受到高一级成矿系统的约束，它们又受多级别成矿构造体系的控制（姚书振等，2011）。按照区域构造演化与成矿关系，根据上述建立的矿床成矿系列为基础，以空间（Ⅲ～Ⅳ级成矿带）为横坐标，时间（成矿时代）为纵坐标，建立柴北缘区域成矿谱系（图 5-7）。

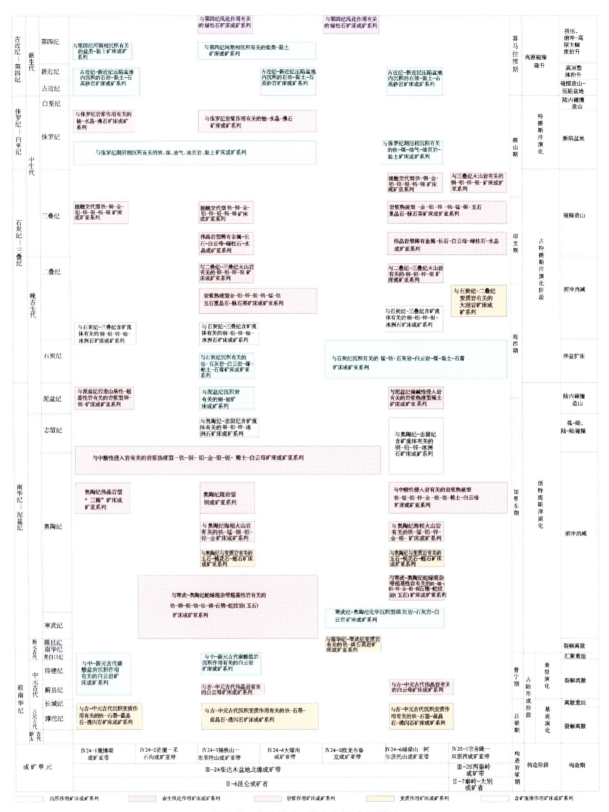

图 5-7 柴北缘金、稀有金属成矿谱系

第六章 柴达木盆地北缘找矿预测

第一节 金矿找矿预测

一、成矿地质背景

柴北缘地区是中国中央造山带的秦祁昆褶皱系的一部分,也是典型的复合造山带(殷鸿福和张克信,1998)。宋述光(2013)认为从前寒武纪至早古生代北祁连-柴北缘复合造山带经历了从大洋形成—扩张—俯冲—闭合到陆壳俯冲/碰撞造山及造山带垮塌6个构造演化阶段。柴北缘是原特提斯洋俯冲及后期大陆深俯冲形成的碰撞型造山带(杨经绥,2003),以发育早古生代高压—超高压变质岩和少量蛇绿岩为典型特征,也被称为柴北缘超高压变质带或增生杂岩带。张建新等(2009)认为柴北缘早古生代火山-沉积岩(滩间山群)、中酸性侵入岩、蛇绿岩和高压—超高压变质岩及泥盆纪沉积岩是原特提斯洋盆演化、陆-陆碰撞和后碰撞过程中岩浆、变质和沉积作用的产物。可分为4个构造旋回,其中早古生代造山旋回和海西晚期—印支期造山旋回与该地区金多金属成矿关系最密切,复合造山过程决定了该地区金矿多期次成矿和叠加成矿特征(丰成友等,2002)。柴北缘造山带经历了从早期海底俯冲(>440Ma)、大陆俯冲和碰撞(440~420Ma)、俯冲板块的剥露(420~390Ma)和最终造山带崩塌(390~360Ma)的演化模型(张建新等,2015)。柴北缘造山带金矿成矿期主要集中在426~376Ma、357~330Ma和288~246Ma 3个时期(刘嘉,2021;丰成友等,2002;张德全等,2005)。加里东期与海西期为重要成矿期,红柳沟金矿与青龙沟金矿为加里东晚期碰撞造山过程中形成;海西期形成了与造山后伸展作用背景下的金龙沟金矿与独树沟金矿。

柴北缘造山带已发现一批蚀变岩型和石英脉型金矿床,包括胜利沟、野骆驼泉、千枚岭、红柳沟、青龙沟、滩间山、赛坝沟、鱼卡和双口山等金矿床(点),主要赋存在中元古代、寒武纪和奥陶纪韧性剪切带中,且多数矿体与北西向构造相关。其中胜利沟、野骆驼泉、千枚岭、红柳沟、鱼卡和双口山金矿主要产于奥陶纪滩间山群,青龙沟和滩间山金矿产于中元古界万洞沟群,赛坝沟金矿的赋矿围岩为中粗粒花岗闪长岩-英云闪长岩;围岩蚀变主要为硅化、绿泥石化、绢云母化,红柳沟、滩间山等金矿具有碳酸盐化,赛坝沟金矿呈黄铁绢英岩化;野骆驼泉、千枚岭、青龙沟、滩间山、双口山等矿区金矿体与韧性剪切、次级构造或断层破碎带有关。

二、金找矿模型

1. 柴北缘地区金矿找矿模型

研究区内已发现金矿(点)82处,其中金矿床有16处,伴生金有7处,矿化点及化探异常等信息丰富。以研究区内主要金矿床为代表，建立了柴北缘地区金矿找矿模型（表6-1）。

表6-1 柴北缘金矿找矿预测模型要素表

预测要素		要素特征描述	要素分类
区域背景	大地构造单元	柴北缘结合带	重要
	大地构造分区	秦祁昆造山	
	成矿带划分	柴达木北缘铅、锌、金、锰、钛、铬、石棉、煤、白云母、石灰岩、盐类成矿带	重要
	成矿时代	加里东期、海西期—印支期	必要
变质岩建造/变质作用	岩石地层单位	达肯大坂岩群、万洞沟群、滩间山群	必要
	地层时代	古元古代—早古生代	
	岩石类型	中元古代区域低温动力变质作用形成的低绿片岩相的富镁含碳碎屑岩、海西早期海相火山碎屑岩	必要
岩浆作用	岩石名称	花岗闪长斑岩、英云闪长岩、花岗闪长岩、石英闪长岩、闪长玢岩	重要
	侵入时代	中—晚泥盆世、新元古代	必要
	岩石特征	过铝-低钾钙-钙碱性系列，属壳源型同碰撞造山伸展体制下的花岗岩类	
	岩(体)脉形态	复式岩体、岩株状、岩枝状及脉状	
成矿构造	断裂、皱褶构造	北西—北西西向韧性剪切带，叠加其内的皱褶、韧性滑脱断裂和脆性断裂裂隙	必要
含矿建造特征	矿化组合	万洞沟群下部含矿岩石组合为白云石大理岩夹薄层状大理岩（镜下定名钙质砂岩）组合，上部含矿组合为糜棱岩化碳质绢云千枚岩；滩间山群含矿岩石组合为安山岩、安山质凝灰岩、含碳绿片岩；中粗粒花岗闪长岩-英云闪长岩	重要
	蚀变特征	与金矿化关系密切的蚀变作用类型主要有黄铁矿化、硅化、绢云母化，次为绿泥石化、碳酸盐化（方解石、铁白云石）和褐铁矿化等	重要
地球化学特征	异常与矿化位置关系	地球化学异常虽存在漂移现象，使得矿点与地球化学异常之间的对应性有所减弱，但其漂移距离普遍均较小（500m之内），可以看出异常与矿床（点）的空间相关性还是比较明显，因此地球化学异常仍可作为一种预测标志	
	异常元素组合	石英脉型金矿化基本无组合元素；而蚀变岩型金矿则以金、砷、锑、铜、铅、锌、钨、锡、钼为组合	重要
	主要元素异常形态分布特征	石英脉型金矿化以组合元素简单，主要为金，浓集中心和三带齐全为特征；蚀变岩型以金、砷、锑套合较好、浓集中心明显和三带齐全	

续表 6-1

预测要素		要素特征描述	要素分类
地球物理特征	磁性特征	滩间山群火山岩普遍具有弱磁性，磁性较稳定；万洞沟群变质岩无磁性。而由区内蚀变岩型金矿石和石英脉型金矿石磁物性特征可知上述两类型金矿石与围岩间无明显的磁性差异	
	电性特征	金矿石的极化率变化范围在百分之几至百分之十几之间，金矿石平均值达 7.7%，属低阻高极化特征；而围岩除碳质千枚岩外均为中高阻低极化特征	
	磁异常	万洞沟群赋矿地层金矿床处无明显磁异常，仅为变质岩引起的区域低缓负磁异常场峰值为 0~50nT；滩间山群赋矿地层内金矿床具有弱的低值正磁异常，峰值只在几十纳特至 100nT，是围岩火山岩的反映	
	激电异常	低阻高极化异常基本对应于矿化体分布位置，而围岩则基本对应高阻低极化	重要
	干扰异常	含碳质岩系可形成极为明显的低阻高极化异常，是区内最大的激电异常干扰体	

2. 成矿地质背景

柴北缘金矿的代表矿床为构造蚀变岩型滩间山金矿床、石英脉型赛坝沟、红柳沟金矿床。区内晚寒武世—奥陶纪洋壳向北俯冲，逆冲型韧性剪切带形成；志留纪—早泥盆世洋盆消亡，碰撞造山，右行走滑韧性剪切带形成；晚泥盆世—早三叠世可能一度伸展，并伴有伸展型韧性剪切带形成；侏罗系—第四系向南推覆控制柴达木压陷盆地形成与发展。金矿床受区域性断裂及韧脆性剪性带控制，尤其北西向区域断裂与其旁侧的次级断裂交会处以及剪切带中的断裂-裂隙，是金矿床最有利的产出部位。

3. 沉积建造与成矿

柴北缘金矿床成矿作用复杂，具有成矿物质多源性，成矿阶段多期性等特点，是在沉积阶段形成金的矿源层后又经历了变质作用、构造变形、热液交代蚀变作用等叠加作用而形成的多因复成矿床。黑色含金岩系沉积期：在基底断裂控制的凹陷中沉积了富含热水沉积的含金碳质岩系；金初步富集期为中元古代晚期及加里东区域绿片岩相变质及柴北缘裂陷期，强烈的岩浆活动、岩体侵入、喷溢活动导致含金碳质岩系发生热变质作用，金在有利部位初步富集。

4. 岩浆活动与成矿

金矿化富集期为加里东晚期—海西早期，裂陷谷闭合碰撞造山，使矿源层强烈变形褶曲，发生动力热流变质，成矿物质迁移，再度富集形成浸染状硫化物矿石；金矿化叠加富集期为海西晚期再生裂陷谷盆闭合造山，伴随强烈的构造岩浆活动，中酸性杂岩体岩浆期后成矿热液运移到继承性复合的控矿构造部位，再次发生矿化富集叠加。

5. 断裂构造与成矿

柴北缘金矿床所在的柴北缘-东昆仑地区，是一个古生代—早中生代复合造山带，主要经历了加里东晚期和海西晚期—印支期的碰撞造山作用(陈炳蔚等,1995;殷鸿福和张克信,1998),该地区已发现的金矿主要形成于这两次造山过程中(张德全等,2002—2005)。发育的剪切带是区域古生代—早中生代复合造山作用的产物,也是本地区金龙沟金矿、青龙沟金矿、红柳沟金矿和赛坝沟金矿的区域控矿构造(于凤池等,1998;张德全等,2001—2007)。现已确认,该剪切带在加里东晚期碰撞造山时期发生过右旋逆冲剪切,在晚古生代—早中生代造山时期发生过左旋走滑,矿区内控制矿体的近南北向褶皱是北西向大型剪切带在晚海西期左旋走滑的产物(张德全等,2001)。

6. 物探异常与找矿应用

物探预测要素通过该区域物性特征、异常特征及矿与磁异常的空间关系分析研究,认为本区矿与磁异常之间没有明显的对应关系。由于金矿受构造控制的特征比较明显,因此,重磁推断的地质构造可作为间接找金矿的要素;重力推断断裂构造、推断沉积盆地、推断中酸性岩体也为找矿起一定指示作用。

7. 化探异常与找矿应用

该区域内 Au 异常落位于绿岩带及断裂上,规模大的金矿床如滩间山、青龙沟等都出现在断裂带上,异常分布方向与绿岩带一致。另外,多处金、铜、砷、钼组合异常有成矿事实,对找矿有很好的指示作用。

三、金矿成矿远景区

(一)划分原则

成矿远景区的划分受区内成矿带的制约,同时又受区内主要构造线的严格控制,不同成矿地段的矿种及规模也各有不同。因此,依据区内已查明的已知矿点、矿化点和矿化线索及重要地球物理、地球化学异常的分布,结合含矿建造、容矿岩石、重要控矿构造特征来划分。在具体划分过程中,遵循如下原则:

(1)处于相同的地质环境、成矿条件十分有利的地段,一般为Ⅳ级成矿亚带的一部分。
(2)同处于一个物探异常带(区)内。
(3)同处于一个化探异常带(区)内。
(4)具有包括中、大型矿床在内的一系列矿床点的找矿潜力,通过勘查,可以形成资源富集区。

(二)划分类型

据上述划分原则,将柴北缘地区金成矿远景区划分为 A、B、C 三类(表 6-2)。

表 6-2 金矿成矿远景区分类表

成矿有利程度标志	A 类远景区	B 类远景区	C 类远景区
区域成矿地质背景	现有地球物理、地球化学测量结果和遥感图像解释以及地质分析均能充分说明远景区处于十分有利的区域成矿地质背景中	已知地球物理、地球化学测量结果和遥感图像解释以及地质分析均能充分说明远景区处于有利的区域成矿地质背景中	现有地球物理、地球化学测量结果和遥感图像解释以及地质分析尚难说明远景区处于有利的区域成矿地质背景中

续表 6-2

成矿有利程度标志	A 类远景区	B 类远景区	C 类远景区
远景区控矿因素	远景区内存在多种有利的控矿因素,而且这些因素在时间上和空间上达到最佳的配置	远景区内存在多种有利的控矿因素,但部分因素不能足以说明在空间上或时间上与其余因素协调一致	远景区内或者只存在少数几种有利控矿因素,或者存在多种有利因素,但难以说明他们之间存在有机的联系
远景区直接矿化信息	远景区内以有大量矿点(床)分布;或已圈出有一定规模和强度的重砂矿物异常,而且重砂矿物组合可能和与所预测的目标矿床有关	远景区内有一定量的矿点(矿床)分布,或已圈出有一定规模和强度的重砂异常	远景区内有少量矿点分布,或已圈出一定规模的重砂异常
远景区间接矿化信息	①显著的围岩蚀变晕,并具有明显的蚀变分带;②存在与矿化有关的标志层;③区域地球物理场和局部异常的推断和解释提供了较好的成矿信息;④地球化学异常强度和规模都很显著,元素组合特征与目标矿床相近,且异常所在部位为成矿有利部位或与多种异常叠加	①发育较强的围岩蚀变,但分带性不明显;②存在于矿化有关的标志层;③区域地球物理异常明显,局部异常属可能的矿致异常,但具有多解性;④地球化学异常具有一定的强度和规模,元素组合与目标矿床具有可比性	①发育围岩蚀变,无分带现象;②地球物理异常具有多解性;③地球化学异常较弱,且元素组合单一

A 类远景区:成矿条件十分有利,预测依据充分,金矿资源潜力大或较大,埋藏在可采深度范围内。
B 类远景区:成矿条件有利,有预测依据,有一定的资源潜力。
C 类远景区:据成矿条件,有可能发现矿产资源,或在现有矿区外围或深部,有预测依据但资源潜力较小的地区。

(三)成矿远景区划分

据区内地质背景、重砂、化探及矿化等信息,结合区域金矿成矿类型、成矿条件等因素,将柴北缘金矿划分为 7 个找矿远景区,且远景区划分为 A、B、C 三类(表 6-3)。

表 6-3 柴北缘金矿找矿远景区及靶区划分表

Ⅳ级成矿区(带)	远景区(Ⅴ级矿集区)	类型	找矿靶区	类型	矿产地
茫崖-采石沟铁、金、石棉、煤成矿亚带(Ⅳ-24-2)	茫崖-采石沟石金矿远景区(YJ-1)	B	柴水沟-采石沟找矿靶区(BQ-1)	B	茫崖镇采石沟金矿床、茫崖行委柴水沟金矿点、茫崖镇柴水沟银金矿点(伴生金)
			严顺沟找矿靶区(BQ-2)	C	
俄博梁铜、镍、金、白云母、石油、煤、地下水成矿亚带(Ⅳ-24-1)	牛鼻子梁金矿远景区(YJ-2)	B	交通社西北山找矿靶区(BQ-3)	B	交通社西北山西金矿床、冷湖镇俄博梁北山金矿化点
			西大沟找矿靶区(BQ-4)	C	

续表 6-3

Ⅳ级成矿区（带）	远景区（Ⅴ级矿集区）	类型	找矿靶区	类型	矿产地
锡铁山-布果特山金、铜、铅、锌、铁、锰、稀有金属、煤、盐类、重晶石、绿松石、红蓝宝石、石灰岩、大理岩、蛇纹岩、地下水成矿亚带（Ⅳ-24-3）	锡铁山金矿远景区（YJ-3）	B	锡铁山找矿靶区（BQ-5）	A	大柴旦镇锡铁山铅锌矿（伴生金）、大柴旦镇峰北沟金矿化点、都兰县苦水泉一带金多金属矿点、锡铁山北沟铜金矿化点（伴生金）、都兰县望北山金矿化点、都兰县孔雀沟铜金矿点（伴生金）
			阿木尼克山找矿靶区（BQ-6）	B	
	滩间山地区金矿远景区（YJ-4）	A	小赛什腾找矿靶区（BQ-7）	B	冷湖镇野骆驼泉金钴矿床、大柴旦镇滩间山金矿金龙沟矿床、大柴旦镇青龙沟金矿床、大柴旦镇细金沟金矿床、冷湖镇小赛什腾地区金矿点、大柴旦镇红柳泉北金矿点、大柴旦镇红灯沟金矿点、冷湖镇小赛什腾山金矿化点、冷湖镇千枚岭金矿点、冷湖镇三角顶地区金矿点、大柴旦镇团结沟铜金矿化点（伴生金）、大柴旦行委红旗沟金矿化点、大柴旦镇胜利沟金矿点、大柴旦镇白云滩铅银金矿点（伴生金）、大柴旦镇小紫山西金矿化点、大柴旦镇黑山沟金矿化点、大柴旦镇万洞沟金矿化点、大柴旦镇路通沟金矿化点、大柴旦镇金红沟金矿点、大柴旦镇爬龙沟北金矿点、大柴旦镇绝壁沟金矿点、大柴旦镇细金沟北东金矿化点
			野骆驼泉-三角顶找矿靶区（BQ-8）	B	
			红旗沟重点找矿靶区（BQ-9）	A	
			滩间山重点找矿靶区（BQ-10）	A	
绿梁山-阿尔茨托山铜、铅、锌、金、锰、铁、铬、钛、稀有金属、铀、煤、石油、蛇纹岩、石灰岩、地下水成矿亚带（Ⅳ-24-6）	赛坝沟金矿远景区（YJ-5）	A	赛坝沟重点找矿靶区（BQ-11）	A	乌兰县赛坝沟金矿床、乌兰县巴润可万铜金矿点、都兰县德龙沟东侧金矿化点、乌兰县巴润可万铜金矿点、乌兰县多仁吉金矿化点、乌兰县阿哈大洼金矿化点、乌兰县包尔浩日地区金矿化点、乌兰县乌达热乎金矿床、托莫尔日特金矿点、嘎顺金铜矿点、赛坝沟矿区外围5号金矿点、阿里根刀若金矿点、沙柳河西金铜矿化点、阿移项金矿化点
			哈莉哈德山找矿靶区（BQ-12）	B	
			哈尔茨托山找矿靶区（BQ-13）	B	
	绿梁山金矿远景区（YJ-6）	B	红柳沟-龙柏沟重点找矿靶区（BQ-14）	A	大柴旦镇红柳沟金矿床、大柴旦镇二旦沟金矿化点、大柴旦镇黄绿沟金矿化点、大柴旦镇口北沟北西金矿化点、大柴旦镇双口山南东金矿化点、大柴旦镇龙柏沟金矿床、大柴旦镇二旦沟地区金矿化点、大柴旦镇黑石山金铜矿化点、大柴旦镇矿点沟东金矿化点
			绿梁山找矿靶区（BQ-15）	A	

续表 6-3

Ⅳ级成矿区(带)	远景区(Ⅴ级矿集区)	类型	找矿靶区	类型	矿产地
宗务隆-双朋西金、铅、钨、铁、稀有、石灰岩、花岗岩、大理岩、矿泉水、地下水、地热成矿亚带(Ⅳ-28-1)	宗务隆山金矿远景区(YJ-7)	C	宗务隆山找矿靶区(BQ-16)	B	德令哈市红柳沟地区金矿点、德令哈市恩格沟金矿化点、德令哈市那木英郭勒地区金矿化点、德令哈市赛日-京根郭勒地区金矿点
			大煤沟找矿靶区(BQ-17)	C	
			京根郭勒东找矿靶区(BQ-18)	C	

(四)成矿远景区特征

1. 茫崖-采石沟金矿远景区(YJ-1)

该远景区位于阿尔金南缘阿卡托山—采石沟一带,呈北东向条带状分布,面积约 1 075.5km²。成矿带属于茫崖-采石沟铁、金、石棉、煤成矿亚带(Ⅳ-24-2),远景区内金矿床有 1 处,矿点有 2 处,其中 1 处伴生金。

区内出露地层主要有古元古界达肯大坂岩群、奥陶系滩间山群、下中侏罗统大煤沟组、中侏罗统采石岭组、上侏罗统红水沟组、白垩系犬牙沟组、上新统油砂山组等。岩浆岩较为发育,侵入岩、火山岩均有分布,侵入岩时代主要为加里东期、海西期和印支期,加里东期侵入岩以基性、中酸性为主,海西期及印支期以中酸性侵入岩为主,发育少量基性—超基性岩岩脉。褶皱、断裂构造发育,褶皱主要为阿卡腾能山向斜;断裂构造呈东西向或北东-南西向展布。

1:20 万化探 3 处异常以 Au、W、Cu、Bi、As、Co、Sb 元素组合为主,1:5 万水系沉积物异常共圈定 16 处,其中甲类异常 3 处,乙类异常 6 处,丙类异常 4 处,丁类异常 3 处。异常主要集中分布在柴水沟—采石岭一带,沿阿克提大沟断裂带呈北东向带状展布,出露地层为奥陶系滩间山群,与目前发现的矿化点吻合;成矿元素为 Au、Ag、Cu、Pb、As、Sb、Mo 等。

目前,已发现金矿床(点)3 处(其中 1 处伴生金),矿化主要产于破碎蚀变带、韧性剪切带中,成矿与奥陶系滩间山群基性—中酸性火山岩、北西向断裂、韧性剪切、石英脉密切相关。与成矿关系密切的矿化蚀变主要有硅化、黄铁矿化、褐铁矿化,金矿的成因类型主要有构造蚀变岩型、石英脉型。

由此,区内地球化学异常多,且有丰富的矿(化)点线索,具有较好的找矿前景。在区内圈定 2 处金矿找矿靶区,分别为柴水沟-采石沟找矿靶区(BQ-1)、严顺沟找矿靶区(BQ-2)。

2. 牛鼻子梁金矿远景区(YJ-2)

该远景区位于阿尔金南缘西北部牛鼻子梁一带,呈北东向条带状分布,面积约 3 077.9km²。成矿带属于俄博梁铜、镍、金、铜、白云母、石油、煤、地下水成矿亚带(Ⅳ-24-1),区内已发现金矿点 2 处。

区内出露地层主要有古元古界达肯大坂岩群、中元古界万洞沟群、中侏罗统采石岭组、新近系—古近系干柴沟组、新近系油砂山组等。岩浆活动频繁,主要为加里东期—海西期,岩性从基性—中酸性均有出露。构造主要为断裂构造及褶皱构造,褶皱构造受同期或后期断裂及岩浆活动影响,其形态残缺不全,沿轴线延伸 1~3km;断裂构造发育,主体为阿尔金山深大断裂带南侧次生断裂,主要为北西向、近东西向及北东向 3 组,其中以北西向断裂组最为发育,控制了岩浆岩热液及矿体的产状分布,2 处金矿化点均受北东向断裂控制。

重砂异常7处,1∶20万水系沉积物7处异常以Au、W、Cu、Bi、As、Co、Sb元素组合为主;1∶5万水系沉积物异常共圈定27处,其中甲2类异常4处,乙1类异常2处,乙2类异常11处,乙3类异常5处,丙类异常5处;表现为W、Sn、Bi、Mo高温组合异常,并伴生有Au、Sb异常,在韧性变形强烈的达肯大坂岩群Au异常面积较大,峰值高,为寻找韧性剪切带型Au的有利区段。

目前,已发现金矿床(点)2处,矿化主要产于构造蚀变带、韧性剪切带及石英脉中,成矿与古元古界达肯大坂岩群片麻岩组、北西向断裂、韧性剪切、石英脉密切相关;矿化蚀变主要有硅化、褐铁矿化、绢云母化、碳酸岩化,成因类型有构造蚀变岩型、石英脉型。

由此,区内达肯大坂岩群派生的北东向次级断裂构造、韧性剪切带及石英脉是寻找构造蚀变岩型和石英脉型金矿的有利部位,化探异常显著,且有丰富的矿(化)点线索和蚀变特征,具有较好的找矿潜力。区内圈定2处金矿找矿靶区,分别为交通社西北山找矿靶区(BQ-3)、西大沟找矿靶区(BQ-4)。

3. 锡铁山金矿远景区(YJ-3)

该远景区位于柴北缘中部锡铁山一带,呈北西向条带状分布,面积约1 581.6 km^2。成矿带属锡铁山-布果特山金、铜、铅、锌、铁、锰、稀有金属、煤、盐类、重晶石、绿松石、红蓝宝石、石灰岩、大理岩、蛇纹岩、地下水成矿亚带(Ⅳ-24-5),区内已发现金矿床点有6处,其中3处伴生金。

区内出露地层主要有古元古界达肯大坂岩群、奥陶系滩间山群、泥盆系牦牛山组、下石炭统阿木尼克组、下—中侏罗统大煤沟组、新近系—古近系干柴沟组、古近系路乐河组等。区内岩浆活动频繁,主要为加里东期—海西期,岩性从超基性—基性—中酸性均有出露。构造主要有断裂构造及褶皱构造,断裂构造呈北西向,区内各金矿化点均与北西向断裂有密切关系。

区内1∶5万磁异常共圈定29处,据磁场所处地理、地质环境及磁场等特征,可分为北部、中部、南部3种磁场特征。1∶20万重砂异常5处;1∶20万区域化探异常3处;1∶5万水系沉积物异常共圈定23处,其中甲2类异常1处,乙1类异常2处,乙2类异常5处,乙3类异常9处,丙类异常6处;以Au为主元素的综合异常共有5处,以Au为伴生元素的异常共有6处;异常主体呈北西向带状展布,异常强度较高,并且与已有的矿化点位置较为吻合,Au、W异常多集中分布在北西向展布的加里东期黑云二长花岗岩体及其与古元古界达肯大坂岩群接触带及北西向断裂构造带上,主要成矿元素为Au、W等,伴生As、Sb、Ni、Cr、Mo、Ag、Th等元素;出露大柴旦镇峰北沟金矿化点、都兰县望北山金矿化点、都兰县孔雀沟铜金矿点、都兰县苦水泉一带金多金属矿点、锡铁山北沟铜金矿化点等。

目前,已发现金矿化主要产于破碎蚀变带、韧性剪切带及石英脉中,成矿与古元古界达肯大坂岩群、上泥盆统牦牛山组、加里东期—海西期超基性—基性—中酸性岩浆岩、北西向断裂、强褐铁矿化石英脉密切相关,成因类型主要有构造蚀变岩型、石英脉型、热液型。

由此,该远景区成矿带属于绿梁山-锡铁山成矿亚带,已知矿化点信息丰富,物化探异常明显。区内圈定2处金矿找矿靶区,为锡铁山找矿靶区(BQ-5)、阿木尼克山找矿靶区(BQ-6)。

4. 滩间山地区金矿远景区(YJ-4)

该远景区位于柴北缘苏干湖西—滩间山一带,呈北西向条带状分布,面积约1 934.79 km^2。成矿带属锡铁山-布果特山金、铜、铅、锌、铁、锰、稀有、煤、盐类、重晶石、绿松石、红蓝宝石、石灰岩、大理岩、蛇纹岩-地下水成矿亚带(Ⅳ-24-5),区内已发现金矿(点)20处,其中金矿床有4处,2处伴生金;矿化点信息丰富。

区内出露地层主要有古元古界达肯大坂岩群、中元古界万洞沟群、奥陶系滩间山群、上泥盆统牦牛山组碎屑岩段、下石炭统怀头他拉组、下—中侏罗统大煤沟组、新近系—古近系干柴沟组、古近系路乐河组、新近系油砂山组、新近系狮子沟组。

岩浆活动频繁,主要为加里东期—海西期,岩性从超基性—基性—中酸性均有出露。其中基性岩主要有早奥陶世辉长岩、超基性岩主要有早奥陶世超基性岩；中性—酸性侵入岩与成矿关系密切，多呈岩基、小岩株状产出。加里东期超基性基性岩、海西期中酸性岩及燕山期中酸性岩为区内滩间山、青龙沟、细晶沟金矿床及其他金矿化点的形成提供了矿质来源。成矿期以加里东期为主，次为海西期，与火山活动和超基性—基性岩关系密切的是 Cr、Ni、Co、Cu、Au 成矿作用，与中酸性侵入岩有关的是 W、Cu、Au 等成矿作用。北西向断裂发育，与区域主构造线方向一致；金矿化点均与北西向断裂密切相关，均受断裂控制。

重砂异常 4 处；1：20 万水系沉积物异常 5 处，成矿元素为 Au、As、Sb、Cu、W、Mo 等。1：5 万水系沉积物综合异常以 Au、W、Sn、Mo、Cu、Cr、Ni、Pb、Zn、Ag 等为主，圈定 53 处，其中甲 1 类异常 1 处，甲 2 类异常 2 处，甲 3 类异常 3 处，乙 1 类异常 1 处，乙 2 类异常 8 处；其中以 Au 为主元素的异常 15 处；金异常（带）主要分布在小赛什腾山、三角顶、红灯沟-胜利沟、滩间山、青龙山、红柳沟一带，异常主要分布在万洞沟群及滩间山群。

目前，已发现金矿点、金矿床共计 24 处；其中金矿点 20 处（2 处伴生金），金矿床 4 处；矿化主要产于构造蚀变带及石英脉中，成矿与古元古界达肯大坂岩群、中元古界万洞沟群、奥陶系滩间山群、加里东期—海西期超基性—基性—中酸性岩浆岩、北西向断裂、褐铁矿化含金石英脉密切相关。

由此，区内中元古界万洞沟群和寒武纪—奥陶纪俯冲环境形成的岛弧火山岩广布，控制构造蚀变岩型金矿的区域性韧性剪切构造和叠加于其内的脆性断裂裂隙等封闭扩容空间发育且规模较大，加里东期—海西期岩浆热液活动强烈，热液矿化和蚀变明显。圈定 1：5 万水系沉积物异常 53 处，异常以 Au、Sb、As、Sn、W、Mn、Nb、Y、Li、Cu、Pb、Zn 等为主，异常主要分布在万洞沟群及滩间山群中，部分分布在中酸性花岗岩之中。万洞沟群是重要的金矿赋矿层位，该地层中产有金龙沟、青龙沟、细晶沟等金矿床和多个金多金属矿点；奥陶系滩间山群是金、铜成矿的又一主要赋矿地层，分布有万洞沟金铜矿点；反映该区具有巨大的找矿潜力。区内圈定 4 处金矿找矿靶区，分别为小赛什腾找矿靶区（BQ-7）、野骆驼泉-三角顶找矿靶区（BQ-8）、红旗沟重点找矿靶区（BQ-9）、滩间山重点找矿靶区（BQ-10）。

5. 赛坝沟金矿远景区（YJ-5）

该远景区位于柴北缘东南部赛坝沟—沙柳河一带，呈不规则状分布，南北长 40km，东西长约 67km，面积约 2 712.9km²；成矿带属绿梁山-阿尔茨托山铜、铅、锌、金、锰、铁、铬、钛、稀有金属、铀、煤、石油、蛇纹岩、石灰岩、地下水成矿亚带（Ⅳ-24-6），区内已发现金矿点 30 处，其中金矿床 2 处。

出露地层主要有古元古界达肯大坂岩群、中元古界长城系沙柳河群、奥陶系滩间山群、泥盆系牦牛山组、石炭系怀头他拉组、三叠系鄂拉山组、新近系油砂山组等。区内岩浆活动频繁，主要为加里东-印支期，岩性从超基性—基性—中酸性均有出露；其中中性—酸性侵入岩活动较频繁，主要有古元古代二长花岗岩、早二叠世花岗闪长岩、晚三叠世二长花岗斑岩、晚三叠世钾长花岗岩、晚三叠世二长花岗岩等。区内韧性剪切、背向斜褶皱构造和近东西向、北西—北北西向和北东—北东东向 3 组断裂构造发育，韧性剪切构造及断裂构造具有明显控矿作用。区内动力变质作用较发育，据变质作用分为脆性动力变质作用和韧性动力变质作用，其中韧性动力变质作用形成的断层破碎带，岩石糜棱岩化强，是含矿溶液运移的通道，也是矿质沉积的场所。与成矿作用较密切的变质岩分布在古元古界达肯大坂岩群、奥陶系滩间山群中，区内乌兰县赛坝沟金矿床、都兰县沙柳河西金铜矿化点与次级断裂构造关系密切。

区内 1：5 万磁异常共圈定 70 处，1：20 万重砂异常 13 处，圈定 1：20 万水系沉积物异常 6 处，1：5 万水系沉积物异常共圈定 46 处，其中甲类异常 22 处（甲 2 类 5 处，甲 3 类 17 处），乙类异常 5 处（乙 2 类 1 处，乙 3 类 4 处），丙类异常 19 个；以 Au 为主元素异常 9 处，分布在赛坝沟一带，异常呈带状或串珠状沿北西向、北西西向展布，分布密集且连续性好；主元素 Pb、Cr、Cu、Au、Ag、Ni、Bi、Sn 伴生有 Mo、As、Sb、Zn、W、Co 等元素，显示为热液作用下铜金多金属元素组合特征，异常套合程度较高、强度高、规模大；另外，区内断裂及侵入接触带对异常控制明显，多沿北西向分布；Au 异常与晚奥陶世斜长花岗岩及奥陶系滩间山群关系密切。

区内已发现金矿点 30 处,其中金矿床 2 处;矿化主要产于构造蚀变带及石英脉中,成矿与中元古界长城系沙柳河群、奥陶系滩间山群、海西期斜长花岗岩、海西期钾长花岗岩、加里东期角闪斜长花岗岩、加里东期斜长花岗岩、断裂构造、韧性剪切构造关系密切。产于石英脉中矿床(点)8 处,其余矿床(点)与构造蚀变带密切相关。矿化富集地段往往北西向断裂构造极为发育,局部伴有明显的韧性剪切构造,且具有黄铁矿化、黄铁绢英岩化、硅化,地表则有明显的褐铁矿化现象。

由此,该远景区成矿带属赛坝沟-阿尔茨托山成矿亚带,矿化点丰富,物化探异常显著。区内圈定 3 处金矿找矿靶区,为赛坝沟重点找矿靶区(BQ-11)、哈莉哈德山找矿靶区(BQ-12)、哈尔茨托山找矿靶区(BQ-13)。

6. 绿梁山金矿远景区(YJ-6)

该远景区位于柴北缘绿梁山一带,呈北西向条带状分布,北西窄、南东宽,面积约 1 268.07 km²。成矿带属绿梁山-阿尔茨托山铜、铅、锌、金、锰、铁、铬、钛、稀有金属、铀、煤、石油、蛇纹岩、石灰岩、地下水成矿亚带(Ⅳ-24-6)。区内已发现金矿床(点)9 处,其中金矿床 2 处。

出露地层主要有古元古界达肯大坂岩群、中元古界万洞沟群、中元古界长城系沙柳河群、奥陶系滩间山群、泥盆系牦牛山组、石炭系怀头他拉组、下—中侏罗统大煤沟组、白垩系犬牙沟组、新近系—古近系干柴沟组、古近系路乐河组、新近系油砂山组、新近系狮子沟组。岩浆活动频繁,主要为加里东期—海西期,岩性从超基性—基性—中酸性均有出露,其中加里东期碎裂蚀变闪长岩、蚀变辉长岩、辉绿岩等岩体及岩脉对金矿化富集提供了热源;断裂构造发育,主要为东西向、近南北向与北西向 3 组,金矿点与北西向断裂密切相关,均受北西向断裂控制。

重砂异常 2 处,1∶20 万水系沉积物异常 3 处,成矿元素主要有 Au、As、Sb、Cu、W、Mo 等,1∶5 万水系沉积物异常主要以 Au、Ag、W、Pb、Zn、Cu、Cr、Ni、Sn、Sb 等为主,伴生有 Mo、Ba、Co、Mn、Cd、As、Nb、La、Bi 等。圈定 72 处,其中甲类 6 处,乙类 35 处(乙 1 类 24 处,乙 2 类 6 处,乙 3 类 5 处);其中以 Au 为主元素的异常 17 处,主要分布在滩间山、绿梁山、南山—开屏沟及双口山一带,主要沿北西向断裂分布,且分布在达肯大坂岩群及滩间山群,异常强度较高,多具三级浓度分带,主要伴生元素为 Ag、As、Pb、Zn、W。

区内已发现金矿(点)7 处,其中金矿床 2 处;矿化主要产于构造蚀变带及石英脉中,成矿与古元古界达肯大坂岩群、奥陶系滩间山群、加里东期—海西期超基性—基性—中酸性岩浆岩、北西向断裂、含金石英脉密切相关。

由此,区内 1∶5 万水系沉积物异常共圈定 72 处,异常主元素以 Au、Ag、Sb、Cu、Cr、Ni、W、Mo、Pb、Zn 等为主,成矿元素以 Au、Ag、Cu、Ni、Pb、Zn、W、Mn 等为主,金异常主要分布在滩间山、绿梁山、南山—开屏沟及双口山一带,主要沿北西向断裂分布在达肯大坂岩群及滩间山群中;奥陶系滩间山群是最主要的金矿赋矿层位,产有 6 处金矿床及矿化点,达肯大坂岩群为另一赋矿层位,矿化点多、集中而规模大,矿化线索丰富,成矿类型以构造蚀变岩型金矿、热液型金铜多金属矿、石英脉型金矿为主,具有较好的找矿潜力。区内圈定 2 处金矿找矿靶区,为红柳沟-龙柏沟重点找矿靶区(BQ-14)、绿梁山找矿靶区(BQ-15)。

7. 宗务隆山金矿远景区(YJ-7)

该远景区位于柴北缘中部宗务隆山一带,呈近东西向条带状分布,面积约 1 006.5 km²。成矿带属宗务隆-双朋西金、铅、钨、铁、稀有金属、石灰岩、花岗岩、大理岩、矿泉水、地下水、地热成矿亚带(Ⅳ-28-1),区内已发现金矿床、点 4 处。

出露地层主要有石炭系—二叠系土尔根大坂组、下二叠统果可山组、中二叠统甘家组、下—中三叠统隆务河组等。岩浆活动不强烈,仅有岩脉分布,主要为中酸性岩脉及石英脉等,其中石英脉与成矿关系密切,德令哈市那木英郭勒地区金矿化点、德令哈市恩格沟金矿化点、德令哈市赛日-京根郭勒地区金矿点等金矿（化）点均与石英脉有关，为金矿化主要赋矿脉体。与成矿关系密切的矿化蚀变主要有褐铁矿化、硅化、黄铁矿化、黄铁绢英岩化等，金矿的成因类型主要有构造蚀变岩型、石英脉型。断裂构造发育，以宗务隆山断裂带为主体，次级断裂发育，主要为北西西向和近北东向，以北西西向断裂为主，部分金矿点受构造影响明显。

区内1：5万磁异常4处，异常以正、负异常相间为主，以北西向、南东向呈长条带状分布；1：20万重砂异常2处，1：20万水系沉积物异常2处，1：5万水系沉积物异常88处，其中乙1类异常37处，乙2类33处，乙3类13处，丙类5处；主要元素组合为Au、Ag、Cu、Pb、Cr、Co、Ni、As、Sb，异常强度强，Au元素具明显三级浓度分带，异常形态呈不规则状和椭圆状，以Au为主异常49处，以Au为伴生元素的异常18处，Au异常主要分布石炭纪、二叠纪地层中，多以强异常形式出现，并与多种元素以多种形式组合共生，有AuAsSb的低温热液元素组合，AuAgCuPbZn的硫化物组合，AuMoWBi的高温热液组合等；区内有4处金矿化点均与异常套合明显。

由此，该远景区成矿带属宗务隆山-加木纳哈岗稀有铅、锌、金（铜、银）成矿亚带，已知矿化点丰富，物化探异常明显。区内圈定3处金矿找矿靶区，为宗务隆山找矿靶区（BQ-16）、大煤沟找矿靶区（BQ-17）、京根郭勒东找矿靶区（BQ-18）。

四、金矿优选找矿靶区

1. 划分原则

（1）柴北缘地区金矿床（点）时空展布具丛聚性，在空间上常成带分布，在时间演化上，具有3期成矿特征。靶区划分主要在远景区划分的基础上，面积逐步缩小，通过对远景区内金矿成矿聚焦作用而圈定优选找矿靶区。

（2）以金成矿前提、成矿有利构造部位和找矿标志为依据，圈定和筛选金找矿靶区。

（3）以地质背景为基础，汇集地质异常、地球化学异常、地球物理异常、重砂异常、遥感异常以及矿化蚀变、围岩蚀变等综合信息为依据的评价原则，进行综合信息集成优选找矿靶区。

2. 划分依据

（1）据1：20万、1：5万、1：2.5万化探异常和重砂异常等工作确定的具有进一步工作价值，或可能发现、扩大已有矿床远景的地段。

（2）以成矿远景区为基础，对具体成矿地质环境、控矿条件、化探异常、矿化信息等进行综合分析，与典型矿床类比，圈定找矿靶区。

（3）在异常分类、评述及对各综合异常推断解释与评价的基础上，对区内异常以其元素组合特征、主元素规模、异常地质成矿条件是否有利来圈定找矿靶区。

（4）与异常内已发现的矿（化）体、矿化线索等进行综合类比，按找矿价值及意义划分不同级的找矿靶区。

3. 找矿靶区分类

据找矿靶区划分原则，对各种综合方法所提取的各项预测标志，在优化的基础上进行综合评价，合理组合，使划分的优选找矿靶区取得最佳效果。找矿靶区共划分出3级，即A、B、C类找矿靶区。

A类找矿靶区：成矿条件十分有利，已有金成矿事实，并已经发现有金矿床、点，不同比例尺化探异常强度较高，且各种异常套合较好区段。

B类找矿靶区：成矿条件有利，有金矿化点或矿化线索，不同比例尺的化探异常强度较高，且各种异常套合较好区段,有一定找矿潜力。

C 类找矿靶区:据远景内金成矿条件,有矿化线索,且有化探异常显示,在现有矿区外围或深部,有预测依据但资源潜力较小的地区。

4. 找矿靶区特征

在划分金矿找矿远景区的基础上,结合具体成矿地质环境、控矿条件、化探异常、矿化信息等综合地质异常信息,圈定优选找矿靶区 18 处(表 6-4),其中 A 类找矿靶区 6 处,B 类 8 处,C 类 4 处。

表 6-4 柴北缘金矿优选找矿靶区地质特征表

靶区名称	面积(km^2)	成矿类型	地质特征
柴水沟-采石沟找矿靶区(BQ-1)	113.04	构造蚀变岩型和石英脉型金矿	出露地层主要为奥陶系滩间山群、下—中侏罗统大煤沟组。区内岩浆活动频繁,主要为中志留世二长花岗岩、晚三叠世二长花岗岩、晚三叠世钾长花岗岩。区内断裂构造发育,呈东西向或北东-南西向分布,与区内金矿床点关系密切。区内以金为主元素及伴生元素的 1:5 万水系沉积物异常 3 处,2 处以 Au 为主元素,1 处以 Au 为伴生元素,异常元素组合为 Au、As、Sb、Ag、Pb、Zn、Mo 为主,异常分布较为集中。已发现 4 处金矿床点,沿平顶山-野马滩断裂带及阿克提山大沟断裂带展布。海西期侵入岩对成矿极为有利,为 Au、Ag、Pb 等成矿物质的来源体。派生的北东向、近东西向次级断裂,共同制约了构造热液岩型金多金属矿点的空间展布,起着控矿和容矿作用。靶区具有寻找构造蚀变岩型和石英脉型金矿的潜力
严顺沟找矿靶区(BQ-2)	50.63	构造蚀变岩型和石英脉型金矿	出露地层主要为奥陶系滩间山群、下—中侏罗统大煤沟组、新近系油砂山组及第四系。区内岩浆活动强烈,从基性—中性—酸性侵入岩均有出露。断裂构造较发育,呈近东西向、北东向及北西向 3 组,其中北西向及近东西向断裂是区内主要构造,局部次级断裂及构造破碎带主要导矿及储矿构造。1:2.5 万地球化学异常有 12 处,其中 Au 为主元素异常为 2 处;异常元素组合以 Au、Cu、Sb、Pb、As、Cr、Co、Ag 为主,沿阿克提大沟断裂带呈北西向带状展布。发现 2 处金矿化线索。经过分析金品位达到 0.14~0.9g/t,赋存于北西向展布的断层破碎带中,含矿岩性为蚀变石英脉及构造角砾岩。这些矿化线索与区内化探异常套合极好。奥陶系滩间山群是主要的赋矿地层。构造活动强烈,具有多期性,形成了不同时代的褶皱与断裂。岩浆活动强烈。岩浆受断裂控制明显,海西期侵入岩对成矿极为有利,为 Au、Ag、Pb 等成矿物质的来源体。靶区内寻找构造蚀变岩型金矿及石英脉型金矿的潜力较大

续表 6-4

靶区名称	面积(km²)	成矿类型	地质特征
交通社西北山找矿靶区(BQ-3)	156.38	构造蚀变岩型和石英脉型金矿	出露地层主要为古元古界达肯大坂岩群、新近系油砂山组。岩浆活动频繁,主要为加里东期—海西期,岩性为主为中奥陶世英云闪长岩、中奥陶世闪长岩、中志留世闪长岩、早二叠世花岗闪长岩。区内断裂构造发育,主要有北西及北东向,其中以北东向断裂组最为发育。断裂规模大、切割深,起到了导矿作用。次级构造则起到良好的运矿和储矿的作用,并控制了岩浆岩热液及矿体的产状分布。以金为主元素及伴生元素的 1:5 万水系沉积物异常 3 处,其中 Au 为主元素异常 2 处,伴生元素异常 1 处,异常元素组合以 Au、Ag、As、Sb、Mo、Ni、Pb、Sb、Zn 为主,异常主要沿北东向断裂带展布。古元古界达肯大坂岩群是主要的赋矿地层,构造对本区金多金属矿成矿的控制作用明显,区内达肯大坂岩群中派生的北东向次级断裂构造、韧性剪切带及石英脉中有明显的金矿化富集。发现了交通社西北山西金矿床、冷湖镇俄博梁北山金矿化点等 2 处金矿床点,这些矿床点与已有 1:5 万水系沉积物异常套合极好,寻找构造蚀变岩型金矿和石英脉型金矿找矿潜力较大
西大沟找矿靶区(BQ-4)	19.37	构造蚀变岩型金矿	出露地层为古元古界达肯大坂岩群及第四系。区内岩浆岩活动比较频繁,中酸性侵入岩极为发育。侵入时期为海西期和印支期,其中海西期侵入岩最为强烈,区内构造主要为韧性剪切构造及脆性断裂,整体走向为北西向,局部形成的构造破碎蚀变带与金矿化关系密切。1:2.5 万化探异常有 4 处,其中 Au 为伴生元素异常 3 处;异常元素组合以 La、W、Au、As 为主,异常均沿北西—近东西向断裂带展布。区内未发现明显的矿化点,但发现了 1 处金矿化线索。出露的古元古界达肯大坂岩群是主要的赋矿地层,区内韧性剪切构造及脆性断裂较为发育,目前发现的矿化线索位于近东西向次级断裂构造破碎带中,是区内最重要的控矿因素。具有寻找构造蚀变岩型金矿的潜力

续表 6-4

靶区名称	面积(km^2)	成矿类型	地质特征
锡铁山找矿靶区（BQ-5）	323.98	构造蚀变岩型金矿、热液型金铜多金属矿	靶区出露地层为古元古界达肯大坂岩群、奥陶系滩间山群、下石炭统阿木尼克组、新近系—古近系干柴沟组。岩浆活动频繁，主要为加里东期—海西期，加里东侵入岩主要为晚奥陶世石英闪长岩、中志留世二长花岗岩，海西期侵入岩主要为晚泥盆世二长花岗岩。断裂构造发育，呈北西—北北西向。控矿构造主要为柴北缘大型逆冲型韧性剪切构造带和柴运沟-倒向沟断裂及与之有关的次级断裂构造。构造是重要的导矿、控矿因素，是形成构造蚀变岩型矿床的主要赋矿层和容矿构造。区内1∶5万水系沉积物异常有7处，其中Au为主元素异常1处，1∶2.5万地球化学异常圈出以Au为主元素的综合异常15处，伴生Au元素异常2处，异常面积较大，强度局部较高，多具二级浓度分带，个别具三级浓度分带，伴生元素有As、Bi、W、Sb、Th等。已经发现了大柴旦镇锡铁山铅锌矿（伴生金）、锡铁山北沟铜金矿化点（伴生金）、大柴旦镇峰北沟金矿化点等3处矿床点，发现的矿床点与化探异常套合好。达肯大坂岩群及滩间山群是主要的赋矿地层，岩浆活动为区内矿床的形成提供了主要物源，后期热液活动形成的石英脉中金元素富集较好，具有构造蚀变岩型金矿、热液型金铜多金属矿找矿潜力
阿木尼克山找矿靶区（BQ-6）	206.73	构造蚀变岩型金矿、热液型金铜多金属矿及石英脉型金矿	出露地层为古元古界达肯大坂岩群、奥陶系滩间山群、泥盆系牦牛山组、新近系—古近系干柴沟组、古近系路乐河组。岩浆活动频繁，主要为加里东期—海西期，岩性为中元古代花岗闪长岩、晚奥陶世闪长岩、晚奥陶世石英闪长岩、晚奥陶世英云闪长岩、早石炭世二长花岗斑岩。断裂呈北西向展布，其中阿木尼克山断裂属压扭性逆断层，破碎带中碎裂岩发育，与区内金矿床点有密切的关系。区内1∶5万水系沉积物异常有10处，其中Au为主元素异常4处，异常主要分布在饮马峡、全吉河一带，分布于牦牛山组上岩段火山岩中，异常面积大，强度较高；已经发现了都兰县望北山金矿化点、都兰县孔雀沟铜金矿点（伴生金）、都兰县苦水泉一带金多金属矿点3处矿床点，发现的矿床点与化探异常套合好；北西向次级断裂构造、古元古界达肯大坂岩群中的望北山韧性剪切带是寻找石英脉型和构造蚀变岩型金矿产的有利部位。区内岩浆活动发育，Au异常主要分布全吉河海西期黑云二长花岗岩及饮马峡牦牛山组中。易于形成构造蚀变岩型、热液型Au Cu矿产。具有构造蚀变岩型金矿、热液型金铜多金属矿及石英脉型金矿找矿潜力

续表 6-4

靶区名称	面积(km²)	成矿类型	地质特征
小赛什腾找矿靶区(BQ-7)	89.81	构造蚀变岩型金矿	出露地层主要为奥陶系滩间山群、下火山岩组玄武岩安山岩英安岩组合、下石炭统怀头他拉组、新近系—古近系干柴沟组。岩浆活动主要为海西期，岩性为晚泥盆世石英闪长岩。构造以断裂为主，具有环状分布的特征，呈北北西、南北向展布，断裂控制了区内岩浆岩分布，地层呈断块状，与金矿化关系密切。以金为主元素及伴生元素的 1：2.5 万化探异常有 18 处，其中 Au 为主元素异常 16 处，异常主要沿区内断裂带呈北东向展布。已经发现了冷湖镇小赛什腾山金矿化点、冷湖镇小赛什腾地区金矿点等 2 处金矿化点，这些矿化点与已有 1：5 万水系沉积物异常及 1：2.5 万地球化学异常套合极好。奥陶系滩间山群碎屑岩组和火山岩组为主要赋矿地层。分布在断层中的构造蚀变断层破碎带及石英脉为主要含矿岩性。区内化探异常丰富，成矿地质背景及条件优越，具有构造蚀变岩型金矿找矿潜力
野骆驼泉-三角顶找矿靶区(BQ-8)	212.79	构造蚀变岩型金矿及石英脉型金矿	内出露地层为古元古界达肯大坂岩群、奥陶系滩间山群、上泥盆统牦牛山组碎屑岩段、下石炭统怀头他拉组。岩浆活动发育，主要为加里东期—海西期，基性岩主要有早奥陶世辉长岩，中性—酸性侵入岩有中奥陶世花岗闪长岩、晚奥陶世花岗闪长岩、晚二叠世二长花岗岩及石英脉。区内构造发育，多呈北西向展布，断裂构造具有控矿构造。1 处主元素为 Au 的 1：5 万水系沉积物异常综合异常，1 处主元素为 Au 1：2.5 万化探异常；已经发现了冷湖镇野骆驼泉金钴矿床、冷湖镇千枚岭金矿点、大柴旦镇红柳泉北金铜多金属矿点、冷湖镇三角顶地区金矿点 4 处金矿床点，古元古界达肯大坂岩群、奥陶纪滩间山群为主要的赋矿地层。断裂基本控制了地层和次级断裂破碎带的分布，热液蚀变作用主要发生在破碎带内的岩石中，大量的石英脉穿插，形成含金的石英脉、含金的破碎带。地层中闪长岩、闪长玢岩脉可能与金矿化有一定关系。具有构造蚀变岩型金矿及石英脉型金找矿潜力

续表 6-4

靶区名称	面积(km²)	成矿类型	地质特征
红旗沟重点找矿靶区(BQ-9)	362.64	构造蚀变岩型金矿及热液型金多金属矿	区内出露地层为中元古界万洞沟群、奥陶系滩间山群及少量上泥盆统牦牛山组碎屑岩段。岩浆活动发育,主要为加里东期—海西期,岩性从超基性—基性—中酸性均有出露。基性岩主要有早奥陶世辉长岩、超基性岩主要有早奥陶世超基性岩。中性—酸性侵入岩主要有古元古代环斑花岗岩、中奥陶世花岗闪长岩、晚奥陶世花岗闪长岩、晚泥盆世花岗闪长岩等,构造发育,主要为北西-南东向。万洞沟群和滩间山群火山-沉积建造是主要含矿地层,岩浆热液活动为区内构造蚀变岩型金矿提供了丰富的物源,在带内形成了多处大中型金矿床。以金为主元素及伴生元素的1:5万水系沉积物异常有13处,1:2.5万地球化学测量项目中Au为主元素异常有9处;已经发现大柴旦镇青龙沟金矿床、大柴旦镇红灯沟金矿点、大柴旦镇团结沟铜金矿化点(伴生金)、大柴旦行委红旗沟金矿化点、大柴旦镇胜利沟金矿化点、大柴旦镇白云滩铅银金矿点(伴生金)、大柴旦镇万洞沟金矿点、大柴旦镇小紫山西金矿化点、大柴旦镇路通沟金矿化点、大柴旦镇黑山沟金矿化点、大柴旦镇金红沟金矿点等11处金矿床点,与化探异常套合较好。中元古界万洞沟群与构造蚀变岩型金矿关系密切,奥陶系滩间山群与热液型金多金属矿关系密切。具有构造蚀变岩型金矿及热液型金多金属矿的找矿潜力
滩间山重点找矿靶区(BQ-10)	114.55	构造蚀变岩型金矿	区内出露地层为中元古界万洞沟群。岩浆活动发育,主要为加里东期花岗闪长斑岩,构造发育,为北西-南东向,沿断层往往有超基性、基性岩体层北西向带状展布。万洞沟群是该区主要含矿地层,岩浆热液活动为区内构造蚀变岩型金矿提供了丰富的物质来源,在区内形成多处大中型金矿床。区内以金为主元素的1:5万化探异常有2处,异常元素组合以Au、Mo、As、W、Ag、Sb、Cd为主,异常集中分布在滩间山一带。已经发现大柴旦镇滩间山金矿金龙沟矿、大柴旦镇细金沟金矿床、大柴旦镇爬龙沟北金矿化点、大柴旦镇绝壁沟金矿点、大柴旦镇小红柳沟金矿化点、大柴旦镇细金沟北东金矿化点、大柴旦镇瀑布沟口金矿化点等7处金矿床点,与化探异常套合好;金矿床点与复式皱褶构造、北西向脆性断裂、裂隙等构造关系极为密切,中元古界万洞沟群碳质绢云千枚岩为主要的赋矿地层,具有构造蚀变岩型金矿的找矿潜力

续表 6-4

靶区名称	面积(km²)	成矿类型	地质特征
赛坝沟重点找矿靶区(BQ-11)	346.33	构造蚀变岩型及石英脉型金矿	出露地层为奥陶系滩间山群、中元古界长城系沙柳河群、新近系油砂山组。岩浆活动强烈,主要为加里东期—印支期,岩性从超基性—基性—中酸性均有出露。基性岩主要有辉绿岩、奥陶纪—寒武纪玄武岩;中奥陶世超基性岩;古元古代二长花岗岩、新元古代花岗闪长岩、中奥陶世斜长花岗岩、晚奥陶世石英闪长岩、晚奥陶世二云闪长岩、晚奥陶世二长花岗岩、早二叠世二长花岗岩、早二叠世花岗闪长岩等。构造发育,为北西向压扭性断裂,滩间山群火山-沉积建造是该区主要含矿地层,热液活动为区内构造蚀变岩型金矿提供了丰富的物质来源,在区内形成了多处金矿床点。1:5万水系沉积物异常有11处,其中 Au 为主元素异常 6 处,异常元素组合以 Au、Cu、Ni、Cr、Co、Sn、W、Zn、Pb 为主,异常集中分布在赛坝沟一带。已经发现了乌兰县赛坝沟金矿床、乌兰县乌达热乎金矿床、乌兰县巴润可万铜金矿点、乌兰县石棉沟北金矿化点、乌兰县夏乌日塔金矿化点、乌兰县哈尔达乌金矿化点、乌兰县阿里根刀若金矿点、乌兰县阿哈大洼金矿化点等 28 处金矿床点及矿化点,这些矿化点与化探异常套合好。具有构造蚀变岩型及石英脉型金矿的找矿潜力
哈莉哈德山找矿靶区(BQ-12)	265.23	构造蚀变岩型及石英脉型金矿	出露地层为中元古界长城系沙柳河群、奥陶系滩间山群。岩浆活动频繁,主要为加里东-印支期,岩性从超基性—基性—中酸性均有出露。基性岩主要有中奥陶世辉长岩、奥陶纪—寒武纪玄武岩;超基性岩主要有中奥陶世超基性岩。新元古代花岗闪长岩、中奥陶世斜长花岗岩、晚奥陶世石英闪长岩、早泥盆世英云闪长岩等。断裂构造分为北西向及近东西向两组;围岩次级断裂是导矿、储矿的良好空间,区内发现的矿化体均赋存在岩体与围岩接触带或断裂附近。1:5万水系沉积物异常有 7 处,其中 Au 为主元素异常 1 处,异常元素组合以 Au、Ag、Co、Cr、Ni、Pb 为主,异常集中分布在哈莉哈德山西一带。已经发现了乌兰县包尔浩日地区金矿化体、乌兰县阿移项金矿化点 2 处金矿化点,这些矿化点与化探异常套合极好,奥陶系滩间山群为主要的赋矿地层,在北西向和近东西向构造蚀变带附近是成矿最有利地段。具有构造蚀变岩型及石英脉型金矿找矿潜力

续表 6-4

靶区名称	面积(km²)	成矿类型	地质特征
哈尔茨托山找矿靶区(BQ-13)	256.88	构造蚀变岩型金矿	出露地层为古元古界达肯大坂岩群、中元古界长城系沙柳河群、奥陶系滩间山群、泥盆系牦牛山组等。岩浆活动频繁，主要为加里东期—印支期，基性岩主要有中奥陶世辉长岩、奥陶纪—寒武纪玄武岩、新元古代花岗闪长岩、早泥盆世英云闪长岩、早泥盆世花岗闪长岩等。断裂主要为近东西向、北西西向、北北东向 3 组，其中北西西向断裂为主干断裂；褶皱构造、韧性剪切带在达肯大坂岩群中发育；断裂的复合部位、背向形构造的翼部为主要的成矿容矿构造。1:5 万水系沉积物异常有 16 处，其中 Au 为主元素异常 2 处，元素组合以 Pb、Zn、Ag、Bi、Au、Sn 为主，各元素套合较好，强度较高，规模大，异常沿构造线呈北西向带状展布。已经发现了都兰县德龙沟东侧金矿化点、都兰县沙柳河西金铜矿化点等 2 处金矿化点，这些矿化点与化探异常套合好；古元古界达肯大坂岩群为主要的赋矿地层，在岩体与达肯大坂岩群、滩间山群的侵入接触带或构造蚀变带附近是成矿最有利地段。这些地段有明显而密集的金异常，还有丰富的矿（化）点线索和蚀变信息，具有构造蚀变岩型金矿找矿潜力
红柳沟-龙柏沟重点找矿靶区(BQ-14)	97.54	构造蚀变岩型金矿	区内出露地层主要为奥陶系滩间山群、泥盆系牦牛山组、石炭系怀头他拉组、下—中侏罗统大煤沟组、新近系油砂山组。区内岩浆活动主要为加里东期—海西期，超基性岩主要有早奥陶世超基性岩、晚泥盆世超基性岩，中酸性侵入岩主要为，断裂构造呈北西-南东向，与区域构造线方向一致；奥陶系滩间山群是主要的赋矿地层，岩浆活动为区内矿床的形成提供了主要物源，而矿床点的就位与分布基本受近南北向断裂控制，形成了区内成因复杂的金矿床。区内以金为主元素的 1:5 万化探异常有 5 处，异常主要分布在红柳沟一带，异常面积大，带状分布明显，与断裂走向一致。已经发现了大柴旦镇红柳沟金矿床、大柴旦镇龙柏沟金矿床、大柴旦镇二旦沟金矿化点、大柴旦镇二旦沟地区金矿化点、大柴旦镇黄绿沟金矿化点 5 处金矿床点，这些矿床点与已知化探异常套合好；奥陶系滩间山群为主要赋矿地层，区内发育的北西向逆冲型韧性剪切构造带、北西向断裂构造对金矿床起到了定位及控制作用，而在局部形成的断层角砾岩、碎裂岩是主要含矿岩性。具有构造蚀变岩型金矿找矿潜力

续表 6-4

靶区名称	面积(km²)	成矿类型	地质特征
绿梁山找矿靶区(BQ-15)	235.36	构造蚀变岩型金矿、热液型金铜多金属矿及石英脉型金矿	区内出露地层主要为古元古界达肯大坂岩群、中元古界长城系沙柳河群、奥陶系滩间山群、新近系—古近系干柴沟组。岩浆活动频繁,主要为加里东期—海西期,岩性从超基性—基性—中酸性均有出露。基性—超基性岩主要有奥陶纪—寒武纪辉长岩;超基性岩主要有奥陶纪—寒武纪超基性岩、奥陶纪—寒武纪橄榄二辉岩。断裂构造呈北西—南北向,近主断裂各种矿床、矿(化)点较密集。古元古界达肯大坂岩群及奥陶系滩间山群是主要的赋矿地层,岩浆活动为区内矿床的形成提供了主要物源,石英脉发育,并见明显的金属矿化。矿床点受北西向断裂控制。1:5万水系沉积物异常有16处,其中Au为主元素异常4处,伴生Au元素异常8处,异常主要分布在主要分布在绿梁山一带,主要沿北西向断裂分布。异常强度较高,多具三级浓度分带,主要伴生元素为Ag、As、Pb、Zn、W。1:2.5万地球化学异常圈出以Au为主元素的综合异常10处,伴生Au元素异常3处,主要伴生元素为Ag、As、Pb、Zn、W。已经发现了大柴旦镇黑石山金铜矿化点、大柴旦镇矿口北沟北西金矿化点、大柴旦镇矿点沟东金矿化点、大柴旦镇双口山南东金矿化点4处金矿化点,与化探异常套合好。构造与构造蚀变岩型金矿及热液型金多金属矿关系密切,起到矿床定位和矿体就位控制作用。具有构造蚀变岩型金矿、热液型金多金属矿及石英脉型金矿的找矿潜力
宗务隆山找矿靶区(BQ-16)	271.36	构造蚀变岩型、石英脉型金矿	出露地层主要为石炭系—二叠系土尔根大坂组、下二叠统果可山组。岩浆活动弱,仅有岩脉分布,主要中酸性岩脉及石英脉等。其中石英脉与成矿关系较为密切。区内断裂构造发育,以北西西向断裂为主,沿断裂形成构造蚀变岩带,是金矿化赋存有利场所。形成了多处金矿化点。区内1:5万水系沉积物异常有33处,其中Au为主元素异常20处,Au异常主要分布在石炭纪、二叠纪地层中,多以强异常形式出现。已经发现了德令哈市红柳沟地区金矿点、德令哈市恩格沟金矿化点、德令哈市那木英郭勒地区金矿化点、德令哈市赛日-京根郭勒地区金矿点4处金矿化点,区内发现的4处金矿化点均与异常套合,带内含矿岩性为石炭系—二叠系土尔根大坂组褐铁矿化硅化变质石英砂岩、绿泥绢云千枚岩及砾岩为主。具有寻找构造蚀变岩型、石英脉型金矿的找矿潜力

续表 6-4

靶区名称	面积(km²)	成矿类型	地质特征
大煤沟找矿靶区(BQ-17)	91.81	构造蚀变岩型、石英脉型金矿	出露地层主要为石炭系—二叠系土尔根大坂组，区内构造主要以北西-南东向正断层为主。岩浆岩不发育。1:5万水系综合异常有10处，其中Au为主元素异常6处，组合元素以As、Sb、Cu等为主，具有三级浓度分带及明显的异常浓集中心，与北西-南东向断裂构造方向一致。发现金矿化点1处，产出于土尔根大坂组中，矿石主要呈浸染状、角砾状、细脉状等。具有寻找构造蚀变岩型、石英脉型金矿的潜力
京根郭勒东找矿靶区(BQ-18)	51.28	构造蚀变岩型、石英脉型金矿	出露地层主要为石炭系—二叠系土尔根大坂组，岩性主要为灰绿色薄层状千枚岩、浅灰色泥钙质千枚岩、片理化凝灰岩，近东西向断裂构造发育，形成规模不等的断层破碎带。辉长岩脉呈岩枝状产出。1:5万水系综合异常有10处，其中Au为主元素异常6处，组合元素以As、Sb、Ag等为主。异常呈带状整体呈北西西向展布，异常面积大，元素套合较好。发现金矿化线索4处，Au品位一般在0.15～0.3g/t之间，均产出于断层破碎带中的褐铁矿化、赤铁矿化石英脉中。具有寻找构造蚀变岩型、石英脉型金矿潜力

五、金矿找矿潜力评价

1. 采石沟地区金矿找矿潜力

该地区基性火山岩成矿作用明显，滩间山群拉斑玄武岩、火山碎屑岩为赋矿层位，区域性断裂及所派生北东向、近东西向次级断裂制约了构造热液岩型金银铜铅锌等矿点展布，起着控矿和容矿作用。沿断裂带有明显而密集的地球化学异常，且有丰富的矿（化）点线索和蚀变信息，具有较好的找矿潜力。

2. 滩间山金矿找矿潜力

区内万洞沟群为赋矿地层，呈小岩片出露于滩间山至万洞沟一带，滩间山金矿床即赋存于上部岩组的碳质千枚岩中。构造活动强烈，沿柴北缘深断裂旁侧发育多条北西—北北西向韧性剪切带和次一级褶皱、断裂构造，具有深层变形构造（韧性剪切）特征；区内主要金矿床（如滩间山金矿、青龙沟金矿、野骆驼泉金矿等）形成均与韧性剪切带构造密切相关。

金矿床类型主要有热液型、构造蚀变岩型等，水系沉积物异常与已知矿床（点）吻合较好，具有异常规模大、强度高、浓度分带清晰等特征，受大断裂及韧-脆性剪切带控制明显，尤其北西向（或北西西向）区域断裂与其旁侧北北西向、北北东向断裂交会处，是金矿床、矿田最有利产出部位；且与北北西向韧-脆性断裂带吻合，具有形成构造蚀变岩型金矿有利条件，具有寻找中—大型金矿床的找矿潜力。

3. 赛坝沟地区金矿找矿潜力

该地区已发现金矿点 30 处,其中金矿床 2 处;异常集中分布在赛坝沟矿区周围,Au 异常强度高、规模大,主要与滩间山群碎屑岩组、火山岩组和加里东期晚奥陶世斜长花岗岩相关,易于形成构造蚀变岩型、热液型 Au、Cu 矿产;北西向主断裂构造为导矿、容矿构造,而北东方向的断裂构造多为破坏性构造,一般活动时间较晚,为成矿期后断裂构造。滩间山群碎屑岩组中的韧性剪切活动对金矿液起活化富集成矿作用;已发现较多的石英脉型金矿和构造蚀变岩型金矿,成矿与海西期中酸性侵入岩和北西向剪切带关系密切。因此,在该地段及其以东阿里根刀诺地区进一步寻找破碎蚀变岩型金矿具有较好的潜力。

4. 锡铁山地区金矿找矿潜力

该地区已发现重砂异常 5 处,1∶5 万物探异常 29 处,1∶5 万化探异常 23 处,以 Au 为主异常 5 处,区内岩浆活动发育,Au 异常主要分布锡铁山、全吉河海西期黑云二长花岗岩及饮马峡牦牛山组中;滩间山海相火山岩系为 Au 元素高背景源区,提供了丰富的成矿物质来源,在加里东晚期—海西期造山过程中,岩浆底侵活动加剧,使该区北西向断裂构造及次级断裂构造发育良好,为成矿流体提供了良好迁移通道,经萃取 Au 等成矿物质,在适宜的储矿空间沉淀成矿;成矿类型为构造蚀变岩型、热液型;反映该地区成矿地质条件良好,找矿潜力较大。

5. 宗务隆地区金矿找矿潜力

宗务隆地区于海西早期裂解拉伸形成有限洋盆,发育石炭系—下二叠统宗务隆山群浅变质碎屑岩-碳酸盐岩-拉斑玄武岩组合,海西晚期—印支期,在闭合作用下,转入陆内造山演化阶段。在剧烈的造山作用下,该带内发育海西期和印支期的闪长岩、石英闪长岩、二长花岗岩等,呈岩基和岩株状产出(贾群子等,2007),这为成矿提供了有利的岩浆条件。同时,该地区已发现 1∶5 万化探异常 88 处,以 Au 为主元素异常 49 处,Au 异常主要分布石炭纪、二叠纪地层中,石英脉较多,且有明显金矿化;北西向次级断裂构造中石英脉、石炭系—二叠系土尔根大坂组是寻找石英脉型、热液型金矿及构造蚀变岩型金矿的有利部位;在宗务隆山北坡发现的维日可琼金矿化点,表明在该带内寻找造山型金矿具有一定的潜力。

六、金矿找矿标志

成矿时代主要集中在加里东晚期和海西期,部分矿床形成于印支期。

金矿床(点)产于区域布格重力异常梯度带中,矿化产出部位航磁异常呈线性异常带、串珠状异常带、磁异常带水平位移、线状异常带明显错断或扭曲、不同形状特征的磁场分界线、线状异常线的交叉和切割等特征。

成矿元素主要为 Au,地球化学异常以 Au、As、Sb、Hg 为主组合异常,伴有 Ag、Cu、Pb、Zn 等元素异常。

含矿围岩具有多样性,既有产于前寒武纪老变质基底,也有海相火山-沉积岩系、浅海相-河流相沉积岩系以及侵入岩。

围岩蚀变主要为黄铁绢英岩化、硅化、绿泥石化等,地表主要为褐铁矿化及黄钾铁矾化。

控矿构造主要为北西向区域深大断裂或大型剪切带旁侧的北西向、北东向、南东向次级断裂及褶皱构造,具有两期构造复合叠加控矿的特征。

第二节 稀有金属找矿潜力

一、成矿地质背景

(一) 区域伟晶岩特征

柴北缘地区大地构造位置处于古亚洲构造域与特提斯构造域结合部位的多旋回弧盆造山系,早古生代和晚古生代—早中生代旋回是内生金属成矿的两个主要的构造岩浆旋回。柴北缘地区稀有金属矿床(点)集中产于俄博梁金、铜(钨、铋、稀土)成矿带,欧龙布鲁克-乌兰钨(铁、铋、稀有、稀土、宝玉石)成矿亚带,宗务隆-双朋西铅、锌、银(铜、金)成矿带中,是青海省内稀有稀土矿的成矿有利地区之一。

柴北缘欧龙布鲁克陆块和西秦岭地区发育大量北西向的伟晶岩带,伟晶岩带沿大柴旦-德令哈-乌兰-青海南山等断续分布,全长500余千米,宽17~48km,伟晶岩规模大,且发育有多个稀有金属矿点,如沙柳泉铌钽矿、石乃亥铌钽矿、阿姆内格锂铍矿、野马滩南铌钽矿点、高特拉蒙稀土矿点、哈里哈答铋铍矿点及擦勒特铌钽矿点、茶卡北山锂铍矿点等;具有形成稀有金属矿床的巨大潜力。

近年来,在茶卡地区也已发现1000余条伟晶岩脉;形成茶卡北山锂铍矿、俄当岗铍矿、锡墨格山锂铍矿以及石乃亥铌钽等稀有金属成矿带,Li、Be元素地球化学异常呈北西向展布,且Li、Be元素地球化学异常带宽度达500m,累计长约40km。茶卡北山伟晶岩型锂铍矿的发现暗示南祁连地块与全吉地块结合部的宗务隆山构造带东段可能是一个新的锂铍成矿带,是青藏高原继"马尔康—雅江—喀喇昆仑巨型锂矿带"之后的又一重要的印支期锂铍成矿带。这一发现将青藏高原印支期伟晶岩型锂铍矿成矿范围向北扩大到了南祁连地块的南部边缘,大大拓展了青藏高原伟晶岩型锂铍矿的找矿前景。

(二) 成矿条件

柴北缘地区伟晶岩脉产出于不同地层、侵入岩中,受构造及次级断裂控制作用明显。

1. 地层与成矿

柴北缘地区伟晶岩脉多顺层或穿层侵入于古元古界达肯大坂岩群、新元古界青白口系茶卡北山组、奥陶系滩间山群以及石炭系—二叠系果可山组、三叠系隆务河组等地层中,其中含矿伟晶岩脉多集中产于达肯大坂岩群片麻岩组、大理岩组中;在阿尔金南缘牛鼻子梁地区达肯大坂岩群大理岩组中伟晶岩具有形成铌矿化特征;而在生格、沙柳泉、察汗诺及茶卡等地区达肯大坂岩群大理岩组、片麻岩组中伟晶岩形成锂铍、铌钽等矿化现象;伟晶岩脉呈透镜状、不规则脉状为主,多成带、成群产出,赋存有锂铍、铌钽、铷等稀有金属矿产。另外,在石乃亥地区三叠系隆务河组中伟晶岩具有形成铌钽铷矿的特征。

由此,上述地层不一定具有伟晶岩脉的控制作用,但多数伟晶岩脉产出于地层层理、薄弱面或裂隙中,达肯大坂岩群、茶卡北山组为区域上主要的伟晶岩脉产出层位。

2. 构造与成矿

区内近东西向、北西西向和近南北向断裂发育,次级断裂和韧性剪切带是伟晶岩脉的主要控矿构造。受北宗务隆山断裂带、欧龙布鲁克山-牦牛山断裂带等深大断裂影响,区内次级断裂构造极为发育,并具有长期性、多期性、多旋回特征。有北西西向、北东向、近东西向3组,以北西西向较为发育,纵横交错,成群出现。次级断裂与区内稀有金属成矿关系极为密切,控制着区内伟晶岩脉的展布。目前,区内发现的沙柳泉、生格、茶卡北山以及石乃亥等多数含矿伟晶岩脉均与次级断裂密切相关,伟晶岩脉沿构造裂隙或旁侧产出于地层或岩体中。

由此,区域近东西向、北西西向和近南北向断裂是主要控岩构造,而北西西向、北东向、近东西向次级断裂和断裂裂隙构造控制着伟晶岩脉的产出状态。

3. 岩浆活动与成矿

岩浆活动不仅为稀有金属成矿提供了丰富的物质来源,也是锂铍等稀有金属成矿作用最主要的热动力,是锂铍矿床形成的重要条件之一。吴才来等(2016)在柴北缘乌兰地区花岗岩类获得锆石 SHRIMP U-Pb 年龄为晚二叠世—早三叠世(年龄为 254~240Ma),分为 254~251Ma、250~248Ma、244~240Ma 三次侵位,对应的岩石组合为闪长岩＋花岗闪长岩＋花岗岩。柴北缘中性—酸性侵入岩较发育,与岩浆岩有关的成矿作用发育,与之有关的稀有矿产分布甚广,成因类型主要有岩浆型、伟晶岩型等。加里东成矿期形成与伟晶岩有关的稀有金属矿产,其成矿作用强度较大,矿化较普遍。在乌兰一带与中性—酸性岩浆侵入活动有关的铍、铌钽矿床,矿床类型以岩浆型为主,与岩浆作用有较密切的联系;此类矿床主要产出在夏日达乌—布赫特山一带奥陶系滩间山群,在夏日达乌地区滩间山群斜长角闪岩中分布有铌等稀有金属矿。

伟晶岩脉与海西期—印支期岩浆活动有密切关系,区内岩浆活动以侵入岩为主,与成矿关系密切的侵入岩有三叠纪花岗岩类和伟晶岩脉(群)等。茶卡北山含绿柱石伟晶岩中锆石 U-Pb 加权平均年龄为 (235.9 ± 2.3)Ma,锂辉石伟晶岩中锆石 U-Pb 年龄(217.0 ± 1.8)Ma(王秉璋,2019);显示茶卡北山地区伟晶岩成岩成矿时代为中、晚三叠世。在察汗诺—石乃亥一带与中性—酸性岩浆侵入活动有关的锂铍矿床,矿床类型以伟晶岩型为主,与岩浆作用有较密切联系。此类矿床主要产出在察汗诺—石乃亥一带的花岗岩类分布区,茶卡北山等地区的花岗伟晶岩中赋存锂、铍及铌钽等稀有金属矿产。

由此,柴北缘地区中性—酸性侵入岩较发育,与岩浆活动有关的成矿作用发育,加里东期及印支期是岩浆型及伟晶岩型稀有金属成矿重要时期,在察汗诺—石乃亥一带形成伟晶岩型锂铍等稀有金属矿产。

二、区域稀有金属找矿模型

1. 综合信息集成

采用综合信息找矿预测方法,从区域矿床(点)时空分布规律、区域成矿模式、典型矿床研究和区域化探综合异常 4 个方面提取成矿要素,编制 1∶25 万成矿要素图,划分成矿远景区,初圈找矿靶区,通过野外验证后按靶区填写成矿要素汇总表,并对每个靶区的成矿要素参照典型矿床成矿要素进行评价,最后筛选出找矿靶区。

同时,采用"类比求同"的理论和方法进行区域成矿规律总结与找矿靶区预测优选定位,建立区域找矿模型,推断柴北缘地区范围内潜在稀有稀土金属矿存在的可能性,提出寻找或发现稀有稀土矿化直接标志和间接标志,以及指出找矿的方法和途径(图 6-1)。

2. 找矿模型

针对柴北缘地区稀有金属矿床、点展布及时空配置特征,依托沙柳泉、茶卡北山以及石乃亥等典型稀有金属矿床特征,并结合柴北缘地区地质背景、物化探以及矿化特征等,初步总结出柴北缘地区稀有金属找矿模型(表 6-5)。

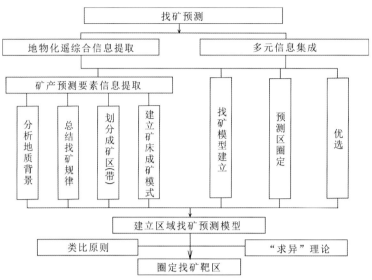

图 6-1 稀有金属找矿预测工作流程图

表 6-5 柴北缘稀有金属找矿模型表

成矿要素		特征描述	充要条件
大地构造	大地构造单元	秦祁昆造山系东昆仑弧盆系中—南祁连弧盆系宗务隆-夏河甘家陆缘裂谷	重要
沉积建造/沉积作用	地层分区	秦祁昆地层大区中—南祁连山地层区宗务隆山-夏河甘加地层分区	重要
	岩石地层单位	古元古界达肯大坂岩群、石炭系—二叠系果可山组、三叠系隆务河组	必要
	地层时代	古元古代、石炭纪—二叠纪、三叠纪	必要
	岩石类型	中级区域变质岩	必要
	蚀变特征	堇青石化、石榴石化	必要
	岩性特征	二云石英片岩、黑云石英片岩、绢云母片岩	必要
	岩石结构	粒状变晶结构、鳞片变晶结构、变晶结构	重要
	分布范围	呈北西向展布	重要
	沉积建造类型	海相陆源碎屑岩建造	必要
	沉积建造序列	沉积碎屑岩建造	必要
岩浆建造/岩浆作用	岩石名称	石英闪长岩、花岗岩、二长花岗岩	重要
	侵入时代	晚奥陶世;中、晚三叠世	必要
	接触带特征	与地层呈先侵入后断层的接触关系,接触带上岩脉比较发育,主要有伟晶岩脉、花岗岩脉等。多沿岩石片理侵入,少量沿断裂及其次级节理、裂隙侵入,多呈北西-南东向,少量呈北东向及近东西向	重要
	岩性特征	花岗伟晶岩与成矿关系较为密切。常成群成带集中出现,伴有白云母化、钠长石化、钾长石化等	必要
	岩石组合	白云母花岗伟晶岩、白云母钾长伟晶岩、白云母钾长花岗伟晶岩、碎裂电气石化花岗伟晶岩等	重要
	岩(体)脉产出特征	呈岩株状及脉状产出	重要

续表6-5

成矿要素		特征描述	充要条件
成矿构造	断裂构造	断裂构造发育，以北西西向、北西向脆性断裂两组断裂为主，其中北西向的断裂控制着区内地层、岩体的分布	必要
	断裂构造体系	北西向的压扭性断裂	必要
	成矿后构造	北西向断裂多切割矿体及地层走滑逆断层	次要
伟晶岩特征	出露形态、产状	呈群出露，透镜状、囊状、条带状，走向北东东，北东倾，倾角35°～60°	重要
	蚀变特征	白云母化、钠长石化、云英岩化、钾长石化	重要
	岩石矿物类型	长石、石英、钾长石、斜长石、电气石、石榴石、锂电气石、锂辉石、绿柱石、锂云母	重要
	期次	早期：中三叠世；晚期：晚三叠世	重要
	伟晶岩内部分带	边缘带、中间带、内核带	必要
成矿特征	矿石矿物成分	稀有金属矿物主要为铌钽矿、铌钽铷矿、铌钽铷锂铍复合矿等。脉石矿物主要为斜长石、白云母、石英等	必要
	矿石矿物组合	主要为锂铍矿，次为铌钽铷矿、铌钽铷锂铍矿	必要
	矿床伴生组分	Rb赋存于白云母，Be赋存于绿柱石，Li赋存于锂云母、锂辉石等	重要
	成矿期次划分	绿柱石铍矿可能形成于中三叠世，而锂辉石矿可能形成于晚三叠世	必要
	蚀变矿物组合	蚀变类型主要有白云母化、钠长石化、钾长石化、锂云母化、电气石化等，其中以白云母化、云英岩化、钠长石化、钾长石化尤为强烈	必要
	有益组分	Li、Be、Rb、Nb、Ta	重要
	成矿时代	中、晚三叠世	重要
区域矿产特征	成矿区带	柴北缘欧龙布鲁克-乌兰钨（铁、铋、稀有、稀土、宝玉石）成矿带东端	次要
	区域矿产	区域已知矿床点较少，主要有铁、铜等金属矿种及部分非金属矿种，伟晶岩型稀有金属矿化点主要有茶卡北山、俄当岗、锂墨格山、察汗诺、石乃亥以及红岭北等矿化	次要
地球物理特征	异常特征	伟晶岩脉在磁法上没有明显显示，磁法仅针对隐伏岩体具有寻找意义。 伟晶岩脉在电法上显示高阻低极化特征	必要
地球化学特征	异常特征	在异常区内，Li、Be、Ta异常套合较好，浓集中心明显，浓度分带清晰，异常均分内、中、外3带。Li、Be异常的内带是重要的找矿标志	必要

三、找矿远景区

（一）划分原则

依照《青海省重要矿种区域成矿规律研究》以及新近的《青海省区域地质志》《青海省区域矿产志》部

分研究成果，成矿区（带）主要对应于成矿地质背景及控矿地质条件相同，并有较大展布范围的矿带；成矿远景区对应于同一成矿作用形成的一个成矿系列分布（区）带，区域上伟晶岩脉呈片区、集中产出特征。柴北缘地区稀有金属成矿远景区确定遵循如下划分原则。

（1）远景区边界划分应考虑稀有金属矿产时空统一性，即不但要重视矿床（点）的空间分布特点，同时要充分考虑成矿时间统一性和成矿时序演化性。

（2）成矿远景区的划分充分考虑大地构造单元，结合区域地质、构造、岩浆活动及其历史演化与区域成矿特征来划定边界。

（3）以地质、化探、矿产信息为主；参照物探、遥感以及重砂等异常反映不同信息，确定各稀有金属成矿远景区边界。

（4）成矿远景区尽可能考虑区域成矿区带展布及成矿条件等特征，确定边界。

（5）以锂、铍、铷、铌钽等稀有金属矿为主，综合考虑各种因素后划分成矿远景区。

（二）划分依据

（1）远景区内稀有金属矿床（点）产出时空分布特征及成矿地质背景，以成矿系列、成矿预测理论为指导，以造山带构造理论为基础，参考青海省潜力评价、矿产志等成果进行成矿单元的划分，并进一步划分成矿远景区。

（2）参照远景区1∶20万、1∶25万、1∶5万以及1∶2.5万地球化学异常中Li、Be、Nb、Zr、Rb等元素富集规律及异常作为划分依据。

（3）参考引起异常的伟晶岩脉、花岗岩脉等与含矿有关的地质体，作为成矿远景区的划分依据。

（三）成矿远景区分类

依据远景区内稀有金属矿床（点）时空分布规律、相似成矿环境，或密切联系成矿机制形成的空间相近的一组矿床（点），构成一个成矿系列或成矿富集区，即为成矿远景区；进行找矿远景区的分类；分为重点区（ZD）、一般区（YB）两类。

重点区（ZD）：成矿地质条件有利，区域伟晶岩脉集中，呈片区产出，有较好的化探异常和重砂异常存在，锂铍化探异常强度高，各元素套合好，浓集中心突出，具有很好的锂铍成矿事实及矿化规模，有望找到含矿伟晶岩脉或较好的矿化地段。

一般区（YB）：成矿地质条件较为有利，区域伟晶岩脉呈片区或断续产出，有较强的化探异常和重砂异常分布，有已知稀有矿点，并有一定稀有矿化规模的矿（化）点分布。同时，虽尚未发现稀有金属矿体，但有稀有矿化或化探异常存在，对区域对比和成矿条件分析，具有发现稀有金属矿有利成矿地段。

（四）成矿远景区划分

根据1∶20万地质特征，1∶20万、1∶25万、1∶5万以及1∶2.5万水系沉积物测量等成果及稀有金属矿床（点）的分布特征，在区内划分了11处找矿远景区，其中重点区（ZD）5处，一般区（YB）6处（表6-6）。

表6-6　柴北缘地区拟设找矿远景区划分表

序号	拟设找矿远景区	编号	分类
1	阿卡托山-金鸿山地区镧铌矿拟设找矿远景区	YJ-1	YB
2	牛鼻子梁地区锂铍铌矿拟设找矿远景区	YJ-2	ZD

续表 6-6

序号	拟设找矿远景区	编号	分类
3	赛什腾山地区铌镧矿拟设找矿远景区	YJ-3	YB
4	柴达木山地区锂铍矿拟设找矿远景区	YJ-4	ZD
5	绿梁山-布依坦乌拉山地区锶镧矿拟设找矿远景区	YJ-5	YB
6	阿木尼克山地区锂铌矿拟设找矿远景区	YJ-6	YB
7	巴音郭勒河地区镧矿拟设找矿远景区	YJ-7	YB
8	布赫特山地区铌铍矿拟设找矿远景区	YJ-8	ZD
9	茶卡北山地区锂铍矿拟设找矿远景区	YJ-9	ZD
10	牦牛山地区镧铌矿拟设找矿远景区	YJ-10	YB
11	沙流河地区铍镧矿拟设找矿远景区	YJ-11	ZD

(五) 成矿远景区特征

1. 阿卡托山-金鸿山地区镧铌矿拟设成矿远景区（YJ-1）

该远景区为秦祁昆造山系生成时因古陆裂解不完全而留下的块体，主体组分为古元古界和中元古界（含元古宙中晚期的闪长岩和花岗闪长岩侵入体），以及加里东晚期—燕山期包括闪长岩和英云闪长岩在内的花岗岩类侵入岩体。

区内出露地层主要为古元古界达肯大坂岩群、中元古界万洞沟群、奥陶系滩间山群以及侏罗系、古近系＋新近系、第四系等；其中达肯大坂岩群主要岩石类型有变粒岩、大理岩、石英云母片岩，下部有少量斜长角闪岩；滩间山群分布在阿卡腾能山—野马滩一带，为一套浅变质到未变质火山-沉积岩系，下部为千枚岩、砂质板岩夹薄层状板岩；中部中基性火山岩、凝灰岩、凝灰熔岩，上部为凝灰岩夹白云质灰岩。

构造变形强烈，该远景区处于北西向断裂和北东向阿尔金南缘断裂系的交会部位，紧阿尔金南缘断层发育紧闭同斜褶皱，离开阿尔金南缘断层则发育弧形褶皱，在火山-潜火山岩区还发育同火山作用的环状和放射状断层。块体内部的大通沟南山，由中元古界构成复式向斜构造，且轴部破裂成为大通沟南山北西西向断层。该断裂之北，为块体北部的金鸿山和青新界山南坡的北东向断裂带，它们在金鸿山主峰东南侧锐角相交成为构造结点，为热液成矿活动提供了有利环境。

地球化学特征表现为与中酸性侵入岩相关元素组：Nb、Y、U、Li、La、Th、Zr、Rb、Be、Sr、P。区内稀有稀土综合异常11处，其中以镧为主元素异常7处，铌为主元素异常2处，且异常套合较好。

目前，区内发现1处稀土矿点，即茫崖镇柴水沟钇、镱稀土矿化点（K8），产于海西早期泥盆纪正长花岗岩中，属花岗岩型。区内构造岩浆活动强烈，加里东期、海西期中酸性侵入岩出露广泛，北西西向断裂发育，成矿条件比较有利。

区内圈定2处稀有稀土找矿靶区（BQ-1、BQ-32）。

2. 牛鼻子梁地区锂铍铌矿拟设成矿远景区（YJ-2）

该远景区位于阿尔金成矿带之俄博梁金铜（钨铋稀土）成矿亚带中段，紧邻阿尔金区域性深大断裂。

区内出露地层主要为古元古界达肯大坂岩群、中元古界万洞沟群，其次为奥陶系、石炭系及侏罗系等地层。构造以断裂构造为主，多为北西向，北东向次级断裂发育，并切断北西向断裂，有利于酸性岩体的侵入。褶皱较发育，多为小型复式褶皱。区域内侵入岩浆活动频繁而剧烈，岩浆岩分布广泛且规模较大，具有多旋回、多期次的特点，其中以加里东期和海西期最为强烈，其次为印支期，主要为中酸性侵入岩、基性及超基性岩则零星分布；与稀有稀土成矿密切的岩体可能为印支期的酸性侵入岩。

区内重砂异常明显，多为放射稀有稀土矿物；稀有稀土综合异常 16 处，其中以锂为主元素异常 3 处，铍 5 处，铌 5 处，镧钇 4 处；甲类异常 2 处，乙类异常 13 处，异常规模大、套合好、强度高。在牛鼻子梁一带稀土元素（镧）化探异常显示较好，异常呈东西向沿断裂带分布，长达数十千米。

区内伟晶岩脉十分发育，分布广泛，西起柴达木大门口，东至多罗尔什以东，构成一个伟晶岩集中分布区；岩石类型有正长伟晶岩、钾长伟晶岩、斜长伟晶岩、微斜斜长伟晶岩等，伟晶岩脉集中产出于克希、俄博梁、柴达木大门口东、交通社西北山以及大通沟南山等地区，多呈囊状，不规则状等产出于达肯大坂岩群大理岩及片岩组；稀有金属矿化与伟晶岩有直接关系。

同时，区内已发现 7 处稀有稀土矿（化）点，即为冷湖镇克希钛、稀土矿化点（K1），俄博梁稀土矿点（K2），冷湖镇西柴达木大门口东轻稀土矿化点（镧、铈、钍）（K3），交通社西北山铌、轻稀土矿点（K4），冷湖镇龙尾沟稀土矿点（K5），大通沟南山稀土矿点（K6），牛鼻子梁西铌钽矿点（K28）等，稀有稀土矿于伟晶岩脉密切相关，伟晶岩脉主要产于古元古界达肯大坂岩群大理岩组、前兴凯期花岗岩中，成矿类型属花岗岩型、伟晶岩型。

区内圈定找矿优选靶区 6 处（BQ-2、BQ-3、BQ-4、BQ-5、BQ-33、BQ-34）。

3. 赛什腾山地区铌镧矿拟设找矿远景区（YJ-3）

该远景区北以大柴旦-乌兰断裂与欧龙布鲁克成矿带分界，南以柴北缘断裂带与柴达木盆地毗邻，呈北西向展布。该区所对应构造单元为赛什腾-牦牛山北坡火山弧；成矿区带隶属赛什腾山-阿尔茨托山铅、锌、金、钨、锡（铜、钴、稀土）成矿亚带。

出露地层主要为古元古界达肯大坂岩群，中元古界万洞沟群、奥陶系滩间山群以及侏罗系、古近系+新近系、第四系等；构造以断裂构造为主，多为北北西向，北东向次级断裂发育，并切断北北西向断裂，其中北西西向一组为区内主干断裂，规模较大，具有明显继承性；北东—北东东向性质不明次级断裂发育。

区域内侵入岩发育，分布面积大，主要在赛什腾山西段、小赛什腾山中段一带受北西向区域性构造控制呈带状出露。岩石类型繁多，以中酸性为主，超基性、基性次之；呈岩基、岩株、岩脉状产出，各种脉岩皆普遍发育；在侵入期次上分海西期、印支期两个旋回。脉岩种类繁多，岩性有超基性、基性、中性、酸性等，以酸性岩脉较发育。主要类型有辉长岩、辉绿玢岩、闪长岩脉、花岗岩脉、细晶岩脉、石英脉等。

1∶5 万水系异常圈定稀有稀土元素异常 6 处，其中以锂为主元素异常 2 处，铌为主元素异常 2 处，镧钇为主元素异常 3 处；受区域构造影响，区内异常呈椭圆状展布，异常总体表现为面积大、强度高、浓集中心、明显且元素套合好。区内东侧出露海西期中酸性花岗岩体，分布有的以 Li 为主的稀有元素化探异常，周边已有稀有金属矿化；已发现野骆驼泉北锂矿化点（K7），赛什腾山西端稀土（Zr、Y、La）异常较好，成矿类型为花岗岩型；该岩体具稀有稀土金属矿成矿潜力。

区内圈定找矿优选靶区 2 处（BQ-6、BQ-7）。

4. 柴达木山地区锂铍矿拟设成矿远景区（YJ-4）

该远景区位于南祁连岩浆弧内，南侧以宗务隆山-青海南山断裂与滩间山岩浆弧毗邻，属南祁连成矿带之居洪图-石乃亥铅、锌、银、金（钨、锡、铋）成矿亚带，呈北西西向展布。

出露古元古代、早古生代、早中生代和早新生代地层，其中下—中二叠统下环仓组—江河组不整合于大面积古元古界达肯大坂岩群片麻岩组以及早古生代侵入岩之上。构造以断裂构造为主，多为北北西向，为区内主干断裂，规模较大。岩浆活动比较强烈，酸性岩浆侵入活动中心集中于该带东部地区，主要为加里东期，次于海西早期，均属造山期岩浆活动的产物，分布上明显受构造控制，其中前者作为岩基构成了柴达木山主体。

区内分布 9 处以稀有稀土金属元素水系综合异常，其中乙 2 类异常 4 处，乙 3 类异常 3 处，丙类异常 2 处，异常主元素为 Li、Be、Nb、La、Y，异常强度较高，浓度分带明显、元素套合度高。

柴北缘成矿带达肯大坂岩群是伟晶岩脉的主要载体之一，在大柴旦镇擦勒特南部发现300余条伟晶岩脉，伟晶岩脉是稀有稀土元素的高背景地质体，具有为稀有稀土矿提供物质来源的基础和条件，是区域上较重要的稀有稀土矿的矿源体。

柴达木山地区Li、Be、Nb及稀土等元素背景较高，在大柴旦镇擦勒特南部已发现1处伟晶岩型铷、稀土矿化点（K9），伟晶岩脉产于早志留世二长花岗岩中，成矿类型属花岗伟晶岩型，与水系综合异常较为套合。

区内圈定成矿优选靶区5处（BQ-8、BQ-9、BQ-10、BQ-36、BQ-37）。

5. 绿梁山-布依坦乌拉山地区锶镧矿拟设成矿远景区（YJ-5）

该远景区大地构造处于柴北缘结合带之柴北缘高压—超高压变质带西段，南部以柴北缘断裂与柴达木地块毗邻，赛什腾-旺尕秀断裂从远景区中部南北贯通，西部地区以高压变质系为主，东部地区属断陷盆地；成矿带属柴北缘成矿带之赛什腾山-阿尔茨托山铅、锌、金、钨、锡（铜、钴、稀土）成矿亚带，是青海省内比较重要的内生金属成矿带之一。

地层呈分散片状，古元古界达肯大坂岩群、长城系沙柳河岩组均有出露，另有少量古近系—新近系干柴沟组分布于西北边部，地层缺失较多，呈局部有序整体无序特征。断裂构造较为发育，柴南缘断裂、赛什腾-旺尕秀断裂、丁字口-乌兰断裂贯穿全区，其间派生的大量北西向、近南北向次级断裂共同构成了复杂的构造格架。岩浆在整个加里东期活动频繁，活动方式以侵入为主，岩性为辉长岩和超基性岩，主要侵入于中元古界沙流河岩组，与古元古界达肯大坂岩群为断层接触，局部为侵入接触；另有少量中元古代花岗闪长片麻岩体，这些变质侵入体侵入于达肯大坂岩群中和沙柳河岩群中，属柴北缘同碰撞岩浆杂岩。榴辉岩作为高压—超高压变质带的标志，呈透镜状寄主于沙柳河群，一般长3～10m，宽0.5～3m，与围岩呈镶嵌式接触，界线清楚；另外，在远景区西北部出露柴北缘蛇绿混杂岩分布。

区内P、Sr、Nb元素强度高，其次为La、Y、U、Li、Be、Rb、Th等，异常环绕大柴旦湖分布，B元素向低处迁移可能是大柴旦湖硼矿床形成的主要原因。

区内圈定出8处1∶20万稀有稀土水系综合异常，主要元素有Sr、P、Nb、La、U、Y、Li、Be、Rb、Th等，其中乙2类异常强度较高，异常中心多集中在古元古界达肯大坂岩群以及中元古界沙柳河岩群。绿梁山地区伟晶岩脉产出于达肯大坂岩群，异常中心多集中在达肯大坂岩群，其异常可能主要有伟晶岩脉引起。伟晶岩脉是稀有稀土元素的高背景地质体，具有形成伟晶岩型Nb、Li、Be、La等稀有稀土金属矿床的潜力。

圈定5处优选找矿靶区（BQ-11、BQ-12、BQ-30、BQ-35、BQ-38）。

6. 阿木尼克山地区锂铌矿拟设成矿远景区（YJ-6）

该远景区大地构造位置处于柴达木结合带中东段，西部属鱼卡-沙柳河高压—超高压变质相，东部为滩间山岩浆弧，南侧以柴北缘断裂与柴达木地台分界，北以丁字口-乌兰断裂与全吉地块毗邻；成矿带属于柴北缘成矿带之赛什腾山-阿尔茨托山铅、锌、金、钨、锡（铜、钴、稀土）成矿亚带。

区内出露地层主要为古元古界达肯大坂岩群，奥陶系滩间山群，上泥盆统牦牛山组，下石炭统阿木尼克组、城墙沟组，下—中侏罗统大煤沟组等。构造发育，纵向断裂十分发育，呈斜列形式分布，为岩浆侵入体的产出和成矿活动进行提供了构造条件。古元古界和寒武系、奥陶系中均有超基性和基性岩体侵位，且达肯大坂岩群尚有榴辉岩包体；区内分布有加里东晚期、海西期和印支期的闪长岩类和花岗岩类岩体。

区内1∶20万水系异常元素组合以Nb、Li、La、Be、Y，以Li、Nb、Y为主元素，有5处稀有稀土元素综合异常，其中以Li为主元素的异常有3处。发现有钇榍石矿化点、白云母矿化点、大柴旦镇黄羊沟白云母矿化点等矿化点，白云母矿点主要产于伟晶岩脉中。

由此，区内北西向断裂发育，岩浆活动强烈，地层主要为奥陶系滩间山群和上泥盆统牦牛山组，在滩间山群海相火山岩发现锡铁山铅锌矿,该矿床中伴生丰富的镓、铟、锗等稀散元素;上泥盆统牦牛山组虽未发现稀有稀土元素矿(床)点,但从地质背景而言,该地段有寻找以 Li、La、Y 为主的稀有稀土金属矿的成矿潜力。

区内圈定找矿优选靶区 4 处(BQ-13、BQ-14、BQ-15、BQ-39)。

7. 巴音郭勒河地区镧矿拟设找矿远景区(NSYJ7)

该远景区位于居洪图东侧,大地构造位置在南祁连岩浆弧西南部,南侧以宗务隆山-青海南山断裂为界与宗务隆山-夏河-甘加陆缘裂谷毗邻,呈东西向展布;成矿带属于南祁连成矿带之居洪图-石乃亥铅、锌、银、金(钨、锡、铋)成矿亚带。

出露地层主要有南华系—震旦系天峻组、志留系巴龙贡嘎尔组,后者分布较广,呈近东西向带状分布于远景区中部,前者呈狭长带状分列两侧,二者断层接触。南华系—震旦系天峻组为一套中酸性—基性火山及火山沉积岩石组合;后者为一套复理石沉积,属前陆盆地早期阶段的产物,其中在巴勒根郭勒-巴勒果发现 1 处轻稀土矿化点。在远景区东部地区有少量下—中二叠统巴音河群角度不整合于天峻组之上,三叠系郡子河群在宗务隆山-青海南山断裂北侧与天峻组呈断层接触。

中性—酸性岩浆侵入活动在加里东中晚期相对强烈,在区内西北部、东部地区均有出露,岩性均为花岗闪长岩;岩体侵位于南华系—震旦系天峻组和三叠系郡子河群中,处于多条断裂构造交会部位,其展布明显受构造控制,呈东西向。

区内分布有 1∶20 万水系异常 5 个,其中 4 个乙类异常,1 个丙类异常,异常规模大、套合好、强度高,西部异常以轻稀土 La 为主,元素组合 La、Th、Nb、U、Y、Zr,是寻找轻稀土及放射性矿产地段;东部异常以 Nb、Sr 为主,元素组合 Th、Y、P、Zr 等,具有寻找 Nb、Ta、Sr 等稀有金属矿产潜力。

目前,已发现巴勒根郭勒-巴勒果轻稀土矿化点 1 处,在早志留世片状凝灰岩中局部含 Ce 0.1×10^{-2}、La 0.02×10^{-2},矿化与加里东期花岗岩关系密切。

区内圈定找矿优选靶区 1 处(BQ-16)。

8. 布赫特山地区铌铍矿拟设找矿远景区(YJ-8)

该远景区地处欧龙布鲁克陆块,该陆块在其构造演化的不同阶段,发育有不同的成矿类型和成矿系列。其中晚古生代—早中生代,陆内造山作用在该带(尤其是东段)产生强烈的构造岩浆活动,并形成与中酸性侵入岩类有关的铍、铌钽、钾长石矿床成矿系列。矿床类型以热液型、伟晶岩型为主,主要分布于布赫特山、沙柳泉一带,以沙柳泉铌钽矿床为代表,是区内较为典型的矿床类型。

出露地层为古元古界和中、新元古界,其上普遍分布侏罗纪—第四纪陆相地层;侵入岩从超基性—基性—中性—酸性岩均有,以中酸性、酸性侵入岩为主体,侵入时代分元古宙晚期、加里东期、海西期及印支期等,以海西期和印支期为主。

断裂构造较发育,有北西西向、北西向、北东向 3 组,其中以北西西向和北西向断裂为主,北西西向断裂主要为宗务隆山南缘断裂和柴北缘北部断裂,均属区域性深断裂,具有长期、多次活动特点。

布赫特山地区属欧龙布鲁克成矿带东段,以古元古界达肯大坂岩群为结晶基底,加里东期处于相对稳定的古陆环境,火山活动不明显。海西期—印支期经历陆内造山,伴随有强烈的构造岩浆活动,形成了以北西向为主的断裂构造系统及大量的中酸性侵入岩体,这次造山活动为该远景区内生金属矿产的形成创造了有利条件。

Be、La、Y、Nb、U、Th 等稀有稀土元素及 Ti、P、Cu、Co、Bi 等元素在德令哈市以东至乌兰地区如高特拉蒙及周边高值点聚集态势明显。铍、稀土及铋、钛等为该区的潜力矿种,其中哈里他哈答四-高特拉蒙是铍、稀土等多矿种找矿潜力的优势区段。

区内已知稀有稀土矿产有铌钽、轻稀土等,原生稀有金属矿以沙柳泉铌、钽矿床为主,已发现矿床(点)主要有德令哈市察汉森铌矿点(K11)、德令哈市巴哈盖德格铍矿点(K12)、天峻县野马滩铌钽矿点

(K13)、高特拉蒙稀土矿点(K14)、生格铌矿点(K15)、哈里哈达铋铍矿点(K16)、乌兰县沙柳泉铌钽矿床(K19)、乌兰县沙柳泉西白云母-绿柱石矿点(K20)、阿木内格铌矿点(K21)。成矿类型为伟晶岩型,1处为小型铌(钽)矿床,其他均为矿点、矿化点,矿化规模有限;而在哈里他哈答四花岗闪长岩及二长花岗岩分布区,已发现了较好的Bi、Be化探异常,异常具有面积大、强度高、元素套合较好等特征。

区内圈定6处优选找矿靶区(BQ-17、BQ-18、BQ-19、BQ-20、BQ-21、BQ-40),其中A类找矿优选靶区2处,B类找矿优选靶区2处,C类找矿优选靶区2处。

9. 茶卡北山地区锂铍矿拟设找矿远景区(NSYJ9)

该远景区位于青海南山-同仁铅锌铜砷金(锑钨铁银锡)成矿带,出露地层主要为古元古界达肯大坂岩群、石炭系—二叠系土尔根大坂组、二叠系果可山组、三叠系隆务河组等。岩浆活动频繁,尤其以元古宙及中生代岩浆活动最发育,多数岩体长轴展布方向与区域主构造线方向相吻合;侵入岩岩石类型复杂,超基性、基性、中性、中酸性、酸性均有出露,以中酸性侵入岩最发育。断裂构造发育,分为北西向、北北西向、北东向3组,其中以北西向断裂最为发育,其次为北北西向、北东向。变质岩分布广泛,中生代以前岩石均有不同程度上的变质变形,变质作用类型多,具有多相共存特点,总体以低绿片岩相区域变质岩和动力变质岩为主,局部见有热接触变质岩及热液蚀变岩出露。

区内分布有1:20万水系异常甲类异常1处,乙类异常6处,异常规模较大、套合好、强度高。岩浆活动主要为印支期构造岩浆岩,岩性从基性到酸性均有分布,其中又以中酸性岩居多,岩性主要为斑状二长花岗岩、二长花岗岩、正长花岗岩等。区内伟晶岩带东西延伸达40km,圈定花岗伟晶岩脉1000多条,划分出4条伟晶岩带,多呈北西向延伸,脉宽一般0.2~20m,最宽者达40m,长50~400m,呈透镜状、巢状、囊状、条带状等形态展布,圈定锂、铍(铌钽铷)矿体130余条。含矿伟晶岩赋存于达肯大坂岩群和奥陶纪石英闪长岩中,含矿伟晶岩类型主要有锂辉石花岗伟晶岩、绿柱石花岗伟晶岩、含锂云母花岗伟晶岩等。

目前,已发现6处稀有稀土矿(床)点,俄当岗铌矿点(K17)、茶卡北山锂铍矿点(K18)、锡墨格山锂铍矿点(K28)、乌兰县察汗诺稀散矿化点(K22)、红岭北锂矿点(K24)、石乃亥铌钽矿点(K27)。茶卡北山锂铍矿点和俄当岗铌矿点、锡墨格山锂铍矿点均为2018年以来新发现的伟晶岩型稀有金属矿(床)点。

通过对该地区1:20万、1:5万、1:2.5万化探综合异常、重砂异常以及矿床(点)等地质成果,区内圈定找矿靶区6处(BQ-23~BQ-26、BQ-31、BQ-41)。

10. 牦牛山地区镧铌矿拟设成矿远景区(YJ-10)

该远景区大地构造位置横跨3个Ⅳ级构造单元,西北-东南部地区属滩间山岩浆弧,两侧分别为全吉地块之欧龙布鲁克被动陆缘和东昆仑造山带之鄂拉山陆缘弧,整体呈东西向展布。成矿带属赛什腾山-阿尔茨托山成矿亚带、欧龙布鲁克-乌兰成矿亚带和青海南山-同仁铅、锌、铜、砷、金(锑、钨、铁、银、锡)成矿亚带交界处。

出露地层主要有古元古界达肯大坂岩群,泥盆系牦牛山组,石炭系阿木尼克组、城墙沟组、怀头他拉组,石炭系—二叠系克鲁克组,侏罗系大煤沟组、采石岭组等。构造活动强烈,东侧鄂拉山断裂呈北西向贯穿,断裂以北西向为主;加里东中晚期、海西早期、印支晚期、燕山早期岩浆沿两大断裂在远景区中东部侵位,中酸性侵入岩体和深大断裂系统为该远景区内生金属矿产的形成创造了有利条件。岩浆活动以印支期中酸性侵入活动为主,明显受北西向断裂带控制,岩体出露较少,主要有少量灰白色花岗闪长岩及花岗岩,侵入于古元古界达肯大坂岩群。脉岩主要有伟晶岩脉、花岗岩脉等;脉体规模不等,长10~100m,宽1~10m;在部分伟晶岩脉中产磷灰石,呈柱状晶产于石英及长石间隙,具有寻找稀土元素的矿化线索。

远景区内圈出1:20万水系异常6处乙类异常和2处丙类异常,异常主元素以La、Be、Th、U、Nb

为主,异常强度高,范围广,显示良好的稀有稀土及放射性元素异常,已发现阿斯和塔夏乌嘎尔铌矿化点(K23)为矿致异常。

通过对该地区1:20万化探综合异常资料分析,在该区圈定优选找矿靶区1处(BQ-22)。

11. 沙柳河地区铍镧矿成矿远景区(YJ-11)

该远景区大地构造位置属欧龙布鲁克-乌兰元古宙古陆块体东段。出露地层主要有古元古界达肯大坂岩群、奥陶系滩间山群及第四系等地层。其中滩间山群主要岩性以绿片岩为主,部分角闪片岩类,少量变余中基性—基性火山岩、火山碎屑岩夹云母石英片岩及大理岩,绿片岩、角闪片岩原岩恢复为一套海相喷发沉积的中基性—基性火山岩或火山碎屑岩类。区域岩浆活动发育,从中元古代—晚三叠世形成由超镁铁质岩-镁铁质岩-中性岩-中酸性岩-酸性岩较为完整的岩浆演化序列,岩浆活动与地质构造发展史极为密切。火山活动始于古元古代,止于早古生代,主要发育奥陶纪—志留纪火山岩,以基性—中基性火山岩组合为特征。脉岩发育,分布广泛;断裂构造发育,北西-南东向脆性韧性断裂构造控制矿体产出和展布,两组断裂构造的复合部位为成矿最有利地段。

侵入岩发育,分布于异常区北侧的为海西期二长花岗岩,分布于东侧的为印支期二长花岗岩(瓦洪山岩体),异常区基本上被南、北两条断裂所挟持。沙柳河地区W、Sn、Bi异常的浓集中心,异常由W、Sn、Bi、Pb、Ag、Cu、(Zn、Co、Cd、Nb、Y、Mo、F)构成,以W、Sn、Bi为异常主元素。瓦洪山杂岩体主要异常元素有W、Bi、Sn、Nb、Be、La、U、Y、F等,是找W、Bi及稀有、稀土元素的有利选区。

目前,已发现稀有稀土矿有关的矿床(点)为夏日哈乌铌镧铈矿床(小型)(K25)以及查查香卡铀稀土矿点(K26)等。

通过对该地区1:20万化探综合异常资料分析,区内圈定找矿靶区4处(BQ-27～BQ-29、BQ-42)。

四、优选找矿靶区

(一)划分原则

找矿靶区位于成矿有利构造部位、具有良好成矿前提的可能赋存有矿床或矿体的有利选区,区域上伟晶岩脉呈片区、集中产出特征。具体划分找矿靶区时,遵循如下划分原则。

1. 逐步分级原则

柴北缘地区稀有稀土矿床(点)时空展布呈现断续分布特征,在局部呈现成群、分段集中,具丛聚性规律;在时间演化上,集中于一个成矿期;根据工作程度逐步提高,面积由大到小,逐步在成矿远景区内划分出若干优选矿靶区,逐步缩小找矿范围,其面积逐步缩小,通过对找矿远景区的聚焦作用而进一步优化圈定靶区。

2. 相似类比原则

充分运用远景区内已建立的伟晶岩型稀有金属典型矿床成矿模式或矿床式的区域找矿模型类比,以区域伟晶岩脉含矿性为成矿前提,分析稀有稀土金属矿的成矿有利构造部位和预测标志为依据,圈定和筛选稀有稀土找矿靶区。

3. 求异原则

一般而言,与花岗岩有关的伟晶岩型稀有金属矿床往往赋存在一种特殊的地质环境中,这种特殊的成矿地质环境就构成"地质导常"。应将相似类比和求异结合起来,要在类比中求异,在求异中类比。在远景区内,除寻找与已知花岗岩型、伟晶岩型稀有稀土相同的矿床外,同时应据地质异常,注意碱性岩或超基性岩稀土矿化的发现,在发现新类型的特异矿化地段,又要结合已知稀有金属矿床控矿条件,寻找有利成矿部位。

4. 综合信息划分原则

以柴北缘地质背景为基础,注重发现伟晶岩脉的同时,以物探、化探、重砂和遥感等综合信息为依据的评价原则来筛选靶区。对各种综合方法所提取的各项预测标志,在优化的基础上进行综合评价,合理组合,为靶区筛选取得最佳效果。

(二)划分依据及分类

参照远景区 1∶20 万、1∶25 万、1∶5 万以及 1∶2.5 万地球化学异常中 Li、Be、Nb、Zr、Rb、La、Ce、Y 等元素富集规律,以及伟晶岩脉、花岗岩脉等与含矿有关的地质体,并结合区域地质背景、矿点及矿化点作为靶区优选的划分依据。

靶区优选可分为重点找矿区(ZD)、一般找矿区(YB)两类。

重点找矿区(ZD):成矿地质条件有利,伟晶岩脉集中、呈片区产出,有强的化探异常和遥感异常存在,锂铍、铌钽、轻稀土化探异常强度高,各元素套合好,浓集中心突出,具有很好的锂铍、铌钽、轻稀土成矿事实及矿化规模,或有铌钽、轻稀土矿体的矿点,其规模和品位较高的有利地段,有望找到新矿体的地段。

一般找矿区(YB):成矿地质条件较为有利,伟晶岩脉断续产出,虽尚未发现锂铍、铌钽、轻稀土矿体,但有锂铍、铌钽、轻稀土矿化或化探异常存在,在区域对比和成矿条件分析中,具有发现锂铍、铌钽、轻稀土矿化地段。

(三)找矿靶区特征

通过对远景区内地、物、化、遥等信息集成和综合分析,结合已有稀有稀土金属矿床(点)成矿事实的时空分布规律,在 11 处远景区内圈定优选找矿靶区 42 处,其中重点找矿区(ZD)26 处,一般找矿区(YB)16 处(表 6-7)。

五、成矿潜力分析

(一)成矿地质环境

柴北缘是一个具有复杂演化历史的多旋回复合造山带(潘裕生等,1996;殷鸿福等,1997;姜春发等,2000),柴北缘地区的构造岩浆旋回大致可分为 3 个阶段,分别是前南华纪、南华纪—泥盆纪和石炭纪—三叠纪。其中,南华纪、早古生代和早中生代与柴北缘地区内稀有金属矿形成关系最密切,印支晚期形成了茶卡北山地区锂铍矿以及石乃亥铌钽铷矿等伟晶岩型稀有金属矿床,柴北缘东段地区具有较好的稀有金属找矿前景。

表 6-7 柴北缘地区找矿靶区特征

序号	成矿区(带)	找矿远景区	找矿靶区	靶区编号	分类	面积(km²)	地质特征概述
1	阿卡腾能山石棉-(铜、金、煤)成矿带	阿卡托山-金鸿山镧铌矿找矿远景区(YJ-1)	柴水沟铌矿找矿靶区	BQ-1	YB	231	属早古生代缝合带,构造上也称阿南构造混杂岩带,发育蛇绿岩套岩石组合,同时还发育上覆岩系和外来岩块。蛇绿岩套由奥陶纪基性—超基性岩和玄武岩组成,上覆岩系由硅质岩、凝灰岩、辉长岩、基性火山岩组成,外来岩块是由不同时代和不同环境火山岩、辉长岩岩块、早期基底中深变质岩、浅水碳酸盐和陆源碎屑岩岩块组成。其中外来岩块主要是中元古代长城纪石英岩、片岩和片麻岩,上覆岩系是早古生代末期—晚古生代早期安山质晶屑凝灰岩、碳酸盐质泥球沉凝灰岩、强蚀变辉长岩块体和基性火山岩岩块。该地区构造极为复杂,发育阿尔金南缘深大断裂及其次级断裂构造。靶区内岩浆活动也十分强烈。 靶区内圈定1:20万水系沉积物异常1处,为乙2类异常。异常组合元素以Nb、Y为主,受岩体及构造影响,靶区内异常呈椭圆状北西向展布,异常总体表现为面积大强度高,浓集中心较明显,元素套合好
			采石岭铌镧矿找矿靶区	BQ-32	YB	352	位于阿南构造混杂岩带,发育蛇绿岩套岩石组合,同时发育上覆岩系和外来岩块。蛇绿岩套由奥陶纪基性—超基性岩和玄武岩组成,上覆岩系由硅质岩、凝灰岩、辉长岩、基性火山岩组成,外来岩块是由不同时代和不同环境火山岩、辉长岩岩块、早期基底中深变质岩、浅水碳酸盐和陆源碎屑岩岩块组成。其中外来岩块主要是中元古代长城纪石英岩、片岩和片麻岩,上覆岩系是早古生代末期—晚古生代早期安山质晶屑凝灰岩、碳酸盐质泥球沉凝灰岩、强蚀变辉长岩块体和基性火山岩岩块。该地区构造极为复杂,发育阿尔金南缘深大断裂及其次级断裂构造。靶区内岩浆活动也十分强烈。 靶区内圈定1:20万水系沉积物异常3处。异常组合元素以LaNb为主,受岩体及构造影响,靶区内异常呈椭圆状北西向展布,异常总体表现为面积大强度高,浓集中心较明显,元素套合好

续表 6-7

序号	成矿区（带）	找矿远景区	找矿靶区	靶区编号	分类	面积（km²）	地质特征概述
2	俄博梁金、铜、（钨、铋、稀土）成矿带	牛鼻子梁地区锂铍铌矿找矿远景区（YJ-2）	大通沟南山铌钽矿找矿靶区	BQ-2	ZD	469	出露的前寒武纪变质基底是古元古界达肯大坂岩群，靶区内岩浆活动也十分强烈，除早古生代蛇绿岩套中基性—超基性岩、基性火山岩外，还发育大量早古生代中酸性侵入体。在航磁 ΔT 图上呈系列北东向展布的椭圆或长椭圆状高值区，在茫崖、玉苏普阿勒克、肃拉木塔格南、吐拉牧场等地区形成正异常，特别是玉苏普阿勒克一带异常规模大，强度高。在重力异常图上，处于梯度带上。 靶区内圈定 1:20 万水系沉积物异常 2 处，乙1、乙3 类异常各 1 处。异常组合元素以 LaBe 为主，受岩体及构造影响，靶区内异常呈椭圆状东西向展布，异常总体表现为面积大强度高，浓集中心较明显，元素套合好。另外，靶区内有 K6 矿点及伟晶岩脉，伟晶岩脉产出于达肯大坂岩群大理岩组中
			青新界山锂矿找矿靶区	BQ-3	ZD	199	出露地层主要为达肯大坂岩群，岩性以片麻岩、片岩、大理岩、角闪岩及混合岩为主的一套中、高级变质岩系厘定为达肯大坂岩群；岩浆活动发育，从古生代至中生代均有不同程度的岩浆作用，分布广泛，岩浆作用具多期次、多类型的特点，岩石类型多样，包括超基性岩、基性岩、中性岩和酸性岩。 靶区内花岗伟晶岩脉发育，多呈北西向、近南北向产出于达肯大坂岩群中。断裂构造较为发育，主要为北西向、北北西向以及北东向。 靶区内圈定 1:20 万水系沉积物异常 1 处，乙2 类异常 1 处。异常组合元素以 LiY 为主，受岩体及构造影响，靶区内异常呈椭圆状近东西向展布，异常总体表现为面积大强度高，浓集中心较明显，元素套合好
			大柴沟锂矿找矿靶区	BQ-4	ZD	186	该地区构造极为复杂，发育阿尔金南缘深大断裂及其次级断裂构造，同时发育早期透入性弥散状分布的构造片理和流劈理及相关的剪切带，晚期脆-韧性剪切带构成混杂岩岩片的边界断裂。靶区内岩浆活动也十分强烈，除早古生代蛇绿岩套中基性超基性岩、基性火山岩外，还发育大量早古生代中酸性侵入体，少量海西期、印支燕山期中酸性侵入岩。靶区内花岗伟晶岩脉发育，多呈北西向、近南北向产出于达肯大坂岩群中。 靶区内圈定 1:20 万水系沉积物异常 1 处，异常组合元素以 LiNb 为主，受岩体及构造影响，靶区内异常呈近东西向展布，异常浓集中心明显，元素套合好。另外，靶区内有稀土矿点 K1 1 处，伟晶岩脉较为发育

续表 6-7

序号	成矿区(带)	找矿远景区	找矿靶区	靶区编号	分类	面积(km²)	地质特征概述
2	俄博梁金、铜、(钨、铋、稀土)成矿带	牛鼻子梁地区锂铍铌矿找矿远景区(YJ-2)	俄博梁铌矿找矿靶区	BQ-5	ZD	334	达肯大坂岩群分布于青海冷湖盐场北山一带,即欧龙布鲁克地块西北缘,和侵入其中的古元古代花岗片麻岩一起构成欧龙布鲁克地块的变质基底。岩浆岩分布广泛,新元古代、古生代至中生代岩均有不同程度的岩浆作用,岩浆作用具多期次、多类型的特点,岩石类型多样,包括超基性岩、基性岩、中性岩和酸性岩。靶区内圈定1:20万水系沉积物异常3处,甲、乙类异常分别为1、2处。异常组合元素以LaNbY为主,受岩体及构造影响,靶区内异常呈椭圆状近东西向展布,异常总体表现为面积大强度高,浓集中心较明显,元素套合好。花岗伟晶岩脉发育,多呈北西向、近南北向产出于达肯大坂岩群中,断裂构造较为发育,主要为北西向、近东西向,且有矿点K2、K3、K4 3个稀有稀土矿点
			友谊沟锂铍矿找矿靶区	BQ-33	ZD	188	区内发育阿尔金南缘深大断裂及其次级断裂构造,同时发育早期透入性弥散状分布的构造片理和流劈理及相关的剪切带,晚期脆-韧性剪切带构成混杂岩岩片的边界断裂。靶区内岩浆活动也十分强烈,除早古生代蛇绿岩套中基性—超基性岩、基性火山岩外,还发育大量海西期—印支期中酸性侵入岩。 靶区内圈定1:20万水系沉积物异常1处。异常组合元素以锂铍为主,受岩体及构造影响,靶区内异常呈近东西向展布,异常浓集中心明显,元素套合好
			五一沟镧矿找矿靶区	BQ-34	YB	194	该地区构造极为复杂,发育阿尔金南缘深大断裂及其次级断裂构造,同时发育早期透入性弥散状分布的构造片理和流劈理及相关的剪切带,晚期脆-韧性剪切带构成混杂岩岩片的边界断裂。靶区内岩浆活动也十分强烈,除早古生代蛇绿岩套中基性—超基性岩、基性火山岩外,还发育大量海西期—印支期中酸性侵入岩。靶区内花岗伟晶岩脉发育,多呈北西向产出于达肯大坂岩群中。 靶区内圈定1:20万水系沉积物异常2处。异常组合元素以LaP为主,受岩体及构造影响,靶区内异常呈近东西向展布,异常浓集中心明显,元素套合好

续表 6-7

序号	成矿区（带）	找矿远景区	找矿靶区	靶区编号	分类	面积（km²）	地质特征概述
3	赛什腾山-阿尔茨托山铅、锌、金、钨、锡（铜、钴、稀土）成矿亚带	赛什腾山地区铌镧找矿远景区（YJ-3）	野骆驼泉钇铌矿找矿靶区	BQ-6	YB	489	出露地层主要为滩间山群，主要分布在小赛什腾山、野骆驼泉、赛什腾山主脊一带，呈北西向展布。区域上滩间山群主要出露为下碎屑岩组、下火山岩组。区域构造变形强烈，总体呈北西-南东向展布，以断裂为主，褶皱次之。断裂构造线总体呈北西—北西西向，与山脉走向基本一致；靶区内脉岩种类繁多，岩性有超基性、基性、中性、酸性等，以酸性岩脉较发育。主要类型有辉长岩、辉绿玢岩、闪长岩脉、花岗岩脉、伟晶岩脉、石英脉等。主要分布在泥盆纪以前的地层及各期岩体中，其他地层及岩体中出露较少。靶区内圈定1∶20万水系沉积物异常1处，为乙3类异常1处。异常组合元素以LaNbY为主，受区域构造影响，靶区内异常呈椭圆状展布，异常总体表现为面积大强度高，浓集中心较明显，元素套合好。另外，在靶区内有1处K7稀有金属矿点
			科克赛尔铌矿找矿靶区	BQ-7	YB	437	靶区内出露地层主要为古元古界达肯大坂岩群、蓟县系万洞沟群、侏罗系大煤沟组，呈北西南东向分布于阿尔茨托山东端。区内北西向断裂构造系统极为发育，与山脉走向基本一致，两条主断裂之间有晋宁期—加里东早期岩浆活动，岩性主要为中酸性、基性侵入岩。靶区内圈定1处乙2类稀有稀土水系综合异常，异常组合元素以NbLa为主，异常形态不规则，面积较大，浓集中心明显，与区域构造较为套合
4		柴达木山锂铍矿找矿远景区（YJ-4）	达肯大坂山锂铌矿找矿靶区	BQ-8	ZD	429	靶区大面积出露古元古代界肯大坂岩群片麻岩段，少量新生代地层在靶区南侧分布。岩浆活动较弱，在中南部地区有小面积奥陶纪二长花岗岩出露。达肯大坂岩群在柴北缘成矿带是伟晶岩脉的主要载体之一，伟晶岩脉是稀有稀土元素的高背景地质体，具有为稀有稀土矿提供物质来源的基础和条件，是区域上较重要的稀有稀土矿的矿源体。区内圈定1处乙3类稀有稀土水系综合异常，异常组合以LiNb为主元素，形状为不规则四边形，面积大，浓集中心突出，地质背景对形成稀有稀土矿床极为有利

续表 6-7

序号	成矿区（带）	找矿远景区	找矿靶区	靶区编号	分类	面积（km²）	地质特征概述
4	赛什腾山-阿尔茨托山铅、锌、金、钨、锡（铜、钴、稀土）成矿亚带	柴达木山锂铍矿找矿远景区（YJ-4）	大柴旦北山铍锂矿找矿靶区	BQ-9	ZD	398	靶区内出露地层主要为志留系巴龙贡嘎尔组，为一套碎屑岩夹火山岩、碳酸盐岩组合。区域上岩体较为发育，主要为海西期二长花岗岩、花岗岩、似斑状花岗岩等中酸性岩体，且规模较大。轻稀土含量相对较高，与海西期似斑状花岗岩密切相关，为寻找轻稀土矿的主要岩体。靶区内圈定1：20万水系沉积物异常1处，为乙2类异常1处。异常组合元素以LiBe为主，受区域构造影响，靶区内异常呈椭圆状展布，异常总体表现为面积大强度高，浓集中心较明显，元素套合好。另外，在靶区内有1处K9稀有金属矿点
			塔塔棱河中游铍矿找矿靶区	BQ-10	ZD	312	地处柴达木盆地北缘全吉地块欧龙布鲁克被动陆缘；出露地层为志留系巴龙贡嘎尔组。地层褶皱简单，为向北东倾斜的单斜。靶区内加里东期钾长花岗岩出露。断裂构造较为发育，主要为北西向、北北西向。靶区内圈定1：20万水系沉积物异常1处，为乙2类异常。异常组合元素以BeRb为主，受区域构造影响，靶区内异常呈椭圆状展布，异常总体表现为面积大强度高，浓集中心较明显，元素套合好
			塔塔棱河上游铍矿找矿靶区	BQ-36	YB	318	靶区内出露地层为志留系巴龙贡嘎尔组。地层褶皱简单，为向北东倾斜的单斜。靶区内花岗伟晶岩脉发育。断裂构造较为发育，主要为北西向、北北西向。靶区内圈定1：20万水系沉积物异常1处，为乙2类异常。异常组合元素以BeRb为主，受区域构造影响，靶区内异常呈椭圆状展布，异常总体表现为面积大强度高，浓集中心较明显，元素套合好
			库尔雷克山北锂矿找矿靶区	BQ-37	ZD	262	靶区出露地层为志留系巴龙贡嘎尔组。地层褶皱简单，为向北东倾斜的单斜。靶区内花岗伟晶岩脉发育。断裂构造较为发育，主要为北西向、北北西向。靶区内圈定1：20万水系沉积物异常1处，为乙3类异常。异常组合元素以Li为主，受区域构造影响，靶区内异常呈椭圆状展布，异常总体表现为面积大强度高，浓集中心较明显，元素套合好

续表 6-7

序号	成矿区（带）	找矿远景区	找矿靶区	靶区编号	分类	面积（km²）	地质特征概述
5	赛什腾山-阿尔茨托山铅、锌、金、钨、锡（铜、钴、稀土）成矿亚带	绿梁山-布依坦乌拉山锶镧矿找矿远景区（YJ-5）	绿梁山锶矿找矿靶区	BQ-11	YB	294	靶区南西为第四系，北东基岩出露较好，地层主要有新太古代—古元古代德令哈杂岩，下部为黑云斜长片麻岩、角闪斜长片麻岩、二云花岗片麻岩、角闪二长片麻岩组成，上段为大理岩、透辉石大理岩夹片麻岩、角闪片岩组成的大理岩组；南华系—震旦系全吉群红藻山组，由白云岩、底部加凝灰岩、粉砂岩组成；最北侧还有侏罗系大煤沟组碎屑岩。区内构造较为发育，有丁字口-乌兰断裂通过。该区未见明显的岩浆活动迹象。 圈定1处乙2类稀有稀土水系综合异常，异常呈椭圆状，面积较大，以 SrLa 为主元素，Y、U、Th、La、Zr 为组合，浓集中心明显。高值点分布与主构造方向一致呈北西-南东向
			石灰沟镧锶矿找矿靶区	BQ-12	ZD	348	靶区位于布衣坦乌拉山中段，南部地区较老，主要有新太古代—古元古代德令哈杂岩、南华系—震旦系全吉群，北部主要为新近纪地层局部夹白垩系犬牙沟组。区域断裂构造发育，呈近东西向、北西向展布。在德令哈杂岩中有少量中元古代花岗闪长片麻岩变质侵入体侵入，属柴北缘同碰撞岩浆杂岩。 该靶区圈定1处乙1类稀有稀土水系综合异常，异常面积大，呈近东西向分布，与区域构造线方向一致，异常以 La、Sr、P 为主元素，异常浓集中心明显
			胜利口北铌钇矿找矿靶区	BQ-30	YB	128	出露地层主要为古元古界达肯大坂岩群，岩性为黑云石英片岩、角闪片岩、黑云斜长片麻岩，夹白色条带状石英岩、大理岩、灰色—灰白色石英片岩，夹透闪石大理岩、白云石大理岩。靶区中部侵入岩侵入于达肯大坂岩群，侵入岩岩性为正长花岗岩，断裂构造不发育。 该区圈定1处乙2类稀有稀土水系综合异常，异常呈椭圆状，面积较小，以 Nb、Y 为主元素，Th 为组合，浓集中心明显。高值点分布与主构造方向一致呈北西南东向。该异常中重砂异常较为发育，其中有4处稀土异常，2处磷灰石异常，分布于乙2类综合异常边缘
			鱼卡河中游铌矿找矿靶区	BQ-35	YB	133	靶区出露地层主要为古元古界达肯大坂岩群、奥陶系滩间山群。区域断裂构造发育，呈近北西向展布，靶区内花岗伟晶岩脉发育。 该靶区圈定1处乙1类稀有稀土水系综合异常，以 NbU 为主元素，Be、Rb、Th、PLi、La、Y 为组合元素，异常面积大，异常浓集中心明显

续表 6-7

序号	成矿区(带)	找矿远景区	找矿靶区	靶区编号	分类	面积(km^2)	地质特征概述
5		绿梁山-布依坦乌拉山锶镧矿找矿远景区(YJ-5)	大煤沟镧锶矿找矿靶区	BQ-38	YB	224	靶区出露地层主要有新太古代—古元古代德令哈杂岩、南华系—震旦系全吉群,北部主要为新近纪地层局部夹白垩系犬牙沟组。区域断裂构造发育,呈近东西向、北西向展布。在德令哈杂岩中有少量中元古代花岗闪长片麻岩变质侵入体侵入。 该靶区圈定1处乙2类水系综合异常,以异常面积大,呈近东西向分布,与区域构造线方向一致,异常以LaSrP为主元素,异常浓集中心明显
6	赛什腾山-阿尔茨托山铅、锌、金、钨、锡(铜、钴、稀土)成矿亚带	阿木尼克山锂铌矿找矿远景区(YJ-6)	阿木尼克山锂矿找矿靶区	BQ-13	YB	497	出露地层主要为古元古界达肯大坂岩群,岩性为黑云石英片岩、角闪片岩、黑云斜长片岩,夹白色条带状石英岩、大理岩、灰色—灰白色石英片岩,夹透闪石大理岩、白云石大理岩。 靶区内圈定1:20万水系沉积物异常1处,为乙3类异常1处。异常组合元素以Li为主,受区域构造影响,靶区内异常呈椭圆状展布,异常总体表现为面积大强度高,浓集中心较明显,元素套合好。靶区内发育与花岗伟晶岩脉有关的锂异常,具有较好的找矿前景
			牛首山西锂矿找矿靶区	BQ-14	YB	304	靶区内主要出露奥陶系滩间山群下碎屑岩组,岩石组合主要为变碎屑岩夹少量火山岩。区域上岩体较为发育,主要为海西期二长花岗岩、花岗岩等中酸性岩体,且规模较大。 靶区内圈定1:20万水系沉积物异常1处,为丙类异常。异常组合元素以Li为主,受区域构造影响,靶区内异常呈椭圆状北西向展布,异常总体表现为面积大强度高,浓集中心较明显,元素套合好。靶区内花岗伟晶岩脉、细晶岩脉较发育,多呈北西向、近南北向产出于二长花岗岩中
			锡铁山铌矿找矿靶区	BQ-15	ZD	340	位于阿木尼克山东端,出露地层以泥盆系牦牛山组为主,西南部有少量奥陶系滩间山群和侏罗系大煤沟组,中北部少量新近系油砂山组不整合与牦牛山组之上。北西南东向断裂构造相对发育,在西南部表现有中基性火山活动沿主断裂溢出。 区内共圈出1处乙1类异常,元素组合以Nb为主,异常形态呈椭圆状北西向展布,面积较大,异常浓集中心较为突出,组合为U、La、Li、P、Th、Zr等。异常展布方向基本与区域构造线方向一致。 该靶区内已有锡铁山铅锌矿,伴生有镓、铟等稀散矿产,本次工作主要围绕锡铁山矿区外围寻找稀有稀土及稀散矿化线索为主,开展具体工作

续表 6-7

序号	成矿区(带)	找矿远景区	找矿靶区	靶区编号	分类	面积(km²)	地质特征概述
6	赛什腾山-阿尔茨托山铅、锌、金、钨、锡(铜、钴、稀土)成矿亚带	阿木尼克山锂铌矿找矿远景区(YJ-6)	牛首山东锂矿找矿靶区	BQ-39	ZD	300	靶区内主要出露泥盆系牦牛山组,北部出露少量新近系狮子沟组。区域上岩体较为发育,主要为海西期二长花岗岩、花岗岩等中酸性岩体,且规模较大。靶区内圈定1:20万水系沉积物异常1处,为丙类异常。异常组合元素以Li为主,受区域构造影响,靶区内异常呈椭圆状北西向展布,异常总体表现为面积大强度高,浓集中心较明显,元素套合好
7	宗务隆-双朋铅、锌、银(铜、金)成矿亚带	巴音郭勒河镧矿找矿远景区(YJ-7)	伊克拉镧矿找矿靶区	BQ-16	YB	688	拜兴沟口艾里森达沃铌钽、锡石异常中含铌0.003%~0.007%;拜兴沟口艾里森达沃铌钽稀土矿化点(热液型);异常呈东西向分布于塔塔棱河—夏日格曲一带,以拜兴沟斑状花岗岩体四周最为集中,异常强度均达到Ⅱ级。靶区内圈定1:20万水系沉积物异常1处,为乙3类异常。异常组合元素以La为主,受区域构造影响,靶区内异常呈椭圆状北西向展布,异常总体表现为面积大强度高,浓集中心较明显,元素套合好;区内伟晶岩脉及细晶岩脉较为发育。成型矿点有拜兴沟口艾里森达沃铌钽稀土矿化点(热液型);哈特尔的钠长细晶岩含钽、铌、铍等矿化线索
8	欧龙布鲁克-乌兰钨、(铁、铋、稀有、稀土、宝玉石)成矿亚带	布赫特山地区铌铍矿找矿远景区(YJ-8)	巴音山铍铌矿找矿靶区	BQ-17	ZD	254	以宗务隆山南缘断裂为界,南部出露新太古代—古元古代德令哈杂岩之片麻岩、大理岩,构造活动不强,边部有少量新生代地层覆盖,北部为宗务隆蛇绿混杂岩带,近东西向断裂构造系统极为发育。区内圈定1处乙3类异常和1处丙类异常,异常呈椭圆状,主元素为Be、Nb、P,异常面积不大,但异常浓集中心十分突出,中心点沿主断裂分布,其中德令哈市察汉森铌矿点(K11)就缠在东侧乙类异常中,正实为矿致异常;德令哈杂岩和宗务隆南缘断裂沿线发育大量伟晶岩脉,在靶区东北角已发现1处铌矿点[德令哈市察汉森铌矿点(K11)]。具有较好的稀有稀土矿成矿前景

续表 6-7

序号	成矿区（带）	找矿远景区	找矿靶区	靶区编号	分类	面积(km^2)	地质特征概述
8	欧龙布鲁克-乌兰钨、（铁、铋、稀有、稀土、宝玉石）成矿亚带	布赫特山地区铌铍矿找矿远景区（YJ-8）	黑石山镧铌矿找矿靶区	BQ-18	YB	127	出露地层主要为古元古界达肯大坂岩群，岩性为黑云石英片岩、角闪片岩、黑云斜长片岩，夹白色条带状石英岩、大理岩、灰色—灰白色石英片岩，夹透闪石大理岩、白云石大理岩。靶区内花岗伟晶岩脉、细晶岩脉发育，多呈北西向、近南北向产出于达肯大坂岩群中，断裂构造较为发育，主要为北西向、近东西向。靶区内圈定1:20万水系沉积物异常1处，为乙2类异常。异常组合元素以La Nb为主，受区域构造影响，靶区内异常呈椭圆状南北向展布，异常总体表现为面积大强度高，浓集中心较明显，元素套合好。靶区内发育与花岗伟晶岩脉有关的稀有元素异常，具有较好的找矿前景
			蓄集铌矿找矿靶区	BQ-19	ZD	501	出露地层主要为古元古界达肯大坂岩群，岩性为黑云石英片岩、角闪片岩、黑云斜长片岩，夹白色条带状石英岩、大理岩、灰色—灰白色石英片岩夹透闪石大理岩、白云石大理岩。西侧出现白垩纪正长花岗岩，规模较小。靶区内圈定1:20万水系沉积物异常1处，为乙1类异常。异常组合元素以Nb为主，受区域构造影响，靶区内异常呈椭圆状东西向展布，异常总体表现为面积大强度高，浓集中心较明显，元素套合好。靶区内发现矿点K16，区域上与沙柳泉铌钽矿床同处于一个成矿带，具有进一步找矿前景
			沙柳泉铌铍矿找矿靶区	BQ-20	ZD	145	出露地层主要为古元古界达肯大坂岩群，北部地区出露新生代地层。达肯大坂岩群下部为片麻岩组，是一套由黑云斜长片麻岩、混合片麻岩变粒岩夹大理岩、斜长角闪岩组成，上部为大理岩组，主要为白云石大理岩、条带大理岩夹石英岩组合。该岩群内发育大量花岗伟晶岩脉，伟晶岩脉是稀有稀土元素的高背景地质体，具有为稀有稀土矿提供物质来源的基础和条件，是区域上较重要的稀有稀土矿的矿源体。靶区内圈定1:20万水系沉积物异常1处，为甲1类异常。异常组合元素以Be La Nb为主，受区域构造影响，靶区内异常呈椭圆状北西向展布，异常总体表现为面积大强度高，浓集中心较明显，元素套合好。目前已在该靶区发现多处稀有金属矿点，如乌兰县沙柳泉铌钽矿床(K19)、乌兰县沙柳泉西白云母-绿柱石矿点(K20)、阿木内格铌矿点(K21)，均为伟晶岩型，良好的成矿事实证明该靶区是寻找稀有稀土金属矿产的绝佳地段

续表 6-7

序号	成矿区（带）	找矿远景区	找矿靶区	靶区编号	分类	面积（km²）	地质特征概述
8	欧龙布鲁克-乌兰钨、（铁、铋、稀有、稀土、宝玉石）成矿亚带	布赫特山地区铌铍矿找矿远景区（YJ-8）	高特拉蒙铌矿找矿靶区	BQ-21	ZD	295	古元古界达肯大坂岩群为一套中、高级变质片麻岩、大理岩等岩性组合，普遍混合岩化；岩性为黑云石英片岩、角闪片岩、黑云斜长片岩、条纹状混合岩、混合岩化黑云角闪片岩夹白色条带状石英岩、大理岩、灰色—灰白色石英片岩、黑云斜长石英片岩、条带状石英岩夹透闪石大理岩、白云石大理岩。 岩浆活动十分剧烈，岩浆岩广泛分布，出露面积较大，岩石性质由酸性—基性为主，海西期中酸性侵入活动为主，明显受北西向断裂带控制，侵入古元古界达肯大坂岩群中，并伴生稀有金属及有关的长石、石英等矿产。 靶区内圈定1∶20万水系沉积物异常1处，为甲1类异常。异常组合元素以 Nb、Y、La 为主，受区域构造影响，靶区内异常呈椭圆状北西向展布，异常总体表现为面积大强度高，浓集中心较明显，元素套合好。在中酸性侵入岩中铌、铍异常发育。 区内已发现 K12、K14 两处稀有稀土矿点，均与伟晶岩有关，伟晶岩脉密集发育，产出于达肯大坂岩群大理岩及片岩中，具有较好的找矿前景
			生格铌矿找矿靶区	BQ-40	ZD	339	靶区出露古元古代达肯大坂岩群，为一套中—高级变质片麻岩、大理岩等岩性组合，普遍混合岩化；岩性为黑云石英片岩、角闪片岩、黑云斜长片岩、条纹状混合岩、混合岩化黑云角闪片岩夹白色条带状石英岩、大理岩、灰色—灰白色石英片岩、黑云斜长石英片岩、条带状石英岩夹透闪石大理岩、白云石大理岩。 岩浆活动十分剧烈，岩浆岩广泛分布，出露面积较大，岩石性质由酸性—基性为主，海西期中酸性侵入活动为主，明显受北西向断裂带控制，侵入古元古界达肯大坂岩群中，并伴生稀有金属及有关的长石、石英等矿产。 靶区内圈定1∶20万水系沉积物异常1处，为甲1类异常。异常组合元素以 La Nb 为主，受区域构造影响，靶区内异常呈椭圆状北西向展布，异常总体表现为面积大强度高，浓集中心较明显，元素套合好。在中酸性侵入岩中铌、铍异常发育。 区内发现 K13、K15 两处稀有稀土矿点，均与伟晶岩有关，伟晶岩脉密集发育，产出于达肯大坂岩群大理岩及片岩中，具有较好的找矿前景

续表 6-7

序号	成矿区(带)	找矿远景区	找矿靶区	靶区编号	分类	面积(km²)	地质特征概述
9	宗务隆-双朋西铅、锌、银(铜、金)成矿亚带	茶卡北山地区锂铍矿找矿远景区(YJ-9)	纳尔宗锂矿找矿靶区	BQ-23	ZD	315	在北部或其他地方的黑云石英片岩中也零星见到花岗伟晶岩或其转石,矿化产于石炭系底部的黑云石英片岩中的伟晶岩。矿物成分以块状和糖粒状钠长石为主,其次为石英、白云母,少许斜长石、磷灰石、绿泥石等,稀有矿物有淡绿色绿柱石、铁黑色铌钽铁矿(毛发状、针状、板状)、白色磷铝石及白色—浅绿色锂辉石(柱状、沿柱面有纵纹)。 靶区内圈定1∶20万水系沉积物异常2处,为乙3及丙类异常。异常组合元素以Li为主,受区域构造影响,靶区内异常呈椭圆状北西向展布,异常总体表现为面积大强度高,浓集中心较明显,元素套合好。 靶区与俄当岗、茶卡北山及锡墨格山锂铍矿点同处于成矿区带,具有较好的找矿前景
			察汗诺铍矿找矿靶区	BQ-24	ZD	179	出露岩性为单一的晚三叠世二长花岗岩,从西南至北东大致分为3个岩相带。西南部为粗粒二长花岗岩,粒度分布不均匀,以粗粒为主,局部为中粗—中粒,部分地段见有少量中细粒二长花岗岩,钾化发育,钾化带多呈北西向及近南北向,并见有一近南北向的花岗细晶岩脉,脉宽约20m;中部为中粒二长花岗岩,呈北西-南东向展布,宽窄不一,以中粒为主,部分地段为粗中—中粗粒或为中细—细粒,钾化相对较弱,且分布不均匀;北东部为细粒二长花岗岩,以中细—细粒为主,钾化发育,钾化带宽窄不一,多呈北西向及北北东向展布。沿山坡向山顶方向,风化逐渐加强,风化后多呈大小不一的棱角状碎石。 靶区内圈定1∶20万水系沉积物异常1处,为乙3类异常。异常组合元素以YBe为主,受区域构造影响,靶区内异常呈椭圆状北西向展布,异常总体表现为面积大强度高,浓集中心较明显,元素套合好。区内伟晶岩脉较为发育,且发现K22矿点,与俄当岗、茶卡北山及锡墨格山锂铍矿点同处于成矿区带,具有较好的找矿前景

续表 6-7

序号	成矿区(带)	找矿远景区	找矿靶区	靶区编号	分类	面积(km^2)	地质特征概述
9	宗务隆-双朋西铅、锌、银(铜、金)成矿亚带	茶卡北山地区锂铍矿找矿远景区(YJ-9)	茶卡北山地区锂铍矿找矿靶区	BQ-25	ZD	233	区内出露地层主要有古元古界达肯大坂岩群片麻岩组,志留系巴龙贡嘎尔组砂、板岩组合,二叠系巴音河群勒门沟组、草地沟组,三叠系郡子河群等。区域构造极为发育,宗务隆山-青海南山断裂和宗务隆山南缘断裂在东部交会构成了复杂断裂系统。两条断裂之间为宗务隆蛇绿混杂岩带,南部地区岩浆活动频繁,海西晚期—燕山早期中酸性岩浆侵入活动较强,到燕山早期中基性岩浆溢流喷发。强烈的构造和岩浆活动为区域成矿提供了良好的物质来源和运移通道。 圈定了1处稀有稀土水系综合异常,异常以 Li、Nb、P 为主,异常规模大、强度高,浓集中心明显,部分异常地段已发现了较好的矿点,例如俄当岗铌矿点(K17)、茶卡北山锂铍矿点(K18)等。良好的地物化背景及成矿事实证实本区有寻找稀有稀土矿产的巨大潜力。 因该地区设有省勘查基金项目,靶区未做进一步细分,3个项目勘查区统一为一个靶区;另外,部署工作量主要针对勘查区外围,以期发现与伟晶岩脉密切相关的锂铍矿化线索
			石乃亥铌钽矿找矿靶区	BQ-26	ZD	233	该靶区出露地层主要有志留系巴龙贡嘎尔组、二叠系果可山组、三叠系隆务河组。区域构造发育,断裂构造以北东向、北西向为主,宗务隆山-青海南山断裂穿过靶区西南。中酸性侵入活动主要在加里东晚期和印支晚期较为活跃。 区内有1处甲1类异常,异常元素以 Li、Y、Nb 为主,异常强度高,范围大,有3个浓集中心,浓集中心较明显,元素套合好。区内伟晶岩脉集中、成群发育,主要产出于三叠系隆务河组片岩中,伟晶岩脉类型多,矿化明显,具有锂云母、铌钽铁矿及铌钽矿等矿石矿物;东南部异常中心处已有石乃亥大型铌钽矿床。因此该带稀有稀土矿成矿前景广阔

续表 6-7

序号	成矿区(带)	找矿远景区	找矿靶区	靶区编号	分类	面积(km^2)	地质特征概述
9	宗务隆-双朋西铅、锌、银(铜、金)成矿亚带	茶卡北山地区锂铍矿找矿远景区(YJ-9)	关角山镧矿找矿靶区	BQ-31	YB	105	区内出露地层主要有古元古界达肯大坂岩群,岩性为黑云石英片岩、角闪片岩、黑云斜长片岩,夹白色条带状石英岩、大理岩、灰色—灰白色石英片岩,夹透闪石大理岩、白云石大理岩。区内出现印支期侵入岩,岩性主要为正长花岗岩、二长花岗岩以及闪长岩等,规模较小。靶区内花岗伟晶岩脉发育,多呈北西向、近南北向产出于达肯大坂岩群中。断裂构造较为发育,主要为北西向、近东西向。 该区圈出1处乙3类异常,以P、La为主元素,组合为Th、U、Li、Zr,异常范围较小但浓集中心十分突出,元素套合好,是寻找岩浆岩型、伟晶岩型稀有稀土矿产的有利地段
			红岭北地区锂铍矿找矿靶区	BQ-41	ZD	202	区内出露地层主要有古元古界达肯大坂岩群片麻岩组,志留系巴龙贡嘎尔组砂、板岩组合,二叠系巴音河群勒门沟组、草地沟组,三叠系郡子河群等。区域构造极为发育,宗务隆山-青海南山断裂和宗务隆山南缘断裂在东部交会构成了复杂断裂系统。两条断裂之间为宗务隆蛇绿混杂岩带,南部地区岩浆活动频繁,海西晚期—燕山早期中酸性岩浆侵入活动较强,到燕山早期中基性岩浆溢流喷发。强烈的构造和岩浆活动为区域成矿提供了良好的物质来源和运移通道。 圈定了1处稀有稀土水系综合异常,异常以Li、U为主,异常规模较大、强度较高,浓集中心明显,靶区中已发现了较好的矿点,乌兰县红岭北稀有金属矿点(K24)。良好的地物化背景及成矿事实证实本区有寻找稀有稀土矿的巨大潜力
10	赛什腾山-阿尔茨托山铅、锌、金、钨、锡(铜、钴、稀土)成矿亚带	牦牛山地区镧铌矿找矿远景区(YJ-10)	铜普南稀土矿找矿靶区	BQ-22	YB	160	该区出露大面积中酸性岩浆岩,主要为印支早期和燕山早期,岩性为花岗闪长岩。该区断裂构造发育,展布方向为北西-南东向。 圈出2处乙1类异常,以LaBe为主元素,组合为Th、Li、Nb,异常范围较小但浓集中心十分突出,元素套合好,是寻找岩浆岩型稀有稀土矿产的有利地段。另外,在区内已有K23铌稀土矿点,矿化主要与滩间山群斜长角闪岩密切相关,具有进一步寻找稀有稀土矿的前景

续表6-7

序号	成矿区(带)	找矿远景区	找矿靶区	靶区编号	分类	面积(km²)	地质特征概述
11	赛什腾山-阿尔茨托山铅、锌、金、钨、锡(铜、钴、稀土)成矿亚带	沙流河地区铍镧矿找矿远景区(YJ-11)	查查香卡镧铈矿找矿靶区	BQ-27	ZD	178	靶区内岩浆活动较强,海西早期酸性岩浆在北部地区侵入,燕山早期中基性火山岩浆开始在南部地区喷发溢出。 该区圈定1处丙类异常,以Zr、Li、U、Y、La、Th、Nb为元素组合,异常呈豆荚状,面积较小,浓集中心非常突出,元素套合度高,岩浆岩型稀有稀土矿成矿较为有利。另外,区内伟晶岩脉较为发育,且呈群产出于滩间山群;在该地层中已有查查香卡铌稀土矿床、夏日达乌铌稀土矿床两个成型矿床。 因此,在滩间山群中寻找与铌、稀土矿有关的矿化具有较好的找矿前景
			沙流河铍锂矿找矿靶区	BQ-28	ZD	503	该靶区北部为大面积第四系,南部古元古界达肯大坂岩群片麻岩段和长城系沙流河岩组相间分布,二者呈断层接触,在西部和东南有少量柴北缘蛇绿混杂岩夹于其中,展布方向均与区域构造线方向一致;区内近东西向断裂体系极为发育,在中北部和西部地区,加里东中期、海西期中酸性岩浆侵入活动较强。 区内圈定4处稀有稀土水系综合异常,异常形态不规则,主元素为Be、La、Y、Li,浓集中心较为突出,元素套合较好,有一定的稀有稀土金属矿找矿前景
			哈莉哈德山铍矿找矿靶区	BQ-29	ZD	135	出露地层主要为达肯大坂岩群、滩间山群;达肯大坂岩群主要分布在靶区东北部的仁青伦布、阿移哈一带,少量零星见于哈莉哈德山的一棵树等地,属欧龙布鲁克微陆块。滩间山群是分布在靶区柴北缘构造带中的一套浅变质岩系,其岩性组合较为复杂,分布也不均匀。岩浆岩还有变质侵入体、蛇绿混杂岩和至少4期的火山岩及少量脉岩。变质侵入体与基底中的变质表壳岩紧密伴生,而且发育强烈的变质变形,具有透入性片麻状构造。 靶区内圈定1:20万水系沉积物异常1处,为乙2类异常。异常组合元素以Be为主,受区域构造影响,靶区内异常呈椭圆状不规则状展布,异常总体表现为面积大强度高,浓集中心较明显,元素套合好

续表 6-7

序号	成矿区（带）	找矿远景区	找矿靶区	靶区编号	分类	面积（km²）	地质特征概述
11	赛什腾山-阿尔茨托山铅、锌、金、钨、锡（铜、钴、稀土）成矿亚带	沙流河地区铍镧矿找矿远景区（YJ-11）	哇沿河铍矿找矿靶区	BQ-42	ZD	338	出露地层主要为达肯大坂岩群。岩浆岩主要为变质侵入体、蛇绿混杂岩和至少 4 期的火山岩及少量脉岩。变质侵入体与基底中的变质表壳岩紧密伴生，而且发育强烈的变质变形，具有透入性片麻状构造。靶区内圈定 1：20 万水系沉积物异常 2 处，为乙 2 类、乙 3 类异常。异常组合元素以 La Be 为主，受区域构造影响，靶区内异常呈椭圆状不规则状展布，异常总体表现为面积大强度高，浓集中心较明显，元素套合好。该地区主要发育花岗细晶岩，且与稀土元素异常较为发育，副矿物磷灰石、重晶石等含量较多，具有一定的找矿前景

（二）伟晶岩脉

柴北缘地区伟晶岩脉较为发育，主要产于柴北缘铅、锌、锰、铬、金、白云母成矿带，南祁连铅、锌、金、铜、镍、铬成矿带，西秦岭铅、锌、铜（铁）金、汞、锑成矿带。柴北缘铅、锌、锰、铬、金、白云母成矿带是青海省内稀有稀土矿的成矿有利地区，具有形成稀有稀土多金属矿床的潜在有利地区之一（杨生德等，2013）。柴北缘地区也是青海省内稀有金属矿床（点）集中产出地区之一，目前已发现的稀有金属矿床（点）成矿类型属伟晶岩型，且均产于柴北缘成矿带中断续出露的伟晶岩脉带。该带西起阿尔金山龙尾沟，经鱼卡河至乌兰县沙柳泉、察汗诺等地，长 200 多千米（青海省区域矿产总结报告，2001）。其中在生格、沙柳泉、察汗诺、夏日达乌以及茶卡、石乃亥等地区伟晶岩脉具有分片区、分时段、集中出露的特点，在沙柳泉已发现 362 条伟晶岩脉、大柴旦 300 余条、生格 175 条、察汗诺 100 余条、石乃亥 224 条、茶卡地区千余条伟晶岩脉，且多呈脉状、透镜状、不规则脉状等形态产出。近年来在上述地区取得了稀有稀土矿的找矿发现。

据柴北缘稀有稀土矿产的分布特征及成矿条件，梳理出稀有稀土矿的主要成矿类型有伟晶岩型、花岗岩型等。其中伟晶岩型稀有矿床主要有沙柳泉铌钽矿床、茶卡北山锂铍矿及石乃亥铌钽矿床等，花岗岩型主要为轻稀土矿（在柴北缘地区内仅发现矿化线索）；以伟晶岩型稀有金属矿床规模较大。

（三）区域矿产

近年来，通过区域地质调查及矿产调查过程中，在交通社西北、牛鼻子梁、赛什腾山、锡铁山、冷湖、鱼卡地区，以及葫芦山、沙柳泉、察汗诺、茶卡等地区已发现稀有稀土元素部分含量相对较高，如冷湖、鱼卡、葫芦山等地区 Nb、Ta、Cr、Cs、La 等含量较高，并陆续发现了 28 处稀有稀土矿床（点），如交通社西北铌稀土矿点、柴达木大门口轻稀土矿点、龙尾沟沟稀土矿点、鄂博梁地区铌钽及轻稀土矿化点、沙柳泉铌钽矿床，夏日哈乌铌矿点，石乃亥铌钽矿点，查查香卡铌稀土矿、生格铌钽矿点、茶卡北山锂铍矿点等，为该区进一步寻找稀有稀土矿产资源提供了基础依据。

(四)化探综合异常

在收集柴北缘地区全部1∶20万、1∶25万最新化探数据的基础上,选取元素为Be、La、Li、Nb、Rb、Th、U、Zr、Y、P、Sn、Ti、V、W,为稀有稀土及放射性元素组合,这与柴北缘地区出露多期次的中酸性岩体和花岗伟晶岩脉密切相关;据柴北缘地区综合异常图,划分了综合异常102处,其中甲类异常6个,乙类异常71个(乙1类10个,乙2类23个,乙3类38个),丙类异常25个;Li-Be-Nb-Rb组合衬值累加高值区主要出现在宗务隆山一带、查汗哈达、茶卡北山一带,具有明显的找矿潜力。

(五)找矿潜力分析

柴北缘伟晶岩脉断续出露长200多千米,具有分片区、分时段、集中产出的特征。其中在龙尾沟、大柴旦北山、布赫特山、沙柳河、茶卡北山等地区为伟晶岩型稀有金属重点找矿区(图6-2);柴北缘地区将是青藏高原东北缘锂铍等稀有金属矿找矿潜力区之一。

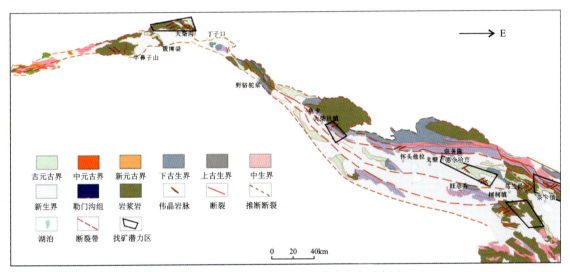

图6-2 柴达木盆地北缘找矿潜力分布示意图

1. 龙尾沟稀有稀土找矿潜力区

该区隶属牛鼻子梁-俄博梁铁、铜、金、镍、稀土元素、石墨成矿亚带(Ⅳ-4);区内已发现伟晶岩脉100余条,其中长度大于100m、宽度大于5m的岩脉有11条,岩体多呈脉状、透镜状产出,沿北西西向延伸;不同规模的花岗伟晶岩脉产于古元古界达肯大坂岩群绢云绿泥硅质片岩及大理岩中,矿石矿物主要为黑稀金矿、褐钇铌矿、铀钍石、褐帘石及独居石。稀土元素主要赋存于黑稀金矿中,其次为褐钇铌矿及褐帘石中。区内成矿条件极为有利,伟晶岩分布广泛,西起柴达木大门口,东至多罗尔什以东,构成一个伟晶岩集中区,于柴达木大门口以东有稀土矿化。

2. 大柴旦北山稀有稀土找矿潜力区

该区欧龙布鲁克-乌兰铁、铜、镍、稀有金属、稀土元素、煤成矿亚带(Ⅳ-6);近年来在大柴旦地区1∶5万信息集成及调研过程中,已初步发现300余条伟晶岩脉,多呈透镜状、不规则状产出,伟晶岩脉宽1～20m,长10～120m,侵入于古元古界达肯大坂岩群大理岩中;铌、铍等元素异常富集趋势明显;区域内岩浆活动强烈,形成规模不等的中酸性侵入岩体,这与晚期含矿伟晶岩脉的形成密切相关。

3. 布赫特山稀有金属找矿潜力区

布赫特山地区属欧龙布鲁克成矿带东段,属于欧龙布鲁克-乌兰钨、铁、铜、镍、稀有金属、稀土元素、煤成矿亚带;该区以古元古界达肯大坂岩群为结晶基底,加里东期处于相对稳定的古陆环境;海西期—印支期经历陆内造山,伴随有强烈的构造岩浆活动,形成了以北西向为主的断裂构造系统及大量的中酸性侵入岩体,这次造山活动为该区稀有金属矿产的形成创造了有利条件。Be、La、Y、Nb、U、Tn 等稀有稀土元素在德令哈-乌兰地区聚集态势明显;铌、铍、稀土等为该区的潜力矿种。在沙柳泉、生格等地区已发现数百条伟晶岩脉,形成矿床有沙柳泉铌钽矿床,在高特拉蒙—沙柳泉一带是铌、铍、稀土等矿找矿潜力区。

4. 沙柳河稀有金属找矿潜力区

该区大地构造位置属欧龙布鲁克-乌兰元古宙古陆块体的东段,成矿单元属赛什腾山-阿尔茨托山铅、锌、金、钨、锡、金、红石成矿亚带(Ⅳ-9);出露地层主要有古元古界达肯大岩坂群、奥陶系滩间山群等;发育奥陶纪—志留纪火山岩;脉岩发育,矿(化)体严格受北西-南东向脆性韧性断裂构造控制。沙柳河瓦洪山杂岩体主要异常元素有 W、Bi、Sn、Nb、Be、La、U、Y、F 等,代表性矿点为夏日达乌铌稀土矿点,滩间山群斜长角闪岩为成矿物源层。由此,沙柳河及瓦洪山杂岩体是找稀有元素的有利选区。

5. 茶卡北山地区锂铍找矿潜力区

茶卡北山地区大地构造位置属秦祁昆结合部位北端,宗务隆山构造带东段,属宗务隆-双朋西铅、锌、银、金成矿亚带(Ⅳ-5);出露地层主要为古元古界达肯大坂岩群、石炭系—二叠系土尔根大坂组等,断裂构造发育,侵入岩及脉岩强烈;在察汗诺地区发现伟晶岩脉 100 余条,石乃亥地区 224 条,茶卡地区也已发现 1000 余条伟晶岩脉;形成石乃亥铌钽铷矿床、茶卡北山锂铍矿、俄当岗铍矿、锡墨格山锂铍矿等矿床(点)。Li、Be 元素地球化学异常呈北西向展布,且 Li、Be 元素地球化学异常带宽度达 500m,累计长约 40km,呈现出良好的锂铍矿找矿前景。

王秉璋等(2020)认为茶卡北山地区伟晶岩脉十分发育,含绿柱石锂辉石伟晶岩的发现可推断宗务隆山构造带东段是青藏高原北部一条新的、重要的锂铍矿成矿带;除 Li 和 Be 外,Nb、Ta、Cs 和 Sn 也可能是有潜力的成矿元素,已有较好的找矿发现,有望成为青藏高原北部一个新的 Li-Be 资源基地。

另外,青海南山地区伟晶岩脉多顺层或穿层侵入于三叠系隆务河组,或侵入于印支晚期花岗闪长岩、花岗岩及边部;区域 Li、Be 元素地球化学异常显示,与茶卡北山、石乃亥地区属同一异常区,具有较好的 Li、Be 找矿潜力。

六、找矿标志

1. 花岗伟晶岩类型

按照长石类矿物共生组合,结合锂云母、锂辉石划分的花岗伟晶岩类型,反映伟晶岩的物质成分、分异以及交代作用的特点,可间接表示花岗伟晶岩的矿化标志:

斜长石-微斜长石型伟晶岩主要是轻稀土、铀以及钍的矿化,品位较低,工业意义不大。

微斜长石型伟晶岩主要是白云母和铍矿化,不同程度具铷矿化,但品位低,达不到工业品位。

钾长石-钠长石-白云母型伟晶岩主要是铷、铌钽以及铍的稀有金属的矿化,品位较高,具有找矿的有利识别标志。

绿柱石-锂辉石、白云母-锂辉石、钠长石-锂云母型伟晶岩是锂、铌钽、铷及铍的有利矿化,是主要的含矿标志,作为今后找矿的主要标志。

伟晶岩脉属绿柱石-锂辉石-微斜长石花岗伟晶岩脉,大都分带不明显,基本上由白云母-绿柱石、石英-微斜长石-锂辉石或石英-锂辉石组合构成,以锂、铍、铷、铌钽为主的稀有元素矿化主要赋存于中酸性花岗伟晶岩脉内,故寻找锂辉石-微斜长石伟晶岩脉为找锂的重要标志。

2. 分异作用标志

带状构造是分异作用的物质表现及标志,分异作用的强弱对原生期的铌钽、稀土矿化至关重要。以粗粒、块体结构的石英-微斜长石带和以块体微斜长石带,是粗晶绿柱石的良好标志。石英-锂辉石-锂云母带的出现既是 Li 矿化的重要标志,也是交代期 Nb、Ta 和 Be 矿化的良好预示。

3. 交代作用标志

花岗伟晶岩中交代作用的强烈、广泛发育,是 Ta、Cs、Be、Li 等矿化的重要找矿标志。

钠长石化:在一般情况下都是 Be、Nb、Ta 矿化的肯定标志。其中糖粒状钠长石多是铌铁矿的标志;叶钠长石则是铌钽铁矿、钽铁矿的标志。

白云母化:有两种基本情况。一种是原生结晶期钾阶段末期钾长石水解的白云母,呈大片叠层状,伴生有绿柱石和铌铁矿;另一种是交代期的鳞片状白云母,经常伴生有重要的 Nb、Ta 矿化。

锂云母化:锂云母的强烈发育,一般情况下都是富 Ta、Li 矿化的极好标志。铌钽矿物主要为钽铁矿、细晶石、铌钽铁矿等富含钽的矿物,同时伴生有 Cs-Li 绿柱石。在锂辉石系列的花岗伟晶岩中,锂云母化发育且伴生有红色、彩色电气石时,往往是寻找铯榴石的良好标志。

钠长石化、白云母化、锂云母化等交代作用在空间上叠加发育时,这是 Ta、Nb、Be、Li、Cs 等稀有元素矿化的极好标志。

伟晶岩脉具强烈的钠长石、白云母、锂云母交代现象,属锂辉石-微斜长石伟晶岩脉。空间配置而言,茶卡北山地区由南向北,伟晶岩脉含矿及蚀变特征并不显著;由东向西,地形地貌呈现出由高变低的趋势,交代作用逐渐变弱,呈现锂云母化-白云母化矿化特征,锂辉石-锂云母-钠长石型转化为绿柱石-钠长石型。故寻找具强烈的钠长石、(锂)云母交代现象的伟晶岩脉为重要的找矿标志。垂向分带性可能具有下层到上层交代作用由弱到强,由简单到复杂,锂云母化出现于茶卡北山Ⅰ号带伟晶岩脉核部。

4. 典型矿物标志

电气石颜色具有良好的找矿意义。黑色电气石是铌矿化的标志;绿色电气石是铌钽矿化的找矿标志,粉红色锂电气石是锂、铍矿化的找矿标志。在空间上,黑电气石主要分布在伟晶岩和围岩的接触部位,在此部位白云母的数量也相对较多,反映了在伟晶岩结晶过程中,挥发组分向外逃逸并在此部位形成大量富挥发组分矿物的特点。由于此阶段伟晶岩形成的环境较稳定,矿物的结晶作用也较充分,所以电气石等矿物的晶体普遍较大,而且也较完整。彩色电气石是钽、锂、铯矿化标志,但钽的含量大于铌。

5. 化探异常标志

大比例尺水系沉积物测量异常浓集中心为稀有及稀土元素矿化的主要标志。

6. 构造标志

伟晶岩(矿)脉走向严格受区域断裂构造旁侧的同组次级或韧性剪切构造控制,故次级断裂或韧性剪切带为最重要的找矿标志。

7. 地层标志

茶卡北山地区以伟晶岩为载体的锂铍矿,受达肯大坂岩群、隆务河等地层层位控制不明显,但古老隆起区或褶皱(造山)带的基底结晶变质岩系达肯大坂岩群具有指示稀有伟晶岩脉找矿的意义。因此,古元古界达肯大坂岩群云母片岩是本区寻找含稀有金属花岗伟晶岩脉的地层标志。

8. 断裂标志

古元古界达肯大坂岩群区域变质岩中发育多期次活动的北西向断裂，以及北东向韧性、韧-脆性断裂带。沿断裂带碎裂岩、糜棱岩较为发育。其中锡墨格断裂、韧性剪切带是该区含矿伟晶岩脉的重要控矿构造。

9. 围岩矿物及蚀变标志

达肯大坂岩群黑云母石英片岩、云母片岩中十字石、堇青石等特征矿物，是寻找含矿伟晶岩脉的矿物标志。

围岩石英闪长岩中蚀变主要有硅化、黄铁矿化、绢云母化、绿泥石化及碳酸盐化等。其中硅化、黄铁矿化与金矿化关系密切。通常硅化、黄铁矿化愈强金品位愈高。

主要参考文献

安生婷,李培庚,杜生鹏,等,2020.青海柴北缘滩间山地区金龙沟金矿成矿模式总结与找矿前景分析[J].西北地质,53(4):99-107.

白开寅,陈丽秋,魏刚锋,2007.滩间山花岗质岩石化学特征和脉岩型金矿成矿作用的关系[J].地球科学与环境学报,29(3):252-255.

蔡鹏捷,郑有业,鲁立辉,等,2019.柴北缘滩间山金矿黄铁矿微量元素特征:指示多阶段金矿化事件[J].中国有色金属学报,29(10):2381-2394.

曹锐,2015.浅析青海同仁县德合隆洼金铜矿的地质特征及矿区略评[J].科学中国人(15):4.

常印佛,刘湘培,吴言昌,1991.长江中下游铜铁成矿带[M].北京:地质出版社.

陈柏林,2000a.糜棱岩型金矿金元素丰度与构造变形的关系[J].矿床地质(1):17-25.

陈柏林,董法先,李中坚,1999.韧性剪切带型金矿成矿模式[J].地质论评(2):186-192.

陈丹玲,孙勇,刘良,2007.柴北缘鱼卡河榴辉岩围岩的变质时代及其地质意义[J].地学前缘(1):108-116.

陈丹玲,孙勇,刘良,等,2005.柴北缘鱼卡河榴辉岩的变质演化—石榴石成分环带及矿物反应结构的证据[J].岩石学报(4):1039-1048.

陈纪明,1990.中国金矿床类型的划分[J].黄金地质科技(3):1-8.

陈敏,薛春纪,薛万文,等,2020a.柴北缘宗务隆构造带蓄集地区闪长岩的发现及其地质意义[J].岩石矿物学杂志,39(5):552-568.

陈敏,薛春纪,赵文涛,等,2020b.青海德令哈蓄集银铅矿床地质与S-Pb同位素组成及其成矿学意义[J].岩石矿物学杂志,39(4):454-468.

陈敏,薛春纪,赵文涛,等,2020c.青海尕日力根二叠系砾岩容金矿床的地质与地球化学特征[J].中国矿业,29(S1):300-308.

陈能松,王勤燕,陈强,等,2007.柴达木和欧龙布鲁克陆块基底的组成和变质作用及中国中西部古大陆演化关系初探[J].地学前缘,14(1):43-55.

陈世悦,孙娇鹏,刘文平,等,2015.青海大煤沟新元古代冰碛岩的发现及地质意义[J].地层学杂志(1):81-88.

陈廷愚,耿树方,陈炳蔚,2010.成矿单元划分原则和方法探讨[J].中国地质,339(4):1130-1140.

陈西京,1976.深处岩浆分异与某地花岗伟晶岩的形成[J].地球化学(3):213-229.

陈衍景,2006.造山型矿床、成矿模式及找矿潜力[J].中国地质,33(6):1181-1196.

陈衍景,富士谷,卢冰,等,1992.金矿成因类型和系列的划分[J].地球科学进展(3):73-79.

陈衍景,倪培,范宏瑞,等,2007.不同类型热液金矿系统的流体包裹体特征[J].岩石学报(9):2085-2108.

陈衍景,薛莅治,王孝磊,等,2021.世界伟晶岩型锂矿床地质研究进展.地质学报,95(10):2971-2995.

陈毓川,1983.华南与燕山期花岗岩有关的稀土、稀有、有色金属矿床成矿系列[J].矿床地质,2:15-24.

陈毓川,毛景文,黄民智,等,1995.桂北地区矿床成矿系列和成矿历史演化轨迹[M].北京:地质出版社.

陈毓川,裴荣富,宋天锐,等,1998.中国矿床成矿系列初论.[M].北京:地质出版社.

陈毓川,裴荣富,王登红,2006a.三论矿床的成矿系列问题[J].地质学报,80(10):1501-1508.

陈毓川,裴荣富,王登红,等,2016.矿床成矿系列:五论矿床的成矿系列问题[J].地球学报,37(5):519-527.

陈毓川,裴荣富,王登红,等,2020.论地球系统四维成矿及矿床学研究趋向:七论矿床的成矿系列.矿床地质,39(5):745-753.

陈毓川,裴荣富,张宏良,等,1989.南岭地区与中生代花岗岩类有关的有色及稀有金属矿床地质[M].北京:地质出版社.

陈毓川,王登红,徐志刚,等,2006b.对中国成矿体系的初步探讨[J].矿床地质(2):155-163.

陈毓川,朱裕生,肖克炎,等,2006.中国成矿区(带)的划分[J].矿床地质,25(S1):1-6.

程南南,刘庆,侯泉林,等,2018.剪切带型金矿中金沉淀的力化学过程与成矿机理探讨[J].岩石学报,34(7):2165-2180.

程裕淇,陈毓川,赵一鸣,等,1983a.再论矿床的成矿系列问题.[J].地球学报(6):1-64.

程裕淇,陈毓川,赵一鸣,等,1983b.再论矿床的成矿系列问题:兼论中生代某些矿床的成矿系列[J].地质论评,29(2):127-139.

程裕淇,陈毓川,赵一鸣,等,1979.初论矿床的成矿系列问题[J].中国地质科学院院报,1(1):32-57.

程裕淇,赵一鸣,陆松年,1983b.中国几组主要铁矿类型[J].地质学报(4):253-268.

程裕琪,孙大中,伍家善,等,1989.原华北地台早前寒武纪演化的巨旋回[J].山东地质(1):1-14.

池国祥,赖健清,2009.流体包裹体在矿床研究中的作用,矿床地质,28(6):850-855.

崔晓林,2017.中国锂矿资源需求预测及供需分析[D].北京:中国地质大学.

崔艳合,张德全,李大新,等,2000.青海滩间山金矿床地质地球化学及成因机制[J].矿床地质,19(3):211-222.

戴荔果,2019.青海省滩间山-锡铁山地区金铅锌成矿系统[D].武汉:中国地质大学.

邓晋福,莫宣学,罗照华,等,1999.火成岩构造组合与壳-幔成矿系统[J].地学前沿(2).1-15.

丁清峰,王冠,孙丰月,等,2010.青海省曲麻莱县大场金矿床成矿流体演化:来自流体包裹体研究和毒砂地温计的证据[J].岩石学报,26(12):3709-3719.

董连慧,冯京,刘德权,等,2010.新疆成矿单元划分方案研究[J].新疆地质,105(1):1-15.

董增产,辜平阳,陈锐明,等,2015.柴北缘西端盐场北山二长花岗岩年代学、地球化学及其Hf同位素特征[J].地球科学(中国地质大学学报),40(1):130-144.

杜远生,朱杰,顾松竹,2007.北祁连造山带寒武系—奥陶系硅质岩沉积地球化学特征及其对多岛洋的启示[J].中国科学(D辑地球科学)(10):1314-1320.

段嘉瑞,何绍勋,周崇智,1992.剪切带型金矿:以广东河台金矿为例[J].地质与勘探(6):6-11.

范宏瑞,谢奕汉,翟明国,等,2003.豫陕小秦岭脉状金矿床三期流体运移成矿作用[J].岩石学报(2):260-266.

范永香,1983.从中国金矿成因分类讨论看金的成矿特点和成矿规律研究中的一些问题[J].地质科技情报(3):61-67.

丰成友,张德全,贾群子,等,2012.柴达木周缘金属矿床成因类型、成矿规律与成矿系列[J].西北地质,45(1):1-8.

丰成友,张德全,李大新,等,2002.青海赛坝沟金矿床地质特征及成矿时代[J].矿床地质(1):45-52.

冯益民,何世平,1995.祁连山及其邻区大地构造基本特征:兼论早古生代海相火山岩的成因环境[J].西北地质科学,16(1):93-103.

傅成铭,权志高,周伟,2011.青海查查香卡矿床铀、稀土元素矿化特征及成矿潜力分析[J].铀矿地质,27(2):103-107.

傅晓明,息朝庄,2010.青海德合龙洼金铜矿床地质地球化学特征[J].地质找矿论丛,25(2):124-128+140.

高春亮,余俊清,闵秀云,等,2015.柴达木盆地大柴旦湖硼矿床地质特征及成矿机理[J].地质学报(3):659-670.

高晓峰,校培喜,贾群子,2011.滩间山群的重新厘定:来自柴达木盆地周缘玄武岩年代学和地球化学证据[J].地质学报,85(9):1452-1463.

葛良胜,邓军,杨立强,等,2009.中国金矿床:基于成矿时空的分类探讨[J].地质找矿论丛,24(2):91-100.

葛良胜,邓军,张文钊,等.2008.中国金矿床(Ⅰ),成矿理论研究新进展[J].地质找矿论丛,23(4):265-274.

郭安林,张国伟,强娟,等,2009.青藏高原东北缘印支期宗务隆造山带[J].岩石学报,25(1):1-12.

郭承基,1963.与花岗岩有关的稀有元素地球化学演化的继承发展关系[J].地质科学(3):109-127.

郭文魁,1991.金属矿床地质的发展—纪念《矿床地质》创刊十周年[J].矿床地质(1):1-9.

郭跃进,2011.青海东昆仑东段果洛龙洼金矿床地球化学特征与成矿模式[D].昆明:昆明理工大学.

国家辉,1998.滩间山金矿田成矿作用演化及成因类型[J].青海地质(1):37-41.

国家辉,1998.滩间山金矿田岩浆岩特征及其与金矿化关系[J].贵金属地质,7(2):96-103.

国家辉,1998a.滩间山金龙沟金矿区找矿矿物学填图应用效果[J].贵金属地质,7(4):19-23.

国家辉,1998b.滩间山金矿田岩浆岩特征及其与金矿化关系[J].贵金属地质,7(2):17-24.

国家辉,1998c.滩间山金矿田成矿作用演化及成因类型[J].青海地质(1):37-42.

国家辉,陈树旺,1998d.滩间山金矿田成矿物质来源探讨[J].贵金属地质,7(3):29-44.

韩英善,彭琛,2000.托莫尔日特蛇绿混杂岩带地质特征及其构造意义[J].青海地质(1):18-25.

韩振新,郝正平,侯敏,1996.黑龙江主要成矿带矿床成矿系列[M].哈尔滨:哈尔滨工程大学出版社.

郝国杰,陆松年,李怀坤,等,2001.柴北缘沙柳河榴辉岩岩石学及年代学初步研究[J].前寒武纪研究进展,24(3):154-162.

郝雪峰,付小方,梁斌,等,2015.川西甲基卡花岗岩和新三号矿脉的形成时代及意义[J].矿床地质,34(6):1199-1208.

何丽,2016.正视产业问题谋求破解之法[N].中国黄金报,11-29(5).

侯增谦,陈骏,翟明国,2020.战略性关键矿产研究现状与科学前沿[J].科学通报,65(33):3651-3652.

胡伦积,1982.从霍姆斯塔克金矿成因认识过程看金矿成因研究的趋势[J].黄金(3):13-16.

胡伦积,姚风良,1983.金矿床的成因分类[J].中国地质(1):13-15.

贾建业,刘建朝,兰斌明,1996.滩间山黑色岩系金矿床金的赋存状态研究[J].西安工程学院学报(3):15-20.

贾建业,袁守锋,吴建设,等,1996.黄铁矿中金的赋存状态和存在形式研究[J].西北地质(3):23-45.

贾群子,杜玉良,赵子基,等.2013.柴达木盆地北缘滩间山金矿区斜长花岗斑岩锆石LA-MC-ICPMS测年及其岩石地球化学特征[J].地质科技情报,32(1):87-93.

贾群子,杨忠堂,肖朝阳,等,2007.祁连山铜金钨铅锌矿床成矿规律和成矿预测[M].北京:地质出版社.

贾跃明,1996.流体成矿系统与成矿作用研究[J].地学前缘(4):94-99.

贾跃明,姜建军,张丽君,等,1999.我国环境地质工作发展走势:对我国新一轮国土资源大调查中环境地质工作部署的思考和建议[J].中国地质(9):13-18.

江思宏,张莉莉,刘翼飞,等,2020.非洲大陆金矿分布特征与勘查建议[J].黄金科学技术,28(4):465-478.

姜春发,2002.中央造山带几个重要地质问题及其研究进展(代序)[J].地质通报(Z2):453-455.

姜春发,杨经绥,冯秉贵,等,1992.昆仑开合构造[M].北京:地质出版社.

赖华亮,李顺庭,王建,等,2019.青海柴北缘青山金矿的发现及地质特征[J].矿产勘查,10(10):2493-2500.

赖绍聪,邓晋福,赵海玲,1996.柴达木北缘古生代蛇绿岩及其构造意义[J].现代地质,10(1):18-28.

李大新,张德全,崔艳合,等,2003.小赛什腾山斑岩铜(钼)矿床根部带的特征[J].地球学报,24(3):211-218.

李冬玲,唐健,杨文芳,2008.野骆驼泉金矿床地质特征及其成因探讨[J].青海国土经略(4):28-30.

李华健,王庆飞,杨林,等,2017.青藏高原碰撞造山背景造山型金矿床:构造背景、地质及地球化学特征[J].岩石学报,33(7):2189-2201.

李怀坤,陆松年,王惠初,等,2003.青海柴北缘新元古代超大陆裂解的地质记录:全吉群.地质调查与研究,26(1):27-37.

李怀坤,陆松年,赵风清,等,1999.柴北缘新元古代重大地质事件年代格架[J].现代地质,13(2):224-225.

李怀坤,郑健康,1999.柴达木盆地北缘鱼卡河含柯石英榴辉岩的确定及其意义[J].现代地质(1):43-50.

李建康,王成辉,冯文杰,等,2017.滇西北发现花岗伟晶岩型铁锂云母矿床[J].矿床地质,36(6):1453-1455.

李建康,王登红,王宝善,等,2008.川西伟晶岩型矿床中流体包裹体的SRXRF分析[J].大地构造与成矿学(3):332-337.

李建康,王登红,张德会,等,2006.川西甲基卡伟晶岩型矿床中含硅酸盐子矿物包裹体的发现及其意义[J].矿床地质,25(s1):131-134.

李金超,杜玮,成永生,等,2015.青海省东昆仑成矿带主要金矿床特征及关键控矿因素分析[J].地质与勘探,462(6):1079-1088.

李金超,杜玮,孔会磊,等,2015.青海东昆仑及邻区成矿单元划分[J].世界地质,34(3):664-674.

李景春,李兰英,2001.对中国金矿床成因分类的评述[J].地质与资源,10(1):42-45.

李人澎,1996.成矿系统分析的理论与实践[M].北京:地质出版社.

李善平,潘彤,王秉璋,等,2021.柴达木盆地北缘锶墨格山含绿柱石花岗伟晶岩特征及构造意义[J].大地构造与成矿学,182(3):608-619.

李世金,2011.祁连造山带地球动力学演化与内生金属矿产成矿作用研究[D].长春:吉林大学.

李顺庭,龙灵利,王宁,2021.韧性剪切带型金矿研究进展[J].矿产勘查,12(4):802-814.

李贤芳,张玉洁,田世洪,2019.锂同位素在伟晶岩矿床成因研究中的应用[J].中国地质,46(2):419-429.

李向民,2009.阿尔金断裂南缘约马克其镁铁-超镁铁岩的性质和年代学研究[J].岩石学报,25(4):862-872.

李艳军,魏俊浩,李欢,等,2017.青海东昆仑地区五龙沟金矿田典型矿床成因类型与成矿模式[J].矿物学报,37:576-577.

李智佩,吴亮,颜玲丽,2020.中国西北地区蛇绿岩时空分布与构造演化[J].地质通报,39(6):783-817.

梁磊,张玲,颜自给,等,2017.广西栗木花岗岩岩浆气-液分异作用与成矿作用[J].地质论评,63(1):61-74.

廖梵汐,2015.全吉地块元古代变质镁铁质侵入岩的成因及其古大陆演化意义[D].武汉:中国地质大学.

林文山,范照雄,贺领兄,2006.青海省大柴旦青龙沟金矿床地质特征、找矿标志和找矿方向[J].矿产与地质(2):122-127.

刘德权,唐延龄,周汝洪,1996.中国新疆矿床成矿系列[M].北京:地质出版社.

刘嘉,蔡鹏捷,杜文洋,等,2019.柴达木盆地北缘造山型金矿地质、成矿流体及成矿时代特征[J].中国地质,5(12):1640-1652.

刘训,王永,1995.塔里木板块及其周缘地区有关的构造运动简析[J].地球学报(3):15.

刘永乐,刘智刚,张爱奎,等,2018.柴北缘达达肯乌拉山地区闪长岩锆石LA-ICP-MSU-Pb年龄、岩石地球化学特征及其构造意义[J].矿床地质,37(5):1079-1090.

卢欣祥,孙延贵,张雪亭,等,2007.柴达木盆地北缘塔塔楞环斑花岗岩的SHRIMP年龄[J].地质学报(5):626-634.

陆松年,陈志宏,相振群,等,2006.秦岭岩群副变质岩碎屑锆石年龄谱及其地质意义探讨[J].地学前缘(6):303-310.

陆松年,李怀坤,陈志宏,等,2004.新元古时期中国古大陆与罗迪尼亚超大陆的关系[J].地学前缘,11(2):515-523.

陆松年,王惠初,李怀坤,等,2002.柴达木盆地北缘"达肯大坂岩群"的再厘定.地质通报,21(1):19-23.

陆松年,于海峰,赵凤清,等,2002.青藏高原北部前寒武纪地质初探[M].北京:地质出版社.

鹿峰宾,陈晓燕,2020.我国金矿地质勘查现状及找矿方向分析[J].中国金属通报(7):117-118.

栾世伟,陈尚迪,1983.金矿床地球化学类型[J].成都地质学院学报(3):20-28.

罗铭玖,黎世美,卢欣祥,2000.河南省主要矿产的成矿作用及矿床成矿系列[M].北京:地质出版社.

罗镇宽,1990.与变泥质碎屑岩建造有关金矿应引起重视[J].黄金(12):48-49.

罗镇宽,1995.中国大规模岩金矿床类型及找矿远景分析[J].黄金地质(1):21-27.

马哲,李建武,2018.中国锂资源供应体系研究:现状、问题与建议[J].中国矿业,27(10):1-7.

毛景文,杨建民,张招崇,等,1997.北祁连山西段前寒武纪地层单颗粒锆石测年及其地质意义[J].科学通报(13):1414-1417.

毛景文,袁顺达,谢桂青,等,2019.21世纪以来中国关键金属矿产找矿勘查与研究新进展矿床地质,38(5):935-969.

孟繁聪,张建新,2008.柴北缘绿梁山早古生代花岗岩浆作用与高温变质作用的同时性[J].岩石学报,24(7):1585-1594.

孟繁聪,张建新,杨经绥,2005.柴北缘锡铁山早古生代HP/UHP变质作用后的构造热事件:花岗岩和片麻岩的同位素与岩石地球化学证据[J].岩石学报(1):47-58.

莫柱孙,1988.南岭地区花岗岩研究的薄弱环节:纪念中国矿物岩石地球化学学会成立十周年[J].矿物岩石地球化学通讯(3):136-137.

倪师军,滕彦国,张成江,1999.成矿流体活动的地球化学示踪研究综述[J].地球科学进展(4):33-39.

聂凤军,刘勇,刘妍,等,2011.金和铜矿床分类研究的过去、现状和未来[J].地质与资源,20(2):81-88.

牛漫兰,赵齐齐,吴齐,等,2018.柴北缘果可山岩体的岩浆混合作用:来自岩相学、矿物学和地球化学证据[J].岩石学报,34(7):1991-2016.

潘桂棠,李兴振,王立全,等,2002.青藏高原及邻区大地构造单元初步划分[J].地质通报(11):701-707.

潘桂棠,李兴振,王立全,等,2001.青藏高原区域构造格局及其多岛弧盆系的空间配置[J].沉积和特提斯地质(3):1-26.

潘桂棠,王立全,李荣社,等,2012.多岛弧盆系构造模式:认识大陆地质的关键[J].沉积与特提斯地质,32(3):1-20.

潘桂棠,王立全,尹福光,等,2004.从多岛弧盆系研究实践看板块构造登陆的魅力[J].地质通报(Z2):933-939.

潘桂棠,肖庆辉,陆松年,等,2009.中国大地构造单元划分[J].中国地质,36(1):23-35.

潘桂棠,徐强,王立全,2001a.青藏高原多岛弧-盆系格局机制[J].矿物岩石学,21(3):186-189.

潘彤,2005.青海省东昆仑成矿带钴矿成矿系列研究[M].北京:地质出版社.

潘彤,2015.青海省柴达木南北缘岩浆熔离型镍矿的找矿:以夏日哈木镍矿为例[J].中国地质,42(3):713-723.

潘彤,2017.青海成矿单元划分[J].地球科学与环境学报,39(1):16-33.

潘彤,2018.青海柴达木盆地北缘Ⅳ级成矿单元划分[J].世界地质,37(4):1137-1148.

潘彤,2019.青海矿床成矿系列探讨[J].地球科学与环境学报,41(3):297-315.

潘彤,李善平,王秉璋,等,2020.柴达木盆地北缘锂多金属矿成矿条件及找矿潜力[J].矿产勘查,11(6):1-18.

潘彤,王秉璋,张爱奎,2019.柴达木盆地南北缘成矿系列及找矿预测[M].武汉:中国地质大学出版社.

潘彤,王福德,2018.初论青海省金矿成矿系列[J].黄金科学技术,26(4):423-430.

潘裕生,周伟明,许荣华,等,1996.昆仑山早古生代地质特征与演化[J].中国科学(D辑:地球科学)(4):302-307.

彭建忠,2019.国内碳酸锂生产工艺和效益分析[J].盐科学与化工,48(10):18-21.

彭渊,马寅生,刘成林,等,2016.柴北缘宗务隆构造带印支期花岗闪长岩地质特征及其构造意义[J].地学前缘,23(2):206-221.

彭渊,张永生,孙娇鹏,等,2018.柴北缘北部中吾农山构造带及邻区中吾农山群物源和构造环境:来自地球化学与锆石年代学的证据[J].大地构造与成矿学,42(1):126-149.

钱万权,2016.黄金货币300年启迪录[N].中国黄金报,2016-11-22(9).

强娟,2008.青藏高原东北缘宗务隆构造带花岗岩及其构造意义[J].西北大学,8:67-76.

乔耿彪,杨合群,杜玮,等,2014.阿尔金成矿带成矿单元划分及成矿系列探讨[J].西北地质,47(4):1-12.

青海省第四地质勘查院,2020.柴北缘地区战略性矿产资源找矿方向及靶区优选报告[R].青海西宁.

邱正杰,范宏瑞,丛培章,等,2015.造山型金矿床成矿过程研究进展[J].矿床地质,34(1):21-38.

戎嘉树,1997.花岗伟晶岩研究概况[J].国外铀金地质(2):97-108.

芮宗瑶,李荫清,王龙生,等,2003.从流体包裹体研究探讨金属矿床成矿条件[J].矿床地质,22(1):13-24.

邵洁涟,1990.金矿找矿矿物学[M].北京:中国地质大学出版社.

史仁灯,杨经绥,吴才来,2003.柴北缘早古生代岛弧火山岩中埃达克质英安岩的发现及其地质意义[J].岩石矿物学杂志(3):229-236.

史仁灯,杨经绥,吴才来,等,2004.柴达木北缘超高压变质带中的岛弧火山岩[J].地质学报,78(1):52-64.

宋述光,2013.大洋俯冲和大陆碰撞的动力学过程:北祁连-柴北缘高压—超高压变质带的岩石学制约[J].科学通报,58(23):2240-2245.

宋述光,王梦珏,王潮,等,2015.大陆造山带碰撞-俯冲-折返-垮塌过程的岩浆作用及大陆地壳净生长[J].中国科学,45(7):916-940.

宋述光,杨经绥,2001.柴达木盆地北缘都兰地区榴辉岩中透长石+石英包裹体:超高压变质作用的证据[J].地质学报,75(2):180-185.

宋述光,张聪,李献华,等,2011.柴北缘超高压带中锡铁山榴辉岩的变质时代[J].岩石学报(4):1191-1197.

宋述光,张立飞,Y Niu,等,2004,青藏高原北缘早古生代板块构造演化和大陆深俯冲[J].地质通报(Z2):918-925.

孙承辕,于镇凡,李贤琏,1983.华南花岗岩类中锂、铷、铯的地球化学[J].南京大学学报(自然科学版),4:1-12.

孙丰月,金巍,李碧乐,等,2000.关于脉状热液金矿床成矿深度的思考[J].长春科技大学学报,30,27-30.

孙延贵,张国伟,郭安林,等,2000,柴达木盆地北缘东段托莫尔日特似蛇绿岩岩石组合特征.中国区域地质,19(3):258-264.

谭文娟,杨合群,姜寒冰,等,2013.祁连成矿省成矿系列概论[J].地质科技情报,32(3):135-147.

唐菊兴,王勤,杨超,等,2014.青藏高原两个斑岩-浅成低温热液矿床成矿亚系列及其"缺位找矿"之实践[J].矿床地质,33(6):1151-1170.

陶维屏,1989.中国非金属矿床的成矿系列[J].地质学报(4):324-337.

陶维屏,1994.中国非金属矿床的研究进展与前沿问题[J].地学前缘(4):164-169+139.

涂光炽,1990.我国原生金矿床类型的划分和不同类型金矿的远景剖析[J].矿产与地质,4(15):1-10.

万天丰,2006.中国大陆早古生代构造演化[J].地学前缘(6):30-42.

万天丰,2011.中国大地构造学[M].北京:地质出版社.

万渝生,许志琴,杨经绥,等,2003.祁连造山带及邻区前寒武纪深变质基底的时代和组成[J].地球学报,24(4):319-324.

王秉璋,陈静,张金明,等,2020.青藏高原北部全吉地块白垩纪煌斑岩脉群的发现及意义[J].地球科学,45(4):1136-1150.

王秉璋,韩杰,谢祥镭,等,2020.青藏高原东北缘茶卡北山印支期(含绿柱石)锂辉石伟晶岩脉群的发现及Li-Be成矿意义[J].大地构造与成矿学,44(1):69-79.

王秉璋,潘彤,任东海,等,2021.东昆仑祁漫塔格寒武纪岛弧:来自拉陵高里河地区玻安岩型高镁安山岩/闪长岩锆石U-Pb年代学、地球化学和Hf同位素证据[J].地学前缘,28(1):318-333.

王登红,2019.关键矿产的研究意义、矿种厘定、资源属性、找矿进展、存在问题及主攻方向[J].地质学报,93(6):1189-1209.

王登红,陈世平,王虹,等,2007.成矿谱系研究及其对东天山铁矿找矿问题的探讨[J].大地构造与成矿学(2):186-192.

王登红,陈毓川,徐钰,等,2005.中国新生代成矿作用[M].北京:地质出版社.

王登红,陈毓川,徐志刚,等,2011.成矿体系的研究进展及其在成矿预测中的应用[J].地球学报,32(4):385-395.

王登红,陈毓川,徐志刚,等,2020.矿床成矿系列组:六论矿床的成矿系列问题[J].地质学报,94(1):18-35.

王登红,陈毓川,徐志刚,2002.阿尔泰成矿省的成矿系列及成矿规律研究[M].北京:原子能出版社.

王登红,陈毓川,朱裕生,等,2006.以矿床成矿系列构筑中国成矿体系及其应用[J].矿床地质(S1):43-46.

王登红,李建康,付小方,2005.四川甲基卡伟晶岩型稀有金属矿床的成矿时代及其意义[J].地球化学,34(6):541-547.

王登红,刘丽君,代鸿章,等,2017.试论国内外大型超大型锂辉石矿床的特殊性与找矿方向[J].地球科学,42(12):2243-2257.

王登红,邹天人,徐志刚,等,2004.伟晶岩矿床示踪造山过程的研究进展[J].地球科学进展,19(4):614-621.

王福德,李云平,贾妍慧,2018.青海金矿成矿规律及找矿方向[J].地球科学与环境学报,40(2):162-175.

王鹤年,储同庆,1982.金的赋存形式及其有关地球化学问题[J].矿物岩石(1):84-95.

王洪强,邵铁全,唐汉华,等,2016.柴北缘布赫特山一带达肯大坂岩群变质岩变形特征、地球化学特征及地质意义[J].地质通报,35(9):1488-1496.

王惠初,2006.柴达木盆地北缘早古生代碰撞造山及岩浆作用[D].北京:中国地质大学(北京).

王惠初,陆松年,莫宣学,等,2005.柴达木盆地北缘早古生代碰撞造山系统[J].地质通报,24(7):603-612.

王惠初,陆松年,袁桂邦,等,2003.柴达木盆地北缘滩间山群的构造属性及形成时代[J].地质通报,2(7):487-493.

王季伟,2019.青海南山中三叠世中酸性侵入岩的地球化学、锆石 U-Pb 年代学特征及构造意义[J].华南地质与矿产,35(2):200-215.

王勤燕,陈能松,李晓彦,等,2008.全吉地块基底达肯大坂岩群和热事件的 LA-ICPMS 锆石 U-Pb 定年[J].科学通报,53(14):1693-1701.

王庆飞,邓军,赵鹤森,等,2019.造山型金矿研究进展:兼论中国造山型金成矿作用[J].地球科学,44(6):2155-2187.

王秋舒,元春华,许虹,2015.全球锂矿资源分布与潜力分析[J].中国矿业,24(2):10-17.

王汝成,谢磊,诸泽颖,等,2019.云母:花岗岩-伟晶岩稀有金属成矿作用的重要标志矿物,岩石学报,35(1):69-75.

王世称,陈永清,1994.成矿系列预测的基本原则及特点[J].地质找矿论丛(4):79-85.

王世称,杨毅恒,严光生,等,2000.全国超大型、大型金矿定量预测方法研究[J].地质论评,46(S1):17-24.

王寿成,王京,2019.黄金战略重要性的变化与展望[J].中国国土资源经济,5:33-37.

王苏里,周立发,2016.南祁连盆地上三叠统阿塔寺组碎屑岩地球化学特征及其源岩[J].现代地质,30(1):87-96.

王苏里,周立发,2016.宗务隆山角闪辉长岩 LA-ICP-MS 锆石 U-Pb 定年、地球化学特征及其地质意义[J].西北大学学报(自然科学版),46(5):716-724.

王星,杜占美,管波,等,2008.北祁连冷龙岭新元古代火山岩的发现及地质地球化学特征和大地构造意义[J].陕西地质,52(2):55-63.

王星,肖荣阁,杨立朋,等,2008.青海谢坑铜金矿床石榴石矽卡岩成因研究[J].现代地质(5):733-742.

王毅智,拜永山,陆海莲,等,2001.青海天峻南山蛇绿岩的地质特征及其形成环境[J].青海地质(1):29-35.

王玉玲,徐孟罗,程广国,等,1997.金矿类型的划分原则及理论分析[J].贵金属地质(3):362-368.

王玉松,牛漫兰,李秀财,等,2017.柴达木盆地北缘果可山石英闪长岩LA-ICP-MS锆石U-Pb定年及其成因[J].地质学报,91(1):94-110.

王云山,陈基娘,1987.青海省及毗邻地区变质地带与变质作用[M].北京:地质出版社.

韦永福,孙培基,1995.中国金矿地质规律及找矿前景[J].地质科技情报(1):65-69.

魏刚锋,于凤池,白开寅,1995.滩间山金矿田控矿构造特征[J].西安地质学院,17(4):8-16.

魏刚锋.于凤池,1999.青海滩间山金矿床构造演化及成因探讨[J].西安工程学院学报(4):62-66+75.

邬介人,于浦生,贾群子,2000.海相火山-沉积建造区铜、多金属成矿系列及铁-铜型矿床的勘查前景[J].地质与勘探(6):15-19.

毋瑞身,1981.我国金矿床的主要成因类型及找矿方向几个问题的探讨[J].中国地质科学院院报(1):25-45.

吴才来,郜源红,吴锁平,等,2008.柴北缘西段花岗岩锆石SHRIMP U-Pb定年及其岩石地球化学特征[J].中国科学(D辑:地球科学)(8):930-949.

吴才来,雷敏,吴迪,等,2016.南阿尔金古生代花岗岩U-Pb定年及岩浆活动对造山带构造演化的响应[J].地质学报,90(9):2276-2315.

吴才来,杨经绥,J.L.Wooden,等,2004.柴达木北缘都兰野马滩花岗岩锆石SHRIMP定年[J].科学通报,49(16):1667-1672.

吴才来,杨经绥,J.Wooden,等,2001.柴达木山花岗岩锆石SHRIMP定年[J].科学通报,46(20):1743-1747.

吴才来,姚尚志,曾令森,等,2007.北阿尔金巴什考供-斯米尔布拉克花岗杂岩特征及锆石SHRIMP U-Pb定年[J].中国科学(D辑:地球科学)(1):10-26.

吴福元,万博,赵亮,等,2020.特提斯地球动力学[J].岩石学报,36(6):1627-1674.

夏林圻,夏祖春,任有祥,1991.祁连-秦岭山系海相火山岩[M].武汉:中国地质大学出版社.

肖克炎,丁建华,娄德波,2009.试论成矿系列与矿产资源评价[J].矿床地质,28(3):357-365.

肖克炎,谢承祥,王登红,等 2006.新一轮固体矿产资源潜力评价的几个问题[J].矿床地质,25(11):483-486.

肖克炎,张晓华,李景朝,等,2007.全国重要矿产总量预测方法[J].地学前缘(5):20-26.

肖庆辉,邱瑞照,邢作云,等,2007.花岗岩成因研究前沿的认识[J].地质论评(21):17-27.

谢卓君,夏勇,Jean Cline,等,2019.中国贵州与美国内华达卡林型金矿对比及对找矿勘查的指示作用[J].矿床地质,38(5):1077-1093.

辛后田,王惠初,周世军,2006.柴北缘的大地构造演化及其地质事件群[J].地质调查与研究(4):311-320.

徐克勤,1957.湘南钨铁锰矿矿区中矽嘎岩型钙钨矿的发现,并论两类矿床在成因上的关系[J].地质学报(2):117-152+230-240.

许志琴,王汝成,赵中宝,等,2018.试论中国大陆"硬岩型"大型锂矿带的构造背景[J].地质学报,92(6):1091-1106.

许志琴,杨经绥,姜枚,2001.青藏高原北部的碰撞造山及深部动力学:中法地学合作研究新进展[J].地球学报(1):5-10.

许志琴,杨经绥,姜枚,等,1999.大陆俯冲作用及青藏高原周缘造山带的崛起[J].地学前缘,6(3):139-151.

许志琴,杨经绥,李海兵,等,2006.造山的高原——青藏高原地体拼合、碰撞造山和高原隆升机制[M].北京:地质出版社.

许志琴,杨经绥,李海兵,等,2006.中央造山带早古生代地体构架与高压/超高压变质带的形成[J].地质学报(12):1793-1806.

许志琴,杨经绥,李文昌,等,2013.青藏高原中的古特提斯体制与增生造山作用[J].岩石学报,29(6):1847-1860.

许志琴,杨经绥,吴才来,等,2003.柴达木北缘超高压变质带形成与折返的时限及机制[J].地质学报(2):163-176.

闫亭廷,2011.柴北缘沙柳泉地区侵入岩地球化学特征及构造环境研究[D].西安:长安大学.

闫臻,王宗起,李继亮,等,2012.西秦岭楔的构造属性及其增生造山过程[J].岩石学报,28(6):1808-1828.

杨佰慧,2019.青海金龙沟金矿矿床地质特征及矿床成因研究[D].长春:吉林大学.

杨合群,李文渊,赵国斌,等,2012.地质建造与成矿作用结合深化成矿系列应用[J].矿床地质,31(S1):59-60.

杨合群,赵国斌,谭文娟,等,2012.论成矿系列与地质建造的关系[J].地质与勘探,48(6):1093-1100.

杨卉芃,柳林,丁国峰,2019.全球锂矿资源现状及发展趋势[J].矿产保护与利用,39(5):26-40.

杨建军,朱红,邓晋福,等,1994.柴达木北缘石榴石橄榄岩的发现及其意义[J].岩石矿物学杂志(2):97-105.

杨经绥,2000.青海都兰榴辉岩的发现及对中国中央造山带内高压—超高压变质带研究的意义[J].地质学报(2):156-168.

杨经绥,史仁灯,吴才来,等,2004,柴达木盆地北缘新元古代蛇绿岩的厘定:罗迪尼亚大陆裂解的证据[J].地质通报(Z2):892-898.

杨经绥,宋述光,许志琴,2001.柴达木盆地北缘早古生代高压—超高压变质带中发现典型超高压矿物:柯石英[J].地质学报(2):175-179.

杨经绥,许志琴,1998.我国西部柴北缘地区发现榴辉岩[J].科学通报(14):1544-1549.

杨经绥,许志琴,张建新,等,2009.中国主要高压—超高压变质带的大地构造背景及俯冲/折返机制探讨[J].岩石学报,25(7):1529-1560.

杨经绥,张建新,孟繁聪,等,2003.中国西部柴北缘-阿尔金的超高压变质榴辉岩及其原岩性质探讨[J].地学前缘(3):291-314.

杨平,杨玉芹,马立协,等,2007.柴达木盆地北缘侏罗系沉积环境演变及其石油地质意义[J].石油勘探与开发(2):160-164.

杨再朝,校培喜,高晓峰,等,2014.阿尔金山东端余石山铌钽矿区霓辉正长岩的LA-ICP-MS定年及对成矿时代的制约[J].西北地质,47(4):187-197.

杨张张,李四龙,杨强晟,等,2016.青海德令哈石底泉辉长岩LA-ICP-MS锆石U-Pb年龄及地质意义[J].地质论评(4):1081-1090.

姚书振,周宗桂,宫勇军,等,2011.初论成矿系统的时空结构及其构造控制[J].地质通报(4):469-477.

叶天竺,肖克炎,严光生,2007.矿床模型综合地质信息预测技术研究[J].地学前缘(5):11-19.

殷鸿福,张克信,1998.中央造山带的演化及其特点[J].地球科学——中国地质大学学报,23(5):438-442.

于凤池,马国良,魏刚锋,1998.青海滩间山金矿床地质特征和控矿.因素分析[J].矿床地质,17(1):47-56.

于凤池,马国良,魏刚锋,等,1997b.青海滩间山金矿床地质特征及其铅同位素组成的地质意义[J].地质地球化学(2):9-18.

于凤池,马国良,魏刚锋,等,1998a.青海滩间山金矿床地质特征和控矿因素分析[J].矿床地质,17(1):47-56.

于凤池,魏刚锋,孙继东,1994.黑色岩系同构造金矿床成矿模式:以滩间山金矿床为例[M].西安:西北大学出版社.

于凤池,魏刚锋,孙继东,等,1998b.青海滩间山金矿床成矿模式[J].地球科学与环境学报,20(1):31-34.

于凤池,魏刚锋,孙继东,等,1999.青海滩间山金矿床矿石物质组成及成矿物质来源[J].西安工程学院学报,21(4):57-61.

于胜尧,张建新,侯可军,2011.柴北缘都兰UHP地体中两期不同性质的岩浆活动:对碰撞造山作用的启示[J].岩石学报,27(11):3335-3349.

袁桂邦,王惠初,李惠民,等,2002.柴北缘绿梁山地区辉长岩的锆石U-Pb年龄及意义[J].前寒武纪研究进展,25(1):37-40.

袁见齐,朱上庆,翟裕生,1985.矿床学(第二版)[M].北京:地质出版社.

袁顺达,刘晓菲,王旭东,等,2012.湘南红旗岭锡多金属矿床地质特征及Ar-Ar同位素年代学研究.岩石学报,28(12):3787-3797.

翟明国,彭澎,2007.华北克拉通古元古代构造事件[J].岩石学报,23(11):2665-2682.

翟裕生,1992.成矿系列研究问题[J].现代地质(3):301-308.

翟裕生,2014.论矿床成因的基本模型[J].地学前缘,21(1):1-8.

翟裕生,王建平,彭润民,等,2009.叠加成矿系统与多成因矿床研究[J].地学前缘,16(6):282-290.

翟裕生,熊永良,1987.关于成矿系列的结构[J].地球科学(4):375-380.

翟裕生,姚书振,崔彬,1996.成矿系列研究[M].武汉:中国地质大学出版社.

张爱奎,马生龙,刘光莲,等,2019.青海省铁矿时空分布、成矿系列及成矿模式[J].矿物学报,39(1):41-54.

张炳熹,陈毓川,1987.成矿模式与成矿系列[M].北京:地质出版社.

张博文,孙丰月,薛昊日,等,2010.青海青龙沟金矿床地质特征及流体包裹体研究[J].黄金(2):14-18.

张德会,徐九华,余心起,2011.成岩成矿深度:主要影响因素与压力估算方法[J].地质通报,30(1):112-125.

张德全,党兴彦,李大新,等,2005a.柴北缘地区的两类块状硫化物矿床:Ⅱ.青龙滩式VHMS型Cu-S矿床[J].矿床地质,24(6):575-583.

张德全,党兴彦,佘宏全,等,2005b.柴北缘-东昆仑地区造山型金矿床的Ar-Ar测年及其地质意义[J].矿床地质,24(2):87-98.

张德全,李大新,丰成友,等,2001.柴达木盆地北缘-东昆仑地区的造山型金矿床[J].矿床地质,20(2):137-146.

张德全,王富春,李大新,等,2005a.柴北缘地区的两类块状硫化物矿床-锡铁山式SEDEX型铅锌矿床[J].矿床地质,25(5):472-480.

张德全,王富春,李大新,等.2005c.柴北缘地区的两类块状硫化物矿床:Ⅰ.锡铁山式SEDEX型铅锌矿床[J].矿床地质,24(5):471-480.

张德全,王富春,佘宏全,等,2007.柴北缘-东昆仑地区造山型金矿床的三级控矿构造系统[J].中国地质,34(1):92-100.

张德全,王富春,佘宏全,等,2007a.柴北缘-东昆仑地区造山型金矿床的三级控矿构造系统[J].中国地质,34(1):92-100.

张德全,张慧,丰成友,等,2007.柴北缘-东昆仑地区造山型金矿床的流体包裹体研究[J].中国地质,34(5):843-853.

张德全,张慧,丰成友,等,2007.青海滩间山金矿的复合成矿作用:来自流体包裹体方面的证据[J].矿床地质(5):519-526.

张德全,张慧,丰成友,等,2007b.柴北缘-东昆仑地区造山型金矿床的流体包裹体研究[J].中国地质,34(5):843-854.

张德全,张慧,丰成友,等,2007c.青海滩间山金矿的复合金成矿作用:来自流体包裹体方面的证据[J].矿床地质,26(5):519-526.

张贵宾,宋述光,张立飞,等,2005.柴北缘超高压变质带沙柳河蛇绿岩型地幔橄榄岩的发现及其意义[J].岩石学报,21(4):1049-1058.

张贵宾,张立飞,2011.柴北缘沙柳河地区洋壳超高压变质单元中的异剥钙榴岩的发现及其地质意义[J].地学前缘,18(2):151-157.

张海军,王训练,王勋,等,2016.柴达木盆地北缘全吉群红藻山组凝灰岩锆石U-Pb年龄及其地质意义[J].地学前缘,23(6):202-218.

张建新,万渝生,孟繁聪,等,2003.柴北缘夹榴辉岩的片麻岩(片岩)地球化学、Sm-Nd、U-Pb同位素研究-深俯冲的前寒武纪变质基底[J].岩石学报,19(3):443-451.

张建新,杨经绥,2000.柴北缘榴辉岩的峰期和退变质年龄:来自U-Pb及Ar-Ar同位素测年的证据[J].地球化学(3):217-222.

张均,2000.成矿体系及其结构[J].矿产与地质(1):16-19.

张钧,1987.对金矿床成因分类的评述[J].地质科技情报,6(4):76-81.

张连昌,1999.韧性剪切作用动力学及控矿作用研究进展[J].地质与勘探(2):12-15.

张连昌,姬金生,赵伦山,1999.东天山西滩浅成低温热液型金矿成矿地质地球化学动力学[J].西安工程学院学报(2):15-20.

张玲华,李正祥,1995.扬子古大陆与澳大利亚古大陆新元古代层序对比和古大陆再造[J].地球科学(6):657-667.

张旗,焦守涛,2021.太古宙与现代的巨大差异:太古宙可能有板块构造吗?[J]地质通报,40(9):1403-1409.

张苏江,崔立伟,孔令湖,等,2020.国内外锂矿资源及其分布概述[J].有色金属工程,10(10):95-104.

张雪亭,吕惠庆,陈正兴,等,1999.柴北缘造山带沙柳河地区榴辉岩相高压变质岩石的发现及初步研究[J].青海地质(2):1-13.

张雪亭,杨生德,杨站军,等,2007.青海大地构造图说明书[M].北京:地质出版社.

张延军,2017.青海省滩间山地区内生金属矿产成矿作用研究[D].长春:吉林大学.

张延军,孙丰月,许成瀚,等.2016.柴北缘大柴旦滩间山花岗斑岩体锆石U-Pb年代学、地球化学及Hf同位素[J].地球科学:中国地质大学学报,41(11):1830-1844.

张振儒,朱恩静,陈伟,1989.谱学找金矿的新方法[J].中南矿冶学院学报(4):339-345.

张智宇,侯增谦,彭花明,等,2015.江西大湖塘超大型钨矿初始岩浆流体出溶:来自似伟晶岩壳的记录[J].地质通报,34(Z1):487-500.

章百明,赵国良,马国玺,1996.河北省主要成矿区带矿床成矿系列及成矿模式[M].北京:石油工业出版社.

赵财胜,2004.青海东昆仑造山带金、银成矿作用[D].长春:吉林大学.

赵风清,郭进京,李怀坤,2003.青海锡铁山地区滩间山群的地质特征及同位素年代学[J].地质通报(1):28-31.

赵俊伟,2008.青海东昆仑造山带造山型金矿床成矿系列研究[D].长春:吉林大学.

赵太平,陈伟,卢冰,2010.斜长岩体中Fe-Ti-P矿床的特征与成因[J].地学前缘,17(2):106-117.

赵振华,周玲棣,1997.REE geochemistry of some alkali-rich intrusive rocks in China. Science in China(Series D:Earth Sciences)(2):145-158.

赵志鹏,2018.盐湖化工锂资源的开发技术与利用[J].产业与科技论坛,17(16):57-58.

赵志忠,李志纯,1999.地壳内部流体与金成矿关系的研究现状与进展[J].地质地球化学,27(2):76-73.

赵志忠,李志纯,1999.地壳内部流体与金成矿关系的研究现状与进展[J].地质地球化学(2):76-82.

郑明华,张斌,林文弟,等,1982.论河南桐柏—泌阳一带的金-银-多金属矿源层[J].成都地质学院学报(3):47-56+136.

郑明华,张斌,张占鳌,等,1983.我国金矿床类型的初步划分[J].成都地质学院学报(1):27-42.

周宾,郑有业,童海奎,等,2014.柴北缘早古生代埃达克质花岗岩锆石定年及其地质意义[J].现代地质,28(5):875-883.

周宾,郑有业,许荣科,等,2013.青海柴达木山岩体LA-ICP-MS锆石U-Pb定年及Hf同位素特征[J].地质通报,218(7):1027-1034.

周旻,曾晓建,陈正钱,2006.江西葛源稀有金属矿床铌钽赋存状态[J].江西有色金属(4):1-5.

周云海,王备战,樊金生,等,2006.物探方法在谢坑矽卡岩型金铜矿勘查中的应用效果[J].矿产与地质(Z1):548-551.

朱奉三,1989.中国金矿床成因类型的划分及基本特征研究[J].黄金(6):11-20.

朱金初,李人科,周凤英,等,1996.广西栗木水溪庙不对称层状伟晶岩-细晶岩岩脉的成因讨论[J].地球化学(1):1-9.

朱金初,张佩华,饶冰,等,2002.宜春稀有矿化花岗岩与可可托海稀有矿化伟晶岩的异同剖析和启迪[J].矿床地质,21(S1):841-844.

朱小辉,陈丹玲,刘良,等,2013.柴北缘西段团鱼山岩体的地球化学、年代学及Hf同位素示踪[J].高校地质学报,72(2):233-244.

朱小辉,陈丹玲,刘良,等,2010.柴达木盆地北缘都兰地区旺尕秀辉长杂岩的锆石LA-ICP-MS U-Pb年龄及地质意义[J].地质通报,29(Z1):227-236.

朱小辉,陈丹玲,刘良,等,2012.柴北缘锡铁山地区镁铁质岩石的时代及气球化学特征[J].地质通报,31(12):2079-2089.

朱小辉,陈丹玲,刘良,等,2014.柴北缘绿梁山地区早古生代弧后盆地型蛇绿岩的年代学、地球化学及大地构造意义[J].岩石学报,30(3):822-834.

朱小辉,陈丹玲,王超,等,2015.柴达木盆地北缘新元古代—早古生代大洋的形成、发展和消亡[J].地质学报,89(2):234-251.

朱小辉,王洪亮,杨猛,2016.祁连南缘柴达木山复式花岗岩体中部二长花岗岩锆石U-Pb定年及其地质意义[J].中国地质,374(3):751-767.

朱裕生,肖克炎,宋国耀,等,2000.成矿区(带)的划分和成矿远景区圈定要求的讨论[J].中国地质(6):41-43.

朱正书,宋伯庆,朱裕生,1990.成矿模式的意义、作用及其与成矿系列的关系[J].中国地质(12):13-16.

庄育勋,1994.中国阿尔泰造山带变质作用PTSt演化和热-构造-片麻岩穹隆形成机制[J].地质学报(1):35-47.

卓雅,2020.甘肃省文县关牛湾金矿地质特征与找矿标志研究[J].西部资源(4):31-32+36.

邹天人,徐建国,1975.论花岗伟晶岩的成因和类型的划分[J].地球化学(3):161-174.

R. KERRICH, R. GOLDFARB, D. GROVES, et al, 2000. 超大型金成矿省的地球动力学背景(摘要)[J]. 中国科学(D 辑:地球科学)(S1):176.

ROBERT KERRICH, DEREK WYMAN, 俞正奎, 1992. 中温热液金矿床的地球动力学背景及其与增生构造体制的关系[J]. 国外火山地质(1):5-9.

BOYLE R W, 1979. The geochemistry of gold and its depOits[J]. Geological Survey of Canada Bulletin, 280:1-584.

BRADLEY D C, MC CAULEY A, BUCHWALDT R, et al, 2012. Lithium-cesium-tantalum pegmatites through time, their orogenic context, and relationships to the supercontinent cycle. Geological Society of America Abstracts with Programs, 44(7):294.

CERNY P, ERCIT T S, 2005. The classification of granitic pegmatitesrevisited[J]. Can. Mineral., 43:2005-2026.

CERNY P, GOAD B E, HAWTHORNE F C, 1986. Fractionation trends of the Nband Ta bearing oxide minerals in the Greer Lake pegmatitic granite and its pegmatite aureole, southeastern Manitaba. American Mineralogist(71):501-517.

DILL H G, 2015. Pegmatites and aplites: Their genetic and applied ore geology. Ore Geol Rev, 69:417-561.

FRIMMEL H E, 2008. Earth's continental crustal gold endowment[J]. Earth and Planetary Science Letters, 267(1/2):45-55.

FRIMMEL H E, 2019. The Witwatersrand Basin and Its GoldDeposits[M]//Kröner A, Hofmann A. The Archaean Ge-ology of the Kaapvaal Craton, Southern Africa. Berlin: Springer.

GOLDFARB R J, ANDRé-MAYER A S, JOWITT S M, et al, 2017. WestAfrica: The World's premier Paleoproterozoic gold prov-ince[J]. Economic Geology, 112(1):123-143.

GOLDFARB R J, GROVES D I, GARDOLL S, 2001. Orogenic Gold and Geologic Time: A Global Synthesis. Ore Geology Reviews, 18(1-2):1-75.

GROVES D I, GOLDFARB R J, ROBERT F, et al, 2003. Gold deposits in metamorphic belts: Overview of current understanding, outstanding problems, future research, and exploration significance[J]. Economic Geology, 98:1-29.

GROVES D, BARNICOAT A C, BARLEY M, et al, 1992. SubGreenschist to Granulite HOted Archaean Lode Gold DepOits of the Yilgarn Craton: A DepOitional Continuum from Deep Sourced Hydrothermal Fluids in Crustals cale Plumbing Systems. Geology Department (Key Cen tre) and University Extension[J]. The University of West ern Australia Publication, Perth, Australia, 325-338.

GROVES D I, 1993. The Crustal Continuum Model for Late Archaean Lode Gold DepOits of the Yilgarn Block, Western Australia. Mineralium DepOita, 28(6):366-374.

GROVES D I, CONDIE K C, GOLDFARB R J, et al, 2005. 100thAnniversary Special Paper: Secular Changes in GlobalTectonic Processes and Their Influence on the Temporal Distribution of Gold Bearing Mineral DepOits. Econom ic Geology, 100(2):203-224.

HELBA H, TURMBULL R B, MORTEANI G, et al, 1997. Geochemical and petrographic studies of Ta mineralization in the Nuweibi albite granite complex, Eastern Desert, Egypt[J]. Mineralium DespOita. 32:164-179.

HOU LIWEI, 1996. U-Pb, Rb-Sr isotopic chronology of Jinning granites in the Songpan-Ganze Orogenic Belt and its tectonic significances[J]. Sciencein China SerD. (6):23-34.

JAHNS R H, BURNHAM C H, 1969. Experimental studies of pegmatite genesis: A model for the derivation and crystal lization of granitic pegmatites[J]. Economic geology, 64:843-864.

LINDBERG W,1934. Mineral DepOits[M]. New York:John Wiley and Sons.

LONDON D,1990. Internal differentiation of rare-element pegmatites:A synthesis of recent research[J]. Geological Society of America,Special Paper,246:35-50.

LONDON D,1992. The application of experimental petrology to the genesis and crystallization of granitic pegmatites[J]. Canadian Mineralogist,30:499-540.

LONDON D,2008. Pegmatites[M]. Mineralogical Association of Canada,Québec,Canada.

LONDON D,2009. The origin of primary textures in granitic pegmatites[J]. Can. Mineral.,47:697-724.

MUNTEAN J L,CLINE J S,2018. Introduction diversity of Carlin-stylegold deposits[J]. In:Muntean J L,ed. Diversity of Carlin-stylegold deposits[C]. Reviews in Econ. Geol.,20:1-5.

PHILLIPS G N,POWELL R,2010. Formation of Gold DepOits:A Metamorphic Devolatilization Model[J]. Journal of Meta morphic Geology,28(6):689-718.

ROBERT KERRICH,RICHARD GOLDFARB,DAVID GROVES,STEVEN GARWIN,2000. The characteristics,origins,and geodynamic settings of supergiant gold metallogenic provinces[J]. Science in China(Series D:Earth Sciences)(S1):1-68.

ROBERT L,1997. Linnen; Hans Keppler. Columbite solubility in granitic melts:consequences for the enrichment and fractionation of Nb and Ta in the Earths crust. Journal|[J]. Contributions to Mineralogy and Petrology,128(2-3):213-227.

TENG F Z,MCDONOUGH W F,RUDNICK R L,et al,2006a. Lithium isotopic systematics of granites and pegmatites from the Black Hills,South Dakota[J]. Am. Mineral.,91:1488-1498.

TENG F Z,MCDONOUGH W F,RUDNICK R L,et al,2006b. Diffusion-driven extreme lithium isotopic fractionation in country rocks of the Tin Mountain pegmatite[J]. Earth Planet. Sci. Lett.,243:701-710.

WAN Y S,WANG Z Q,SHAO Y,et al,2001. Ultraviolet irradiation activates kinase survival pathway via EGF receptors in human skin in vivo.[J]. International Journal of Oncology,18(3):461-467.

WANG RUCHENG,XIE LEI,ZHU ZEYING,et al,2019. Micas:important in dicators of granite-pegmatite-related rare-metal mineralization[J]. Acta Petrologica Sinica,35(1):69-75.

成果报告.

党兴彦,等,1999,青海省大柴旦镇滩间山地区黄绿沟-绝壁沟一带金矿普查报告[R].

湖南省有色地质勘查局,2014.青海省德令哈市蓄集地区J47E015008、J47E016008、J47E017008三幅1:5万区域地质矿产调查报告[R].

湖南省有色地质勘查局,2014.青海省乌兰县沙柳泉地区J47E017009、J47E018009、J47E019009三幅1:5万区域地质矿产调查报告[R].

湖南省有色地质勘查局,2014.青海省乌兰县生格地区J47E017010、J47E017011、J47E018010三幅1:5万区域地质矿产调查报告[R].

建材部地质公司青海地质勘探大队,1982.青海省德令哈柏树山黏土矿区勘探地质报告[R].

内蒙古第九地质矿产勘查开发有限责任公司,2014.青海省德令哈市怀头他拉乡艾力斯台石英岩矿详查报告[R].

青海大柴旦矿业有限公司,2003.青海省大柴旦青龙沟矿区金矿资源储量核实报告[R].

青海大柴旦矿业有限公司,2014.青海省海西州大柴旦青龙沟矿区金矿资源储量核实报告[R].

青海建立矿业有限公司,2015.青海省乌兰县丁叉叉山南坡钛矿普查报告[R].

青海省柴达木综合地质矿产勘查院,2014.青海省德令哈市尹克盖玉石矿普查报告[R].

青海省大柴旦西部矿业股份有限公司,2009.锡铁山铅锌矿区深部勘探2522m标高以下27线—015线资源储量报告[R].

青海省地质调查院,2000.青海省地质[R].

青海省地质调查院,2014.1:25万大柴旦镇幅、德令哈市幅两幅区调修测报告[R].

青海省地质调查院,2019.青海省区域地质志(第三分册)[R].

青海省地质调查院,2019.青海省乌兰县沙柳泉地区钾长石矿普查报告[R].

青海省地质调查院,2017.青海乌兰县生格地区稀有、稀土矿预查报告[R].

青海省地质矿产勘查开发局,2003.青海省第三轮成矿远景区划报告[R].

青海省地质矿产勘查开发局,2012.青海省金矿资源潜力评价成果报告[R].

青海省地质矿产勘查开发局,2013.青海省矿产资源潜力评价成矿地质背景研究报告[R].

青海省地质矿产勘查开发局,2013.青海省矿产资源潜力评价自然重砂资料应用研究报告[R].

青海省地质矿产勘查开发局,2013.青海省铅锌矿产资源潜力评价成果报告[R].

青海省地质矿产勘查开发局,2013.青海省铜矿资源潜力评价成果报告[R].

青海省地质矿产勘查开发局,2013.青海省重要矿种区域成矿规律研究成果报告[R].

青海省地质矿产勘查开发局,2013.青海省主要成矿带系列编图及找矿靶区优选报告[R].

青海省第二地质队,2001.青海省冷湖镇野骆驼泉金矿普查报告[R].

青海省第一地质矿产勘查大队,2008.青海省大柴旦金龙沟矿区金矿勘探报告[R].

青海省第一地质矿产勘查大队,2007.青海省都兰县沙柳河南区铅锌多金属矿床普查报告[R].

青海省第一地质矿产勘查院,2013.青海省滩间山地区金及多金属矿整装勘查实施方案[R].

青海省国土资源厅,2017.青海省矿产资源储量简表[A].

青海省国土自然资源厅,2005.青海省第三轮成矿远景区划研究及找矿东靶区预测[R].

青海省核工业地质局,2014.青海省茫崖行委大通沟南山地区石墨矿普查报告[R].

青海省核工业地质局,2014.青海省茫崖行委牛鼻子梁铜镍矿普查报告[R].

青海省水文地质工程地质勘察院,2009.青海省大柴旦行委鱼卡电厂供水鱼卡水源地水文地质勘探报告[R].

天津地质矿产研究所,青海省地质调查院,2004.1:25万都兰县幅(J47C004002)区域地质调查报告[R].

西北有色地质勘查局地勘院,2001.青海省乌兰县哈莉哈德山金桐矿普查报告[R].

杨生德,潘彤,2013,青海省矿产潜力评价成矿地质背景研究报告[R].

张德全,2000.柴达木盆地北缘成矿地质环境及多金属矿产预测[R].

张德全,2001.柴达木盆地南北缘成矿地质环境及找矿远景研究:国土资源部"九五"资源与环境科技攻关项目研究报告[R].

中国地质大学(武汉),2018.青海省大柴旦行委鱼卡地区金红石矿普查报告[R].

中国建筑材料工业地质勘查中心青海总队,2013.青海省德令哈市旺尕秀地区石灰岩矿07矿、T12、T13、T14矿详查报告[R].

中国建筑材料工业地质勘查中心青海总队,2017.青海省茫崖行委茫崖石棉矿资源储量核实报告[R].